国家科学技术学术著作出版基金资助出版

可恢复功能防震结构
——基本概念与设计方法

吕西林 等 著

中国建筑工业出版社

图书在版编目（CIP）数据

可恢复功能防震结构：基本概念与设计方法 / 吕西林等著 .—北京：中国建筑工业出版社，2019.10（2022.7 重印）
ISBN 978-7-112-24101-9

Ⅰ. ①可… Ⅱ. ①吕… Ⅲ. ①建筑结构-抗震结构-防震设计
Ⅳ. ①TU973

中国版本图书馆 CIP 数据核字（2019）第 180624 号

可恢复功能防震结构是本书作者及团队根据国际上的研究进展从 2010 年开始引入国内的新概念。可恢复功能防震结构（Earthquake resilient structure）是指地震时保持可接受的功能水平、地震后不需修复或稍许修复即可恢复其使用功能的结构，其特点是结构体系易于建造和维护，全寿命周期中成本效益高。可恢复功能防震结构作为一种新型的结构体系，它不仅能在地震时保护人们的生命财产安全，也能帮助人们在地震之后，尽快地恢复正常生活，是结构防震减灾领域的一个新的发展方向。本书针对 21 世纪以来国内外可恢复功能防震结构体系的研究现状进行了综述分析，同时详细介绍了正在研究中的几种钢筋混凝土结构体系可恢复性原理、试验和理论研究成果、设计方法以及部分工程应用实例。本书适合大专院校的研究生、教师和高年级学生，设计和研究院所的技术人员以及大中型企业中从事科技开发的技术人员阅读参考。

责任编辑：武晓涛　李笑然　赵梦梅
责任设计：李志立
责任校对：李美娜

可恢复功能防震结构——基本概念与设计方法
吕西林 等 著
*
中国建筑工业出版社出版、发行（北京海淀三里河路9号）
各地新华书店、建筑书店经销
北京建筑工业印刷厂制版
北京盛通印刷股份有限公司印刷
*
开本：787×1092毫米 1/16 印张：$22\frac{1}{4}$ 字数：555千字
2020年9月第一版 2022年7月第二次印刷
定价：**98.00**元
ISBN 978-7-112-24101-9
（34593）

如有印装质量问题，可寄本社退换
（邮政编码 100037）

前　　言

我国现阶段建筑结构的抗震设计思想是“小震不坏，中震可修，大震不倒”。这一抗震设计思想要求结构遭遇设防烈度的地震后结构不应有大的破坏并可以修复，遭遇罕遇地震后允许结构有大的破坏，但不能倒塌造成人员伤亡。但由于地震作用的不确定性和复杂性，结构有可能遭受超过设防烈度更大的地震作用，这样会使整体结构或构件严重受损。例如汶川地区在2008年以前的设防烈度是7度，汶川地震中心地区最高烈度却高达11度，地震区的建筑结构大部分倒塌，部分虽然没有倒塌，但有大量构件因破坏位置的特殊性以及破坏严重性使得其难以加固修复，最后整个结构只能被推倒重建，耗费了大量的时间和费用，也影响了震后的恢复重建。2011年新西兰克赖斯特彻奇地震中，克赖斯特彻奇CBD区域有近3000栋多层和高层建筑，主要为钢筋混凝土结构。1970年后建造的现代钢筋混凝土房屋仅倒塌两栋，从“大震不倒”的设防目标来看是成功的。但大量的按规范设计的现代建筑受损严重、难以修复，震后倾斜的房屋很多，大部分房屋成了“站立的废墟”。克赖斯特彻奇地震后恢复重建滞缓，3年中有近50%的建筑被迫拆除，商业建筑的拆除率更高达60%以上，灾后重建变成了拆楼过程，原因是震损建筑难以修复或修复不经济。国际上历次震害都表明，地震造成人员伤亡和经济损失的主要原因是工程设施破坏和房屋建筑倒塌。建筑结构抗震设防的首要目标是避免结构在强震下倒塌造成人员伤亡和重大经济损失。经过百年来的探索和实践，已形成了比较成熟的抗震设计方法，使得绝大部分现代建筑结构能够承受强烈地震而不倒塌。但是，即使在强震中房屋建筑不倒塌，其结构破坏将使建筑的正常功能难以在震后很快得到恢复。这不仅会造成巨大的经济损失，也会对震后社区乃至城市的社会安定、正常生产和生活造成严重的负面影响。在这样的背景下，研究人员就开始考虑，设计一种可恢复功能的建筑，使其在地震后能尽快恢复其正常使用功能。这样建筑不仅能够在地震中保护人们的生命财产安全，在地震后也能帮助人们尽快恢复正常生活。在可恢复功能的建筑中，结构的可恢复性是最关键的因素，当然，非结构构件和建筑机电设备的可恢复性也很重要。

可恢复功能防震结构（Earthquake resilient structure）是指地震时保持可接受的功能水平、地震后不需修复或稍许修复即可恢复其使用功能的结构，其特点是结构体系易于建造和维护，全寿命周期中成本效益高。可恢复功能防震结构作为一种新型的结构体系，它不仅能在地震时保护人们的生命财产安全，也能帮助人们在地震之后，尽快地恢复正常生活，是结构防震减灾领域的一个新的发展方向。可恢复结构体系从结构形式上有多种实现方法，例如，通过设置可更换结构构件（Replaceable member），使损伤和破坏集中在可更换构件上而保护主体结构，震后迅速恢复结构的功能；通过自复位结构（Self-centering structure）使结构震后自动恢复到正常状态，减少结构震后的残余变形；通过在结构布置中设置部分摇摆墙（Rocking wall）或摇摆框架 (Rocking frame) 吸收和耗散地震能量，减少主体结构的损伤，使其在震后稍许修复或不需修复即可投入使用。这几种方式并不是完全独立的，有时候可以根据建筑的功能和布置，采用两种甚至三种方式联合来进行设计。

本书针对21世纪以来国内外可恢复功能防震结构体系的研究现状进行了综述分析，同时详细介绍了正在研究中的几种结构体系可恢复性原理、试验和理论研究成果、设计方法以及部分工程应用实例。本书由5章组成，第1章由武大洋撰写初稿，介绍可恢复功能防震结构的基本概念和发展历程；第2章由姜淳撰写初稿，介绍自复位框架结构体系；第3章由杨博雅撰写初稿，介绍框架－摇摆剪力墙结构体系；第4章由陈聪撰写初稿，介绍具有可更换构件/部件的结构体系；第5章由姜琦和熊笑雷撰写初稿，介绍结构整体可恢复性的评估方法和部分算例。全书由吕西林提出编制大纲，组织他指导的博士研究生或博士后撰写初稿，周颖、蒋欢军和陈云分别对第2章、第3章和第4章的内容进行了详细的审阅和修改，全书最后由吕西林修改定稿完成。书中研究现状的介绍来自国内外公开发表的文献，详细的试验数据由吕西林指导的研究生完成，所有的研究工作都得到了国家自然科学基金重点项目（51638012）或科技部重点实验室专项基金的资助。

目　录

第1章 绪 论

1.1 研究背景与发展需求

2018年是汶川地震十周年、玉树地震八周年，灾区的恢复重建早已使人们回归正常的生活和生产节奏。但是，这两次地震造成的大量人员伤亡和财产损失至今仍令人触目惊心。2017年8月8日21时19分，四川省北部阿坝州九寨沟县发生7.0级地震，截至2017年8月13日20时，地震造成25人死亡，525人受伤，6人失联，176492人受灾，73671间房屋不同程度受损（其中倒塌76间）（据凤凰网）。虽然九寨沟地震和玉树地震震级相当，但是造成的人员伤亡和建筑物损毁程度远小于玉树地震，主要有以下原因：地震时除景区人员较为集中外，其他地区人员密度低；九寨沟县设防烈度为8度，而此次地震最高烈度为9度，绝大部分地区的地震烈度不超过8度，在抗震设防的抵抗能力之内，建筑物总体抗震水平较高（据四川省地震局关于九寨沟地震的通报）。2018年5月28日1点50分，吉林松原市宁江区发生5.7级地震。截至2018年5月28日18时，地震未造成人员伤亡，但造成倒塌房屋1户2间，严重损坏房屋801户2006间，一般损坏房屋4040户9601间（据新华网）。上述地震启示我们，在应对罕遇地震或设计高烈度区结构时，保护生命仍然是抗震建筑物的首要设计目标，按照现行规范设计的结构也基本上达到了这个目标，且已经在汶川地震和九寨沟地震中得到验证；但是，在设计中低烈度区结构时，依据目前规范设计的结构在遭受到更大烈度的地震后损伤严重，修复难度很大，基本上无法实现中震可修的设计目标。

根据现行规范设计的结构在中震作用下损伤的直接后果，可能导致其失去使用功能并在很长的时间内无法恢复，而不同功能结构的损伤会使地区的生产和生活停滞，导致的间接损失甚至比直接损失更大。九寨沟地震导致景区在相当长的时间内无法接待游客，失去很大的经济效益。2011年的新西兰克赖斯特彻奇地震对城区造成的破坏非常严重，城市中建筑和公共设施不得不中断服务，对当地居民的生活造成了巨大的影响，并且需要耗费大量的资源修复损伤的建筑[1]。因此，在保证生命安全的前提下，改进现有结构体系或提出新型结构体系，已成为防震安全和减小损失的关键之一。

要从根本上解决这个问题，需要改变目前的抗震设计理念，将传统的抗倒塌设计转变为可恢复功能设计。传统抗震设计思想以保护生命为首要目标，通过延性设计避免结构在地震作用下发生脆性破坏甚至倒塌，从而为逃生提供可能，在一定程度上降低了地震造成的人员伤害。然而，为实现这种抗震目标，设计规范允许结构主要抗侧力构件发生塑性变形以耗散输入结构中的地震能量，这样会导致结构构件产生损伤和残余变形，最终使结构发生难以修复的破坏进而失去使用功能[2]。

为克服传统抗震结构在地震作用下的损伤及其高昂的维修费用，Connor等[3]在1992年提出损伤控制结构（Damage-Controlled Structures）的概念，并由和田章教授在其1998

年的著作中详细介绍了这种结构体系的基本原理和设计方法[4]。损伤控制结构的基本概念是将多个结构体系和耗能装置整合到一起，通过调整结构内部不同体系的刚度和强度，将损伤集中于可快速更换的结构构件中，从而克服了传统结构中单一体系损伤而退出工作的弊病。与损伤控制结构在体系层次上控制损伤的思想不同，Priestley 等[5-8]在 PRESSS（Precast Seismic Structural Systems）项目中提出在预制混凝土框架中采用无粘结预应力拉索贯穿结构柱节点连接构件的可行性，在节点两侧预留一段无粘结的距离，既可以避免节点区混凝土的剥落，又可以降低预应力的损失。更为重要的是，在设计地震水平下结构处于弹性状态并可以消除残余位移从而恢复原位；附加耗能钢筋则可以将其性能提高到更高的水平。虽然当时没有明确提出，但是这种结构体系已经具备了目前广泛采用的自复位框架结构的主要特征。在 Priestley 等的研究基础上，Mander 等[9]通过改进摇摆节点构造，针对预制桥墩提出免损伤设计（Damage Avoidance Design）的概念，其基本原理是将桥墩与基础的连接处断开并允许桥墩在基础接触面发生摇摆和抬升，通过预应力筋提供附加的抗倾覆力矩。Pampanin[10-12]将 PRESSS 项目提出的技术及其改进技术推广应用于混凝土、木和钢结构，提出了具有工程实践意义的设计方法和结构构造，并将采用这一类技术的结构称为低损伤抗震结构（Low-damage Seismic Resisting Systems）。Chancellor 等[13]综述分析了目前提出的自复位抗震结构体系的工作机制，并将其分为摇摆结构、自复位框架结构和采用自复位支撑的钢框架结构。周颖等[14]综述了摇摆桥墩、摇摆及自复位钢筋混凝土框架结构、摇摆及自复位钢框架结构、摇摆及自复位剪力墙结构、摇摆框架 - 核心筒结构等不同结构体系的发展现状，总结了摇摆及自复位结构发展趋势，并指出后张预应力和消能减震等多种技术的联合应用为摇摆及自复位结构的未来发展方向之一。

上述结构体系均具备以下特征：采用摇摆和自复位技术，并将损伤集中于可更换的耗能构件中，避免主要结构构件的损伤，使结构具备在一定强度地震作用下可以快速恢复预定使用功能的能力。具备这种特征的结构，在 2011 年同济大学吕西林将其称之为结构抗震设计的新概念——可恢复功能防震结构[15,16]。

目前，可恢复功能防震结构、可恢复功能系统与实现可恢复功能城市一起，已经成为国际地震工程界的共识和研究热点。2017 年 1 月在智利召开的第 16 届世界地震工程大会将“Resilience : the new challenge in earthquake engineering”（可恢复性：地震工程的新挑战）作为会议主题；同年 4 月在新西兰召开的第 15 届世界结构隔震减震与主动控制大会主题为“Next generation of low damage and resilient structures”（新一代低损伤和可恢复功能结构）。因此，探讨如何定义可恢复性、量化可恢复性和实现可恢复功能防震结构已经成为今后地震工程研究和发展的大方向。国内外的研究已经提出了多种可恢复功能防震结构体系，但是为将这种新型结构体系推广应用并产生经济效益，还有以下问题尚待解决：

1）明确可恢复功能防震结构的防震思想和工作机制。回答什么是可恢复功能防震以及怎样实现可恢复功能防震结构的概念性问题。依据现行规范设计的抗震结构在防止倒塌和保护生命方面取得的成功表明，明确的设计思想对于结构设计至关重要。针对可恢复功能防震结构提出统一明确的防震思想，对于理解这种新型结构体系与传统抗震结构的性能差异是非常有益的。但是，目前尚没有可恢复功能防震结构的防震思想的明确表述，有必要从目前提出的可恢复理论框架和可恢复功能初步评估体系中归纳总结，并通过必要的试验验证，提炼出可恢复功能防震结构的工作机制和分析理论，引导这种新型结构体系的健康发展。

2）明确可恢复功能防震结构的设防标准和性能目标。可恢复功能防震结构对结构安全和功能恢复并重，在保证结构安全的前提下，依据功能恢复的时间可以将结构性能进一步细化。明确的地震设防标准和性能目标将会直接影响结构的设计结果和建造成本，因此，合适的设防标准和经济可行的可恢复性能目标对于可恢复功能防震结构至关重要。

3）提出适用于可恢复功能防震结构的实用设计方法。回答怎样将性能目标贯彻于实际结构体系的设计中。建立规范的设计方法对于可恢复功能防震结构的实际应用非常重要，也是保证结构安全可靠和功能恢复的基础。但是，由于摇摆和自复位机制的引入，使其具有不同于传统抗震结构的动力特性和构造特征，现行规范并不完全适用于可恢复功能防震结构的设计。因此，针对可恢复功能防震结构提出简单实用的设计方法成为当务之急。

4）能够反映可恢复功能防震结构性能的评估方法。回答如何量化结构体系震后功能损失和经济损失的问题。由于可恢复功能防震结构的性能目标中将结构安全和功能恢复并重，因此结构震后的功能损失程度以及功能恢复所需时间就需要纳入到性能评估体系中，而这两个指标对于经济损失的评估具有非常重要的影响。因此，提出能够反映可恢复功能防震结构性能评估方法也应成为关注的焦点之一。

本书结合本团队近几年的工作及国内外的研究成果对上述问题做进一步的探讨。

1.2 可恢复功能防震的基本思想

目前国际上已经提出了不同层次实现可恢复性的理论框架。旧金山湾区规划和城市研究协会（San Francisco Bay Area Planning and Urban Research Association，SPUR）提出将旧金山建设为可恢复功能城市（或者称韧性城市）的倡议，并首次为建筑和生命线工程提出了具体的性能目标[17]；太平洋地震工程研究中心（Pacific Earthquake Engineering Research Center，PEER）以SPUR提出的性能目标为基础，提出了面向可恢复功能城市基于性能设计的框架[18]；在总结既有研究的基础上，美国国家标准和技术研究院（National Institute of Standards and Technology，NIST）通过制定城市建筑和基础设施可恢复性规划指南（Community Resilience Planning Guide for Buildings and Infrastructure Systems）提出了一些概念性的建议[19,20]；美国国家多学科地震工程研究中心（Multidisciplinary Center for Earthquake Engineering Research，MCEER）则提出了具有更广泛的实用价值的PEOPLES理论框架[21]。

除了上述概念性的理论框架外，近几年性能设计方法也正在经历着由基于性能抗震设计向基于可恢复功能防震设计（Resilience-Based Seismic Design，RBSD）方向的转变。FEMA P-58将震后的修复时间引入到结构的性能评估框架中，针对单个建筑提出具体的量化方法并开发了分析软件[22]；ARUP在FEMA P-58的基础上，将周边环境对建筑的影响包含在评估框架中并且改进了功能中断时间的计算方法，提出了面向可恢复功能的评级方法[23]。以SPUR提出的性能目标作为基础，北加州结构工程师协会（Structural Engineers Association of Northern California，SEAONC）既有建筑委员会也提出了以安全性、可修复性和功能作为评估指标的评级体系，为推广和指导应用该体系成立了美国可恢复功能协会（U.S. Resiliency Council）[24]。

可恢复功能防震的基本思想在这些面向可恢复的理论框架中逐步走向成熟，并在面向可恢复的性能设计和评估方法中进一步具体化和实用化。具体包括以下五个方面：

1）可恢复功能防震思想实现的基础是可恢复功能防震结构，最终是要实现可恢复功能城市。可恢复功能系统将不同层次的可恢复性联系起来，因此可恢复功能的实现是一个系统工程（见图 1.2-1），至少可以归纳为城市、系统和单体 3 个层次，本书下面各章节将主要讨论单体建筑。其中，可恢复功能防震结构与可恢复基础设施作为子系统组成可恢复功能系统，二者的功能实现具有依赖性[18]。可恢复功能防震结构的目的是使结构在一定水平地震作用下，结构构件和非结构构件无损伤或轻微损伤，不经修复或快速修复就可以恢复使用功能，关注的是其功能的完好性。可恢复基础设施子体系提供交通、通信、能源、供水、医疗等维持可恢复功能防震结构子体系正常运转的资源。二者在物理实体上是独立的，但是一方面建筑结构功能的实现需要外部基础设施提供资源以维持正常运转；另一方面，基础设施功能的实现也需要建筑结构提供安全的空间，因此二者在功能上又是相互依赖的。可恢复功能防震结构与可恢复基础设施组成可恢复功能系统，为实现可恢复功能城市创造条件。

2）可恢复功能防震思想的研究对象不再局限于单体结构，而是将周边环境对结构功能的影响考虑在内。传统抗震思想关注于建筑结构本身的性能表现，其设计和评估方法均是针对结构本身的抗震能力，忽略了外界环境对其功能实现的影响[23]。但是，结构功能的实现必然会受到周边环境的影响，尤其是对于建筑密集的市区。比较典型的实例是 2011 年新西兰克赖斯特彻奇地震，造成中心商业区建筑的破坏，而破坏严重的建筑对周边建筑的安全造成严重威胁，建筑跌落的碎片对逃生的人群也造成很大的威胁[1]。因此，面向可恢复功能的防震思想必须将周边环境对结构功能实现的影响考虑在内，在空间上考虑的范围更广。为此，ARUP 提出的可恢复功能评估方法将周边环境对结构可恢复功能实现的影响考虑在内，作为一项基本要素纳入到评估框架中（图 1.2-2）。

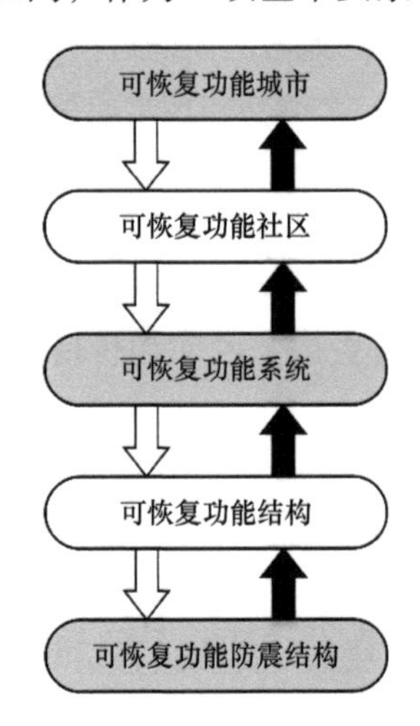

图 1.2-1　不同层次的可恢复功能概念（由上至下）和实现（由下至上）

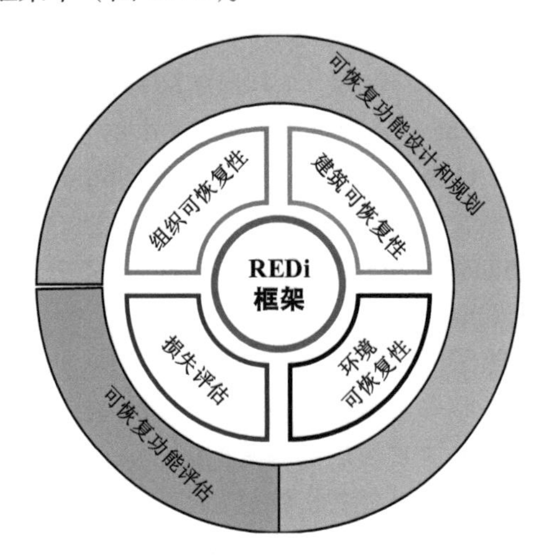

图 1.2-2　REDi 评估框架示意图

3）可恢复功能防震思想不仅关注建筑结构在地震发生时的性能表现，而且注重其在震后功能恢复的性能表现。传统抗震思想要求结构构件在中震和大震下产生塑性变形耗散能量，保证生命安全。但是，即便是在中震下，结构构件和非结构构件的损伤也需要耗费很大的代价来修复。因此，有必要将结构构件和非结构构件损伤导致的后果计入性能评估中。依据传统抗震思想设计的结构（图 1.2-3 中 A），由于结构构件和非结构构件的损伤其功能下降很多，震后的修复难度大，功能中断的时间长，由此导致的间接损失严重，且最终也无法恢复到原有性能水平。与传统抗震思想不同，可恢复功能防震思想在保证生命安全的前提下，将结构功能震后的恢复融入结构设计中，以这种思想设计的结构（图 1.2-3 中 B）在震后依然保持一定的功能用来维持正常生活的运转，通过快速修复可以完全恢复原有的功能水平；如果修复方法能够克服原有结构的一些缺陷，修复后的结构会具有更高的功能水平（图 1.2-3 中 C）[25]。

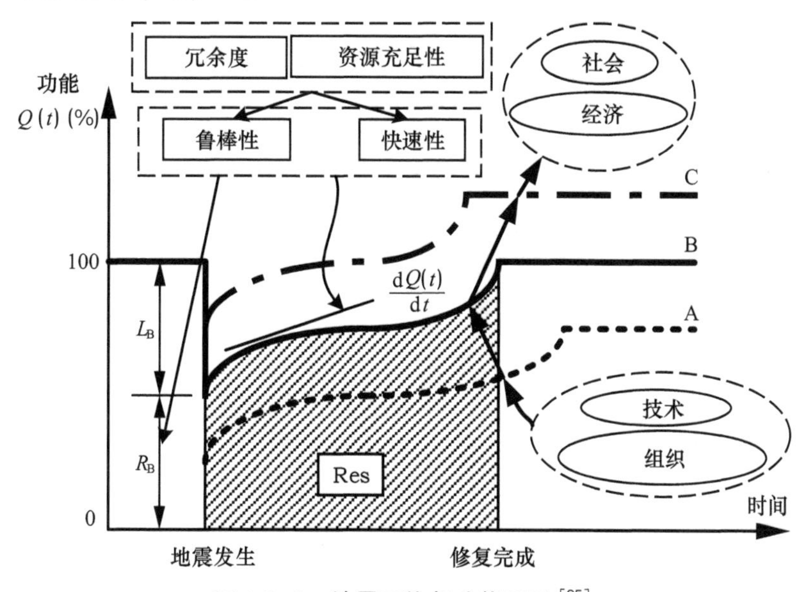

图 1.2-3 地震可恢复功能图示[25]

4）可恢复功能防震思想将传统抽象的单维度性能水平提升为具体的多维度可恢复性能矩阵（resilience performance levels matrix），更易于理解和使用。传统抗震思想采用与损伤指标对应的离散性能水平来反映结构损伤状态，如轻微损伤、中等损伤和生命安全等模糊的描述[27]，但是这种表达方法并不能明确回答业主关心的问题：地震后房子是否还可以继续使用，修复房子需要的费用和时间，房子是否还值得维修。显然，仅靠上述专业名词无法回答这些问题。下一代的性能评估方法 FEMA P-58 对此做了改进，采用了更加直接的性能指标：伤亡人数（casualties）、修复费用（repair cost）、修复时间（repair time）和危险警示（unsafe placarding）。其次，针对性能水平，SPUR 在建设旧金山为可恢复功能城市的倡议中首次提出根据修复时间将建筑结构划分为五个性能水平：安全且可用；安全且修复中可用；安全且修复后可用；安全且不可修复；不安全。ARUP 更进一步，将功能中断时间（downtime）、直接经济损失（direct financial loss）和使用安全性（occupancy safety）直接作为指标评估建筑结构在设计地震水平下的性能水平。最近，Cimellaro 提出了可恢复性能水平的概念，用以评估结构在地震发生时和震后的性能表现[26]。如图 1.2-4

所示，将结构功能、恢复时间和地震动强度指标组成可恢复性能水平矩阵，将结构遭受一定水平地震动作用后功能随恢复时间的变化集成到结构的性能评估中。因此，可恢复性能水平关注的是结构从地震发生时到功能完全恢复的全过程，而不仅仅是由变形、层间位移角等工程需求参数表达的地震作用时的性能水平；可恢复功能防震思想不再只关注结构某一时刻的性能目标，而是关注结构功能随时间的动态变化历程。

		恢复时间 (recovery time)		
		短期 (short term) (紧急)	中期 (midterm)	长期 (long term) (重建)
功能性能水平 (functionality performance levels)	完全可用 (fully operational) (Q_1)	基本目标 (Basic Objective)	不接受 (Unacceptable)	不接受 (Unacceptable)
	可用 (operational) (Q_2)	必要目标 (Essential Objective)	基本目标 (Basic Objective)	不接受 (Unacceptable)
	部分可用 (partially operational) (Q_3)	关键目标 (Critical Objective)	必要目标 (Essential Objective)	基本目标 (Basic Objective)
	接近不可用 (near not operational) (Q_4)	不可行 (Not feasible)	关键目标 (Critical Objective)	基本目标 (Basic Objective)

图 1.2-4　适用于结构、社区和系统等的三维可恢复性能水平矩阵[26]

5）可恢复功能防震思想可以通过提高冗余度（redundancy）和资源充足性（resourcefulness）增加体系的鲁棒性（robustness）、快速性（rapidity）[25]。首先，鲁棒性要求结构在遭受一定强度地震作用后，结构的功能依然保持在较高水平。例如图 1.2-3 中的 B 结构，结构功能损失 L_B 后，剩余的功能指数 Q 越高，则结构的鲁棒性 R_B（$R_B = 1 - L_B$）越高；又如在图 1.2-4 中，Q_2 性能水平的结构比 Q_3 性能水平的结构鲁棒性更高。其次，快速性要求结构可以及时迅速地恢复部分功能或在较短的时间内恢复全部功能，避免造成间接损失。如图 1.2-3 所示，增加结构冗余度和资源充足性可以提高体系的鲁棒性和功能恢复的速度，将体系的可恢复功能性由 A 水准提高到 B 或者 C 水准。依据恢复的速度、功能要求和地震动强度水平，可以设计实现不同可恢复功能水平的结构（图 1.2-3 及图 1.2-4）。此外，可恢复功能防震思想不仅通过技术层次（technical）的结构体系提高可恢复功能能力，而且还注重组织层次（organization）、社会层次（social）和经济层次（economic）的可恢复功能能力的提升[28]。

总之，可恢复功能防震思想在保证生命安全的前提下，更加关注建筑和结构功能的实现，将影响建筑和结构功能实现的因素考虑在内。在空间分布上，超出建筑结构本身，考虑了周边建筑和基础设施；在时间跨度上，包含从地震发生时到结构功能完全恢复的全过程，动态量化结构的性能。

1.3　可恢复功能防震结构的概念和基本设防目标

可恢复功能防震思想要求城市或者社区在震后可以快速地恢复功能，尽量减低对社会正常生产和生活秩序的冲击，而可恢复功能防震结构是其实现这个目标的基础之一。基于该思想，提出可恢复功能防震结构的基本概念。

可恢复功能防震结构（earthquake resilient structure）是指应用摇摆、自复位、可更换和附加耗能装置等技术，在遭受地震（设防或者罕遇）作用时保持可接受的功能水平、地震作用后不需修复或在部分使用状态下稍加修复即可恢复其使用功能的结构。其基本要求是结构体系易于建造和维护，全寿命成本效益高。

可恢复功能防震结构的概念主要包含以下三方面的内容：

1）可恢复功能防震结构是针对按现行规范设计的传统抗震结构的缺陷而提出的具备更高性能的新型结构体系。传统抗震结构利用结构的关键结构构件，如梁、柱和剪力墙等，产生塑性变形耗散地震输入的能量，而这些构件也承担重力荷载，他们的损伤将导致结构的安全性降低进而失去使用功能。但是，可恢复功能防震结构不同，应用摇摆构造放松节点处约束，使结构节点可以在受控的范围内摇摆或者抬升，避免造成结构构件的损伤，同时在发生摇摆或抬升的节点部位设置自复位装置和可更换的耗能装置，提供恢复力并降低由于约束放松而增大的变形。因此，就控制结构关键构件损伤和震后快速恢复而言，与传统抗震结构相比，可恢复功能防震结构具备实现更高结构性能的能力。

2）可恢复功能防震结构在设防目标上与传统抗震结构具有明显的区别。对于传统抗震结构，如特殊设防类、重点设防类建筑，虽然在地震作用计算及/或构造措施上较所在地的烈度有所提高，但是抗震设防目标仍然是实现“小震不坏，中震可修，大震不倒”。震害调查表明，依据现行规范设计的抗震结构基本上可以实现大震不倒，即达到了避免倒塌保证生命安全的目标。但是，这一类结构在中震下的表现并未能达到规范预定的设计目标，结构构件的损伤增加了修复成本和难度，有时甚至使得修复难以进行。与传统抗震结构相比，可恢复功能防震结构具备更加细致和性能化的设防目标，在关注生命安全的同时，更加注重震后恢复能力。可恢复功能防震结构的抗震设防目标是实现“地震后可恢复功能”，具体包括：

①结构在遭受不大于设防烈度的地震作用后不应产生损伤，或损伤仅发生在预设的可更换部件或组件上，结构处于安全状态且震后结构能恢复使用功能，即结构安全且功能可恢复；

②结构在遭受罕遇烈度地震作用后可以产生损伤，但是损伤产生的部位绝大多数在可更换部件或组件上，结构构件仅产生轻微损伤且可修复，即结构安全且功能可修复；

③结构在遭受高于罕遇烈度的地震作用后结构构件可能产生严重的损伤，但是结构不倒塌，不伤害生命，不可修复，应拆除。

以上设防目标是针对建筑中数量最多的标准设防类，对于重点设防类和特殊设防类的建筑，可以通过限制损伤产生的部位（结构构件，可更换部件或组件）和降低恢复功能所需时间来提高性能目标。例如，对于重点设防类建筑，在中震下可以产生损伤，但是恢复使用功能所需时间要比标准设防类建筑更少，特殊设防类以此类推。

3）可恢复功能防震结构是一种应用新技术的结构，配合预制装配等技术可以实现全寿命周期内高效益。传统抗震结构初期建造成本低，但是震后维修费用高，有时甚至比重新建造成本更高，是一种生命周期内效益较低的结构。相比而言，可恢复功能防震结构应用新技术可以控制初期建造成本与传统抗震结构持平或略高于传统抗震结构，但是结构的维护和维修费用远低于传统抗震结构，造成的间接损失更少，其全寿命周期内效益较高。

1.4 可恢复功能防震结构的工作机制

传统抗震机制在结构体系层次，承担结构使用功能的体系与承担结构地震作用的体系为同一体系；在结构构件层次，传统抗震结构中承担使用功能的结构构件与承担地震作用的结构构件为同一构件；在构件截面层次，截面中耗散能量部分与承担使用功能部分处于同一截面，这种体系、构件和截面层次中结构功能的串联使得传统抗震机制无法经济高效地兼顾结构安全与使用功能可恢复。结构在设计水平地震和大震下作下会出现较为严重的损伤，导致结构在一定时间内失去基本使用功能，人们不得不在临时避难场所度过相当长的时间。此外，地震后结构的修复需要投入大量的人力和物力，对于地震后的恢复带来了阻碍和压力。

可恢复功能防震思想要求结构功能快速可恢复，这就要求可恢复功能防震结构的工作机制克服传统抗震机制在体系、构件和截面层次中结构功能串联的弊端，通过可恢复功能防震机制经济高效地兼顾结构安全与使用功能。可恢复功能防震结构中结构体系、构件或者截面实现抗震与使用功能的并联，通过计算和构造布置将抗震功能集中于高效构件和可更换的阻尼装置，而承担使用功能的结构构件根据设计目标可处于无损伤或者轻微损伤的可恢复性能水平状态。此外，这种体系还具备在设计水平地震甚至大震下居家避难的能力，避免了人员安置带来的巨大压力，为救灾以及灾后的恢复重建提供了极大的便利条件。

结合文献分析和团队近几年的工作，总结出四种可恢复功能工作机制：摇摆机制、自复位机制、可更换机制和集中耗能机制。其中，可更换机制和耗能机制是可恢复功能防震结构必备的核心机制，而摇摆机制、自复位机制则通过不同的构造和布置形式将可更换机制和耗能机制集成于结构中，组成不同形式的可恢复功能防震结构，以下分别介绍：

1）摇摆机制改变了结构固接于基础的约束形式，将基础对结构特定构件或组件（如剪力墙、结构柱、框架或者带支撑框架）底部部分约束解除，使其由弯曲变形、剪切变形或弯剪变形模式转变为整体的刚体抬升（uplift）摆动模式或绕轴转动的非抬升（non-uplift）摆动模式，限制层间变形沿结构高度的集中程度并降低了结构层间变形需求和内力响应，进而避免了结构构件的损伤而使结构自身具备一定的可恢复能力；通过在刚体与基础的摆动界面处或者相邻刚体之间设置阻尼耗能机制或者自复位机制降低和控制其摆动的幅度，使其成为可控摇摆机制[13]。

2）自复位机制可消除结构构件屈服耗能导致的残余变形，降低结构的修复时间，提高结构的可恢复能力；通过在结构中附加自复位装置（预应力拉索、弹性框架等）并设计使其在一定地震水平下保持弹性，使结构可以在震后回复原位；也可以将自复位机制与摇摆机制、耗能机制组合，可以实现更高效的可恢复功能防震结构。

3）可更换机制要求在尽量减少对结构使用功能影响的前提下，实现可更换、易更换和快速更换，是可恢复功能防震结构的核心机制之一。可更换要求结构的耗能构件、结构柱或自复位构件与结构构件并行布置，使得构件的更换不影响结构的正常功能；易更换要求可更换部件实现模块化设计和多级可更换，便于更换；快速更换要求结构在设计和构造上尽量将可更换部件集中设置，以减少维修时间和功能中断时间。

4）耗能机制将地震输入的能量集中在可更换的阻尼装置中，是可恢复功能防震结构兼顾结构安全和可恢复功能的另一个核心机制。摇摆机制与耗能机制组合更具备实用价值，自复位机制在一定状态下保持弹性不具备耗能能力，因此，只有将耗能机制与以上两种组合才能实现结构的功能可恢复；此外，由于最大变形和残余变形之间的关系，附加阻尼降低最大变形在一定程度上也可以降低残余变形。耗能机制与可更换机制配合，更能体现其在可恢复功能防震结构中的核心作用。

1.5 现阶段可恢复功能防震结构的实现形式

可恢复功能防震结构将可恢复功能工作机制应用于结构体系，使其可以实现预定的可恢复功能目标。目前，开发新型可恢复功能防震结构体系已经成为研究热点。本书总结最近六年来提出的可恢复功能防震结构体系，尝试从材料、构件和体系三个层次分析这些新型体系，并在此基础上总结提出四类可恢复功能防震结构体系及其最新的研究进展。

1. 材料层次

可恢复功能防震结构的自复位机制和耗能机制可以由两种材料组合实现，但是形状记忆合金（shape memory alloy，SMA）的超弹性使其同时具备这两种机制，降低了结构构造复杂程度。此外，多种新型SMA材料的研发[29]降低了使用成本，SMA在可恢复功能防震结构体系中具有较好的应用前景[30]。

将SMA作为受力钢筋应用于混凝土框架结构中的塑性铰区域并与普通配筋的混凝土框架对比，配置SMA的混凝土框架可以显著降低残余变形[31]。钢筋混凝土梁受弯而产生裂缝，利用SMA替代部分受力钢筋，不仅可以消除残余变形而且可以消除混凝土裂缝以保证构件的耐久性[32]。将SMA用于钢框架梁柱节点也可以取得较好的自复位和耗能效果[33]。将SMA应用于可更换连梁中，不仅可以消除残余变形，而且可以降低结构响应[34,35]。此外，将SMA与其他材料组合可以提高其耗能能力。如图1.5-1所示（图中b_b为梁截面宽度，h_b为梁截面高度；h_c为正方形截面柱的截面宽度/高度），将SMA与FRP混合应用于混凝土框架结构的塑性铰区，不仅可以提高框架耗能能力而且可以有效降低震后的残余变形[36]；将SMA与软钢组合使用，既可以提高SMA的耗能能力，还可以消除由于耗能钢材屈服导致的残余变形[37]。

将SMA作为耗能阻尼器应用于建筑中可以取得较好的控制效果。陈云等[38]提出可以放大SMA变形的新型耗能增强型SMA阻尼器（图1.5-2），其主要原理是应用杠杆原理和变形放大机构增强SMA阻尼器的耗能能力，而且在降低结构残余位移方面具有一定的潜力。将SMA与黏滞和黏弹性等材料组合也可以取得较好的效果，如将SMA作为自复位和耗能机制应用于阻尼器中，可以更加方便地在结构中布置且易于更换。Ozbulut利用SMA作为自复位机制与黏滞阻尼装置组合成自复位黏弹性阻尼器可以显著降低结构残余变形[39]。Haque等、Soul等也将SMA应用于阻尼器中，取得了较好的效果[40,41]。

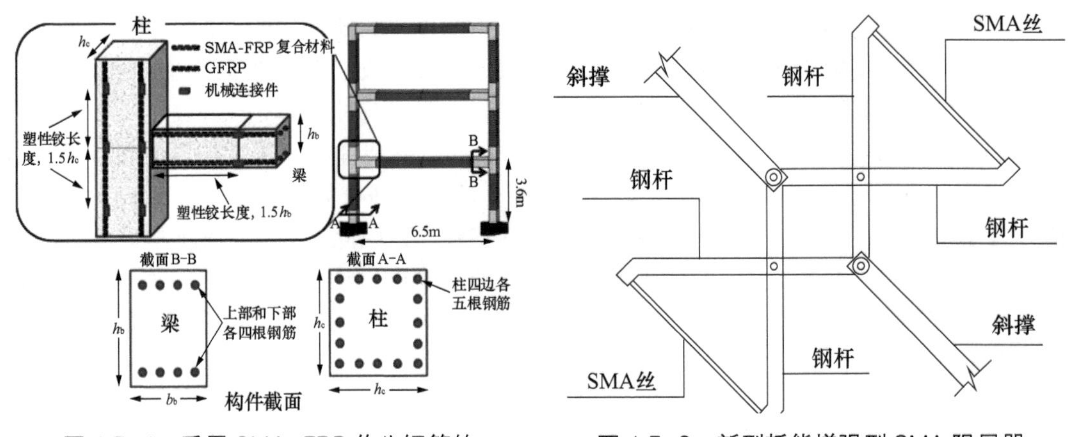

图 1.5-1 采用 SMA-FRP 作为钢筋的混凝土框架[36]

图 1.5-2 新型耗能增强型 SMA 阻尼器构造示意图

2. 构件层次

首先，传统抗震结构通过在梁、柱、剪力墙等结构构件预定部位设置塑性铰耗散地震输入的能量，可恢复功能防震机制在此基础上通过改进构件的耗能机制提升结构震后恢复能力，因此基于构件会更有针对性。其次，可恢复功能防震结构并非需要将所有传统结构构件设计为新型构件，保留部分传统结构构件对于保持结构整体动力稳定性非常必要，通过控制可恢复功能构件的使用量满足不同性能水平的要求，因此基于构件会更具有灵活性。最后，可恢复功能防震结构构件的模块化设计可以实现预制装配的建造模式，易于施工和维护。

（1）梁

梁作为结构主要受力构件，同时承担重力荷载和抵抗地震作用的双重功能。但是，在地震作用下梁端出现塑性铰耗散能量会导致梁刚度和强度退化，使其不能满足正常使用功能要求。如图 1.5-3 所示，将梁的塑性铰耗能抗震机制和承担重力荷载两个功能分开，采用自复位机制、可更换机制和耗能机制替代框架梁中的塑性铰耗能机制。将耗能集中在可更换的耗能装置并利用自复位机制消除残余变形，以保证结构在一定强度的地震发生时和震后承担重力荷载的结构构件不会产生损伤。

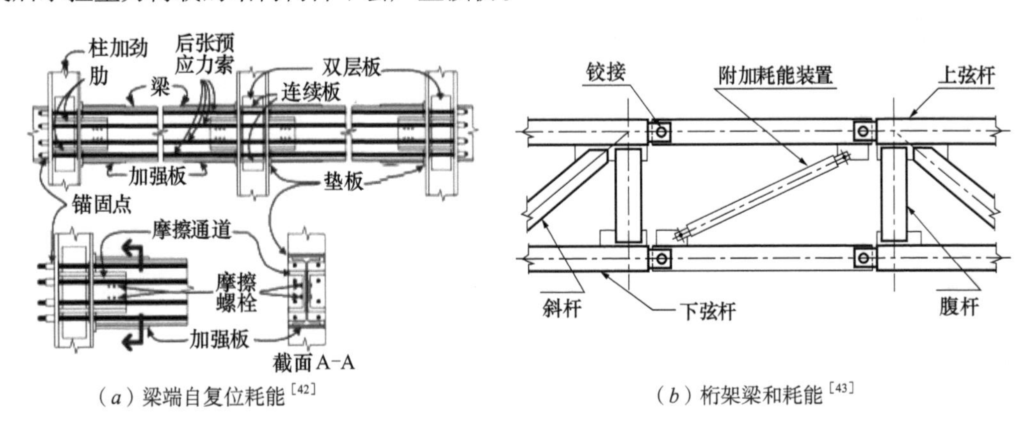

（a）梁端自复位耗能[42]　　（b）桁架梁和耗能[43]

图 1.5-3 可恢复功能防震结构中梁的实现

将自复位机制、可更换机制和耗能机制应用于结构的重点是解决重力荷载产生的梁端剪力的传递和抗弯耗能装置的实现。一种比较典型的实现方式是将结构柱贯通而将梁与柱的连接由刚接改为可以张开（opening）的连接方式[44,45]。如图 1.5-3（*a*）所示，将梁与柱的刚性连接断开，附加耗能装置和自复位装置降低结构最大响应和残余变形，试验表明这种连接构造可以提供较稳定的抗震效果[42,46]。另一种比较典型的实现方式是将实腹梁改为桁架梁并附加自复位机制和耗能机制，降低了由于梁柱界面张开导致的构造复杂性。如图 1.5-3（*b*）所示，将实腹梁改为桁架梁（truss girder），通过在跨中设置可更换阻尼器以达到无损伤设计的目的[43]；Darling 将桁架梁、自复位机制和耗能机制组合，提出一种新型自复位框架结构，具有较高的参考价值[47]。

将可更换机制和耗能机制应用于高层结构中剪力墙连梁，是实现高层结构震后可恢复的一种重要解决方案。一种典型的方式是采用螺栓连接的方式将可更换的耗能装置应用于连梁，通过将耗能集中于可更换的耗能装置提高结构的震后恢复能力[48-51]。吕西林等通过试验研究了带有可更换连梁的双肢剪力墙后指出，可更换连梁能够降低混凝土结构构件的损伤，使结构在一定地震水平下依然保持弹性，提高了结构的可恢复功能能力[52]。

（2）柱

将摇摆机制应用于框架结构，柱底部分约束放松（图 1.5-4），与自复位机制、可更换机制和耗能机制组合，可以保护结构构件免于损伤，提高震后恢复速度[53]。Pollino 将摇摆框架与黏滞阻尼器和软钢屈服耗能装置组合，提出一种带支撑的摇摆钢框架，分析表明该框架可以有效降低结构构件和非结构构件的损伤并具有一定的自复位能力[54]。吕西林等通过放松柱底与基础间的约束和梁柱间的约束，允许结构在地震作用下发生摇摆并通过预应力使结构复位；振动台试验表明这种自复位混凝土框架结构具有较好的抗震能力和自复位效果[55]。Song 等将柱与基础以及梁柱节点界面利用预应力连接，提出一种自复位预应力混凝土框架，并通过试验验证了其有效性[56]。

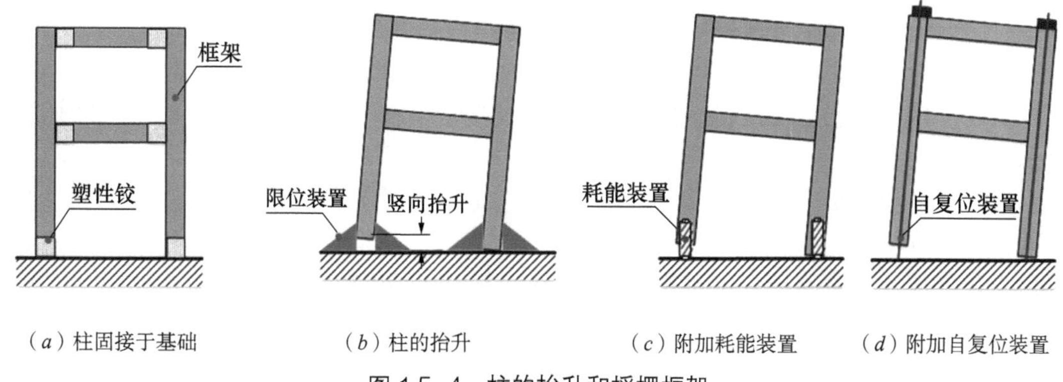

（*a*）柱固接于基础 （*b*）柱的抬升 （*c*）附加耗能装置 （*d*）附加自复位装置

图 1.5-4 柱的抬升和摇摆框架

（3）墙

将摇摆机制、自复位机制、可更换机制和耗能机制应用于传统墙体，可以保护结构在一定强度地震作用下免于损伤。第一种形式是将自复位钢板剪力墙应用于结构，提高结构的耗能能力和自复位能力[57]，如图 1.5-5（*a*）所示，利用钢板屈服耗能降低结构的损伤，预应力装置消除残余变形实现自复位。第二种形式如图 1.5-5（*b*）（*c*）所示，将摇摆机制应用于剪力墙底部，并在张开界面设置自复位机制和耗能机制，使剪力墙在地震作用下免于损伤[58]。第三种形式如图 1.5-5（*d*）所示，将自复位机制、可更换机制和耗能机制应用于剪力墙约束边缘构件部位，避免剪力墙底部损伤[59]。此外，将剪力墙在结构高度方向划分为多个摇摆子体系，形成串联的多摇摆体系，这种体系可以有效地降低摇摆体系的高阶响应[60]。

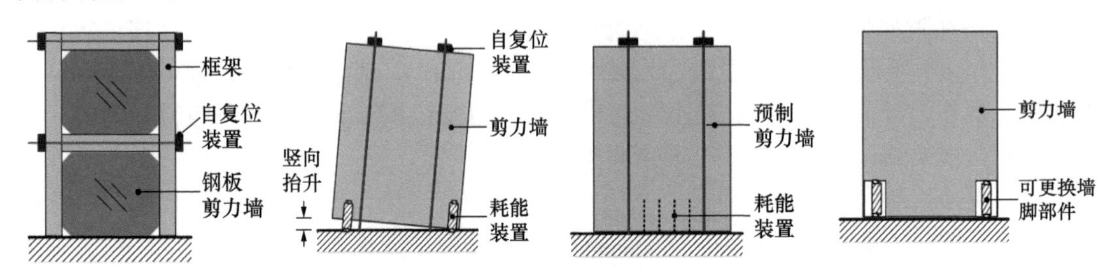

（*a*）自复位可更换钢板剪力墙　（*b*）自复位耗能剪力墙　（*c*）预应力预制剪力墙　（*d*）可更换墙脚部件剪力墙

图 1.5-5　自复位耗能剪力墙

（4）支撑

将自复位机制、可更换机制和耗能机制应用于结构支撑，可以灵活地使用于新建建筑和既有建筑以提高其可恢复功能能力。传统耗能支撑中的金属屈服阻尼器和摩擦阻尼器在地震作用下会出现残余变形，不具备自复位能力，而黏弹性阻尼器和黏滞阻尼器的自复位能力也有限。因此目前提出的自复位耗能支撑（阻尼器）均是将自复位机制和耗能机制组合，使其既可以耗能又可以消除残余变形[61-63]。

3. 体系层次

由于 SMA 独特的自复位和耗能能力，使其可以在材料层次实现可恢复功能防震机制；而梁、柱、墙和支撑则可以在构件层次灵活实现多种可恢复功能机制。但是，分散布置的耗能机制增加细部构造和建造过程复杂性，因而会降低其可靠性；自复位机制贯穿单个或多个结构构件并将其功能串联，则会降低结构的鲁棒性。因此，虽然材料层次和构件层次可以实现可恢复功能防震机制，但是分散布置和功能串联增加了结构更换和维护的难度，会在一定程度上降低结构的恢复速度。

基于此，现在很多学者提出将结构的使用功能与抗震功能并联设置，并通过两个并联的体系分别实现，从而在体系层次（system-level）实现结构的可恢复功能。Kiggins 等提出将带屈曲约束支撑（Buckling-Restrained Brace，BRB）的抗弯钢框架和普通的抗弯钢框架组成复合结构，该结构以地震作用下保持弹性的普通抗弯钢框架作为自复位机制消除 BRB 屈服导致的残余变形[64]。Pettinga 等则更系统地阐述了这种概念，利用弹性次框架作为实现自复位机制的次体系降低主体系的残余变形[65]。与带摇摆部件的框架结构相比，这种复合结构中的主次体系均具有独立抵抗地震作用的能力，次体系通过分担地震作用降低主体系的损伤；与传统复合体系（框架 - 剪力墙结构）相比，这种复合结构中的主次体系在功能分工上更加明确，在构造上可以实现分离，便于更换；与自复位框架相比，这种复合结构不需要采用复杂的预应力装置，降低了结构部件维护和更换的难度。

4. 现阶段提出的几种典型可恢复功能防震结构形式

上述内容在材料、构件和体系三个层次介绍了实现可恢复功能机制的具体策略，但是在可恢复功能防震结构体系中这三种层次的机制可以根据实际的需求灵活组合使用。将可恢复功能防震机制在材料、构件和体系三个层次应用于结构，目前已发展了多种可恢复功能防震结构体系。

（1）摇摆结构

摇摆结构是指在结构中合理选择一定比例的结构构件或者组件，在其与基础连接界面，通过放松基础对其部分自由度的约束，使其可以一定范围内竖向抬升（uplift）；或者放松其转动约束，使其可以形成无抬升（non-uplift）转动变形模式，使其在地震作用下发生摇摆，并通过摇摆耗散地震动输入能量和限制结构的变形模式。

摇摆结构将可恢复功能防震机制引入到结构体系中，通过在摇摆界面设置可更换耗能和自复位装置，耗散地震输入的能量和消除残余变形；或利用摇摆构件的刚体转动变形模式限制结构整体的变形模式，使结构层间变形分布更加均匀。

根据摇摆体有无抬升可以将摇摆结构分为两类。一类是摇摆框架结构（图 1.5-6）和摇摆剪力墙结构（图中 Δ_h 为结构顶部位移），利用框架整体的刚体摆动和耗能装置耗能实现结构的无损伤设计[66]。党像梁等[67]提出了底部开水平缝自复位剪力墙，在墙体与基础连接处的两端对称设置水平缝，中间部分保持正常连接，同时在墙体内设置无粘结预应力钢绞线提供自复位能力（图 1.5-7）。试验结果表明，底部开水平缝预应力自复位剪力墙试件有较好的自复位能力，且承载力与普通剪力墙相当；相对于传统摇摆墙，耗能能力较好。吴浩等[58]在底部开水平缝自复位剪力墙基础上，结合预应力和预制装配技术提出了预应力预制混凝土剪力墙（图 1.5-8），剪力墙在侧向荷载作用下呈现刚体摆动的变形模式，配合预应力筋和耗能钢筋，可以实现保护剪力墙无损伤或低损伤和自复位的预定效果。吕西林等[68]将预应力预制混凝土剪力墙应用于预制框架结构，提出预制自复位框架－摇摆墙结构（图 1.5-9）。试验结果表明，梁柱节点和摇摆墙节点在地震作用下可以有效张开，降低了结构构件的损伤，自复位装置可以有效降低残余变形，是一种有效提升预制框架结构可恢复功能能力的解决方案。

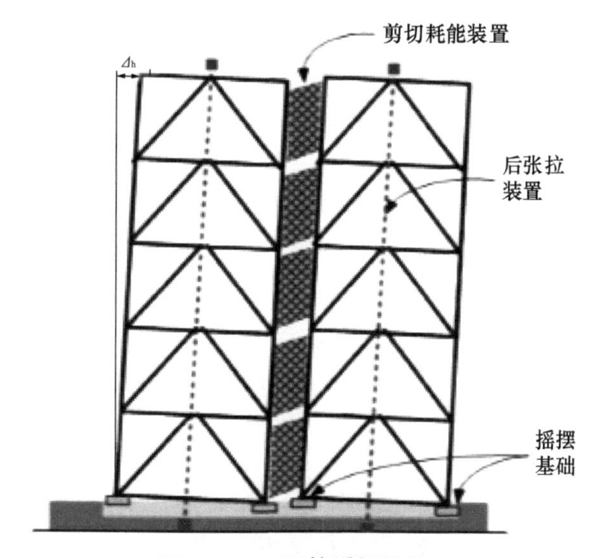

图 1.5-6 可控摇摆结构

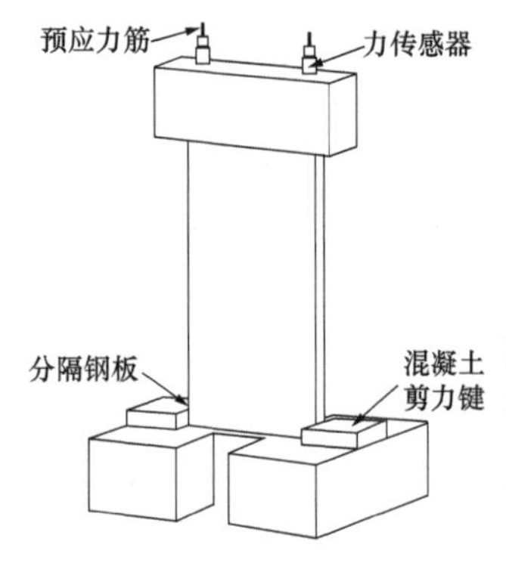

（*a*）底部开缝预应力自复位剪力墙示意图　（*b*）试件和试验加载布置

图 1.5-7　底部开缝预应力自复位剪力墙

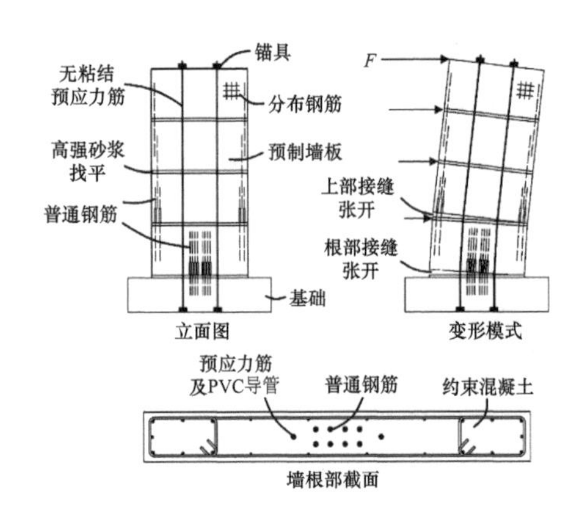

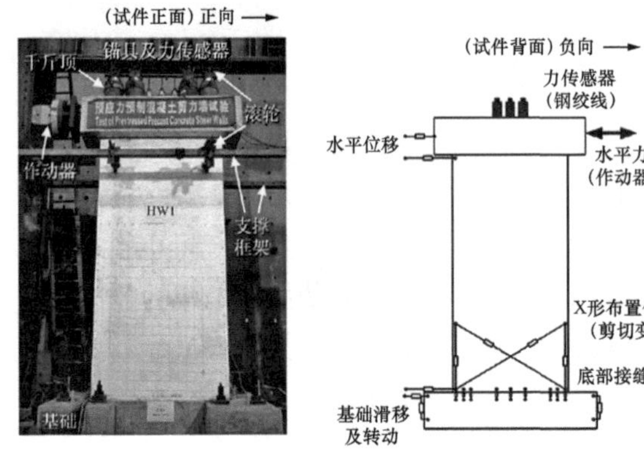

（*a*）预应力预制混凝土剪力墙构造　（*b*）试验加载装置及测点布置

图 1.5-8　预应力预制混凝土剪力墙

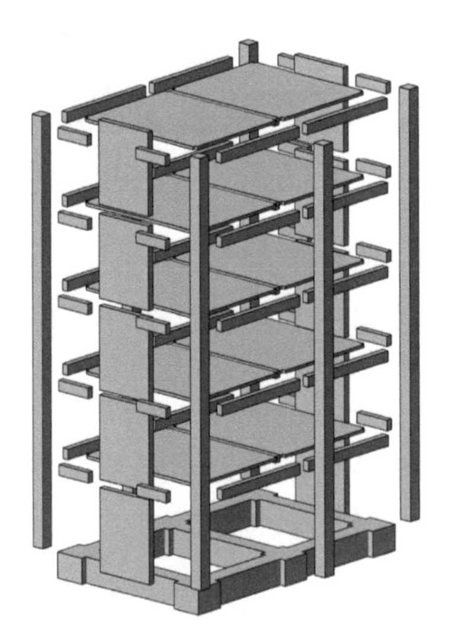

（*a*）模型装配图　（*b*）振动台试验模型

图 1.5-9　框架 - 摇摆墙结构

另一类是如图 1.5-10 所示的摇摆体铰接于基础，形成无抬升的摇摆结构。首先这种摇摆结构避免了摇摆体在基础界面提升带来的构造上的复杂性以及摇摆体与基础碰撞带来的损伤；其次这种摇摆结构利用摇摆体刚体转动的变形模式限制结构整体的变形模式，使结构层间变形分布趋于均匀。曲哲等指出摇摆墙可以有效控制结构的变形模式，与耗能装置结合可以有效提高结构的抗震能力[69]；吴守君等则利用分布参数模型从静力分析的角度解释了该体系的作用机理，并对关键参数进行了分析[70]。Qu 等利用摇摆机制控制结构的变形模式，并在此基础上提出 rocking core 的概念[71]。Blebo 等在此基础上提出了具备自复位能力的 rocking core（图 1.5-10）[72]。Wu 等[73]则通过试验验证了一种填充摇摆墙 - 框架结构 IRWF（infilled rocking wall frame structure）的可修复性，通过对修复之后的结构再加载，表明该体系具备实现震后可恢复的能力。

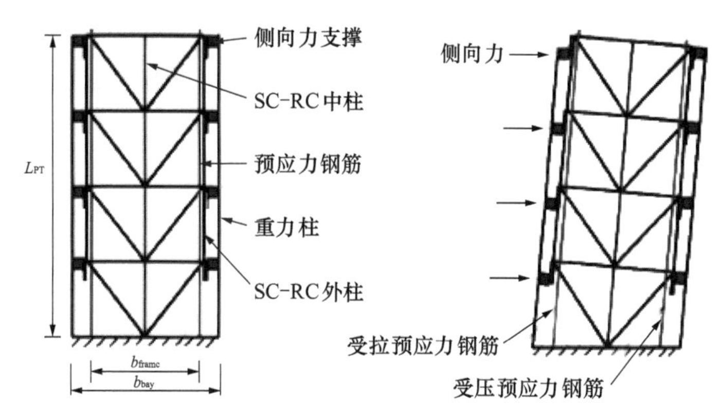

图 1.5-10 自复位摇摆组件（Rocking Core）

（2）自复位框架结构

自复位框架结构是指在保证梁端剪力和轴力传递的基础上，将梁柱界面的刚性连接放松，通过设计使得梁端可以在界面处张开，并通过自复位装置和耗能装置抵抗弯矩；通过放松柱脚的约束，使得柱底在受力达到一定程度后可以抬升，以进一步降低地震作用避免柱脚的塑性变形。

自复位框架结构有针对性地解决了传统框架结构的缺点，将损伤集中于可以更换的耗能装置中，提高了结构震后的可恢复性[74]。此外，自复位框架结构与预制装配式结构结合，通过模块化的建造方式既提高了结构的抗震能力也提高了施工效率。自复位框架结构的一种典型的结构方案如图 1.5-11（*a*）所示，使梁端与柱接触界面可以张开，并在该界面设置耗能装置，利用自复位装置消除残余变形并保持结构整体稳定性。另外一种方案如图 1.5-5（*a*）所示，将钢板剪力墙与自复位框架组合[75]，既可以提高结构耗能能力又可以降低残余变形，是一种较为高效的实现方案。针对钢筋混凝土框架结构，吕西林等将柱与基础断开，使得柱可以抬升，并且使框架单方向梁柱节点可以摇摆，试验结果表明该体系可以提供较好的抗震能力和自复位效果；在双向自复位的基础之上，提出三向自复位混凝土框架结构（图 1.5-11），双向梁柱节点和柱与基础交界面在地震作用下可以张开，由此形成竖向和两个水平方向的自复位结构，振动台试验结果表明该体系在地震动作用下无损伤且具备较好的自复位能力[76]。鲁亮等提出受控摇摆式钢筋混凝土框架结构，将柱根部和梁柱节点铰接，梁柱内设置无粘结后张预应力筋提供弹性回复力，设置耗能装置控制结构整体位移和消耗地震能量。通过对梁端铰接型受控摇摆式钢筋混凝土框架进行振动台试验，结果表明该体系可以有效控制加速度和位移响应，且在罕遇地震作用下主体结构无损伤，表现出免损伤特征[77]。

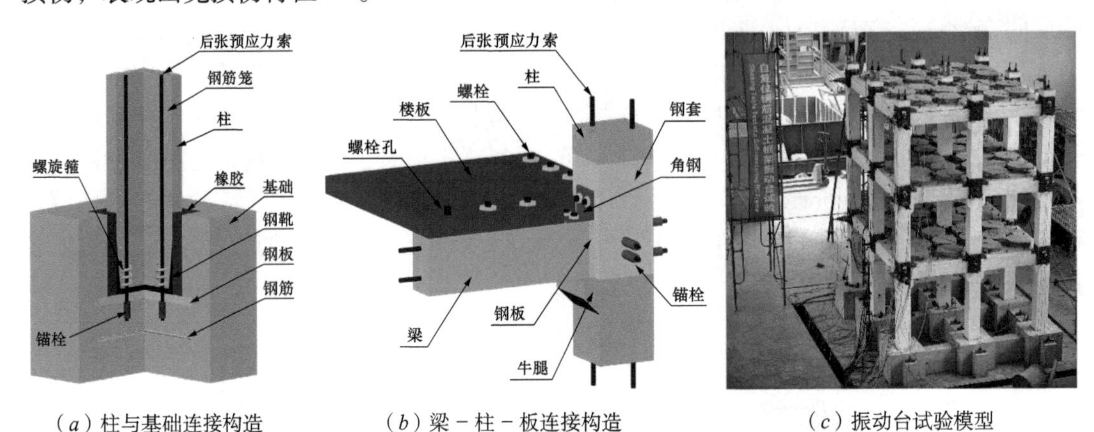

（a）柱与基础连接构造　（b）梁－柱－板连接构造　（c）振动台试验模型

图 1.5-11　三向自复位钢筋混凝土框架结构

除上述自复位框架结构之外，作为自复位框架结构概念的延伸，将桁架梁引入框架结构替代传统的实腹框架梁已经成为一种趋势。桁架梁既可以减轻结构自重，又可以灵活布置耗能和自复位装置。此外，桁架梁可实现比实腹梁更大的跨度，适用于大跨度建筑的可恢复功能防震设计。

以桁架作为框架梁的自复位框架结构，不需要将节点界面设计成可以张开，而仅需将上下弦杆或者腹杆替换为耗能构件或自复位装置即可实现。一种形式如图 1.5-12（a）所示，Darling 提出桁架式自复位框架结构（self-centering truss moment frame，SC-TMF），将结构损伤集中于可更换的软钢屈服阻尼器中，利用下弦的预应力装置分别连接框架柱和桁架梁实现自复位，且软钢阻尼器的更换不会影响结构的正常使用功能，是一种较为高效的自复位结构体系[47]。另一种如图 1.5-12(b）所示，将 BRB 置于桁架上下端用于抵抗弯矩，通过上下弦的相对移动耗能[78]。

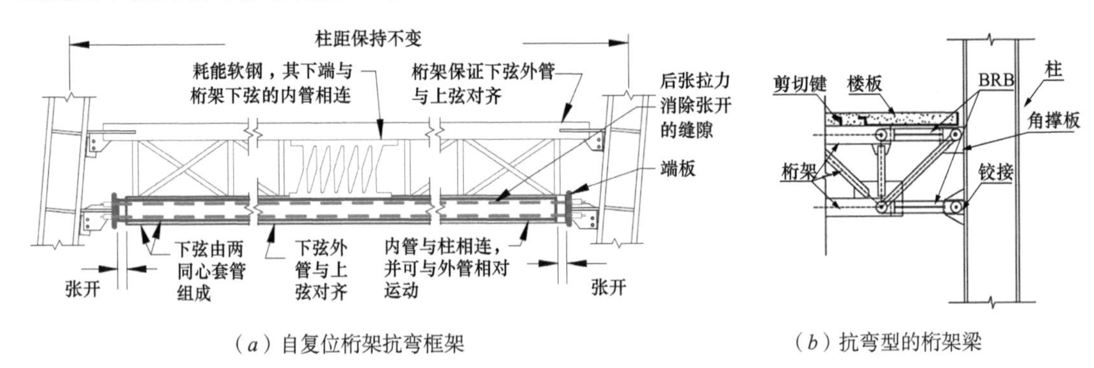

（a）自复位桁架抗弯框架　（b）抗弯型的桁架梁

图 1.5-12　桁架梁－自复位框架结构

（3）可更换构件 / 部件结构

可更换构件 / 部件结构是指将损伤集中于可更换的构件 / 部件上，使得主体结构其余构件无损伤或低损伤。

可更换构件 / 部件结构目前的研究热点主要是带可更换连梁和墙脚的剪力墙结构或框架－剪力墙结构[79]。一种形式是将钢筋混凝土连梁设计为可更换的耗能装置，将损伤集中于可更换的耗能装置中，避免其他结构构件的损伤。如图 1.5-13（*a*）所示，吕西林等通过试验对比发现，带有可更换连梁的剪力墙耗能能力强且强度退化小，连梁的受损位置集中在螺栓连接的耗能段，便于震后更换[80]。另一种形式是将剪力墙墙脚设计为可更换部件。如图 1.5-13（*b*）所示，毛苑君等将叠层橡胶应用于剪力墙脚部作为可更换构件，试验表明其具备更好的变形能力且可在较强地震作用下保持无损伤[81]。刘其舟等提出带有软钢屈服阻尼器的可更换墙脚组件，分析表明该采用该组件的剪力墙能够将破坏引导至可更换部件，从而保护非更换区域免遭破坏[82]。可更换构件 / 部件结构除去上述两种应用形式之外，在新建建筑和既有建筑中采用可更换的自复位耗能支撑也是该种结构一个重要的应用方向：将损伤集中于可更换的耗能支撑，而且支撑本身也具备自复位能力可以消除变形[83]。

（*a*）设置可更换连梁的双筒体混凝土结构

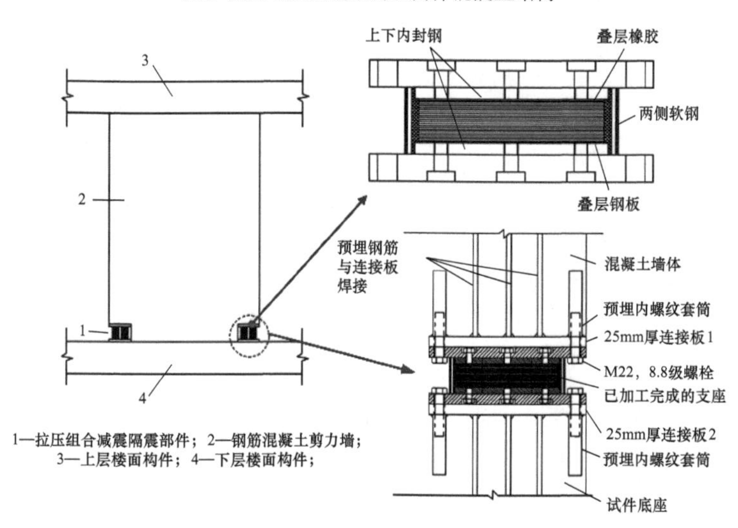

（*b*）带可更换墙脚部件的剪力墙

图 1.5-13 可更换构件 / 部件结构

（4）复合自复位结构

复合自复位结构由两部分组成，承担基本使用功能的主体系和承担耗能自复位的次体系，在体系层次实现结构的可恢复功能。通过设计，使主体系在地震作用下处于无损伤状态，将损伤集中于次体系或次体系中的耗能装置，并通过次体系使主体系的层间变形分布更加均匀。次体系不仅方便维修易于更换，而且不影响主体系的使用功能。

这种体系层次上的布置具有以下两个优点：第一，避免大量的预应力构造，降低结构的复杂程度；第二，将损伤集中于可快速更换的次结构体系，而不会影响主体系的正常使用。因此，近几年来引起了较大的关注。在框架－摇摆墙损伤控制机制[84]和复合体系降低残余变形机制的基础上，杜永峰等进一步提出轻型自复位消能摇摆刚架－框架复合体系，附加的次体系不仅可以使主体系的层间变形分布更加均匀，而且可以通过次体系本身刚度和自复位耗能阻尼器降低残余变形[85]。Terán-Gilmore 等利用柔性框架作为自复位机制降低带 BRB 结构的残余变形，柔性框架提供 1/6 复合体系的侧向刚度就可以显著降低残余变形达到自复位的效果[86]。Takeuchi 等提出类似的复合体系，利用弹性框架作为自复位机制消除“椎形框架”（spine frame）中 BRB 耗能产生的残余变形[87]，该体系已经应用于东京工业大学 Suzukakedai 校区的一栋建筑（图 1.5-14）。分析结果表明，这种非抬升的摇摆构造可以有效降低结构的层间位移集中现象，且在不适用预应力索的状态下消除残余变形。在杜永峰等的研究基础上，武大洋等进一步提炼这一类体系的特征，提出复合自复位结构（图 1.5-15）的概念。以轻型自复位消能摇摆刚架－框架复合体系作为复合自复位结构一种实现形式，基于联合概率密度函数评估该体系的抗震性能，结果表明该体系可以显著减少结构的最大变形和残余变形，降低由于残余变形导致的损伤概率，还可以较好地控制结构的层间变形集中程度[88]。

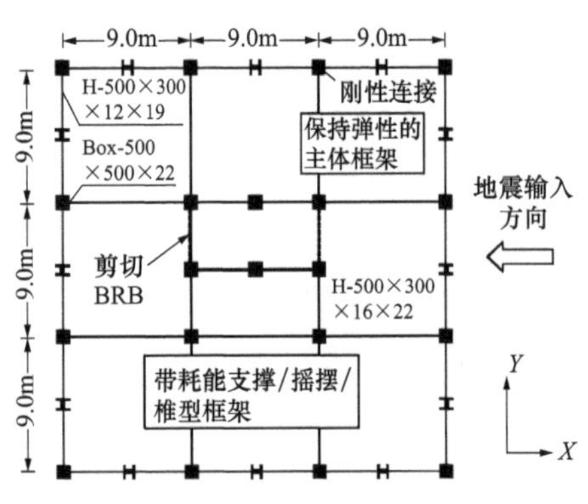

（*a*）Spine frame 在结构中的布置图

（*b*）Spine frame 与基础的连接详图

图 1.5-14　框架－摇摆墙结构

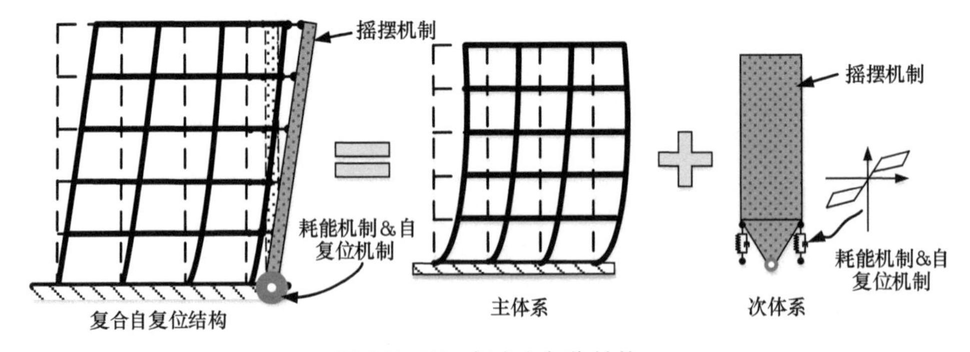

图 1.5-15　复合自复位结构

1.6 可恢复功能评估体系的发展概况

目前国内外已提出了多种可恢复功能防震结构，并通过试验和分析验证了新型结构体系的有效性，但是要将这种新型体系推向工程实践以实现震后功能可恢复，需将传统基于规范和基于性能的抗震设计方法提升为基于可恢复功能的防震设计方法。

基于性能的抗震设计起源于20世纪90年代，现行的基于性能的抗震设计方法基于FEMA-273[89]，该报告首次提出了性能水平的概念，并且将性能水平和结构在不同水平地震动下的破坏程度相关联。2000年之后，FEMA-356[27]、ASCE/SEI41-06[90]在FEMA-273基础上细化发展成为现在美国应用的性能设计方法。这种性能设计方法将结构构件和非结构构件性能离散化为一系列的性能水平，在一定地震动水平下评估结构的能力。这一阶段，性能评估主要集中在结构和非结构构件的损伤，并没有进一步以量化的损失呈现出来，因此其不太容易为业主所理解。

2009年，SPUR提出了将旧金山建设为可恢复功能城市的倡议[17]，比较明确的性能目标可供参考，是一次较大的进步。根据震后功能和维修时间对性能的影响将建筑性能划分为五类:（1）安全且可使用;（2）安全且修复中可使用;（3）安全且修复后可使用;（4）安全但不可修复;（5）不安全。虽然SPUR提出的性能目标更多的是在概念层次，但是对于后续更具实用价值的可恢复评估指标的提出具有重要的启发意义。

2012年，最新一代的性能评估方法FEMA P-58向实现可恢复评估迈进了一步，该方法基于PEER提出的基于概率的性能框架，提出了更加实用和易懂的性能指标：人员伤亡、修复费用、修复时间和危险警示，但是依然针对单个结构，没有考虑外部环境与结构功能实现之间的依赖性和相关性。ARUP在FEMA P-58的基础之上，将建筑可恢复性（building resilience）、组织可恢复性（organizational resilience）和环境可恢复性（ambient resilience）同时考虑在内，提出REDi可恢复评估方法对建筑进行可恢复功能的评级。其中，针对设计水准地震动（design level earthquake）提出了基准可恢复功能目标（baseline resilience objectives），该目标明确将功能中断时间（downtime）、功能恢复时间（functional recovery time）、直接经济损失（direct financial loss）和使用安全性（occupant safety）作为评估可恢复功能的指标。依据这些指标将结构分为白金、金和银三个等级，是一种操作性更强的评估方法。REDi采用FEMA P-58损失评估的方法，但是提出了更加符合实际的功能中断时间的计算方法，考虑了建筑周边环境对其功能实现的影响。此外，REDi还细化了结构的修复等级划分。

MCEER提出的可恢复评估框架，如图1.6-1所示。MCEER的评估框架与REDi方法不同，REDi将功能和恢复时间列为单独指标评估可恢复功能，而MCEER将功能和恢复时间集成为一个指标评估可恢复功能。采用MCEER的评估方法，Cimellaro等根据提出的损失估算模型和恢复模型对医院的可恢复功能水平进行评估，指出该指标可以作为评估体系可恢复性水平的重要工具。与Cimellaro等采用同样的功能函数，Tirca等评估了加固后的带支撑钢框架的可恢复功能水平，结果表明采用可恢复功能作为指标可以有效地评估结构的可恢复能力水平[92]。

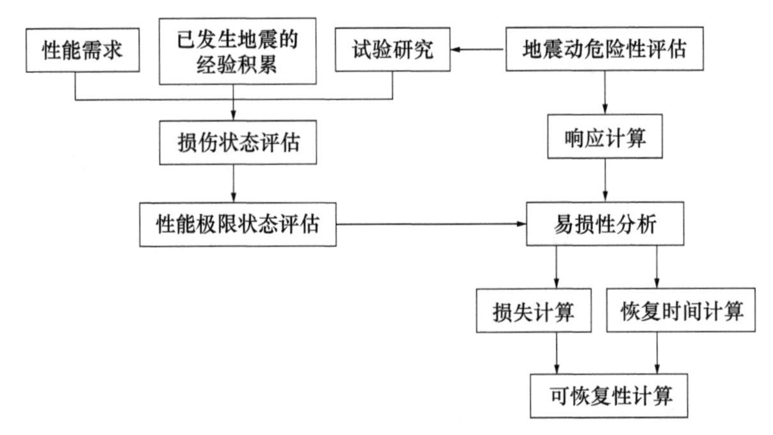

图 1.6-1　MCEER 提出的可恢复评估方法

本章参考文献

[1] Comerio M, Elwood K, Berkowitz R, Bruneau M, Dismuke J, Gavin H, Gould N, Jaiswal K, Kirsch T. The M6.3 Christchurch, New Zealand, earthquake of February 22, 2011 [R]. Oakland: Earthquake Engineering Research Institute（EERI）, 2011.

[2] SPUR. The dilemma of existing buildings: private property, public risk [R]. San Francisco, CA, the USA: the San Francisco Bay Area Planning and Urban Research Association, 2009.

[3] Connor J J, Wada A, Iwata M, Huang Y H. Damage-controlled structures .I. preliminary design methodology for seismically active regions [J]. Journal of Structural Engineering, 1997, 123（4）: 423-431.

[4] 和田章，岩田卫，清水敬三，安部重孝，川合广树．建筑结构损伤控制设计［M］．曲哲，裴星洙，译．北京：中国建筑工业出版社，2014.

[5] Priestley M N, Tao J R. Seismic response of precast prestressed concrete frames with partially debonded tendons [J]. Precast/Prestressed Concrete Institute Journal, 1993, 38（1）: 58-69.

[6] Cheok G, Stone W, Lew H. Performance of 1/3-scale model precast concrete beam-column connections subjected to cyclic inelastic loads—Report NO. 4 [R]. Building and Fire Research Laboratory, US National Institute of Standards and Technology, 1994.

[7] Cheok G S, Stone W C, Nakaki S D. Simplified design procedure for hybrid precast concrete connections [M]. Building and Fire Research Laboratory, National Institute of Standards and Technology, 1996.

[8] Priestley M N. The PRESSS program-current status and proposed plans for phase III [J]. PCI Journal, 1996, 4（2）: 22-40.

[9] Mander J B, Cheng C-T. Seismic resistance of bridge piers based on damage avoidance design [R]. New York: National Center for Earthquake Engineering Research, 1997.

[10] Pampanin S. Damage-control self-centering structures: From laboratory testing to on-site applications [M]. Advances in performance-based earthquake engineering. Springer, 2010: 297-308.

[11] Pampanin S. Reality-check and renewed challenges in earthquake engineering: Implementing low-damage structural systems-from theory to practice [J]. Bulletin of the New Zealand society for earthquake engineering, keynote address presented at the 15WCEE in Lisbon, Portugal, September

2012.
[12] Pampanin S. Towards the "ultimate earthquake-proof" building: development of an integrated low-damage system [M]. Perspectives on European earthquake engineering and seismology. Springer, 2015: 321-358.
[13] Chancellor N, Eatherton M, Roke D, Akbas T. Self-centering seismic lateral force resisting systems: high performance structures for the city of tomorrow [J]. Buildings, 2014, 4（3）: 520-548.
[14] 周颖，吕西林. 摇摆结构及自复位结构研究综述 [J]. 建筑结构学报，2011, 32（9）: 1-10.
[15] 吕西林，陈云，毛苑君. 结构抗震设计的新概念——可恢复功能结构 [J]. 同济大学学报（自然科学版），2011, 39（7）: 941-948.
[16] 吕西林，周颖，陈聪. 可恢复功能抗震结构新体系研究进展 [J]. 地震工程与工程振动，2014, 34（4）: 130-139.
[17] SPUR. The resilient city: Defining what san francisco needs from its seismic mitigation policies [R]. San Francisco, CA, the USA: the San Francisco Planning and Urban Research Association, 2009.
[18] Mieler M W, Stojadinovic B, Budnitz R J, Mahin S A, Comerio M C. Toward resilient communities: A performance-based engineering framework for design and evaluation of the built environment [R]. Headquarters at the University of California, Berkeley: Pacific Earthquake Engineering Research Center, 2013.
[19] NIST. Community resilience planning guide for buildings and infrastructure systems volume i [R]. NIST Special Publication 1190-1. National Institute of Standards and Technology, 2015.
[20] NIST. Community resilience planning guide for buildings and infrastructure systems volume ii [R]. NIST Special Publication 1190-2. National Institute of Standards and Technology, 2015.
[21] Cimellaro G P, Renschler C, Reinhorn A M, Arendt L. Peoples: A framework for evaluating resilience [J]. Journal of Structural Engineering, 2016, 142（10）: 04016063.
[22] FEMA P58. Seismic performance assessment of buildings volume 1-methodology [R]. FEMA P58-1,Prepared by the Applied Technology Council for the Federal Emergency Management Agency. Washington, D.C. 2012.
[23] ARUP. Reditm rating system: Resilience-based earthquake design initiative for the next generation of buildings [R]. ARUP Co., 2013.
[24] Mayes R, Reis E. The U.S. Resiliency Council ®（USRC）and the building rating system[C]// Proceedings of the 2nd Conference on Improving the Seismic Performance of Existing Buildings and Other Structures, San Francisco, California, United States: the Applied Technology Council and the Structural Engineering Institute of the American Society of Civil Engineers, 2015: 754-764.
[25] Cimellaro G P, Reinhorn A M, Bruneau M. Seismic resilience of a hospital system [J]. Structure and Infrastructure Engineering, 2010, 6（1-2）: 127-144.
[26] Cimellaro G P. Urban resilience for emergency response and recovery [M]. Springer International Publishing, 2016.
[27] FEMA 356. Pre-standard and commentary for the seismic rehabilitation of buildings [R]. Washington, D.C.: Federal Emergency Management Agency, 2000.
[28] Bruneau M, Chang S E, Eguchi R T, Lee G C, O'rourke T D, Reinhorn A M, Shinozuka M, Tierney K, Wallace W A, Von Winterfeldt D. A framework to quantitatively assess and enhance the seismic resilience of communities [J]. Earthquake spectra, 2003, 19（4）: 733-752.
[29] Leinenbach C, Kramer H, Bernhard C, Eifler D. Thermo-mechanical properties of an Fe-Mn-Si-Cr-Ni-Vc shape memory alloy with low transformation temperature [J]. Advanced Engineering Materials, 2012, 14（1-2）: 62-67.

[30] Cladera A, Oller E, Ribas C. Pilot experiences in the application of shape memory alloys in structural concrete [J]. Journal of Materials in Civil Engineering, 2014, 26（11）: 04014084.

[31] Alam M S, Nehdi M, Youssef M A. Seismic performance of concrete frame structures reinforced with superelastic shape memory alloys [J]. Smart Structures and Systems, 2009, 5（5）: 565-585.

[32] Shrestha K C, Araki Y, Nagae T, Koetaka Y, Suzuki Y, Omori T, Sutou Y, Kainuma R, Ishida K. Feasibility of Cu-Al-Mn superelastic alloy bars as reinforcement elements in concrete beams [J]. Smart Materials and Structures, 2013, 22（2）: 025025.

[33] Moradi S, Alam M S. Feasibility study of utilizing superelastic shape memory alloy plates in steel beam-column connections for improved seismic performance [J]. Journal of Intelligent Material Systems and Structures, 2014, 26（4）: 463-475.

[34] Xu X, Zhang Y, Luo Y. Self-centering modularized link beams with post-tensioned shape memory alloy rods [J]. Engineering Structures, 2016, 112: 47-59.

[35] 毛晨曦，王大磊，王涛，李惠．安装 SMA 阻尼器的钢筋混凝土连梁拟静力试验［J］．地震工程与工程振动，2014, 34（4）: 140-147.

[36] Zafar A, Andrawes B. Seismic behavior of SMA-FRP reinforced concrete frames under sequential seismic hazard [J]. Engineering Structures, 2015, 98: 163-173.

[37] Jalaeefar A, Asgarian B. Experimental investigation of mechanical properties of Nitinol structural steel and their hybrid component [J]. Journal of Materials in Civil Engineering, 2013, 25（10）: 1498-1505.

[38] 陈云，吕西林，蒋欢军．新型耗能增强型 SMA 阻尼器设计和滞回耗能性能分析［J］．中南大学学报（自然科学版），2013, 44（6）: 2527-2536.

[39] Ozbulut O E, Michael R J, Silwal B. Seismic performance assessment of steel frames upgraded with self-centering viscous dampers[C]//Proceedings of the 33rd IMAC, A Conference and Exposition on Structural Dynamics, Dynamics of civil structures. Orlando, Florida: the Society for Experimental Mechanics, 2015（2）: 421-432.

[40] Rafiqul Haque A B M, Shahria Alam M. Cyclic performance of a piston based self-centering bracing system [M]. Structures Congress 2015, 2015.

[41] Soul H, Yawny A. Self-centering and damping capabilities of a tension-compression device equipped with superelastic niti wires [J]. Smart Materials and Structures, 2015, 24（7）: 075005.

[42] Lin Y, Sause R, Ricles J. Seismic performance of steel self-centering, moment-resisting frame: hybrid simulations under design basis earthquake [J]. Journal of Structural Engineering, 2013, 139（11）: 1823-1832.

[43] Pekcan G, Itani A M, Linke C. Enhancing seismic resilience using truss girder frame systems with supplemental devices [J]. Journal of Constructional Steel Research, 2014, 94: 23-32.

[44] 吕西林，崔晔，刘兢兢．自复位钢筋混凝土框架结构振动台试验研究［J］．建筑结构学报，2014, 35（1）: 19-26.

[45] Rodgers G, Mander J, Chase J, Dhakal R. Beyond ductility: Parametric testing of a jointed rocking beam-column connection designed for damage avoidance [J]. Journal of Structural Engineering, 2015, 142（8）: C4015006.

[46] 蔡小宁，孟少平，孙巍巍．自复位预制框架边节点组件受力性能试验研究［J］．工程力学，2014, 31（3）: 160-167.

[47] Darling S C. Seismic response of short period structures and the development of a self-centering truss moment frame with energy-dissipating elements for improved performance [D]. Blacksburg, Virginia: Virginia Polytechnic Institute and State University, 2012.

[48] 滕军，马伯涛，李卫华，张浩，曹冬雪. 联肢剪力墙连梁阻尼器伪静力试验研究 [J]. 建筑结构学报，2010, 31（12）: 92-100.
[49] Christopoulos C, Montgomery M. Viscoelastic coupling dampers（VCDS）for enhanced wind and seismic performance of high-rise buildings [J]. Earthquake Engineering & Structural Dynamics, 2013, 42（15）: 2217-2233.
[50] 纪晓东，王彦栋，马琦峰，钱稼茹. 可更换钢连梁抗震性能试验研究 [J]. 建筑结构学报，2015, 36（10）: 1-10.
[51] 孔子昂，王涛，施唯，潘鹏. 采用消能连梁的高层结构整体分析与试验研究 [J]. 地震工程与工程振动，2016, 36（4）: 9-18.
[52] 吕西林，陈云，蒋欢军. 带可更换连梁的双肢剪力墙抗震性能试验研究 [J]. 同济大学学报（自然科学版），2014, 42（2）: 175-182.
[53] Clough R W, Huckelbridge A A. Preliminary experimental study of seismic uplift of a steel frame [R]. Earthquake Engineering Research Center, College of Engineering, University of California, 1977.
[54] Pollino M. Seismic design for enhanced building performance using rocking steel braced frames [J]. Engineering Structures, 2015, 83: 129-139.
[55] Lu X L, Cui Y, Liu J J, Gao W J. Shaking table test and numerical simulation of a 1/2-scale self-centering reinforced concrete frame [J]. Earthquake Engineering & Structural Dynamics, 2015, 44（12）: 1899-1917.
[56] Song L-L, Guo T, Gu Y, Cao Z-L. Experimental study of a self-centering prestressed concrete frame subassembly [J]. Engineering Structures, 2015, 88: 176-188.
[57] Dowden D M, Clayton P M, Li C-H, Berman J W, Bruneau M, Lowes L N, Tsai K-C. Full-scale pseudodynamic testing of self-centering steel plate shear walls [J]. Journal of Structural Engineering, 2015, 142（1）: 04015100.
[58] 吴浩，吕西林，蒋欢军，施卫星，李检保. 预应力预制混凝土剪力墙抗震性能试验研究 [J]. 建筑结构学报，2016, 37（5）: 208-217.
[59] Lu X, Dang X, Qian J, Zhou Y, Jiang H. Experimental study of self-centering shear walls with horizontal bottom slits [J]. Journal of Structural Engineering, 2017, 143（3）: 04016183.
[60] Khanmohammadi M, Heydari S. Seismic behavior improvement of reinforced concrete shear wall buildings using multiple rocking systems [J]. Engineering Structures, 2015, 100: 577-589.
[61] 刘璐，吴斌，李伟，赵俊贤. 一种新型自复位防屈曲支撑的拟静力试验 [J]. 东南大学学报（自然科学版），2012, 42（3）: 536-541.
[62] Zhou Z, Xie Q, Lei X C, He X T, Meng S P. Experimental investigation of the hysteretic performance of dual-tube self-centering buckling-restrained braces with composite tendons [J]. Journal of Composites for Construction, 2015, 19（6）: 04015011.
[63] 徐龙河，樊晓伟，代长顺，李忠献. 预压弹簧自恢复耗能支撑受力性能分析与试验研究 [J]. 建筑结构学报，2016, 37（9）: 142-148.
[64] Kiggins S, Uang C M. Reducing residual drift of buckling-restrained braced frames as a dual system [J]. Engineering Structures, 2006, 28（11）: 1525-1532.
[65] Pettinga D, Christopoulos C, Pampanin S, Priestley N. Effectiveness of simple approaches in mitigating residual deformations in buildings [J]. Earthquake Engineering and Structural Dynamics, 2007, 36（12）: 1763-1783.
[66] Eatherton M R, Ma X, Krawinkler H, Deierlein G G, Hajjar J F. Quasi-static cyclic behavior of controlled rocking steel frames [J]. Journal of Structural Engineering, 2014, 140（11）: 04014083.
[67] 党像梁，吕西林，周颖. 底部开水平缝预应力自复位剪力墙试验设计及结果分析 [J]. 地震工

程与工程振动, 2014, 34（6）: 103-112.

[68] Lu X, Yang B, Zhao B. Shake-table testing of a self-centering precast reinforced concrete frame with shear walls [J]. Earthquake Engineering and Engineering Vibration, 2018, 17（2）: 221-233.

[69] 曲哲, 和田章, 叶列平. 摇摆墙在框架结构抗震加固中的应用[J]. 建筑结构学报, 2011, 32(9): 11-19.

[70] 吴守君, 潘鹏, 张鑫. 框架－摇摆墙结构受力特点分析及其在抗震加固中的应用[J]. 工程力学, 2016, 33（6）: 54-60, 67.

[71] Qu B, Sanchez-Zamora F, Pollino M. Mitigation of inter-story drift concentration in multi-story steel concentrically braced frames through implementation of rocking cores [J]. Engineering Structures, 2014, 70: 208-217.

[72] Blebo F C, Roke D A. Seismic-resistant self-centering rocking core system [J]. Engineering Structures, 2015, 101: 193-204.

[73] Wu S, Pan P, Nie X, Wang H, Shen S. Experimental investigation on reparability of an infilled rocking wall frame structure [J]. Earthquake Engineering & Structural Dynamics, 2017, 46（15）: 2777-2792.

[74] Dyanati M, Huang Q, Roke D. Seismic demand models and performance evaluation of self-centering and conventional concentrically braced frames [J]. Engineering Structures, 2015, 84: 368-381.

[75] Clayton P M, Berman J W, Lowes L N. Subassembly testing and modeling of self-centering steel plate shear walls [J]. Engineering Structures, 2013, 56: 1848-1857.

[76] Cui Y, Lu X, Jiang C. Experimental investigation of tri-axial self-centering reinforced concrete frame structures through shaking table tests [J]. Engineering Structures, 2017, 132: 684-694.

[77] 鲁亮, 李鸿, 刘霞, 吕西林. 梁端铰型受控摇摆式钢筋混凝土框架抗震性能振动台试验研究[J]. 建筑结构学报, 2016, 37（3）: 59-66.

[78] Heidari A, Gharehbaghi S. Seismic performance improvement of special truss moment frames using damage and energy concepts [J]. Earthquake Engineering & Structural Dynamics, 2015, 44（7）: 1055-1073.

[79] 吕西林, 陈聪. 带有可更换构件的结构体系研究进展[J]. 地震工程与工程振动, 2014, 34（1）: 27-36.

[80] 吕西林, 陈聪. 设置可更换连梁的双筒体混凝土结构振动台试验研究[J]. 建筑结构学报, 2017, 38（8）: 45-54.

[81] 毛苑君, 吕西林. 带可更换墙脚构件剪力墙的低周反复加载试验[J]. 中南大学学报（自然科学版）, 2014, 45（6）: 2029-2040.

[82] 刘其舟, 蒋欢军. 新型可更换墙脚部件剪力墙设计方法及分析[J]. 同济大学学报（自然科学版）, 2016, 44（1）: 37-44.

[83] Christopoulos C, Erochko J. Self-centering energy-dissipative（SCED）brace: Overview of recent developments and potential applications for tall buildings [C]//Proceedings of International Conference on Sustainable Development of Critical Infrastructure. Shanghai, China: the International Cooperation & Exchange Committee of the China Civil Engineering Society（CCES）and the Council on Disaster Risk Management of ASCE, 2014: 488-495.

[84] 曲哲, 叶列平. 摇摆墙－框架体系的抗震损伤机制控制研究[J]. 地震工程与工程振动, 2011, 31（4）: 40-50.

[85] 杜永峰, 武大洋. 基于刚度需求设计的轻型消能摇摆架减震性态分析[J]. 土木工程学报, 2014, 47（1）: 24-35.

[86] Terán-Gilmore A, Ruiz-García J, Bojórquez-Mora E. Flexible frames as self-centering mechanism for buildings having buckling-restrained braces [J]. Journal of Earthquake Engineering, 2015, 19（6）: 978-990.

[87] Takeuchi T, Chen X, Matsui R. Seismic performance of controlled spine frames with energy-dissipating members [J]. Journal of Constructional Steel Research, 2015, 114: 51-65.

[88] 武大洋，吕西林. 复合自复位结构基于概率的性能评估[J]. 建筑结构学报，2017, 38（8）: 14-24.

[89] FEMA 273. NEHRP guidelines for the seismic rehabilitation of buildings [R]. Washington D.C.: Federal Emergency Management Agency, 1997.

[90] ASCE/SEI41-06. Seismic rehabilitation of existing buildings [M]. American Society of Civil Engineers, Reston, VA. 2007.

[91] Cimellaro G P, Reinhorn A M, Bruneau, M. Framework for analytical quantification of disaster resilience [J]. Engineering Structures, 2010, 32（11）: 3639-3649.

[92] Tirca L, Serban O, Lin L, Wang M, Lin N. Improving the seismic resilience of existing braced-frame office buildings [J]. Journal of Structural Engineering, 2015, 142（8）: C4015003.

第 2 章　自复位钢筋混凝土框架结构体系

2.1　自复位框架结构体系基本原理

自复位结构体系是一种在强震或特大地震作用后，依然可以回复初始位置的结构体系。与普通结构相比，该结构体系的优点是结构在地震下的损伤小，残余变形小，震后主体结构不需修复或稍加修复即可重新投入使用。自复位钢筋混凝土框架结构是一种预应力连接的预制钢筋混凝土框架，预制梁柱仅通过预应力筋或专门用于耗能的普通钢筋或阻尼器进行连接。但是与普通预应力连接的预制结构不同，自复位框架结构的节点连接并不仅仅是为了提供可靠的、性能与普通现浇结构相当的连接，而是为了保证结构在大变形下节点位置不会产生过大的损伤，同时保证节点在变形后能回复原位。自复位框架的节点之所以能具备这些优点得益于构件间接触界面的摇摆机制和无粘结预应力技术的应用。

摇摆机制是发生在两个接触面之间的一种非线性变形机制。如图 2.1-1 所示，当块体在平面上来回摇摆时，转动中心在 O 与 O' 之间转换。因此作用在块体上的竖向力产生的弯矩，始终帮助块体回复其初始位置，即重力势能最低的位置。显然只要两个转动中心分别位于块体中轴线的两侧，那么在竖向力的作用下，摇摆的块体总是能回复到其初始位置。与此同时，由于转动中心的变换，块体在摇摆过程中存在着能量损失，这也为结构提供了有益的附加阻尼。在自复位结构体系中，摇摆机制不仅存在于基础与构件之间，同样也存在于构件与构件之间。构件与构件在预应力的作用下被压紧，其接触界面间在结构的变形过程中形成摇摆机制，为结构提供自复位能力的同时消耗地震能量。由于接触界面之间不传递拉力，仅承受压力的作用，因此在构件端部不会形成钢筋受拉屈服而产生的塑

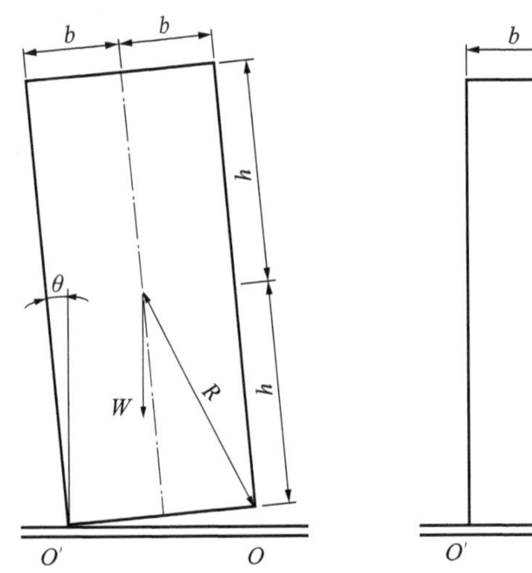

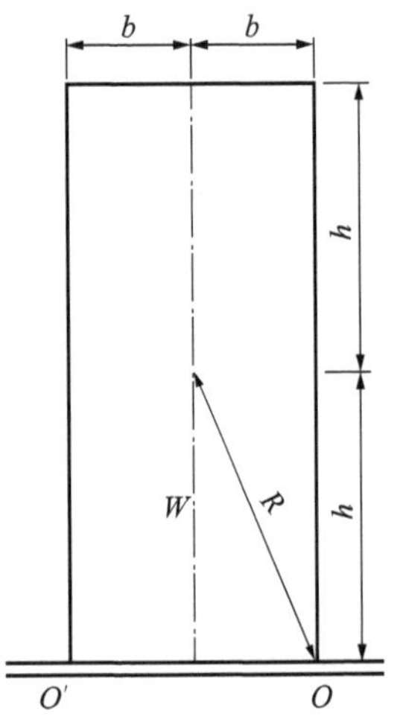

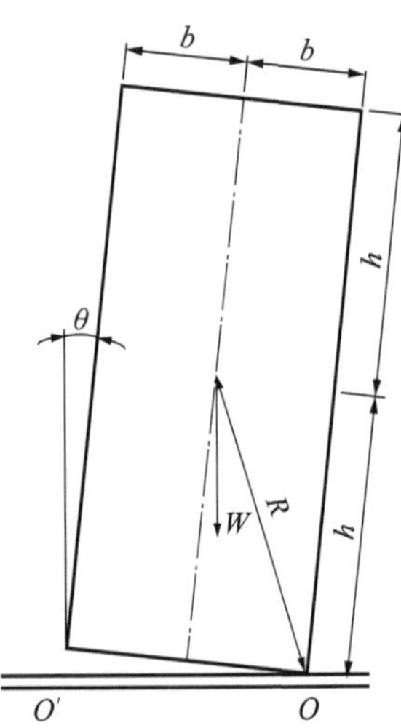

图 2.1-1　Housner 所使用的刚体摇摆模型[1]

性较，各构件基本保持弹性状态，大大减轻结构的损伤。在构件接触界面采取适当的保护措施后，自复位结构在地震下的损伤完全可以被控制到不需修复即可重新投入使用的程度。

在构件摇摆过程中，复位力的大小与接触界面法向所受的压力直接相关。摇摆机制若要实现自复位，必须保证构件在摇摆的全过程中接触界面恒受压。对于竖向构件来说，结构自身所受重力即可保证接触界面受压，对于水平构件来说，必须有一个挤压构件的外力（预应力）才能使构件复位。传统的有粘结预应力技术在混凝土与预应力筋间形成了可靠的粘结，这使得预应力筋的变形被集中在构件端部的小范围内，因此在很小的变形下，预应力筋就会屈服。当塑性变形产生的预应力损失超过了张拉的预应力幅值后，构件间的挤压力就消失了，构件将失去自复位的能力。无粘结预应力技术使得预应力筋在锚固端之间均匀变形，集中在构件端部的变形被分散在整个锚固长度中，大大提高了对预应力筋变形能力的利用，因此经过合理的设计完全可以使预应力筋在结构变形的全过程中不产生塑性变形，保证了构件间的挤压力与结构的复位能力。同时，在结构摇摆过程中，预应力筋会因拉伸变形而增加施加于接触界面的挤压力，这个效应使得预应力筋在结构开始摇摆后可以为结构提供一定的刚度，该刚度是结构刚度的有效补充。当结构或构件仅依靠重力提供构件间挤压力时，在结构或构件开始摇摆后，随着重力的合力作用点逐渐接近转动中心，结构或构件的水平抗力会逐渐下降，即 $P-\varDelta$ 效应（图 2.1-2（*a*））。无粘结预应力筋的加入会在结构开始摇摆后为结构提供一个额外的抗侧刚度，当该刚度大于 $P-\varDelta$ 效应产生的负刚度时，结构就可以获得一个两段刚度均为正值的双线弹性力位移关系（图 2.1-2（*b*））。

由于预应力筋与主要结构构件在结构变形过程中均基本保持弹性状态，因此结构缺乏足够的耗能机制。研究者们将阻尼器（一般为金属位移型阻尼器或摩擦型阻尼器）设置在摇摆界面间为结构或构件提供额外的滞回阻尼。增加了滞回阻尼后结构的力 - 位移关系由双线性弹性变为旗帜形（图 2.1-2（*c*））。旗帜形的滞回关系兼顾了结构的耗能能力与自复位能力。

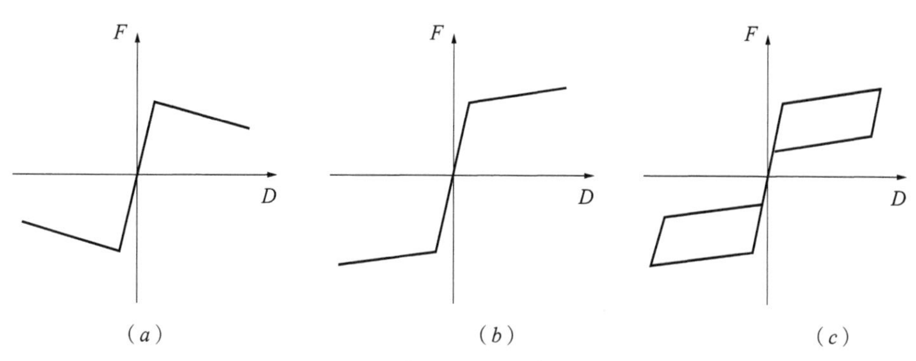

图 2.1-2　摇摆构件的恢复力示意图

上述这些机制在无粘结预应力连接的预制框架结构中都可以实现，然而该类结构由于缺乏一些保护接触界面的构造措施，同时在设计中也没有考虑使得结构具有在预应力的作用下回复原位的能力，因此虽然具有比普通现浇框架结构更小的残余变形，但是结构损伤与刚度退化仍然较为严重。典型的预应力预制框架的反复加载曲线见图 2.1-3（*a*）所示，可以看到结构在达到最大承载力之后逐渐软化，同时随着刚度退化的增加，残余变形也逐渐增加。而典型自复位框架在反复荷载作用下的力－位移关系如图 2.1-3（*b*）所示，随着加载位移的增大，自复位框架的刚度并没有明显的退化，同时，结构的残余层间位移角也保持在一个较小的水平。

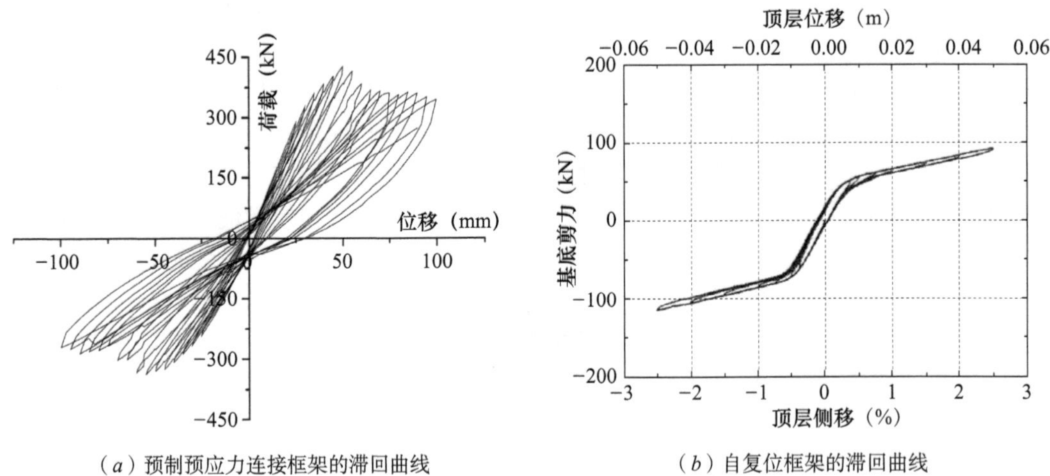

（*a*）预制预应力连接框架的滞回曲线　　（*b*）自复位框架的滞回曲线

图 2.1-3　无粘结预应力框架与自复位框架滞回曲线比较

自复位节点受力过程可分为两阶段：小震下，梁柱接触面保持贴合，节点抗弯刚度连续；中震或大震下，梁柱接触面在受拉区分离，节点刚度显著降低，耗能构件介入耗能，震后节点在预应力的作用下自复位。图 2.1-4（*a*）为不带耗能构件的自复位体系的滞回曲线，图 2.1-4（*b*）为耗能构件的滞回曲线，二者组合即为带有耗能构件自复位体系，滞回曲线呈图 2.1-4（*c*）所示的“旗帜”形。自复位节点的弯矩－转角曲线分几个阶段：OA 段梁柱接触面在预应力作用下紧密贴合；A 点对应的弯矩为消压弯矩（Decompression moment），继续加载则梁柱接触面分离；B 点耗能构件开始屈服，直至完全塑性（C 点），继续加载至 E 点则预应力筋屈服；在 CE 段中间的 D 点卸载，节点在预应力的作用下自复位，耗能构件仍继续耗能直至梁柱接触面再次贴合，节点无残余变形（F 点）。

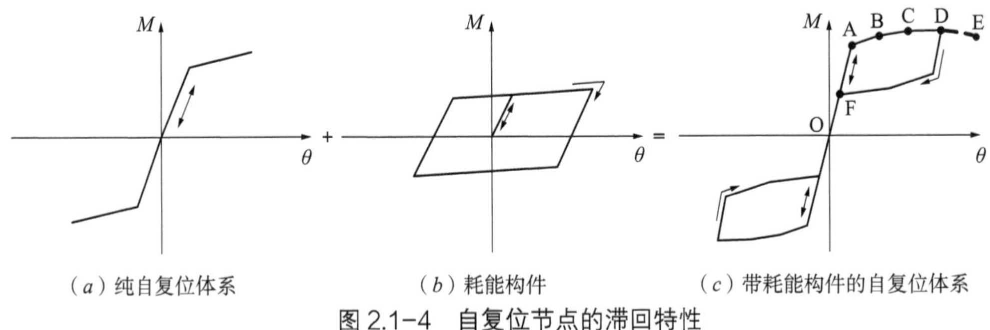

（*a*）纯自复位体系　　（*b*）耗能构件　　（*c*）带耗能构件的自复位体系

图 2.1-4　自复位节点的滞回特性

可见自复位框架结构的变形模式是由节点界面的转动行为控制的，结构体系在地震作用下的变形能力、耗能能力与恢复性能都取决于自复位连接的构造与设计，而与构件的中间段几乎无关。因此，对自复位结构体系的研究就集中在自复位连接的构造与性能上。

根据已有的研究成果，自复位连接从位置和功能上可以分为三种：自复位梁柱节点、自复位柱脚节点以及自复位梁板连接。这些连接要在承担结构大部分变形的基础上保证结构的可恢复性能，同时也要为结构提供额外的阻尼以防止结构产生过大的变形。因而相比于传统框架或无粘结预应力预制框架，自复位框架节点的构造与设计要复杂得多，在结构体系中的地位也重要得多。根据现有的研究成果，框架中自复位连接的构造可以归为三类：第一类是为节点提供稳定复位力的构造，该复位力需要在结构变形的全过程中保持弹性，并且其产生的抵抗弯矩应始终指向结构的初始位置；第二类是防止节点在变形过程中产生过大破坏的构造措施，这些构造措施一般出现在构件与构件的接触界面间，防止构件间由于过大的局部应变而产生永久性的不可修复的损伤；第三类是为结构提供额外耗能能力的构造，这类构造的目的是减小结构的整体变形，让结构可以通过更小的截面与更低的强度达到结构的变形目标。这三类构造中，第一类与第二类是必不可少的，若第一类构造缺失或设置不合理，则结构无法回复原位，自复位就无从谈起。若第二类构造缺失，那么过大的局部损伤不仅会极大地妨碍震后修复，同时，接触界面上过大的塑性变形也会妨碍结构的复位能力。第三类构造措施若采用得当，能大大提高结构的经济性与安全性，因此近几年一直是研究的热点。

2.2　自复位框架结构体系研究动态

自复位结构体系的研究最早始于对结构因发生基础抬升而产生摇摆的力学性能认识和解释上。Housner 在 1963 年的论文中[1]，对看似不稳定的细高形水塔结构却没有在智利地震中（1960 年）发生显著破坏的震害调查结果给出了解释。他指出，由于水塔基础连接薄弱，在地震中结构底部发生了抬起，由此减轻了地震作用而免受损伤。与之类似，Priestley 等[2]在文献中指出，看上去并不稳定的细长油罐，在地震中因为油罐底部抬起，进而发生摇摆而免遭破坏；相反，与油罐邻近的看似更加稳定的建筑物却在地震中遭到了破坏。Rutenberg 等[3]同样将在 1971 年 San Fernando 地震中距离震中很近却只遭受轻微损伤的两栋钢筋混凝土框架－剪力墙结构的震害表现归结于结构底部基础的抬升。上述震害分析结果已初步表明，结构在地震中由于底部抬起而产生的摇摆现象将有助于减小结构的地震损伤破坏。Clough 等[4]进一步对一个三层钢框架结构进行了振动台试验，结果表明，释放框架柱底部约束将显著减小结构的地震作用及延性需求。

2.2.1　自复位钢框架及自复位中心支撑框架

自复位钢框架作为传统钢框架体系的一种改进形式，在框架梁－柱节点处采用了自复位节点。传统钢框架节点通常采用焊接或螺栓连接方式将梁、柱构件相连，因此这样的节点通常为刚性或半刚性节点。自复位钢框架体系的梁、柱构件是通过后张拉预应力筋将梁与柱相连，图 2.2-1（*a*）、图 2.2-1（*b*）分别为传统钢框架焊接节点和自复位钢框架后张拉（自复位）节点示意[5]。

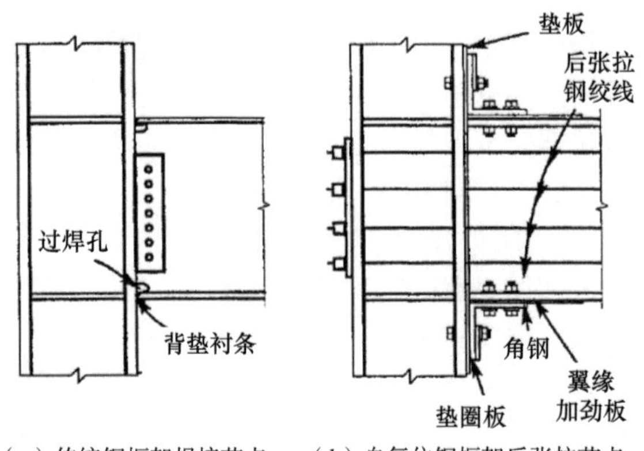

（*a*）传统钢框架焊接节点　（*b*）自复位钢框架后张拉节点

图 2.2-1　钢框架节点

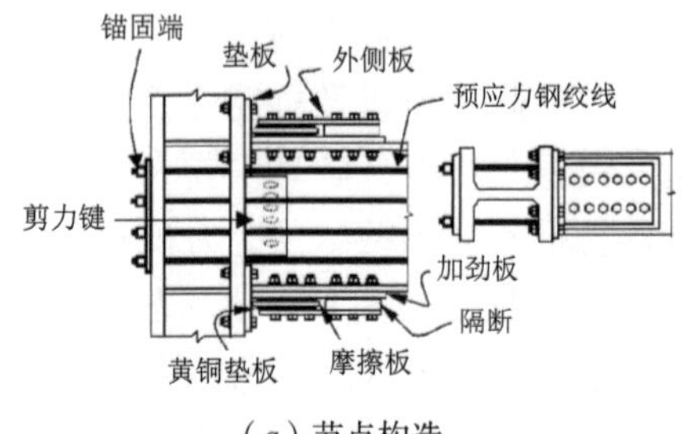

（*a*）节点构造

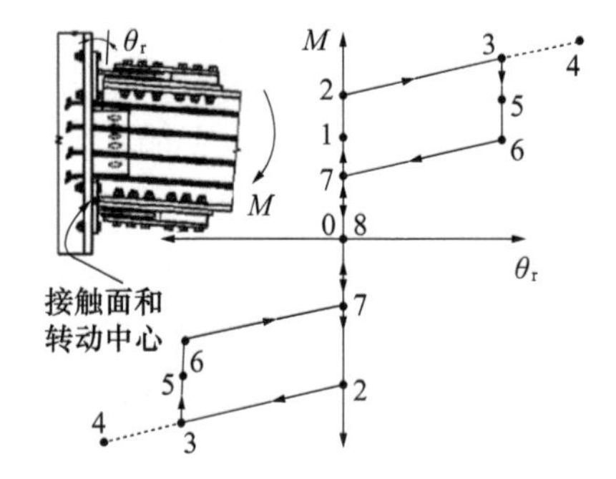

（*b*）理想弯矩 - 相对转角关系

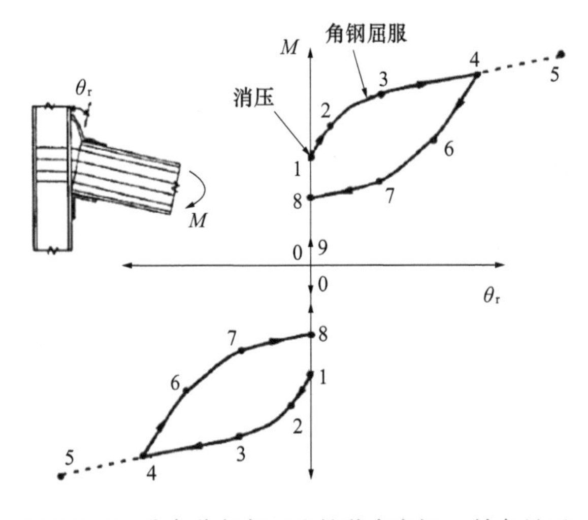

图 2.2-2　自复位框架后张拉节点弯矩 - 转角关系

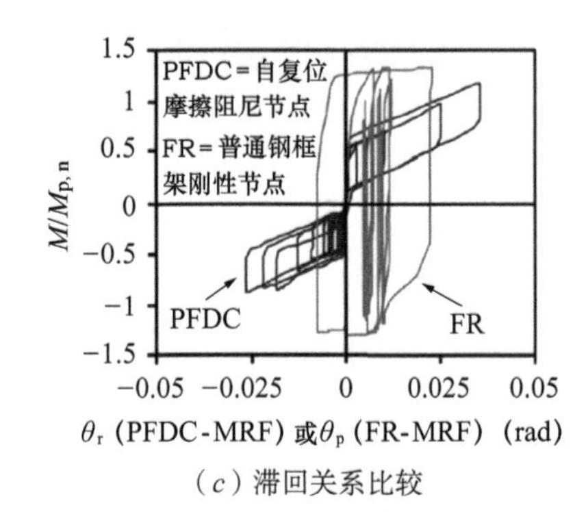

（*c*）滞回关系比较

图 2.2-3　自复位摩擦阻尼节点

在反复荷载作用下，自复位钢框架节点的变形机制是梁柱界面间接缝的反复张开和闭合。图 2.2-2 为自复位钢框架节点的弯矩 - 转角关系示意，图中的转角（θ_r）为梁柱界面接缝张开时两者的相对转角。在节点接缝张开后，预应力筋提供恢复力使得接缝趋于闭合。Ricles 等[5]的研究结果表明，自复位钢框架节点的损伤破坏主要集中于钢梁顶部和底部的角钢，且角钢作为塑性铰起到耗能的作用。由于梁柱接缝的张开，梁、柱构件本身没有任何损伤，而梁柱节点在变形后可以自复位而没有残余变形。Rojas[6]等对上述自复位钢框架节点构造进行了改造，采用摩擦装置代替钢梁顶部和底部的角钢，并称之为自复位摩擦阻尼节点。图 2.2-3（*a*）、图 2.2-3（*b*）分别为自复位摩擦阻尼节点的构造细节及其理想弯矩 - 相对转角关系。如图 2.2-3（*a*）所示，原先自复位钢框架节点的上下角钢由摩擦板和黄铜垫板代替，框架梁中的剪力通过腹板的剪力键传递给柱。当梁柱界面接缝张开时，通过摩擦板之间的摩擦作用提供耗能。自复位摩擦阻尼节点的自复位特性可从图 2.2-3（*c*）中其与普通钢框架刚性节点的弯矩 - 转角滞回曲线对比中看出。

在自复位钢框架体系基础上，美国里海大学的研究人员开发了自复位中心支撑钢框架体系，图 2.2-4 为自复位中心支撑钢框架体系示意。从图 2.2-4 中可以看出，该体系由中心支撑钢框架、预应力筋、摩擦支座以及重力柱（承重框架）等构成。中心支撑钢框架柱底部允许发生抬起，而预应力筋则锚固于基础和结构顶部，并且提供结构摇摆后自复位所需的竖向恢复力。摩擦支座除了起到将水平地震力由楼板和重力柱传至自复位中心支撑框架的作用外，还起到提供摩擦耗能的作用。

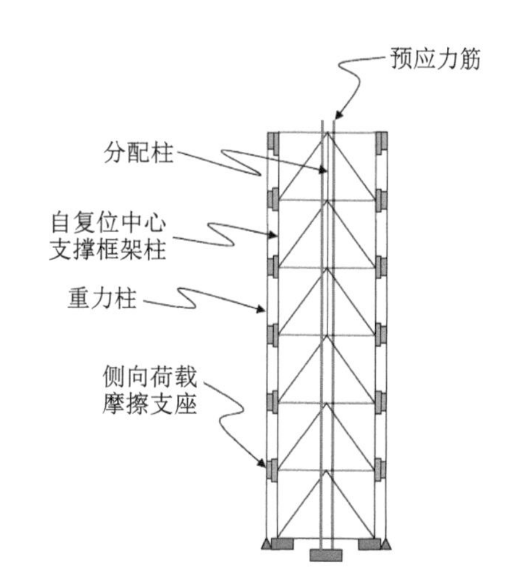

图 2.2-4　自复位中心支撑钢框架体系

图 2.2-5（*a*）为在里海大学进行的一个缩尺比为 3/5 的自复位中心支撑钢框架的混合模拟试验[7]。试验采用 31 条从基本烈度到罕遇烈度进行调幅的地震动输入，对该试件进行了性能评估。试验结果表明，自复位中心支撑钢框架具有免损伤、自复位的特性。图 2.2-5（*b*）为试验后无损伤的自复位中心支撑钢框架试件。

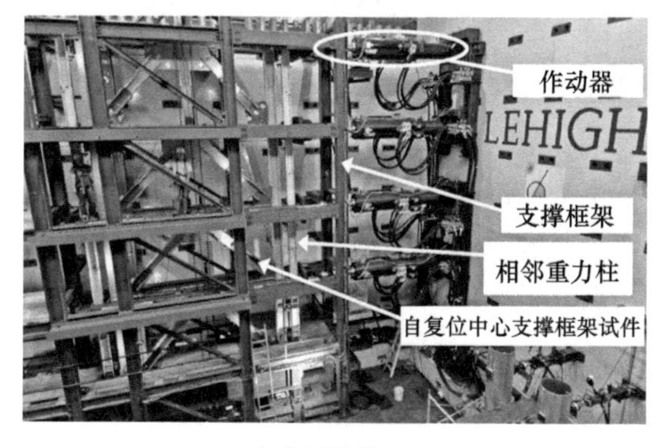

（*a*）试验前

（*b*）试验后无损伤试件

图 2.2-5　四层自复位中心支撑钢框架试验

2.2.2　自复位钢筋混凝土框架

1991 年，PRESSS（Precast Seismic Structural Systems）项目由美国和日本联合开展[8]，拟通过进行大量的试验和理论研究，探讨预制结构体系在地震区的可行性，在最大限度保证预制结构优势的前提下研究提高其抗震性能的新技术。试验的变量包括预应力筋的位置与数量，预应力筋的粘结情况（无粘结、部分无粘结、有粘结），使用低屈服点耗能钢筋的情况。该项目的研究报告认为：采用预应力连接的钢筋混凝土梁柱节点在性能上不差于普通的现浇节点。试验中的无粘结或部分无粘结预应力预制钢筋混凝土节点表现出了良好的变形能力，其损伤远远小于其他类型的节点并且具备一定的自复位能力；当节点中增加了耗能钢筋后，其耗能能力也得到了兼顾。图 2.2-6 为该试验中一个部分粘结预应力框架节点试验，可以看出该节点已经基本具备了旗帜形的力 - 位移关系。

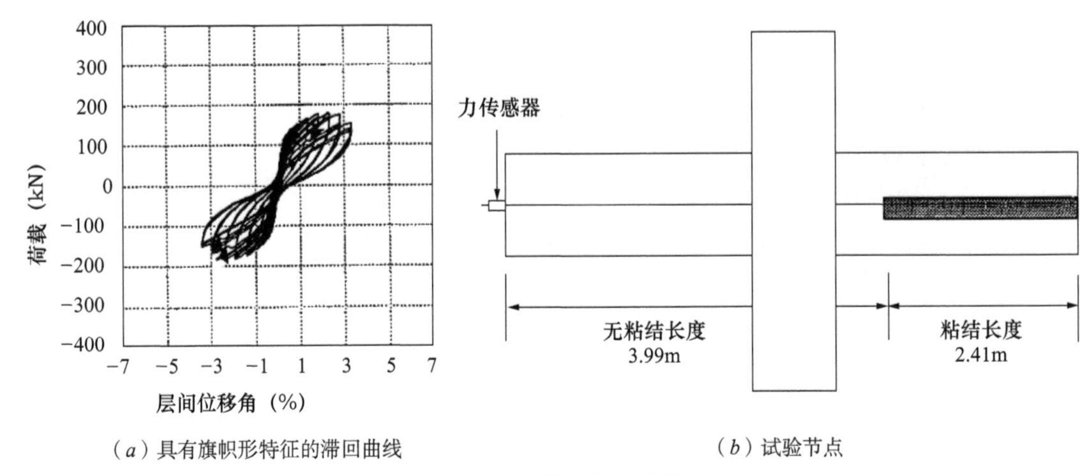

（*a*）具有旗帜形特征的滞回曲线 （*b*）试验节点

图 2.2-6 PRESSS 项目中的试件 M-P-Z5

1996 年，Priestley 和 MacRae [9] 再次进行了预制预应力梁柱节点的抗震性能试验研究（图 2.2-7）。试验包括一个跨中节点和一个跨边节点，在梁端的接触界面附近设置螺旋箍筋以防止梁端局部受压失效。结果表明，节点的变形能力很强，在远超设计位移角的变形下并没有明显的强度退化。节点区域在仅配置少量抗剪钢筋的情况下并未发生破坏，这表明接触梁柱接触界面间不传递拉力起到了对节点区域的保护作用。试件在完成试验后的破坏很小，仅需要少量修复即可重新投入使用。节点的残余变形约为最大变形的 2.2%，这表明结构在地震过后的残余变形会非常小。同时期，El-Sheikh 等 [11] 研究了无粘结后张拉预制混凝土框架，进行了 6 层无粘结预应力自复位钢筋混凝土结构的数值分析研究，提出的纤维模型和弹簧模型可用于该类结构的分析。研究表明这类框架的力学性能在小震和中震作用下呈非线性弹性，而且结构几乎没有受到损坏，即使在大震的作用下，也不会发生倒塌，可以用在混凝土框架结构中。

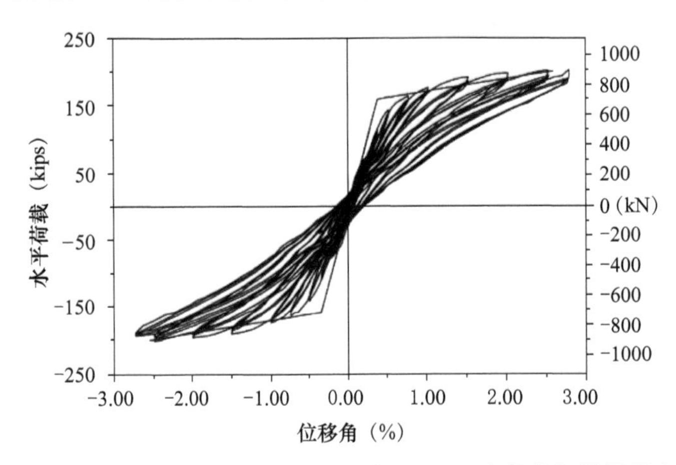

图 2.2-7 自复位钢筋混凝土框架

2004 年，Morgen 等 [12] 开发了一种新型自复位梁柱节点（图 2.2-8）。该节点的混凝土部分采用与 Priestley 相同的构造方式，在梁端采用螺旋箍筋进行强化，防止梁端混凝土局部破坏。此外 Morgen 等还在梁端增加了摩擦型阻尼器以增加节点的耗能能力，试验结果表明该类型的节点可以承受很大的变形而破坏很小。阻尼器的增加显著提高了节点的耗能能力，同时带有阻尼器的试件破坏也要小于不带阻尼器的试件。Morgen 等认为节点中的阻尼器需要经过合理的设计，以使节点在耗能能力与自复位性能上取得平衡。

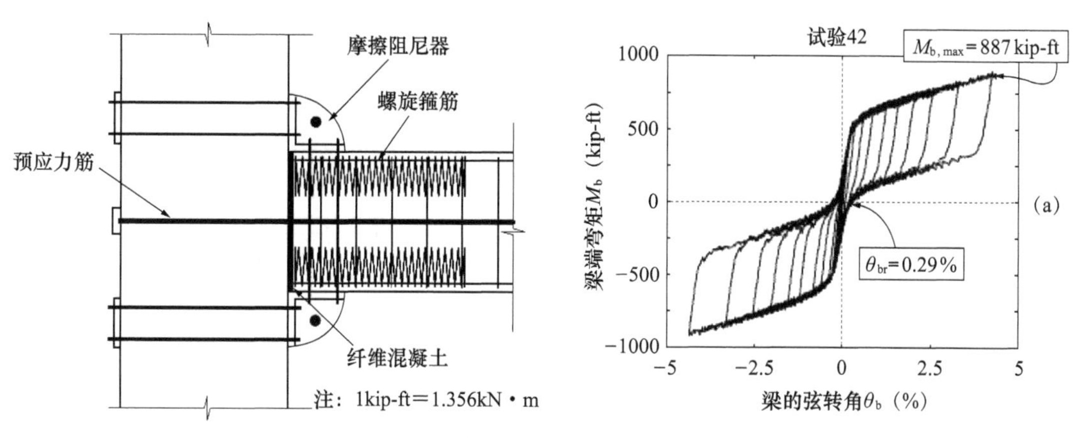

图 2.2-8　带摩擦阻尼器的自复位梁柱节点

2008 年，Solberg 等[13]提出了一种防损伤的梁柱节点并进行了双轴往复加载拟静力试验（图 2.2-9）。在该节点中，角钢被放置在梁端的上下边缘处以防止混凝土的局部损伤，梁内纵筋通过 Reidbar 钢筋套筒与角钢焊接在一起。通过这种方式，梁内的纵筋可以参与接触界面上的局部承压，改善了之前接触界面上仅利用混凝土承压的状况，大大减轻了梁端接触界面上的局部破坏。试验结果表明，该节点在 4% 层间位移角的变形下只在保护角钢附近发生了少量的破坏，梁的其余部分保持了完好。额外加入的阻尼器显著增加了梁柱节点的耗能能力，并为节点提供了额外的承载力。

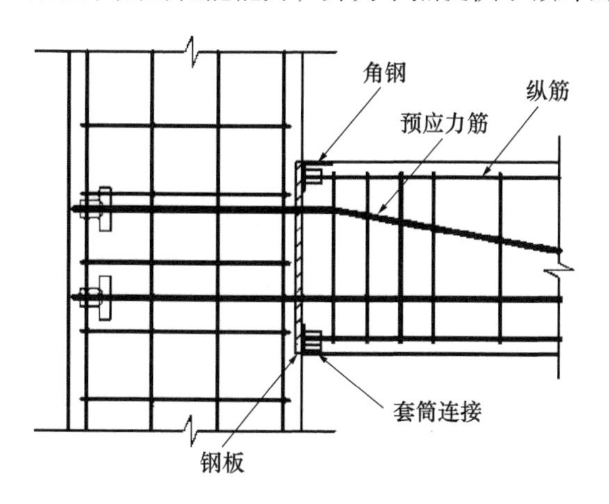

图 2.2-9　损伤减免梁柱节点

自复位柱方面，Roh 和 Reinhorn[14]分析了摇摆构件摇摆的全过程，进行了摇摆柱模型的静力往复加载试验（图 2.2-10），并提出了适用于有限元分析的摇摆构件宏观摇摆模型。分析结果表明摇摆框架可以有效减小构件内力，通过消能措施，振动幅度也得到了控制。

图 2.2-10　Roh 的摇摆柱静力往复加载试验

汪训流等[15]研究了无粘结高强钢绞线钢筋混凝土柱的自复位能力和抗震性能。通过无粘结高强钢绞线钢筋混凝土柱的拟静力试验，对轴压比、纵筋配筋指标、钢绞线配筋强度比和钢绞线配置方式等做了参数分析，并提出了无粘结高强钢绞线钢筋混凝土柱屈服曲率、等效塑性铰长度以及自复位能力系数的计算公式。

Song 等[16]提出了一种腹板摩擦式自复位预应力混凝土框架梁柱节点形式（图 2.2-11），通过低周反复加载试验和数值分析，对节点的抗震性能和耗能特性进行研究，分析钢绞线预应力、螺杆预应力、梁端钢套、螺旋箍筋等参数对于节点性能的影响，并进行了易损性分析。试验结果表明，腹板摩擦式自复位预应力混凝土框架梁柱节点具有震后自动复位、主体结构基本无损、耗能机制明确等优点，位于梁端腹板的摩擦装置则提供了良好的耗能能力。

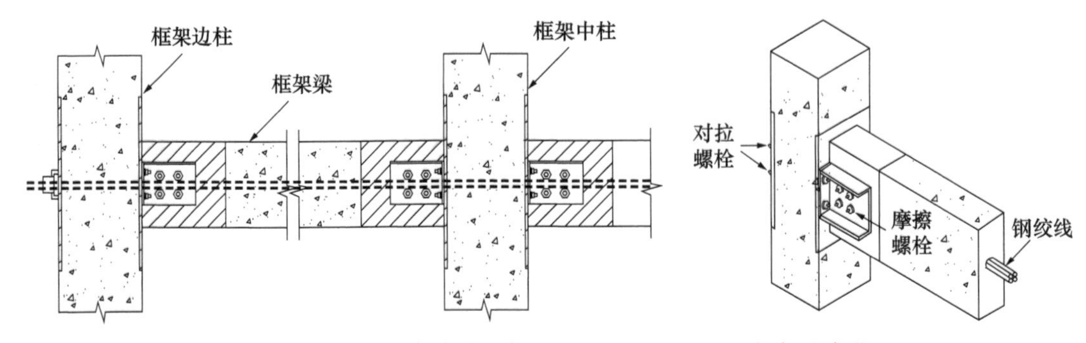

图 2.2-11　腹板摩擦式自复位预应力钢筋混凝土框架示意图

在自复位结构的模拟方面，新西兰的 Spieth 等[17]开发了一种关于自复位梁柱节点的模拟方法，如图 2.2-12 所示，采用一组多弹簧接触单元来模拟自复位梁柱节点，并将模拟效果与试验结果进行了对比。研究表明，该方法能够较为准确地模拟自复位节点在地震动作用下产生的受压部位和节点打开时接触区域的中和轴的偏移，并且考虑了在自复位节点打开时梁在纵向上的伸长效应。

Hawileh 等[18]采用三维实体单元对如图 2.2-13 所示的整个梁柱节点建立三维模型进行计算分析，并与试验结果进行比对。研究结果表明，该模拟方法能够较好地与试验结果吻合。

Chou 等[19] 对自复位梁柱节点采用宏观的弹簧单元进行模拟。研究中，把复杂的节点受力行为简化为节点中各个组件所能提供的弯矩与节点转动变形之间的关系，并将这种特殊的力－位移关系赋予转动弹簧。

Dimopoulos 等[20] 开发了一种用沙漏形连接件连接的自复位梁柱节点，并对该种节点进行了受力分析和数值模拟，其打开时的受力形式如图 2.2-14 所示，将模拟效果与试验结果进行了对比。研究表明，该种节点能够有效地减轻梁的损伤并且减小结构的残余变形，模拟方法能够较为准确地模拟自复位节点在地震动作用下的打开和变形。

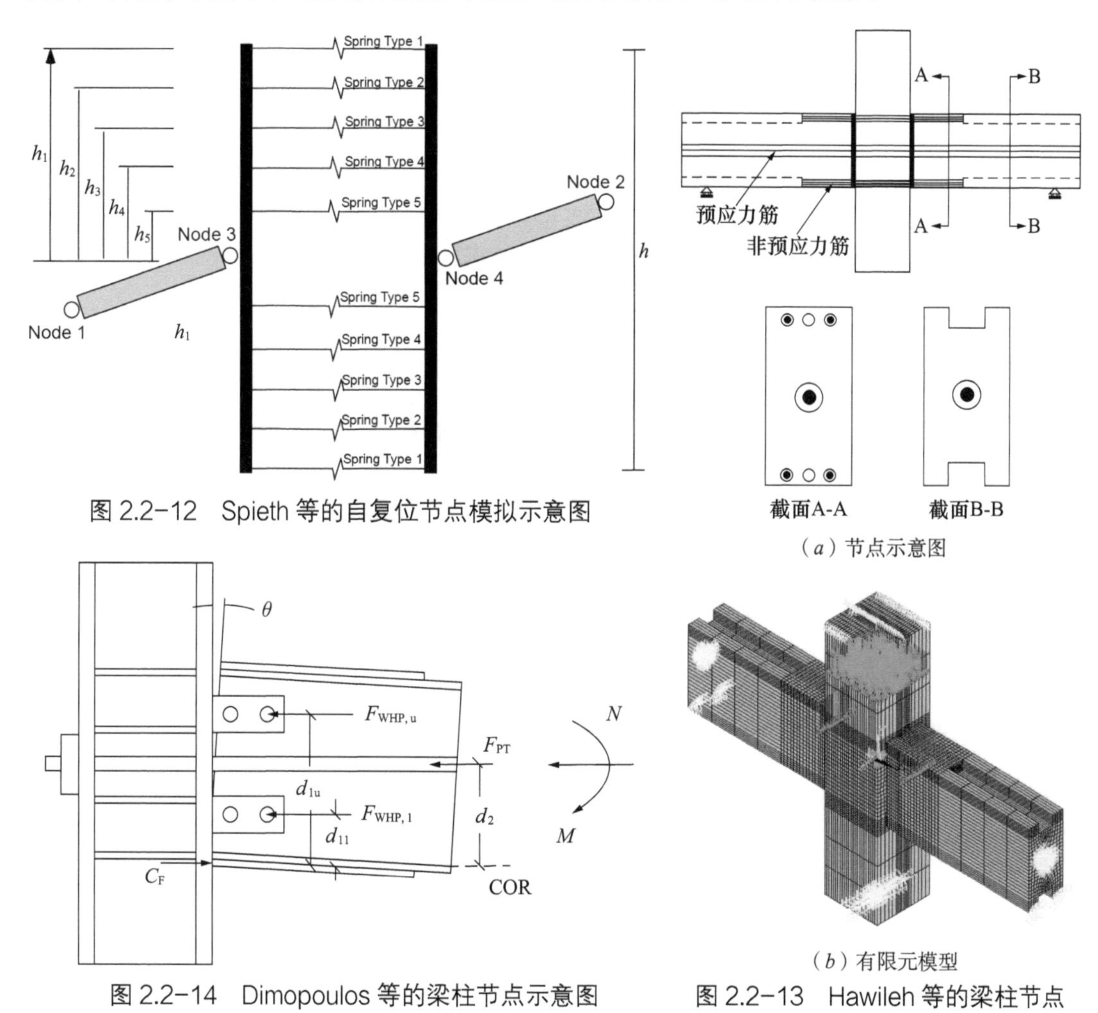

图 2.2-12　Spieth 等的自复位节点模拟示意图

（a）节点示意图

（b）有限元模型

图 2.2-13　Hawileh 等的梁柱节点示意图

图 2.2-14　Dimopoulos 等的梁柱节点示意图

2.3　自复位钢筋混凝土框架体系试验研究

2.3.1　自复位钢筋混凝土框架结构连接节点

1. 自复位梁柱节点

作者团队提出了一种双向自复位梁柱节点（图 2.3-1）。框架梁与框架柱通过无粘结预应力钢绞线连接，通过预应力的施加以及梁端 - 柱身界面的非线性接触行为，为结构提供稳定的指向初始位置的复位力。这一预应力+接触界面的方式是目前自复位梁柱节点研究中最常用的复位力来源。在该节点中，预应力筋采取了以梁截面几何中心对称的方式进行布置，但预应力筋的布置方式并不唯一，不仅可以采用偏心布置，还可以采用曲线的筋形。在确保实现第一类关键构造的前提下，具体采取什么方案，取决于设计者的需求。在该节点的梁端位置设置有钢板，并在柱身相应位置也预埋钢板，使得梁端 - 柱身接触形成钢材 - 钢材接触。这个构造形成了自复位连接的第二类关键构造，即减小接触界面局部损伤的构造措施。

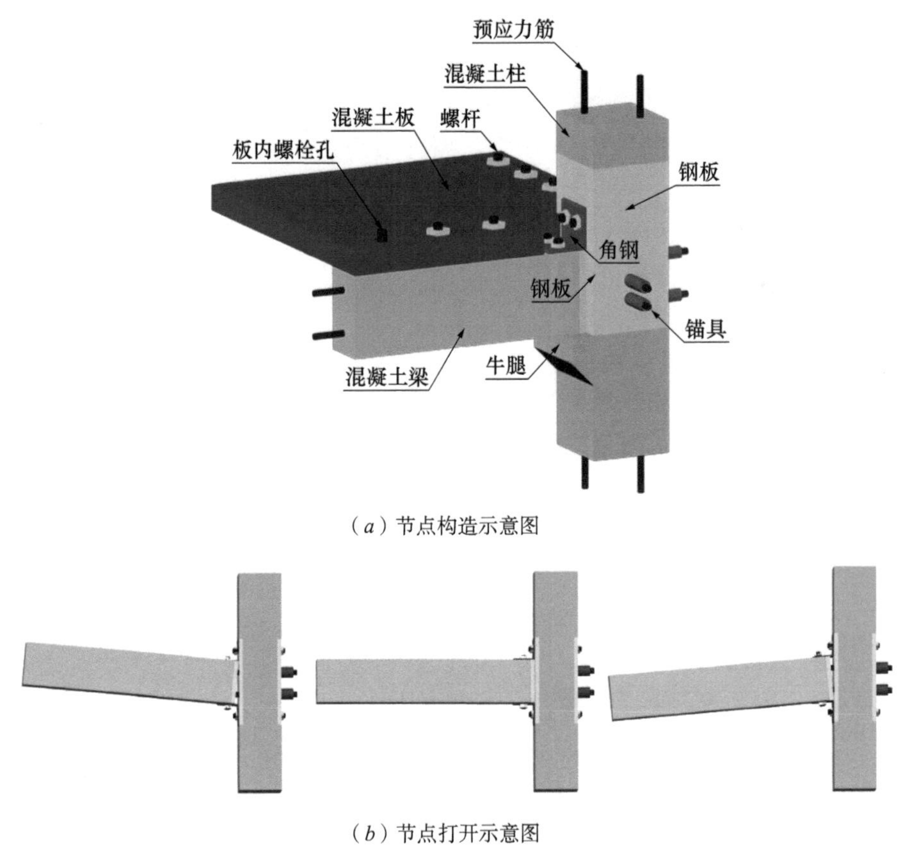

（a）节点构造示意图

（b）节点打开示意图

图 2.3-1　自复位梁柱节点

在以往的研究中，还有其他几种构造可以采用，比如通过梁端互相扣锁的螺旋箍筋防止梁端混凝土受压破坏[9]，或采用置于梁端角部的角钢以防止边缘保护层脱落[13]，或是采用钢靴的形式将梁端混凝土完全包裹以将损伤降至难以观测的程度[16]。这些保护措施通常与纵筋连为一体，使得梁端局部的承载力大大提高，即使在摇摆过程中发生接触界面急剧减小的情况下也不会发生局部混凝土压溃。为了兼顾自复位连接的耗能能力，作者团队在梁端设置了角钢耗能器。角钢耗能器在受压状态下的承载力远远高于受拉状态，这个特性使得角钢在受压时可以分担接触界面的压力，减小梁端的塑性变形，而在受拉时迅速屈服，避免在接触界面另一侧形成过大的压力，同时消耗能量。

除了本节点所采用的角钢耗能器外，国内外学者也尝试将各种的耗能装置安装在自复位梁柱节点上。如最早的混合节点采用普通钢筋进行耗能[8]，摩擦阻尼器[12]、软钢阻尼器[13]也被后来的研究者应用于梁柱节点并取得了良好的效果。

2. 自复位柱脚节点

自复位连接的第一类关键构造是提供可靠复位力的机制，在该节点中，框架柱插入杯口基础，与基础通过无粘结预应力钢筋连接，施加了预应力的接触界面形成了柱脚节点最主要的复位力来源。同时为了提高结构在开始摇摆后的刚度，在杯口基础与柱身间的空隙中填充特定硬度的橡胶材料。橡胶是一种超弹性材料，因此在节点变形的全过程中始终保持弹性，同时，由于橡胶与基础内壁混凝土互相接触、摩擦的边界条件，在结构产生较大变形时能有效提高节点的抵抗弯矩，这一作用在试验中也得到了验证。

自复位连接的第二类关键构造是局部保护措施。2012 年刘兢兢[22]进行了单向的自复位混凝土框架振动台试验，试验研究结果表明，即便设置有钢板，柱脚与基础的接触仍然产生了一定的塑性变形。考虑到框架柱在结构体系中的重要性，该模型采用了钢靴以保护柱脚与基础的接触界面。同时基础杯口内顶面设有钢板，使得柱底与基础的接触界面形成了钢材 - 钢材接触。通过这种接触方式尽可能地保证了接触界面在摇摆过程中的完整性，减小了其塑性变形。2015 年 Song[16]进行的自复位钢筋混凝土一榀框架拟静力试验研究中也采用了这种钢靴对钢板的界面接触，并取得了良好的效果。

较为遗憾的是，对自复位柱脚节点的研究较为滞后，到目前为止，仍没有对带耗能装置的钢筋混凝土柱脚节点的研究成果。但是随着研究的深入，必然会出现各类带阻尼器的钢筋混凝土柱脚节点。

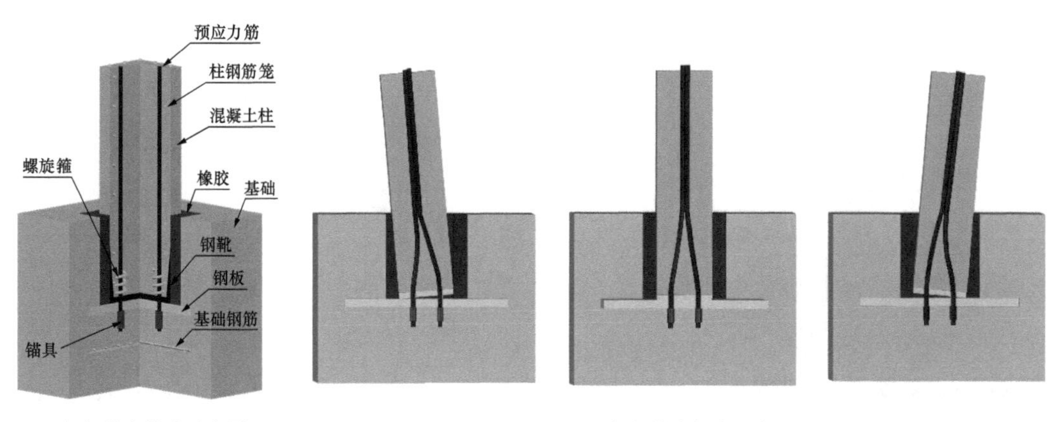

（*a*）节点构造示意图　　（*b*）节点提离示意图

图 2.3-2　自复位柱脚节点

3. 自复位梁板连接

当自复位梁柱节点打开时，自复位结构在沿梁的长度方向会有伸长，如图 2.3-3 所示。节点打开后，柱中心线间的距离会增加，因此，整体式的楼板将会在梁柱界面张开的作用下开裂并出现损伤，而梁柱界面也会因为楼板产生的额外约束而发生预期以外的损伤。

为了使钢筋混凝土楼板不约束梁端节点的打开并有效地避免开裂，作者团队[23]提出了新型的自复位梁板连接。该梁板连接的混凝土板与梁分开浇筑，混凝土梁上表面预埋螺杆，混凝土板内预设孔洞，螺栓孔的直径比螺杆直径稍大，以便梁端打开时板与梁之间产生相对位移，而不承受水平方向过大的拉力。研究显示[27]，楼板的滑移长度不应超过梁高度的3%，所以螺栓孔的半径应根据梁高和螺杆半径酌情确定。螺栓孔和螺杆之间的空隙应用塑料泡沫等柔性填充材料进行填充。为了允许楼板的滑移并且为楼板提供复位力，在楼板与梁之间应设置一层橡胶垫。这种新型自复位梁板连接的示意图和剖面图如图2.3-4所示。同样，自复位梁板连接的构造也具备了自复位连接构造的前两个基本要素，但是特殊之处在于，连接的复位力与接触界面的保护均由橡胶垫层提供。

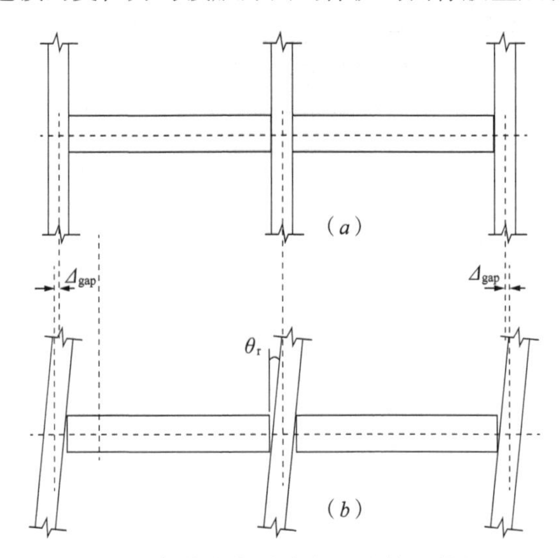

图2.3-3　自复位框架节点打开后的“伸长”问题

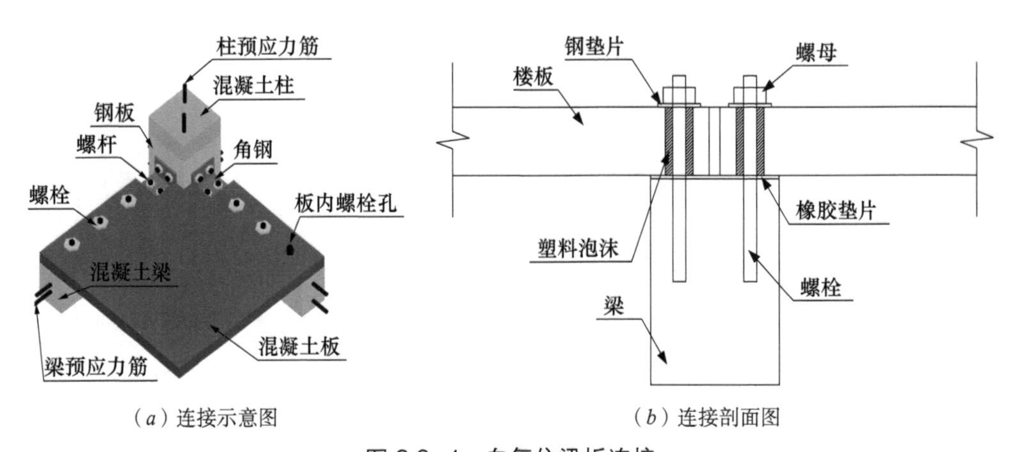

（a）连接示意图　（b）连接剖面图

图2.3-4　自复位梁板连接

2.3.2　双向自复位框架结构振动台试验

1. 试验概况

为了研究自复位钢筋混凝土框架结构的抗震性能，作者团队于2012年进行了1/2比例二层框架振动台模拟地震模型试验。平面尺寸为3.0m×1.5m，X方向与Y方向分别为一榀一跨，如图 2.3-5 所示。模型的纵筋与箍筋分别采用 HRB335 与 HPB235，混凝土强度等级为 C40。模型不设置楼板，附加质量固定在沿 *X* 方向设置的两道钢梁上，钢梁与混凝土主梁采用铰接连接。框架 *X* 方向的梁柱节点与柱脚节点为自复位连接，这使得结构在 *X* 方向与竖向实现了自复位。考虑到结构的 *Y* 方向为普通框架节点，因此，地震激励沿 *X* 方向单向输入。

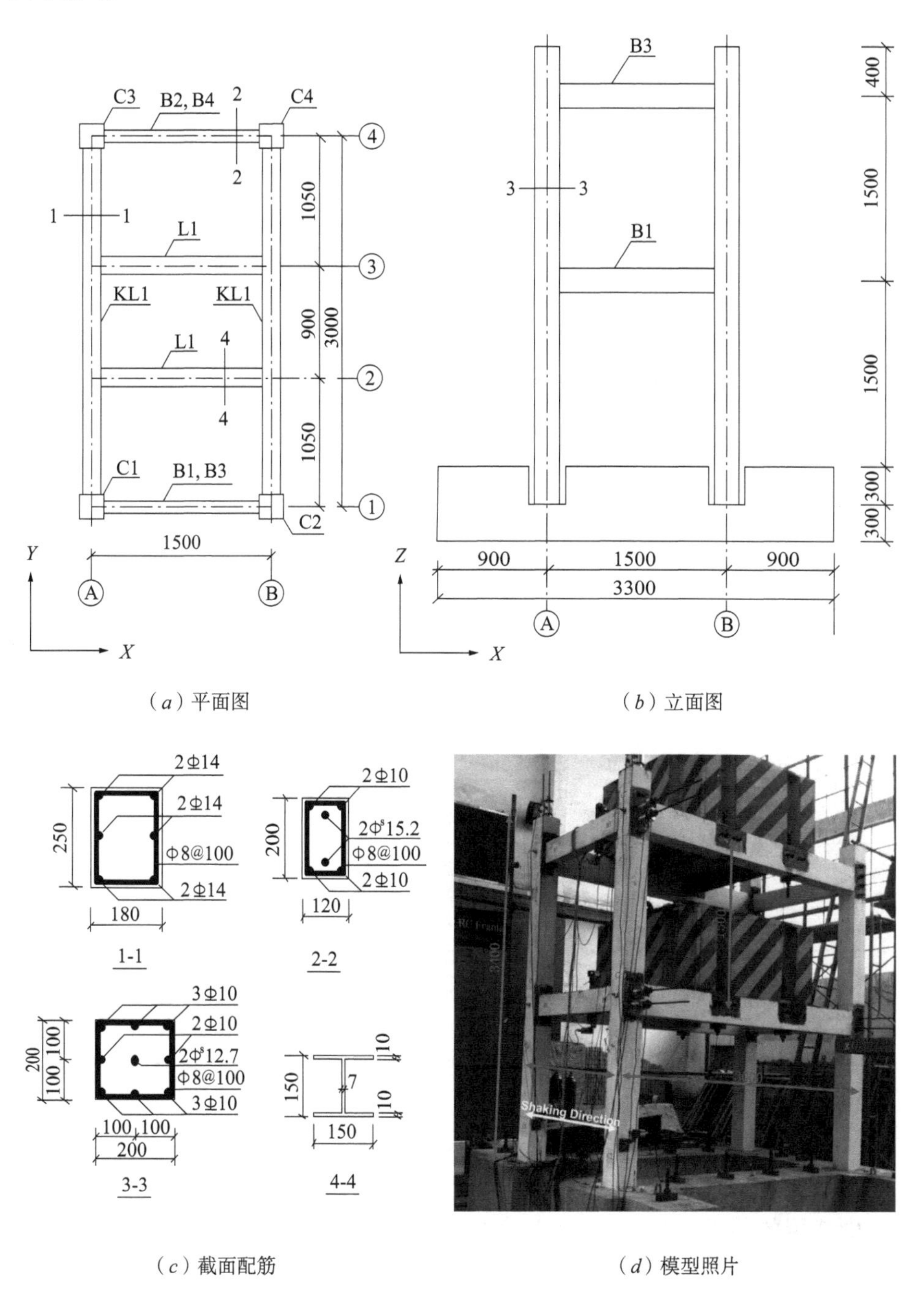

（*a*）平面图　　（*b*）立面图

（*c*）截面配筋　　（*d*）模型照片

图 2.3-5　试验模型信息

柱脚节点构造如图 2.3-6（*a*）所示。柱在预应力的作用下被固定在杯口基础内。柱的上下端设置保护性钢板，柱内纵筋焊接在钢板上。杯口基础底部同样设置保护性钢板以防止混凝土的局部破坏。柱底钢板与基础钢板之间允许截面分离以保证柱脚在预期的荷载下发生提离或摇摆。橡胶被设置在柱脚与杯口基础间的间隙中以保护柱身并提供额外的约束。表 2.3-1 给出了结构的预应力参数；表 2.3-2 给出了橡胶的基本性能参数。

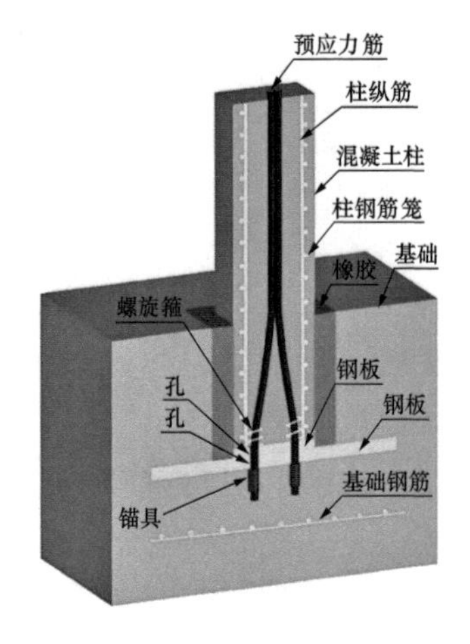

（*a*）柱脚节点

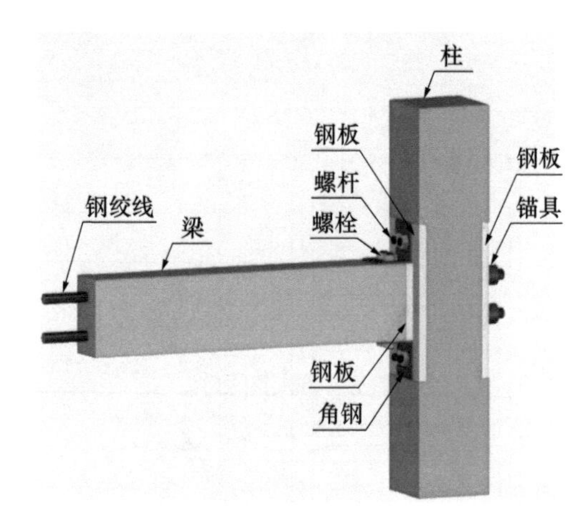

（*b*）梁柱节点

图 2.3-6　自复位钢筋混凝土框架节点示意图

预应力筋参数　　**表 2.3-1**

构件	尺寸	预应力筋	初始预应力
柱	200mm×200mm	2 Φ^s15.2	43kN
梁	200mm×120mm	2 Φ^s12.7	43kN

橡胶性能参数　　**表 2.3-2**

材料	国际硬度（IRHD）	弹性模量	剪切模量	厚度
橡胶	60	4.45N/mm^2	1.06N/mm^2	50mm

梁柱节点的构造如图 2.3-6（*b*）所示。梁与柱之间通过预应力进行连接，在梁端与柱身与梁接触的位置设置保护性钢板，以防止混凝土的局部压溃。同时在梁端设置顶底角钢，顶底角钢在节点打开后为节点提供耗能能力并增加节点的承载力。选择 Q235 钢材∟100×4.5 角钢作为耗能角钢。

2. 试验装置和测点布置

试验中使用的传感器分别为:（1）拉线式位移传感器用以记录结构的整体与局部变形;（2）力传感器安装在预应力筋的锚固端用以测量预应力筋内力的变化情况;（3）加速度传感器用以测量结构的楼层加速度响应;（4）应变片用以测量角钢塑性铰位置的应变。传感器布置如图 2.3-7 所示。

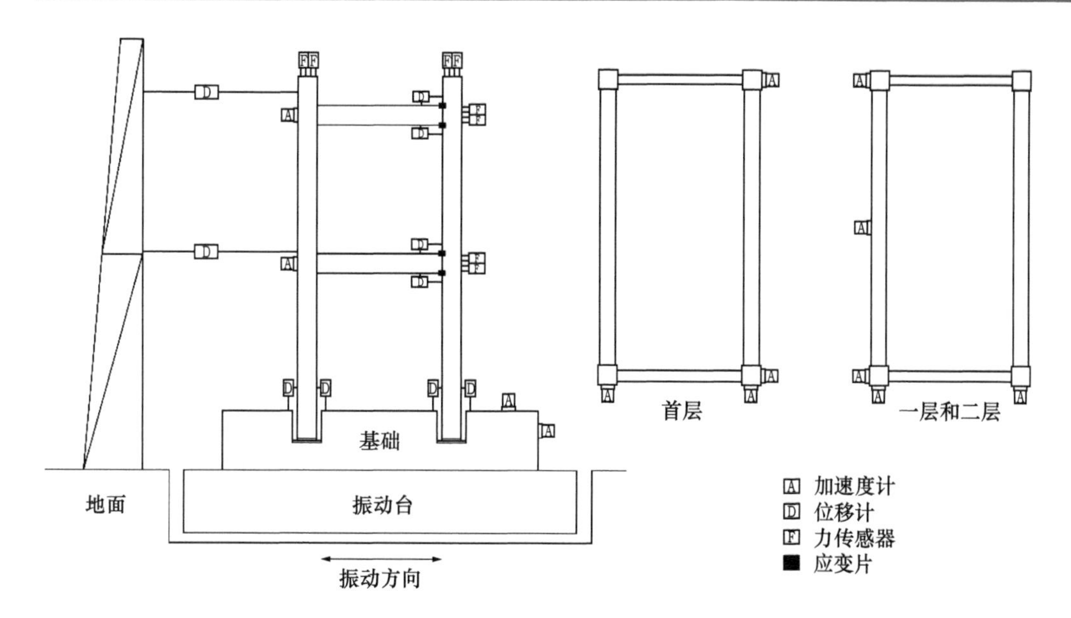

图 2.3-7　传感器布置

3. 试验输入地震波

试验中输入两条天然地震动记录，分别是 El Centro 地震动（1940，NS）与汶川卧龙地震动（2008，NS）。地震波沿结构的 X 方向输入，并按照相似关系进行缩放。地震动按照逐级增加的方式进行加载，从峰值 0.05g 开始每级增加 0.05g。El Centro 波最大输入到 0.6g，汶川波最大输入到 0.8g。每级地震动增加后都进行白噪声扫频以确定结构的动力特性变化。表 2.3-3 给出了地震动加载的工况表。其中工况 1～18 与工况 19～29 分两次进行试验，时间间隔为两天。

试验工况表　　表 2.3-3

工况	输入	PGA（g）	工况	输入	PGA（g）	工况	输入	PGA（g）
1	WN	0.050	11	WN	0.050	21	WN	0.050
2	EL	0.050	12	EL	0.400	22	WE	0.300
3	EL	0.100	13	EL	0.450	23	WN	0.050
4	EL	0.150	14	WN	0.050	24	WE	0.400
5	WN	0.050	15	EL	0.500	25	WN	0.050
6	EL	0.200	16	WN	0.050	26	WE	0.600
7	EL	0.250	17	EL	0.600	27	WN	0.050
8	EL	0.300	18	WN	0.050	28	WE	0.800
9	WN	0.050	19	WN	0.050	29	WN	0.050
10	EL	0.350	20	WE	0.200			

注：WN、EL 和 WE 分别代表白噪声、El Centro NS 波和 Wenchuan NS 波。

4. 试验结果及分析

（1）动力特性

为了获取地震下的结构损伤情况，图 2.3-8（*a*）给出了结构在各白噪声工况下第一、二阶自振频率与结构阻尼的变化情况。在试验开始前，结构的 1 阶频率为 4Hz，在完成第 18 工况后，结构的 1 阶频率下降到 2Hz。在结构静置两天后，自振频率略有上升，增加到 2.25Hz。在 19 ～ 29 工况完成后，结构的自振频率进一步下降到 1.75Hz。图 2.3-8（*b*）给出了结构阻尼比的变化情况，结构的初始阻尼为 0.06，在地震动输入逐渐增加的过程中，结构的阻尼比也在波动中上升，工况 18 结束后，结构的阻尼比增加到了 0.10，工况 29 结束后，结构的阻尼比为 0.099。频率下降意味着初始刚度的损失，模型在工况加载后仅在重力框架梁上发现了少量裂缝，这说明梁柱构件的端部接触面发生了一定程度的塑性变形。

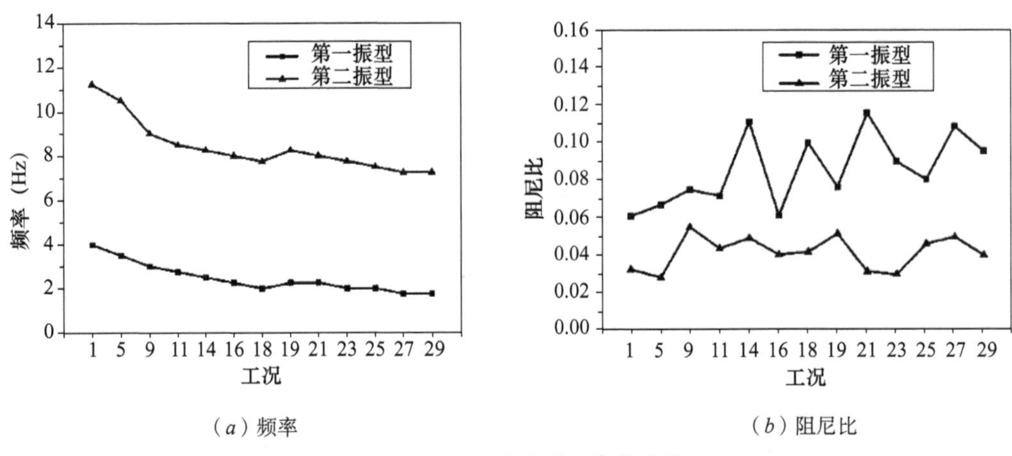

（*a*）频率　（*b*）阻尼比

图 2.3-8　模型动力参数变化

（2）加速度反应

表 2.3-4 给出了模型各楼层的主要动力参数。随着输入地震动的增加，模型的加速度放大系数逐渐降低。不同地震动作用下结构的加速度放大系数也有较大的区别。

模型整体响应　　**表 2.3-4**

工况	输入	PGA（*g*）	第一层				第二层			
			a_{max}	K	X_{max}	Δ	a_{max}	K	X_{max}	Δ
2	El Centro 波	0.05	0.080	1.798	1.14	1/1579	0.104	2.358	1.342	1/2536
3		0.10	0.240	2.045	4.238	1/425	0.305	2.602	5.965	1/702
4		0.15	0.289	1.562	4.723	1/381	0.370	1.981	7.414	1/532
6		0.20	0.523	2.116	12.035	1/150	0.649	2.628	19.801	1/186
7		0.25	0.584	2.24	17.139	1/105	0.783	3.003	28.923	1/126
8		0.30	0.722	2.479	22.216	1/81	0.757	2.600	37.055	1/97
10		0.35	0.650	1.756	31.712	1/57	0.948	2.588	55.186	1/64
12		0.40	0.768	1.835	37.232	1/48	1.077	2.573	64.993	1/54

续表

工况	输入	PGA（g）	第一层				第二层			
			a_{max}	K	X_{max}	Δ	a_{max}	K	X_{max}	Δ
13	El Centro 波	0.45	0.922	1.844	45.213	1/40	1.120	2.241	78.857	1/44
15		0.50	1.283	2.113	58.517	1/31	1.395	2.297	104.482	1/33
17		0.60	0.853	1.386	72.649	1/25	1.455	2.365	131.090	1/26
20	汶川波	0.20	0.146	0.732	7.205	1/250	0.206	1.034	12.708	1/246
22		0.30	0.215	0.705	11.445	1/157	0.345	1.127	21.559	1/147
24		0.40	0.301	0.646	13.891	1/130	0.415	0.892	26.659	1/117
26		0.60	0.441	0.613	21.851	1/82	0.562	0.780	40.634	1/79
28		0.80	0.715	0.684	25.789	1/70	0.639	0.612	47.168	1/70

注：a_{max}：加速度反应最大值；K：加速度放大系数；X_{max}：位移反应最大值；Δ：层间位移角。

（3）整体位移反应

结构的最大位移随着地震动输入的增加而增加。当输入的地震动峰值达到 0.2g 之后，由于自复位节点接触界面的打开，结构位移随着地震动的增加幅值明显增大。在地震作用下，结构的最大位移出现在峰值为 0.6g 的 El Centro 波作用下，一、二层的最大位移分别为 72.6mm 与 131.1mm。结构一、二层的最大层间位移角分别达到了 1/25 与 1/26。

（4）模型局部位移反应

表 2.3-5 给出了柱脚节点的抬起情况与梁柱节点接触界面的打开情况。节点的抬起与打开出现在 El Centro 波 0.2g 与汶川波 0.3g 工况下。在地震动幅值超过 0.4g 后，试验各工况中都可以听见界面开合产生的碰撞声。在 El Centro 0.6g 工况中，最大柱底抬起为 9.05mm，最大梁端打开为 9.36mm，该数据表明自复位节点接触界面上的摇摆机制得到了充分的开展。图 2.3-9 为试验现场柱底抬起与梁端打开的影像记录。图 2.3-10 给出了 El Centro 波 0.6g 工况与汶川波 0.8g 工况下，局部位移传感器记录到的抬起与打开幅值的时程。可以看出界面间的间隙在地震输入结束后都重新闭合，结构回复原位。

模型结构局部响应　　表 2.3-5

工况	输入	PGA（g）	抬起		打开	
			C1	C2	B1	B3
2	El Centro	0.05	0.038	0.177	0.108	0.014
3		0.10	0.362	0.377	0.283	0.127
4		0.15	0.472	0.211	0.411	0.166
6		0.20	1.164	1.317	1.285	0.827
7		0.25	1.567	1.760	1.721	1.165
8		0.30	2.139	2.434	2.418	1.802
10		0.35	3.198	3.582	3.191	2.783
12		0.40	3.816	4.261	4.353	3.427

续表

工况	输入	PGA（g）	抬起		打开	
			C1	C2	B1	B3
13	El Centro	0.45	4.711	5.250	5.482	4.219
15		0.50	6.312	7.036	7.347	4.511
17		0.60	8.123	9.054	9.360	7.699
20	Wenchuan	0.20	0.643	0.641	0.804	0.690
22		0.30	1.146	1.094	1.400	1.345
24		0.40	1.375	1.269	1.794	1.768
26		0.60	2.216	2.027	2.812	2.570

注：B1、B3、C1、C2 位置见图 2.3-5。

图 2.3-9　模型试验过程中梁端打开与柱脚提离

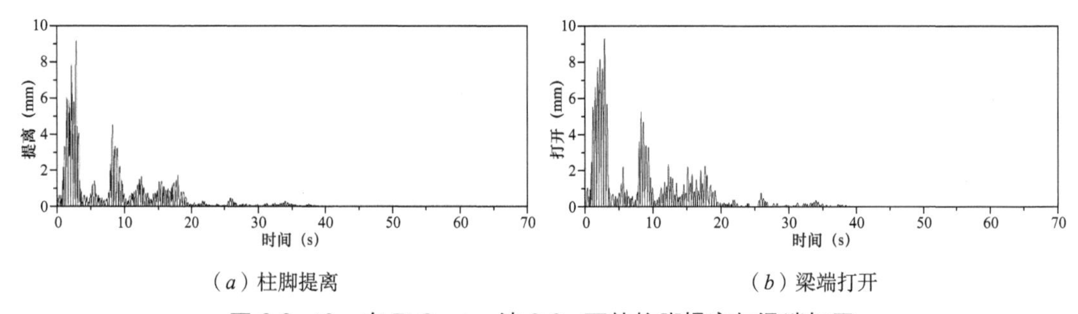

（a）柱脚提离　（b）梁端打开

图 2.3-10　在 El Centro 波 0.6g 下的柱脚提离与梁端打开

（5）预应力钢绞线内力

柱与梁内的初始预应力分别为 300MPa 与 425MPa。在试验过程中，柱与梁内的预应力筋的最大应力分别为 473MPa 与 876MPa，最小预应力分别为 248MPa 与 247MPa

（图 2.3-11）。柱与梁内预应力筋的屈服强度分别为 1581MPa 与 1674MPa，可见预应力筋在地震输入的全过程中保持弹性。试验中，柱与杯口基础间的橡胶保持完好。角钢在 El Centro 波 0.2g 工况下首次发生屈服。

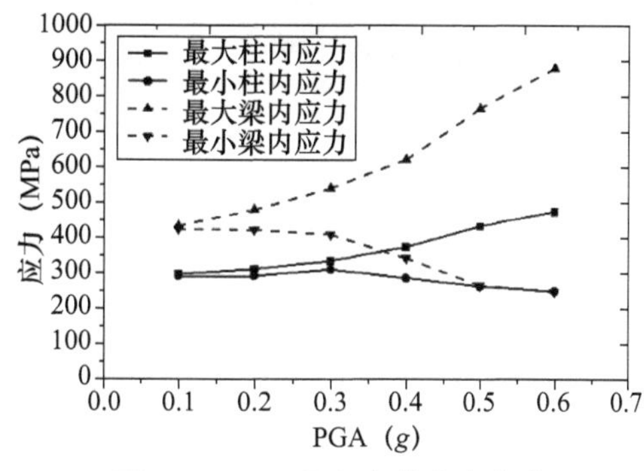

图 2.3-11　预应力筋应力变化

5. 试验研究小结

（1）钢筋混凝土框架的自复位得到了很好地实现，且此类结构有损伤小、易修复的特点，特别是在超过罕遇地震的特大地震作用下，该结构仍然具有良好的抗震性能。

（2）自复位钢筋混凝土框架结构具有良好的抗震性能和自复位能力；结构在大震作用下有较好的延性和变形能力，震后基本无残余变形。

（3）对自复位钢筋混凝土框架结构体系做出了开创性的探索，从试验中认识了自复位框架的变形模式与受力机理，为设计方法提供了试验依据。

（4）试验对象为单向自复位结构，且试验未解决自复位结构对楼板的拉伸问题。

2.3.3　三向自复位框架结构振动台试验

1. 试验概况

双向自复位框架只考虑了竖向与一个水平方向的自复位能力，难以应用到工程实践中。为使自复位框架结构在两个水平方向与竖向同时实现自复位，作者研究团队提出了三向自复位钢筋混凝土框架的概念，并进行了相应的模拟地震振动台模型试验以研究其抗震性能。X 向与 Y 向都是两跨。结构三层的层高均为 1.2m。模型结构的立面尺寸及平面尺寸如图 2.3-12 所示。模型的梁柱截面见图 2.3-13。模型结构的总重为 12.61t，一层、二层以及三层的附加质量分别为 1.45t、1.45t 以及 1.31t。

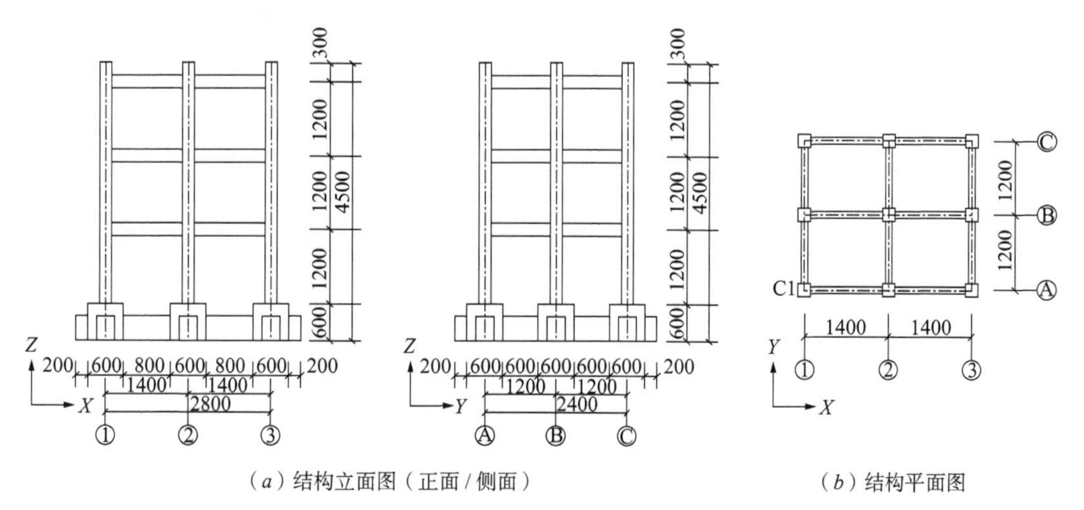

（a）结构立面图（正面 / 侧面）

（b）结构平面图

图 2.3-12　模型结构概况

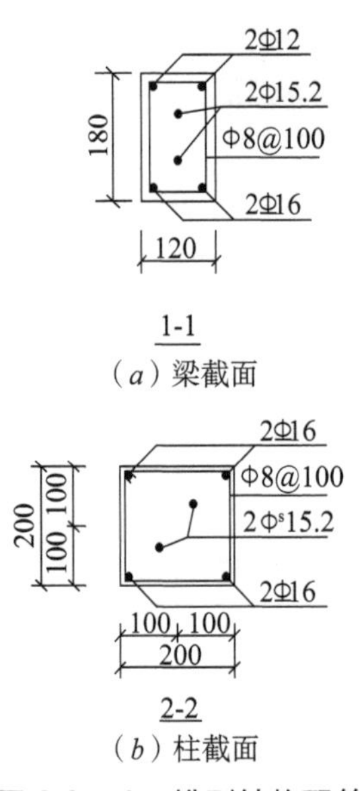

(a) 梁截面

(b) 柱截面

图 2.3-13 模型结构配筋

图 2.3-14 模型照片

混凝土材料采用 C40 的细石混凝土，混凝土的实测材料特性见表 2.3-6。梁柱构件纵筋采用 HRB400，梁柱内箍筋与板内分布筋采用 HPB300。结构内无粘结预应力筋采用 2 ϕ^S15.2。梁内预应力筋的锚固点位于结构两侧边柱上，柱内预应力筋锚固在柱顶与基础内。角钢采用 Q235，10.9 级 M12 螺栓埋在梁、柱构件内用来固定角钢。普通钢筋、预应力筋的材料特性见表 2.3-7 与表 2.3-8，橡胶的材料特性见表 2.3-9。

试验用混凝土材料特性 **表 2.3-6**

位置	构件	抗压强度 $f_{cu,k}$（MPa）	弹性模量（MPa）
1 层	梁、柱	40.6	3.02×10^4
	板	40.8	2.82×10^4
2 层	梁、柱	37.2	2.84×10^4
	板	47.3	3.83×10^4
3 层	梁、柱	44.0	3.02×10^4
	板	41.8	3.41×10^4

试验用钢材材料特性 **表 2.3-7**

直径（mm）	屈服强度 f_y（MPa）	极限强度 f_u（MPa）	弹性模量（MPa）
6	405	500	2.10×10^5
8	435	560	2.08×10^5
12	505	655	2.09×10^5
16	470	625	2.10×10^5

预应力筋参数信息　　表 2.3-8

构件	位置	预应力筋	屈服强度 f_y（MPa）	极限强度 f_u（MPa）	弹性模量（MPa）	初始预应力
柱	全部	$2\phi^S15.2$	1763	1951	2.04×10^5	74kN
梁	1 层	$2\phi^S15.2$	1756	1943	2.03×10^5	65kN
梁	2 层	$2\phi^S15.2$	1730	1940	2.00×10^5	53kN
梁	3 层	$2\phi^S15.2$	1755	1952	2.03×10^5	28kN

试验用橡胶材料特性　　表 2.3-9

厚度（mm）	国际硬度（IRHD）	抗拉强度（MPa）	伸长率（%）
3	43	22	699
30	45	20	658

2. 试验装置和测点布置

安装在试验模型上的传感器如图 2.3-15 所示，传感器的种类包括拉线式位移传感器、加速度传感器与力传感器。加速度传感器置于每层的角落，用以测量每层楼板的水平与竖向加速度。结构的楼层位移通过拉线式位移传感器来记录。模型的部分梁端与柱脚也安装了位移传感器以测量节点界面的张开情况。部分梁与楼板之间也设置位移传感器用来测量楼板与梁的相对变形。预应力筋的内力通过力传感器来记录。角钢预期的屈服位置也放置了应变片来监测角钢的屈服情况。

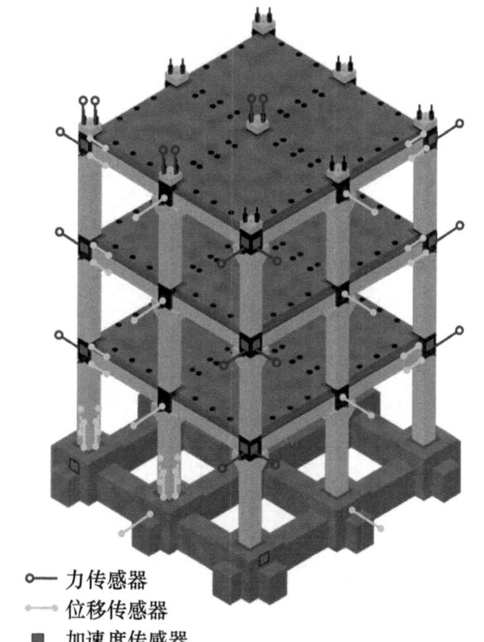

图 2.3-15　传感器布置示意图

3. 试验输入地震波

试验选取了三条具有典型代表性的地震波作为地震动激励，各地震波均沿双向输入结构中。三条地震波包括：1）El Centro 波（1940 年 5 月 18 日美国 Imperial Valley 地震记录）；2）汶川卧龙振动台波（2008 年 5 月 12 日中国四川省汶川地震记录）；3）Takatori 波（1995 年 1 月 17 日日本阪神大地震 Takatori 站记录）。

表 2.3-10 给出了试验的加载方案，每条地震动分别以 X 向与 Y 向作为主方向进行两次加载。相邻的两个加载级别之间，PGA 相差 $0.1g \sim 0.2g$。试验最大输入达到 49 ~ 51 工况的 $1.6g$。每个加载级别完成后，进行白噪声试验以获得结构的动力特性变化情况。模型准备就位的情况如图 2.3-14 所示。

加载工况列表 表 2.3-10

工况	输入	PGA（g）		工况	输入	PGA（g）	
		X	Y			X	Y
1	WN	0.050	0.050	27	TA	0.600	0.510
2	WE	0.100	0.085	28	TA	0.510	0.600
3	WE	0.085	0.100	29	WN	0.050	0.050
4	EL	0.100	0.085	30	WE	0.800	0.680
5	EL	0.085	0.100	31	WE	0.680	0.800
6	TA	0.100	0.085	32	EL	0.800	0.680
7	TA	0.085	0.100	33	EL	0.680	0.800
8	WN	0.050	0.050	34	TA	0.800	0.680
9	WE	0.200	0.170	35	TA	0.680	0.800
10	WE	0.170	0.200	36	WN	0.050	0.050
11	EL	0.200	0.170	37	WE	1.000	0.850
12	EL	0.170	0.200	38	EL	1.000	0.850
13	TA	0.200	0.170	39	TA	1.000	0.850
14	TA	0.170	0.200	40	WN	0.050	0.050
15	WN	0.050	0.050	41	WE	1.200	1.020
16	WE	0.400	0.340	42	EL	1.200	1.020
17	WE	0.340	0.400	43	TA	1.200	1.020
18	EL	0.400	0.340	44	WN	0.050	0.050
19	EL	0.340	0.400	45	WE	1.400	1.190
20	TA	0.400	0.340	46	EL	1.400	1.190
21	TA	0.340	0.400	47	TA	1.400	1.190
22	WN	0.050	0.050	48	WN	0.050	0.050
23	WE	0.600	0.510	49	WE	1.600	1.360
24	WE	0.510	0.600	50	EL	1.600	1.360
25	EL	0.600	0.510	51	TA	1.600	1.360
26	EL	0.510	0.600	52	WN	0.050	0.050

注：WN、EL、WE 和 TA 分别代表白噪声、El Centro 波、汶川波和 Takatori 波。

4. 试验现象

试验过程中，在钢板与混凝土接合位置的混凝土保护层上观察到一些极细微的裂缝，在梁板接合的部位出现了一些轻微的混凝土剥落，除此以外，结构没有其他可见的损伤现象。梁柱构件均保持完好，自复位梁柱节点与柱脚节点在放松约束、释放弯矩后，很好地起到了保护梁柱构件的作用。

图 2.3-16　模型在试验结束后的损伤情况

5. 试验结果及分析

（1）动力特性

结构的动力特性通过白噪声试验获得。结构的前三阶振型分别为 X 向平动、Y 向平动与扭转。图 2.3-17 给出了各白噪声工况得到的结构一阶与二阶振型频率。从结果可以看出，结构的自振频率随着地震输入的增加而降低。这表明结构的刚度在逐渐退化，这是结构内部各部分微小损伤累积的结果，包括梁端钢板处混凝土的细微裂缝，梁端柱脚接触界面上微小的塑性变形以及楼板与梁连接部分轻微的混凝土剥落。

结构的前三阶振型在 PGA 为 0.8g 的工况完成后，分别下降 11%、11% 与 12%。在 PGA 为 1.2g 的工况完成后，结构的前三阶频率分别下降 21%、21% 与 19%。在完成全部工况后，结构的前三阶自振频率分别下降 24%、24% 与 19%。

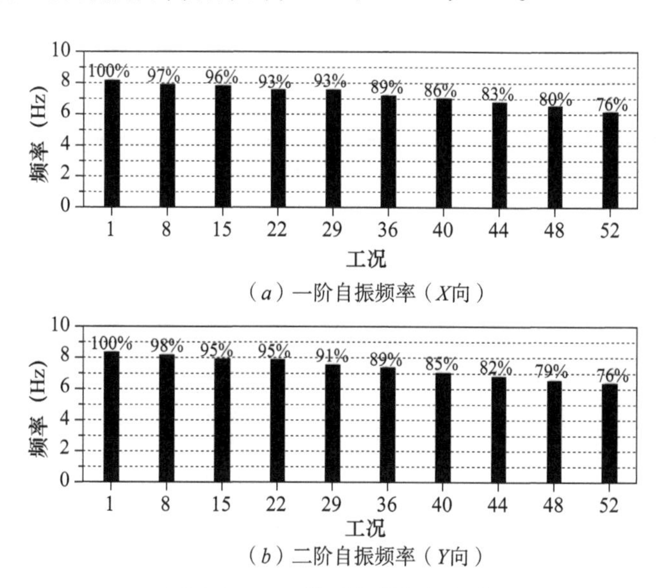

（a）一阶自振频率（X向）

（b）二阶自振频率（Y向）

图 2.3-17　模型自振频率变化

（2）加速度反应

结构的加速度放大系数（K）为最大楼层绝对加速度与最大地面加速度的比值。表2.3-11给出了各工况下结构的加速度放大系数。加速度放大系数基本介于1.5到3.5之间，结构第三层的加速度放大系数最大，第一层最小。最大的加速度放大系数为5.625，出现在PGA为0.8g时以X为主方向的工况下。在0.8g工况结束后，随着PGA的增加，结构的加速度放大系数逐渐下降。

模型结构的加速度放大系数（K） **表2.3-11**

工况	PGA（g）	1层		2层		3层	
		X	Y	X	Y	X	Y
2～7	0.100	1.853	1.804	2.849	2.772	3.567	3.865
9～14	0.200	1.643	1.617	2.589	2.544	3.365	3.396
16～21	0.400	2.873	1.777	2.904	2.272	3.603	3.472
23～28	0.600	3.982	2.719	3.532	2.347	4.357	3.563
30～35	0.800	4.001	2.632	3.524	2.738	5.625	4.344
37～39	1.000	2.834	2.515	2.796	2.232	5.070	2.811
41～43	1.200	0.848	1.056	1.533	1.778	1.915	2.563
45～47	1.400	0.893	1.116	1.632	1.726	2.464	2.551
49～51	1.600	0.978	1.189	1.736	1.828	2.846	2.875

（3）层间位移角

为了比较结构在不同PGA下的位移响应，取汶川波、El Centro波与Takatori波在各地震烈度下位移响应的包络值。图2.3-18展示了各层层间位移角在不同PGA下的层间位移角包络，表2.3-12给出了结构的顶层最大位移和最大层间位移角。结构各楼层的层间位移角接近，这是由于结构的变形由自复位梁柱节点与柱脚节点接触界面的转动所主导。这也是自复位结构与普通结构相区别的地方，普通结构的层间位移角分布往往不均匀，结构某一层一旦出现破坏就很容易出现薄弱层。

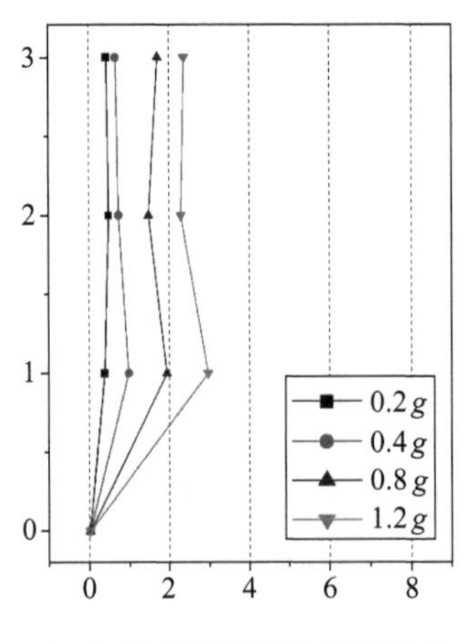

（a）X向层间位移角（1/1000）

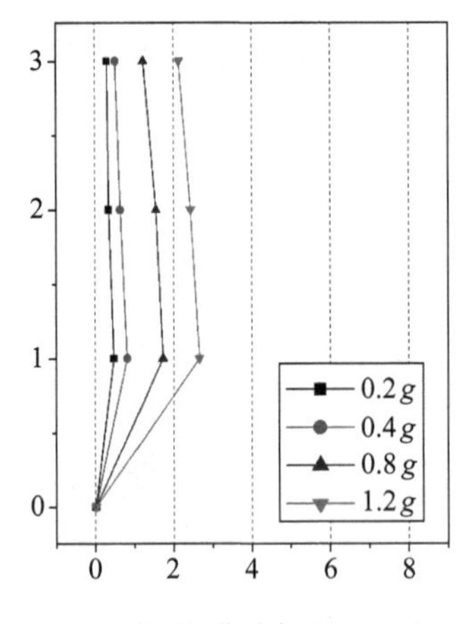

（b）Y向层间位移角（1/1000）

图2.3-18　模型结构的层间位移角包络

模型的位移响应　　表 2.3-12

工况	PGA（g）	最大位移（mm）		最大层间位移角	
		X	Y	X	Y
2 ～ 7	0.100	1.473	1.726	1/2463	1/2729
9 ～ 14	0.200	3.199	3.354	1/1577	1/1544
16 ～ 21	0.400	4.944	5.148	1/1043	1/853
23 ～ 28	0.600	6.691	7.276	1/628	1/539
30 ～ 35	0.800	14.752	11.421	1/519	1/583
37 ～ 39	1.000	16.093	14.112	1/361	1/462
41 ～ 43	1.200	18.053	18.136	1/339	1/377
45 ～ 47	1.400	22.742	21.071	1/279	1/333
49 ～ 51	1.600	32.506	24.111	1/167	1/291

（4）模型局部位移反应

试验过程中记录了模型梁端的“打开”与柱底的“提离”。位移传感器被安装在梁端的上下侧与柱脚的四周。同时应变片被安装在了柱脚纵筋的底部来捕捉柱脚提离。图 2.3-19 展示了柱脚纵筋底部最大和最小应变的变化情况。从图中可以看出，在基本烈度的地震后，柱底纵筋应变降低到 0，表明柱脚与基础之间不再保持全截面接触。结构角柱 C1 在 Takatori 波 1.60g 工况下的抬起位移时程如图 2.3-20 所示，柱 C1 的位置见图 2.3-12（b）。试验结果表明，试验结束后，柱脚抬起完全归零，说明柱脚接触界面完全闭合。

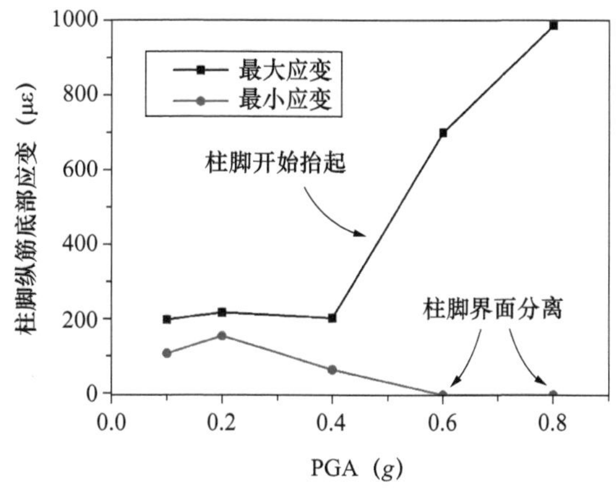

图 2.3-19　柱脚纵筋底部最大及最小应变

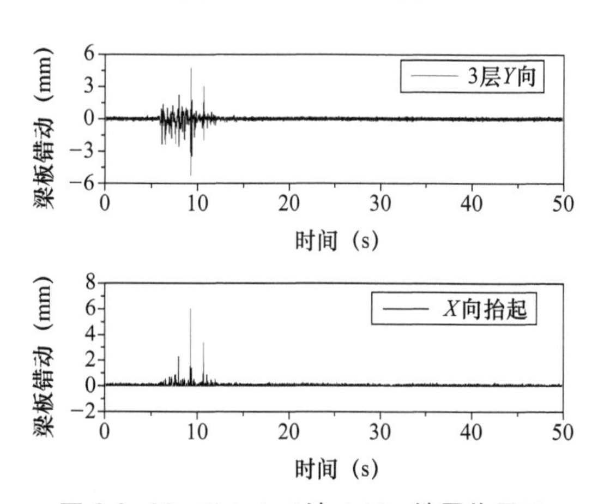

图 2.3-20　Takatori 波 1.60g 地震作用下柱脚节点提离位移时程

在地震作用下，楼板和梁之间因为有柔性的橡胶垫层，所以会有相对变形。楼板和梁之间的相对变形通过位移传感器记录，图 2.3-21 给出了各 PGA 作用下，模型的最大梁板错动。在基本烈度的地震后，传感器捕捉到了模型的梁板错动。这个错动一方面是由于地震作用下，梁板之间的振动，一方面是由于梁端界面张开后，结构柱间距的变化。试验结果表明，梁板之间的橡胶垫层达到了其应有的效果，允许了梁板之间相对变形的同时，保证了板的复位性能。

（5）预应力钢绞线内力

预应力筋的内力变化在试验中通过力传感器进行记录，记录到的数据表明，结构在完成试验后几乎没有预应力损失。图 2.3-22 给出了梁内预应力筋内力的变化情况，所有预应力都按照其初始预应力进行归一化。从图中可以看出，在基本烈度的地震后，梁内预应力筋内力开始增加，表明在基本烈度后结构的梁柱节点开始“打开”。结构楼层越高，预应力筋内力变化越大，说明高层的节点变形大于低层的节点。在试验过程中，记录到的最大预应力筋应力为 558MPa，远小于预应力筋的屈服应力，说明预应力筋在结构变形的全过程中保持弹性。

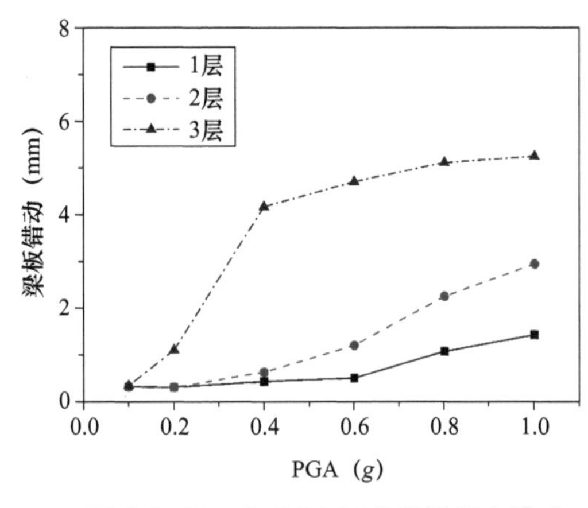

图 2.3-21　各 PGA 下的梁板最大错动

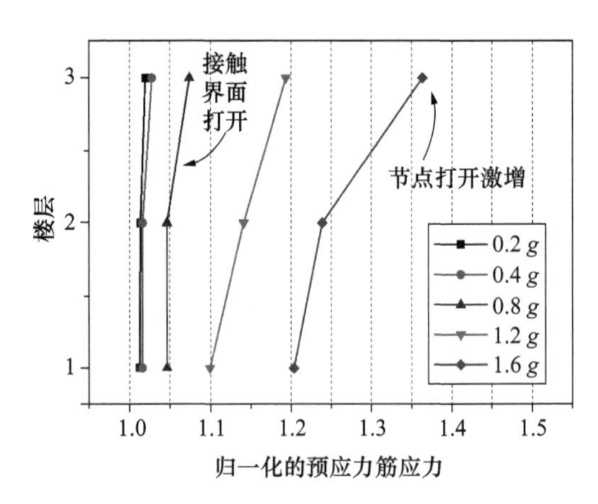

图 2.3-22　归一化后的预应力筋内力包络

6. 试验研究小结

（1）该三向自复位框架是现有自复位框架研究工作中最系统的同时也是最接近于实际应用的研究。三向自复位框架结构可以实现两个水平方向与竖直方向的自复位，其自复位能力源于特殊的自复位连接，包括自复位柱脚节点、自复位梁柱节点以及自复位梁板连接。

（2）三向自复位框架结构具有良好的抗震性能，在特大地震下也能保证结构基本保持完好状态。从自振频率上看，结构内部存在一定损伤，但结构的刚度降低幅度并不大。

（3）结构梁柱节点、柱脚节点与梁板连接起到了预期的作用，在基本烈度地震之后开始进入工作状态。这些自复位连接在地震作用下减小结构的损伤，在地震结束后使结构回复原位，在整个试验过程中，记录到的残余位移都是零。

（4）在双向自复位框架的基础上，探索了可以抵御双向地震的自复位框架。并从振动台试验获得了大量有益的数据，在为设计方法提供指导的同时，也为工程实践提供了参考。

2.3.4　三向自复位框架结构低周反复加载试验

为了进一步研究三向自复位框架结构的最终变形模式、位移极限，更加深入地理解该类结构的变形机理与破坏模式，在该结构振动台试验完成后对其进行了拟静力反复加载试验研究。

1. 试验装置和加载制度

为了防止在加载过程中框架出现扭转，试验采取两点施加相同位移的方式进行加载。两个作动器间距 1.8m，作用于第三层牛腿的下方的分配梁上，作用点距离柱脚高度为 3.56m。分配梁一面与框架柱连接，一面与作动器连接，将两个作动器的荷载较为均匀地分配在三个框架柱上（图 2.3-23）。

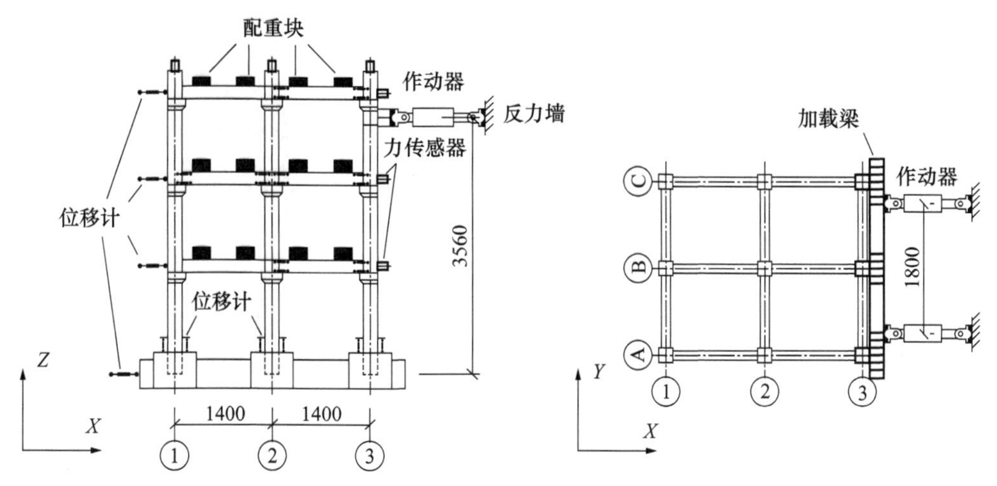

图 2.3-23　模型加载方式与测点布置

试验采用位移逐级增加的方式进行加载，每级加载 3 圈。加载制度如表 2.3-13 所示。考虑到自复位结构的变形模式为倒三角形，即各楼层位移和楼层标高具有一个非常接近的比例关系。这里定义作动器的加载幅值与作动器距柱脚高度为加载位移角，方便与《建筑抗震设计规范》GB 50011—2010 中的关键限值进行对应比较。在加载过程中，第 2 工况加载位移为 7mm，加载位移角约为 1/550，对应于小震作用下框架结构层间位移角限值；第 7 工况加载位移为 71mm，加载位移角为 1/50，对应于大震作用下的层间位移角限值。模型最终加载至 190mm，达到作动器行程极限，加载位移角为 1/19。

静力反复加载试验加载制度　　　　**表 2.3-13**

工况	幅值	圈数	位移角	工况	幅值	圈数	位移角
1	3mm	3	1/1187	7	71mm	3	1/50
2	7mm	3	1/509	8	94mm	3	1/38
3	14mm	3	1/254	9	118mm	3	1/30
4	28mm	3	1/127	10	142mm	3	1/25
5	43mm	3	1/83	11	166mm	3	1/21
6	57mm	3	1/62	12	190mm	3	1/19

2. 试验现象及破坏形态

前3个工况的位移幅值很小，试验结构基本无肉眼可见位移。第4工况的位移幅值为28mm（1/127），观测到模型结构发生比较明显的倾斜（图2.3-24）。自复位梁柱节点在位移达到最大值时能够观察到梁端受拉一侧与柱之间有微小的张开，但是节点张开的裂缝没有贯穿。当作动器回到初始位置以后，梁柱节点之间张开的缝隙全部闭合。

图2.3-24 第4工况下的典型梁柱节点界面张开

第5工况的加载位移幅值为43mm（1/83），自复位柱脚节点的受压侧的橡胶能够观察到因挤压产生的微小凸起但不显著（图2.3-25）。自复位梁柱节点在位移达到最大时能够观察到梁端受拉一侧与柱之间张开并在与角钢连接的受拉侧形成了贯通的缝隙，而与放在牛腿上的受拉侧打开所形成的缝隙仍然没有贯通。同时梁端角钢附近的混凝土保护层出现细微的裂缝。

图2.3-25 第5工况下梁端混凝土裂缝及梁柱节点界面张开

第6工况的加载位移幅值为57mm（1/62），自复位梁板连接之间有比较明显的滑移，梁板之间可以观察到很明显的分离（图2.3-26）。自复位柱脚节点的受压侧的橡胶能够观察到挤压产生的凸起，受拉侧的柱与橡胶之间产生分离缝。自复位梁柱节点在位移达到最大值时能够观察到梁端受拉一侧与柱之间张开并且形成了比上一个工况更宽的缝隙。同时梁端的受拉区混凝土上产生的裂缝开展加大。

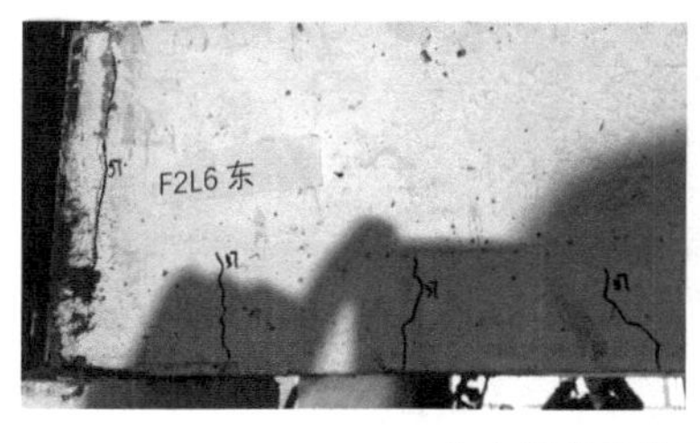

（*a*）梁端受拉区的裂缝开展　　（*b*）梁板分离

图 2.3-26　第 6 工况试验现象

第 7 工况的加载位移幅值为 71mm（1/50），自复位梁板连接之间有明显的滑移，能够观察到梁板之间有明显的错位（图 2.3-27）。自复位柱脚节点的受压侧的橡胶能够明显观察到挤压产生的凸起，受拉侧的柱与橡胶之间产生较宽的分离缝。在此工况下，放在牛腿上的梁端受拉侧与柱之间张开的缝隙也已经贯通。同时梁端的受拉区混凝土上产生的裂缝继续开展延伸并产生新的裂缝。当作动器回到初始位置以后，所有界面及裂缝重新闭合。

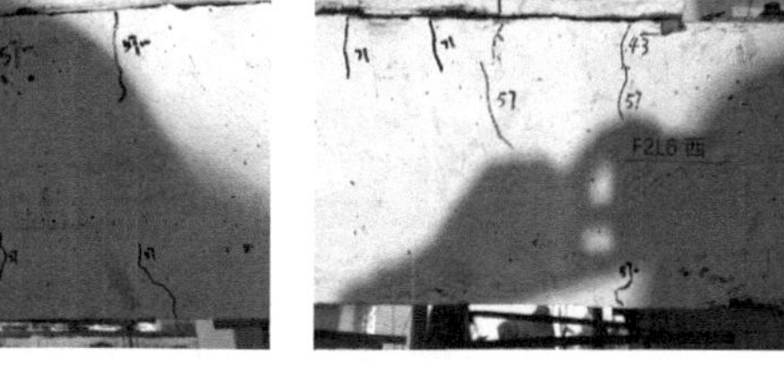

（*a*）自复位梁板分离并错位　　（*b*）梁端受拉区混凝土的裂缝开展以及新生裂缝

（*c*）柱脚节点受压区橡胶凸起及受拉区橡胶与柱分离

图 2.3-27　第 7 工况试验现象

第 8 工况的加载位移幅值为 94mm（1/38），结构模型的柱受拉区开始出现水平向裂缝，其中第一层的柱均出现裂缝，而二层只有边柱出现裂缝（图 2.3-28）。在加载过程中能够观察到少数混凝土碎片脱落。当作动器回到初始位置以后，所有张开的界面与裂缝都重新闭合。

（*a*）梁柱节点的打开

（*b*）柱脚节点受压区橡胶的变形及受拉区橡胶与柱分离

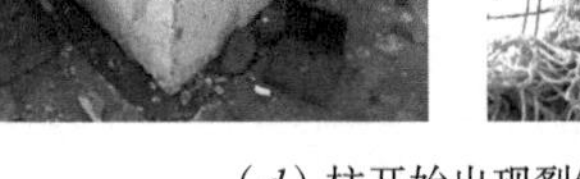

（*c*）梁端受拉区裂缝的开展　　　　（*d*）柱开始出现裂缝

图 2.3-28　第 8 工况试验现象

第 9 工况的加载位移幅值为 118mm（1/30），自复位柱脚节点受压侧的橡胶不仅能够观察到凸起变形，还能观察到橡胶被挤压向外滑移（图 2.3-29）。个别梁端与角钢连接的位置在受拉时产生严重的混凝土开裂，很多梁端的混凝土与钢板开始发生脱离导致节点的张开缝隙变窄，这种现象出现在与中轴柱相连的梁柱节点。在加载过程中能够观察到少数混凝土碎片脱落，并且听见梁的普通纵筋与梁端钢板脱开时所产生的较大声响。

（*a*）柱脚受压区橡胶向外滑移并突起

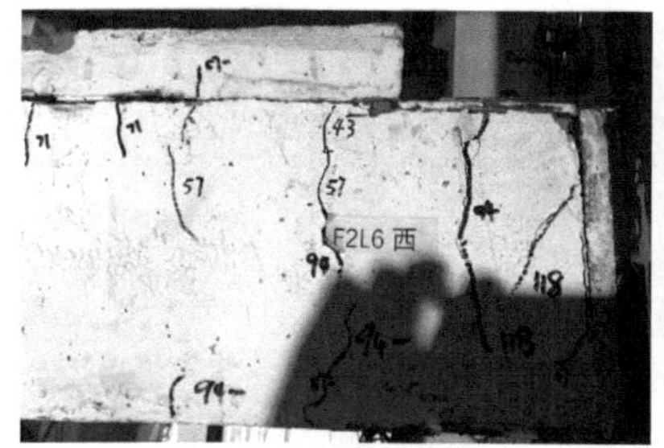

（*b*）梁端受拉区裂缝的开展以及梁端混凝土与钢板的脱离

（*c*）梁端受拉区出现严重开裂

（*d*）柱裂缝向下开展

图 2.3-29　第 9 工况试验现象

第 10 工况的加载位移幅值为 142mm（1/25），更多的梁端与角钢连接的区域在受拉时产生严重的混凝土开裂，并且可以观察到个别梁端的混凝土与钢板完全发生脱离，导致梁柱节点界面闭合，耗能角钢退出工作（图 2.3-30）。这种现象出现在与中轴柱相连的梁柱节点。当作动器回到初始位置以后，分离的节点界面与张开的裂缝都重新闭合。

（*a*）由于受拉裂缝开展而界面闭合的梁柱节点

（*b*）混凝土与钢板仍然有效连接的梁柱节点打开现象

图 2.3-30　第 10 工况试验现象

第 11 工况的加载位移幅值为 166mm(1/21)，工况 10 中的现象继续开展，损伤进一步加剧。与结构中柱相连的梁端界面在受压时，受压区的混凝土剥落较为严重（图 2.3-31）。1 层的一个梁板连接，梁内侧由于与板间的接触与摩擦，混凝土保护层发生了剥落。除此之外，其他梁板连接未观测到破坏现象。

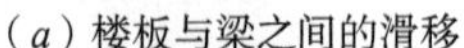

(*a*) 楼板与梁之间的滑移

(*b*) 梁柱节点的打开

(*c*) 损伤严重的中柱节点

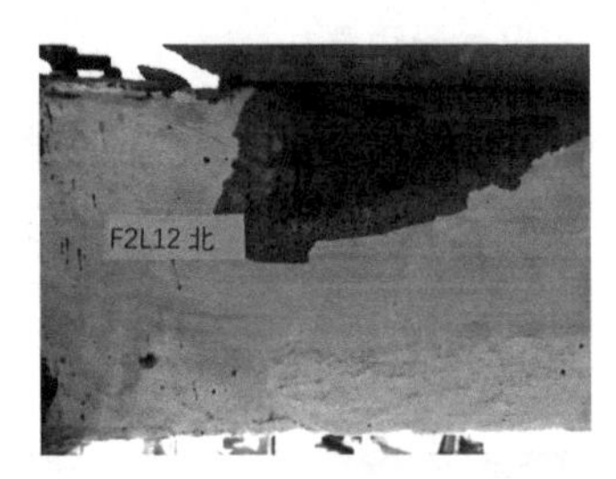

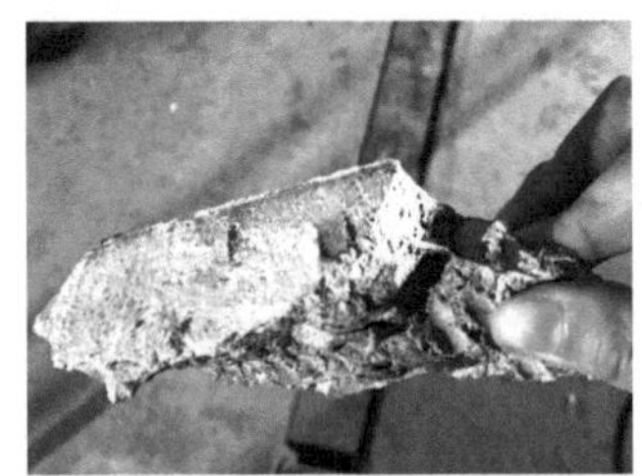

(*d*) 梁大块混凝土脱落

图 2.3-31　第 11 工况试验现象

第 12 工况的位移幅值为 190mm（1/19），结构的损伤与破坏进一步加剧（图 2.3-32）。个别梁端由于裂缝宽度进一步增加，可以观察到角钢一侧的纵筋与梁端保护钢板脱离。而当角钢一侧受压时，个别梁端的混凝土保护层大面积剥落，可以清晰地看到梁内的纵筋与箍筋。节点的损伤从上至下，从四角至中心逐渐增加，即模型的底层中柱节点损伤最严重而顶层角柱节点损伤最轻微（几乎没有损伤），这与梁端所受轴力的分布规律相一致，说明节点的损伤程度与梁内所受轴力成正相关。本试验中节点破坏主要原因是耗能角钢在大变形下承载力超出了梁内单侧纵筋的承载力，梁端在角钢一侧受拉时发生了弯曲破坏。同时由于受拉破坏损伤了角钢一侧混凝土的完整性，使其在受压时也发生了更为显著的破坏。而梁端的牛腿一侧，由于牛腿并未参与到梁端受力中，梁内纵筋及其与梁端钢板的连接并未受损，因此相对损伤较小。除上一个工况中出现的梁板连接破坏外，在本工况中又出现了由于梁板间接触碰撞造成的破坏。最后一个工况完成后，模型变形与部分节点的破坏如图 2.3-33、图 2.3-34 所示。可以看出模型的损伤集中在梁端节点位置，其他位置的损伤很小。

（*a*）柱脚节点的橡胶变形

（*b*）梁混凝土大量脱落暴露出与钢板脱离的钢筋

（*c*）楼板开裂

图 2.3-32　第 12 工况试验现象

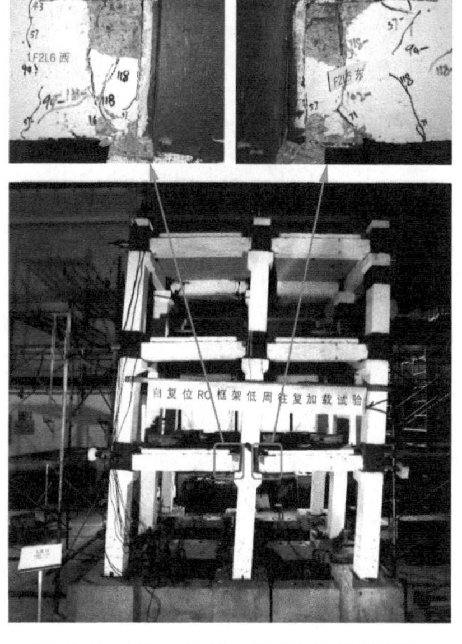

图 2.3-33　工况 12 最大位移处模型变形与损伤

图 2.3-34　梁板间由于接触碰撞造成的破坏

为了确认梁内纵筋与柱脚节点的最终损伤与破坏状态，在试验结束后拆除模型的混凝土部分，梁端与柱脚的状态如图 2.3-35 所示。发现梁端角钢一侧的纵筋被拉断，而牛腿一侧纵筋未被拉断。柱脚节点钢靴保持完好，未观察到明显的塑性变形。

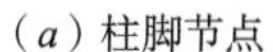

（*a*）柱脚节点　　（*b*）梁端节点

图 2.3-35　模型拆除混凝土后状态

3. 试验结果及分析

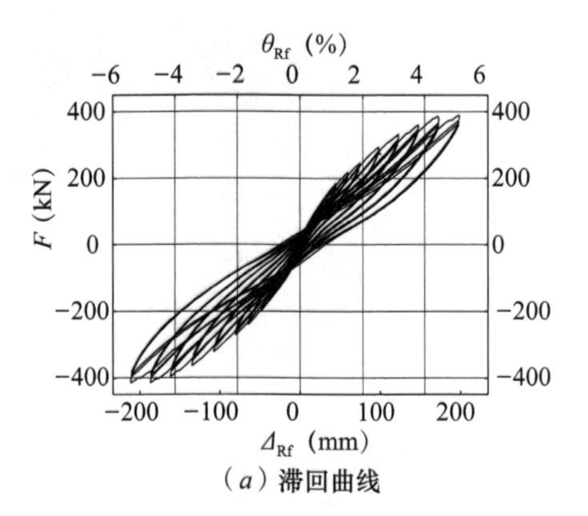

（a）滞回曲线

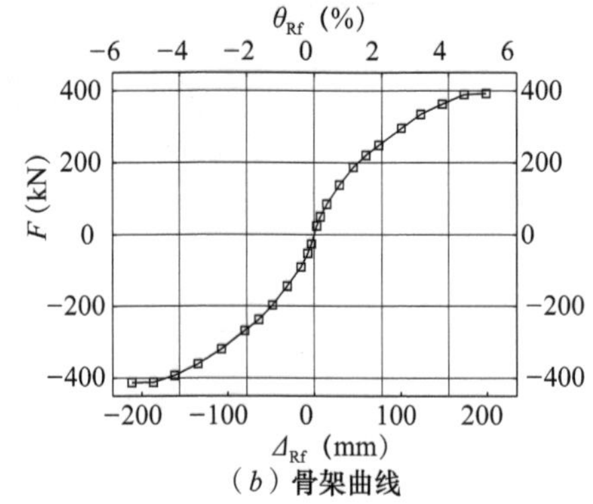

（b）骨架曲线

图 2.3-36　自复位钢筋混凝土框架结构荷载 - 顶层位移曲线

（1）滞回曲线及骨架曲线

图 2.3-36（*a*）为模型的顶层位移 - 基底剪力滞回曲线，其中顶层位移已扣除由基础滑移引起的位移。相比于普通混凝土框架，自复位框架的滞回曲线展现出了一定的旗帜形特征，但并不饱满，说明本结构虽然安装有角钢耗能器，但仍缺乏耗能能力。结构在大位移下的滞回环相较于小位移下更为明显，说明结构在位移幅值较大时开展了一定的塑性变形。图 2.3-36（*b*）为结构的顶层位移 - 基底剪力骨架曲线。从骨架曲线可以看出，模型在加载过程中刚度逐渐下降，但并无明显突变。模型在加载至 1/19 顶层位移比后，虽然骨架曲线仍在上升，但幅值很小，说明模型在 1/19 顶层位移比下已经非常接近其最大承载力。

（2）刚度退化与强度退化分析

本节采用割线刚度表征模型在反复加载过程中的等效刚度退化情况。为了消除加载初期由于作动器与模型连接间隙等情况造成的刚度偏差，以第二次循环加载后的割线刚度 K_i 为基准，对其余位移幅值下的割线刚度 K_{sec} 进行归一化处理（各位移幅值下的割线刚度 / 初始刚度），归一化后模型的刚度退化随顶层位移的变化情况如图 2.3-37 所示。由图可见，试件的刚度退化较为平缓，位移幅值小时刚度退化较快，随着位移幅值的增加刚度退化渐趋平缓。在加载至 1/50 顶层位移比时，模型刚度减小到初始刚度的 40%，在 1/19 顶层位移比时，模型的等效刚度减小至初始刚度的 20%。

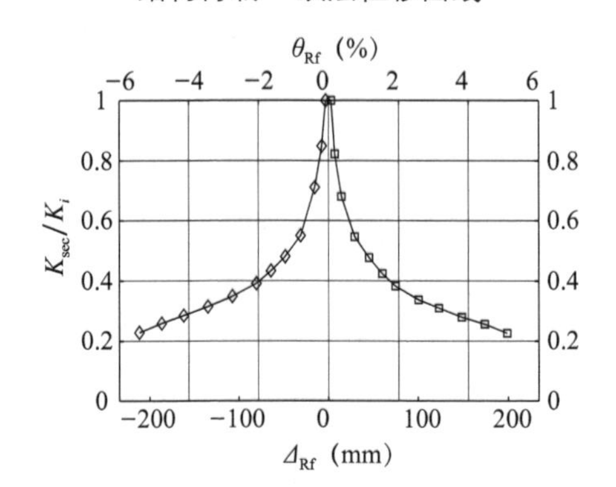

图 2.3-37　结构刚度退化曲线

（3）耗能能力

在加载过程中结构吸收能量，在卸载过程中结构释放能量，吸收的能量与释放的能量之差就是耗散的能量，耗能能力是评价结构抗震性能的重要指标。采用等效黏滞阻尼系数 h_e 来衡量结构的耗能能力。

$$h_e=\frac{1}{2\pi}\frac{s_{BEDF}}{s_{OAB}+s_{OCD}} \tag{2.3-1}$$

式中，S_{BEDF} 为一个加载工况下的荷载 - 位移滞回曲线包络面积，即图 2.3-38 所示的阴影面积。S_{OAB} 和 S_{OCD} 分别为三角形 OAB 与三角形 OCD 的面积。

各个工况下的等效黏滞阻尼比如图 2.3-39 所示。在结构的前三个工况，由于结构本身的位移较小，作动器与结构间的缝隙会造成一定的测量误差。这个误差表现在滞回曲线上就会造成较大的阻尼。在第三个工况之后，结构的等效黏滞阻尼逐渐增加，由最小的 3.2% 增加到最后一个工况的 5.9%，说明结构本身的塑性变形确实在逐渐增加。然而这个阻尼相对于普通结构来说仍然差距较大，自复位框架结构确实存在着耗能能力不足的问题。

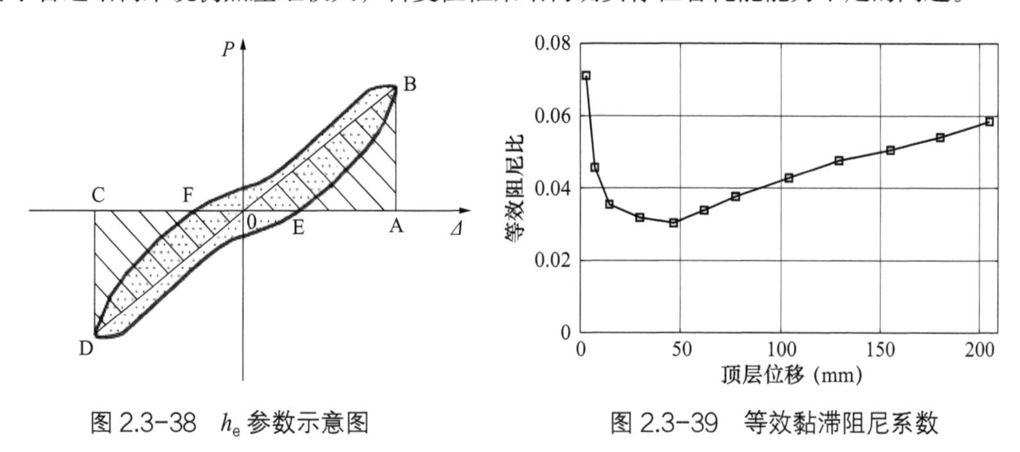

图 2.3-38　h_e 参数示意图　　　　图 2.3-39　等效黏滞阻尼系数

（4）预应力筋内力

由于本试验的数据采集系统与振动台试验不同，而且难以再次进行张拉标定，因此本试验中测得的预应力都是预应力筋内力的变量。这里假定试验开始时预应力筋内的初始预应力与振动台试验结束后相同，并据此对传感器的数据进行了处理与分析。图 2.3-40 给出了 1 ~ 3 层梁内预应力筋的内力变化情况。各柱内预应力变化情况基本一致，图 2.3-41 给出了典型的柱内预应力筋的内力变化。

柱内预应力筋的屈服强度为 1800MPa，可以看出梁柱构件内的预应力筋最大应力均小于屈服强度，预应力筋处于弹性范围。随着加载幅值的增加，预应力的斜率随加载位移级别的增加而减小，说明随着节点界面损伤的加剧，界面的转动中心逐渐内移。预应力的损失幅度极小或几乎没有损失，这表明节点界面虽然转动中心内移，但是界面的损伤并没有大到损失轴向强度。梁内预应力筋在正负方向上的变化较为一致，可以认为边柱的间距发生了较为均匀的“伸长”。柱内预应力筋由于其偏心布置，在正负方向不对称，但同一根柱内预应力筋的力 - 变形关系满足对称性。

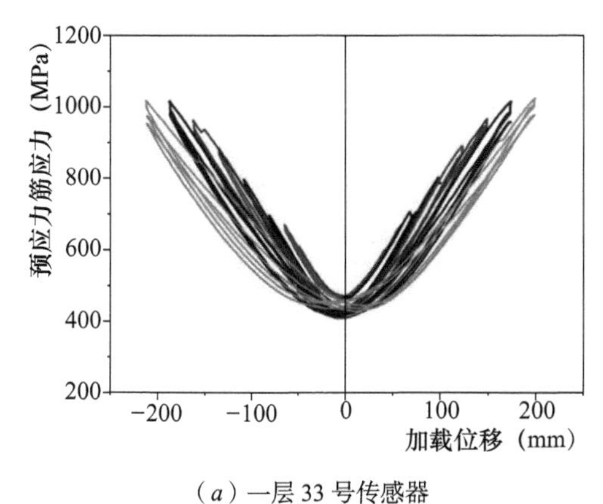

（a）一层 33 号传感器

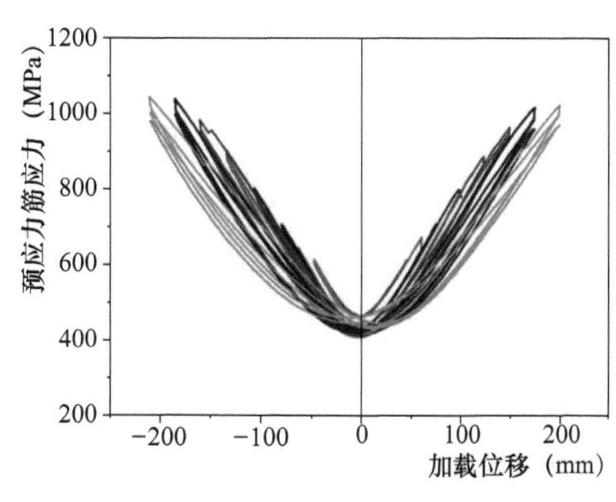

（b）一层 32 号传感器

图 2.3-40　与加载方向平行的梁的预应力筋应力变化曲线（一）

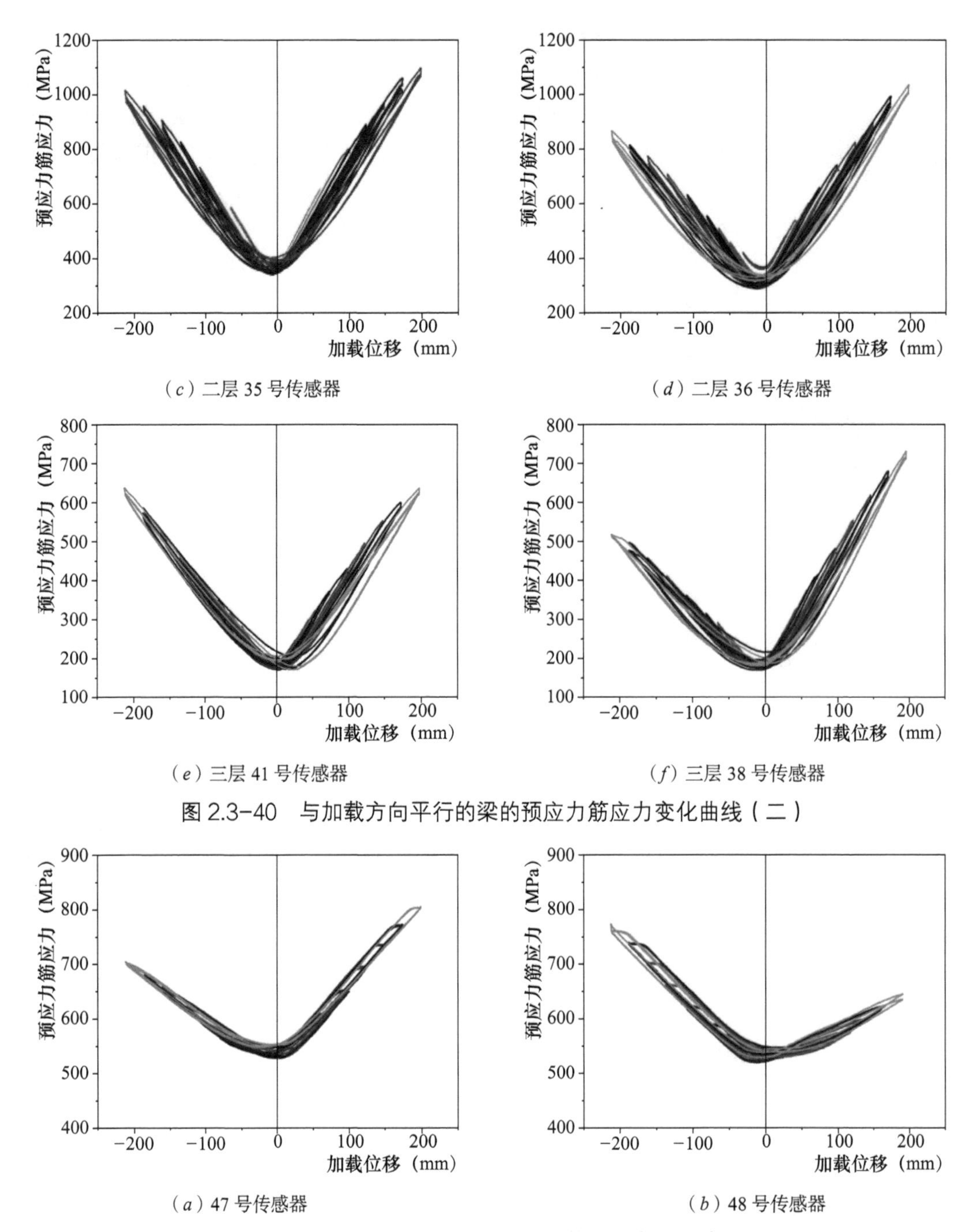

（c）二层 35 号传感器

（d）二层 36 号传感器

（e）三层 41 号传感器

（f）三层 38 号传感器

图 2.3-40　与加载方向平行的梁的预应力筋应力变化曲线（二）

（a）47 号传感器

（b）48 号传感器

图 2.3-41　典型柱内的预应力筋应力变化曲线

（5）残余变形

相比于普通结构，自复位结构最大的特点为残余变形小。本节将模型加载至当前工况最后一圈再卸载后的变形作为结构在当前加载级别下的残余变形。图 2.3-42 给出了结构的绝对与相对最大残余层间位移角随着顶层位移幅值增加的变化情况。其中相对残余层间位移角为绝对残余层间位移角 θ_r 与本级最大层间位移角 θ 的比值。模型的绝对残余层间位移角随着加载幅值的增加而增加，在全部工况完成后，模型的最大残余层间位移角约为 0.58%。除第 1 工况外（由于作动器与模型的状态及两者的连接并非理想情况，其所造成的误差导致计算结果偏大），模型的相对残余变形在第 7 工况前稳定在 5% 左右，在第 7 工况后开始逐渐增加，最后一个工况加载结束后，模型的相对残余位移角略小于 10%。

（6）自复位节点转角

梁端与柱脚界面的张开角度可以通过布置在该节点上局部位移传感器获得：

$$\theta = (D_1 - D_2)/h \tag{2.3-2}$$

其中，D_1 与 D_2 分别为该节点上两个位移传感器所测量的位移，h 为两个位移传感器的距离。各节点（图 2.3-43）在各工况下的最大节点转角如图 2.3-44 所示。图中将各节点的最大正向转角与负向转角分别画出，其中正向转角为顺时针方向，逆向转角为逆时针方向。由于局部传感器在模型变形过程中存在滑移跳跃等现象，部分传感器在模型位移较大时失效，失效点在图 2.3-44 中不画出。

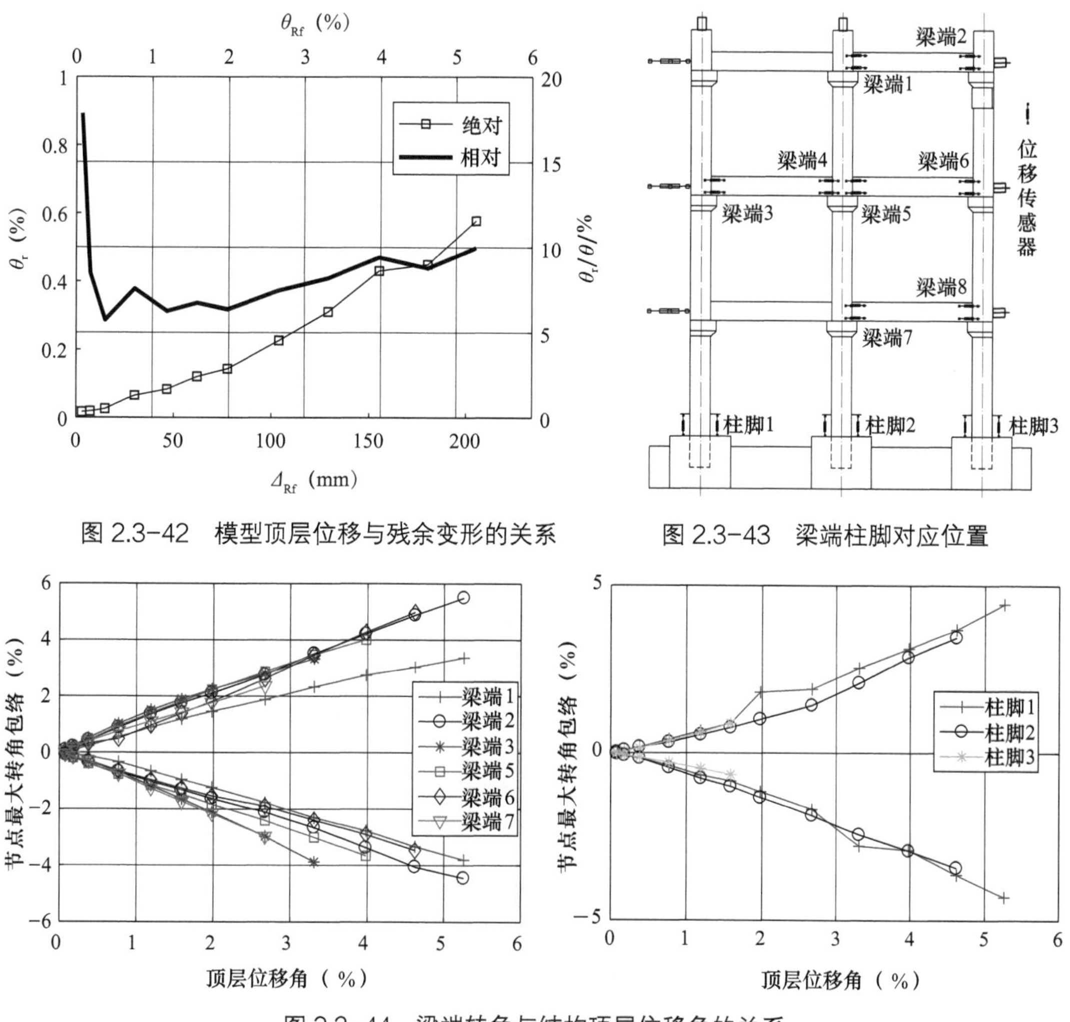

图 2.3-42　模型顶层位移与残余变形的关系

图 2.3-43　梁端柱脚对应位置

图 2.3-44　梁端转角与结构顶层位移角的关系

从以上结果可以看出，除梁端 2 与梁端 6 的正向转角外，其他节点的转角都略小于结构的顶层位移角。从侧面验证了本结构的变形是由梁端转动控制的。除梁端 1 的转角明显小于其他节点外，其他节点的转角幅值相近。柱脚的转角要小于梁端的转角，正负两个方向转动比较对称，三个柱脚转角在数值上相当。

（7）变形模式

在结构变形过程中，构件的变形以刚体转动为主，因此各层的层间位移角始终接近。图 2.3-44 为各层当前加载级别下最大层间位移角 θ、楼层位移比 θ/θ_{Rf}，随本加载级别最大顶层位移 Δ_{Rf} 与顶层位移比 θ_{Rf} 的变化情况。其中顶层位移比 θ_{Rf} 为顶层位移 Δ_{Rf} 与顶层高度 H 的比值 Δ_{Rf}/H，楼层位移比为各层的最大层间位移角 θ 与当前级别最大顶层位移比 θ_{Rf} 的比值 θ/θ_{Rf}。从图中可以看出，各层的层间位移角随加载幅值的增加而增加，但结构的楼层位移比始终在 1 附近。这说明结构柱身的变形仅占结构总变形很小一部分。随着加载幅值的增加，模型的变形逐渐向一、二层集中，说明一层与二层柱身所受荷载与变形较大，这也与观察到的现象相一致。在最后一个工况下，模型一层与三层的最大层间位移角分别达到 1/17 与 1/21，两者相差 1/100。考虑到混凝土构件本身的受力特点，此时柱身的变形能力仍有较大的富余。

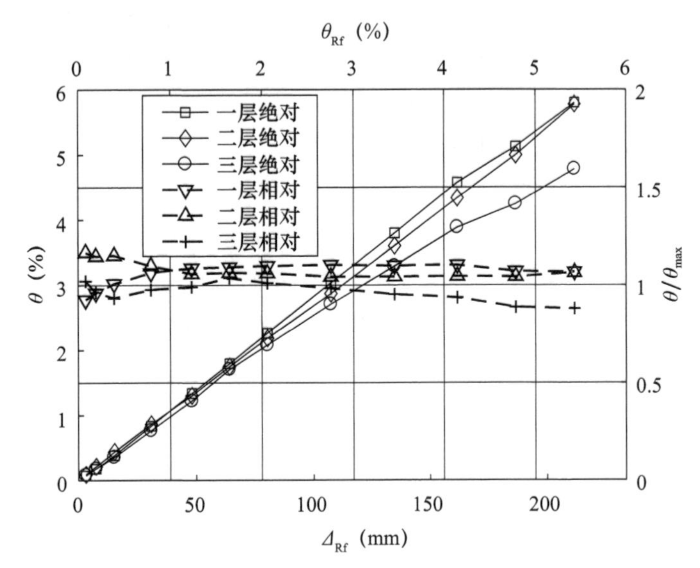

图 2.3-45　绝对与相对层间位移角与顶层位移的关系

4. 试验研究小结

（1）三向自复位混凝土框架结构的变形能力极强，在规范大震层间位移角限值（1/50）下损伤很小，层间位移角达到 1/17 时承载力依然没有出现下降，结构的变形能力完全可以满足建筑结构在地震作用下的变形需求。

（2）结构的损伤集中在梁柱节点的梁端部分，破坏模式为梁端在角钢作用下的弯曲破坏，表现为梁端临近角钢的纵筋被拉断以及混凝土保护层剥落。同时节点的损伤与梁内轴力相关，梁内轴力大的节点损伤更严重。

（3）由于梁端的弯曲破坏使得相当一部分角钢耗能器在结构位移较大时退出工作，结构耗能能力较差。在进一步的研究工作中，应改善自复位节点区域的承载力分配，并适当增加耗能措施。

（4）结构的残余变形随最大层间位移角的增加而增加，但幅值很小。考虑到实际地震作用与静力试验的区别，在最大层间位移角达到 1/17 时，其残余变形仍处于可接受范围。

2.4　数值模拟及参数研究

自复位框架结构的模拟难点在于节点的模拟。自复位结构的构件与普通装配式结构非常类似，在自复位框架的变形过程中，这些预制构件的损伤也非常小，几乎全程保持弹性状态。自复位框架的非线性来源于构件端部接触界面间的几何非线性，而结构的自复位性能由处于弹性状态的预应力筋来保证。无论是接触界面的非线性还是预应力筋的锚固都位于自复位节点的范围内，因而合理的模拟自复位节点是自复位框架结构模拟的关键。学术界用带有预应力的桁架单元模拟预应力筋的研究非常多，并且取得了很好的效果。接触界面间的非线性如何模拟也就成了自复位框架模拟过程中的最大难点。

接触界面间几何非线性的研究开始于 Housner[1] 对刚性体在刚性平整基础上自由摇摆（图 2.4-1）的分析。他研究了刚体自由摆动下的振动周期，给出了周期 T 与摆动幅值 θ_0 之间的关系（图 2.4-2）；在摇摆过程中，由于刚体与刚性基础碰撞造成能量损失，因而每次碰撞后振幅都有所减小。图 2.4-3 给出了振幅 φ_n 与碰撞次数 n 之间的关系。

Yim[28] 等对刚体的摇摆也做了研究，认为如图 2.4-1 所示的刚体块在 O 与 O' 点之间摇摆的过程中，转角 θ 与作用于刚体块的转动弯矩 M 之间的关系是线性的，没有滞回特点，如图 2.4-4 所示。这种关系类似于结构分析中使用的构件刚度的概念，刚体块在发生摇摆前可认为其具有无穷大的刚度，直到施加于刚体块的弯矩值达到 $WR\theta_c$；当弯矩达到这一限值之后，刚度变为负值；当转角超过 θ_c 这一临界值以后，刚体块将在静力弯矩的作用下发生倾覆。刚体块摇摆的运动特点明显区别于具有定常刚度的线性系统。

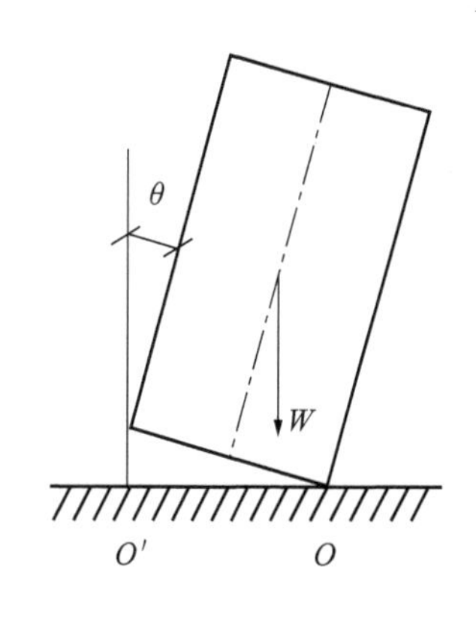

图 2.4-1　刚体摇摆

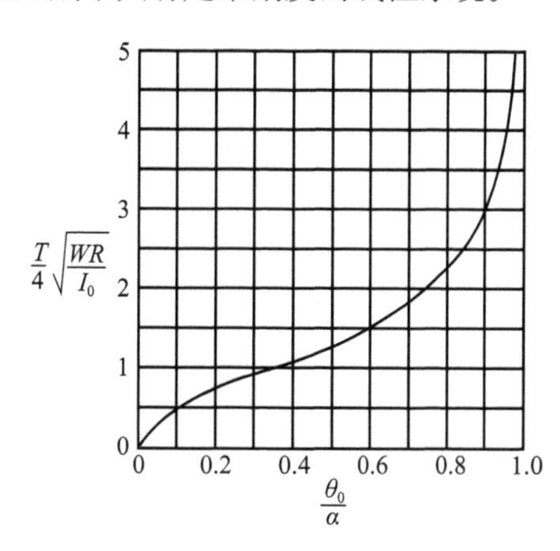

图 2.4-2　周期 T 与摆动幅值 θ_0 关系曲线

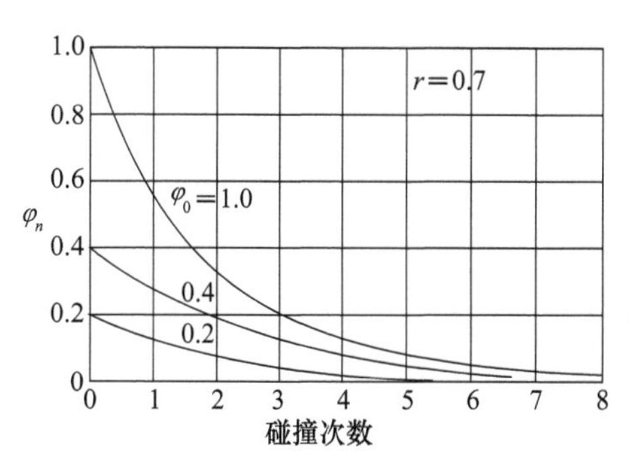

图 2.4-3　振幅 φ_n 与碰撞次数 n 关系曲线

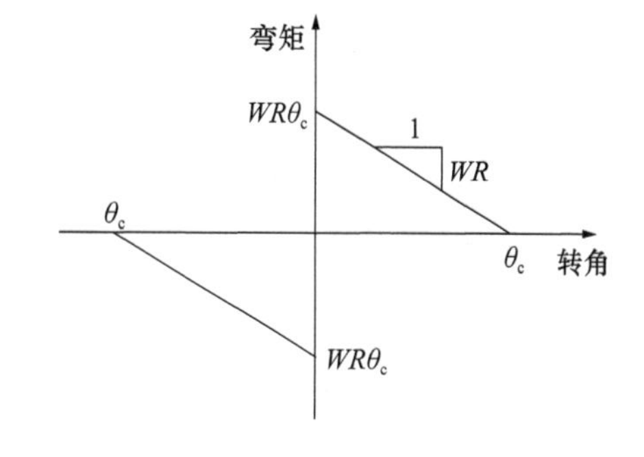

图 2.4-4　摇摆刚体的转角 - 弯矩关系曲线

然而，实际中并没有完全刚性的构件，构件在摇摆过程中会发生变形，在碰撞过程中还有可能发生损伤。2007 年，Roh[29] 通过放松框架柱与基础之间的约束形成摇摆柱，并且加入黏滞阻尼器消能，实现了框架结构的振动控制。摇摆柱的核心概念与图 2.4-1 所示的摇摆刚体块相似，但又具有自身的特点。摇摆柱的底部，在与基础连接的地方，是一种相互接触的形式，柱底与基础之间只能通过相互挤压传递压力，而不能传递拉力。摇摆柱的试验布置如图 2.4-5 所示。因此，对于这种结构形式，进行修复显得格外容易，只要对受到损伤的柱进行替换即可。在整体框架中，只设置一部分的摇摆柱，使得结构整体性能得以改变；同时剩下的柱仍然是常规在梁柱节点处固接的柱，以保证必要的框架作用和必要的抗侧能力。

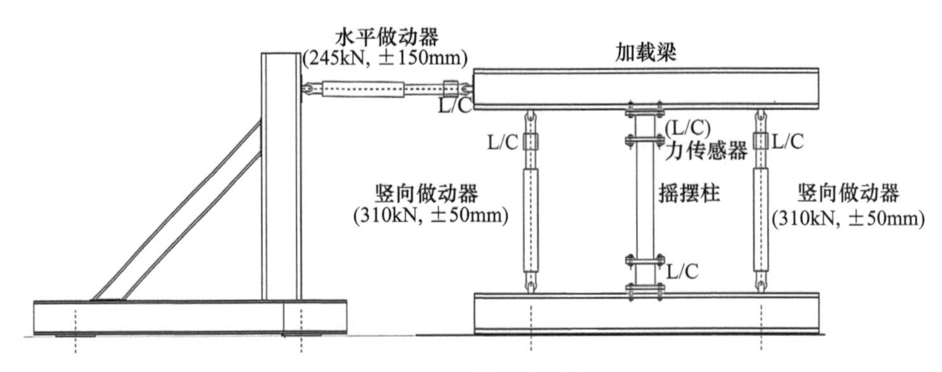

图 2.4-5 摇摆柱试验

Roh 提出了一种简化的分析模型用于摇摆柱的非线性静力分析，接着研究了摇摆柱的滞回特性并进行试验。Roh 指出试验过程中，轴压比对构件的性能有显著的影响，当构件的轴向荷载达到构件截面名义强度的 20% 时，构件的边缘在第一次摇摆的过程中达到大位移时即发生压溃，如图 2.4-6 所示，而 0.2 的轴压比是试验中采用的最大轴压比。对构件 CY-5 与 CY-10 往复加载三圈的结果见图 2.4-8，图中曲线表明：随着柱脚部混凝土的破碎，柱在摇摆过程的第一圈中出现强度下降的现象；当卸载时，除了在第一圈加载中强度有明显的下降以外，摇摆柱遵循的是加载路径，具有非线性弹性的特点；由于轴力在摇摆过程中不对称，所以正向加载与负向加载的结果有一些差别；在柱发生摇摆前，具有一定的正刚度；柱在摇摆过程中具有负刚度。对摇摆柱第一次推覆过程中形成的包络线被称为“上界曲线”，第一次推覆之后形成的稳定路径被称为“稳定曲线”。上界曲线代表没有初始损伤情况下的具有矩形形式的柱脚的摇摆过程。稳定曲线代表柱脚局部混凝土剥落后的摇摆过程。如图 2.4-9 所示，上界曲线与稳定曲线上有四个极限状态：

图 2.4-6 被压溃的柱脚[29]

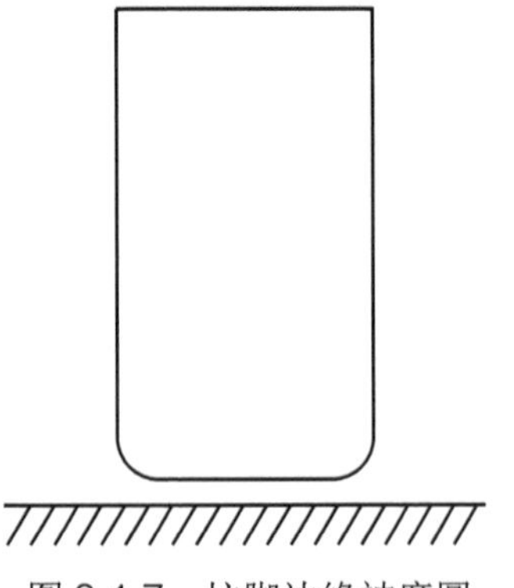

图 2.4-7 柱脚边缘被磨圆

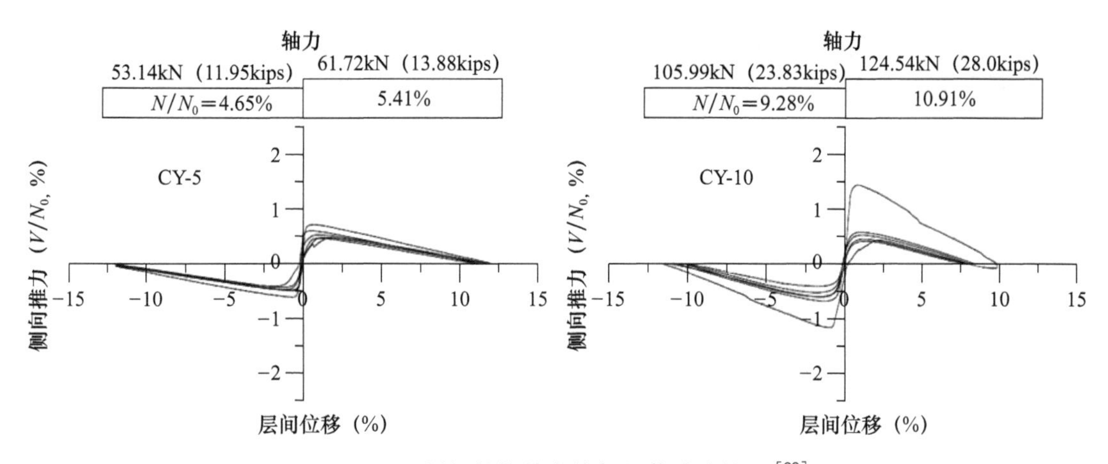

图 2.4-8　摇摆柱拟静力往复加载试验结果[29]

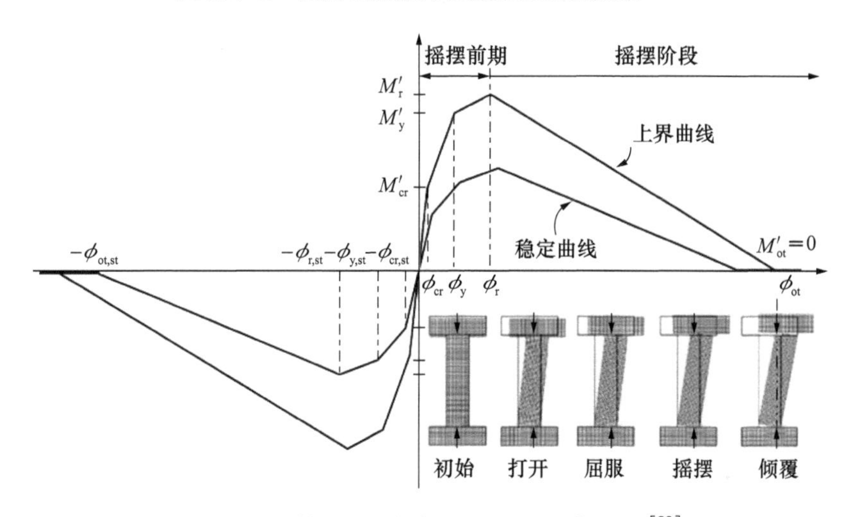

图 2.4-9　简化后摇摆柱的弯矩 - 曲率模型[29]

（1）消压极限状态，下标为 cr：当摇摆柱上端的水平侧向荷载逐渐增加，柱脚底部边缘一侧将与基础分离。这种分离将从柱底截面的最外侧开始；然后随着水平侧向荷载的增加，柱底截面与基础的分离将不断发展，直到柱发生整体性倾覆。当柱底截面的最外侧开始出现分离时，就称这一状态为消压极限状态。

（2）屈服极限状态，下标为 y：当打开状态发生以后，继续增加水平侧向推力，柱底截面与基础的接触面积将越来越小。在这个过程中，由于受压的接触面积不断地减小，使得接触面上的应力不断增大，以至于边缘的混凝土的应力达到受压峰值应力。

（3）摇摆极限状态，下标为 r：当柱底受压接触面全部达到受压峰值应力时的状态被定义为摇摆临界点。

（4）倾覆极限状态，下标为 ot：当柱所受的竖向合力作用点超出柱底接触面的状态被定义为倾覆点，在这个状态临界点上，如果柱没有受到其他的约束，那么柱将发生倾覆。

2.4.1　模拟方法

目前，文献中利用纤维模型模拟构件端部的打开，主要有两种方法[30]：Kurama 建议忽略柱内非预应力钢筋的受拉性能，不考虑混凝土纤维本构中的受拉部分，从而将发生于构件端部的打开变形等效为弥散于整个构件受拉一侧的变形[32]；葛继平[31]认为在用纤维单元模拟拼装桥墩性能时，应采用与接缝等高的素混凝土柱来模拟接缝，但同时也指出素混凝土柱的材料本构关系的选取是难点。

从上述的介绍分析可知，摇摆柱具有自身独特的特点：柱底截面在摇摆的过程中会与基础界面发生分离。而这种分离使得柱底与基础之间只能传递压力。高文俊[33]在使用 OpenSees 对接触界面非线性的模拟中，采用不受拉的弹性材料（ENT Material）与普通材料串联成新材料的方式模拟接触界面不受拉的特性。ENT 材料的受拉刚度为 0，因而新材料中不产生拉应力；ENT 材料的受压刚度的取值远大于普通材料，使得新材料在受压过程中应力 - 应变关系与普通材料保持一致。图 2.4-10 为与 ENT 串联的钢筋材料（Steel02）与不带受拉特性的混凝土材料（Concrete06），这两种材料分别可以用来模拟接触界面附近的钢筋与混凝土。

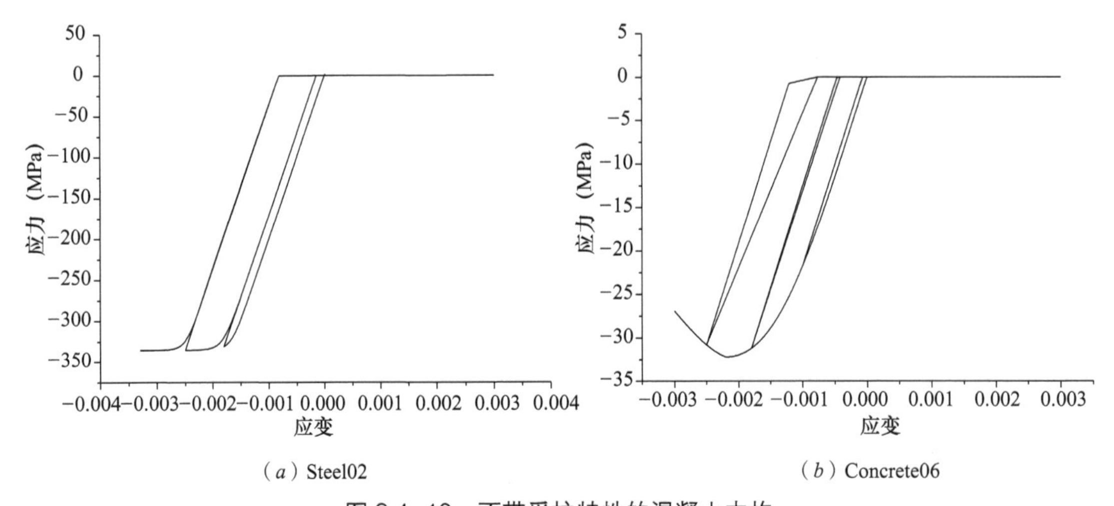

（*a*）Steel02　　（*b*）Concrete06

图 2.4-10　不带受拉特性的混凝土本构

（1）摇摆柱柱底的应力扩散区域

Roh[29]指出由于柱底与基础表面之间是相互接触的，不能产生受拉应力。因此柱底接触界附近的截面虽然总体表现出偏心受压，但仅有部分截面参与受力，非接触区域的截面中不存在应力，应力在经过一段距离的扩散后分布到整个截面，如图 2.4-11 所示。在应力逐渐扩散的区域内，显然不满足平截面假定，因此需要找到一种等效方法对该区域的变形与受力进行模拟。

柱脚应力扩散区域的高度，可以通过求解柱底接触面的应力分布来获得。如图 2.4-12 所示只考虑柱底截面部分受均匀分布的压应力作用。为了求解应力分布，不妨把柱的应力和柱身沿着柱身边缘进行对称翻折，形成新的柱体；同时作用于柱底截面的荷载也进行对称翻折。由此，该问题被转换成了轴对称问题。Roh 使用了半无限体上作用平均应力的求解结论，如图 2.4-13 所示。半无限体上 $x = 0$ 处的 σ_y 分布如图 2.4-14 所示。这里进行说明：由于柱身并不是半无限体，因而在柱底应力扩散区域内的应力与在半无限体内进行求解所得结果并不一致，但应力分布趋势可以作为一种近似。定义在 $x = 0$ 轴线上 σ_y 分布

的最大值所对应的 y 坐标为应力扩散区域的高度，在图 2.4-15 中用 L_{p}^{*} 表示。L_{p}^{*} 的计算见式（2.4-1）。

$$L_{\mathrm{p}}^{*}=\frac{1}{2}\sqrt{d^{2}-d_{\mathrm{c}}^{2}+2d\sqrt{d^{2}-d_{\mathrm{c}}^{2}}} \tag{2.4-1}$$

式中　d_{c}——作用于柱底的均布应力范围，如图 2.4-15 所示；

　　　d——柱底截面的宽度。

$$L_{\mathrm{p}}=\left(\frac{2}{1+p}\right)L_{\mathrm{p}}^{*} \tag{2.4-2}$$

在柱脚的应力扩散区域内，实际有效作用区域的边界为非线性分布，现在将这种实际有效作用区域的边界做线性化处理，得到等效的应力非线性区域高度 L_{p}。L_{p} 的计算见式（2.4-2），其中系数 p 的取值与柱的长细比有关，见表 2.4-1。

参数 p 取值　　　　表 2.4-1

L'/d	3	4	5	6	7	8	10	12	14
p	0.72	0.96	1.2	1.36	1.44	1.48	1.51	1.52	1.52

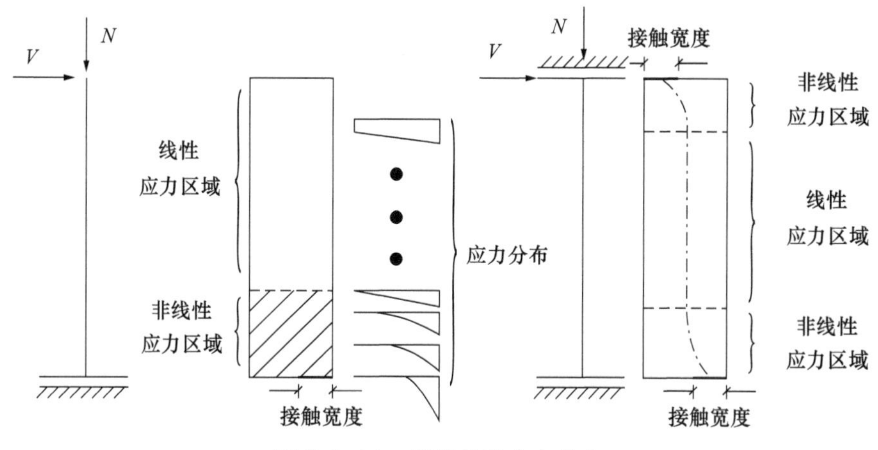

图 2.4-11　摇摆柱的应力分布

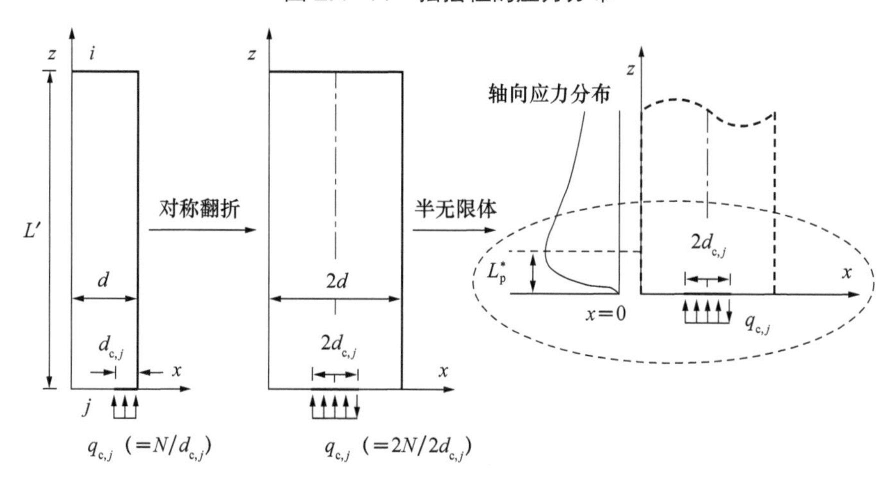

图 2.4-12　摇摆柱应力非线性区域内的应力分布

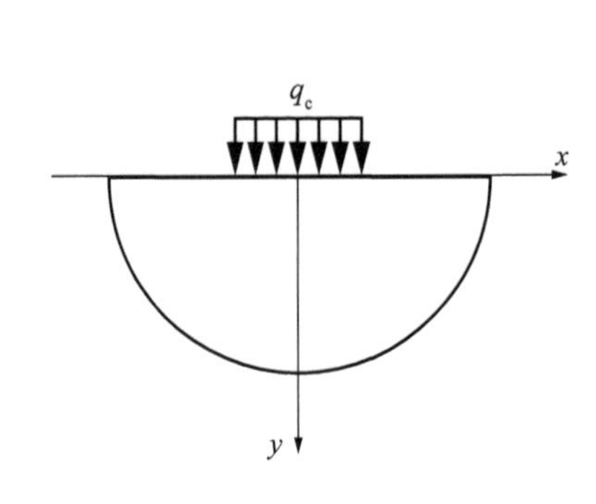

图 2.4-13　均布应力作用于半无限体

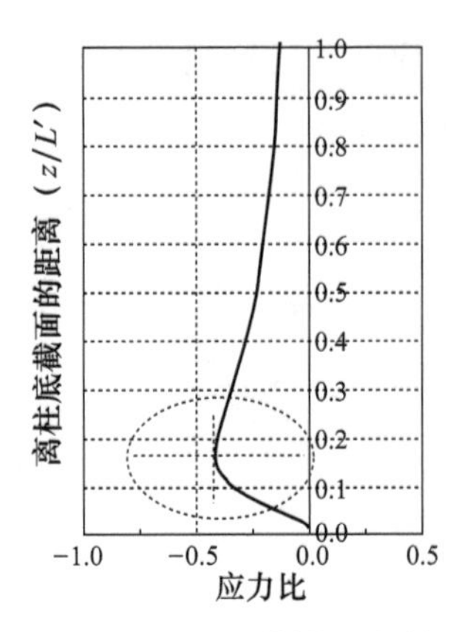

图 2.4-14　$x=0$ 处沿 y 向的 σ_y 分布

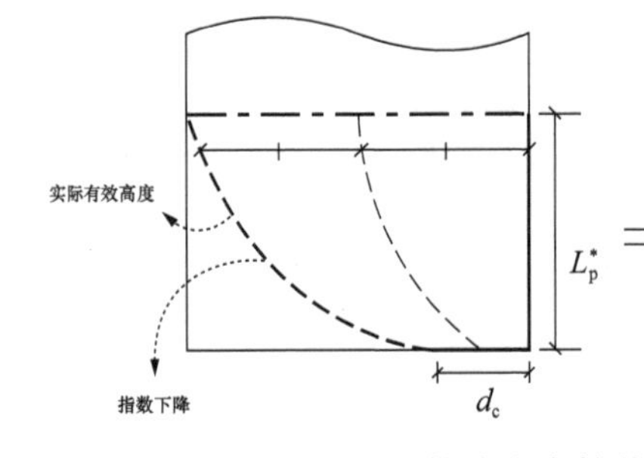

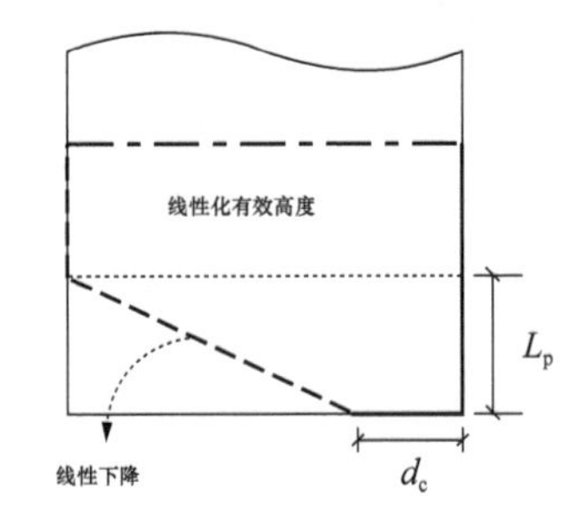

图 2.4-15　柱脚应力扩散区域的等效线性简化

（2）柱脚约束橡胶的模拟

对于本节所述类型的自复位柱脚节点，橡胶为自复位柱在反复摇摆过程中提供的刚度不可忽略。由于橡胶与柱身和基础的边界条件较为复杂，所以柱脚橡胶所提供的转动刚度应经过特别的计算。这里考虑两种边界条件，一种是通过使用胶粘剂等方式，保证橡胶与基础之间的绝对粘结；另一种是橡胶与混凝土界面间保持分离，界面上只作用压力与摩擦力。

在橡胶与混凝土间保持粘结时，随着柱的摇摆过程，橡胶被柱从间隙中挤出，但橡胶与混凝土的边缘没有相对滑移如图 2.4-16 所示。由于橡胶是一种体积不可压缩材料，因此，根据图 2.4-16（b）中阴影部分面积相等的原则，可以求解出橡胶提供的抵抗弯矩与转角 θ 之间的关系[34]。

$$M_\theta^r=\frac{f_b A i^2 E\theta}{h} \tag{2.4-3}$$

其中 A 为橡胶块体的截面积，i 为截面的回转半径，E 为橡胶的弹性模量，h 为橡胶的厚度。f_b 代表约束截面的弯矩增大系数。

$$f_b=f_{b1}+f_{b2} \tag{2.4-4}$$

$$f_{b1}=\frac{4}{3}-\frac{2(ab+h^2)}{3(a^2+b^2+2h^2)} \tag{2.4-5}$$

$$f_{b2}=\frac{3H^2}{5t^2} \tag{2.4-6}$$

其中，$2a$ 和 $2b$ 为橡胶块的长和宽，h 为橡胶块厚度。若 $a=b$ 或 $h>>a, b$，那么 f_{b1} 为单位值 1；若 $a>>b, h$ 或 $b>>a, h$，那么 f_{b1} 为 4/3。H 为橡胶块体的高度，t 为橡胶块体的厚度。

当允许橡胶与混凝土间界面的滑移时，就需要考虑在摩擦力的作用下，部分界面保持粘结，部分界面滑动错位，如图 2.4-17 所示。此时需要先求解滑动区域范围，再计算橡胶所提供的转动刚度。滑动区域的长度 x_l 通过式（2.4-7）进行求解，该式是一个超越方程，可以通过数值方法进行求解。

$$\mu t H e^{\frac{2\mu}{t}(H-x_l)}-x_l^{\,2}=0 \tag{2.4-7}$$

其中 μ 为橡胶与混凝土间的摩擦系数，t 为橡胶厚度，H 为橡胶块体高度。橡胶在转角 θ 处的抵抗弯矩为：

$$M_{\mathrm{r}}^{\theta}=\theta G\left(\frac{Bx_l^{\,2}}{t^3}-\frac{2x_l^{\,5}}{5t^3}-\frac{3H^2}{2\mu}+\frac{3Hx_l}{2\mu}e^{\frac{2\mu}{t}(H-x_l)}+\frac{3Ht}{4\mu^2}\left(1-e^{\frac{2\mu}{t}(H-x_l)}\right)\right) \tag{2.4-8}$$

其中

$$B=\frac{3Ht^2}{2}e^{2\mu(H-x_l)/t}+x_l^{\,3} \tag{2.4-9}$$

可以看出，虽然橡胶与混凝土间界面的接触滑移问题非常复杂，但是橡胶块体的转动刚度是线性的，始终可以用一个线性的转动弹簧进行模拟。

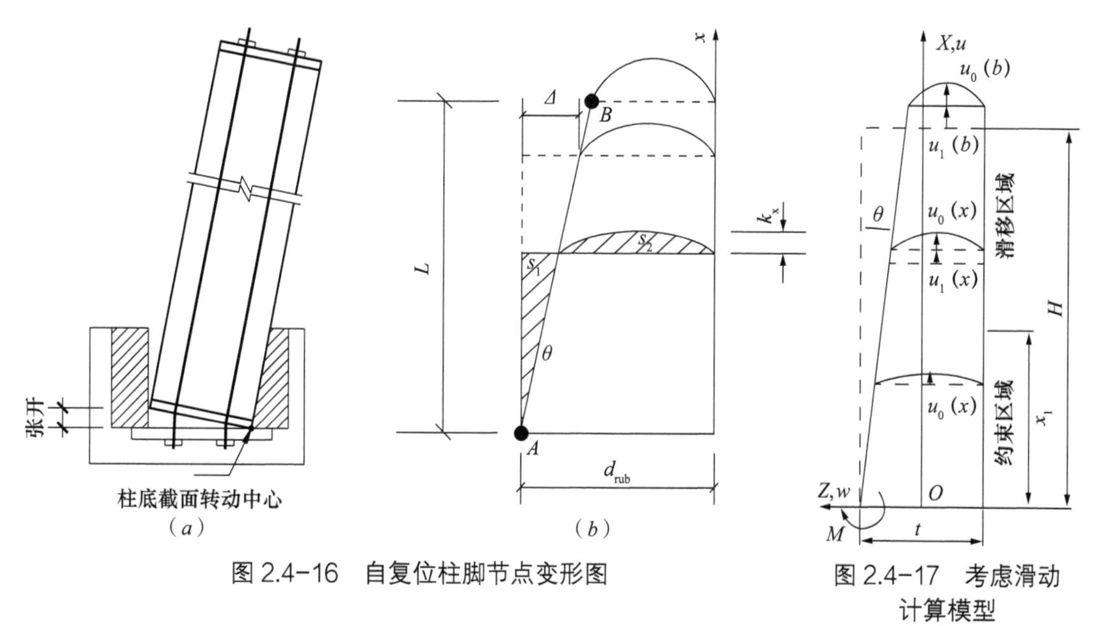

图 2.4-16　自复位柱脚节点变形图

图 2.4-17　考虑滑动计算模型

（3）梁端角钢约束

自复位梁柱节点连接中，在连接受拉变形时，节点打开，角钢发生塑性变形，进行耗能；在连接受压时，角钢起到保护接触界面的作用。研究表明 [36]，角钢连接可以简化为一个 L 形的力学模型，如图 2.4-18（a）所示。在角钢与柱连接端设有两个弹簧模拟螺栓与角钢的相互作用，弹簧的刚度分别用 K_x 与 K_θ 表示。假定弹簧的初始刚度非常大，故在加载的初期角钢不会产生弯曲变形与转动。

当 K_x 与 K_θ 趋于无穷大时，角钢所受外荷载 P 可以表示为：

$$P = K_0\delta \tag{2.4-10}$$

其中 K_0 为角钢的初始刚度：

$$K_0=\frac{12EI}{g_1^3}\left[1-\frac{3g_2}{4(g_1+g_2)}\right] \tag{2.4-11}$$

其中，E 为角钢钢材的弹性模量；g_1、g_2 为角钢尺寸的参数；I 为图 2.4-18（a）所示角钢肢横截面面积的惯性矩，即阴影部分截面积绕 x 轴的惯性矩。

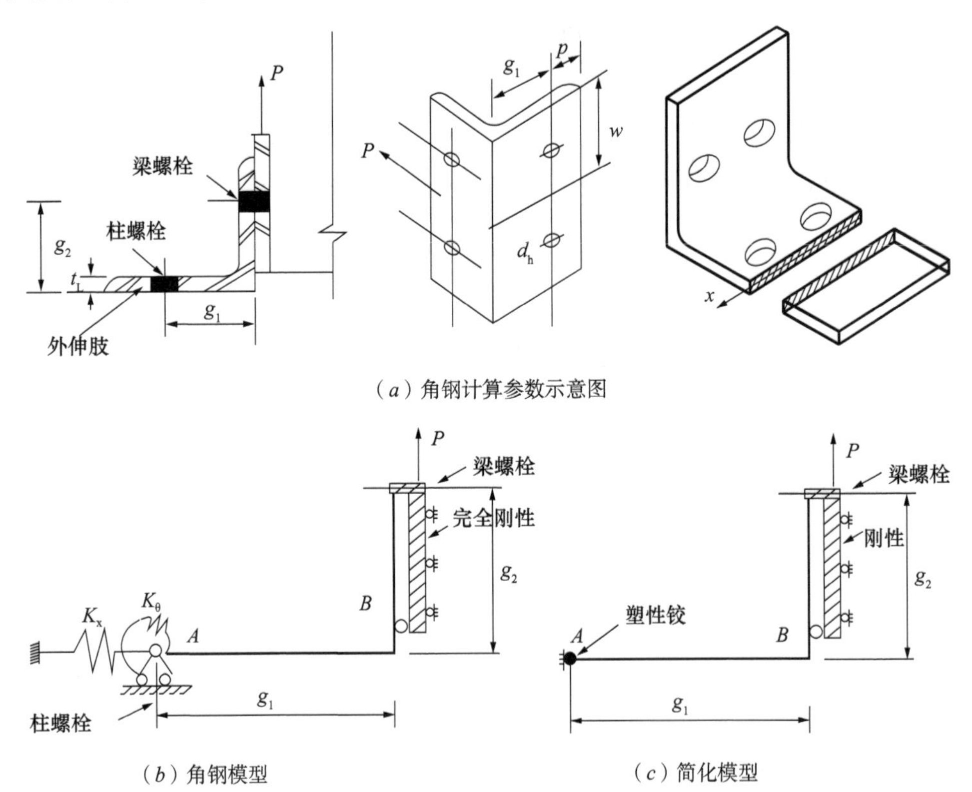

（a）角钢计算参数示意图

（b）角钢模型　（c）简化模型

图 2.4-18　自复位梁柱节点角钢约束及其简化模型

角钢在初始屈服与刚度大幅损失之间会有一个过渡状态，如图 2.4-19 所示。图 2.4-18（c）为角钢达到初始屈服进入过渡段后的弹塑性计算模型。角钢在这个状态的刚度用 K_t 来表示：

$$K_t=\frac{3EI}{g_1^3}\left[1-\frac{3g_2}{8g_1+6g_2}\right] \tag{2.4-12}$$

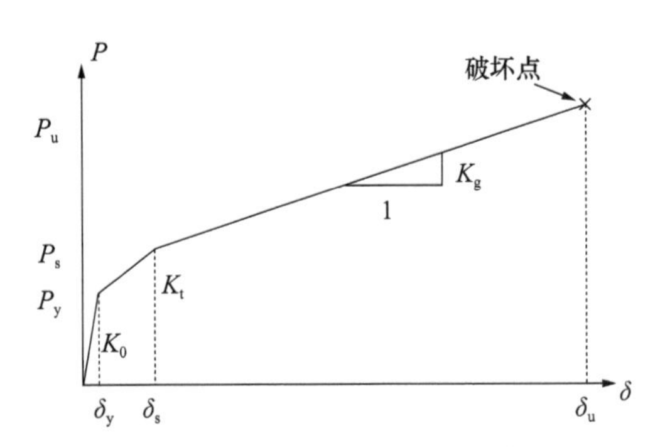

图 2.4-19　角钢骨架曲线参数

随着荷载的增加，角钢会出现两种不同的变形模式，而不同的变形模式对应着不同的受力机制。受力机制类型极大影响角钢屈服后性能，即角钢的极限变形和极限承载力。

Shen 和 Astaneh-Asl[36] 通过试验发现，角钢最基本的破坏模式如图 2.4-20 所示。对于相对较薄的角钢，模式 1 为最容易出现的变形模式。塑性铰会在相对较小的荷载下于连接的外伸肢上形成，并最终在其中一个初始的塑性铰处发生破坏。而对于厚度较大的角钢来说，模式 2 可能会更容易出现。在相对小的荷载下，角钢连接可能最开始在连接的外伸肢上形成与模式 1 相同的两个塑性铰，但是随着变形越来越大，螺栓被迫屈服，于是角钢上的约束被减弱，因此角钢最终会在外伸肢的圆角附近发生拉弯破坏。

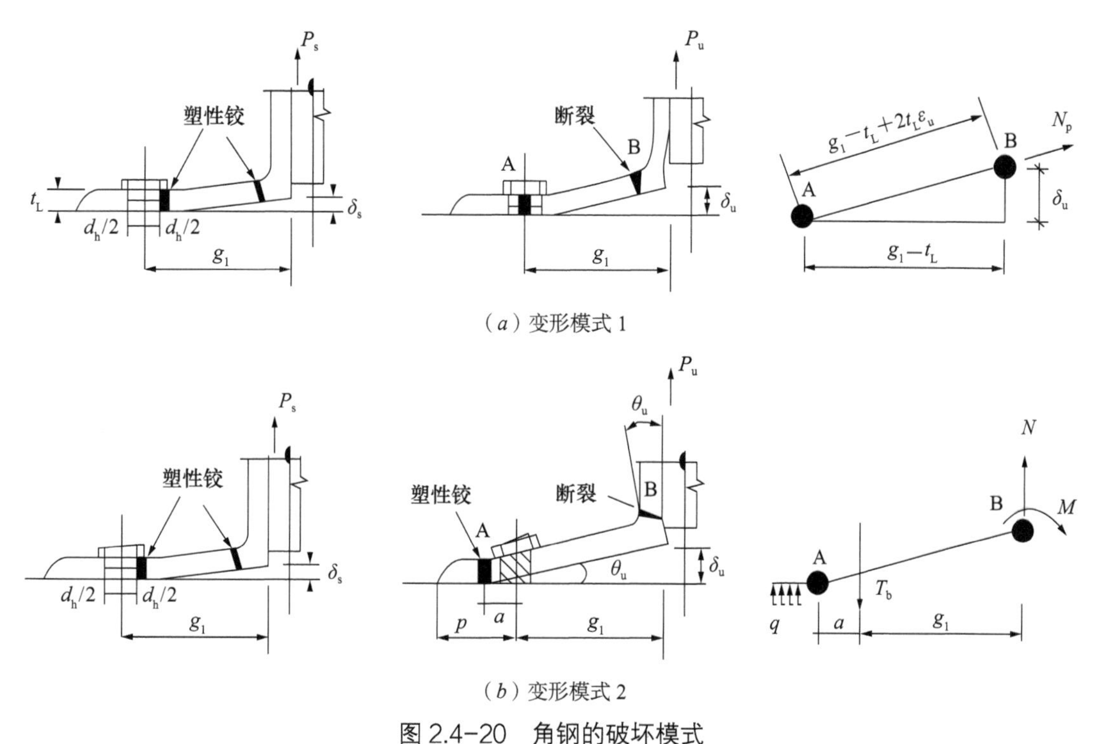

（a）变形模式 1

（b）变形模式 2

图 2.4-20　角钢的破坏模式

对于变形模式 1，角钢的屈服强度 P_s 为：

$$P_s=\frac{2M_p}{g_1-t_L-\dfrac{d_h}{2}} \tag{2.4-13}$$

而角钢的极限变形 δ_u 和极限强度 P_u 为：

$$\delta_u^2=[(g_1-t_L)+2t_L\varepsilon_u]^2-(g_1-t_L)^2 \tag{2.4-14}$$

$$P_u=nN_p\sin\alpha \tag{2.4-15}$$

屈服后刚度可以被定义为：

$$K_{pt}=\frac{P_u-P_s}{\delta_u-\delta_s} \tag{2.4-16}$$

对于变形模式 2，角钢的屈服强度 P_s 为：

$$P_s=\frac{M_p\left(2-\dfrac{d_h}{w}\right)}{g_1-\dfrac{t_L}{2}} \tag{2.4-17}$$

而角钢的极限变形 δ_u：

$$\delta_u=(g_1+a)\tan(\varepsilon_u) \qquad (2.4\text{-}18)$$

其中 a 约等于 $p/2$。

根据图 2.4-20，假设起撬力在（p-a）上均匀分布，大小为 q，则 q 可以根据塑性铰（截面 A 处）确定：

$$\frac{1}{2}q(p-a)^2=M_p=\frac{1}{4}wt_L{}^2f_y \qquad (2.4\text{-}19)$$

因此，螺栓拉力 T_b 与起撬力 q（$p-a$）之差即为极限强度 P_u：

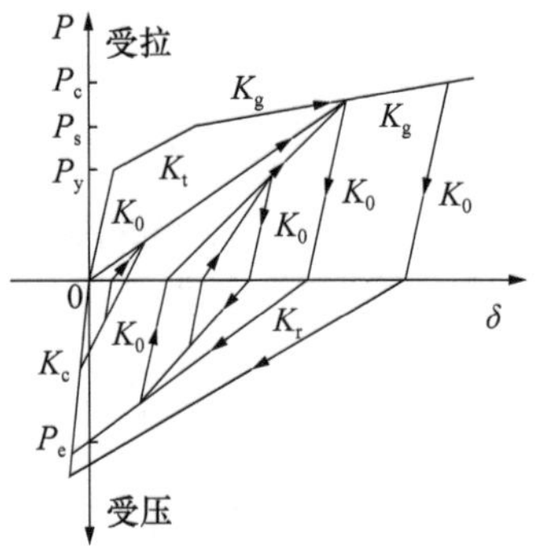

图 2.4-21　角钢的滞回特性

$$P_u=n\left(T_b-\frac{wt_L^2f_y}{2(p-a)}\right) \qquad (2.4\text{-}20)$$

屈服后刚度亦可采用式（2.4-16）计算。角钢的滞回曲线如图 2.4-21 所示。

2.4.2　模拟结果

采用上述模拟方法对 2.3.2 节双向自复位钢筋混凝土框架结构振动台试验进行数值模拟，柱脚节点与梁柱节点有限元模型见图 2.4-22。其中，梁柱均采用基于力法的非线性梁柱单元，积分点处通过纤维截面计算该位置的弯矩曲率关系。无粘结预应力筋均通过桁架单元进行模拟，预应力筋锚固位置与梁柱节点间通过刚臂（大刚度的 elasticBeamColumn）保证共同变形。杯口基础与柱之间的填充橡胶通过纤维截面的梁柱单元进行模拟，橡胶的弹性模量考虑了四周约束对橡胶刚度的增大。角钢在 OpenSees 中通过 Steel02 材料与 ElasticBilin 材料并联的方式取得了对该本构较好的近似。

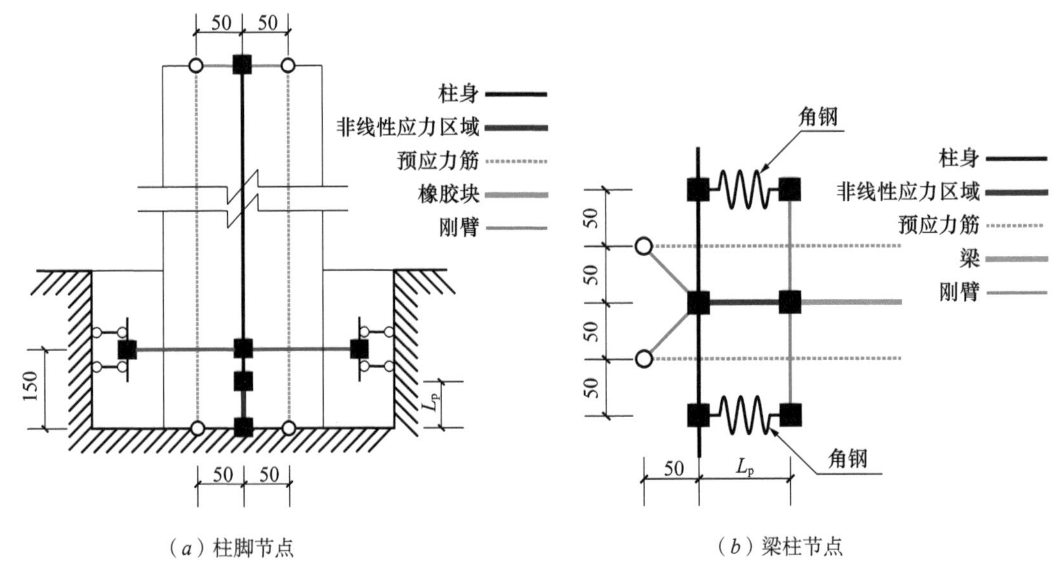

（a）柱脚节点　　（b）梁柱节点

图 2.4-22　柱脚节点的有限元模型

选择与试验相同的地震波作为地震激励输入，阻尼比设置为 0.05。Rayleigh 阻尼是假设阻尼与质量矩阵和刚度矩阵的组合成比例。由于在建模过程中，自复位节点处一些材料的弹性模量被设置为较大的值（如 ENT 材料），所以在设置阻尼时应只将瑞利阻尼赋予梁柱构件，否则在自复位节点处的阻尼将被不恰当地放大。试验过程中，在动力作用下预应力筋的锚具存在一定程度的松动，每个工况加载后梁柱内预应力筋的内力都会下降。试验中设置力传感器监测预应力筋内力的变化，将每个工况力传感器记录的预应力筋的初始内力值作为时程计算分析的初始值。

数值模型计算所得结构在弹性阶段 X 方向（激励方向）的前两阶频率分别为 4.22Hz 与 11.31Hz。试验模型在地震波输入前使用白噪声进行扫频，实测第一阶频率为 4.00Hz，第二阶频率为 11.25Hz。对比周期可知，模拟结果中第一阶频率略有偏差，误差为 5.5%；第二阶频率吻合较好，误差为 0.53%。

对模型整体响应的模拟结果与试验结果的对比见表 2.4-2 所示。从表中可以看出，模拟结果总体上与试验结果吻合良好，基本达到了工程上对结构反应预估所需的精度要求。在输入 PGA 较大或较小的时，模拟结果会与试验结果出现较大的偏差。推测可能的原因是应力扩散区域的等效方式在结构变形较小和较大时仍会与实际情况有一定的出入。

整体响应的模拟　　表 2.4-2

工况	输入	PGA（g）	最大加速度响应（二层）（g）			最大位移响应（二层）（mm）		
			模拟	试验	偏差（%）	模拟	实验	偏差（%）
6	El Centro	0.20	0.576	0.649	−11.2	20.201	19.801	2.02
8		0.30	0.781	0.757	3.17	37.585	37.055	1.43
12		0.40	0.986	1.077	−8.45	60.801	64.993	−6.45
17		0.60	1.302	1.455	−10.52	113.876	131.090	−13.13
20	Wenchuan	0.20	0.207	0.206	0.49	12.784	12.708	0.60
22		0.30	0.351	0.345	1.74	21.885	21.559	1.51
24		0.40	0.421	0.415	1.45	27.011	26.659	1.32
26		0.60	0.530	0.562	−5.69	39.061	40.634	−3.87
28		0.80	0.587	0.639	−8.14	44.989	47.168	−4.62

节点局部响应模拟结果　　表 2.4-3

工况	输入	PGA（g）	抬起高度（mm）（C1）			打开宽度（mm）（B1）			预应力筋内力（kN）（C1L）		
			模拟	试验	偏差（%）	模拟	试验	偏差（%）	模拟	试验	偏差（%）
6	El Centro	0.20	1.183	1.164	1.63	1.308	1.285	1.79	46.0	43.5	5.75
8		0.30	2.218	2.139	3.69	2.466	2.418	1.99	49.7	46.7	6.42
12		0.40	3.724	3.816	−2.41	4.190	4.353	−3.74	54.3	52.1	4.22
17		0.60	7.972	8.123	−1.86	8.988	9.360	−3.97	65.0	66.2	−1.81
20	Wenchuan	0.20	0.654	0.643	1.71	0.812	0.804	1.00	38.8	36.9	5.15
22		0.30	1.165	1.146	1.66	1.417	1.400	1.21	38.9	36.8	5.71
24		0.40	1.335	1.375	−2.91	1.842	1.794	2.68	39.3	36.6	7.38

续表

工况	输入	PGA (g)	抬起高度（mm）（C1）			打开宽度（mm）（B1）			预应力筋内力（kN）（C1L）		
			模拟	试验	偏差（%）	模拟	试验	偏差（%）	模拟	试验	偏差（%）
26	Wenchuan	0.60	2.151	2.216	−2.93	2.724	2.812	−3.13	40.1	36.9	8.67
28		0.80	2.391	2.479	−3.55	3.099	3.218	−3.70	44.1	39.3	12.21

图 2.4-23 ～图 2.4-26 分别给出了 El Centro 波 0.6g 工况下数值模型的顶层位移、柱底抬升、柱预应力筋内力与梁端打开结果与试验结果的对比。结果表明，数值模型与试验结果的变形相位基本一致，说明数值模型较好地反映了试验模型的动力特性。局部变形与整体变形的结构都吻合良好，说明了数值模型在变形机理上较好地反映了真实情况。该结果印证了模拟方法的准确性。

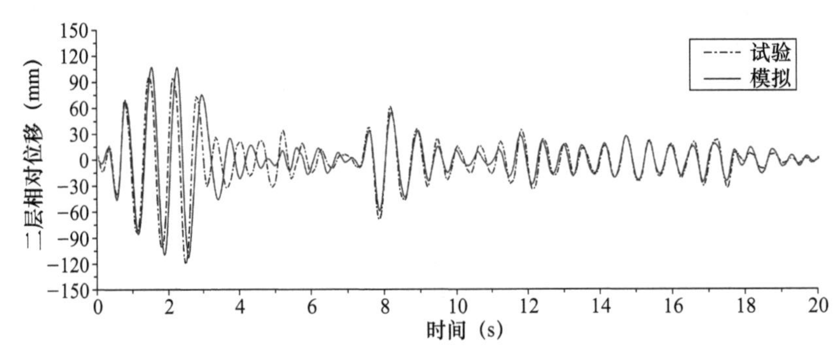

图 2.4-23　二层相对位移对比（El Centro 0.6g）

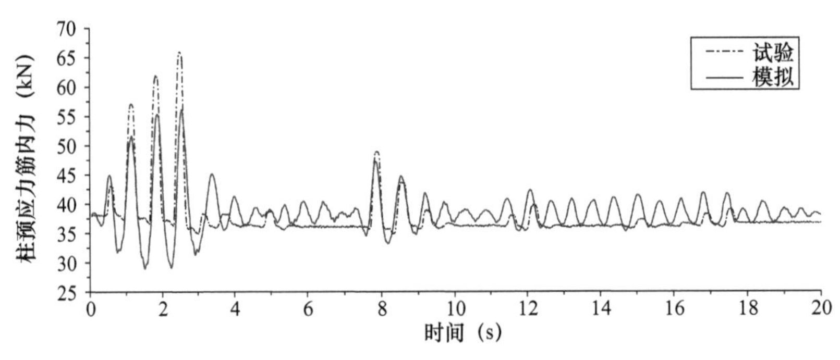

图 2.4-24　柱预应力筋内力对比（F1-El Centro 0.6g）

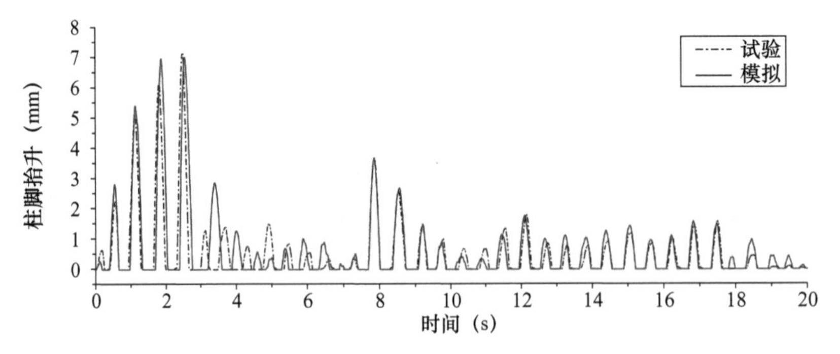

图 2.4-25　柱脚抬升对比（D1-El Centro 0.6g）

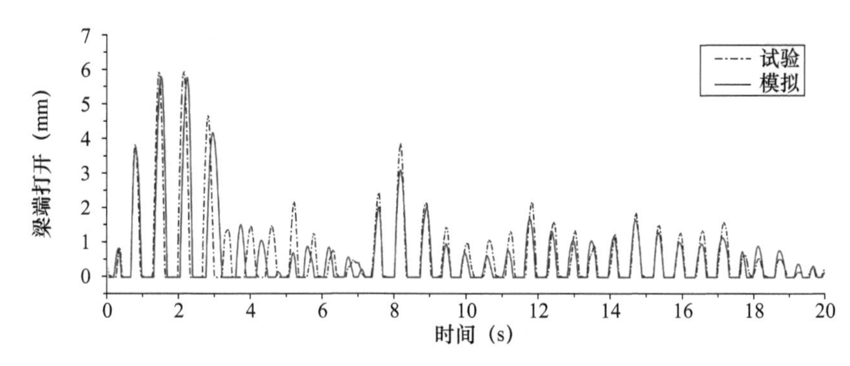

图 2.4-26　梁端打开对比（D5-El Centro 0.6*g*）

采用相同的方式对 2.3.3 节三向自复位钢筋混凝土框架结构振动台试验进行了模拟，分析模型如图 2.4-27 所示。

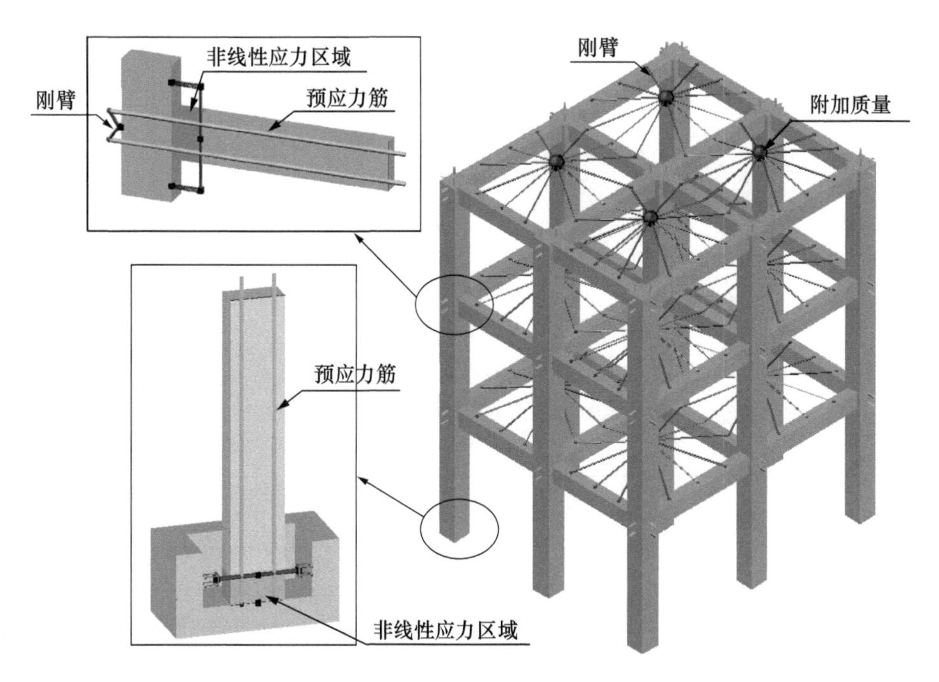

图 2.4-27　分析模型示意图

试验前，对试验结构模型进行白噪声扫频，得到模型结构的前三阶频率分别为 8.13Hz、8.38Hz 和 12.25Hz；而通过数值模型计算得到试验模型结构在弹性阶段前三阶频率分别为 8.45Hz、8.69Hz 和 12.51Hz。对比结构周期可知，模拟误差分别为 3.8%、3.6% 和 2.1%，如表 2.4-4 所示。

结构周期对比　　**表 2.4-4**

结构频率	试验（Hz）	数值模拟（Hz）	误差（%）
第一阶	8.13	8.45	3.8
第二阶	8.38	8.69	3.6
第三阶	12.25	12.51	2.1

图 2.4-28 为 Takatori 波 1.0g 加速度峰值下结构的顶层位移模拟结果与试验结果的对比。图 2.4-29、图 2.4-30 为部分工况下模型结构的局部响应时程曲线模拟结果与试验结果的对比。由模拟结果可以发现，数值模拟结果和试验结果吻合较好，表明该模拟方式能够较好地反映结构的局部响应，能够模拟自复位结构的受力特征，为自复位结构的模拟提供一种较为理想的计算方式。

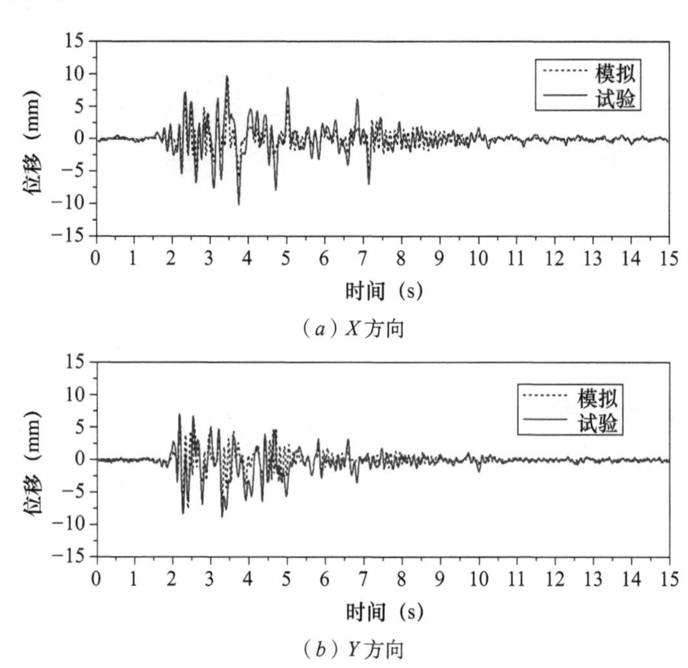

图 2.4-28　模型结构顶层位移时程曲线对比（Takatori 1.0g）

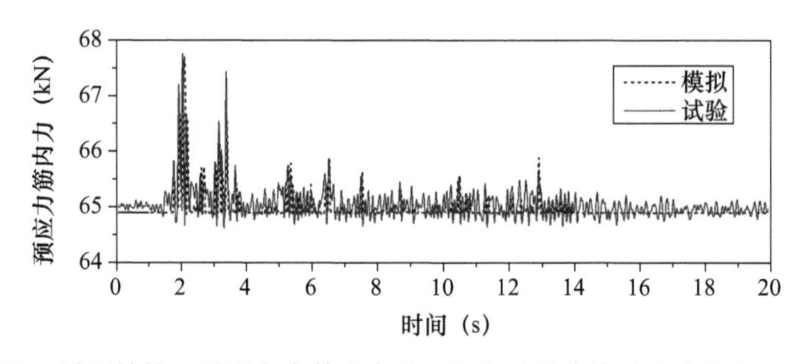

图 2.4-29　模型结构一层预应力筋内力（X 向）时程曲线对比（El Centro 1.0g）

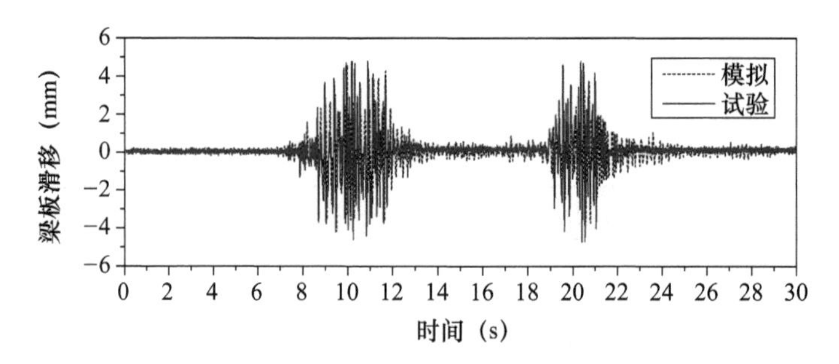

图 2.4-30　模型结构三层梁板滑移（X 向）时程曲线对比（Wenchuan 1.0g）

2.4.3　参数分析

采用前述数值模型，对不同构造参数的自复位钢筋混凝土框架结构进行往复加载数值模拟，研究梁柱刚度比、橡胶厚度、预应力筋内力和位置等参数对自复位钢筋混凝土框架结构抗侧力性能的影响。

1. 基准框架

参数分析中的基准框架构造如图 2.4-31 所示。梁截面为 200mm×120mm，梁内设有无粘结预应力筋，梁上端和下端设有角钢与柱连接，跨度为 1.5m；柱截面为 200mm×200mm，柱内设有无粘结预应力筋，插入基础深 300mm，柱与基础周边设有橡胶；层高 1.5m。混凝土强度等级 C40。纵筋采用 HRB335，箍筋采用 HPB235，无粘结低松弛预应力钢绞线采用 Φ15.2（柱内）和 Φ12.7（梁内）两种，连接角钢牌号为 Q345。其中，梁柱节点和柱脚节点与 2.3.2 试验中相同。

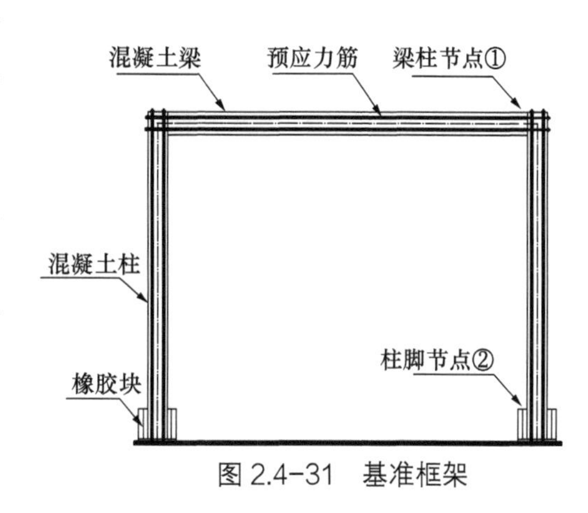

图 2.4-31　基准框架

2. 参数选取

（1）梁柱刚度比

自复位梁和自复位柱的刚度比是自复位钢筋混凝土框架体系中的一个重要的结构参数。研究指出，梁柱刚度比对自复位框架体系的抗侧刚度和极限承载力等均有重要影响。对于自复位钢筋混凝土框架结构体系，其梁柱刚度比可按式（2.4-21）计算。

$$R = i_{\text{beam}}/i_{\text{column}} \tag{2.4-21}$$

其中，$i = EI/l$，E 为弹性模量，I 为截面惯性矩，l 为梁或柱的长度。值得一提的是，由于梁和柱在加载过程中会有一定程度的刚度退化，整个体系的梁柱刚度比并不是一个定值，但由于自复位结构体系的梁柱损伤程度较小，故不考虑其在加载过程中的变化。具体参数组合如表 2.4-5 所示。

各梁柱刚度比参数　　表 2.4-5

柱截面	梁截面	R
200mm×200mm	60mm×100mm	0.04
	90mm×150mm	0.19
	120mm×200mm	0.60
	150mm×250mm	1.46

（2）橡胶厚度

橡胶厚度对于自复位框架结构也具有不可忽视的影响。研究指出，橡胶块的刚度会影响到整体结构的刚度以及自复位能力。故将图 2.4-31 中的框架的左柱作为研究对象，选取了 10mm、30mm、50mm、100mm 和 200mm 这五种橡胶厚度，研究了不同的橡胶厚度对于自复位柱的承载力和自复位能力的影响。

（3）预应力筋

研究指出，在自复位框架结构体系中，自复位节点打开后，结构的刚度主要由预应力筋决定。因此，本章将预应力筋对于结构的影响分为两部分研究，一为预应力筋的配筋率，二为预应力筋的锚固位置。

为了研究预应力筋配筋率对于结构的承载力和自复位能力的影响，本章分析了 5 种不同的预应力筋配筋率的自复位框架结构，具体参数如表 2.4-6 所示。

不同预应力筋配筋率参数 **表 2.4-6**

柱截面	预应力筋面积（mm^2）	预应力筋配筋率（%）
200mm×200mm	0	0
	70	0.175
	140	0.350
	210	0.525
	280	0.700

同时，为了研究不同的预应力筋位置对于自复位框架结构体系的影响，将预应力筋与截面中轴线的距离定义为 *D*，如图 2.4-32 所示。本章分析了 4 种不同的预应力筋位置（间距 *D* 分别为 1mm、50mm、100mm 和 200mm）的自复位钢筋混凝土框架结构体系。

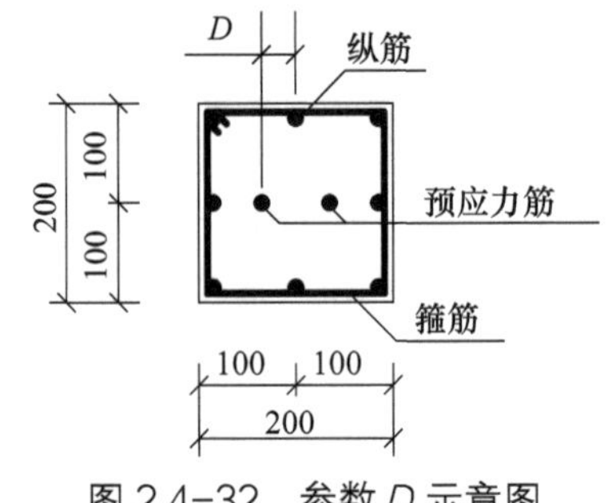

图 2.4-32 参数 *D* 示意图

3. 分析结果

（1）梁柱刚度比

自复位框架结构在侧向荷载作用下，力 - 位移曲线展现出了典型的双线性弹性行为，其侧向刚度基于位移的变化可以划分为两个阶段：第一阶段为当结构变形较小，自复位节点尚未打开时，结构的刚度取决于自复位框架体系的梁柱刚度，随着加载进行，自复位节点打开，结构进入第二阶段，其刚度主要取决于预应力筋。上述为结构没有耗能构件的情形，若结构引入耗能构件，则其力 - 位移曲线则表现为“旗帜形”。

不同梁柱刚度比下结构力 - 位移曲线如图 2.4-33 所示。计算结果显示，当自复位钢筋混凝土框架结构梁柱刚度比增大时，结构的第一阶段刚度和第二阶段刚度都随之增大。故自复位结构梁刚度对整体结构有一定影响，在设计时应在保证结构受力允许的情况下适当地增大。

（2）橡胶厚度

不同橡胶厚度下结构力 - 位移曲线如图 2.4-34 所示。计算结果显示，大部分情况下（在本算例中为 30 ～ 200mm），自复位框架结构在侧向荷载作用下，力 - 位移曲线依然展现出了典型的双线性弹性行为。当橡胶厚度非常小时（在本算例中为 10mm），由于橡胶过薄，在结构摇摆、自复位柱提离的时候没有办法提供足够的空间，故自复位柱的力 - 位移曲线与传统固结柱相似，柱本身产生损伤，应予以避免。

当自复位钢筋混凝土框架结构橡胶厚度增大时，结构第一阶段刚度基本不变，而第二阶段刚度随之减小。而当橡胶厚度过大时（在本算例中为 100mm、200mm），自复位柱脚节点在打开后的刚度（第二刚度）太小，不能提供足够的复位力，故也应予以避免。自复位结构橡胶厚度对自复位柱脚节点的性能有较大影响，若橡胶过厚，将影响柱自复位性能，若橡胶过薄，结构摇摆时会对柱造成损伤。

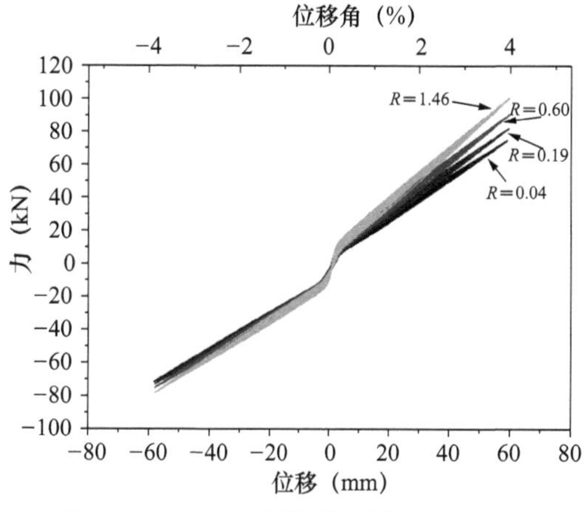

图 2.4-33　不同的梁柱刚度比下结构的力 - 位移曲线

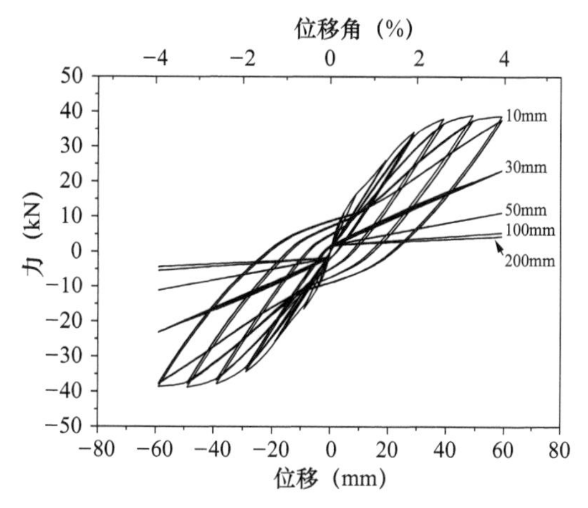

图 2.4-34　不同的橡胶厚度下结构的力 - 位移曲线

（3）预应力筋配筋率

不同预应力筋配筋率下结构的力 - 位移曲线如图 2.4-35 所示。计算结果显示，自复位框架结构在侧向荷载作用下，力 - 位移曲线展现出典型双线性弹性行为。

当自复位钢筋混凝土框架结构预应力筋配筋率增大时，结构第一阶段刚度基本不变，而第二阶段刚度随之增大。另外，当自复位钢筋混凝土框架结构预应力筋配筋率增大时，自复位节点打开较晚。设计时预应力筋的配筋率应尽量充足，但应结合自复位节点的设计打开弯矩综合考虑。

自复位柱内预应力筋的内力与荷载的关系曲线如图 2.4-36 所示。值得注意的是，单根预应力筋的曲线虽然不对称，但是由于柱内两根预应力筋是对称分布，所以预应力筋的合力是对称的。

（4）预应力筋位置

不同的预应力筋位置（D）下结构的力 - 位移曲线如图 2.4-37 所示。计算结果显示，自复位框架结构在侧向荷载作用下，力 - 位移曲线展现出典型双线性弹性行为。

当自复位钢筋混凝土框架结构的预应力筋与柱中轴线距离 D 增大时，结构的第一阶段刚度基本不变，而第二阶段刚度随之增大。另外，当自复位钢筋混凝土框架结构的预应力筋与柱中轴线距离 D 增大时，自复位节点打开弯矩基本相同。但是，若预应力筋与柱中轴线距离过大，则自复位柱在摇摆时，预应力筋内应力会出现较大的浮动（图 2.4-38），甚至会达到其屈服强度。

所以，自复位结构预应力筋位置对自复位节点的性能有较大影响，若预应力筋与梁柱中轴线距离 D 过小，将影响结构的自复位性能，若预应力筋与梁柱中轴线距离 D 过大，结构摇摆时预应力筋有屈服的危险。

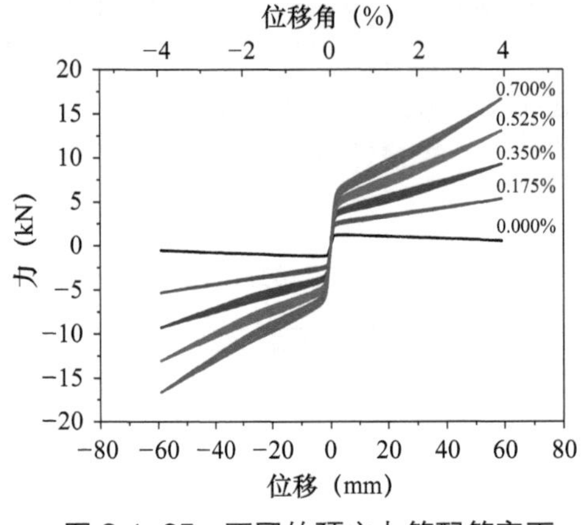

图 2.4-35　不同的预应力筋配筋率下结构的力 - 位移曲线

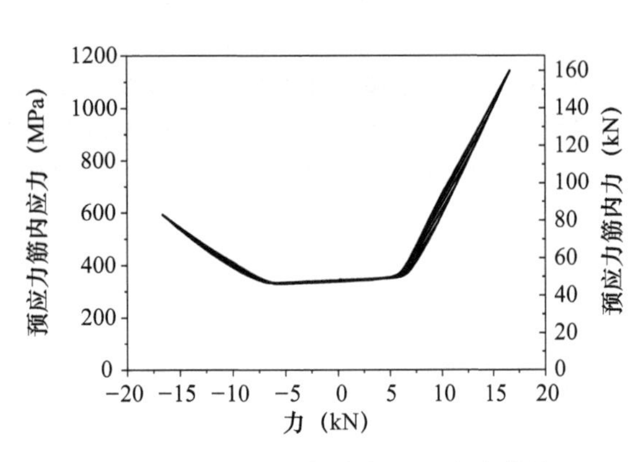

图 2.4-36　自复位柱内预应力筋的内力与荷载的关系曲线

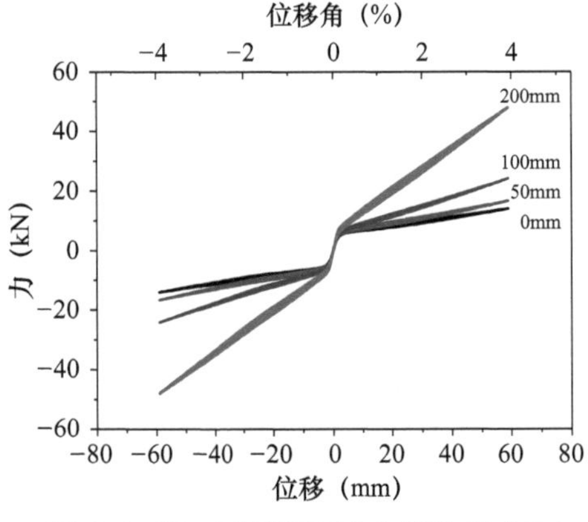

图 2.4-37　不同的预应力筋位置（D）下结构的力 - 位移曲线

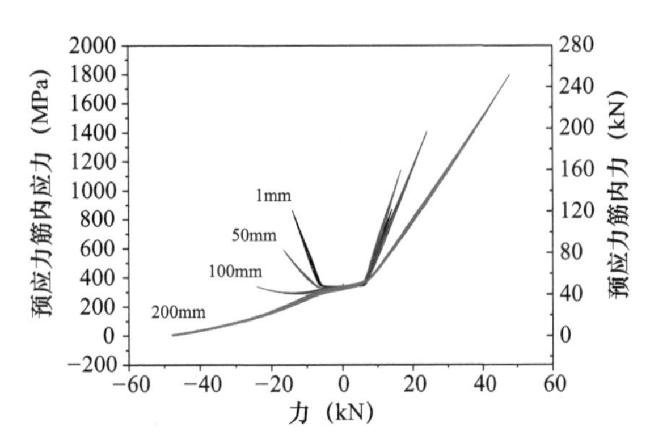

图 2.4-38　自复位柱内预应力筋的内力与荷载的关系曲线

2.4.4　数值模拟及参数分析小结

（1）自复位框架结构的力 - 位移曲线展现出了典型的双线性弹性行为，其侧向刚度基于位移的变化可以划分为两个阶段：第一阶段为当结构变形较小，自复位节点尚未打开时，结构的刚度取决于自复位框架体系的梁柱刚度，随着加载进行，自复位节点打开，结构进入第二阶段，其刚度主要取决于预应力筋。

（2）梁柱刚度比对于自复位框架结构体系的抗侧性能有重要影响。当自复位钢筋混凝土框架结构的梁柱刚度比增大时，结构的第一段刚度和第二段刚度都随之增大。

（3）自复位结构橡胶厚度对自复位柱脚节点性能有较大影响，若橡胶过厚，将影响柱的自复位性能，若橡胶过薄，结构摇摆时会对柱造成损伤，橡胶厚度应适中。

（4）当自复位钢筋混凝土框架结构预应力筋配筋率增大时，结构的第一阶段刚度基本不变，而第二阶段刚度随之增大。另外，当自复位钢筋混凝土框架结构的预应力筋配筋率增大时，自复位节点打开较晚。

（5）自复位结构的预应力筋位置对自复位节点性能有较大影响，若预应力筋与梁柱中轴线距离过小，将影响结构自复位性能，若预应力筋与梁柱中轴线距离过大，结构摇摆时预应力筋有屈服的可能。

2.5 自复位钢筋混凝土框架结构设计方法

我国规范现有的抗震设计方法是一种基于力的设计方法，即估算结构在弹性状态下的受力并以此为目标设计构件的承载力。这种设计方法存在着内在逻辑的矛盾性，即通过弹性需求模型去设计构件的非线性能力。考虑到普通结构在结构变形限值内的非线性程度不大，同时设计方法中的各项参数经过了大量的研究与验证，因而用基于力的设计方法设计普通钢筋混凝土结构是可以满足工程需求的。然而对于自复位框架这种非线性特征非常明显且天然缺乏滞回阻尼的结构体系，弹性的设计方法只能适用于结构在达到峰值承载力前的阶段。一旦遭受罕遇地震，结构的最大变形往往难以满足规范的变形限值。

近年来国内外学者提出了新的设计思路，即直接基于位移的设计方法。该设计方法直接以结构在预期最大地震（即罕遇地震）作用下的位移为目标，结合结构的场地类型、结构本身的滞回特性直接得到整体结构对承载力、延性的需求，并根据该承载力与延性的需求来设计构件。这种设计方法避免了用弹性模型去设计非线性参数的内在矛盾。在直接基于位移法的基础上，结合我国规范，作者在 2018 年提出了新型的适用于自复位框架结构体系的设计方法。该设计方法是一个两阶段的设计方法，在弹性阶段使用基于规范的设计方法根据结构在小震下的反应及其规范限值来确定结构的几何信息，包括结构的平面布置，构件截面尺寸等信息。在非线性设计阶段，采用基于位移的设计方法，直接以结构在大震下的位移为目标设计结构的非线性参数，包括预应力的幅值与预应力筋的面积、构件内部的配筋、节点阻尼器的选用与布置等。因为该设计方法在设计阶段就直接以小震与大震下的变形为目标，因此该设计方法省去了大震非线性时程变形验算的步骤，是一个较为贴近工程实践的设计方法。

本节根据前文所述的自复位钢筋混凝土框架结构概念设计和受力机理以及自复位钢筋混凝土框架结构数值模拟和参数分析，总结了自复位钢筋混凝土框架结构的设计原则、自复位控制目标、设计流程以及设计方法。

2.5.1 性能目标

在对自复位框架结构进行设计之前，必须确定不同水准地震作用下结构所应达到的总体设防目标，继而根据设防目标确定在地震作用下结构各部分应达到的性能要求。我国抗震设计规范对三个水准的地震（小震、中震、大震）提出了明确的设防目标，即“小震不坏，中震可修，大震不倒”。然而该性能目标对于具有较强的抗震性能与可恢复能力的自复位结构而言就过于宽裕了。作者团队结合国内外规范，以及对结构构件更换、非结构构件损伤等课题的研究成果，提出了一系列适用于自复位结构的设防目标。

在多遇地震下，结构应保持完全的使用状态，即结构和非结构构件均不出现损伤，结构保持整体弹性变形。这与我国现行规范提出的“小震不坏”抗震设防目标相一致。

在设防地震下，我国规范要求达到“中震可修”的设防目标。然而该设防水准并没有包含在“两阶段”的设计中，因此规范中也没有针对该水准的较为详细的要求与规定。对于自复位结构来说，凭借自复位结构优越的抗震性能，在该水准的地震下应达到震后立即恢复使用的设防目标。即地震时结构和非结构构件可以随主体结构变形，但不发生永久的塑性变形，在震后结构与非结构构件都恢复初始状态。同时，该水准下结构的自复位节点应进入工作状态，是区分结构“线性”与“非线性”的重要阶段。具体来说，在这一水准烈度下，结构和非结构构件在地震作用下应可以随主体结构变形，以释放地震输入的能量。自复位钢筋混凝土框架结构的梁柱节点需要可以张开和闭合，当然张开值应在限制范围内；柱脚节点可以抬升和转动，抬升和转动值也应在限制范围内；地震后基本无残余变形。非结构构件如隔墙与机电设备等，发生变形但不损坏，地震后建筑能立即使用。

在罕遇地震下，结构允许发生较大的变形，但是结构的最大变形应小于设定的限值。结构的竖向和水平向抗侧力体系应基本上保持地震前设计的承载能力和刚度，且主体结构损伤有限。预先设定的消能部件允许发生较大的塑性变形以消耗地震能量，但是塑性变形造成的残余变形应小于限定值，以保证地震后的更换与修复能力。在该水准的地震下，非结构构件允许发生损伤与破坏，但应保证建筑内部人员的人身安全。总的来说，对这一水准地震作用的设防目标是“关键构件可更换，整体结构可修复”。

在抗震规范提出的三水准之上，《中国地震动参数区划图》给出了极罕遇地震的定义，相应于年超越概率为 10^{-4} 的地震动，一般为基本地震地面加速度的 2.7 ～ 3.2 倍。自复位框架结构在遭遇极罕遇地震时，允许结构发生不可修复的破坏，但结构不应发生整体或局部的倒塌，不能危及建筑内部人员的生命安全。

综上所述，自复位框架结构体系的性能目标及其关系见表 2.5-1 与图 2.5-1 所示。

自复位框架结构体系的性能目标　　表 2.5-1

设防水准	设防目标	性能目标
多遇地震	完全使用	结构和非结构构件无损伤
基本地震	震后立即恢复使用	地震时结构和非结构构建可以随主体结构变形，但无塑性变形
罕遇地震	可更换、可修复	地震时结构整体变形较大，但残余变形小于限定值
极罕遇地震	不倒塌、无死亡	结构整体或局部不倒塌，无人员死亡

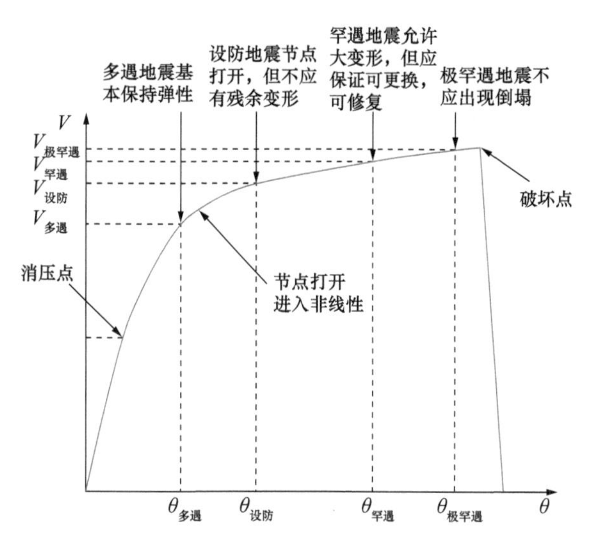

图 2.5-1 自复位框架结构基于性能的设计目标 θ

2.5.2 设计方法

在明确了设计目标之后，要确定其节点在各个极限状态的承载力，以便将结构的变形与受力联系起来。对于普通结构，只需要关注构件或截面的屈服承载力，而由于自复位结构相比于普通结构更为复杂，除了节点的屈服状态外，还要关注自复位节点在何时会与普通结构表现出差异，以及节点在特定转动变形下的抗力大小。然而自复位节点具有各种各样的形式与构造，对于每一种不同的形式与构造都提出不同的设计方法是不切实际的。根据前文提出的自复位框架结构的三个关键构造——提供复位力的构造、保护接触界面的构造、提供附加阻尼的构造，各种各样的自复位节点都可以被抽象为一个统一的形式如图 2.5-2 所示。在这两个抽象化的模型中，假定预应力筋沿梁的截面中心对称布置；钢板、钢靴、角钢等保护措施被布置在梁端或柱脚，梁或柱的纵筋与构件端部的保护措施连接为一体，因而可以参与到截面受力中；位移型阻尼器（金属阻尼器或摩擦型阻尼器）被布置在梁端或柱脚的接触界面上。

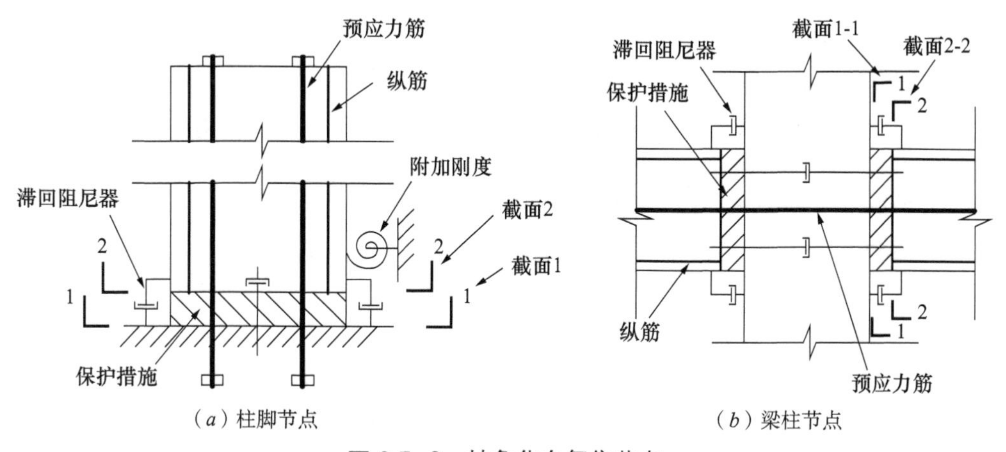

图 2.5-2 抽象化自复位节点

自复位节点的力学性能是由节点接触界面上的摇摆行为决定的，那么自复位节点的极限状态也是由摇摆界面的极限状态所决定的。在自复位节点中较为重要的三个极限状态是：消压极限状态、屈服极限状态、目标转角极限状态。

1. 自复位梁柱节点的极限状态

（1）消压极限状态

当结构完全不承受水平外力作用时，梁端与柱端是完全不承受任何弯矩的，只有预应力产生的压力作用于接触界面，界面上的压应力均匀分布。当水平荷载作用于结构上时，接触界面开始承受弯矩作用，由于预应力的存在，接触截面仍然维持全截面受压的状态，但是压力分布不再均匀。接触界面的一侧压力逐渐增加，而另一侧压力逐渐减小。在这个过程中，结构处于完全弹性状态，直到接触界面一侧的压应力减小到 0。在这个状态下，接触界面紧密闭合，混凝土与钢材保持在弹性范围内，同时界面两侧的相对转角为 0，阻尼器的变形也为0。因此，截面所承受的弯矩可以根据三角形分布的接触界面压应力得到：

$$M_{dec}=P_0 h/6 \tag{2.5-1}$$

其中，P_0 是接触界面所受的初始预应力，h 是截面高度。

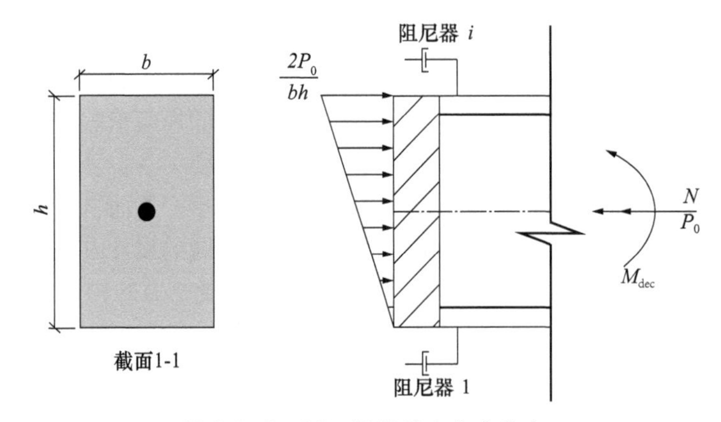

图 2.5-3　消压极限状态应力分布

（2）屈服极限状态

在界面达到消压极限状态后，当界面所受弯矩继续增加，那么接触界面间的缝隙将开始打开。界面的中性轴（应力为 0 的轴线）会从界面的受拉一侧边缘向受压一侧的边缘移动。同时，界面所受的最大压应力会随着界面受压面积的减小而增大。界面受拉一侧因为没有贯通的纵筋，因此不会出现受拉屈服，但受压一侧在压应力的作用下，必然会在某个位置达到屈服状态。考虑到接触界面的保护材料通常采用钢材，而钢材的屈服强度远高于混凝土的抗压强度，因此，破坏的位置不会出现在接触界面上（截面 1-1）而会出现在距离接触界面最接近的混凝土截面上（截面 2-2），如图 2.5-2 所示。受拉变形集中在接触界 1-1 上，而受压变形与破坏出现在截面 2-2 上。当假设截面 2-2 的变形基本满足平截面假定时，即可以通过现行《混凝土结构设计规范》GB 50010—2010 中规定的方式计算截面。规范中定义截面受压一侧混凝土达到极限应变（ε_{cu}）时截面达到其极限承载力。此时截面上受压一侧纵筋屈服，受压区混凝土可以用等效矩形应力区的方式进行简化计算。

在这里还需做两个假定：1）在接触界面达到屈服状态时，界面间的转角很小，因此界面转动引起的预应力筋内力变化可以忽略不计。2）在界面达到屈服状态时，界面间安装的阻尼器也达到了屈服状态。这两个假定在实际中是很难严格满足的，但是在工程应用中这样的假定应当足够满足设计的精度。因此，接触界面的屈服弯矩可以表示为：

$$M_y=\alpha_1 f_c bx(h-x)/2+A_s f_{s,y}(h/2-a_s)+\sum F_{d,y}^i h_d^i \tag{2.5-2}$$

其中：α_1 为规范中混凝土强度与等效矩形应力区应力大小的比例；f_c 为混凝土轴心抗压强度；x 为等效矩形受压区高度；h 为截面高度；A_s 为受压钢筋截面积；$f_{s,y}$ 为受压钢筋屈服强度；$F_{d,y}^i$ 为第 i 个阻尼器的屈服强度；h_d^i 为第 i 个阻尼器距截面形心的距离；a_s 为受压区钢筋合力中心与受压边缘的距离。

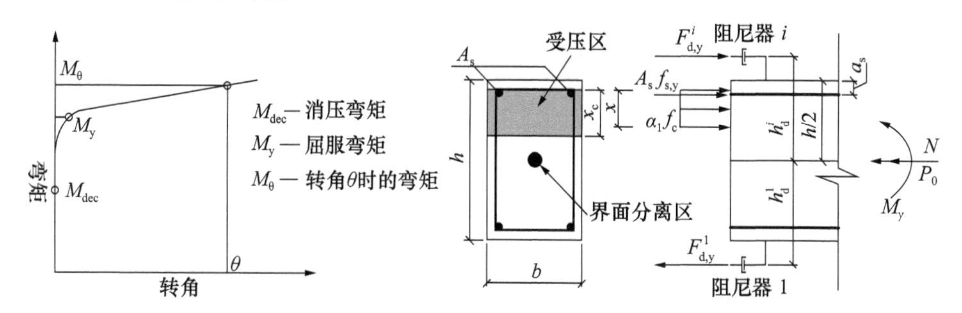

图 2.5-4　抗弯框架节点转角 - 弯矩关系　　　图 2.5-5　屈服极限状态时的应力分布

需要注意的是，式（2.5-2）中的屈服弯矩 M_y 是对梁柱截面的形心来计算的，阻尼器所贡献的弯矩 $F_{d,y}^i$、h_d^i 是有方向的，其正方向与受压区的弯矩贡献方向相同。等效矩形受压区的高度 x 可以通过式（2.5-3）计算。

$$\alpha_1 f_c bx+A_s f_{s,y}+\sum F_{d,y}^i-P_0=0 \tag{2.5-3}$$

其中，P_0 初始预应力，$\sum F_{d,y}^i$ 是阻尼器的合力，阻尼器受压时为正。

（3）目标转角极限状态

在达到屈服极限状态后，接触界面会进入一个绕中性轴转动的状态。已有试验表明，在这个过程中，截面 2-2 上的非约束区混凝土迅速剥落，并丧失承载力。而箍筋约束范围内的混凝土能在很大的转角下保持完整。界面的中性轴会随着这个剥落过程略微向界面受拉一侧移动。这里假设，当非约束混凝土全部剥落后，界面的中性轴，即界面的转动中心将稳定下来，同时界面的接触面积也不会发生明显变化。该状态下梁柱节点的变形状态如图 2.5-6 所示。预应力筋两端的锚固点间的距离随着接触界面间缝隙的增大而增大，预应力筋的内力会随之明显增加。该状态下截面 2-2 的内力状态如图 2.5-7 所示。在接触界面的相对转角为 θ 时，梁端的所受的抵抗弯矩如下式所示：

$$\begin{aligned}M_\theta=&\alpha_1 f_c bx(f_{cc}/f_c(1-2c/b)+2c/b)(h/2-x/2-c)\\&+A_s f_{s,y}(h/2-a_s)+\sum F_{d,\theta}^i h_d^i\end{aligned} \tag{2.5-4}$$

其中：f_{cc} 为约束区混凝土强度；$F_{d,\theta}^i$ 为梁端转角为 θ 时阻尼器内力；c 保护层厚度。

转角 θ 时等效受压区的高度 x 需要通过截面内的力平衡关系得到：

$$\alpha_1 f_c bx(f_{cc}/f_c(1-2c/b)+2c/b)+A_s f_{s,y}+\sum F_{d,\theta}^i-P_\theta=0 \tag{2.5-5}$$

其中，P_θ 为转角 θ 时预应力筋的内力。与屈服极限状态不同，预应力筋的内力必须要考虑由界面打开而引起的内力增加。单个界面的打开量可以通过下式计算：

$$\Delta_{open}=\theta(h/2-x_c-c) \tag{2.5-6}$$

其中，Δ_{open} 为梁轴心位置界面间缝隙的大小；x_c 为混凝土受压区的高度；$x_c = x/\beta_1$，β_1 为规范规定的中和轴高度系数。计算梁内预应力筋锚固范围内所有的接触界的张开量，并求和即可计算转角为 θ 时梁内预应力筋的内力：

$$P_\theta = E_p A_p \Sigma \Delta_{open,i} / L_n + P_0 \tag{2.5-7}$$

然而在实际设计中，图 2.5-6 中连续梁的截面尺寸与配筋一般都是相同的。预应力筋在 θ 转角时的内力就可以表达为下式：

$$P_\theta = n\theta E_p A_p (h/2 - x_c - c) / L_n + P_0 \tag{2.5-8}$$

式中，n 为预应力筋锚固范围内接触界面的个数；L_n 为预应力筋无粘结长度；E_p 为预应力筋的弹性模量；A_p 为预应力筋的截面积。

合并式（2.5-5）与式（2.5-8）即可得到受压区高度的计算方式：

$$x_c = \frac{P_0 + \theta(h/2 - c) n / L_n E_p A_p - A_s f_{s,y} - \Sigma F^i_{d,\theta}}{\alpha_1 f_c \beta_1 b (f_{cc}/f_c (1 - 2c/b) + 2c/b) + n\theta E_p A_p / L_n} \tag{2.5-9}$$

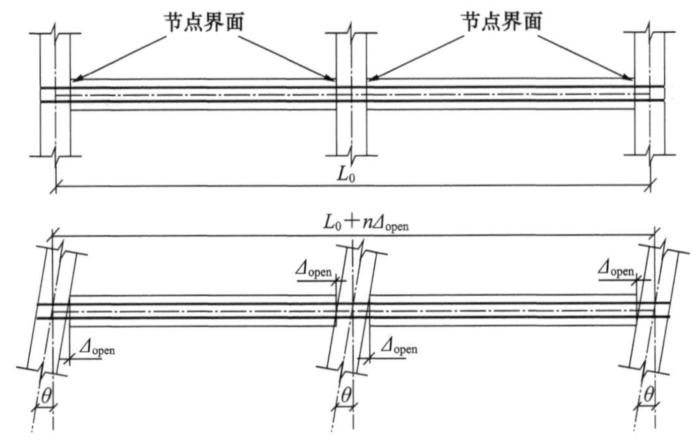

图 2.5-6　梁柱节点变形

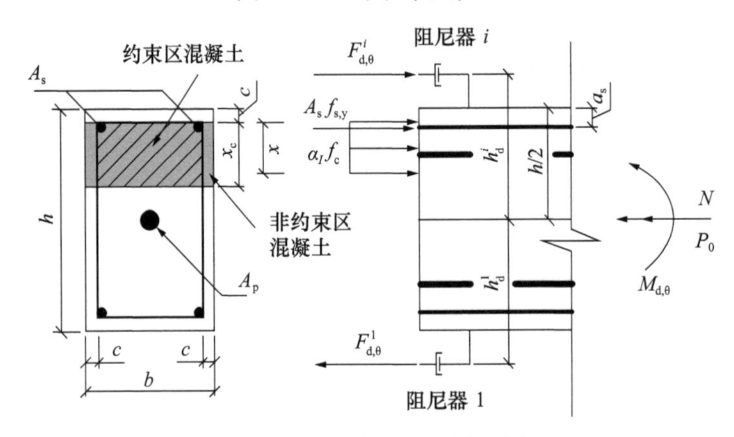

图 2.5-7　转角为 θ 时的受力

2. 柱脚节点

自复位梁柱节点与自复位柱脚节点的两个主要不同点在于：①自复位柱脚的预应力筋锚固在自复位柱身上；②杯口基础内填充橡胶可以额外增加柱脚节点的转动刚度，橡胶在设计中可以简化为一个弹性的转动弹簧，如图 2.5-2（a）所示。除了柱脚节点还需考虑结构自重所造成的界面压力外，柱脚节点的消压极限弯矩与屈服极限弯矩与梁柱节点的计算方式基本相同。

（1）消压极限状态

柱脚节点的消压极限状态可以按下式计算：

$$M_{dec}=(P_0+N)\,h/6 \tag{2.5-10}$$

其中，N 是结构重力荷载产生的轴力。

（2）屈服极限状态

在屈服极限状态，柱脚的受力平衡按式（2.5-11）计算，与此同时，柱脚的屈服弯矩仍可按照式（2.5-2）进行计算。在这里，考虑到屈服极限状态下柱脚节点的转角很小，可以忽略杯口基础内橡胶约束所产生的弯矩。

$$\alpha_1 f_c bx+A_s f_{s,y}+\Sigma F^i_{d,y}=N+P_0 \tag{2.5-11}$$

（3）目标转角极限状态

当节点的变形超过屈服极限状态时，截面 2-2 的非约束区混凝土逐渐剥落。考虑到自复位柱所受的弯矩是双向的，因此在设计中考虑 2-2 截面边缘混凝土全部剥落的状态。此时，截面的受力状态见图 2.5-8 所示，截面内力的平衡按下式计算：

$$\alpha_1 f_{cc}(b-2c)\,x+A_s f_{s,y}+\Sigma F^i_{d,\theta}-P_\theta-N=0 \tag{2.5-12}$$

其中 P_θ 为转角 θ 下预应力筋的合力。当柱身内预应力筋对称布置，且预应力筋锚固范围内仅有一个接触界面时，在目标转角 θ 处的预应力筋内力可按照下式进行计算。

$$P_\theta=\theta(h/2-x_c-c)\,E_p A_p/L_n+P_0 \tag{2.5-13}$$

与梁柱节点相同，截面受压区的高度可以通过截面的力平衡获得，即：

$$x_c=\frac{N+P_0+\theta(h/2-c)\,E_p A_p/L_n-A_s f_{s,y}-\Sigma F^i_{d,\theta}}{(\alpha_1\beta_1 f_{cc}(b-2c)+\theta E_p A_p/L_n)} \tag{2.5-14}$$

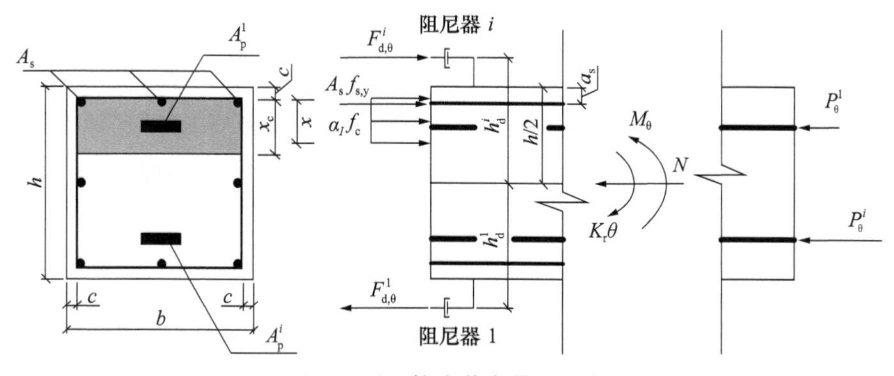

图 2.5-8　柱脚节点界面受力

梁预应力筋锚固在结构两侧的柱身上，因此每根预应力筋的应力变化是相同的。而当柱内预应力筋锚固在不同位置时，每根预应力筋的内力都不相同，每根预应力筋的变形根据式（2.5-15）分别计算。式中的＋号或－号取决于预应力筋的位置，在截面中心线受拉一侧的预应力筋取"＋"号，受压一侧取"－"号。预应力筋的内力可按照式（2.5-16）进行计算。当采用杯口基础内填充橡胶的方式约束柱脚时，还应考虑橡胶的弯矩贡献。在

转角 θ 时的柱脚抵抗弯矩按式（2.5-17）进行计算。

$$\varDelta_{\mathrm{pt}}^{i}=\theta\left(h/2-x_{\mathrm{c}}-c\pm h_{\mathrm{p}}^{i}\right) \tag{2.5-15}$$

$$P_{\Delta,\theta}^{i}=\varDelta_{\mathrm{pt}}^{i}E_{\mathrm{p}}A_{\mathrm{p}}^{i}/L_{\mathrm{n}} \tag{2.5-16}$$

$$\begin{aligned}M_{\theta}=&\alpha_{1}f_{\mathrm{cc}}(b-2c)x\left(\frac{h}{2}-\frac{x}{2}-c\right)+A_{\mathrm{s}}f_{\mathrm{s,y}}\left(\frac{h}{2}-a_{\mathrm{s}}\right)\\&+\Sigma F_{\mathrm{d},\theta}^{i}h_{\mathrm{d}}^{i}+\Sigma h_{\mathrm{p}}^{i}P_{\Delta,\theta}^{i}+K_{\mathrm{r}}\theta\end{aligned} \tag{2.5-17}$$

其中，K_{r} 为橡胶的转动刚度；$P_{\Delta,\theta}^{i}$ 为第 i 根预应力筋的内力增量；$\varDelta_{\mathrm{pt}}^{i}$ 为第 i 根预应力筋的伸长。

2.5.3 设计流程

自复位框架的设计流程是一个两阶段的设计过程。第一阶段对应规范中的多遇地震，为自复位结构的弹性设计阶段；第二阶段对应规范中的罕遇地震，为自复位结构的非线性设计阶段。传统结构一般只进行小震设计，当遇到大震时，通过结构的构造措施与结构本身的塑性变形能力来抵御地震。大量的试验与数值研究表明，采用现行规范设计普通钢筋混凝土结构是合理的，在大震下结构可以满足规定的层间位移角限值。然而自复位结构除了阻尼器外，不会有其他构件在地震中反复屈服，如果不考虑阻尼器，那么整个结构的滞回曲线近乎是双线性弹性的。因此自复位结构的变形模式与传统结构迥异，不能像传统结构一样通过合理的弹性阶段设计来保证其非线性阶段的最大变形。在自复位结构的弹性设计阶段，采用与传统结构完全相同的设计方法，根据规范在小震下的层间位移角要求确定结构所采用的混凝土强度等级、平面布置、构件截面尺寸等。这是考虑到我国规范规定的小震下层间位移角主要考虑了非结构构件（主要是填充墙）的变形能力。而自复位框架在接触界面达到屈服状态前的力学性能与传统结构几乎是相同的，因此采用规范的设计方法基本可以确保结构在小震作用下的性能达到“小震不坏”的要求。

在罕遇地震的作用下，工程师们不希望结构产生过大的变形，一方面是考虑到如果非结构构件产生严重破坏仍然破坏了结构的可恢复性能，一方面是考虑过大的变形将对结构的安全性产生威胁。因此在非线性设计阶段的设计目标是限制结构在罕遇地震的作用下的层间变形。等效单自由度模型将用来替代整体结构来确定结构在罕遇地震下的变形与抗力需求，这个设计思路与 Priestley 在 20 世纪 90 年代提出的直接基于位移的设计方法相似。第二阶段的设计方法包含以下几个步骤。

第一步：根据等效单自由度模型确定结构的设计放大系数

在自复位框架结构的设计中，采用设计放大系数来定义结构与构件抗力需求与其小震弹性计算中内力大小的关系。放大系数的大小是根据结构大震下的基底倾覆弯矩需求与小震下结构的基底倾覆弯矩之比来计算的。因此，这一步的核心内容就是计算结构在大震下的基底倾覆弯矩需求。对于一个低层的自复位框架来说，其变形集中在自复位节点接触界面的位置。梁柱构件本身的变形以刚体转动与平动为主。因此可以合理的假定结构的变形沿高度方向是均匀分布的，结构每一层在目标层间位移角下的位移可以被写作：

$$\varDelta_{i}=h_{i}\theta_{\mathrm{d}} \tag{2.5-18}$$

其中，h_i 为楼层的高度；θ_d 为设计层间位移角；Δ_i 为第 i 层的水平位移。

θ_d 是结构在大震下的层间位移角目标，应当根据结构在大震下的性能目标确定。θ_d 包含两部分变形，一部分来自节点接触界面的转动，记为 θ_d^r，另一部分来自构件在弯矩与剪力作用下产生的弹性变形，记为 θ_d^e。θ_d^r 将用来进行节点接触界面的承载力设计，θ_d^r 将在接下来的设计过程中从 θ_d 中分离出来。根据 Shibata [39] 提出的单自由度等效方法，单自由度模型的目标位移可以写作：

$$\Delta_d=\Sigma_{i=1}^{n}(m_i\Delta_i^2)\ /\ \Sigma_{i=1}^{n}(m_i\Delta_i) \tag{2.5-19}$$

其中，m_i 是各个楼层的质量。等效单自由度模型的等效质量为：

$$m_{eq}=\Sigma_{i=1}^{n}(m_i\Delta_i)\ /\Delta_d \tag{2.5-20}$$

该等效单自由度体系除了包含通常假定的 5% 阻尼比外，还应考虑结构塑性变形带来的等效阻尼，根据 Priestley 的研究成果 [40]。自复位系统的等效阻尼可以写成：

$$\xi_{eq}=\xi_{eq,v}+\xi_{eq,h,\mu} \tag{2.5-21}$$

$$\xi_{eq,h,\mu}=\frac{(\mu-1)\ \beta_d}{\pi\mu(1+r_d(\mu-1))} \tag{2.5-22}$$

其中，μ 为位移延性系数；β_d 为设计滞回参数；r_d 为设计屈服后刚度比。

其中 $\xi_{eq,v}$ 和 $\xi_{eq,h,\mu}$ 分别代表结构自带的黏滞阻尼与非线性塑性变形带来的附加阻尼；μ 是模型的延性系数，为模型最大变形与模型屈服变形的比值 $\mu=\theta_d/\theta_y$。θ_y 是结构的屈服层间位移角，可以通过结构梁截面的高度 h_b 与梁跨度 l_b 进行预估，通常可以假定 $\theta_y=0.0004l_b/h_b$。β_d 为控制模型耗能的参数，控制了结构耗能能力的大小。β_d 的定义如图 2.5-9 所示，β_d 的数值越大，那么结构的耗能能力越强。当 $\beta_d=0$ 时，结构完全不具备耗能能力，当 $\beta_d>1$ 时结构失去自复位能力，当 $\beta_d=2$ 时结构表现为传统的双线性弹塑性模型。因此在选择 β_d 时应当根据设计目标合理进行选择，兼顾结构的耗能能力与自复位能力。r_d 是结构的屈服后刚度系数，为结构屈服后刚度与结构初始刚度的比值，通常在 0.003 ～ 0.05 之间。在第一步的设计中，β_d 与 r_d 需要首先预设，并在后续设计中作为重要的设计参数使用。

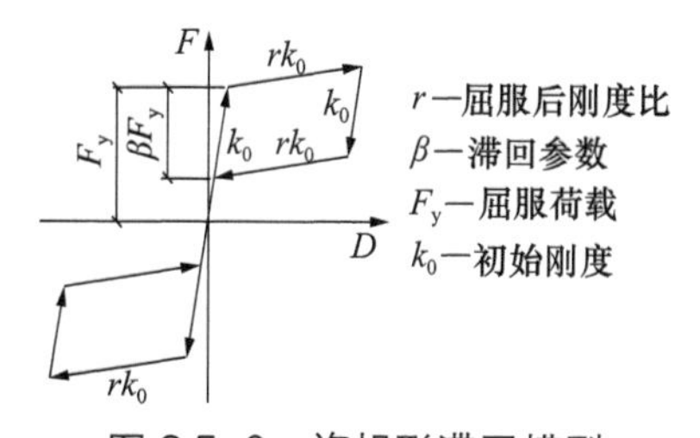

图 2.5-9　旗帜形滞回模型

如果没有可以直接用于设计的位移谱，那么可以通过式（2.5-23）将规范中规定的加速度反应谱转换为位移谱。

$$\Delta(T,\xi)=S(T,\xi)T^2/(4\pi^2) \tag{2.5-23}$$

其中，$\Delta(T,\xi)$ 与 $S(T,\xi)$ 分别为位移谱与加速度谱在周期 T 位置，阻尼比 ξ 下的值。考虑到长周期下模型的位移与地面位移的幅值应该是相同的，在周期较大的位置应将位移谱值当作固定值，截断周期可以选为 4s（大大超过了中低层自复位框架的基本周期）。在获得的位移谱中可以找到设计位移 Δ_d 对应的周期 T_{eq}。那么这个周期就代表，当单自由度模型具有超过 T_{eq} 的等效周期时，则在当前位移谱代表的地震作用下，结构的位移不会超过 Δ_d。根据单自由度模型的等效自振周期需求 T_{eq}，可以根据式（2.5-24）与式（2.5-25）获得该单自由度模型的等效刚度 K_{eq} 及其基底剪力需求 V_B。

$$K_{eq} = 4\pi^2 m_{eq} / T_{eq}^2 \quad (2.5\text{-}24)$$

$$V_B = K_{eq} \Delta_d \quad (2.5\text{-}25)$$

其中，V_B为基底剪力需求；K_{eq} 为单自由度等效刚度。基底剪力放大系数 $\lambda_B = V_B / V_B^e$（V_B^e 是小震下的弹性基底剪力）。当结构的变形较小时，如果结构中每个构件的内力都是其小震弹性内力的 λ_B 倍，那么其基底剪力也将是其弹性基底剪力的 λ_B 倍。然而，自复位框架在大震下的设计变形通常是很大的，这时 $P-\Delta$ 效应将会产生显著倾覆弯矩。为了补偿 $P-\Delta$ 效应产生的弯矩，设计放大系数应考虑 $P-\Delta$ 效应的影响。在设计变形下，结构考虑 $P-\Delta$ 效应的基底倾覆力矩可以用式（2.5-26）表示。其中 $V_B h_e$ 代表结构为满足设计变形而需要的倾覆力矩，$\Sigma \Delta_i m_i g$ 代表结构为抵抗 $P-\Delta$ 效应所需要额外提供的倾覆力矩。

$$M_D = V_B h_e + \Sigma \Delta_i m_i g \quad (2.5\text{-}26)$$

$$h_e = \Sigma m_i h_i^2 / \Sigma m_i h_i \quad (2.5\text{-}27)$$

其中，M_D 为设计基底倾覆力矩；h_e 为等效结构高度。结构的设计放大系数为：$\lambda_D = M_D / M_B^e$，其中 M_B^e 是小震弹性下的基底倾覆力矩。可以认为：当结构变形至设计变形时，如果结构每一个构件的内力都达到其小震弹性内力的 λ_D 倍，那么结构的基底剪力将会是其小震弹性基底剪力的 λ_B 倍。此时，结构变形中由构件内部弹性变形产生的层间位移角也将是小震弹性位移角的 λ_D 倍，节点界面的设计转角也就完成了从总的大震设计位移角中的分离：$\theta_d^r = \theta_d - \lambda_D \theta_{e,max}$。为了避免每个节点界面按照不同转角目标设计所引起的不便，这里保守地采用结构小震弹性下的最大层间位移角 $\theta_{e,max}$ 为结构弹性变形的估计。

第二步，自复位节点设计

自复位节点的设计包括：接触界面保护措施设计，构件端部配筋设计，预应力筋设计以及附加阻尼设计。接触界面的保护措施决定了节点变形过程中损伤的大小，工程师在设计中应根据结构的性能目标合理地选择保护措施，各种保护措施所能提供的保护效果及其构造可以参见前文的叙述。构件端部的配筋表示图 2.5-2 中截面 2-2 的配筋。截面端部的配筋应与接触界面的保护措施建立可靠的连接，保证纵筋也能参与到接触界面的受力中。纵筋的数量直接关系到构件端部破坏截面的受压区高度与转动中心位置，足量且与保护措施可靠连接的纵筋可以有效地减小自复位节点的损伤。相应的，如果纵筋配置数量不足，也可能引起破坏截面的严重损伤或造成结构的负刚度。构件端部的配筋需要工程师在节点设计开始之前进行假定。构件端部配筋对结构的非线性性能影响相比预应力筋与阻尼器要小得多，提前预估构件端部的配筋再据此设计结构的预应力筋与阻尼器参数会极大地简化设计过程。若假定的数值不合适，那么需要在后续设计过程中重新调整。

节点接触界面所需的最小预应力应根据结构的小震荷载与重力荷载确定。原则一是保证接触界面产生的摩擦力足以承担界面在重力作用下产生的剪力，表达为式（2.5-28）；原则二是保证接触界面的屈服弯矩应大于小震荷载与结构重力荷载的合力，表达为式（2.5-29）。

$$N + P_0 \geqslant (V_G^d + V_e^d) / \mu_f \quad (2.5\text{-}28)$$

$$M_y \geqslant M_G^d + M_e^d \quad (2.5\text{-}29)$$

其中，N 为重力荷载所产生的轴力，对梁柱节点来说 N 为 0；V_G^d 重力荷载所产生的剪力；

V_e^d 为小震荷载产生的剪力；μ_f 为接触界面间的摩擦系数；M_y 为界面的屈服弯矩；M_G^d 为重力荷载产生的弯矩；M_e^d 为小震荷载产生的弯矩。

如果结构采用附加阻尼器进行耗能，那么阻尼器应安装于每一个自复位节点。节点界面的抵抗弯矩可以被分为阻尼器产生的滞回弯矩与预应力和重力作用于接触界面产生的自复位弯矩。每个节点的耗能参数 $\beta = 2M_s/M_y$，其中 M_s 是阻尼器提供的耗能弯矩，M_y 是界面的屈服弯矩。为了使节点达到自复位的效果，新西兰规范中要求节点的抵抗弯矩中，滞回弯矩与自复位弯矩满足一定的比例要求：

$$(M_{pt} + M_N)/M_s \geqslant 1.15 \tag{2.5-30}$$

其中，M_{pt} 为预应力筋提供的弯矩；M_N 为重力提供的弯矩。根据这个关系，耗能参数 β 的上限可以确定为 0.93，同时为了保证结构的变形小于设计目标，β 的下限不应小于第一步设计中预设的 β_D。因此每个节点的耗能参数都应满足如下关系：

$$\beta_d < \beta < 0.93 \tag{2.5-31}$$

结构在目标位移处构件的内力应大于弹性内力的 λ_D 倍，即当节点界面转角为设计转角 θ_d^r，其抵抗弯矩为弹性弯矩的 λ_D 倍。通常在梁预应力筋锚固范围内有多个节点界面，考虑到预应力筋的内力是一致的，若考虑每一个界面的抗力都大于弹性内力的 λ_D 倍，那么结构的绝大多数界面将有着很大的抵抗弯矩冗余。这样的冗余不仅会造成材料的浪费，同时也会导致过大的预应力筋内力，造成更大的节点损伤。在一般结构中，连续梁的尺寸通常是一致的，因此在自复位框架的设计中，只需要考虑预应力筋锚固范围内所有节点界面的抵抗弯矩之和大于其弹性内力的 λ_D 倍即可。在目标位移处，节点界面的抵抗弯矩应满足的关系如式（2.5-32）所示。

$$\Sigma M_{\theta,i} \geqslant \lambda_D \Sigma M_{e,i}^d \tag{2.5-32}$$

其中，$M_{\theta,i}$ 为第 i 个节点界面在 θ_d^r 转角的抵抗弯矩，$M_{e,i}^d$ 为第 i 个节点界面的弹性弯矩。

由于非约束区混凝土的剥落以及 $P\text{-}\Delta$ 效应，如果预应力筋的面积不足，结构可能会产生负的屈服后弯矩。$(\lambda_D - \lambda_B) M_e^d$ 代表了每个节点界面为了补偿 $P\text{-}\Delta$ 效应而贡献的弯矩，这部分弯矩在考虑屈服后刚度时应从总弯矩中剔除。因此，结构的有效屈服后刚度可以由式（2.5-33）表示。结构宜具有至少 0.003 的屈服后刚度以保证结构在屈服后处于强化状态而非软化状态。而屈服后刚度的上限仅需要在具有附加阻尼的结构中考虑，因为结构的屈服后刚度与结构塑性造成的附加阻尼呈负相关。在采用阻尼器的结构中，为了保证等效单自由度模型的有效性，需要保证结构的屈服后刚度小于预设的屈服后刚度系数 r_d。因此，对于采用阻尼器的自复位框架，需要满足如下关系式。

$$r = \frac{\theta_y(\Sigma M_{\theta,i} - (\lambda_D - \lambda_B)\Sigma M_{e,i}^d - \Sigma M_{y,i})}{(\theta - \theta_y)\Sigma M_{y,i}} \tag{2.5-33}$$

$$0.003 \leqslant r \leqslant r_d \tag{2.5-34}$$

其中，$M_{y,i}$ 为第 i 个节点界面的屈服弯矩。

预应力筋不应在设计变形下发生屈服，因为预应力筋一旦屈服就会降低施加在节点界面上的预应力幅值，而预应力幅值直接关系到节点界面所能承担的摩擦力，当节点界面的摩擦力不足时会危及结构承担重力荷载的能力。因此在进行节点设计时还应仔细校核每根预应力筋的应力。

第三步：设计构件配筋

在完成自复位节点设计后，得到了每个节点界面在大震设计变形下的内力。根据这个内力，不论是通过按比例放大小震弹性下的内力，还是根据节点界面求解构件内部的内力平衡，都可以轻易得到每根梁柱构件内部的内力大小。考虑到自复位结构体系不希望在节点以外的位置发生塑性变形，只需要按照规范中不屈服的要求设计结构中的每根构件即可满足要求。在完成构件内部的配筋设计后，自复位结构的设计就完成了。考虑到现有的设计方法还不完善，缺乏大量的试验验证与数值分析，因此推荐在设计完成后通过数值模拟的方式，校验结构在大震下的变形。整个设计流程可以用图 2.5-10 进行总结。

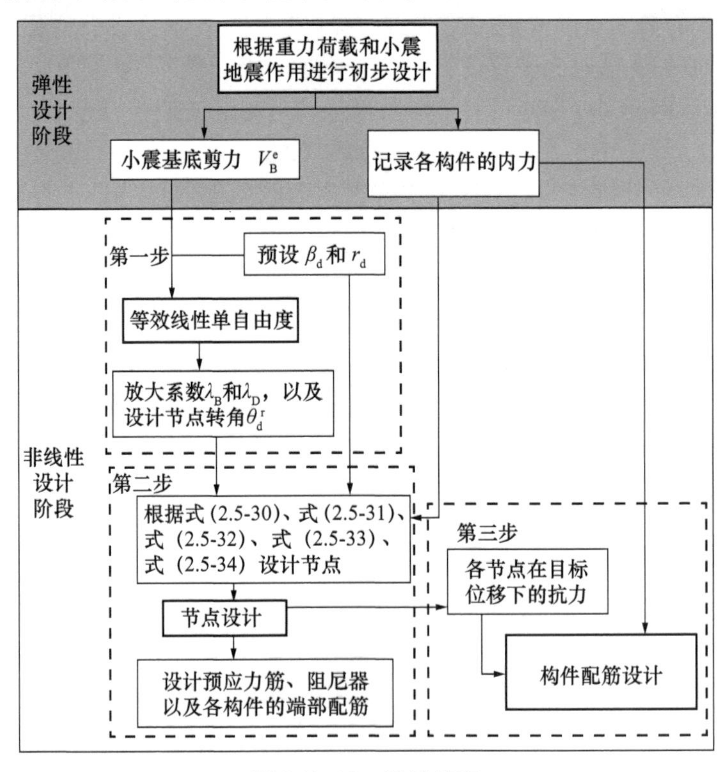

图 2.5-10　设计流程

2.5.4　设计算例

算例结构为 4 层 4 榀 2 跨的自复位钢筋混凝土框架，该框架在 X 方向与 Y 方向的跨度均为 6m，与高烈度地区的框架跨度相当。结构的平面布置与立面图如图 2.5-11 所示。假定这个结构的抗震设防烈度为 8 度，抗震分组为第 2 组，场地类别为Ⅱ类，对应的地震特征周期为 0.4s。假设该结构为办公楼，每层的均布恒荷载为 6kN/m^2（含隔墙），均布活荷载为 2kN/m^2。结构的楼板采用单向预制板，沿 Y 方向布置，楼板的重力荷载由 X 方向的梁承担，Y 方向的梁仅考虑地震作用。在设计过程中，考虑分隔墙引起的周期折减系数为 0.7，在多遇地震作用下，结构应满足“小震不坏”的要求，即层间位移角小于 1/550。在大震作用下，自复位节点打开，并不会产生大的损伤，考虑到现行规范对框架结构大震下层间位移角的要求，结构在大震下的位移目标定为 2%。

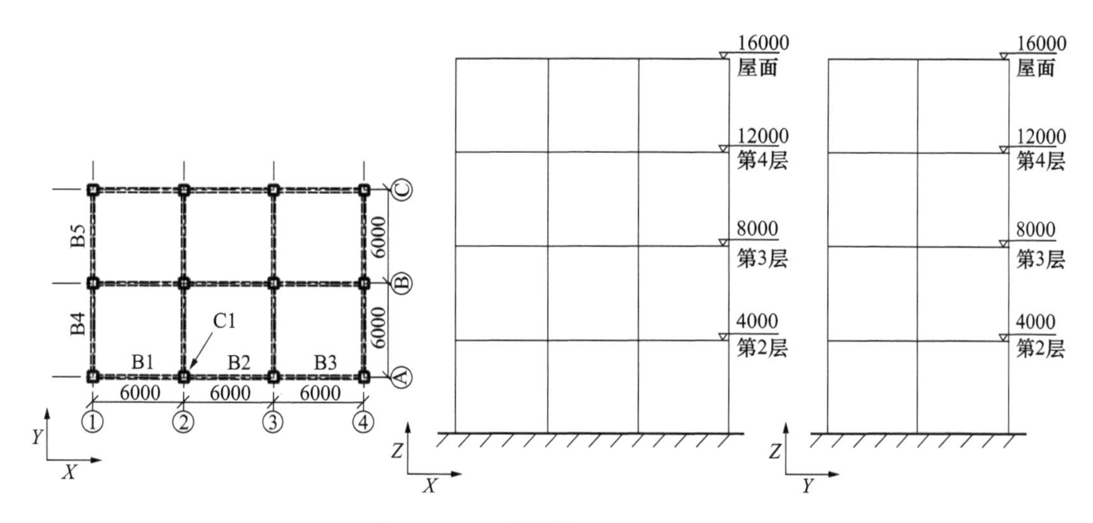

图 2.5-11　算例平面图及立面图

在弹性设计阶段，采用振型分解反应谱法确定结构的地震反应。为了达到小震下的层间位移角目标，结构的主截面选用 600mm×600mm，梁截面采用 250mm×600mm，混凝土强度等级采用 C40。结构在弹性设计阶段重要的设计参数与结果如表 2.5-2 所示。结构的设计较为经济，结构在小震下的层间位移角与层间位移角目标较为接近。到此处结构的弹性设计阶段即完成，接下来将进入非线性设计阶段。考虑到 2% 是一个较为宽松的层间位移角目标，因此在此设计中不需要引入阻尼器。

小震下结构响应　　　　**表 2.5-2**

	X 向	*Y* 向		*X* 向	*Y* 向
最大层间位移角	0.17%	0.17%	折减后周期	0.46s	0.47s
倾覆力矩	13050N · m	12620N · m	谱峰值加速度	0.16g	

	楼层质量	*X* 向楼层位移	*Y* 向楼层位移
顶层	216t	20.0mm	21.0mm
4 层	240t	16.3mm	17.0mm
3 层	240t	10.6mm	11.0mm
2 层	240t	4.1mm	4.1mm

1. *X* 向框架设计

这里给出非线性设计阶段 *X* 方向框架的设计。*X* 方向的框架与 *Y* 向的不同之处在于，*X* 向框架承担了结构的绝大部分重力荷载，因此在设计中需要更多地考虑重力与地震力的共同作用。设计的第一步是确定结构的等效单自由度模型，并据此获得结构的设计放大系数。结构的侧移模式假定为倒三角形，因此在 $\theta_d = 2\%$ 层间位移角下结构各层的位移为：

$$\{\Delta\} = \{4000, 8000, 1200, 1600\} \cdot \theta_d = \{80, 160, 240, 320\}$$

等效单自由度模型的设计位移通过结构各层的质量（表 2.5-2）与各层的设计位移根

据式（2.5-19）得到：

$$\Delta_{\mathrm{d}}=\frac{\sum_{i=1}^{n}(m_i\Delta_i^{\ 2})}{\sum_{i=1}^{n}(m_i\Delta_i)}=236.7\mathrm{mm}$$

等效单自由度模型的质量为：

$$m_{\mathrm{eq}}=\frac{\sum_{i=1}^{n}(m_i\Delta_i)}{\Delta_{\mathrm{d}}}=\frac{230180.6}{295.9}=777.9\ \mathrm{t}$$

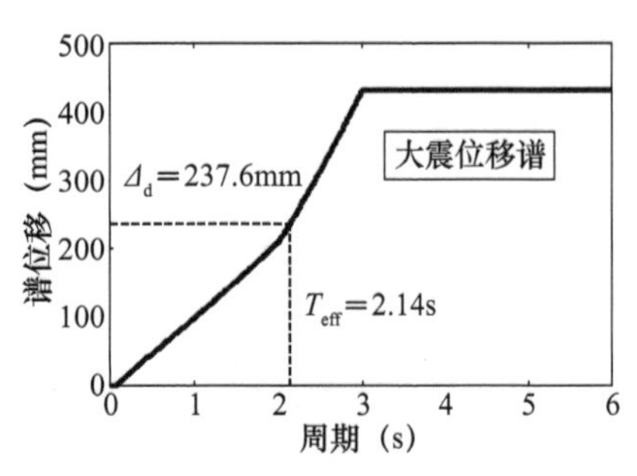

图 2.5-12　由规范加速度谱转化的位移谱

由于没有考虑阻尼器，因此将规范中 5% 阻尼比的反应谱根据式（2.5-23）转换为位移谱（图 2.5-12）。根据设计位移 Δ_{d} 在位移谱中找到其对应的等效周期 T_{eq} 为 2.14s，等效周期得到等效单自由度体系的刚度为：

$$K_{\mathrm{eq}}=\frac{4\pi^2 m_{\mathrm{eq}}}{T_{\mathrm{eq}}^{\ 2}}=4\times3.14^2\times\frac{777.9}{2.14^2}=6699.1\ \mathrm{N/mm}$$

要满足设计位移，结构的基底剪力需求为：

$$V_{\mathrm{B}}=K_{\mathrm{eq}}\Delta_{\mathrm{d}}=6699.1\times236.7=1585.7\mathrm{kN}$$

结构考虑 P-Δ 效应的倾覆力矩需求可以根据式（2.5-26）计算，为：

$$M_{\mathrm{D}}=V_{\mathrm{B}}h_{\mathrm{e}}+\Sigma\Delta_i m_i g=1585.7\times11833.3+\Sigma\Delta_i m_i g=20682\mathrm{kN\cdot m}$$

基底剪力放大系数和设计放大系数分别为 $\lambda_{\mathrm{B}}=1585.7/1100.0=1.44$ 和 $\lambda_{\mathrm{D}}=20682/13050=1.58$。因此节点界面的设计转角为：

$$\theta_{\mathrm{d}}^{\mathrm{r}}=0.02-1.58\times0.0017=0.0173$$

第二阶段第一步的工作到此完成，下一步工作是进行自复位节点的设计。在这个设计中，办公楼要求在地震过后可以迅速恢复使用，但不要求地震过后完全没有损伤。因此选择梁端与柱端的钢板作为保护措施，节点界面的受压破坏截面将位于紧贴钢板的位置。柱身预应力筋锚固在柱顶与基础内，梁内预应力筋锚固在结构的两侧边柱上。为了展示框架梁柱节点的设计过程，选择图 2.5-11 所示结构二层的梁 B1、B2 与 B3 进行设计。需要注意的是，为了更好地与后续的非线性时程验算进行比较，在设计中与时程分析中所采用的材料强度均选择规范中的标准值。

梁 B1、B2 与 B3 在多遇地震作用下的最大梁端弯矩是 230.4kN·m（恒载＋0.5 活载＋地震作用），自复位梁柱节点界面的屈服弯矩应高于 230.4kN·m。首先预估构件端部所需要的普通钢筋数量，这里选择三根直径 22mm 的 HRB400 钢筋配置在梁端界面的上下两侧（略大于普通结构所需的梁端配筋），截面的总配筋率为 1.5%。根据式（2.5-2）以及梁端所需的屈服弯矩，可以得到一个等效受压区高度 x 的一元二次方程，解该方程即可得到节点界面所需的最小等效受压区高度：

$$M_{\mathrm{y}}=\frac{\alpha_1 f_{\mathrm{c}}bx(h-x)}{2}+A_{\mathrm{s}}f_{\mathrm{s,y}}\left(\frac{h}{2}-a_{\mathrm{s}}\right)+\Sigma F_{\mathrm{d,y}}^{i}h_{\mathrm{d}}^{i}$$

$$\Rightarrow\frac{1\times26.8\times250\times(600-x)x}{2}+1140\times400\times\left(\frac{600}{2}-44\right)>230400000$$

$$\Rightarrow x>63.2\mathrm{mm}$$

最小的预应力需求可以通过界面的力平衡方程得到：

$$\alpha_1 f_c bx + A_s f_{s,y} + \Sigma F_{d,y}^i - P_0 = 0$$
$$\Rightarrow P_0 = 26.8\times250\times63.2 + 1140\times400 = 879.5\text{kN}$$

除了满足屈服弯矩大于小震弹性内力外，还需要保证预应力所提供的摩擦力大小足以承担重力荷载的作用。作用在梁柱节点界面的最大剪力为 73.9kN，假定此处钢材对钢材的最大静摩擦系数为 0.3，那么为满足界面剪切而需要的最小预应力为 246.3kN。这个数值小于由屈服弯矩得到的 879.5kN，因此梁 B1、B2 与 B3 所需的最小预应力大小为 879.5kN。

在节点界面设计转角 θ_d^r 为 0.0173 时，B1、B2 与 B3 上所有的节点界面需要满足式（2.5-32）与式（2.5-34）所定义的关系。根据小震弹性的分析结果，这些构件范围内节点界面的所受的弯矩总和为 926.4kN・m（不考虑竖向荷载）。那么根据式（2.5-32），在设计转角位置所需的抵抗弯矩应大于 λ_D 倍的弹性弯矩，即为 1463.7kN・m。为满足式（2.5-34）中对于最小屈服后刚度大于 0.003 的要求，在设计转角 θ_d^r 位置还需要满足的关系为：

$$r=\frac{\theta_y(\Sigma M_{\theta,i}-(\lambda_D-\lambda_B)\ \Sigma M_{e,i}^d-\Sigma M_{y,i})}{(\theta-\theta_y)\Sigma M_{y,i}}\geqslant 0.003$$

$$\Rightarrow \Sigma M_{\theta,i}\geqslant\frac{(0.003\times(0.02-0.004)\times230.4\times6)+0.14\times926.4+230.4\times6}{0.004}$$
$$=1548.4\text{kN}\cdot\text{m}$$

由此可以确定梁 B1、B2 与 B3 范围内节点界面所需达到的弯矩总和为 1548.4kN・m，控制条件为结构屈服后刚度的要求。每一个界面在设计转角下所需达到的弯矩为 1548.4/6 = 258.1kN・m。据此，界面受压区高度可以通过式（2.5-5）求得，其中 f_{cc} 按照规范中的配箍要求与 Mander 约束混凝土理论计算得到 33.3MPa。

$$M_\theta=\alpha_1 f_c bx\left(\frac{f_{cc}}{f_c}\left(1-\frac{2c}{b}\right)+\frac{2c}{b}\right)\left(\frac{h}{2}-\frac{x}{2}-c\right)+A_s f_{s,y}\left(\frac{h}{2}-a_s\right)+\Sigma F_{d,\theta}^i h_d^i$$

$$\Rightarrow 1\times26.8\times250\times x\left(\frac{33.3}{26.8}\left(1-\frac{2\times25}{250}\right)+\frac{2\times25}{250}\right)\left(\frac{600}{2}-\frac{x}{2}-25\right)+1140$$
$$\times400\times\left(\frac{600}{2}-44\right)=258100000$$
$$\Rightarrow x=66.7\text{mm}$$

P_θ 的最小需求可以通过式（2.5-5）的力平衡获得：

$$\alpha_1 f_c bx\left(\frac{f_{cc}}{f_c}\left(1-\frac{2c}{b}\right)+\frac{2c}{b}\right)+A_s f_{s,y}+\Sigma F_{d,\theta}^i-P_\theta=0$$

$$\Rightarrow P_\theta=26.8\times250\times66.7\left(\frac{33.3}{26.8}\left(1-\frac{2\times25}{250}\right)+\frac{2\times25}{250}\right)+1140\times400$$
$$=1050.4\text{kN}$$

最小预应力筋面积此时可以通过式（2.5-8）计算得到：

$$P_\theta=\frac{\theta\left(\frac{h}{2}-x_c-c\right)n}{L_n}E_p A_p+P_0$$

$$\Rightarrow A_p=\frac{(1050400-879500)\times18000}{0.0172\times200000\times(600/2-74.3/0.8-25)\times6}=818.3\text{mm}^2$$

作为最终结果，7 根公称直径 15.2mm 的钢绞线（$A_{pt}=973\text{mm}^2$，$f_y=1820\text{MPa}$）配置在 B1、B2 与 B3 范围内，施加初始预应力大小为 879.5kN。需要注意的是，如果在设计过程中初始预应力有变化，那么预应力筋所需的面积需要重新计算。

由于梁柱节点不安装阻尼器，在所有 X 方向的梁柱节点都按上述流程设计后，X 向框架的梁柱节点就设计完成了。X 向的自复位梁柱节点由于其承担了楼板传递来的重力荷载，因此其中预应力筋的截面积与初始预应力更多的是由屈服弯矩与屈服后刚度控制，因为在自复位框架的小震设计中，不论是重力荷载还是地震作用都需要预应力来承担。对于 Y 向梁柱节点来说，由于其几乎不承担重力荷载，情况会与 X 方向有很大区别。

2. Y 向框架设计

如同 X 方向框架一样，Y 向框架的设计也从等效单自由度模型开始，在这里不再重复。经过等效单自由度模型的计算，得到结构的设计放大系数 $\lambda_D=1.64$。设计位于结构 2 层的 B4 与 B5（图 2.5-11）作为这个算例。小震弹性下 B4 与 B5 最大的梁端弯矩为 169.1kN，4 个节点界面位置的弯矩总和为 659.9kN・m。按照算例 1 中的方法，为了满足屈服后刚度的下限 0.003 与设计放大系数 λ_D 的要求，梁端在设计转角 θ_d^r 下的界面弯矩总和应分别达到 773.4kN・m 和 1095.4kN・m。预估梁端配筋与 X 方向相同，上下端各配置 3⌀22 钢筋。按照与算例 1 相同的方式，可以得到所需的预应力筋截面积为 5487mm^2，预应力筋初始内力为 638.9kN。然而 5487mm^2 的预应力筋截面积显然太大了，需要采用另一种方法，通过增加初始预应力大小的方式对该节点进行设计。初始预应力大小具有一个上限，这个上限可以通过结构对屈服后刚度的要求得到。将 0.003 的最小屈服后刚度要求，代入式（2.5-33）后，即可得到最大允许的界面屈服弯矩：

$$r=\frac{\theta_y(\sum M_{\theta,i}-(\lambda_D-\lambda_B)\sum M_{e,i}^{d}-\sum M_{y,i})}{(\theta-\theta_y)\sum M_{y,i}}\geqslant 0.003$$

$$\Rightarrow \sum M_{y,i}\leqslant 978.1\text{kN}\cdot\text{m}$$

最大允许的初始预应力可以根据最大允许屈服弯矩得到，为 940.3kN。Y 向框架与 X 向框架在设计中的不同在这里体现：根据最大允许初始预应力而不是初始预应力的最小需求来确定预应力筋截面积的最小需求。在这里得到的预应力筋截面积为 899.8mm^2。当然在介于最大允许值与最小需求值之间的方案也是合理的，在这个例子中考虑到结构的经济性，选择了尽量小的预应力筋面积。作为最终结果，在 B4、B5 内配置 7 Φ^s15.2，施加初始预应力 940.3kN。

在完成了梁柱节点的设计后，还需进行自复位柱脚节点的设计。考虑到自复位柱内的钢筋锚固在柱顶与基础，无粘结长度较长，为了达到正的屈服后刚度，需要橡胶材料填充在杯口基础内，对柱脚进行额外的约束（如图 2.3-2 所示）。假定柱脚橡胶的厚度为 150mm，高度为 500mm，在基础四周与基础完全粘结。那么根据前述的理论，橡胶的转动刚度为 5933kN・m/rad。在这里对 C1（图 2.5-11）柱进行设计，来展示设计过程。柱脚在 X 向承受的小震弯矩为 311.4kN・m，在 Y 向为 286.4kN・m。C1 柱所承受的竖向荷载产生的轴力为 817.8kN。选取 X 与 Y 方向较大的设计放大系数（X 向）对柱脚节点进行设计，因此在设计位移下，柱脚节点的抵抗弯矩应大于 498.2kN・m。在该弯矩中减去柱脚橡胶所贡献的抵抗弯矩，可以得到柱脚界面本身所需提供的抵抗弯矩，幅值为 498.2 － 0.0172×5933 ＝ 395.2kN • m。

与梁柱节点不同，柱脚节点还需考虑柱所受重力荷载产生的轴力。重力荷载与初始预应力的总和决定了柱脚界面的屈服弯矩。屈服荷载与轴力总和的上下限可以根据前述的方法来确定，上限是 1692.3kN 的轴力对应于 442.1kN • m 的屈服弯矩，与 1154.0kN 的轴力对应于 311.4kN • m 的屈服弯矩。工程师可以在这个范围内寻求最佳的设计方案。在本设计中，为简便考虑采用上限进行设计。图 2.5-13 所示为本设计中柱身截面的布置，柱身内纵筋配置 12⌀22，无粘结预应力孔道在柱身内对称布置，其间距为 400mm。

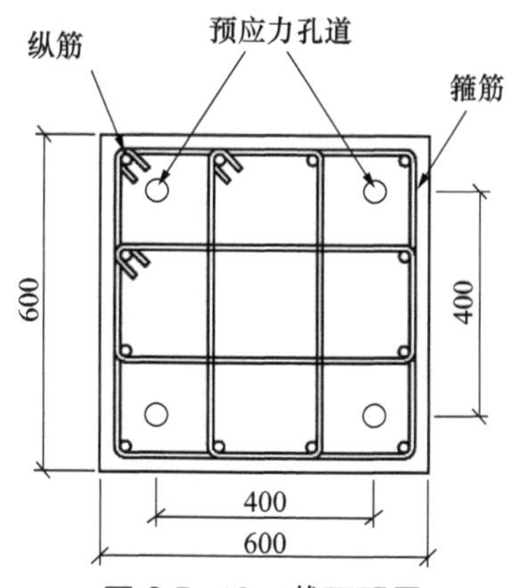

图 2.5-13　截面配置

考虑到在设计过程中，两个未知数，矩形受压区高度 x 与预应力筋截面积在 M_θ（式（2.5-17））与力平衡的表达式（式（2.5-12））中耦合。在设计过程中即可以尝试对两个方程进行解耦，也可以通过简单的试错法进行计算。计算的结果即为柱脚节点的设计方案，其中预应力筋截面积需求为每个无粘结孔道内 $A_p^i = 416.7\text{mm}^2$。最终选择 8 Φ^s15.2（每个孔道内两根预应力筋）施加 874.5kN 的初始预应力。

在所有的梁柱节点与柱脚节点都完成设计后，每根梁柱构件的内力也随之确定下来。可以据此按照规范中的方法设计每根构件内部的配筋，以保证在设计位移下每根构件都处于弹性状态。

3. 增设阻尼器的框架设计

当采用大震下更严格的层间位移限制时，那么在梁柱节点适量增加阻尼器可以有效地减小结构的最大层间位移角。这里以 Y 向框架为例，说明在结构采用大震下 1.5% 层间位移角限值时，采用阻尼器的自复位框架设计方法。这里采用安装在梁柱节点的耗能角钢作为阻尼器来增加结构的耗能能力。角钢在受压时的刚度与承载力都远大于受拉时的情况，因此位于梁端的角钢除耗能外还能对梁端界面起到保护作用。由于阻尼器的刚度相对于梁截面来说非常小，因此在这里可以直接采用之前的弹性设计方案，即表 2.5-2 中的数据在这里可以直接使用。当然，若采用刚度较大的阻尼器时，应在弹性设计阶段考虑阻尼器初始刚度对结构的影响。结构设计的第一步仍然是等效单自由度模型的计算，若像前两个算例一样不使用阻尼器，当采用 1.5% 作为层间位移目标时，由等效单自由度模型得到的设计放大系数 $\lambda_D = 1.99$，意味着结构若想达到设计目标就需要在设计变形下的内力达到其小震内力的两倍。工程师在设计过程中可以根据自己的需求选择耗能系数 β 的取值，在本设计中耗能系数取为 $\beta = 0.2$ 即可有效降低结构在目标变形下的内力需求。同时设定 $r = 0.05$ 作为结构设计中屈服后刚度的上限。将 β 和 r 代入式（2.5-22）即可得到模型的滞回附加阻尼为 4.3%。根据 5% ＋ 4.3% ＝ 9.3% 阻尼比的位移谱，可以得到结构设计放大系数的需求为 1.46。可以看到结构在采用阻尼器时，即便耗能参数 β 并不大，也能使得结构在设计变形处的内力需求，比不采用阻尼器时更宽松的层间位移角限值下要小。

在节点设计中，角钢变形与受力间的关系，按照前文所述的方式进行计算。在带阻尼器的节点设计中，有 4 个设计参数：角钢受压屈服强度、角钢受拉屈服强度、初始预应力大小以及预应力筋面积。考虑到未知数的个数多于限制条件，那么满足所有限制条件的设计参数组合将有无穷多个。本例中采用了试错法进行设计，工程师的工作就是从这些组合中选出合适的设计方案。在这里直接给出设计的结果，并对设计结果进行校核。仍然以梁 B4、B5 为例，设计的关键参数如下：

角钢：等边角钢∟180×12。

初始预应力：780kN。

预应力筋：6 Φ^{s}15.2 钢绞线（$A_p = 834mm^2$）。

梁端配筋：2Φ20，强度等级 HRB400。

设计放大系数：$\lambda_d = 1.49$，$\lambda_B = 1.33$。

滞回特性：$\beta_d = 0.2$，$r_d = 0.05$。

角钢螺栓（梁侧）：4 个 10.9 级 M20 螺栓。

角钢螺栓（柱侧）：2 个 5.6 级 M16 螺栓。

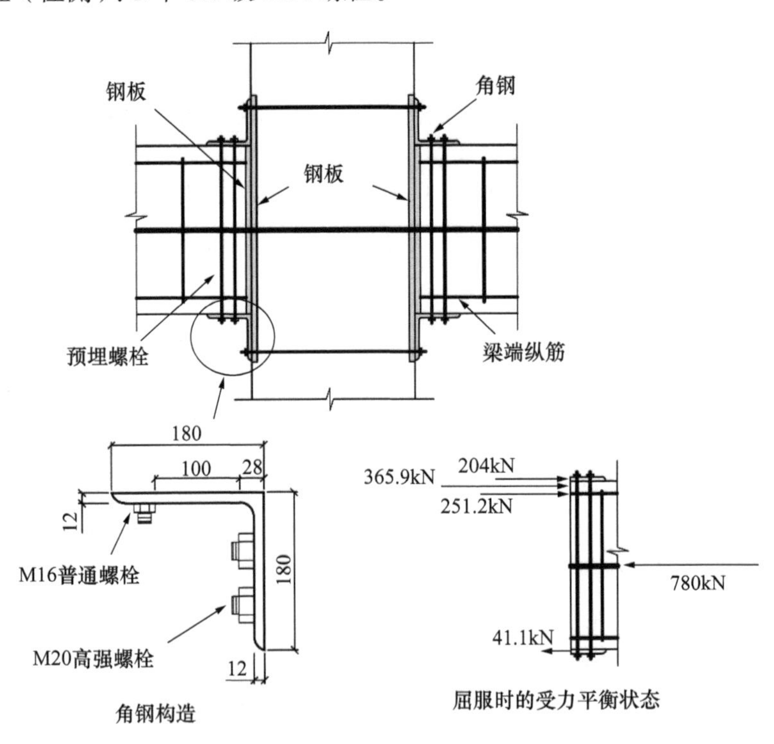

图 2.5-14　带角钢的梁柱节点

角钢受压时通过高强摩擦型螺栓连接与梁端相连，4 个 10.9 级高强螺栓总共施加预压力为 170kN。摩擦系数假定为 0.3，那么角钢的受压强度为 170×0.3×4 = 204kN。角钢受拉时，通过普通螺栓与柱身相连，角钢的受拉屈服强度为 41.1kN。根据梁端力的平衡可以得到等效受压区高度为 $x = 54.6mm$。节点界面的屈服弯矩可以直接用式（2.5-2）计算得到：$M_y = 237.9kN \cdot m$，满足式（2.5-29）的要求。为了得到界面的滞回弯矩，首先要计算界面中压力合力作用点的位置。在界面上受压的包括混凝土、梁端配筋与受压侧角钢，其所受压力大小分别为 365.9kN、251.2kN 与 204kN。界面上受压部分的合力位置距离受压边缘的距离为 11.7mm。滞回弯矩即为受拉侧阻尼器对该合力作用点的弯矩：

$$M_{\mathrm{h}} = 41.1 \times (6 + 600 - 11.7) = 24.4\mathrm{kN \cdot m}$$

这些节点的滞回参数 β 根据滞回弯矩计算为 0.204，满足大于设计滞回参数 $\beta \geqslant \beta_{\mathrm{d}}$ 的要求。在设计位移下，x_{c} 可以通过式（2.5-14）直接得到，在设计转角 $\theta_{\mathrm{d}}^{\mathrm{r}}$ 处的界面抵抗弯矩为 $M_{\theta} = 245.8\mathrm{kN \cdot m}$。根据式（2.5-33）可以得到结构的屈服后刚度为 0.01，满足式（2.5-34）的要求 $r < r_{\mathrm{d}}$。此时，节点设计的全部要求都得以满足，说明这个设计方案是可行的。其他节点的设计都与该节点类似，此处不再赘述。

4. 数值验证

对上述完成设计的自复位框架进行数值分析以验证其在大震作用下的变形是否达到设计要求。使用 OpenSees 软件，按照前文所述的方法建立了三个数值模型。第一个数值模型是结构 X 方向框架，以 2% 层间位移角为变形目标的不采用阻尼器的模型；第二个数值模型是结构 Y 方向框架，以 2% 层间位移角为变形目标的不采用阻尼器的模型；第三个数值模型是结构 Y 向框架以 1.5% 层间位移角为目标的，采用滞回参数 0.2 的阻尼器的模型。这三个模型中，预应力筋采用 corotational truss 进行模拟。预应力通过 Steel02 材料的初始应力进行施加。梁端部的混凝土材料与钢筋材料均采用 Concrete06 材料或 Steel02 材料与 Elastic-NoTension 材料串联以获得受拉方向不受力的材料，来表征梁端或柱脚节点界面位置不受拉的特性。梁端角钢耗能器通过一个非线性的弹簧进行模拟，其力 - 变形关系根据本章前述内容得到。选择 25 条地震记录，使得每条地震波的反应谱满足规范的要求，所有地震动的小震反应谱（5% 阻尼比）及其平均谱值见图 2.5-15 所示。

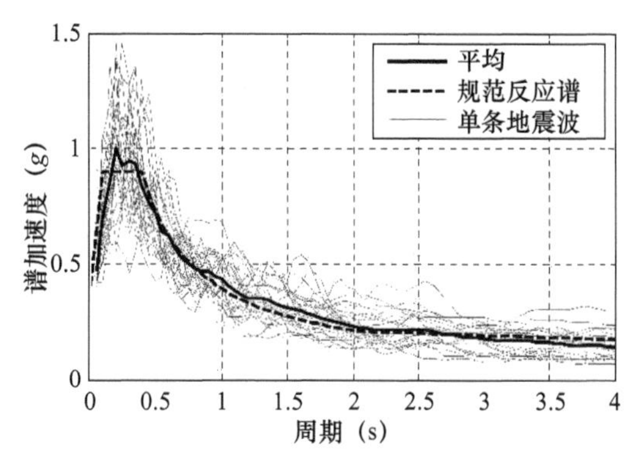

图 2.5-15　地震动反应谱

所有地震输入按照规范要求调幅至 400gal 的峰值加速度，并单向地输入模型中。结构的阻尼采取瑞利阻尼，考虑到结构在大变形下的等效周期较长，为了避免在长周期下实际施加于结构的阻尼过大，定义结构的第一周期与等效单自由度模型的等效周期作为瑞利阻尼的两个控制点，并在这两个控制点上施加 5% 的瑞利阻尼。为了更好地与设计结果进行对比，在模型中采用的材料强度与设计中一致。

根据 Vamvatsikos [41] 的研究成果，对多条地震波作用下的结构进行非线性分析时，结构的最大层间位移角分布呈对数正态分布。分析结果的统计见图 2.5-16 所示。对结果进行统计分析可以得到层间位移角的概率密度分布，结构最大层间位移角作为统计变量时，关键的数字特征在表 2.5-3 中列出。从这些结果可以看出，模型 1 的层间位移角相比设计目标来说较小，这也是不难理解的，考虑到结构 X 方向的框架在设计过程中被界面的屈服弯矩所控制，因此 X 方向框架在目标变形下节点界面的抵抗弯矩要大大高于其达到设计目标的需求。模型 2 的层间位移角的数学期望相比于设计目标小了 15%，模型 3 的层间位移角的数学期望比设计目标小 4%。考虑到在设计过程中采用了一些偏保守的假定，因此这个结果是可以接受的。

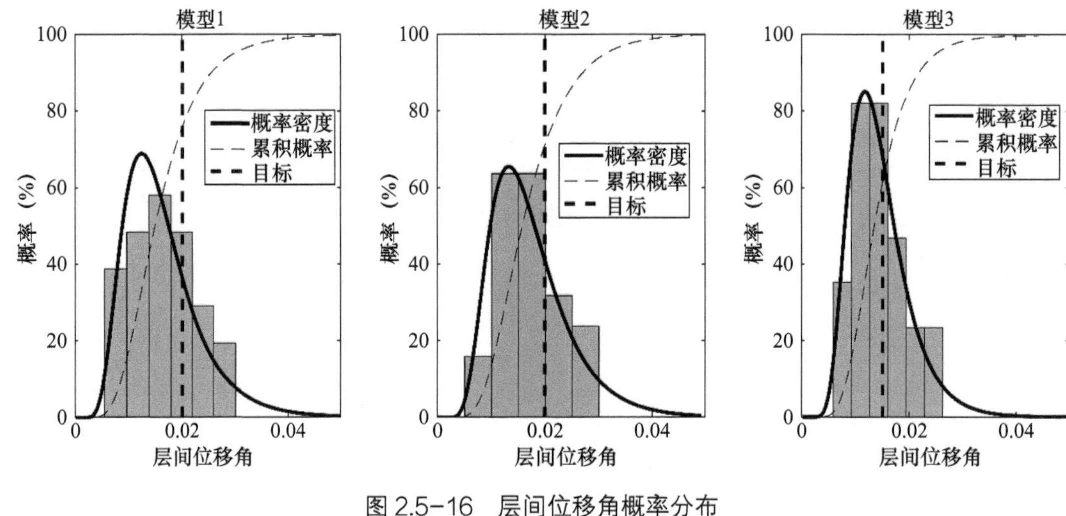

图 2.5–16　层间位移角概率分布

统计结果　　表 2.5-3

	均值	期望	标准差	超越概率
模型 1	1.58%	1.62%	0.63%	75.8%
模型 2	1.65%	1.71%	0.61%	71.9%
模型 3	1.39%	1.44%	0.51%	61.7%

结构的变形模式受构件内力分布的影响，当结构中所有构件的内力都与构件内的小震弹性内力满足一定的比例关系时，那么各个节点界面会在相同的变形下达到屈服并开始摇摆。如果结构中某一个局部构件的实际内力要大于这个比例，那么结构中这个局部的变形就会明显小于其他部分。各地震波作用下，结构最大层间位移角的包络图见图 2.5-17 所示。由于结构 X 方向框架的设计，既考虑了地震作用也考虑了重力，地震作用所产生的内力随着楼层的增高而减小，而重力荷载所产生的内力是不随楼层增高而变化的，因此在结构 X 方向框架的较高楼层位置，其节点界面所产生的抵抗弯矩相比于更低的楼层要大。反映在变形模式上即是模型 1 的层间位移角包络随楼层的增高而减小。而模型 2 与模型 3 仅考虑地震作用的作用，因此其层间位移角沿楼层分布较为均匀。同时，模型 2 与模型 3 的层间位移角分布也验证了在设计过程中采用的倒三角形变形模式假设。对于模型 1 来说，虽然其变形模式与单自由度等效时所采用的变形模式不同，但是过大的抵抗弯矩只会减小结构的变形，使得最终结果是偏向保守的。

另一个重要的性能参数是结构的残余变形。自复位结构区别于普通结构的一个显著特点就是可以在地震后回复原位，从而节省了大量的维修时间与费用。图 2.5-18 分别给出了三个计算模型的残余层间位移角。从图中可以，最大的残余层间位移角均出现在结构的首层。这是由于柱脚接触界面所受轴力较大，因此其损伤要大于梁柱接触界面。即便结构首层的残余位移要大于上层结构的残余变形，其数值仍然是几乎可以忽略不计的。所有模型中的最大残余层间位移角出现在模型 1 的首层，大小为 0.07%，这个层间位移角完全不会影响结构的维修与恢复使用。

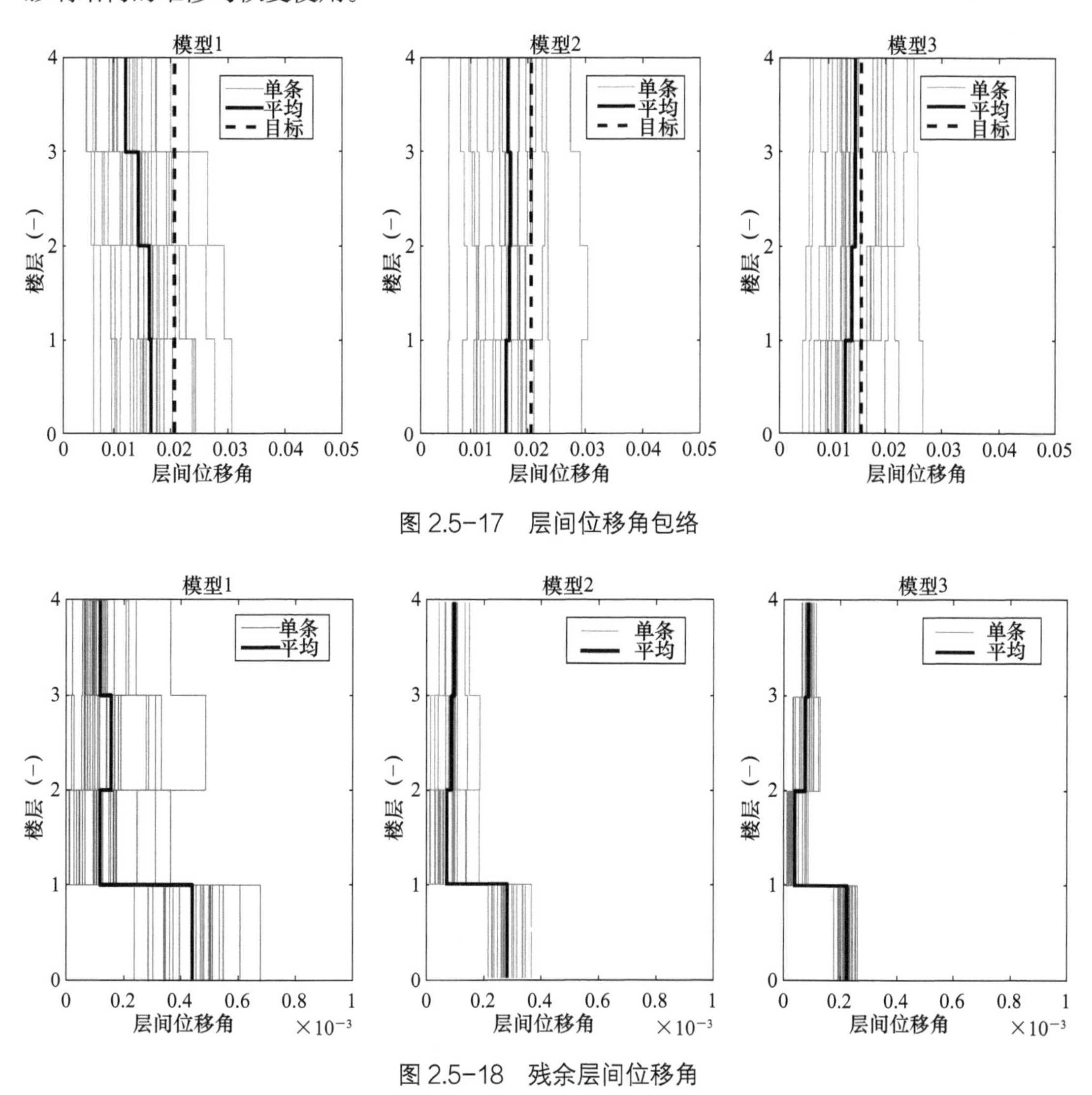

图 2.5-17　层间位移角包络

图 2.5-18　残余层间位移角

以上结果表明，依照上述设计方法设计的结构在大震作用下的最大层间位移角略小于设计目标，同时自复位性能得到了很好的实现，这是一种较为简便的、适用于钢筋混凝土框架结构的、结果略为保守的设计方法。

本章参考文献

[1] Housner G W. The behavior of inverted pendulum structures during earthquake [J]. Bulletin of the Seismological Society of America, 1963, 53（2）: 403-417.

[2] Priestley M J N, Evison R J, Carr A J. Seismic response of structures free to rock on their foundations [J]. Bulletin of the New Zealand Society for Earthquake Engineering, 1978, 11（3）: 141-150.

[3] Rutenberg A, Jennings P C, Housner G W. The response of veterans hospital building 41 in the San

Fernando earthquake [J]. Earthquake Engineering and Structural Dynamics, 1982, 10（3）: 359-379.

[4] Clough R W, Huckelbridge A A. Preliminary experimental study of seismic uplift of a steel frame [R]. Earthquake Engineering Research Center, College of Engineering, University of California at Berkeley, Berkeley, CA, 1977.

[5] Ricles J M, Sause R, Garlock M M, et al. Posttensioned seismic-resistant connections for steel frames [J]. Journal of Structural Engineering, 2001, 127（2）: 113-121.

[6] Rojas P, Ricles J M, Sause R. Seismic performance of post-tensioned steel moment resisting frames with friction devices [J]. Journal of Structural Engineering, 2005, 131（4）: 529-540.

[7] Sause R, Ricles J M, Roke D A, et al. Large-scale experimental studies of damage-free self-centering concentrically-braced frame under seismic loading [C]. Proceedings of Structures Congress 2010, Orlando, FL, USA, 2010.

[8] Cheok G S, Stone W C. Performance of 1/3-scale Model Precast Concrete Beam-column Connections Subjected to Cyclic Inelastic Loads: Report No. 4. Gaithersburg: US National Institute of Standards and Technology, 1994.

[9] Priestley M J N, MacRae G A. Seismic tests of precast beam-to-column joint subassemblages with unbonded tendons. PCI J. 1996, 41（1）: 64-81.

[10] Priestley M J N, Sritharan S, Conley J R, et. al. Preliminary Results and Construction from the Press Five-Story Precast Concrete Test Building[J]. PCI Journal, 1999, 44（6）:42-67.

[11] El-Sheikh, M T M. Seismic analysis, behavior, and design of unbonded post-tensioned precast concrete frames [dissertation]. Bethlehem: Lehigh University, 1997.

[12] Morgen B, Kurama Y. A friction damper for post-tensioned precast concrete beam-to-column joints. PCI J. 2004, 49（4）: 112-133.

[13] Solberg K, Dhakal R P, Bradley B, Mander J B, Li L. Seismic Performance of Damage-Protected Beam-Column Joints. ACI Struct J. 2008, 105（2）: 205-214.

[14] Roh H, Reinhorn A M. Nonlinear static analysis of structures with rocking columns [J]. Journal of structural engineering, 2009, 136（5）: 532-542.

[15] 汪训流．配置高强钢绞线无粘结筋混凝土柱复位性能的研究［D］．北京：清华大学，2007.

[16] Song L L, Guo T, Gu Y, Cao Z L. Experimental study of a self-centering prestressed concrete frame subassembly. Eng Struct. 2015, 88: 176-188.

[17] Spieth H A, Carr A J, Murahidy A G, et al. Modelling of post-tensioned precast reinforced concrete frame structures with rocking beam–column connections [C]. 2004 NZSEE Conference, New Zealand, 2004.

[18] Hawileh R A, Rahman A, Tabatabai H. Nonlinear finite element analysis and modeling of a precast hybrid beam-column connection subjected to cyclic loads [J]. Applied Mathematical Modelling, 2010, 34（9）: 2562-2583.

[19] Chou C C, Chen J H. Tests and analyses of a full-scale post-tensioned RCS frame subassembly [J]. Journal of Constructional Steel Research, 2010, 66（11）: 1354-1365.

[20] Dimopoulos A I, Karavasilis T L, Vasdravellis G, Uy B. Seismic design, modelling and assessment of self-centering steel frames using post-tensioned connections with web hourglass shape pins [J]. Bulletin of Earthquake Engineering, 2013, 11（5）: 1797-1816.

[21] Englekirk R E. Design-construction of the Paramount-A 39-story precast prestressed concrete apartment building [J]. PCI Journal, 2002, 47（4）: 56-71.

[22] 吕西林，崔晔，刘兢兢．自复位钢筋混凝土框架结构振动台试验研究［J］．建筑结构学报，2014, 35（1）:19-26.

[23] Cui Y, Lu X, Jiang C. Experimental investigation of tri-axial self-centering reinforced concrete frame structures through shaking table tests[J]. Engineering Structures, 2017, 132:684-694.

[24] Cattanach A, Pampanin S. 21st-century precast: the detailing and manufacture of NZ's first multi-storey PRESSS-building [C]. New Zealand Society for Earthquake Engineering Conference 2008, Rotorua, New Zealand, 2008.

[25] 吕西林，姜淳，卢煦．自复位钢筋混凝土框架结构及其拟静力试验［J］．四川大学学报（工程科学版），2018, 50（3）: 73-81.

[26] Kim H J, Christopoulos C. Seismic design procedure and seismic response of post-tensioned self-centering steel frames [J]. Earthquake Engineering & Structural Dynamics, 2008, 38（3）: 355-376.

[27] Lu Y. Inelastic behaviour of RC wall-frame with a rocking wall and its analysis incorporating 3-D effect [J]. The Structural Design of Tall and Special Buildings, 2005, 14（1）: 15-35.

[28] Yim C S, Chopra A K, Penzien J. Rocking response of rigid blocks to earthquakes[J]. Earthquake Engineering and Structural Dynamics. 1980,8（6）:565-587.

[29] Roh H. Seismic behavior of structures using rocking columns and viscous dampers[D]. Buffalo: University at Buffalo, The State University of New York. Department of Civil, Structural and Environmental Engineering, 2007.

[30] 吴浩，吕西林．无粘结后张拉预制剪力墙抗震性能模拟分析［J］．振动与冲击,2013,32（19）: 176-181.

[31] 葛继平，王志强，魏红一．干接缝节段拼装桥墩抗震分析的纤维模型模拟方法［J］．振动与冲击，2010, 29（3）: 52-57.

[32] Kurama Y. Seismic analysis behavior and design of unbonded post-tensioned precast concrete walls[D]. Bethlehem: Lehigh University, 1997.

[33] 高文俊，吕西林．自复位钢筋混凝土框架振动台试验的数值模拟［J］．结构工程师，2014, 30（1）: 13-19.

[34] 姜淳．钢筋混凝土底层摇摆框架结构的抗震性能研究［D］．上海：同济大学，2014.

[35] Jiang C, Lu X. Simulation of Contact Surfaces in Self-centering Reinforced Concrete Frames with Test Validation[M]//High Tech Concrete: Where Technology and Engineering Meet. Springer, Cham, 2018: 1209-1216.

[36] Shen J, Astaneh-Asl A. Hysteresis model of bolted-angle connections[J]. Journal of Constructional Steel Research, 2000, 54（3）:317-343.

[37] ASCE/SEI-41. Seismic Evaluation and Retrofit of Existing Buildings [S]. American Society of Civil Engineers, Reston, VA, 2013.

[38] HAZUS-MH MR5. Earthquake loss estimation methodology. Technical and Users Manual [S]. Department of Homeland Security, FEMA, Mitigation Division. Washington D.C., 2010.

[39] Shibata A, Sozen M A. Substitute Structure Method for Seismic Design in Reinforced Concrete[J]. Proc Asce, 1976, 102（12）:1-18.

[40] Priestley M J N, Grant D N. Viscous damping in seismic design and analysis. Journal of Earthquake Engineering, 2005, 9（spec02）: 229-255.

[41] Vamvatsikos D, Cornell C A. Seismic performance, capacity and reliability of structures as seen through incremental dynamic analysis. Stanford University, 2002.

第 3 章　框架 – 摇摆墙结构体系

3.1　框架 – 摇摆墙结构体系组成及特点

传统钢筋混凝土结构一般将底部固定于基础上，遭受水平荷载作用时结构本身产生变形，并在底部区域产生裂缝，水平荷载较大时还会在底部形成塑性铰，并依靠结构自身的弹塑性变形消耗能量。不同于传统钢筋混凝土结构，摇摆自复位结构的特点是构件与基础交界面处或者构件与构件之间并不固结，而是放松其交界面的约束，使该界面只有受压能力而无受拉能力。对于摇摆墙结构，在地震作用下发生变形时，剪力墙底部一侧发生抬升，于是将变形主要集中在了底部开水平缝的位置处。

与自复位框架相似，摇摆墙结构主要由图 3.1-1 所示的三个部分组成：1）基本保持弹性的主体结构：即剪力墙墙体，墙体底部与基础之间存在拼接接缝，允许主体结构相对基础之间脱开发生摇摆。2）预应力体系：通过其将主体结构与基础或者主体结构之间连接在一起，并在结构摇摆过程中与重力一起提供回复力。3）耗能部分：由于预制结构的耗能能力较差，需对结构附加耗能构件，目的是在结构摇摆过程中吸收能量。

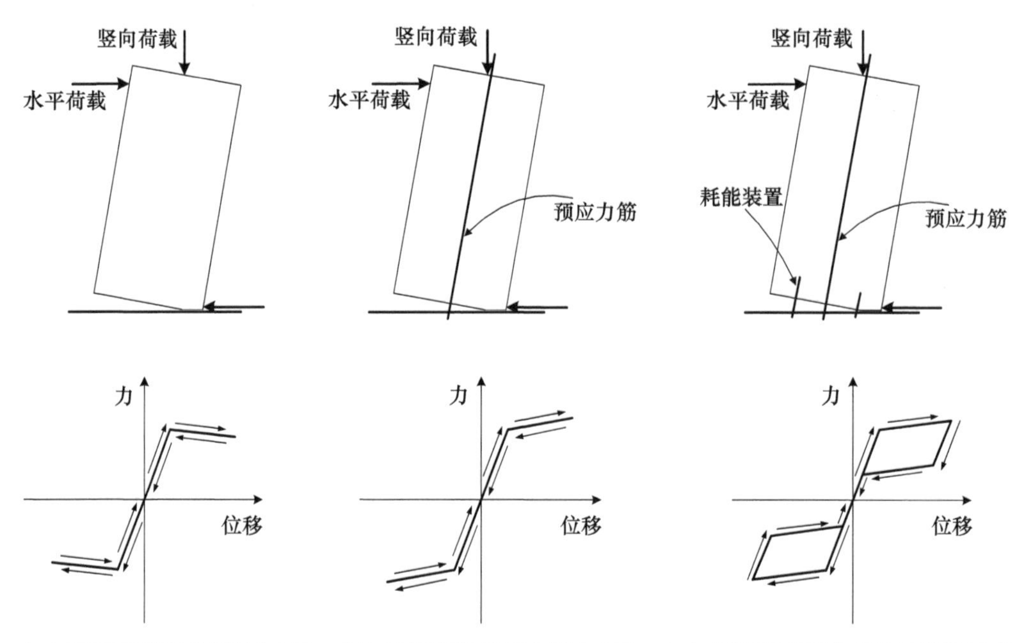

（*a*）无控摇摆结构及回复力曲线　（*b*）受控摇摆结构及回复力曲线　（*c*）有耗能摇摆结构及旗帜形滞回曲线

图 3.1–1　摇摆墙模型及滞回规则

图 3.1-1（*a*）所示为自由摇摆结构仅靠本身的重力或者外部竖向荷载提供回复原位置的能力，其恢复力模型特点是水平荷载作用时结构本身产生弹性变形，在水平荷载增大到

一定程度时，当产生的倾覆弯矩大于竖向荷载产生的抵抗弯矩时发生底部抬升，回复力曲线出现拐点。这时由于竖向荷载作用点仍在结构中心且大小保持不变，其与转动中心的力臂减小，因而抵抗弯矩会减小，并在回复力曲线后半段呈现出负刚度。图3.1-1（*b*）为受控摇摆结构，此结构加入了预应力筋，结构在变形过程中预应力筋相应伸长从而产生更大的回复力，一定程度上限制了结构发生倾覆，预应力筋的加入也使结构回复力曲线后半段的刚度增加。从图3.1-1（*a*）、（*b*）中可知两种形式的回复力曲线均没有滞回特性，即结构本身没有耗能能力，为了提高抗震性能，在受控摇摆结构中引入耗能部件，如图3.1-1（*c*）所示，引入耗能部件以后，结构的滞回规则呈现出“旗帜形”，不仅增加了其耗能能力，也保证了结构的残余变形很小，即实现了自复位。

值得注意的是，摇摆墙在建筑工程中不宜单独使用，可作为整体结构组成中的一部分构件，与其他结构构件一起组合使用，以达到自复位和耗能的目标，如摇摆墙可与框架组合使用，形成框架－摇摆墙结构。框架－摇摆墙结构中的柱脚节点、梁柱节点以及梁墙连接等处也可设计为可自由张开，具体构造形式可参见第2章。

3.2　摇摆墙结构

3.2.1　摇摆墙国际研究进展

摇摆墙结构的本质是一种采用“干连接”方式的预制结构。早期的预制结构采用“仿现浇”连接方式，在预制构件之间的节点处通过现浇混凝土将预制构件结合为整体，是一种“湿连接”连接方式。“湿连接”要求连接接缝或节点处的强度足够大，以防止发生非弹性变形，削弱了预制结构体系的优势。

1997年Kurama等[1, 2]提出了一种摇摆墙的构造方式，并系统地研究了其工作性能。这种剪力墙在较大的侧向变形时几乎没有破坏，具有良好的自复位能力。Perez[3]针对此摇摆墙结构提出了基底剪力－顶点位移骨架曲线的理想三折线模型，对三折线模型上的各性能点给出了相应的计算公式，并对摇摆墙试件进行了低周反复加载试验。试验结果表明，摇摆墙构件可经历较大的非线性变形却没有显著的损伤，弯曲变形集中在墙底开缝位置，其位移角能够达到6%而主体结构损伤轻微。同时各摇摆墙试件表现出良好的自复位特性，试验后基本无残余变形。试验构件如图3.2-1所示。

针对摇摆墙体系耗能能力不足的问题，许多研究者通过附加其他不同的耗能装置对其进行了改进。

Kurama[4]提出采用摩擦阻尼装置的摇摆墙，这种新体系通过在两片独立摇摆墙竖向接缝间设置摩擦阻尼装置进行耗能，摩擦阻尼装置相比其他耗能装置不存在屈服问题，震后无须更换。

Rahman[5]和Restrepo等[6]对带有“狗骨形”普通耗能钢筋的摇摆墙试件进行了低周反复加载试验（见图3.2-2），试验结果表明，摇摆墙在试验过程中基本保持在弹性范围内，其主要变形模式为由底部接缝张开引起的墙体刚体转动变形，试件表现出了较好的滞回耗能特性，水平荷载－顶点位移滞回曲线呈现出典型的“旗帜形”，试件具有良好的自复位性能，试验后几乎没有残余变形。此外，试验还对开洞摇摆墙进行了进一步的研究。

试验结果表明，摇摆墙结构可用于高烈度地震区。

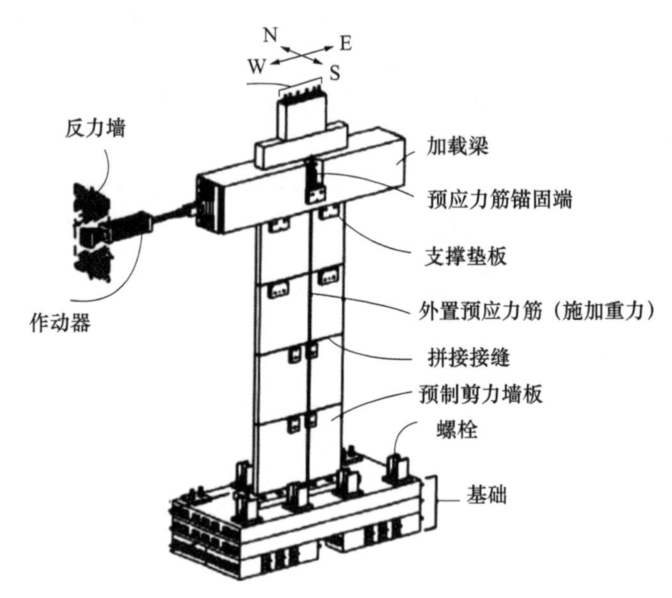

图 3.2-1　摇摆墙试件低周反复加载试验

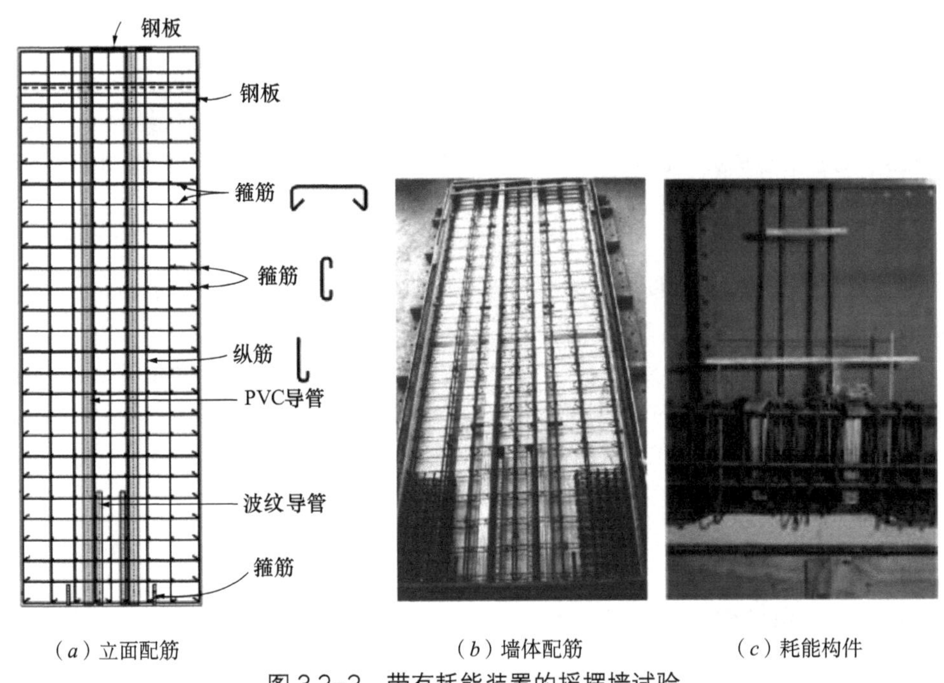

（a）立面配筋　（b）墙体配筋　（c）耗能构件

图 3.2-2　带有耗能装置的摇摆墙试验

为实现与现浇剪力墙相似的延性性能表现，Holden 等[7]对两个尺寸完全相同的剪力墙试件进行了低周反复加载试验（见图 3.2-3），其中一片为按现行规范设计的传统“仿现浇”预制混凝土剪力墙，另一片采用摇摆墙体系，其预应力筋采用无粘结碳纤维索，耗能装置采用低屈服强度钢筋，作为一种保险丝安装在墙体底部和基础之间，墙体混凝土采用钢纤维混凝土。试验结果表明，“仿现浇”试件达到了很好的延性和耗能性能，但墙体损伤破坏明显，试验后残余变形较大，顶点位移角达到 2.5% 时承载力退化；摇摆墙试件在顶点位移角达到 3% 之前均未出现明显的破坏，自复位性能良好。

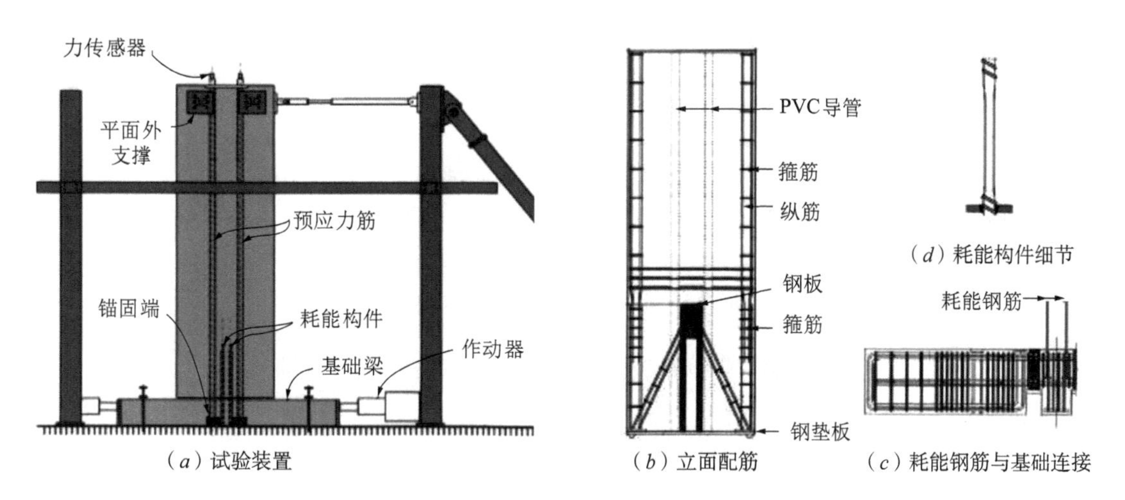

（a）试验装置　（b）立面配筋　（c）耗能钢筋与基础连接　（d）耗能构件细节

图 3.2-3　摇摆墙组成

Smith 等[8] 进行了 6 个缩尺摇摆墙试件的低周反复加载试验（见图 3.2-4），其中一个试件为用于对比的“仿现浇”预制剪力墙。试件的设计考虑了若干实际工程的做法，如沿墙高设置多道接缝以及墙面开洞等。主要的设计参数有：底部耗能钢筋的布置及构造细节、预应力筋和耗能钢筋的数量、边缘构件约束箍筋构造细节、墙板开洞与否等。试验结果表明，此种摇摆墙与传统剪力墙相比具有更好的抗震性能。

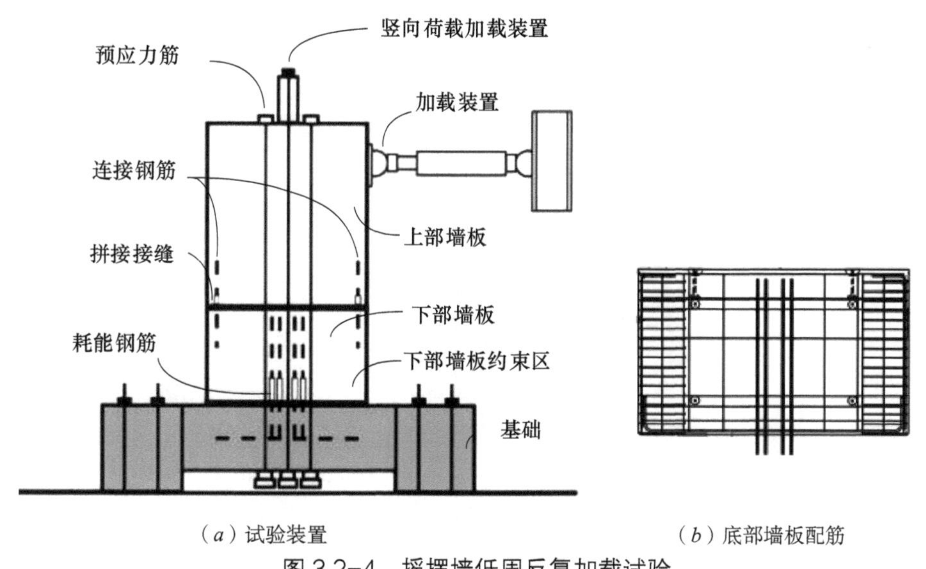

（a）试验装置　（b）底部墙板配筋

图 3.2-4　摇摆墙低周反复加载试验

Hamid 等[9] 对多墙板摇摆墙进行了足尺试验研究，如图 3.2-5 所示。整个剪力墙试件由 6 个 1.2m 宽的预应力空心混凝土墙片组成，其中两片剪力墙承受侧向力，并且通过竖向无粘结后张拉预应力筋与基础相连，其余四片空心墙片则作为非结构构件（隔墙）不承受侧向荷载。无粘结预应力筋由常规的钢棒构成，并且在中部串联一部分缩小直径的钢棒作为“保险丝”用于耗能。各空心墙板竖向接缝间采用连续的橡胶支座块连接，以允许接缝间的大变形，同时提供一小部分的耗能能力。试验结果表明，这种由受力墙和非受力墙组成的联合体系在顶点位移角大于 3% 时的损伤仅仅集中于密封材料，当顶点位移角达到 4% 时受力墙和非受力墙表面均未发现任何可见裂缝，试验后墙体易修复。

Sritharan 等[10]进行了带竖向接缝的摇摆墙体系试验（见图 3.2-6），此体系采用多片预制墙板并排放置，在墙板之间的竖向接缝中放置 U 型钢板阻尼器，每片墙板采用预应力钢筋与基础相连，受到水平荷载作用时墙板之间的竖向接缝产生错动而耗能。试验结果表明，此种带竖向接缝的摇摆墙具有良好的自复位性能和耗能能力。

图 3.2-5　多墙板摇摆墙试验

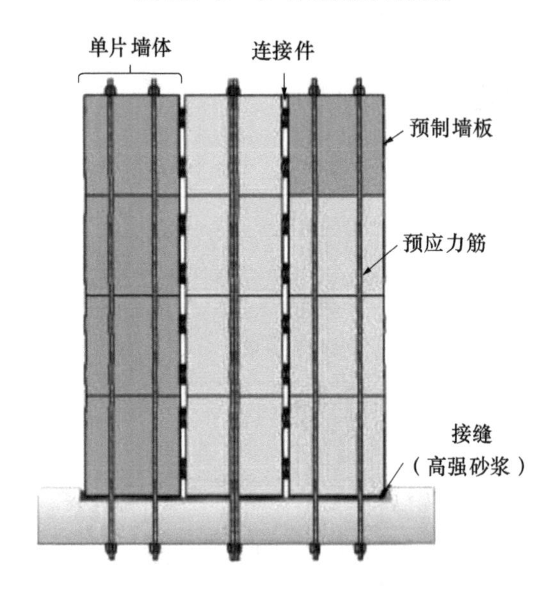

图 3.2-6　带竖向接缝摇摆墙

Erkmen 等[11]对摇摆墙构件进行了低周反复加载试验，预应力筋在墙板中均匀分布。试验结果表明，由于预应力筋屈服造成的预应力的减少没有显著影响结构的自复位能力，即使预应力全部丧失，结构仍能保持自复位性能，预应力筋的分布形式对结构的自复位能力影响不大，但对结构的侧向刚度、承载力和滞回曲线形状有显著影响。

Marriot 等[12]对摇摆墙构件进行了振动台试验，研究了不同的阻尼器（包括金属阻尼器、黏滞阻尼器等）对摇摆墙的抗震性能影响。试验结果表明，设置了阻尼器的摇摆墙的最大位移均能控制在预期的范围之内。

3.2.2　摇摆墙试验研究

为研究摇摆墙构件的抗震性能，作者团队设计和制作了 4 片剪力墙试件[13]，其中包括 1 片现浇普通墙试件（CW0）和 3 片摇摆墙试件（HW1、HW2、HW3），进行了低周反复加载试验，试验研究的具体情况如下。

1. 试件设计及制作

摇摆墙试件的配筋设计采用等强度设计的原则，即通过选取合适的钢绞线和耗能钢筋数量，使各摇摆墙试件的截面抗弯承载力与现浇普通墙试件一致。通过改变预应力筋、耗能钢筋的相对数量以及沿试件高度拼接缝的数量，考察参数对摇摆墙抗震性能的影响。现浇普通墙试件的设计满足目前现行设计规范要求，摇摆墙试件的边缘构件配筋同普通墙试件，但其腹板中水平及竖向分布筋减半，所有竖向钢筋在接缝处断开。试件尺寸及配筋如图 3.2-7 所示，主要设计参数如表 3.2-1 所示。

混凝土设计强度等级为 C40，钢筋强度等级为 HRB400，预应力钢绞线采用$\Phi^S15.2$钢绞线，摇摆墙接缝间砂浆采用高强水泥灌浆料。实测混凝土和砂浆的力学性能，混凝土抗压强度平均值为 28.5MPa，水泥灌浆料砂浆抗压强度平均值为 84.9MPa。

试件主要设计参数　　　　**表 3.2-1**

试件编号	钢筋配置		预应力钢绞线			耗能钢筋		竖向力（kN）	接缝数量
	边缘约束区域	腹板	配置	偏心距（mm）	f_{pi}/f_{ptk}	偏心距（mm）	无粘结长度		
CW0	7⌀12	16⌀12	—	—	—	—	—	1000	—
HW1	7⌀12	8⌀8	3Φ^S15.2	±180,0	0.4	±30，±90	400	1000	1
HW2	7⌀12	8⌀8	2Φ^S15.2	±180	0.4	±30，±90	400	1000	1
HW3	7⌀12	8⌀8	3Φ^S15.2	±180,0	0.4	±30，±90	400	1000	2

注：f_{pi}为初始预应力，f_{ptk}为极限强度标准值，$f_{ptk}=1860$MPa。

摇摆墙试件的基础和墙板分开预制，预制完成后再进行拼装，制作过程如图 3.2-8 所示。摇摆墙试件支模绑扎普通钢筋后，需在预应力钢绞线位置处预埋 PVC 导管，摇摆墙根部中央位置预埋耗能钢筋。基础相应于耗能钢筋位置处预留孔洞，钢绞线一端预埋入基础混凝土并锚固。待墙板混凝土达到养护强度后，将墙板吊装与基础拼装。钢绞线和耗能钢筋分别穿入相应孔洞，在耗能钢筋穿入前，在基础孔洞中灌注高强植筋胶水，以保证耗能钢筋与基础的锚固。墙板与基础或墙板间的拼接缝间采用高强砂浆找平。

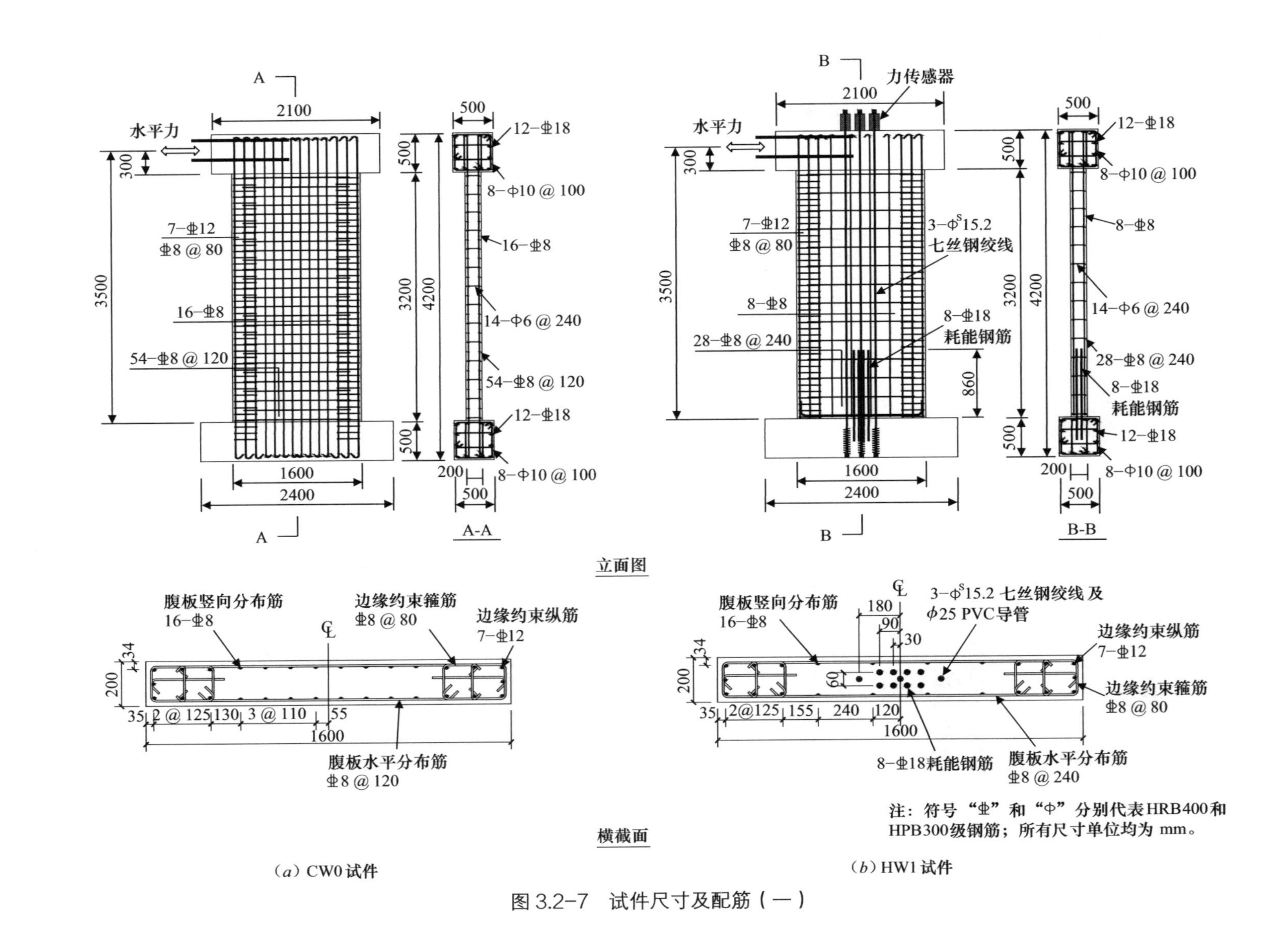

图 3.2-7　试件尺寸及配筋（一）

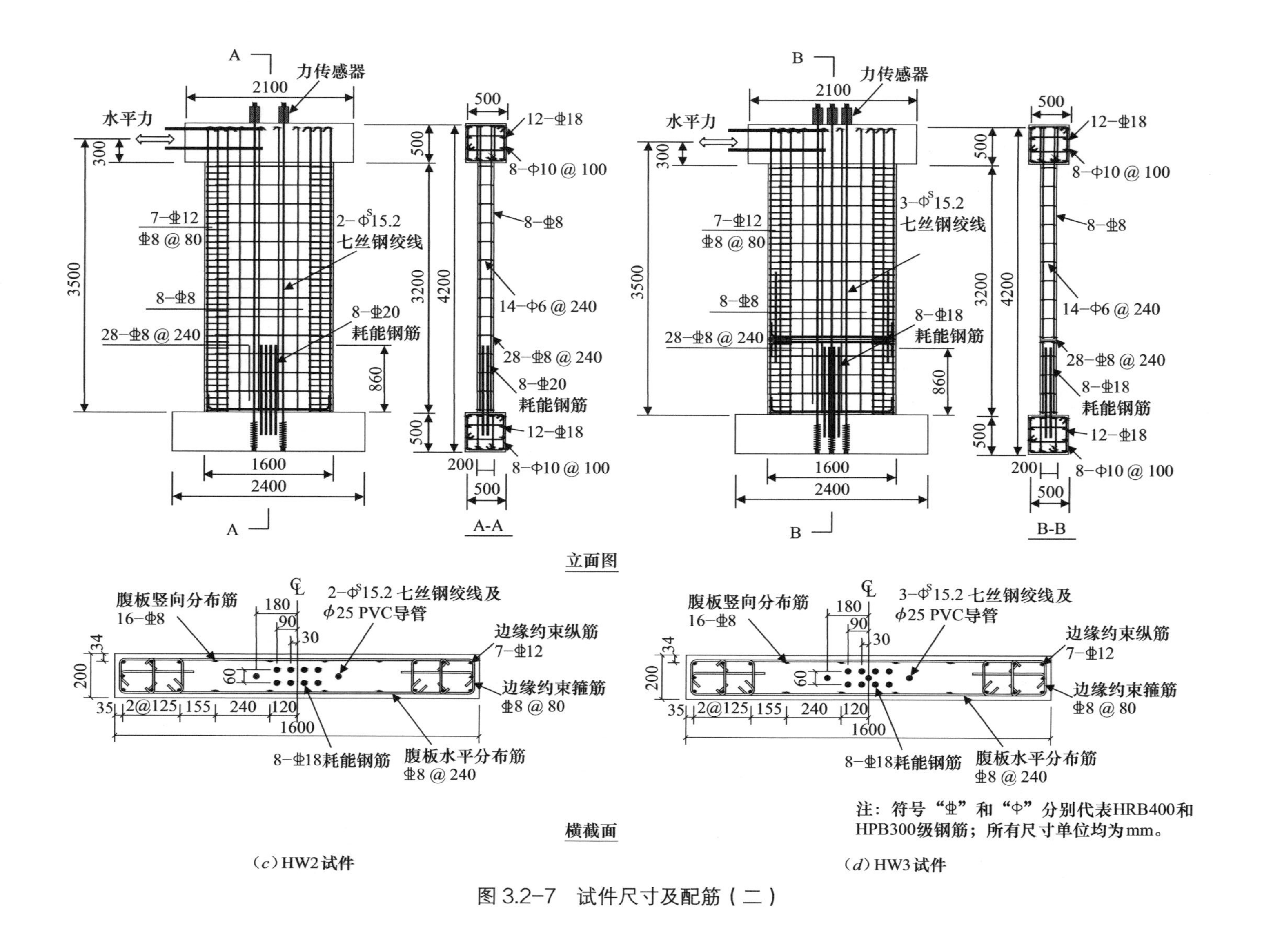

（c）HW2试件　　（d）HW3试件

图 3.2-7　试件尺寸及配筋（二）

（a）绑扎钢筋

（b）拼装

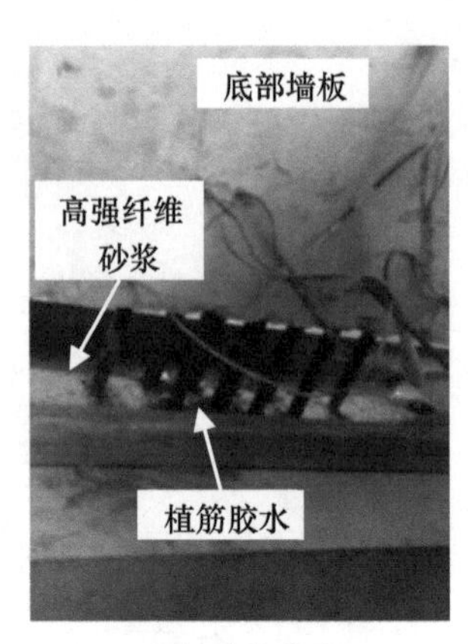

（c）底部接缝

图 3.2-8　摇摆墙试件的制作及拼装

2. 试验装置和加载制度

加载装置由竖向加载装置和水平加载装置组成，竖向荷载由液压千斤顶施加，水平荷载由水平作动器施加。为避免试件在加载过程中发生平面外侧移，在试件周边设置支撑框架，支撑框架梁与试件正、反面间通过滚轮进行支撑。典型试件的加载装置如图 3.2-9 所示。

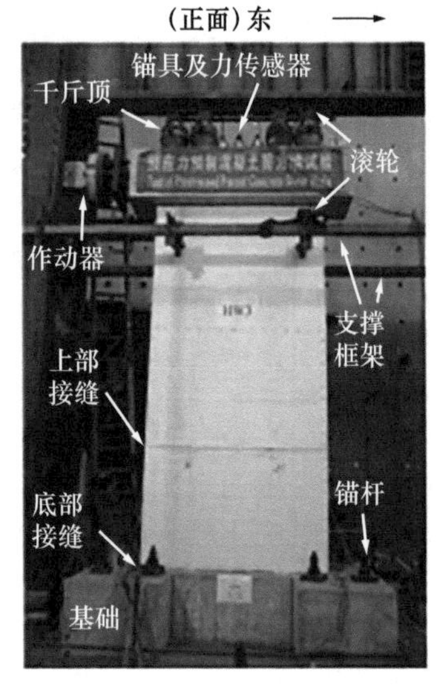

（a）试件照片

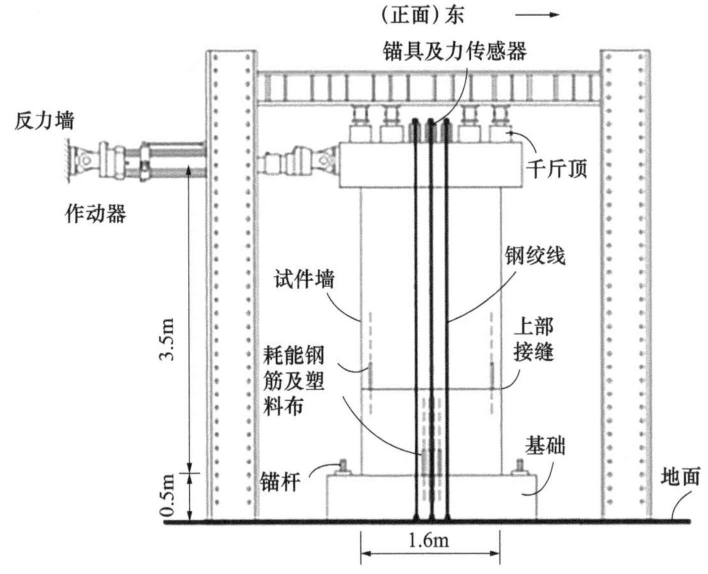

（b）加载装置示意图

图 3.2-9　试验装置

在施加水平荷载之前，首先施加竖向压力，所有试件的竖向荷载均为 1000kN。竖向荷载先按试件设计压力的 40% ～ 60% 施加并重复 2 ～ 3 次，随后加载至设计竖向压力并保持恒定。为增加试验初始阶段的控制精度，水平荷载的施加分两阶段进行，即首先采用荷载控制然后位移控制。先对试件 CW0 进行试验，确定其屈服位移。试件屈服前，按荷载控制，屈服后按位移控制。所有的摇摆墙试件采用与试件 CW0 一致的加载制度。试件 CW0 屈服位移的确定采用“3/4 法则”[14]。首先由截面弯矩－曲率分析得到名义屈服弯矩，作动器加载到墙体根部截面达到 3/4 倍名义屈服弯矩时，将此时墙体顶部的位移值乘以 4/3 即为屈服位移，由此得到的屈服位移为 12mm。试件屈服后，以屈服位移的整倍数作为位移幅值进行加载，依次递增，直至试件破坏，试件的破坏以荷载下降到峰值荷载的 85% 作为标志，试验加载制度如图 3.2-10 所示。

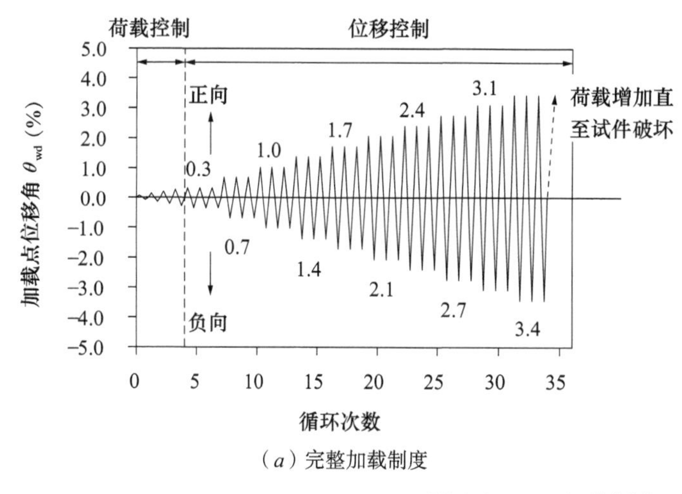

（a）完整加载制度

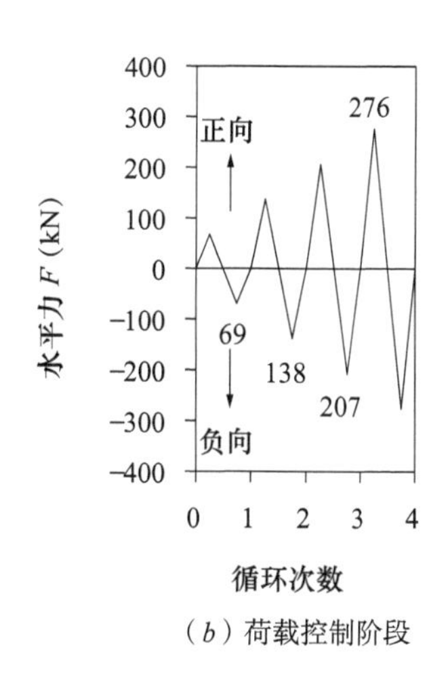

（b）荷载控制阶段

图 3.2-10　加载制度

3. 量测内容和测点布置

现浇普通墙试件 CW0 的传感器布置如图 3.2-11 所示，摇摆墙试件 HW1 的传感器布置如图 3.2-12 所示。水平位移计（DT1 ～ DT4）沿墙高布置，用于测量试件不同高度处的位移；水平和竖向位移（DT5 ～ DT7）布置于基础上，用于测量基础的滑移和刚体转动变形；竖向和斜向位移计（DT8 ～ DT11）用于测量剪力墙底部剪切变形；竖向位移计（DT12 ～ DT20）布置于剪力墙与基础的接缝处，用于测量摇摆墙试件底部接缝的张开宽度。为测量摇摆墙试件钢绞线的内力变化，在试件顶部预应力筋锚固端布置力传感器。应变的测量位置包括耗能钢筋，边缘约束构件混凝土、纵筋、箍筋，试件腹板横向和竖向分布钢筋等。

4. 试验现象及破坏形态

现浇普通墙试件 CW0 的变形以弯曲变形为主，而摇摆墙试件 HW1 ～ HW3 的变形则为由底部接缝的张开引起的墙体刚体转动。

对于现浇普通墙试件 CW0，开裂前处于弹性工作阶段，荷载－位移曲线呈线性。在荷载控制阶段，当荷载达到 ±276kN 时，墙脚混凝土轻微开裂。当顶点水平位移达到 ±36 mm 时，墙根部出现弯曲裂缝，靠近腹板中部区域出现弯剪斜裂缝，墙脚混凝土开始剥落。随着加载位移的增大，水平弯曲裂缝和弯剪斜裂缝进一步发展，荷载－位移曲线呈非线性。当顶点水平位移增大到 ±60mm 时，墙脚处混凝土剥落严重，底部形成水平通缝，腹板处斜裂缝形成交叉网格状，水平承载力达到峰值。当顶点水平位移增加至±84mm 时，墙脚处混凝土大面积剥落，边缘约束区的纵筋外露、压屈，试件承载力下降至峰值承载力的 85% 左右。继续施加位移，压屈后的纵筋在反向加载阶段被拉断，混凝土的压碎和剥落由墙脚向中央腹板区域扩展，承载力急剧下降。

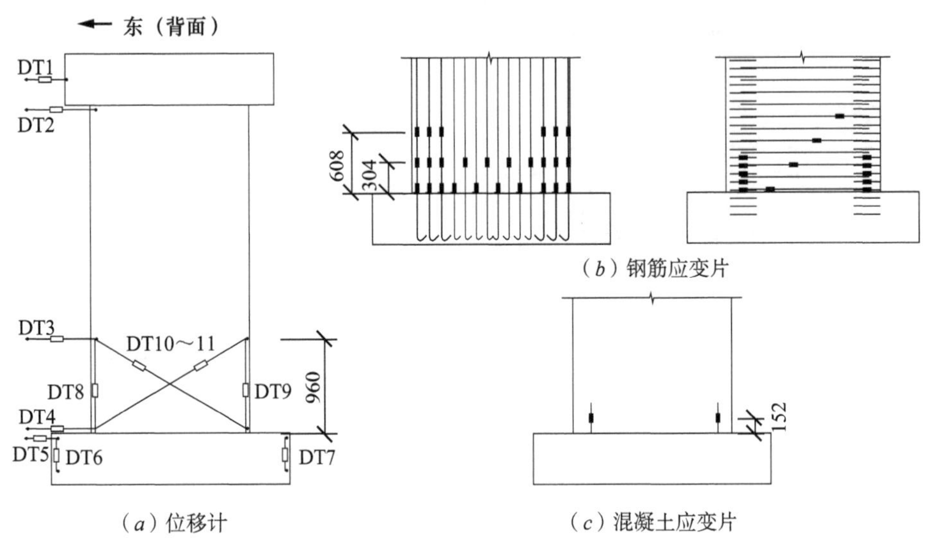

（*a*）位移计　（*b*）钢筋应变片　（*c*）混凝土应变片

图 3.2-11　试件 CW0 传感器布置（单位：mm）

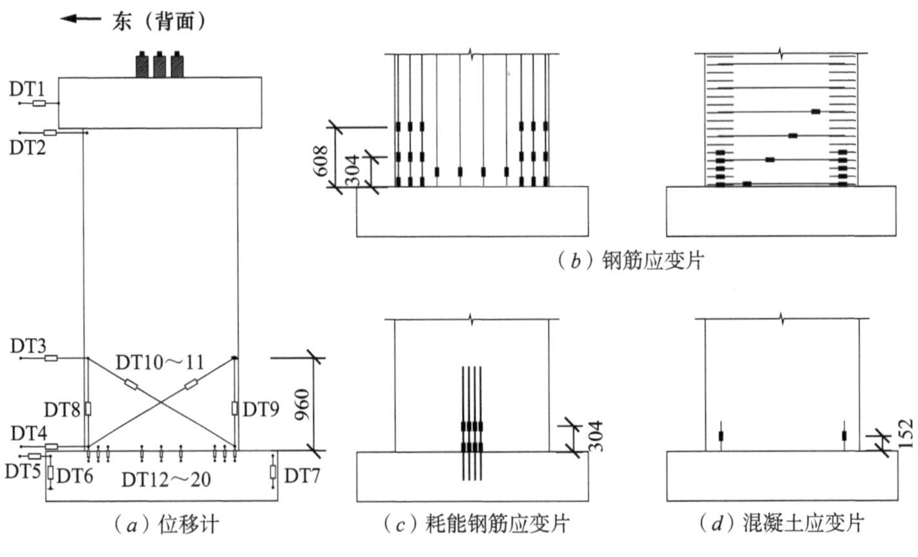

（*a*）位移计　（*b*）钢筋应变片　（*c*）耗能钢筋应变片　（*d*）混凝土应变片

图 3.2-12　试件 HW1 传感器布置（单位：mm）

各摇摆墙试件的破坏过程和形态基本接近，以试件 HW1 为例进行说明。底部接缝张开前，试件处于线弹性工作阶段。荷载幅值增加至 ±276kN 时，底部接缝张开，荷载 - 位移曲线呈非线性。随着顶点水平位移增加，试件根部接缝张开程度增大，摇摆现象明显，无其他可见损伤。当顶点水平位移幅值增加至 ±60mm 时，墙脚处混凝土保护层压碎、剥落，墙根中部耗能钢筋位置处出现 1 条竖向裂缝。当顶点水平位移增加至 ±72mm 时，墙脚处大量混凝土被压碎，竖向裂缝由下至上延伸，承载力达到峰值。继续增加顶点位移，试件的破坏主要为墙脚混凝土的压碎，破坏由下部至上部及由墙脚至腹板延伸。荷载 – 位移曲线下降幅度与现浇墙相比较为平缓。

为比较各试件的损伤发展情况，取各试件在顶点位移角 θ_{wd} 分别为 0.7%（开裂点）、1.0%（屈服点）、1.7%（峰值点）和 2.4%（破坏点）下的墙根部损伤破坏状况，如图 3.2-13 所示。由图 3.2-13 可知，相对于现浇普通墙，摇摆墙在试验过程中的损伤小，在 θ_{wd} = 1.7% 时开始出现裂缝，即使在试件 CW0 已经达到破坏的位移时（θ_{wd} = 2.4%），试件 HW1 ～ HW3 的破坏也仅为墙脚处少量混凝土被压碎。

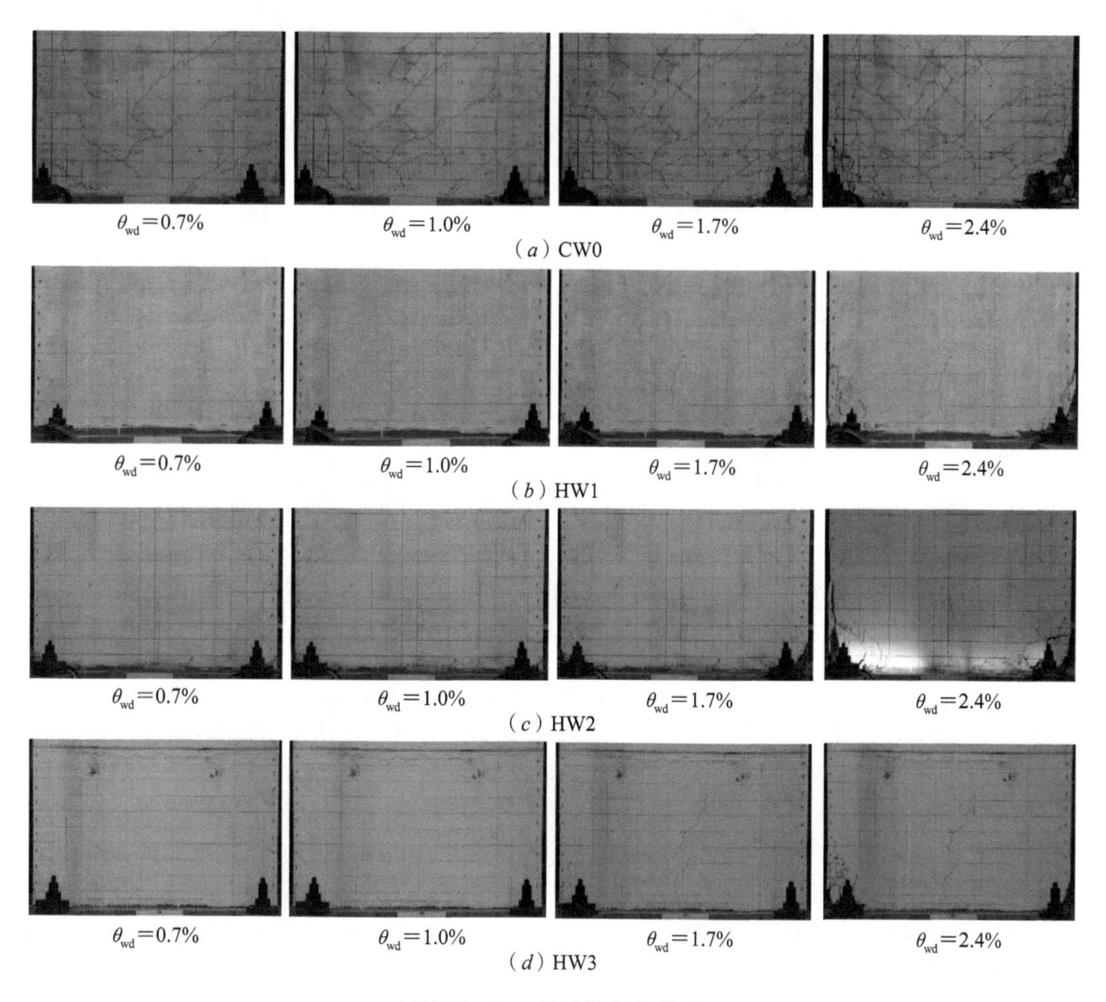

图 3.2–13　各试件损伤发展

5. 试验结果及分析

（1）荷载 – 位移滞回曲线与骨架曲线

图 3.2-14 为各试件荷载 – 位移滞回曲线，相对于摇摆墙试件，现浇普通墙的滞回曲

线更为饱满，耗能能力更强。普通墙在经历开裂、屈服后，其刚度衰减较为平缓，而对于摇摆墙试件，接缝张开后，截面有效抗弯面积骤减，导致线弹性阶段后具有明显的刚度突变点。试件 CW0 在达到峰值荷载后承载力急剧下降，残余位移急剧增加，而所有摇摆墙试件即使在承载力进入下降段后，残余位移仍较小。

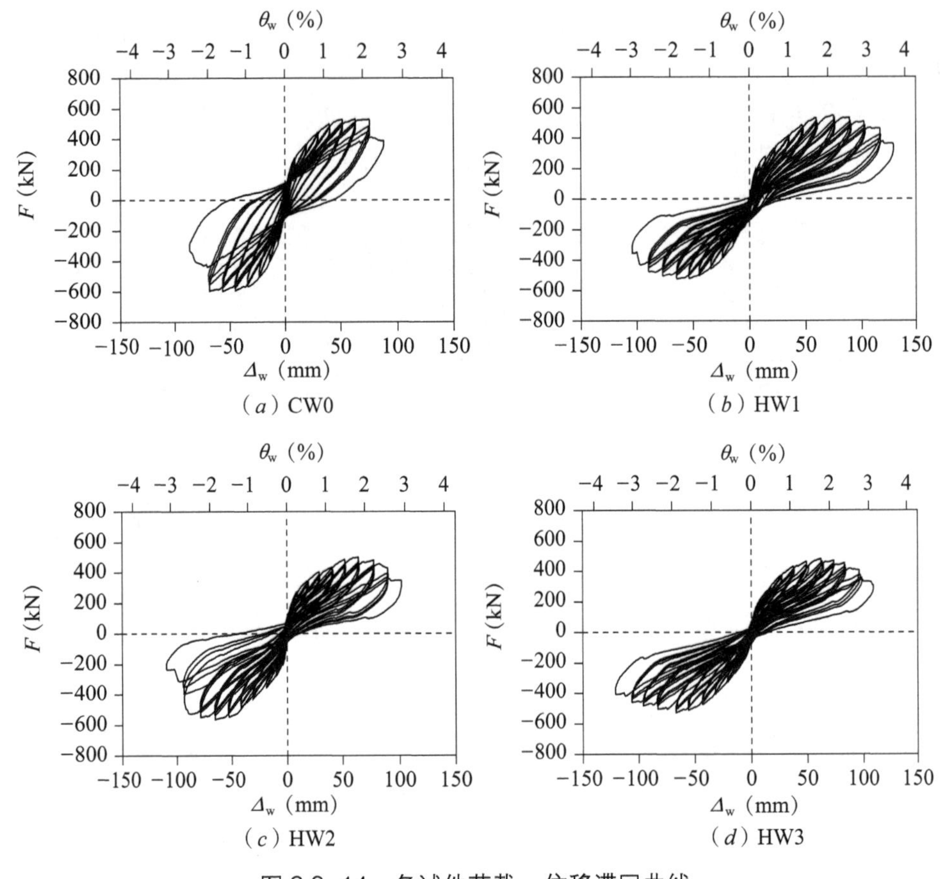

（a）CW0　（b）HW1

（c）HW2　（d）HW3

图 3.2-14　各试件荷载 - 位移滞回曲线

各试件骨架曲线如图 3.2-15 所示。各试件在初始阶段，其骨架曲线基本重合，表明各试件的初始刚度基本相同。随着摇摆墙试件底部接缝的张开，摇摆墙的刚度开始小于现浇普通墙。试件 CW0 峰值荷载时的位移小于各摇摆墙试件对应的位移，峰值荷载后试件 CW0 的承载力急剧下降，试件破坏。各摇摆墙试件在经历峰值荷载后，荷载的下降则较为平缓（试件 HW2 的负向加载段除外）。考虑到试件制作、试验量测等误差因素，总体上，3 个摇摆墙试件的骨架曲线接近。

（2）刚度退化特性分析

采用割线刚度退化表征各试件在低周反复荷载作用下的刚度退化情况。为了消除加载初期由于作动器连接空隙等原因引起的刚度变化，以位移控制阶段第 1 次循环加载后的割线刚度 K_i 为基准，对其余位移幅值下的割线刚度 K_{sec} 进行归一化处理（各位移幅值下的割线刚度与基准割线刚度的比值），归一化后的各试件割线刚度退化随加载位移的变化情况如图 3.2-16 所示。由图可见，各试件在加载初期刚度退化较快，随加载位移的增加，试件塑性发展，刚度退化速度减慢。试件 CW0 和试件 HW2 的刚度退化速度大于试件 HW1 和试件 HW3。试件 HW1 和试件 HW3 的刚度退化规律基本一致，表明接缝数量对刚度退化没有影响。

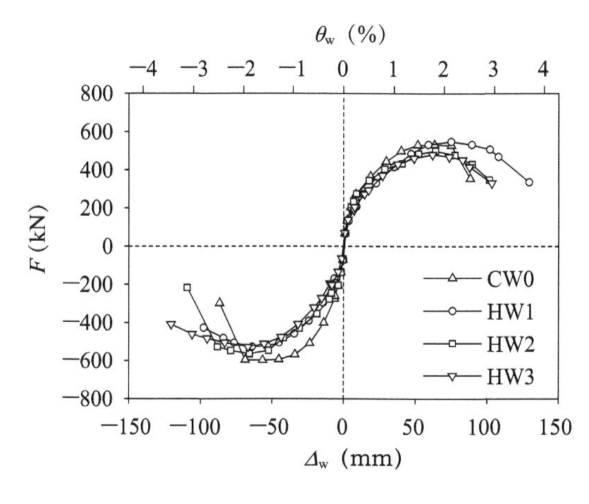

图 3.2–15 各试件荷载 – 位移骨架曲线

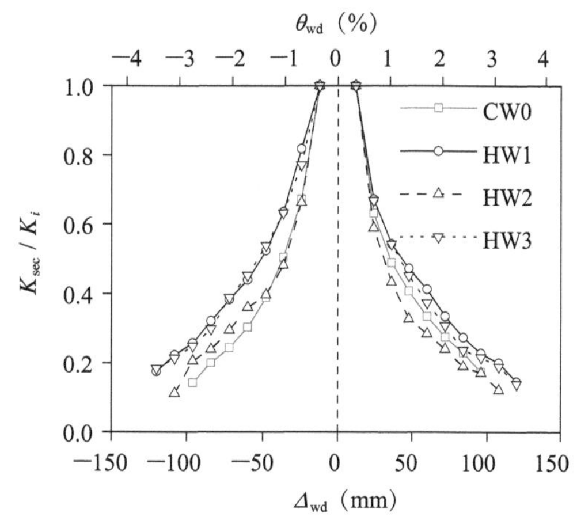

图 3.2–16 各试件刚度退化曲线

（3）耗能能力

采用等效黏滞阻尼系数 ξ_e 评价构件的耗能能力，ξ_e 的计算如图 3.2-17 所示，其表达式如下：

$$\xi_e=\frac{1}{2\pi}\times\frac{\widehat{S}_{ABC}+\widehat{S}_{CDA}}{\widehat{S}_{\triangle OBE}+\widehat{S}_{\triangle ODF}} \tag{3.2-1}$$

式中，$\widehat{S}_{ABC}$和$\widehat{S}_{CDA}$为滞回曲线包络的面积，即图 3.2-17（*a*）中的阴影面积，两者之和即为第 *i* 圈循环加载下的试件耗能。$\widehat{S}_{\triangle OBE}$和$\widehat{S}_{\triangle ODF}$为△OBE 和△ODF 的面积，分别代表等效弹性体在达到相同位移时所吸收的能量。

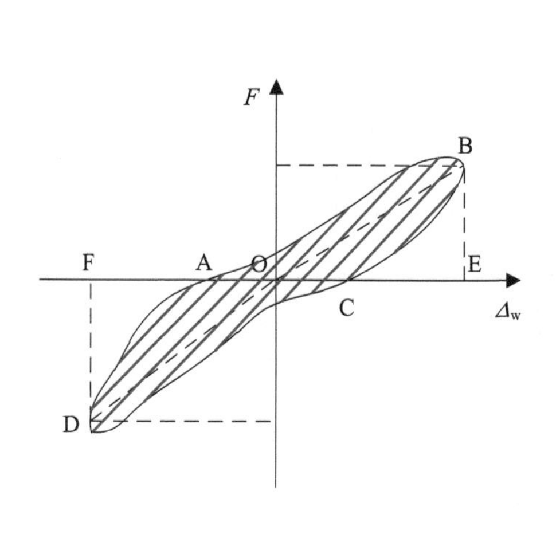

（*a*）ξ_e 计算示意

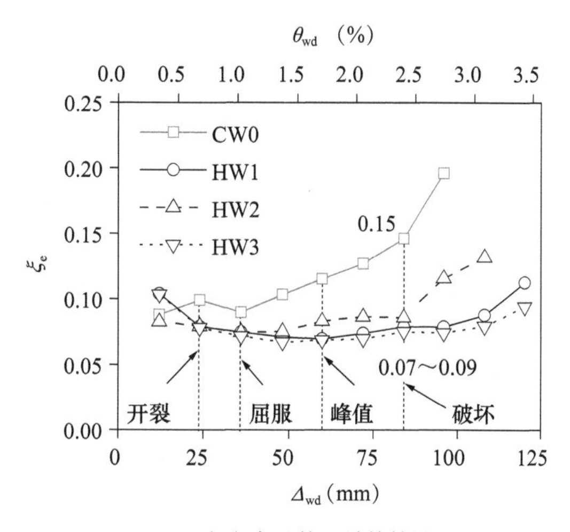

（*b*）各试件 ξ_e 计算结果

图 3.2–17 等效黏滞阻尼系数 ξ_e 的计算

由式（3.2-1）计算得到的各试件等效黏滞阻尼系数 ξ_e 随顶点位移的变化如图 3.2-17（*b*）所示。由图可知，各试件的 ξ_e 值随顶点位移的增加呈增大的趋势，试件 CW0 的等效黏滞阻尼系数在其主要阶段均大于相同位移下的摇摆墙试件。破坏时，试件 CW0 的等效黏滞阻尼系数达到 0.15，摇摆墙试件在对应位移下的 ξ_e 在 0.07 ～ 0.09 之间，远小于现浇普通墙。试验结束后，各摇摆墙的等效黏滞阻尼系数也小于 0.15，说明摇摆墙试件的滞回耗能能力小于现浇普通墙。

由于各摇摆墙试件按与现浇普通墙试件等强度的原则进行设计，其墙底配置的耗能钢筋数量偏多，部分耗能钢筋未屈服或仅少量屈服，导致各摇摆墙试件滞回耗能不足。

（4）残余变形

摇摆墙相对于现浇普通墙，除了损伤破坏较小以外，另一个显著优势是残余位移小。图 3.2-18 给出了试验后期每级加载的第 1 次循环各试件的顶点残余位移角 $\theta_{w,res}$。由图 3.2-18 可知，各试件在试验加载后期，随着加载位移的增加，残余位移相应增大。试件 CW0 在 θ_{wd} = 2.7% 后破坏，残余顶点位移角为 1.3%，接近最大位移的 50%。试件 HW1 和试件 HW3 加载至 θ_{wd} = 3.4% 后破坏，残余顶点位移角为 0.5% 和 0.4%，仅约为最大位移的 15%。试件 HW2 在 θ_{wd} = 3.1% 后破坏，残余顶点位移角为 0.8%，约为最大位移的 25%。由此可见，相比于现浇普通墙，摇摆墙的残余位移较小，而增加预应力钢绞线数量可以有效减小残余位移。

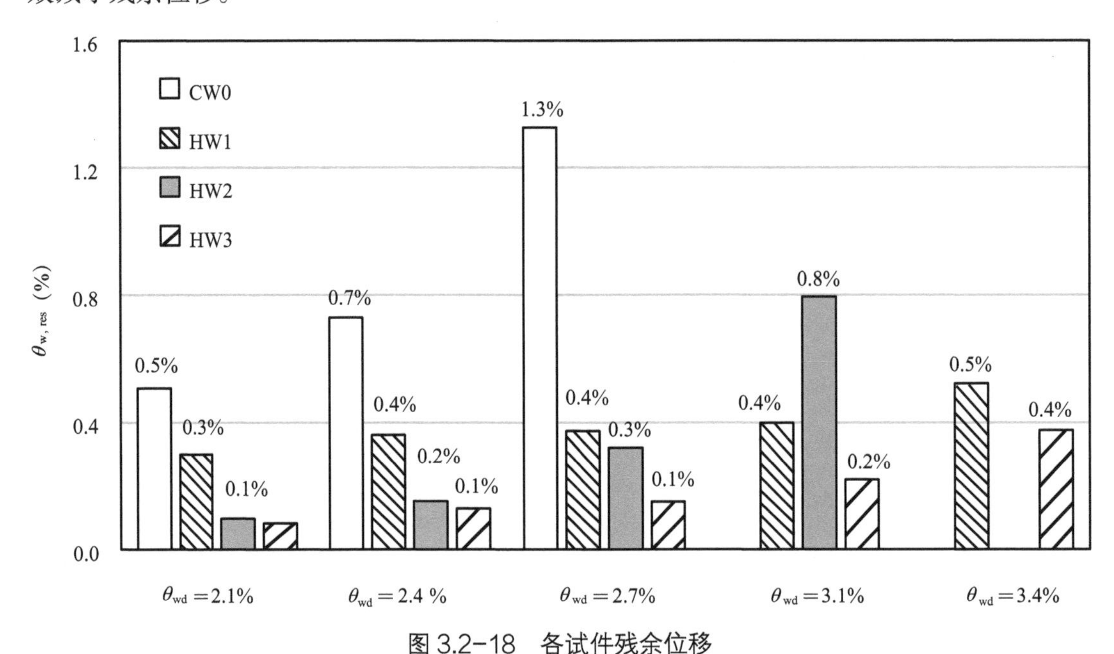

图 3.2-18　各试件残余位移

（5）耗能钢筋应变

图 3.2-19（*a*）为试件 HW3 靠近墙板中部的耗能钢筋应变 - 加载位移曲线。由图可知，耗能钢筋最大应变小于 0.25%，未达到屈服应变，主要原因是墙底局部区域内耗能钢筋布置过密，从而引起群锚失效，导致摇摆墙试件的耗能能力低于现浇普通墙。图 3.2-19（*b*）为试件 CW0 根部靠近墙板中部的竖向分布钢筋的应变 - 加载位移曲线，腹板纵筋达到屈服应变，增加了墙体的耗能能力。

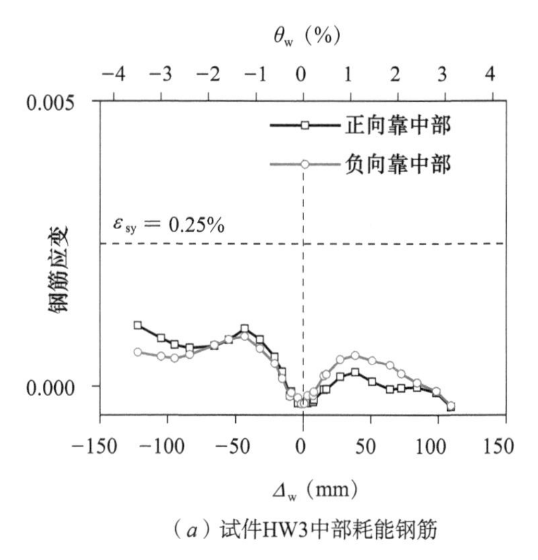

（*a*）试件HW3中部耗能钢筋

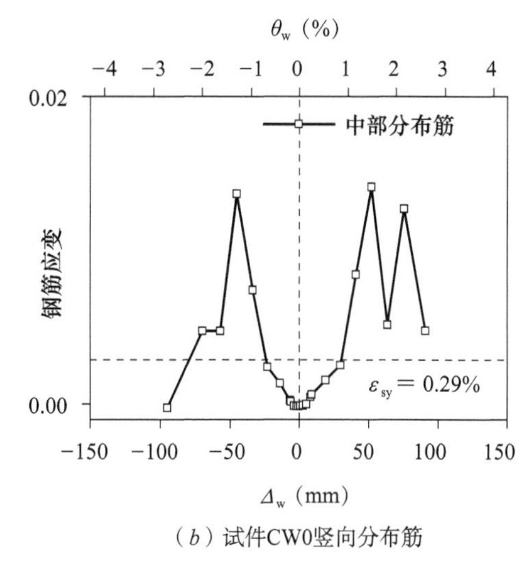

（*b*）试件CW0竖向分布筋

图 3.2-19　耗能钢筋应变

6. 试验研究小结

（1）摇摆墙在水平荷载作用下的变形模式为由底部接缝张开引起的刚体转动，这种变形模式将非线性变形集中在摇摆墙根部接缝处，从而减少墙体本身的损伤。

（2）摇摆墙的滞回曲线不如现浇普通墙饱满，其骨架曲线的刚度退化早于现浇普通墙，但峰值后荷载 – 位移曲线的下降则比现浇墙更为平缓。加载过程中的刚度退化速度比现浇墙缓慢。

（3）预应力钢绞线为摇摆墙提供了可靠的竖向回复力，使墙体在卸载后回复到初始位置。摇摆墙残余变形很小，可以达到自复位目标。

3.3　底部开水平缝摇摆剪力墙

3.3.1　底部开水平缝摇摆剪力墙的概念

底部开水平缝摇摆剪力墙也是一种具有自复位能力的摇摆剪力墙，其构造如图 3.3-1 所示。该剪力墙结构在墙体与基础连接处的两端对称设置水平缝，连接处中部与传统剪力墙构造一致，同时在墙体内竖向设置无粘结预应力筋。墙体内部构造与传统剪力墙相同。

水平缝的设置避免了墙脚混凝土产生拉应力，引导墙体裂缝仅在接缝处开展。无粘结预应力筋为剪力墙提供自复位能力。墙体通过贯通钢筋的屈服耗能，通过裂缝上下两侧混凝土的摩擦力和钢筋的销栓力提供水平抗剪力。

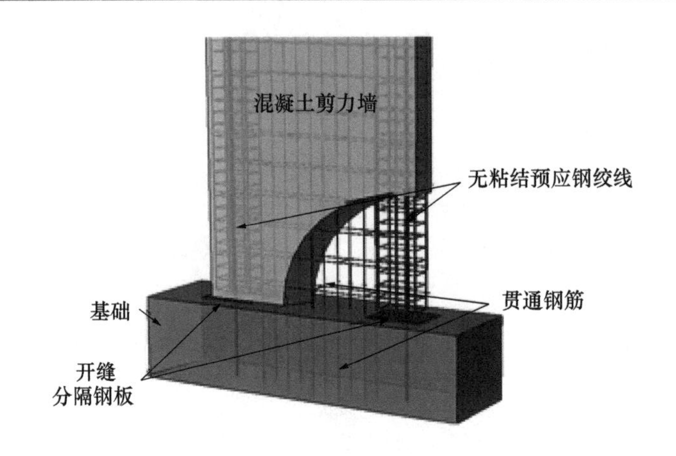

图 3.3-1　底部开水平缝摇摆剪力墙构造示意图

3.3.2　底部开水平缝摇摆剪力墙试验研究与分析

1. 试验概况

为研究底部开水平缝摇摆剪力墙构件的抗震性能，作者团队设计和制作了 8 个剪力墙试件 [30]，试件示意如图 3.3-2 所示。试验设计参数包括剪力墙底部水平缝的长度、预应力钢绞线位置及初始预应力大小，具体设计参数如图 3.3-3 所示。试件 SW0 为普通现浇钢筋混凝土剪力墙，SW1-3 为底部全长开缝的传统摇摆墙，与底部开水平缝摇摆剪力墙做对比。混凝土设计强度等级为 C40，钢筋级别为 HRB400，钢绞线采用Φ^{S}15.2 钢绞线。试件 SW1-1 的配筋如图 3.3-3（*b*）所示，除底部开水平缝长度不同造成伸入基础底部的钢筋的数量不同，所有试件的其余配筋均一致。

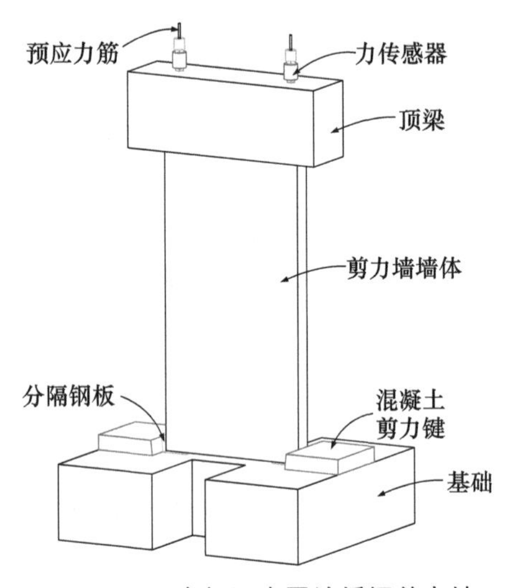

图 3.3-2　底部开水平缝摇摆剪力墙试件示意图

模型试件主要设计参数　　表 3.3-1

试件编号	底部开水平缝长度	预应力钢绞线位置	预应力钢绞线数量	初始预应力(MPa)
SW0	不设缝	无	—	—
SW1-1	两端各设 180mm 缝	距墙中心线 420mm	2	450
SW1-2	两端各设 360mm 缝	距墙中心线 420mm	2	450
SW1-3	全长开缝	距墙中心线 420mm	2	450
SW2-1	两端各设 180mm 缝	距墙中心线 220 mm	2	450
SW2-2	两端各设 180mm 缝	距墙中心线 420mm 以及 220mm	4	450
SW3-1	两端各设 180mm 缝	距墙中心线 420mm	2	150
SW3-2	两端各设 180mm 缝	距墙中心线 420mm	2	750

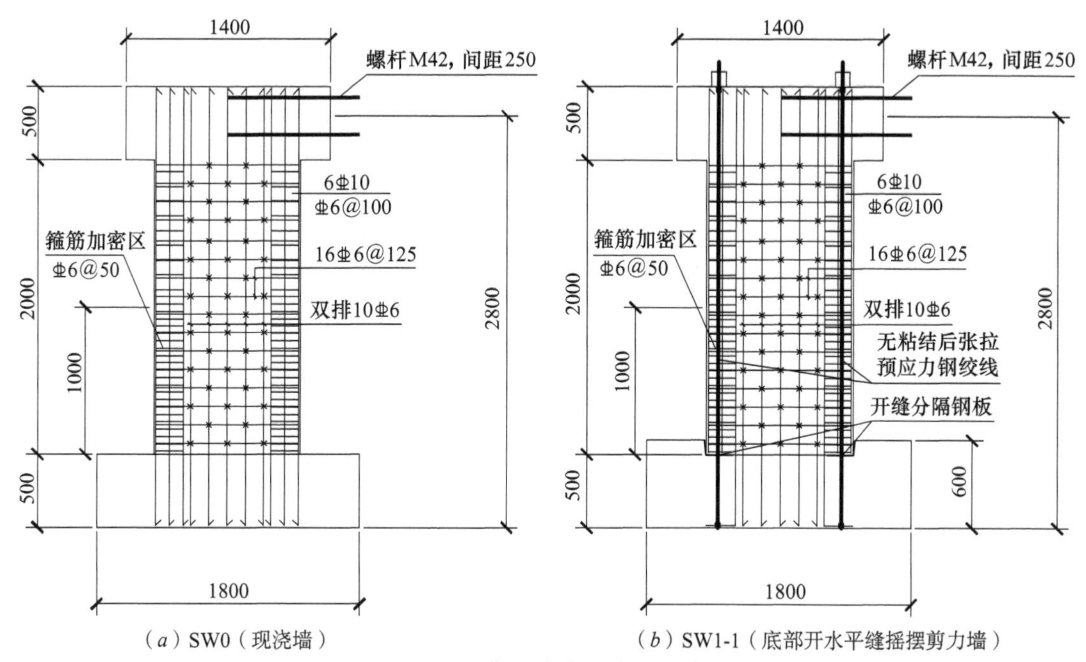

（a）SW0（现浇墙）　　（b）SW1-1（底部开水平缝摇摆剪力墙）

图 3.3-3　典型试件尺寸及配筋图

底部开水平缝摇摆剪力墙通过在开缝位置放置分隔钢板实现开缝（图 3.3-4），分隔钢板随下部结构预埋，浇筑在整体结构中，只起到分隔作用，不参与结构受力。原本在分隔钢板位置的贯通钢筋在分隔钢板处截断，分别浇筑在上下两个构件之中，此位置的钢筋只能受压不能受拉。钢板上侧在浇筑混凝土前涂抹油以减小混凝土和钢板之间的粘结力。

试验采用两种水平剪力键来防止底部水平滑移，即墙两侧凸起的混凝土剪力键和墙内钢棒剪力键。墙体内部钢棒剪力键布置示意图如图 3.3-5 所示。此剪力键沿墙体中心线对称放置，钢棒和套管间无粘结，其抗剪承载力计算公式如下：

$$N_{\mathrm{v}}=\frac{\pi d_{\mathrm{bar}}^{2}}{4}f_{\mathrm{v}} \tag{3.3-1}$$

式中，N_{v} 为钢棒剪力键能够承担的剪力，f_{v} 为钢材抗剪强度设计值，d_{bar} 为钢棒直径。本钢棒直径为 30mm。由此确定套管尺寸，即内径 34mm、外径 38mm。

图 3.3-4　分隔钢板

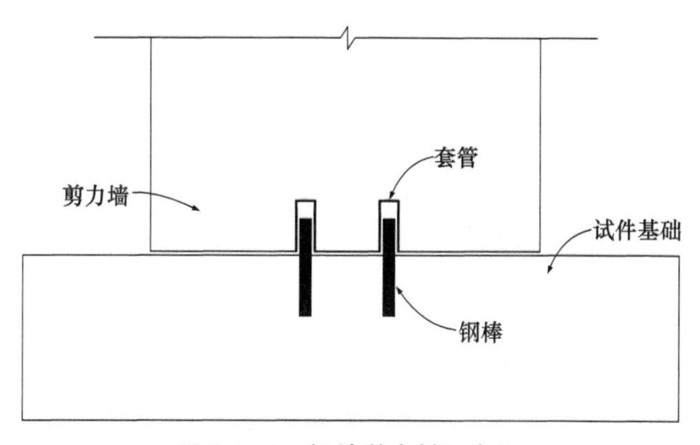

图 3.3-5　钢棒剪力键示意图

2. 试验装置和加载制度

底部开水平缝摇摆剪力墙采用低周反复加载，试验加载装置如图 3.3-6 所示。竖向加载由液压千斤顶完成。

墙体达到屈服位移前以 1mm 为级差，达到屈服位移以后先以 0.5 倍屈服位移为级差加载 4 个工况，然后以屈服位移为级差加载至试件破坏，试件破坏以水平承载力下降到最大值的 85% 以下为判断依据。屈服位移的确定以 SW0 墙体最外侧钢筋达到屈服应变为标志，其他底部开水平缝摇摆剪力墙试验的加载制度与 SW0 的水平加载制度一致，实际加载时，以 8mm 为屈服位移，在此工况以及之后工况均加在同一幅值位移下加载三个循环，直到试件破坏为止，加载制度如图 3.3-7 所示。

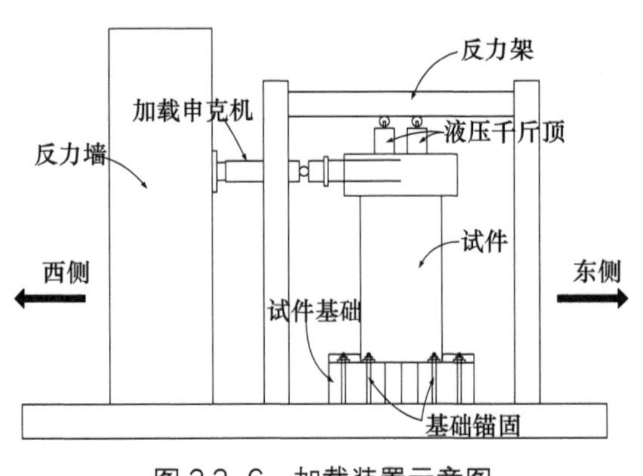

图 3.3-6　加载装置示意图

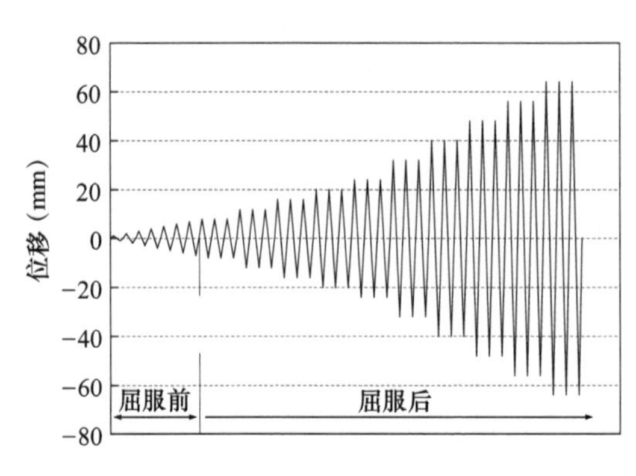

图 3.3-7　加载制度示意图

3. 测点布置

钢筋应变片的布置（以 SW0 为例）如图 3.3-8 所示。钢筋应变片布置于竖向钢筋和水平分布筋上，用于测量试验过程中钢筋的应力分布情况。为了监测预应力钢绞线的内力变化情况，每根预应力钢绞线端部设置了力传感器。

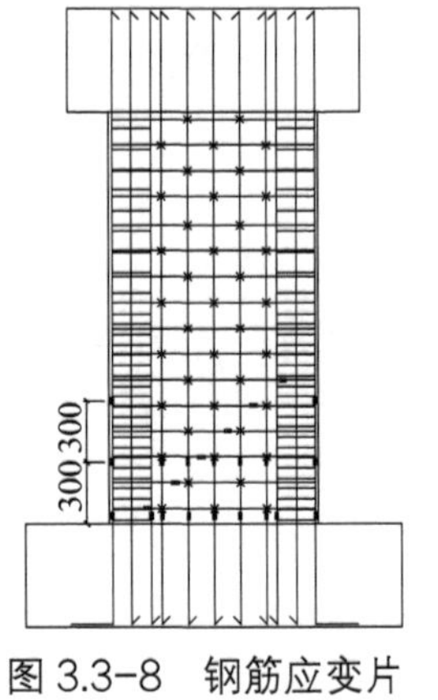

图 3.3-8　钢筋应变片布置（单位：mm）

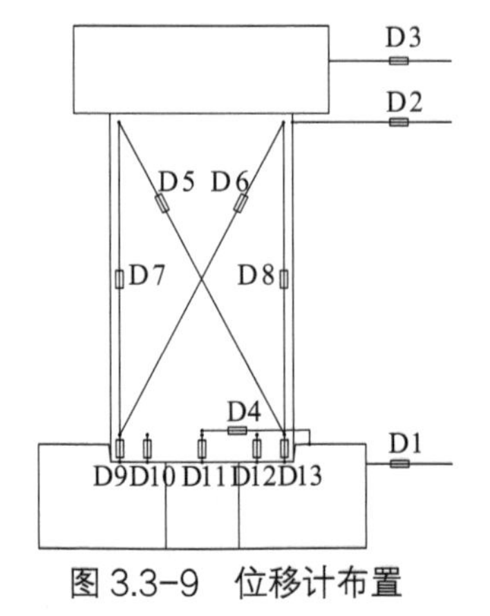

图 3.3-9　位移计布置

位移计的布置如图 3.3-9 所示，位移计主要用于测量：1）试件基础的水平位移（D1）；2）剪力墙实际加载位移（D3）；3）剪力墙与基础间的相对滑移（D4）；4）混凝土墙体的弯曲变形和剪切变形（D2、D5 ～ D8）；5）墙体底部的抬升量和滑移量（D9 ～ D13）。

4. 试验现象

对现浇普通墙 SW0、底部开水平缝摇摆剪力墙 SW1-1 以及摇摆墙 SW1-3 的试验现象和破坏形态进行对比，其余底部开水平缝墙体试验现象与试件 SW1-1 类似。

现浇普通墙 SW0 在加载前期在墙脚出现水平裂缝，在加载中期水平裂缝逐渐延伸，发展成为斜裂缝，最终墙脚混凝土剥落，钢筋拉断或者压屈，承载力下降，呈现出弯剪破坏模式。对于底部开水平缝摇摆剪力墙 SW1-1，加载过程中墙体底部与基础连接处张开明显，裂缝数量和长度都明显减小。随着位移增大，水平裂缝伸长，但几乎没有斜裂缝出现，试件的破坏集中在墙脚，试验结束。对于摇摆墙 SW1-3，与底部开水平缝摇摆剪力墙相比，相同位移下裂缝更少，最后仅在墙体角部出现竖向受压裂缝从而发生墙脚破坏。

底部开水平缝摇摆剪力墙的破坏形态表明，墙体变形集中于底部水平缝处，有效减小了墙体本身的损伤，使剪力墙构件具有良好的延性。试验过程中，未发现墙体的侧向滑移，证明了试验中剪力键的有效性。试验过程中顶部加载点位移达到 40mm（$\theta_{wd}=1/58$）时的裂缝情况如图 3.3-10 所示。

（*a*）SW0

（*b*）SW1-1

（*c*）SW1-3

图 3.3-10 裂缝分布图（$\theta_{wd}=1/58$）

5. 试验结果

（1）荷载 – 位移滞回曲线与骨架曲线

图 3.3-11 为各试件的荷载 – 位移滞回曲线。所有剪力墙试件前期加载时的滞回曲线基本为直线，滞回包络面积小，墙体基本处于弹性工作状态；随着水平加载位移的增加，滞回环面积开始逐渐增加。试件承载力达到最大值后逐渐下降，除了现浇普通墙 SW0 和个别开缝剪力墙外，底部开水平缝摇摆剪力墙的承载力下降段比较平缓，没有出现承载力急剧下降的现象。

所有的底部开水平缝摇摆剪力墙卸载后的残余变形都很小，远小于现浇普通墙的残余变形，体现了良好的自复位能力。同时，底部开水平缝摇摆剪力墙的滞回面积比现浇普通墙 SW0 小，说明现浇普通墙的耗能能力略好于底部开水平缝摇摆剪力墙，这是因为底部开水平缝切断了边缘处剪力墙竖向钢筋的连接，剪力墙变形时边缘处钢筋耗能减少很多。但是，相对于无附加耗能装置的摇摆墙 SW1-3，底部开水平缝摇摆剪力墙的耗能能力有较大的提高。

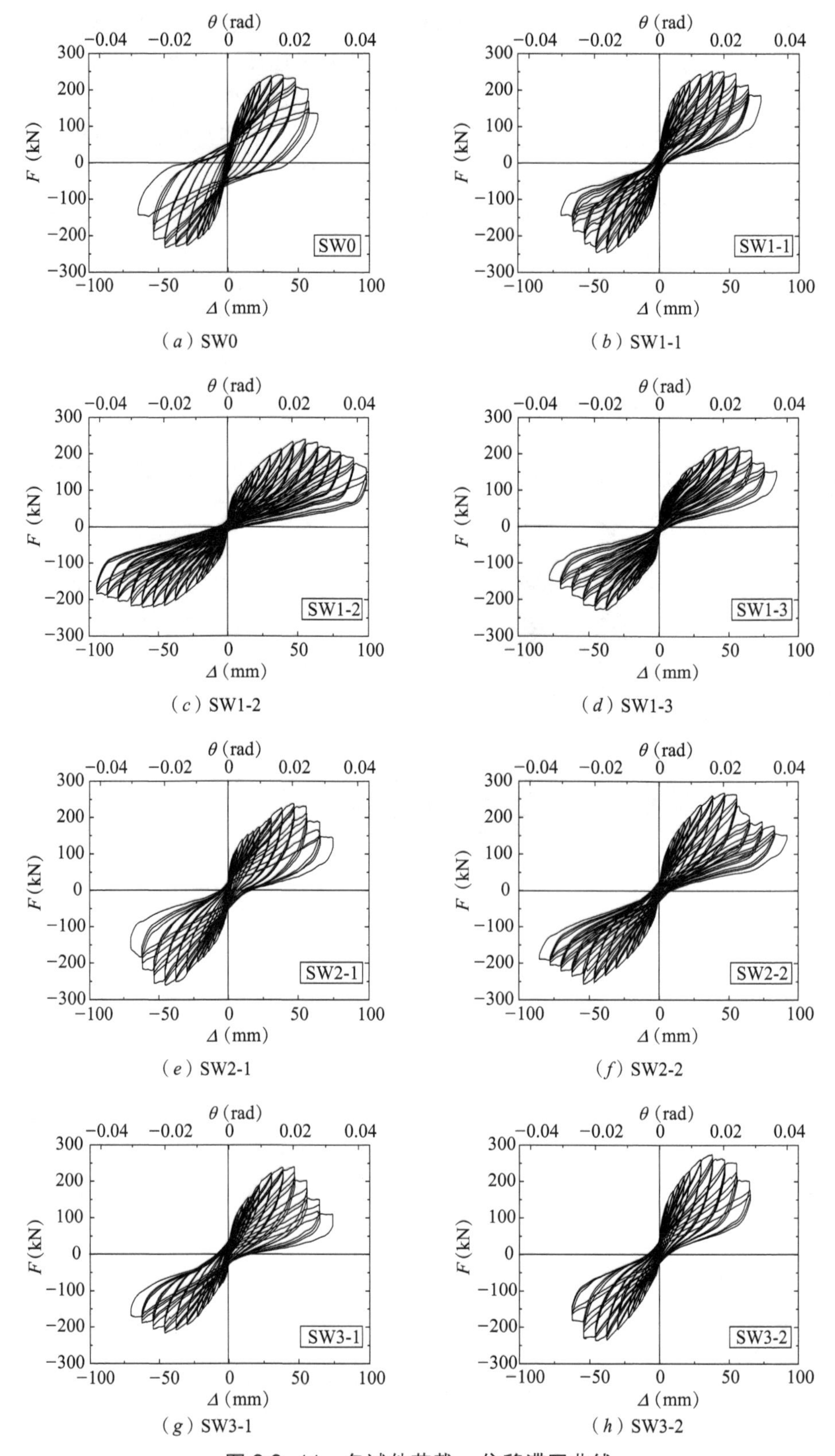

（a）SW0　（b）SW1-1

（c）SW1-2　（d）SW1-3

（e）SW2-1　（f）SW2-2

（g）SW3-1　（h）SW3-2

图 3.3-11　各试件荷载－位移滞回曲线

图 3.3-12（*a*）对比了开缝长度对剪力墙性能的影响。SW1-1 与 SW0 在最大水平承载力前的曲线基本重合，说明预应力钢绞线的布置弥补了竖向钢筋截断产生的剪力墙强度和刚度的降低。初始预应力的存在使剪力墙所承受竖向压力总和变大，一定程度上提高了承载力，使得 SW1-1 的侧向承载力略大。开缝长度越大承载力越低，而且由于更多的钢筋被水平缝截断，无法提供抵抗力矩，SW1-2 和 SW1-3 在最大承载力刚度也小于 SW1-1。开缝墙的水平位移极限值都比普通墙大，下降段也更为平缓。

图 3.3-12（*b*）对比了预应力钢绞线位置对剪力墙性能的影响。由图可知，由于预应力钢绞线提供的抵抗弯矩力臂减小，相同水平位移下预应力钢绞线的变形比预应力钢绞线位于墙体边缘位置时减小，从而使整体承载力降低，预应力钢绞线靠近墙体中心线的剪力墙承载力较低。此外，由于 SW2-2 与 SW1-1 两个试件的设定的总竖向荷载（即液压千斤顶施加荷载和预应力钢绞线初始预应力之和）相等，两者的刚度和承载力差别都不大，而 SW2-2 的承载力略高，是因为在剪力墙变形过程中靠近墙体中心线的预应力钢绞线伸长，一定程度上使剪力墙抵抗弯矩增加。

图 3.3-12（*c*）对比了预应力钢绞线初始预应力对剪力墙性能的影响。随着初始预应力的增加，剪力墙试件的承载力也相应增加，其中 SW3-2 反向加载时承载力偏小，主要是由于试件制作过程中的不对称造成的。

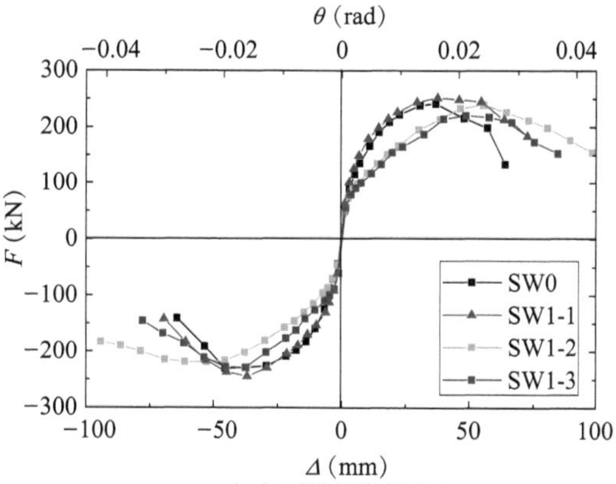

（*a*）开缝长度的影响

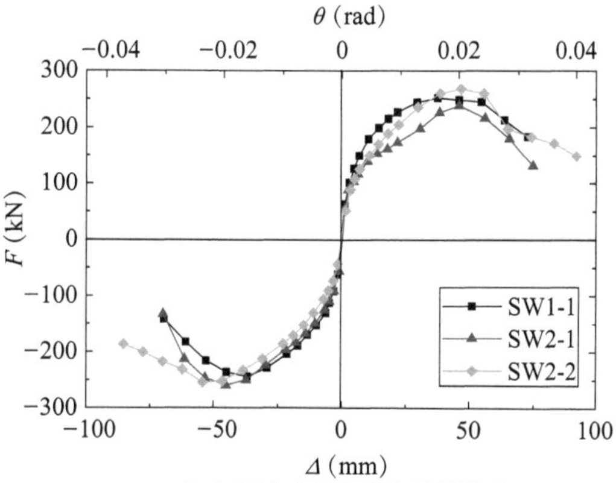

（*b*）预应力钢绞线位置的影响

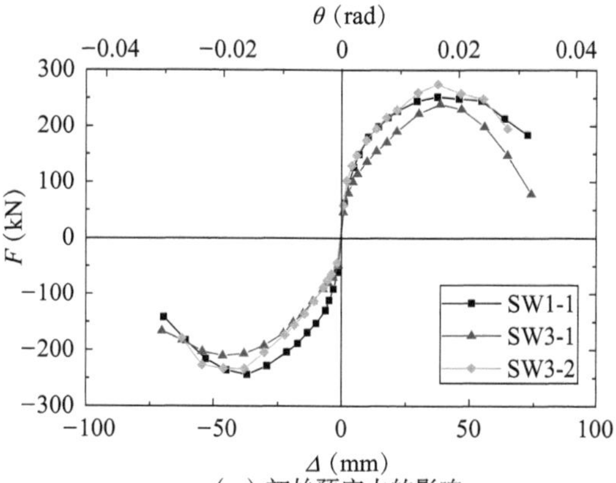

（*c*）初始预应力的影响

图 3.3-12 各试件荷载 – 位移骨架曲线

（2）刚度退化

水平荷载作用下每级工况最大位移处割线刚度 K_i 的计算公式为：

$$K_i=\frac{|F_i|+|-F_i|}{|\Delta_i|+|-\Delta_i|} \tag{3.3-2}$$

式中，F_i 为第 i 级工况最大位移处水平荷载，Δ_i 为第 i 级工况的最大位移。

图 3.3-13 为各试件割线刚度 - 位移曲线。从图中可以看出，整体上各试件随着位移增加割线刚度下降，且下降程度差别不大。当开缝长度增加时，割线刚度下降更快，因为相同水平位移下的试件承载力更低。底部开水平缝摇摆剪力墙中预应力钢绞线的设置使其初始刚度与现浇普通墙相比没有明显降低。当预应力钢绞线位置和初始预应力大小变化时，刚度下降程度没有明显规律，因为部分构件相同工况中正反向承载力不对称，该计算方法平均了这种不对称效应。

（3）耗能能力

等效黏滞阻尼系数 ξ_e 的计算与 3.3 节相同，计算得到的各试件等效黏滞阻尼系数 ξ_e 随顶点位移的变化如图 3.3-14 所示。从图中可以看出，所有试件的等效黏滞阻尼系数随着水平位移的增大都有增加的趋势。

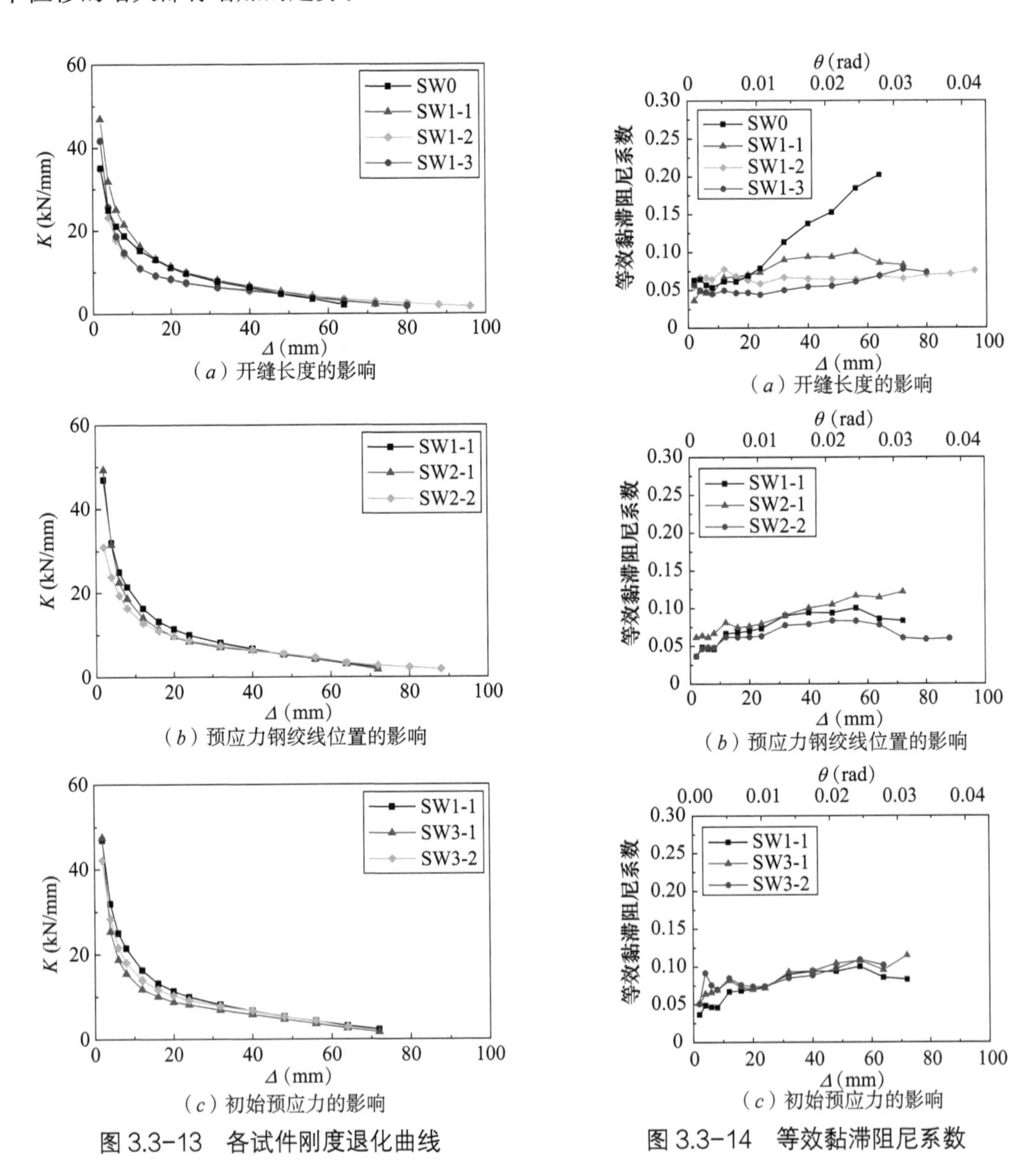

（a）开缝长度的影响

（b）预应力钢绞线位置的影响

（c）初始预应力的影响

图 3.3-13　各试件刚度退化曲线

（a）开缝长度的影响

（b）预应力钢绞线位置的影响

（c）初始预应力的影响

图 3.3-14　等效黏滞阻尼系数

图 3.3-14（*a*）中，随着剪力墙底部开水平缝长度的增加，构件等效黏滞阻尼系数减小，也即耗能能力减弱。说明剪力墙墙体与基础之间贯通钢筋的减少会降低构件的耗能能力，采用部分开缝的形式可以有效提高结构的耗能能力。图 3.3-14（*b*）中，预应力钢绞线更靠近墙体中心线的试件（SW2-1）耗能能力更好，这是由于靠近墙边缘的预应力钢绞线可以更有效地防止墙体边缘拉应力和裂缝的产生，从而使耗能能力降低。同时，布置 4 根预应力钢绞线的墙体（SW2-2）的耗能能力稍小，因为虽然 SW2-2 与 SW1-1 初始竖向总荷载（即竖向千斤顶力与初始预应力之和）相等，在较大位移时 SW2-2 墙体靠近中心线的预应力钢绞线也有一定伸长，一定程度上增加了竖向荷载并减小了混凝土中的拉应力，从而减少裂缝的产生，也使耗能能力有所降低。图 3.3-14（*c*）表明，初始预应力大小的变化对构件耗能能力的影响不大。

（4）残余变形

图 3.3-15 给出了各试件的顶点残余位移角 $\theta_{w,res}$。从图 3.3-15（*a*）中可以看出，随着开缝长度的增加，由于墙体中部与基础之间贯通的耗能钢筋数量减小，试件相对残余变形减小。图 3.3-15（*b*）表明，SW2-1 预应力钢绞线靠近墙体中部，提供的抵抗弯矩较小，残余变形最大；总竖向荷载不变的情况下（SW1-1 和 SW2-2），预应力钢绞线数量的改变对残余变形影响不大，试件的残余变形也基本相同。图 3.3-15（*c*）表明，SW1-1 的相对残余变形最小，增大或是减小初始预应力都使得试件的残余变形增大，这因为过大的竖向荷载使得墙脚混凝土损伤严重，而不足的预应力不能提供足够的恢复力，均导致试件的残余变形增大。可见，需合理设计预应力筋的初始预应力，使结构残余变形最小。所有底部开水平缝摇摆剪力墙的残余变形值均不超过 0.5%，具有良好自复位性能。

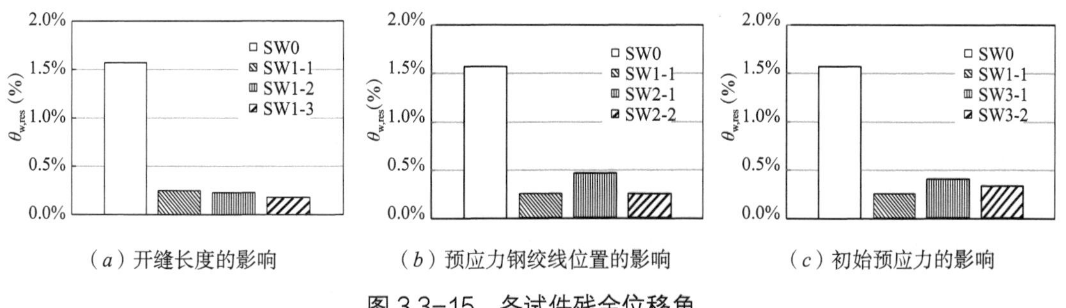

（*a*）开缝长度的影响　（*b*）预应力钢绞线位置的影响　（*c*）初始预应力的影响

图 3.3-15　各试件残余位移角

6. 试验研究小结

（1）底部开水平缝摇摆剪力墙能在不降低墙体承载力和刚度的前提下极大减小墙体的残余变形，在试验加载结束后恢复到加载前的竖直位置，剪力墙具有良好的自复位能力，且极限位移增大。

（2）开缝长度的增加使剪力墙水平承载力减小；预应力筋布置在靠近试件中心处使剪力墙的承载力和刚度降低；初始预应力的增加会略微增加水平承载力。底部开水平缝长度的增加会加快剪力墙试件刚度的降低，其他参数对剪力墙割线刚度的影响不明显。

（3）底部开水平缝摇摆剪力墙与传统摇摆墙相比，其耗能能力有了较大提高，体现在滞回曲线包络面积变大，相同位移下等效黏滞阻尼系数提高，其耗能能力略小于普通剪力墙。

3.3.3 底部开水平缝摇摆剪力墙的设计

3.3.3.1 设计方法

1. 性能目标

在多遇地震作用下结构基本保持弹性状态，即结构所受荷载不超过骨架曲线屈服点。由于底部开水平缝摇摆剪力墙结构在屈服点前刚度与现浇普通墙结构相同，可以认为该剪力墙结构与现浇普通墙结构在多遇地震作用下动力特性一致，因此可以按照普通结构进行多遇地震作用下的计算分析和设计。在罕遇地震作用下结构进入塑性，但仍具有相应程度的承载力和延性保证结构安全。在具体实施中，可按照保证底部开水平缝摇摆剪力墙峰值承载能力不低于相同截面和配筋形式的现浇普通墙的目标来调整设计参数。

其他控制目标如下：1）剪力墙边缘的约束混凝土在构件达到层间位移角限值前不会发生压碎，即混凝土应变小于其极限应变值，可通过调整边缘约束区中的箍筋参数增强混凝土的极限变形能力；2）保证预应力筋不屈服，可通过调整初始预应力的数值来控制预应力筋在结构变形过程中不发生屈服；3）控制耗能钢筋的应变，防止耗能钢筋在罕遇地震作用下拉断；4）为防止剪力墙的耗能能力不足，ACI ITG-5.1 [28] 规定，罕遇地震作用位移水平下的相关耗能系数 β 不应小于 0.125；5）采用数值模拟方法对构件在假定最大变形下的残余变形进一步的验证。

2. 设计方法

（1）荷载 - 位移骨架曲线

底部开水平缝摇摆剪力墙的荷载 - 位移骨架曲线可采用四折线模型，如图 3.3-16 所示。各性能点分别为：屈服点（Y）、中值点（I）、峰值点（M）和极限点（U）。第一段代表线性弹性段，这一阶段剪力墙保持弹性，从第二段开始结构进入非线性变形阶段，在第三段最后时刻到达荷载峰值点，第四段为下降段直到剪力墙破坏。

为了研究骨架曲线的规律，可将骨架曲线归一化。图 3.3-17 为底部开水平缝摇摆剪力墙骨架曲线无量纲化后的形状。骨架曲线的各特征点的取值由如下因素决定：1）底部开水平缝摇摆剪力墙的轴压力；2）初始预应力；3）预应力筋的位置和数量；4）底部开水平缝长度，也即墙体与基础间中部贯通钢筋的位置。

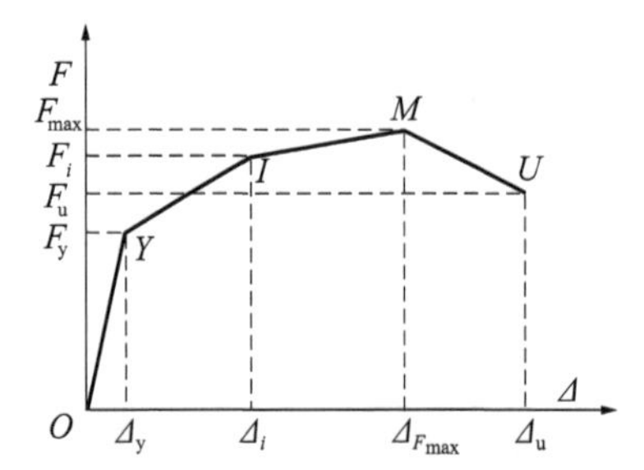

图 3.3-16 底部开水平缝摇摆剪力墙荷载 - 位移四折线骨架曲线模型

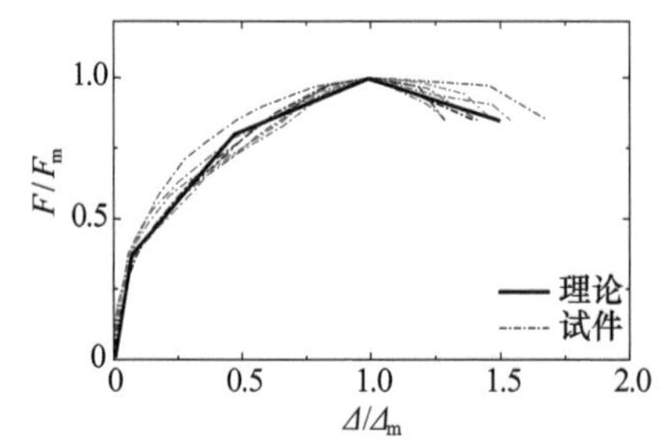

图 3.3-17 归一化的荷载 - 位移骨架曲线

1）屈服点（Y）

屈服点的确定需要先确定结构的底部抬升点。对于底部开水平缝摇摆剪力墙试验，根据图 3.3-18 中弯矩和荷载平衡，对图中 O 点取矩，得到底部抬升点的基底剪力 V_d 为：

$$V_d = \frac{T_1\left(\frac{l_w}{2}+e_p\right)+N\frac{l_w}{2}+T_2\left(\frac{l_w}{2}-e_p\right)-C\left(\frac{l_w}{3}\right)}{H_w} \tag{3.3-3}$$

式中，$C = T_1 + T_2 + N$，假定其合力作用点在离 O 点 $l_w/3$ 的距离处；T_1、T_2 为预应力筋的初始预应力。

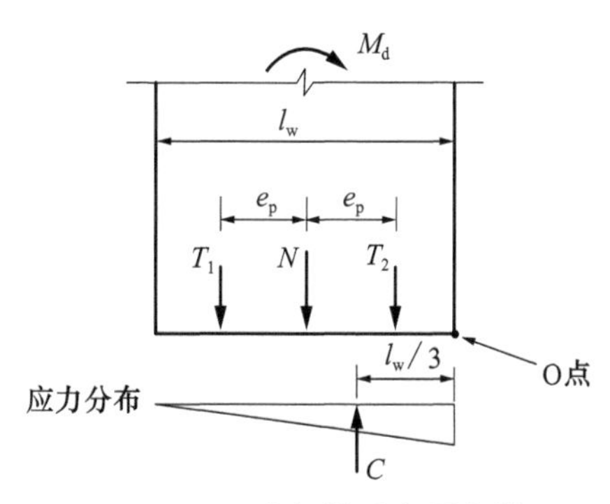

图 3.3-18　底部抬升点受力简图

底部抬升点的位移 Δ_d 由弹性状态下墙体的弯曲变形和剪切变形组成：

$$\Delta_d = \Delta_f + \Delta_s = \frac{V_d H_w^3}{3E_c I_w} + \frac{\mu V_d H_w}{G_c A_w} \tag{3.3-4}$$

式中，Δ_f 为弹性状态下墙体的弯曲变形；Δ_s 为弹性状态下墙体的剪切变形；E_c 为混凝土的弹性模量；G_c 为混凝土的剪切模量，取 $G_c = 0.4E_c$；I_w 为剪力墙截面的惯性模量；A_w 为剪力墙截面面积；μ 为剪力墙剪应力不均匀系数，对矩形截面取 $\mu = 1.2$，下文中 μ 的取值相同。

根据试验过程中的实测值确定公式中的各参数值：$l_w = 1000\text{mm}$，$H_w = 2300\text{mm}$，$G_c = 1.22\times10^4\text{MPa}$，$A_w = 1.25\times10^5\text{mm}^2$，$I_w = 1.042\times10^{10}\text{mm}^4$。各试件参数变化值见表 3.3-2，最后求出的底部抬升点的荷载和位移如表 3.3-3 所示。

底部开水平缝摇摆剪力墙试件参数　　表 3.3-2

试件编号	SW1-1	SW1-2	SW1-3	SW2-1	SW2-2	SW3-1	SW3-2
N（kN）	370	370	370	370	240	370	370
$\sum T$（kN）	129	130	133	127	257	76	213
e_p（mm）	420	420	420	220	220 & 420	420	420
C（kN）	500	500	503	497	497	446	583

各试件底部抬升点的荷载和位移　　表 3.3-3

试件编号	SW1-1	SW1-2	SW1-3	SW2-1	SW2-2	SW3-1	SW3-2
V_d（kN）	36.2	36.2	36.4	36.0	36.0	32.3	42.3
Δ_d（mm）	0.53	0.53	0.53	0.53	0.53	0.47	0.62

假设此时剪力墙底部截面受压区长度为 c，则曲率 $\varphi = \varepsilon_c/c$。基础接缝截面中部贯通钢筋距离底部截面中性轴的距离为 l_{si}，则每根贯通钢筋的应变 $\varepsilon_{si} = \varphi l_{si}$，进而可以得到每根钢筋中的力 $F_{si} = \varepsilon_{si}E_s A_{si} = \varepsilon_c l_{si} E_s A_{si}/c$。当钢筋处于受压区长度以内时，$l_{si}$ 取负值。根据材性试验和 Chang & Mander 混凝土本构模型[36]，$\varepsilon_c = 1.85\times10^{-3}$，$f_c' = 20.7\text{MPa}$。

根据图 3.3-19 中的弯矩和竖向力的平衡，对墙体受压侧边缘角点取矩，得到等效线性界限点的基底剪力为：

$$V_y=\min\begin{cases}V_{y-1}=\dfrac{T_1\left(\dfrac{l_w}{2}+e_p\right)+T_2\left(\dfrac{l_w}{2}-e_p\right)+N\dfrac{l_w}{2}+\Sigma F_{si}(l_{si}+c)-C\left(\dfrac{a}{2}\right)}{H_w}\\ V_{y-2}=2.5V_d\end{cases}\quad(3.3\text{-}5)$$

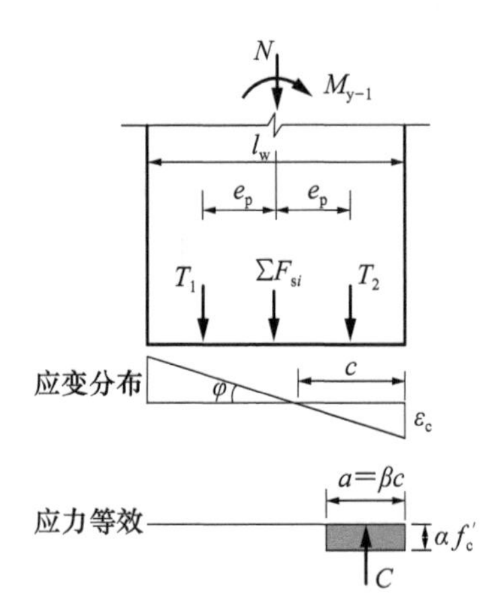

图 3.3-19　屈服点受力简图

式中，$C=T_1+T_2+N+\Sigma F_{si}$，$a=c/0.85f_c't_w$；$f_c'$ 为非约束混凝土抗压强度；t_w 为墙厚，V_{y-1} 为由于剪力墙墙脚混凝土达到非线性临界值而求得的底部剪力；V_{y-2} 为由于剪力墙底部抬升较大产生加载曲线刚度变化得到的底部剪力，近似取 $V_{y-2}=2.5V_d$。V_y 取 V_{y-1} 与 V_{y-1} 的最小值。其中，V_{y-1} 的计算不考虑此阶段预应力筋的伸长，剪力墙与基础接缝界面中部贯通钢筋中的力根据此时剪力墙底部截面的曲率计算，且忽略剪力墙中部浇筑混凝土的抗拉强度。

与底部抬升点相似，认为屈服点之前剪力墙的变形为弹性变形，则其位移计算与公式（3.3-5）中的形式一致。各试件的受压区高度和根据公式求得的屈服点荷载与位移在表 3.3-4 中列出。计算值与试验值的对比将在之后给出，结果表明，本文采用 $2.5V_d$ 来表示因底部抬升带来的非线性界限是合适的。

各试件屈服点的荷载和位移　　**表 3.3-4**

试件编号	SW1-1	SW1-2	SW1-3	SW2-1	SW2-2	SW3-1	SW3-2
c（mm）	418	398	389	417	417	390	464
V_{y-1}（kN）	98	83	81	98	98	96	102
V_{y-2}（kN）	91	90.5	91	90	90	81	107
V_y（kN）	91	83	81	90	90	81	102
Δ_y（mm）	1.3	1.2	1.2	1.3	1.3	1.2	1.5

2）荷载峰值点（M）

剪力墙荷载峰值点的计算对剪力墙底部截面受压区高度进行迭代求解。根据材性试验和结构尺寸确定已知的计算参数。

首先确定剪力墙边缘约束构件中的约束混凝土的材料参数。在边缘约束构件中，箍筋对混凝土的约束作用会使其抗压强度提高。根据 Chang 和 Mander [36] 的研究计算受约束混凝土的强度。剪力墙试件受约束区如图 3.3-20 所示。其中，混凝土保护层厚度为 15mm，箍筋直径为 6mm，纵筋直径为 10mm。材料属性采用材性试验结果。

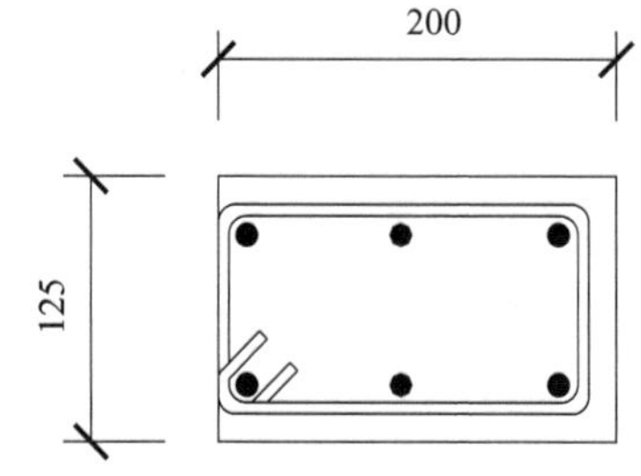

图 3.3-20　剪力墙试件中混凝土约束区示意图

非约束混凝土的材料参数如下：$f_c'=20.7\text{MPa}$，

$\varepsilon_c = 1.85 \times 10^{-3}$，$E_c = 25545\text{MPa}$。经计算，可得约束区混凝土受压峰值压应力和峰值压应变为：$f_{cc}' = 32.8\text{MPa}$，$\varepsilon_{cc} = 0.0073$，约束混凝土的极限压应变根据约束区混凝土箍筋体积配筋率求得 $\rho_s = 0.02$，$\varepsilon_{cu} = 0.374$。

得到约束区混凝土的极限压应变后，根据剪力墙在荷载峰值点的力的平衡方程，得到峰值点的基底剪力和位移。图 3.3-21 为荷载峰值点的受力和变形状态示意，此时预应力筋中的应变与周围混凝土不满足应变协调，边缘约束构件受压侧混凝土保护层认为已经脱落而不起作用。混凝土的受压应力由等效应力表示，墙体转动中心位于底部截面中性轴位置。

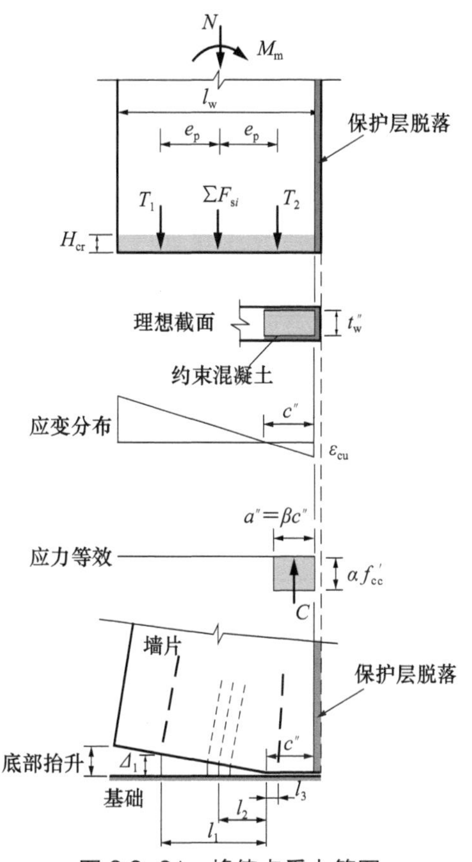

图 3.3-21 峰值点受力简图

（l_w'' 和 t_w'' 为剪力墙除去保护层厚度的截面长度和厚度）

由于预应力筋和周围混凝土之间不存在应变协调关系，剪力墙底部截面受压区高度的确定需要通过迭代分析得到。迭代采用 Matlab 编程实现，假定此时混凝土底部截面满足平截面假定，剪力墙中部贯通的钢筋考虑受拉和受压作用，开缝处的钢筋仅考虑其受压作用。求解混凝土受压区等效应力矩形高度时取 $\alpha = 0.92$，$\beta = 0.96$，中部贯通钢筋的粘结滑移长度系数取 $\alpha_s = 2$。得到剪力墙底部受压区高度以后，根据图 3.3-21 中力的平衡关系对截面底部反力合力点取矩，得到荷载峰值点时的转动弯矩计算公式：

$$M_m = T_1\left(l_1 + c'' - \frac{\beta c''}{2}\right) + N\left(l_2 + c'' - \frac{\beta c''}{2}\right) + T_2\left(l_3 + c'' - \frac{\beta c''}{2}\right) + \Sigma F_{si}\left(l_{si} + c'' - \frac{\beta c''}{2}\right) \tag{3.3-6}$$

其中，c'' 由迭代得到，l_{si} 为剪力墙与基础接缝截面中部贯通钢筋距离底部截面中性轴距离。

假定墙体底部以上高度 H_{cr} 范围内的混凝土曲率 φ 均匀分布，取 $H_{cr} = 0.06H_w$。在计算荷载峰值点的水平位移时，应考虑两部分的位移，由墙体底部抬升引起的刚体转动变形 Δ_{go} 和剪力墙本身的弹性变形 $\Delta_{m,el}$。而 $\Delta_{ccc,el}$ 忽略压碎高度 H_{cr} 范围内的弹性变形，其计算公式为：

$$\Delta_{m,el} = \Delta_f + \Delta_s + \Delta_p = \frac{V_m(H_w - H_{cr})^3}{3E_cI_w} + \frac{\mu V_m(H_w - H_{cr})}{G_cA_w} + \frac{e_p(T_2 - T_1)\ (H_w - H_{cr})^2}{2E_cI_w} \tag{3.3-7}$$

$$\Delta_{go} = \theta \cdot H_w \tag{3.3-8}$$

式中，θ 表示因底部抬升产生的转角。

根据上述方法采用迭代计算，求得各试件剪力墙底部截面受压区高度、峰值点荷载、峰值点位移，各结果见表 3.3-5。

各试件峰值点荷载和位移　　表 3.3-5

试件编号	SW1-1	SW1-2	SW1-3	SW2-1	SW2-2	SW3-1	SW3-2
c（mm）	289	260	237	289	285	277	308
V_m（kN）	246	222	213	230	252	243	252
θ_m（rad）	0.015	0.017	0.019	0.015	0.016	0.016	0.015
Δ_m（mm）	38.7	42.6	46.3	38.4	39.3	40.3	36.6

通过迭代求出峰值点的基底剪力和顶端位移后，与试验得到的各试件的骨架曲线中峰值点正反两个加载方向的平均值进行比较，总体而言，计算值与试验值比较接近。

峰值点试验值与计算值对比　　表 3.3-6

试件编号		SW1-1	SW1-2	SW1-3	SW2-1	SW2-2	SW3-1	SW3-2
V_m（kN）	试验值	248	229	224	238	261	224	275
	计算值	246	222	213	230	251	243	252
相对误差		0.7%	3.1%	4.9%	3.4%	3.8%	8.1%	8.4%
Δ_m（mm）	试验值	37	54	43	46	51	42	38
	计算值	39	43	47	38	39	40	37
相对误差		4.5%	21.5%	7.4%	15.7%	22.3%	4.9%	2.3%

3）中值点（I）

根据试验结果发现难以简单地用直线表示屈服点和峰值点之间的荷载－位移关系。这是由于多数剪力墙试件中的贯通钢筋较多，在加载过程中贯通钢筋从边缘向内侧逐渐屈服。为了较好地拟合这段荷载－位移曲线，且不致过多地增加计算量，这里选取屈服点与荷载峰值点之间的一点作为特征点，并把此点称为中值点。

根据计算荷载峰值点时得到的底部转角 θ，取底部转角为 $\theta/2$ 时的状态为中值点，计算此时的荷载和位移。在计算中值点时，认为混凝土保护层并未脱落，仍有承压作用。认为此时的剪力墙底部截面受压区高度与峰值点一致，即中性轴位置不变。在确定剪力墙底部受压反力合力作用点时，采用受压区长度调整系数 β_θ 将受压区的应力等效为均匀应力。β_θ 在不同底部转角下取值不同，公式如下：

$$\beta_\theta=\begin{cases}0.66+146.9\theta & \theta\leqslant 0.001\\ 1+0.121\ln(27.6\theta+0.1725) & 0.001<\theta\leqslant 0.03\end{cases}\qquad(3.3\text{-}9)$$

在已知剪力墙底部转角和底部截面受压区高度以后，不需迭代即可通过力学的平衡条件求出中值点的荷载和位移。在求解位移的时候也需要考虑此时墙体本身产生的弹性变形，此时弹性变形的计算公式为：

$$\Delta_{i,el}=\Delta_{f}+\Delta_{s}+\Delta_{p}=\frac{V_{i}H_{w}^{3}}{3E_{c}I_{w}}+\frac{\mu V_{i}H_{w}}{G_{c}A_{w}}+\frac{e_{p}(T_{2}-T_{1})\ H_{w}^{2}}{2E_{c}I_{w}} \tag{3.3-10}$$

中值点的计算荷载和位移结果见表 3.3-7。

各试件中值点荷载和位移　　　　表 3.3-7

试件编号		SW1-1	SW1-2	SW1-3	SW2-1	SW2-2	SW3-1	SW3-2
θ_i（rad）		0.0077	0.0086	0.0094	0.0077	0.0078	0.0081	0.0073
计算值	V_i（kN）	210	181	168	202	185	205	219
	Δ_i（mm）	20.8	22.6	24.3	20.7	20.8	21.7	20.1

4）极限点（U）

极限荷载取为 0.85 倍的峰值荷载，即 $V_u=0.85V_m$。

对于极限点的位移 Δ_u 计算，这里采取按照试验数据拟合回归的方式。限于每个试验参数的样本数量较少，对各参数均进行线性拟合。共选取 4 个参数：轴压比 n_t、预应力筋位置 l_p、预应力筋数量 n_p 和中部贯通钢筋位置 l_s。对于上述 4 个参数，Δ_u 的拟合方程如下：

$$\Delta_u=(a\cdot n_t+b)(c\cdot n_p+d)(e\cdot l_p+f)(g\cdot l_s+h) \tag{3.3-11}$$

式中 a、b、c、d、f、h 为 4 元线性方程的系数。a、c、e、g 的取值一定程度上反映了 4 个参数对拟合结果的影响权重。由于试验参数变化样本数量较少，拟合的结果与迭代初始值的选取有关，样本数量的增加可以减弱这种初始值选取的影响。表 3.3-8 为各试件的影响参数的具体值。

各试件影响参数　　　　表 3.3-8

试件编号	SW1-1	SW1-2	SW1-3	SW2-1	SW2-2	SW3-1	SW3-2
n_t	0.27	0.271	0.272	0.269	0.269	0.241	0.316
n_p	2	2	2	2	4	2	2
l_p	0.42	0.42	0.42	0.22	0.42	0.42	0.42
l_s	0.3	0.125	0	0.3	0.3	0.3	0.3

对于极限位移，取试验中骨架曲线下降段中 0.85 倍的峰值荷载对应的位移与峰值位移计算值的比作为拟合函数目标 Δ_u，见表 3.3-9。拟合的多元函数系数见表 3.3-10，计算得到的极限荷载与拟合得到的极限位移见表 3.3-9。

各试件极限点荷载和位移　　　　表 3.3-9

试件编号	SW1-1	SW1-2	SW1-3	SW2-1	SW2-2	SW3-1	SW3-2
$\frac{\text{极限点位移}}{\text{峰值点位移}}$（试验值）	1.41	1.75	1.38	1.50	1.29	1.33	1.51
$\frac{\text{极限点位移}}{\text{峰值点位移}}$（拟合值）	1.51	1.52	1.53	1.31	1.29	1.46	1.59
计算荷载（kN）	208	195	191	202	222	193	235
拟合位移（mm）	60.4	69.6	74.1	59.5	65.4	61.8	59.9

极限点拟合参数　　表 3.3-10

拟合参数	a	b	c	d	e	f	g	h
位移参数	1.2379	0.7423	−0.0797	1.2897	0.7506	0.8243	−0.0462	1.1015

确定其骨架曲线主要特征点的步骤和方法总结如下：

① 根据剪力墙尺寸、预应力筋布置和材料特性以及外加荷载等，由公式（3.3-3）、（3.3-4）确定底部抬升点的荷载和位移。

② 由公式（3.3-5）求出由于剪力墙边缘混凝土进入非线性引起的结构刚度降低，并将此剪力与底部抬升点荷载的 2.5 倍比较，取较小值作为屈服点荷载，然后求解此时的屈服点位移，确定骨架曲线屈服点。

③ 迭代求解剪力墙底部截面受压区长度，求得峰值点荷载和位移，确定骨架曲线荷载峰值点。

④ 取荷载峰值点时剪力墙底部转角的 0.5 倍高度处的位置处作为中值点，认为此时的剪力墙底部截面受压区高度与峰值点时相同，进而求得中值点荷载和位移，确定骨架曲线中值点。

⑤ 取极限荷载为峰值荷载的 0.85 倍，根据式（3.3-11）计算极限位移，确定骨架曲线极限点。

根据以上方法得到的各试件的荷载－位移骨架曲线与试验所得的骨架曲线的对比如图 3.3-22 所示。对比结果表明，提出的荷载－位移骨架曲线计算结果与试验结果比较一致。

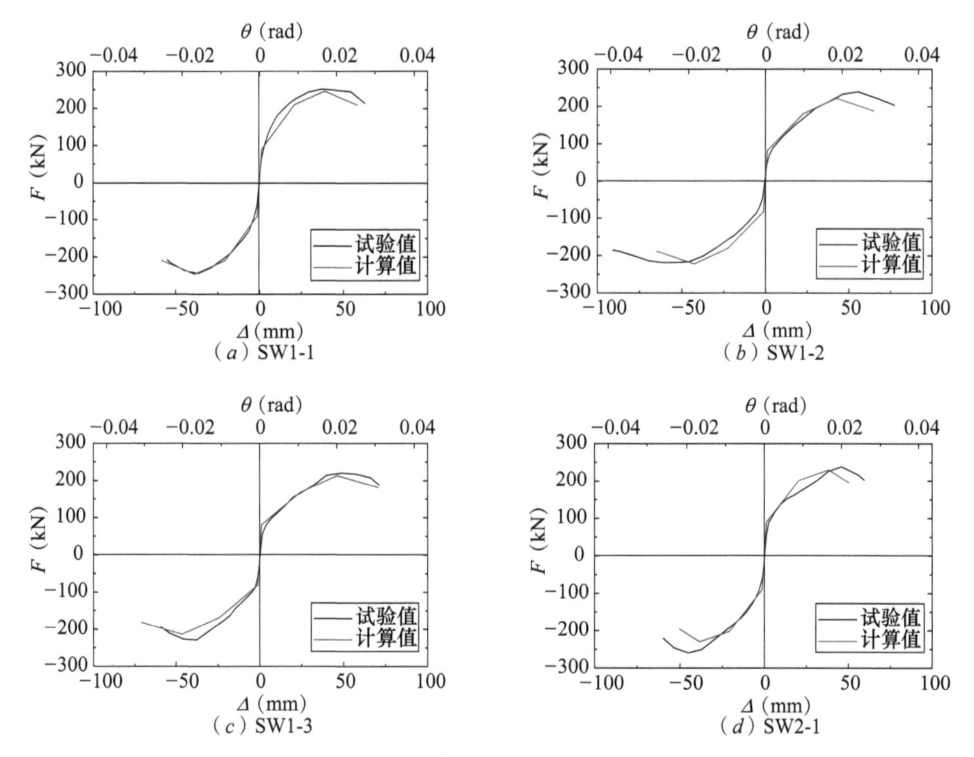

图 3.3-22　骨架曲线计算值与试验值对比（一）

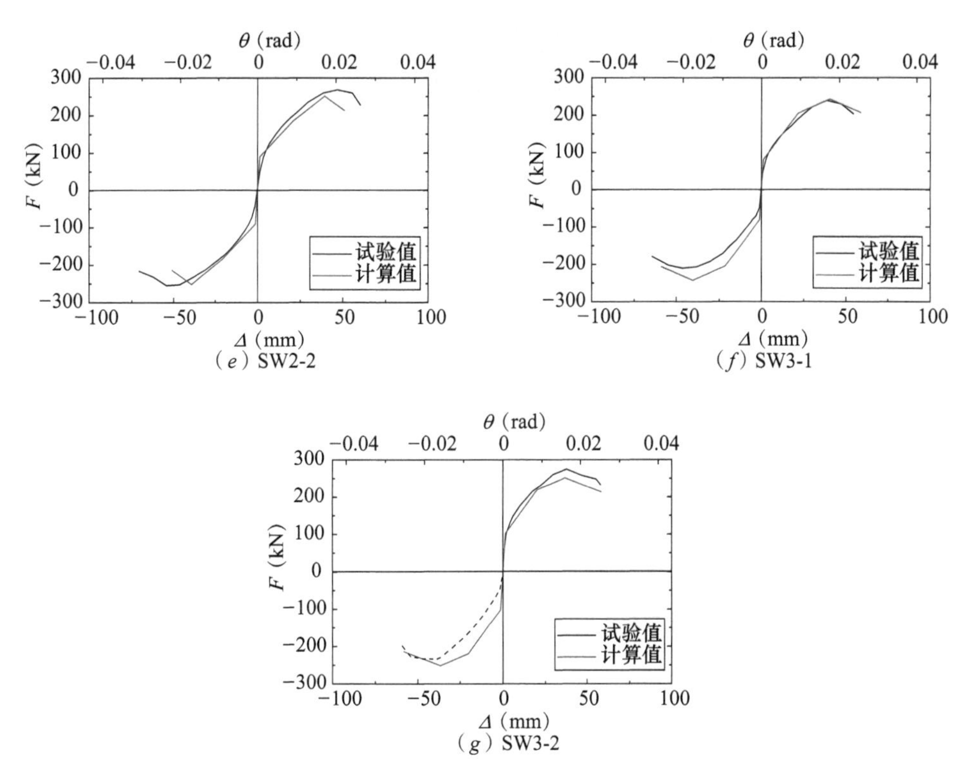

图 3.3-22　骨架曲线计算值与试验值对比（二）

（2）底部开水平缝摇摆剪力墙承载力计算

剪力墙结构在地震作用下，剪力墙构件以偏压受力状态为主，也有可能出现偏拉的受力状态，这里对两种受力状态的构件分别提出对应的设计方法。

1）偏心受压底部开水平缝摇摆剪力墙

采用其骨架曲线中屈服点和峰值点的计算公式进行不利荷载为偏压的底部开水平缝摇摆剪力墙的设计。根据上文介绍的设计流程按照公式推导剪力墙各参数。具体计算公式和计算流程可见骨架曲线计算过程。

2）偏心受拉底部开水平缝摇摆剪力墙

根据结构在多遇地震下的最不利荷载按照下列公式对偏拉剪力墙进行计算：

$$N \leqslant \frac{1}{\gamma_{RE}}\left(\frac{1}{\frac{1}{N_{0u}}+\frac{e_0}{M_{wu}}}\right) \tag{3.3-12}$$

$$N_{0u}=2A_s f_y+A_{sw} f_{yw}+2A_p f_{pi} \tag{3.3-13}$$

$$M_{wu}=A_s f_y\left(h_{w0}-a_s'\right)+A_{sw} f_{yw}\left(h_{w0}-a_s'\right)/2+f_{pi} A_p\left(h_{w0}-a_p\right) \tag{3.3-14}$$

式中，γ_{RE} 为承载力抗震调整系数；N_{0u} 为作用在剪力墙上的竖向荷载；e_0 为偏心距；M_{wu} 为剪力墙弯矩；A_s 为边缘约束区的纵向钢筋面积；A_{sw} 为竖向分布钢筋的截面面积；A_p 为每侧预应力筋的截面面积。需要注意的是，在底部开水平缝摇摆剪力墙中需要考虑开缝长度的影响而取实际受拉钢筋面积。

N_{0u} 和 M_{wu} 可以考虑预应力筋的作用。由于预应力筋为无粘结设置，墙体变形产生的应力变化较小，可在此公式中采用初始预应力值来考虑预应力筋的作用，轴向荷载也应该考虑初始预应力的影响。在确定预应力筋参数时，可先参照偏压剪力墙设计中的配筋情况和开缝情况对偏拉剪力墙进行开缝长度设定，然后根据承载力等效的原则计算预应力筋面积，并进一步确定初始应力。

在按照最不利荷载对偏心受拉底部开水平缝摇摆剪力墙进行计算之后，由于竖向预应力荷载的增加有可能会出现偏压受力状态为最不利荷载的情况，仍需对此剪力墙构件的其他工况荷载进行验算。

（3）剪力墙自复位设计

可采用以下公式对剪力墙进行自复位能力检验：

$$\phi_r\left[A_p(f_{pm}-0.5f_{p,loss})+N_w\right]>A_s(f_{sm}+f_{sy}) \quad (3.3\text{-}15)$$

式中，ϕ_r 为自复位损失折减系数，建议取 0.9；f_{pm} 和 $f_{p,loss}$ 分别为设计最大位移处预应力筋应力和因预应力筋进入非线性段而产生的预应力损失。

自复位能否实现要根据构件在最大位移下的钢筋和预应力筋应力状态进行判断。此应力状态根据上文骨架曲线中峰值点的求解即可得到。在实际设计中，可先根据多遇地震作用下承载力满足上文要求的条件求出初始预应力荷载，再按照满足下式的条件对预应力筋荷载初始值进行调整：

$$A_p f_{pi}+0.9N_w \geqslant A_s f_{su} \quad (3.3\text{-}16)$$

式中，$A_s f_{su}$ 为所有耗能钢筋极限抗拉能力，N_w 为剪力墙承受的竖向荷载。

目前现有的关于结构残余变形的研究多是通过时程分析法完成的，为了计算简便，在设计过程中可参考下式对残余变形进行初步计算：

$$\begin{aligned}\Delta_r/\Delta = &(-0.803n_t+0.536)(-0.0717n_p+0.7725)(-1.3984l_p+1.7281)\\&(1.1336l_s+0.1769)\end{aligned} \quad (3.3\text{-}17)$$

式中，Δ 为构件在水平荷载作用下的最大变形；Δ_r 为残余变形；n_t 为轴压比；n_p 为预应力筋束数量；l_p 为预应力筋位置，取最外侧预应力筋到剪力墙中心线的距离与墙体截面长度的比值；l_s 为与底部开水平缝长度对应，取最外侧贯通钢筋到剪力墙中心线的距离与墙体截面长度的比值。

在设计完成之后，得到上述参数，然后假定结构构件在地震作用下的最大变形即可得到此时的残余变形。为了更精确地计算残余变形值并与以上提出的限值进行对比，在根据公式初步计算以后，还应采用数值模拟方法对构件在经受最大变形后的残余变形进一步验证。

3. 设计流程

底部开水平缝摇摆剪力墙结构的设计流程如图 3.3-23 所示。具体流程如下：

（1）根据结构布置方案，对采用现浇普通墙结构的方案进行建模分析并配筋。

（2）针对相同截面尺寸的剪力墙进行底部开水平缝摇摆剪力墙设计，配筋形式总体仍采用现浇普通墙结构配筋结果。

（3）确定预应力筋面积。假定 $V_y=2.5V_d$，初步确定预应力筋初始预应力，进一步确定预应力筋的初始应力、数量和布置。

（4）确定开缝长度。可按照下列两个方法控制开缝长度的最小值：①按照公式（3.3-17）确定骨架曲线中残余变形的大小，保证结构在罕遇地震作用下的自复位能力，即残余层间位移角在 0.2% 以内；②根据自复位初步判定公式（3.3-15）确定底部贯通钢筋的面积，从而确定开缝长度。值得注意的是，在初始预应力足够大时，可能会出现开缝长度为零仍能满足公式要求的情况，此时为了保证仅在墙体－基础界面产生裂缝，仍需设置一定长度的水平缝，实际设计时可将开缝长度初始值设定为不小于约束边缘构件长度的一半。

（5）计算耗能钢筋无粘结长度和约束区混凝土参数。为了满足耗能钢筋不拉断的设计目标，可以根据前文提出的骨架曲线中峰值点的计算方法得到钢筋应变值确定无粘结段长度。在设计时可先假定一个无粘结段长度初始值，根据骨架曲线的计算结果来进行调整，保证其在最大位移条件下不拉断，且有足够的贯通钢筋进入塑性来耗能。设计目标要求剪力墙边缘约束区中的约束混凝土在构件达到层间位移角限值前不会发生压碎，即不会达到其极限应变值。也就是说剪力墙构件的荷载峰值点位移要大于结构在罕遇地震作用下层间位移的限值。这可以通过对边缘约束区中的箍筋参数调整来改善此区域混凝土的受压性能。

（6）计算屈服点和峰值点是否满足承载力要求，如不满足，返回第 4 步调整开缝长度。

（7）通过有限元分析软件对关键位置特别是底层剪力墙构件进行单独建模分析，检验以上设计结果，特别是耗能钢筋和预应力筋的应力、构件的自复位能力是否满足设计目标。

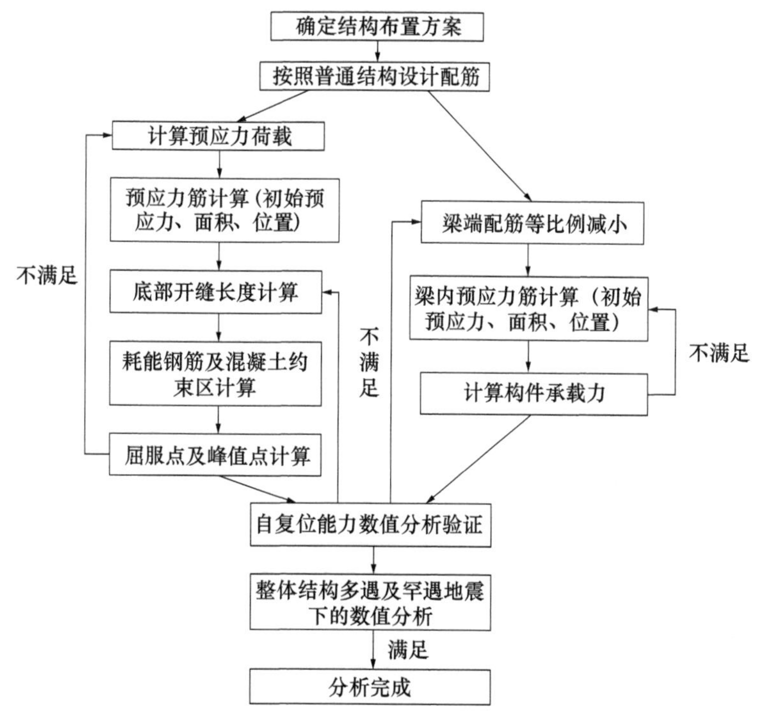

图 3.3-23　底部开水平缝摇摆剪力墙结构的设计流程

值得注意的是，预应力筋布置在靠近墙体边缘位置能够提高剪力墙构件的承载力。当设计高层剪力墙结构时，如果预应力筋在整个结构中竖向通长设置，则由于无粘结长度较长，墙体底部抬升使预应力筋伸长所引起应力的增加并不明显，所以高层结构中预应力筋在墙截面中的布置位置对剪力墙抗震性能的影响不明显。因此可以简化预应力筋位置的参数选择，将其布置在紧邻边缘约束区区域，这样不仅能有效利用预应力筋的伸长带来的承载力提升，也不会占用剪力墙边缘约束区的有效约束面积。

3.3.3.2 设计算例

以一个10层的钢筋混凝土剪力墙结构为例进行设计，建筑作为办公楼使用。结构的基本信息如下：底层层高5m，二层层高4m，标准层层高3.2m，结构总高度为34.6m。结构平面为长方形，长48m，宽16m，平面布置如图3.3-24所示。楼板和梁的混凝土强度等级C30，剪力墙混凝土强度等级C40，钢筋均采用HRB400。抗震设防烈度8度（0.2g），场地类别为Ⅲ类，第一组，场地特征周期 T_g = 0.45s。

X方向剪力墙截面长度为2m，Y方向剪力墙在结构边缘布置的截面长度为2m，其余部位的剪力墙截面长度为1.65m。全部剪力墙均为底部开水平缝摇摆剪力墙。构件的截面尺寸如表3.3-11所示。

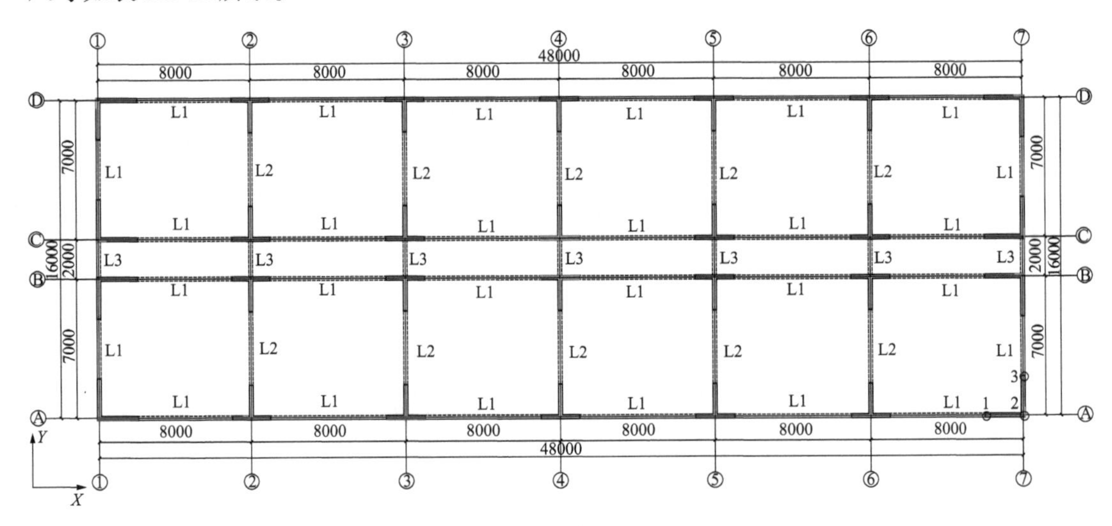

图3.3-24　结构平面布置图

构件截面尺寸　　表3.3-11

剪力墙厚	梁截面尺寸		
	L1	L2	L3
200mm	200mm×700mm	200mm×600mm	200mm×500mm

1. 多遇地震设计

（1）偏压剪力墙设计

根据原有结构进行底部开水平缝摇摆剪力墙设计时，为了充分利用预应力筋对剪力墙承载力的贡献并避免对边缘约束混凝土截面的削弱，预应力筋的位置设定在紧邻边缘约束构件处对称放置。底部开水平缝摇摆剪力墙在进入构件屈服点之前近似线弹性且满足底部截面屈服弯矩 M_y 为剪力墙底部抬升弯矩 M_d 的2.5倍，可以将截面屈服弯矩的计算转换为底部抬升弯矩的计算。

在PKPM中完成建模计算，提取结构地震作用下X、Y两个方向剪力墙的最不利荷载，即剪力墙的最不利轴力、弯矩荷载组合。在此状态下的剪力墙底部截面屈服弯矩应大于最不利荷载组合的弯矩。

采用底部开水平缝摇摆剪力墙荷载－位移骨架曲线模型中计算屈服点的公式，先按照2.5倍底部抬升弯矩计算，公式如下：

$$\sigma=\frac{N+\sum f_{pi}A_{pi}}{A_w}=\frac{M_d y}{I_w} \tag{3.3-18}$$

式中，σ为竖向总荷载产生的初始压应力；N为底层剪力墙承受的结构竖向荷载；$\sum f_{pi}A_{pi}$为预应力筋中初始预应力产生的总竖向荷载；A_w为剪力墙的截面面积；I_w为剪力墙截面惯性矩；y为截面形心到剪力墙受拉一侧边缘的距离。

取最不利荷载对偏压剪力墙构件（图3.3-24中轴线3/A X向剪力墙）进行设计，截面配筋如图3.3-25所示，取此剪力墙的最不利荷载值为$N=-29$kN，$M=1527$ kN·m，最小的预应力为1562.4kN。

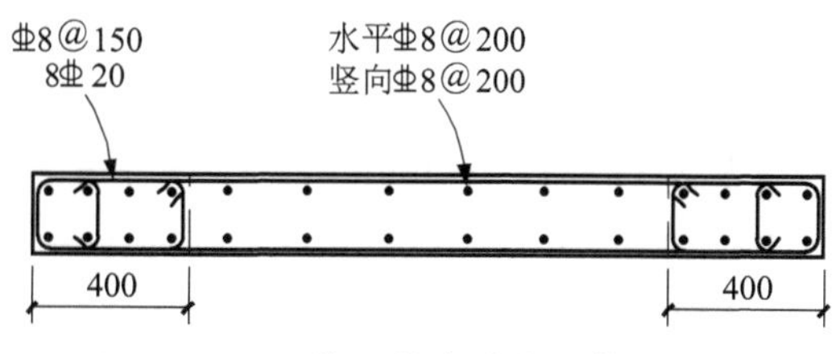

图3.3-25 偏压剪力墙构件截面配筋

剪力墙按照刚体转动时，在最大层间位移角限值下预应力筋（紧邻边缘约束构件处）可能的伸长量为13.3mm。若预应力筋沿结构全高布置，其应力增加为75.1MPa，可以看到即使是按照刚体变形考虑，预应力筋的应力增加也很小。取初始预应力大小为$0.5f_{ptk}=0.5\times1860=930$MPa。采用公称直径15.24mm的预应力钢绞线，截面积为140mm^2，则可根据以上信息计算得到所需的预应力钢绞线数量为每侧布置6根。

根据荷载－位移骨架曲线中对残余变形的拟合公式（3.3-17），求解底部开水平缝长度。由于初始预应力值较大，根据以上方法求得的剪力墙在按照原来普通结构设计时配筋仍满足自复位要求，即底部开水平缝长度为零时依然可以满足自复位要求。实际设计为了保证剪力墙结构的裂缝位置位于剪力墙与基础连接界面，需要设定一定长度的水平开缝并设置分隔钢板来引导墙体底部裂缝的开展，可以通过去除最边缘两排纵向钢筋的方法来初步设置边缘开缝长度，然后根据之后的验算步骤对此参数进行调整。

初步确定了预应力筋初始荷载大小和底部水平缝长度之后可以根据骨架曲线中对屈服点的求解来验证承载力是否满足要求。一般承载力由剪力墙底部抬升产生的刚度变化控制，所以采用这种设计流程效率较高。

（2）偏拉剪力墙设计

对于算例中的剪力墙结构，在初步设计的过程中发现X方向位于结构平面边缘的剪力墙的最不利荷载为偏拉状态，需对底部开水平缝摇摆剪力墙的偏拉状态进行配筋计算。以X方向角部最边缘剪力墙（图3.3-24中轴线1/A X向剪力墙）为例，配筋如图3.3-26所示，此剪力墙最不利荷载为偏拉状态（$N=1146$kN，$M=1482$kN·m）。先确定底部水平缝的长度，参考偏压底部开水平缝摇摆剪力墙的配筋形式，初步设定剪力墙截面边缘两排钢筋不贯通。根据 PKPM 中的配筋结果，边缘约束区不贯通的钢筋面积每侧为 1570mm²（5⏀20），按照设计承载力等效原则每侧需要最少的预应力筋面积为 428mm²。实际取每侧 4 根预应力筋（560mm²）。以上确定了预应力筋的面积和位置，然后可参考偏压状态将预应力筋初始应力值取为 930MPa。则偏拉状态的轴向拉力减小 104.4kN。

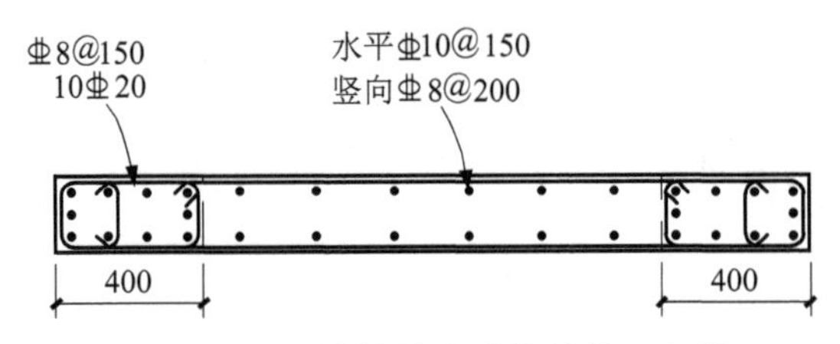

图 3.3-26　偏拉剪力墙构件截面配筋

$a_s=300\text{mm}$，$a_p=400\text{mm}$，根据式（3.3-13）～式（3.3-15），得 $N_{0u}=2.39\times10^6\text{N}$，$M_{wu}=1.62\times10^9\text{N}\cdot\text{mm}$。

$$N\leqslant\frac{1}{\gamma_{RE}}\left(\frac{1}{\frac{1}{N_{0u}}+\frac{e_0}{M_{wu}}}\right)=\frac{1}{0.85}\left(\frac{1}{\frac{1}{2.39\times10^6}+\frac{1293}{1.62\times10^9}}\right)=9.67\times10^5\text{N}$$

这里对抗弯承载力的计算忽略了靠近受压侧预应力筋的作用。根据以上结果，求得的偏拉剪力墙承载力大于构件受拉荷载，其承载力满足要求。

2. 罕遇地震设计

（1）承载力验算

对于底部开水平缝摇摆剪力墙结构中的构件，需进行峰值承载力计算。计算原则为保证底部开水平缝摇摆剪力墙峰值承载能力不低于相同截面和配筋形式的现浇普通剪力墙。取多遇地震设计中作为算例的偏压剪力墙构件，对底层剪力墙构件进行分析。重力荷载作用下，底层剪力墙的轴压力为 1986.4kN。

根据《高规》可以计算得到普通现浇剪力墙构件的压弯承载力峰值为 3421.6kN·m，底部开水平缝摇摆剪力墙构件的压弯承载力峰值则可根据骨架曲线中的峰值点的计算方法进行计算。按照试算结果取贯通钢筋的无粘结长度为 500mm，计算的结果如表 3.3-12 所示。需要注意的是，为了反映实际整体结构中预应力筋的伸长对承载力的贡献，底部开水平缝摇摆剪力墙中的预应力筋长度按照实际结构中的长度计算，也即整体结构的总高度。

底部开水平缝摇摆剪力墙构件计算结果　　**表 3.3-12**

峰值承载力（kN·m）	峰值位移（mm）	受压区高度（mm）	最大钢筋应变	预应力值（MPa）	
3663	51.9	524	0.021	922.5	983.9

从表格中的结果可以看出，底部开水平缝摇摆剪力墙构件的峰值承载力大于原现浇普通墙构件，但峰值位移对应的层间位移角大于规范限值。此外，峰值点的最大钢筋应变和预应力值也表明在此状态下耗能钢筋没有拉断，预应力筋没有屈服，满足设计原则。

采用 ABAQUS 软件对底部开水平缝摇摆剪力墙构件进行有限元精细分析。模型参数设置与骨架曲线一致，得到剪力墙构件单调推覆曲线如图 3.3-27 所示。构件峰值点承载力为 3769.8kN • m，与理论计算结果接近。在峰值点时，数值模拟预应力的大小分别为 914.6MPa 和 997.4MPa，也与骨架曲线结果接近。底部开水平缝摇摆剪力墙构件在推覆峰值点时的钢筋塑性应变云图如图 3.3-28 所示，此时最大塑性应变为 0.0135。因此最边缘贯通钢筋实际应变为 0.0155，与计算结果接近。

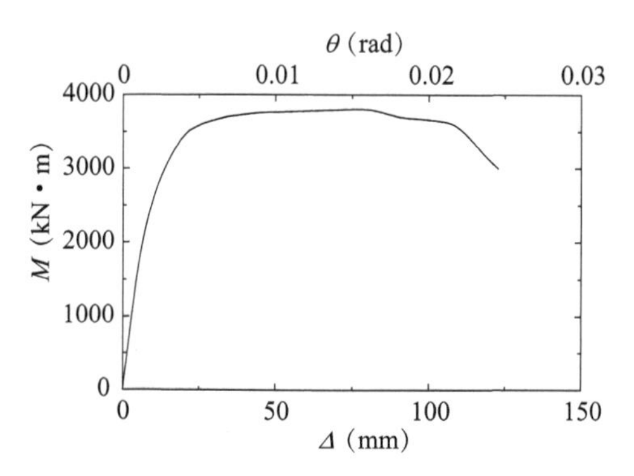

图 3.3-27　底部开水平缝摇摆剪力墙单调推覆曲线

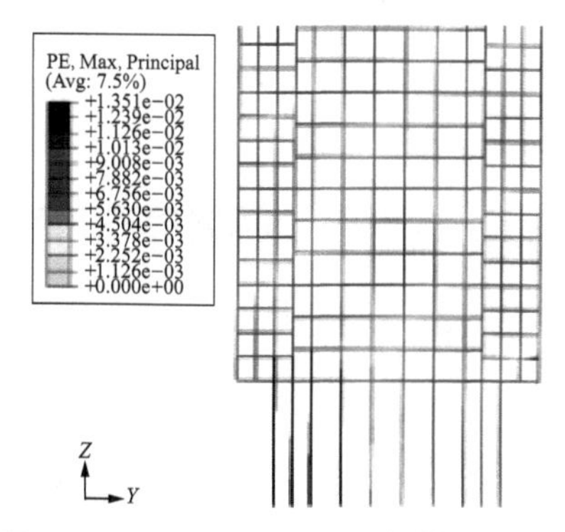

图 3.3-28　底部开水平缝摇摆剪力墙钢筋塑性应变云图

（2）自复位验算

构件承载力满足设计要求后，还需对构件的自复位能力进行验算。根据回复力模型中关于残余变形的拟合公式，已知算例中的剪力墙构件参数 $n_t = 0.465$，$n_p = 2$，$l_p = 0.3$，$l_s = 0.367$，可得到最终的计算值 $\Delta_r/\Delta = 0.0793$，由此得到拟合公式计算出剪力墙构件在层间位移角 1/100 下的残余变形为 3.97mm。

图 3.3-29 为底部开水平缝摇摆剪力墙构件反复加载下的荷载 – 位移曲线（层间位移角为 1/100）。从图中可以看出，构件的残余变形很小，曲线呈现出典型的“旗帜形”自复位特点。两个方向的残余变形分别为 3.5mm 和 4.9mm，满足设定的构件自复位控制目标，且与骨架曲线模型对残余变形的计算结果接近。此时得到的等效耗能系数为 0.29，满足构件设计的耗能目标。

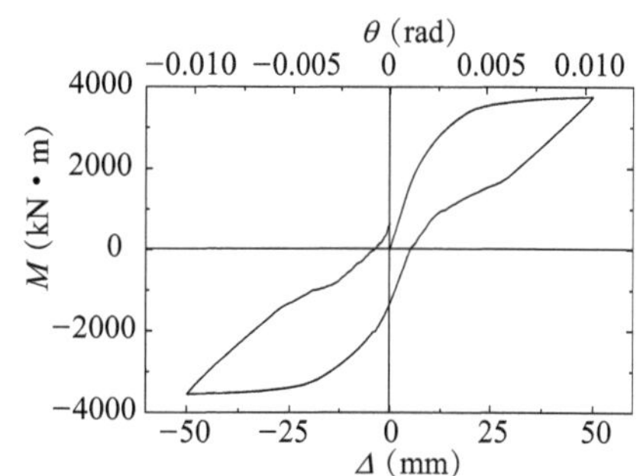

图 3.3-29　底部开水平缝摇摆剪力墙构件反复加载曲线

3.4　框架 – 摇摆墙结构体系试验研究及工程实例

3.4.1　框架 – 摇摆墙结构体系的研究简介

为突破预制结构在地震区的使用限制，美日联合项目 PRESSS（PREcast Seismic Structural System）对框架 – 摇摆墙结构进行了拟动力试验 [15]，模型结构采用基于位移的方法进行设计，试验装置如图 3.4-1 所示。试验的重点研究对象是梁柱节点。试验结构分别采用了预应力连接和普通现浇连接的节点构造方式。值得注意的是，为减轻墙体抬升对楼板的影响，一些构造措施被用来隔开墙体与楼板的连接。试验证明了这种框架－摇摆墙结构可以在高烈度地区使用，同时验证了基于位移的设计方法的可靠性。

美国预制预应力混凝土协会（Precast/Prestressed Concrete Institute，简称 PCI）为研究预制结构楼板的抗震性能以及楼板与剪力墙之间的连接问题，开展了 DSDM 项目（Diaphragm Seismic Design Methodology）[16]。该项目进行了一系列试验，包括预制混凝土结构振动台试验，如图 3.4-2 所示。模型结构由预制梁柱构件、预制楼板和预制剪力墙装配而成。摇摆墙除了自重之外，不承担竖向荷载。楼板与剪力墙的连接可以传递水平方向的内力，但允许竖向的相对运动，避免了剪力墙抬升带来的楼板的变形。

（a）模型结构

（b）施工中的结构

图 3.4-1　PRESSS 项目预制结构拟动力试验[15]

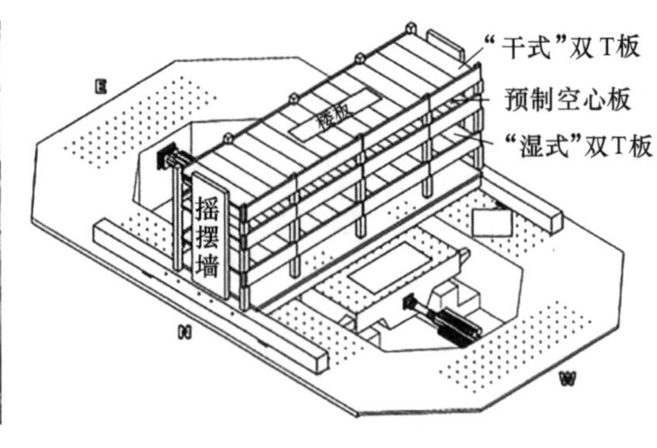

图 3.4-2　DSDM 项目预制结构振动台试验[16]

日本国家防灾科学技术研究所（NIED）为了对比现浇结构与框架－摇摆结构在地震作用下的抗震性能，进行了两栋 4 层足尺混凝土结构振动台试验[17]，如图 3.4-3 所示。其中一栋建筑是传统的现浇混凝土框架－剪力墙结构；另一栋为混凝土框架－摇摆墙结构，此结构采用高性能混凝土和高强钢筋，其剪力墙是由分层预制的墙板拼接组成，墙体底部布置软钢以达到耗能目的。试验结果表明，与现浇结构相比，在地震作用下预制结构的损伤明显减小，基本没有残余变形。

为了验证框架－摇摆墙抗侧力结构震后是否能满足残余位移角限值，Salinas 等[18]进行了一系列 5 层框架－剪力墙缩尺结构模型的振动台试验。试验结构包括钢框架－现浇混凝土剪力墙结构（E1）、钢框架－混凝土摇摆墙结构（A1、A2），如图 3.4-4 所示。试验结果表明，采用摇摆墙的结构 A1 和 A2 的抗震性能与采用现浇混凝土剪力墙的结构 E1 相似，但 A1 和 A2 的残余位移角明显小于 E1。

图 3.4-3　E-Defence 足尺振动台试验[17]

图 3.4-4　框架－摇摆墙结构振动台试验[18]

3.4.2　框架 – 摇摆墙结构体系振动台试验研究与分析

1. 试件设计及制作

为研究混凝土框架 – 摇摆墙结构的抗震性能，作者团队设计并制作了一个缩尺的 5 层框架 – 摇摆墙结构模型，模型结构平面图及立面图如图 3.4-5 所示[19]。模型结构 *X* 方向以摇摆墙作为抗侧力构件，*Y* 方向通过抗弯框架承担侧向力。梁、柱内均通长布置无粘结预应力钢绞线。顶层配重 1.7t，其余每层 1.46t。

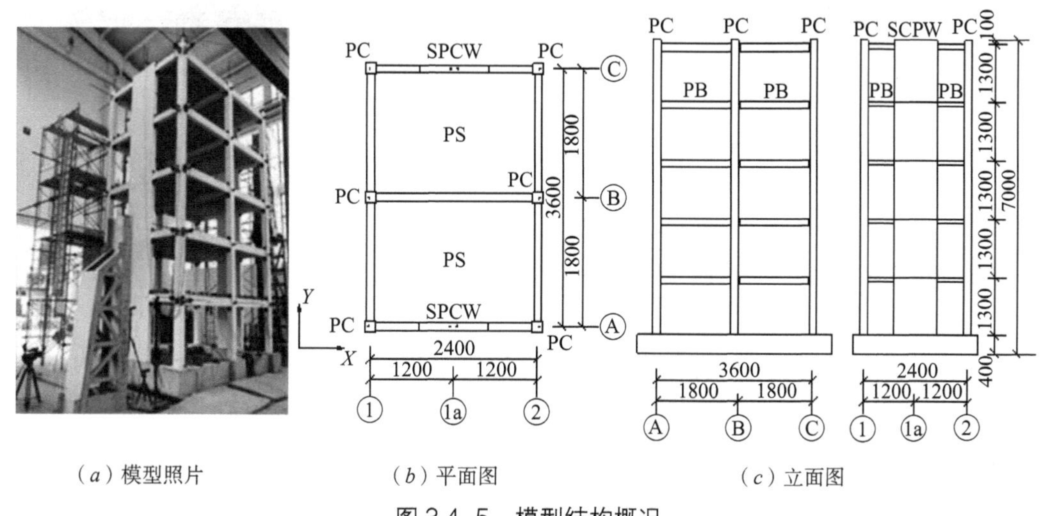

（*a*）模型照片　（*b*）平面图　（*c*）立面图

图 3.4-5　模型结构概况

梁柱截面配筋如图 3.4-6 所示。摇摆墙分层预制，最后通过预应力钢绞线拼装而成，接缝采用高强无收缩灌浆料填充。底层至 4 层墙板高度为 1300mm，为锚固方便，顶层墙板加高 100mm，高度为 1400mm。摇摆墙总高度为 6600mm。底层预制摇摆墙配筋如图 3.4-7 所示。试件制作过程参照 3.2.2 节摇摆墙构件的制作。

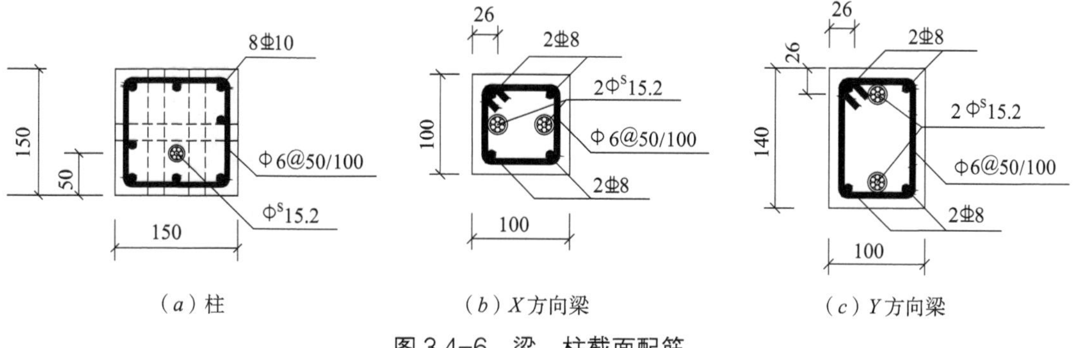

（*a*）柱　（*b*）*X* 方向梁　（*c*）*Y* 方向梁

图 3.4-6　梁、柱截面配筋

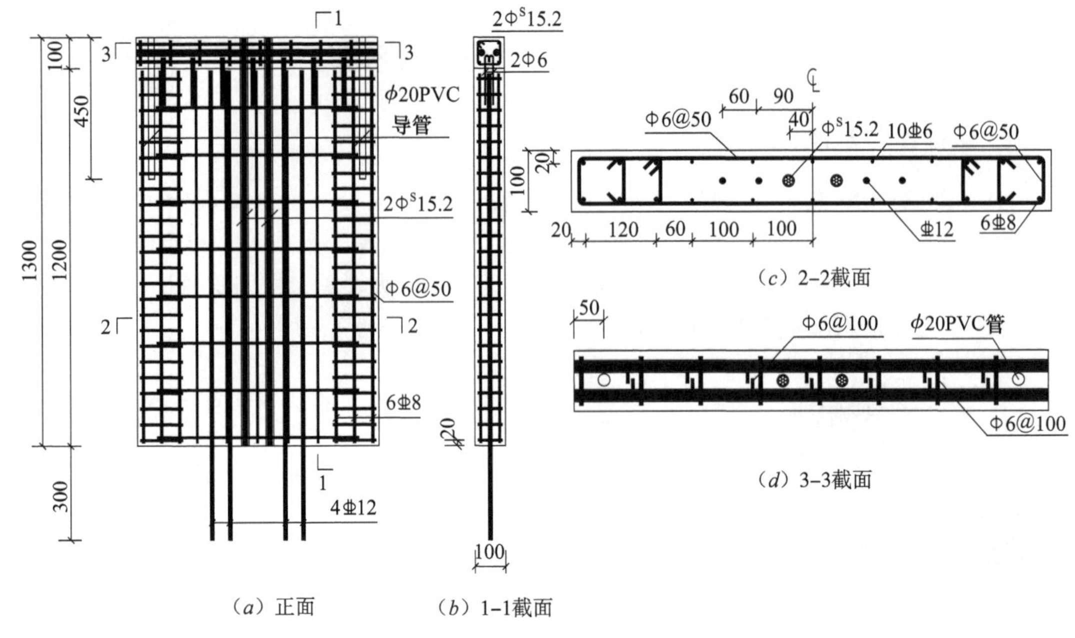

图 3.4-7　底层摇摆墙截面配筋图

柱脚布置 20mm 厚钢板，同时基础相应位置预埋同样大小的 20mm 厚钢板，钢板在钢绞线位置处预留直径为 22mm 的孔洞。同时，柱脚周围基础加高 40mm，以防柱脚在试验时侧向滑移，柱脚节点构造如图 3.4-8 所示。

2. 试验装置和测点布置

传感器布置如图 3.4-9 所示，每层楼面及底座布置加速度计和拉线式位移计，力传感器布置于摇摆墙顶部、边柱顶部、中柱顶部、每层梁端部。应变片布置于耗能钢筋、墙体

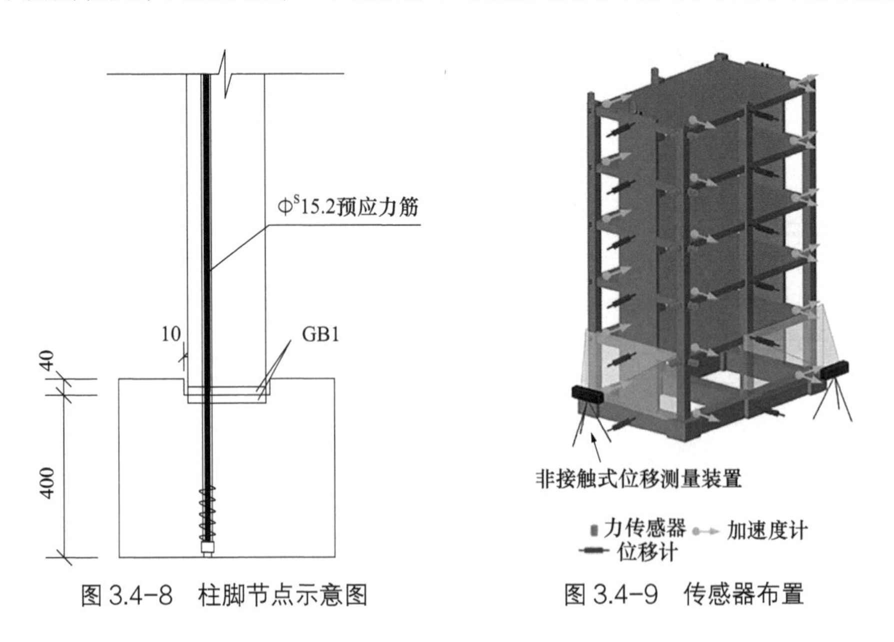

图 3.4-8　柱脚节点示意图

图 3.4-9　传感器布置

底部以及柱底部的钢筋上，如图 3.4-10 所示。

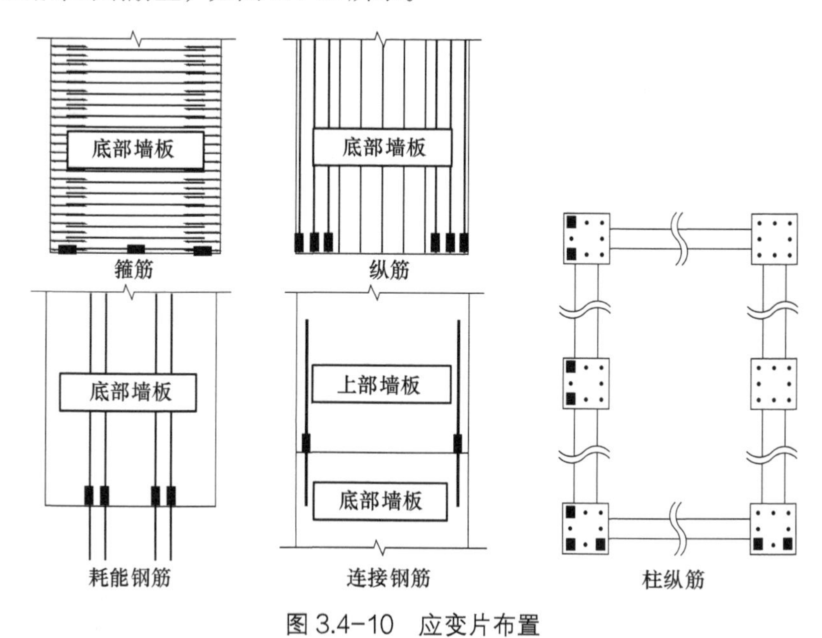

图 3.4-10　应变片布置

试验采用非接触式位移测量装置测量底层的墙脚抬起高度、柱脚抬起高度以及梁端的张开宽度。非接触式位移测量装置的测试范围约为 1.5m×2m。通过两个测点在某一个方向的相对位移得到节点的张开宽度。每台非接触式位移测量装置测点布置如图 3.4-11 所示。

（*a*）梁柱节点

（*b*）柱脚节点

（*c*）墙脚

图 3.4-11　非接触式位移测量装置测点

3. 试验输入的地震波

选用表 3.4-1 所列地震波作为振动台台面输入。地震波按 PGA 为 0.0875*g*、0.175*g*、0.25*g*、0.5*g*、0.75*g*、1.0*g* 逐级输入。天然地震波按主向与次向 PGA 比例为 1 ：0.85 调幅后沿振动台两个水平方向输入。每一级地震波输入前后均用低幅白噪声激振扫频，以测量地震波输入前后模型结构的自振频率、振型和阻尼比等动力特性参数。

振动台试验所选用地震波 **表 3.4-1**

地震波名称	测　　站	年份	持时（s）	震级	震中距（km）
El Centro 波	EL CENTRO ARRAY #9	1940	53.73	6.7	11.5
Wenchuan 波	卧龙站	2008	180	8.0	19.0
Takatori 波	TAKATORI 站	1995	48	6.9	1.5

4. 试验现象

7 度多遇水准的各地震波输入后，结构表面未发现可见裂缝，结构处于弹性工作阶段。墙脚、柱脚及梁端未发现有提离或者打开的迹象。墙板接缝处没有水平滑移。8 度多遇水准的各地震波输入后的试验现象基本与 7 度多遇水准的试验现象相同。结构处于弹性工作阶段，墙脚、柱脚及梁端未发现有抬起或者打开的迹象，无可见裂缝。此阶段工况结束后，模型结构照片如图 3.4-12 所示。

（a）墙脚

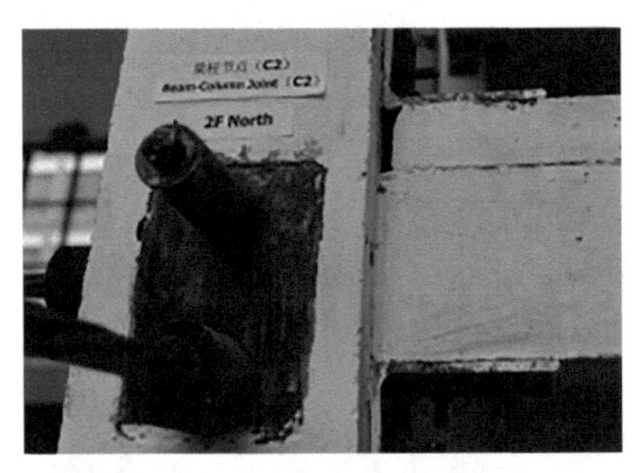

（b）梁柱节点（C2，2F 北）

（c）梁墙节点（A1a，2F 北）

（d）柱脚（A1）

图 3.4-12　8 度多遇地震后模型结构状态

7 度基本水准的各地震波输入时，结构除晃动外无其他明显现象。此阶段工况结束后观察模型结构，摇摆墙与基础脱开后形成裂缝（图 3.4-13（a））。梁端出现裂缝，个别梁端裂缝宽度较大，宽约 1mm（图 3.4-13（b））。柱脚节点完好（图 3.4-13（d））。梁与楼板连接处有少量混凝土碎渣掉落。模型结构底部无水平滑移发生，墙板接缝处没有水平滑移。结构稍加修复即可立即投入使用。

（*a*）墙脚

（*b*）梁柱节点（C1，3F 北）

（*c*）梁墙节点（C1a）

（*d*）柱脚节点（A1）

图 3.4-13　7 度基本地震后模型结构状态

8 度基本水准各地震波输入时，结构梁端缝隙有打开现象，并且可观察到墙脚抬起。此阶段工况结束后，摇摆墙墙脚混凝土保护层有一小块剥落，如图 3.4-14（*a*）所示。Takatori 波工况下，明显观察到墙脚抬起，抬起高度约 5mm。梁端有张开，张开宽度约 1mm。柱脚完好无损伤（图 3.4-14（*d*））。结构底部无水平滑移发生。结构稍加修复即可立即投入使用。

（*a*）墙脚

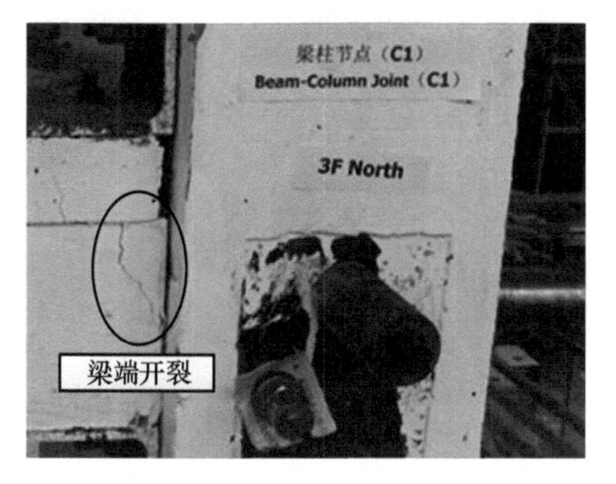

（*b*）梁柱节点（C1，3F 北）

图 3.4-14　8 度基本地震后模型结构状态（一）

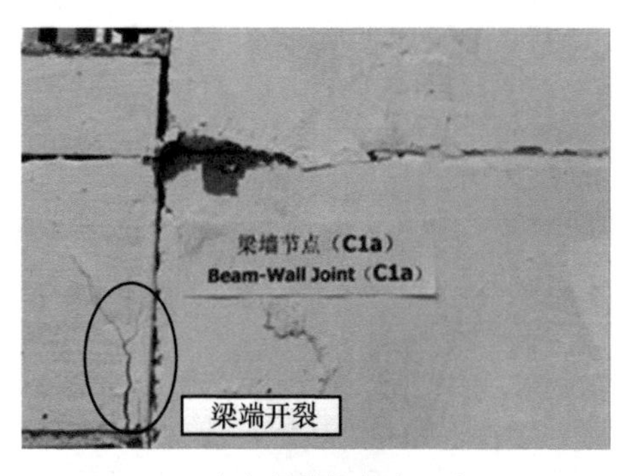

（c）梁墙节点（C1a）

（d）柱脚节点（B2）

图 3.4-14　8 度基本地震后模型结构状态（二）

PGA ＝ 0.75g 的各地震波输入时，可以非常明显地观察到柱底抬起并能自复位，结构变形较大。此阶段工况结束后，部分梁端混凝土保护层脱落（图 3.4-15（b）、图 3.4-15（c））。柱脚完好无损伤（图 3.4-15（d）），墙板接缝处没有水平滑移，结构底部无水平滑移发生。结构稍加修复即可立即投入使用。

（a）墙脚

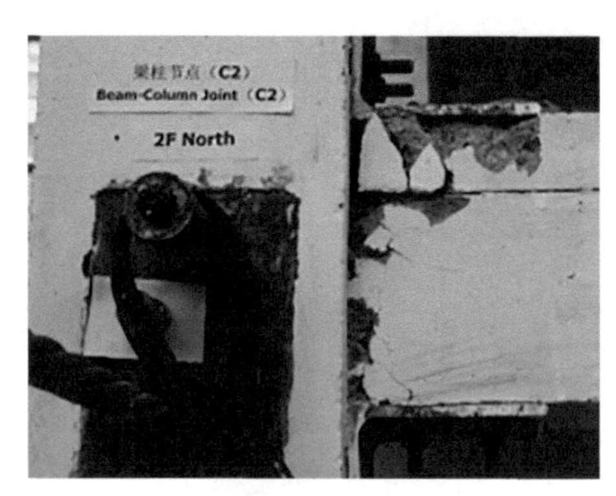

（b）梁柱节点（C2，2F 北）

（c）梁墙节点（C1a）

（d）柱脚节点（A2）

图 3.4-15　PGA ＝ 0.75g 的地震后模型结构状态

8 度罕遇水准地震波输入时，Takatori 波工况下结构自复位程度显著，墙脚抬起约 1cm（图 3.4-16（a）），梁柱节点打开明显（图 3.4-16（b）），振动过程中有连续响声，梁端及楼板处有混凝土碎块脱落。试验结束后，梁柱节点以及梁墙连接处裂缝有所增加（图 3.4-16（*c*）、（*d*））。墙脚损伤很小，只有部分混凝土保护层脱落（图 3.4-16（*e*））。柱脚基本完好（图 3.4-16（*f*）），结构基本无残余变形，模型结构底部无水平滑移发生。结构稍加修复即可立即投入使用。

（*a*）墙脚抬起

梁端打开

（*b*）梁柱节点打开（A2）

（*c*）梁柱节点（A2，2F 东）

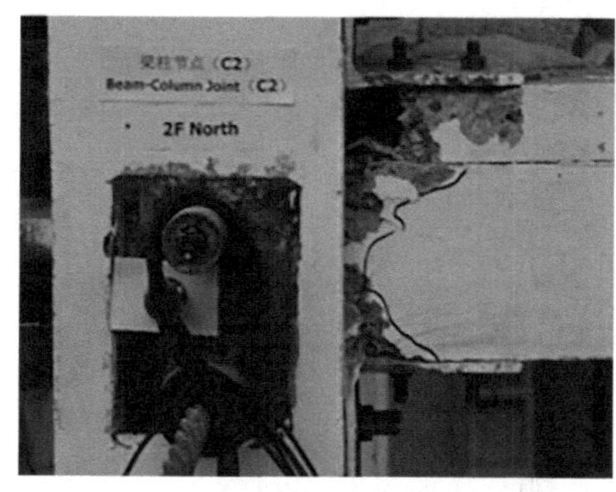

（*d*）梁柱节点（C2，2F 北）

（*e*）墙脚（A2）

（*f*）柱脚（C2）

图 3.4-16　8 度罕遇地震后模型结构状态

5. 试验结果及分析

（1）动力特性

模型结构在每一级地震作用前后的结构自振频率、阻尼比及振型如表 3.4-2 所示。模型结构振型如图 3.4-17 所示，模型结构的频率随着加载工况的变化情况见图 3.4-18。模型结构初始状态前三阶频率分别为 2.5Hz（Y 向平动）、4.13Hz（X 向平动）和 6.13Hz（扭转），自振周期分别为 0.40s，0.24s 和 0.16s。模型结构频率随着输入地震动幅值的增大而降低，阻尼比随着结构损坏的加剧而增大。

结构动力特性测试结果　　表 3.4-2

		1 阶	2 阶	3 阶	4 阶	5 阶	6 阶
第一次白噪声	频率（Hz）	2.50	4.13	6.13	8.75	16.88	21.38
	阻尼比（%）	6.72	4.93	—	2.42	2.04	3.97
	振型	Y 平动	X 平动	扭转	Y 平动	Y 平动	X 平动
第二次白噪声	频率（Hz）	2.25	4.00	5.88	8.25	16.00	20.75
	阻尼比（%）	5.87	6.47	—	2.99	2.11	3.66
	振型	Y 平动	X 平动	扭转	Y 平动	Y 平动	X 平动
第三次白噪声	频率（Hz）	2.13	3.38	5.13	7.75	15.25	19.00
	阻尼比（%）	6.84	6.21	—	3.50	2.40	2.18
	振型	Y 平动	X 平动	扭转	Y 平动	Y 平动	X 平动
第四次白噪声	频率（Hz）	2.13	3.13	4.88	7.63	15.13	18.63
	阻尼比（%）	7.15	6.77	—	3.10	2.76	4.13
	振型	Y 平动	X 平动	扭转	Y 平动	Y 平动	X 平动
第五次白噪声	频率（Hz）	1.88	2.25	3.88	7.14	14.38	16.5
	阻尼比（%）	8.20	9.13	—	3.19	3.39	2.88
	振型	Y 平动	X 平动	扭转	Y 平动	Y 平动	X 平动
第六次白噪声	频率（Hz）	1.75	2.13	3.50	6.50	13.50	16.00
	阻尼比（%）	10.43	9.31	—	4.92	2.82	2.53
	振型	Y 平动	X 平动	扭转	Y 平动	Y 平动	X 平动
第七次白噪声	频率（Hz）	1.63	2.13	3.38	6.40	13.13	15.38
	阻尼比（%）	10.19	9.23	—	4.13	3.60	2.53
	振型	Y 平动	X 平动	扭转	Y 平动	Y 平动	X 平动

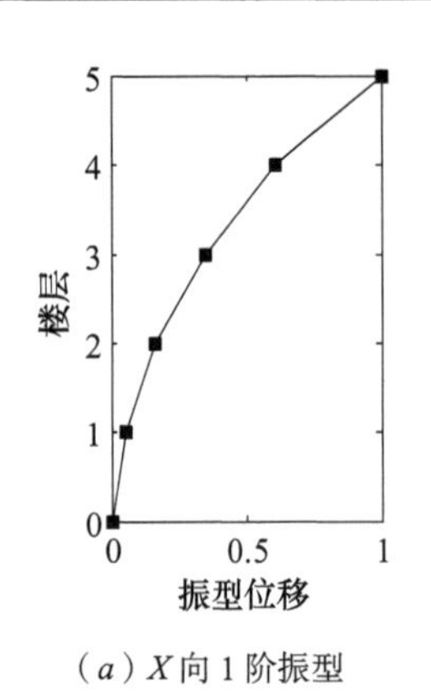

（a）X 向 1 阶振型

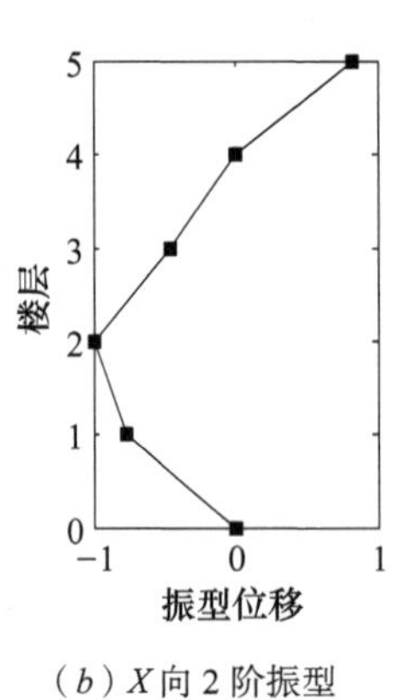

（b）X 向 2 阶振型

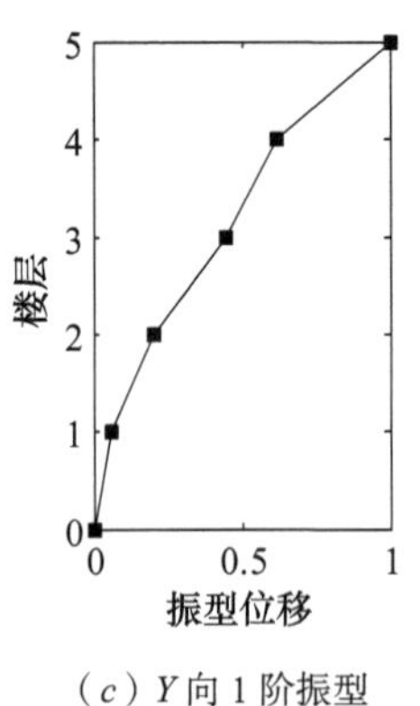

（c）Y 向 1 阶振型

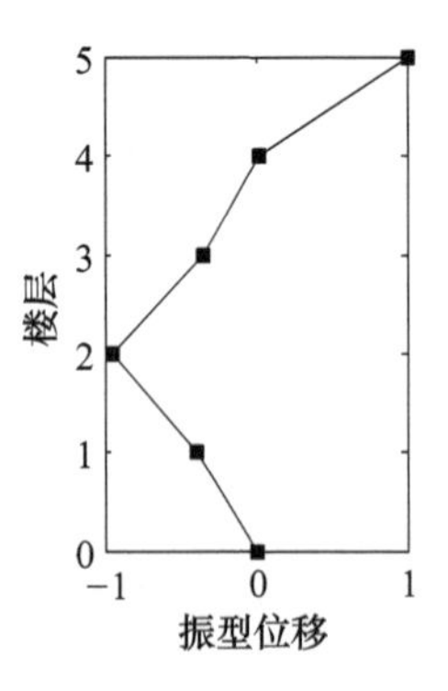

（d）Y 向 2 阶振型

图 3.4-17　结构振型

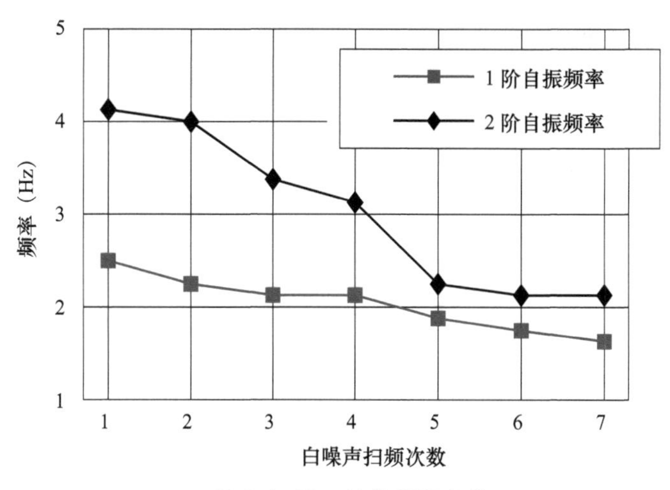

图 3.4-18　结构频率变化

（2）加速度反应

模型结构在不同地震波输入下的加速度放大系数如图 3.4-19、图 3.4-20 所示。随着台面输入地震波加速度峰值的提高，模型结构刚度退化、自振频率下降、阻尼比增大，两个方向的动力放大系数均有不同程度的降低。结构 Y 向加速度放大系数大于 X 向加速度放大系数。不同峰值加速度的地震作用下，X 方向和 Y 方向的结构加速度放大系数的变化规律基本相同，总体而言，各地震波输入下两个方向的加速度反应相差不大。

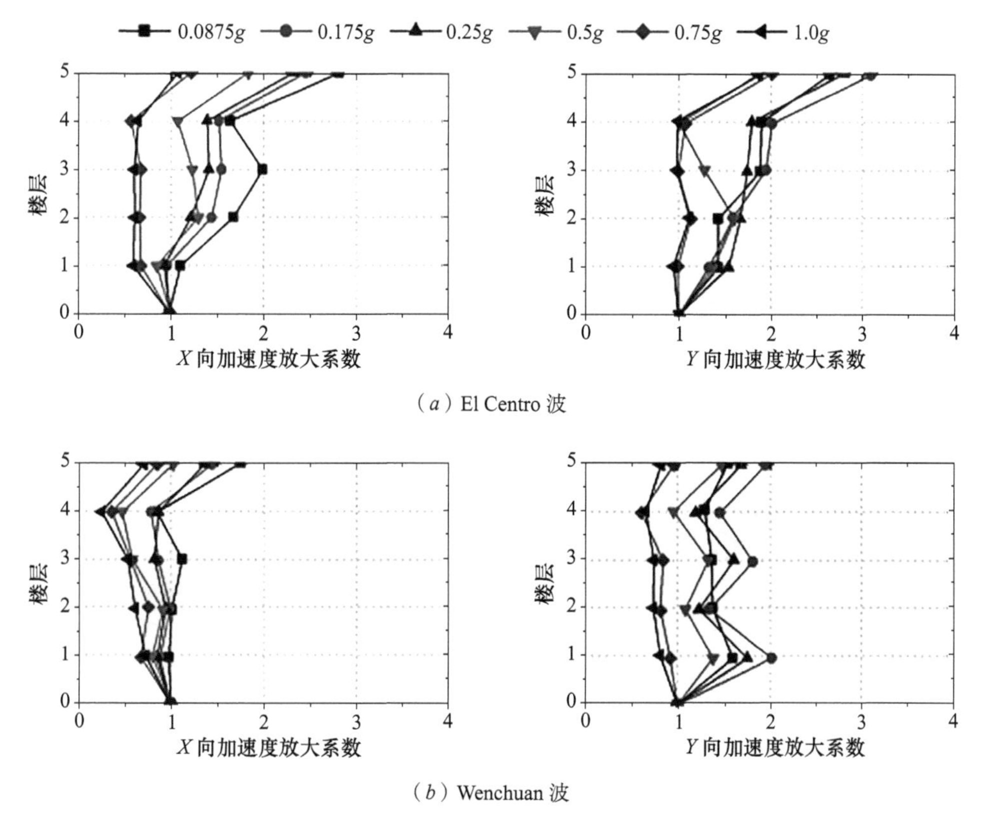

图 3.4-19　加速度放大系数（一）

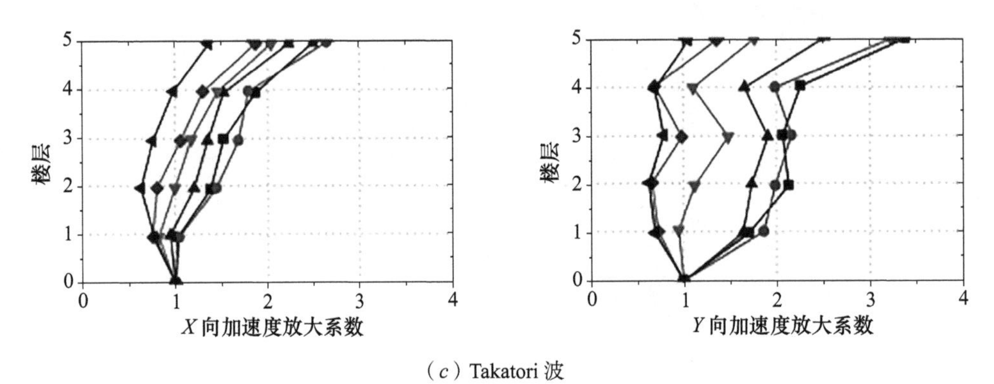

（c）Takatori 波

图 3.4-19　加速度放大系数（二）

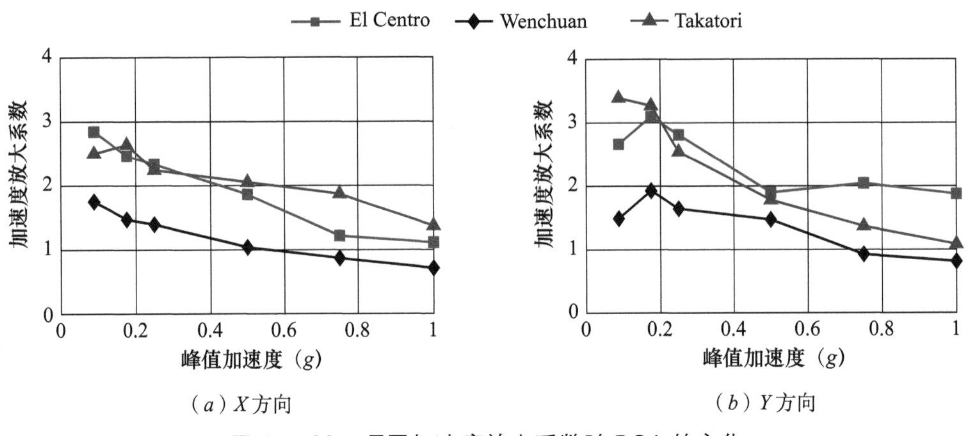

（a）X 方向　（b）Y 方向

图 3.4-20　顶层加速度放大系数随 PGA 的变化

（3）楼层位移反应

模型结构在不同工况地震作用下各楼层的最大位移如图 3.4-21 所示，顶层最大位移随 PGA 增大趋势图如图 3.4-22 所示。遭遇罕遇地震时，结构产生很大变形，但结构的损伤在可接受的范围，结构自复位性能良好。结构在不同地震波下的位移响应有很大差别，在 Takatori 波的作用下结构的位移反应很大，而在 Wenchuan 波作用下结构的位移反应很小。

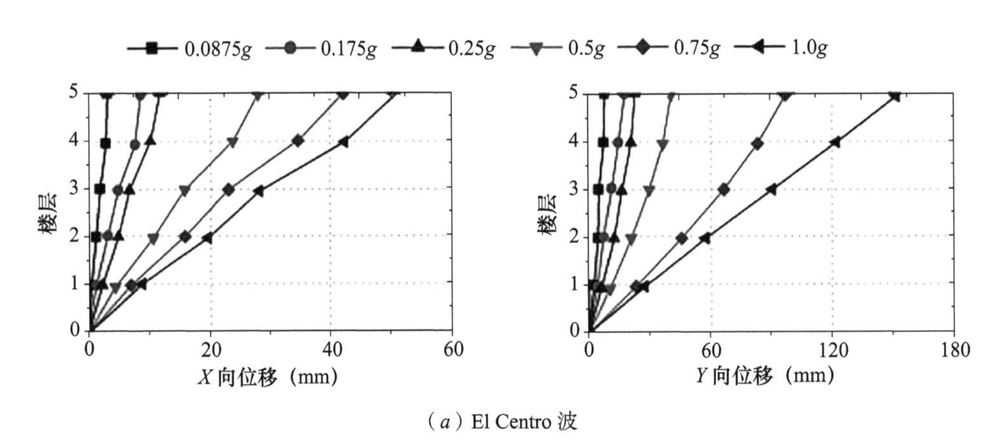

（a）El Centro 波

图 3.4-21　各楼层的最大位移反应（一）

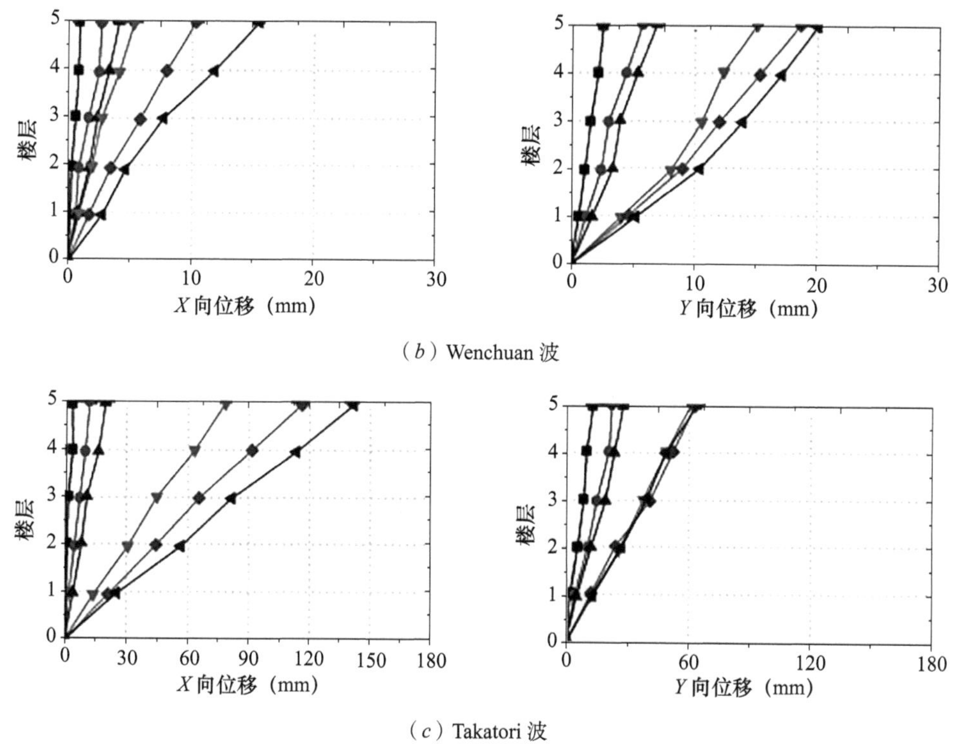

（b）Wenchuan 波

（c）Takatori 波

图 3.4-21　各楼层的最大位移反应（二）

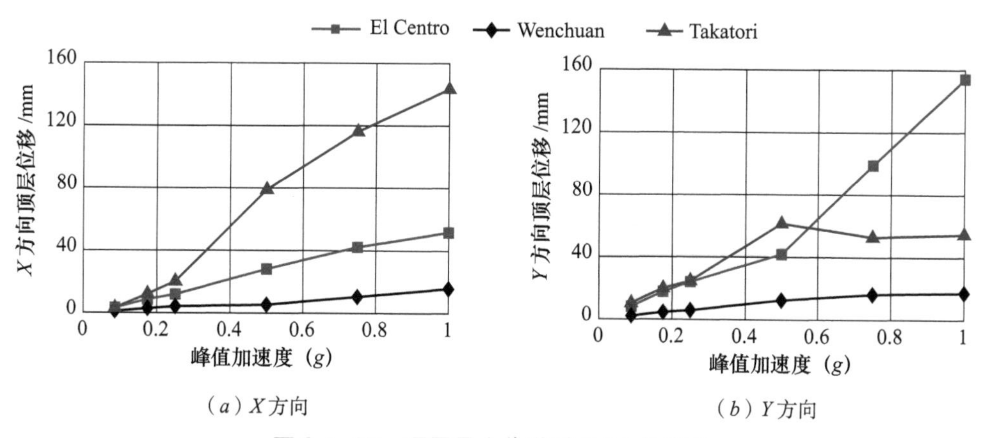

（a）X 方向　　（b）Y 方向

图 3.4-22　顶层最大位移随 PGA 的变化

（4）层间位移角反应

模型结构在不同峰值加速度地震波作用下的最大层间位移角如图 3.4-23 所示，最大层间位移角随 PGA 的变化如图 3.4-24 所示。试验中 X 方向的层间位移角最大值达到了 2.45%，发生在模型结构的第 5 层，工况为 Takatori 波 X 主方向输入（PGA ＝ 1.0g）；Y 方向最大层间位移角为 2.6%，发生在结构的第 4 层，工况为 El Centro 波 X 主方向输入（PGA ＝ 1.0g）。总体来说，除个别工况外，结构的最大层间位移角分布均匀，是理想的变形模式。

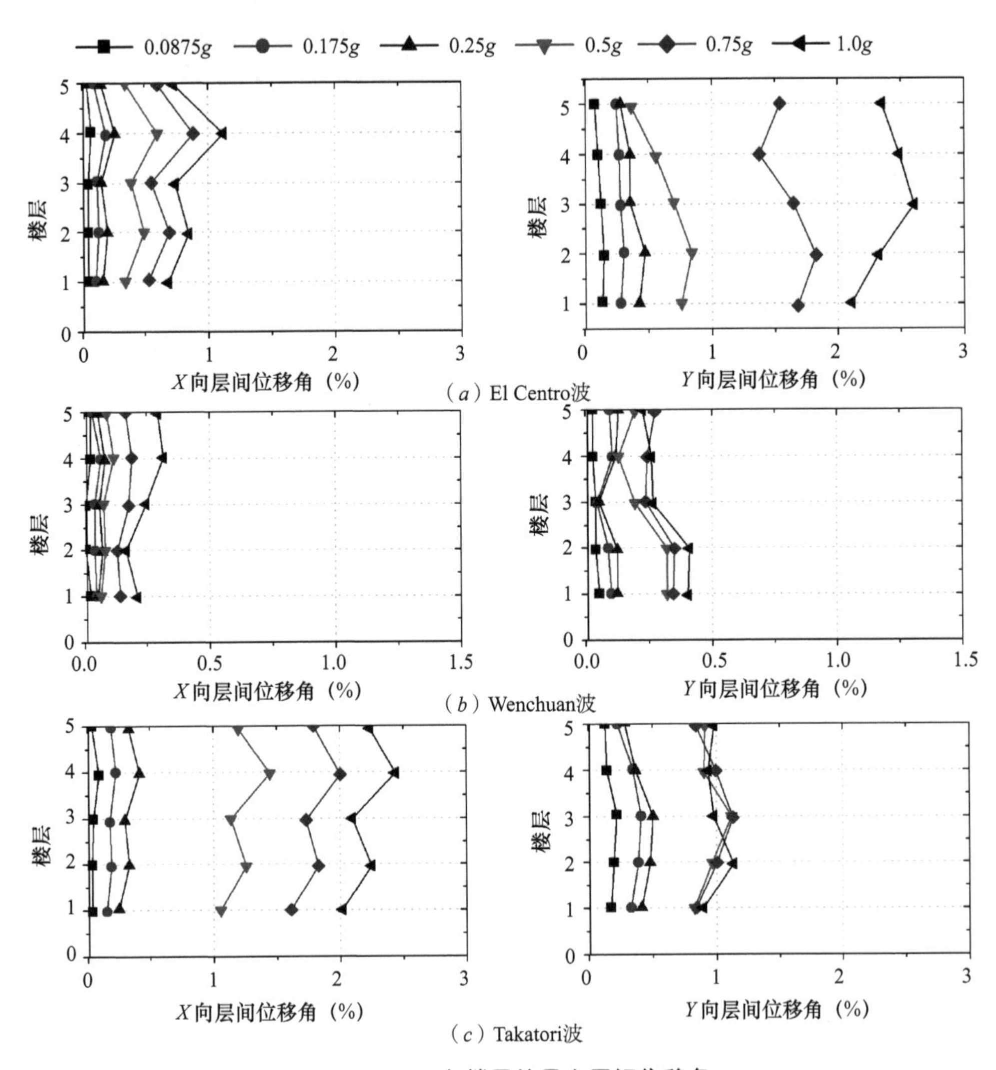

（a）El Centro波

（b）Wenchuan波

（c）Takatori波

图 3.4-23　各楼层的最大层间位移角

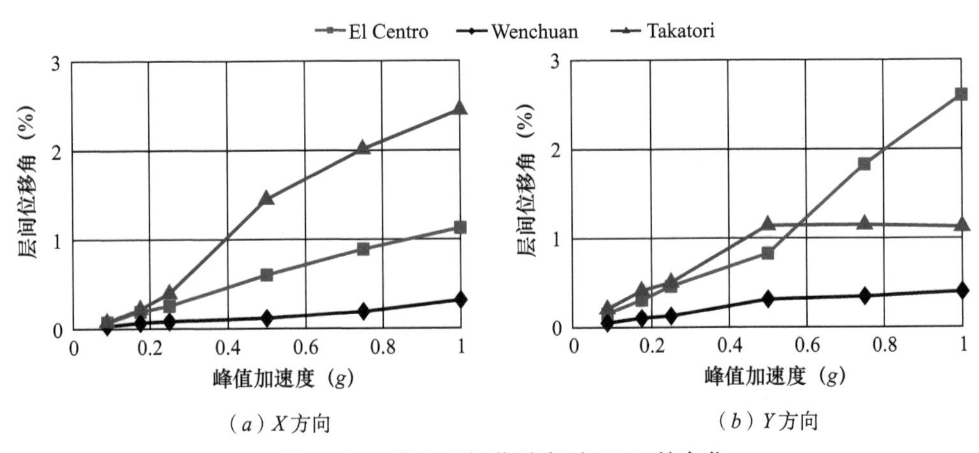

（a）X方向

（b）Y方向

图 3.4-24　最大层间位移角随 PGA 的变化

（5）残余位移

为了研究结构的震后可修复性，提取模型结构的残余位移角。试验的残余位移角定义为地震激励停止后一段时间模型结构静止后，结构顶层位移与模型结构的总高度（不包括底座）的比值。残余位移角随 PGA 的变化趋势如图 3.4-25 所示。结果表明，地震作用结束后，*X* 方向模型结构最大残余位移角为 0.02%，此数值十分微小，说明模型结构由于 *X* 方向设置了摇摆墙，其自复位性能非常好，基本没有出现残余位移。

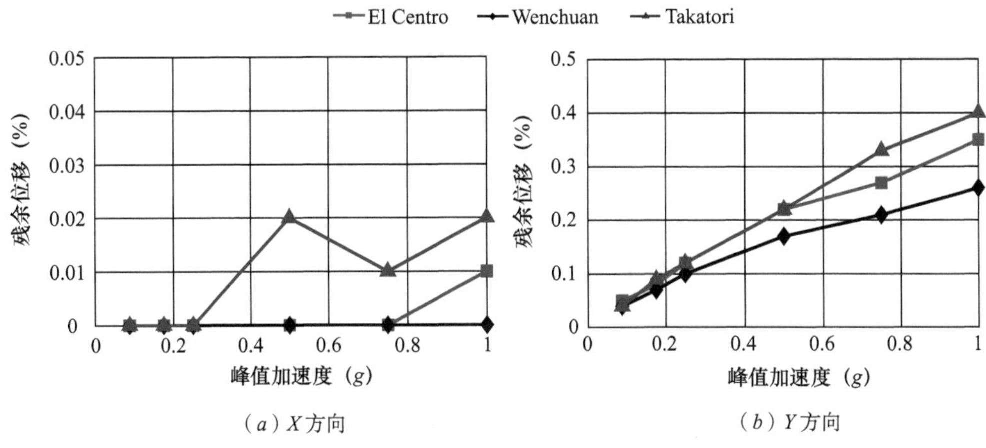

（*a*）*X* 方向　　（*b*）*Y* 方向

图 3.4-25　残余位移角随 PGA 的变化

（6）剪力分布

模型结构底层剪力值与模型结构总重的比值即为剪重比。剪重比随地震动输入峰值 PGA 的变化曲线如图 3.4-26 所示。*X* 方向最大剪重比为 0.83，*Y* 方向最大剪重比为 0.42。PGA 比较小的情况下（小于 0.5*g*），随着地震动的增大，剪重比逐渐增大。当结构进入非线性后（PGA 大于 0.5*g*），剪力增大速度变缓，基本保持不变。

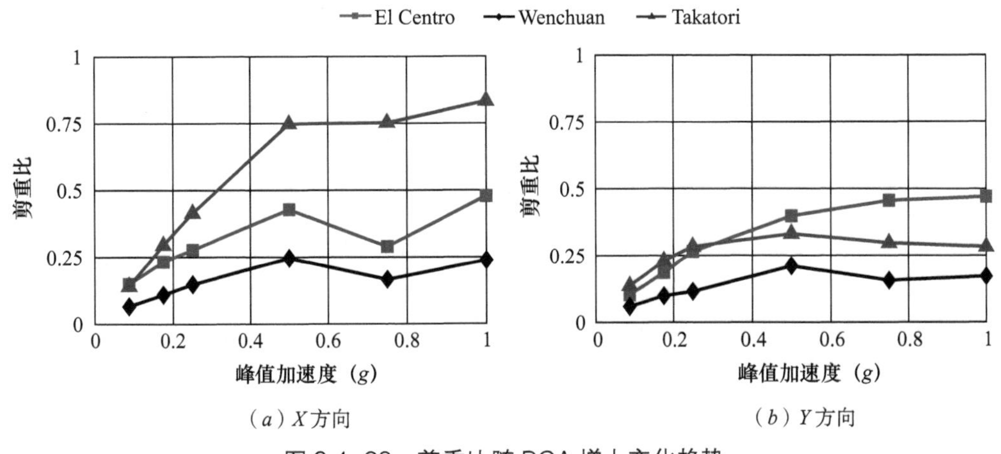

（*a*）*X* 方向　　（*b*）*Y* 方向

图 3.4-26　剪重比随 PGA 增大变化趋势

（7）模型局部位移反应

通过非接触式位移测量装置测量摇摆墙墙脚抬起高度、柱脚抬起高度以及梁端缝隙打开宽度，图 3.4-27 为测点布置图，测量位置用圆圈标示。

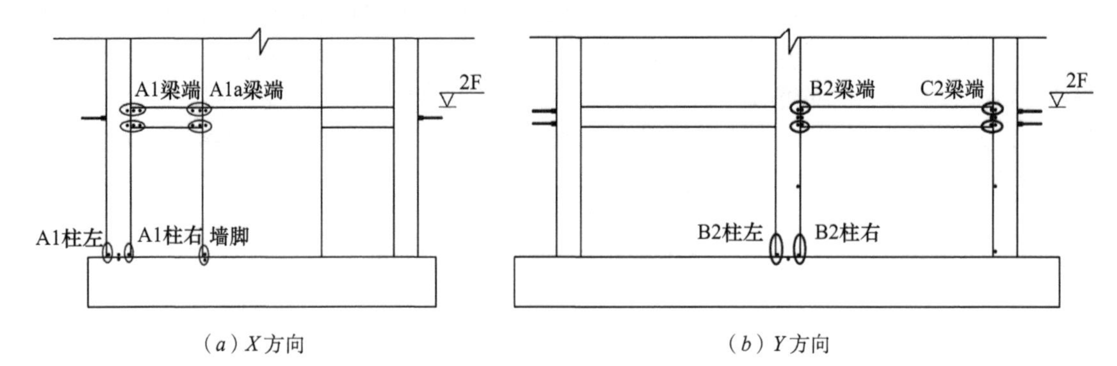

（a）X方向　　（b）Y方向

图 3.4-27　测点布置

摇摆墙墙脚及柱脚抬起时程如图 3.4-28 所示，梁端打开时程如图 3.4-29 所示。Takatori 波输入下，墙脚抬起十分明显，在 PGA = 1.0g 时，摇摆墙抬起高度约为 1cm。Takatori 波输入下，柱脚抬起高度均比较明显，在 PGA = 1.0g 时，边柱抬起高度约为 2mm。Takatori 波输入下，梁端打开明显，在 PGA = 1.0g 时，梁端缝隙打开宽度约为 3mm。

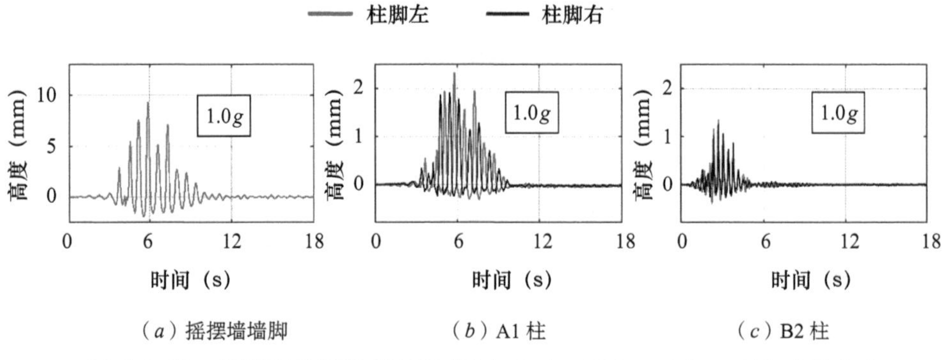

（a）摇摆墙墙脚　　（b）A1 柱　　（c）B2 柱

图 3.4-28　墙脚及柱脚抬起时程（Takatori，PGA = 1.0g，X 向主输入）

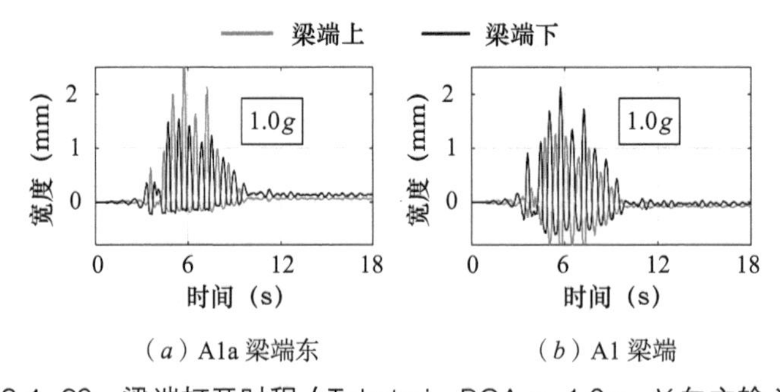

（a）A1a 梁端东　　（b）A1 梁端

图 3.4-29　梁端打开时程（Takatori，PGA = 1.0g，X 向主输入）

（8）预应力钢绞线内力

摇摆墙预应力钢绞线内力基本稳定在初始值 98kN（应力 700MPa），由于摇摆墙内预应力钢绞线布置在墙体中间，在地震作用下，内力基本不变，维持在弹性状态，符合对墙内预应力钢绞线的性能要求。中柱预应力钢绞线内力最大值达到 76.7kN，边柱预应力钢绞线内力最大值达到 93.3kN，均处于弹性状态，符合对柱内预应力钢绞线的性能要求。结构的振动对预应力钢绞线内力有一定影响，柱和梁内的预应力钢绞线均出现了微小的松弛现象：中柱预应力钢绞线共计损失 2kN（约 14MPa），边柱预应力未损失。梁的应力松弛现象更为显著，每根梁内的预应力钢绞线内力损失约为 5kN（35MPa）。

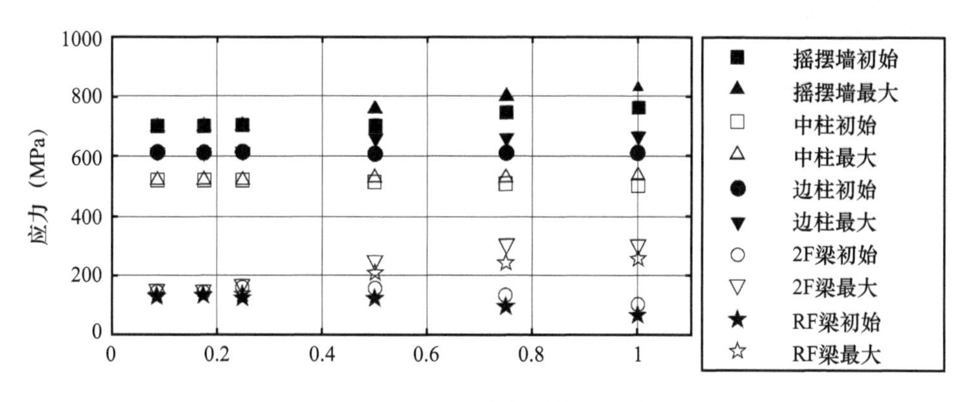

图 3.4-30 预应力钢绞线内力变化

（9）耗能钢筋应变

墙板与基础连接处靠中间位置布置了普通钢筋，用于增加耗能，并与预应力钢绞线共同承担底部截面弯矩。耗能钢筋最大应变达到 3300$\mu\varepsilon$，起到了耗能效果。

6. 试验研究小结

（1）框架－摇摆墙模型结构在各个阶段的表现基本与预期相吻合，结构在很大的变形情况下（X 方向最大层间位移角达到了 2.45%，Y 方向最大层间位移角达到了 2.6%），结构的损伤轻微，自复位性能良好。

（2）模型结构在相当于多遇地震的作用下，结构表面未发现可见裂缝，结构处于弹性工作阶段。墙脚、柱脚及梁端未发现有提离或者打开的迹象。墙板接缝处没有水平滑移。在相当于大震作用时，结构无明显损伤，震后残余变形很小。

（3）模型结构在相当于多遇、基本和罕遇地震的作用下，层间位移角均分布均匀，是理想的变形模式。

（4）框架－摇摆墙结构振动台试验为研究摇摆墙结构设计方法提供了试验依据，为实现工程应用提供了范例。

3.4.3 工程实例

美国加州旧金山的 Paramount Building [20] 高 128m，共 39 层，采用钢筋混凝土预制装配式结构（图 3.4-31）。梁柱节点由预制构件通过预应力筋拼接而成，具有自复位能力。Panian 等 [21] 将后张拉预应力现浇混凝土摇摆墙应用于美国加州的一幢 6 层钢筋混凝土框架结构的抗震加固中（图 3.4-32）。在美国加州一幢新建的 4 层办公建筑 [22] 中采用了摇摆墙（图 3.4-33）。

（*a*）立面照片

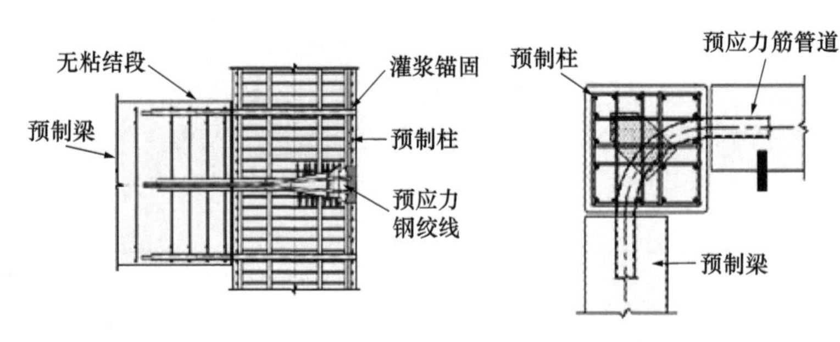

（*b*）边柱详图　　（*c*）角柱详图

图 3.4-31　Paramount Building

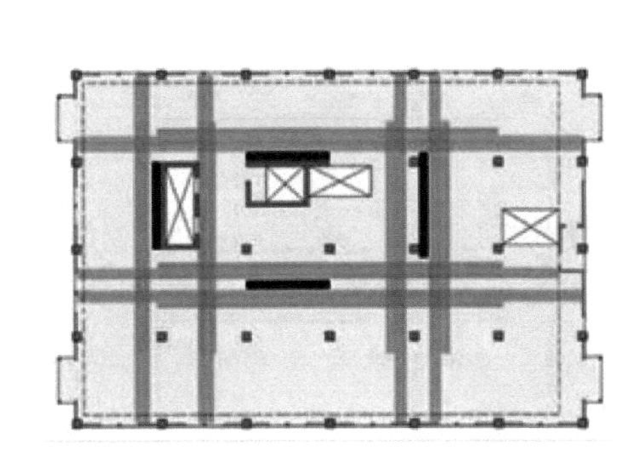

（*a*）结构平面布置图（黑色部位为新增剪力墙）

（*b*）预应力筋锚固端

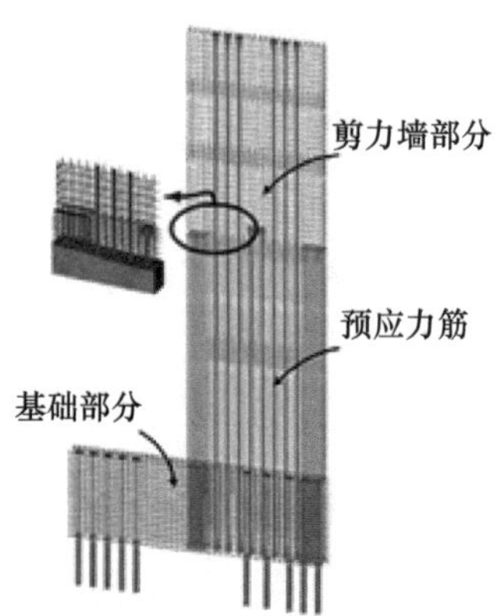

（*c*）剪力墙详图

图 3.4-32　摇摆墙在结构抗震加固中的应用

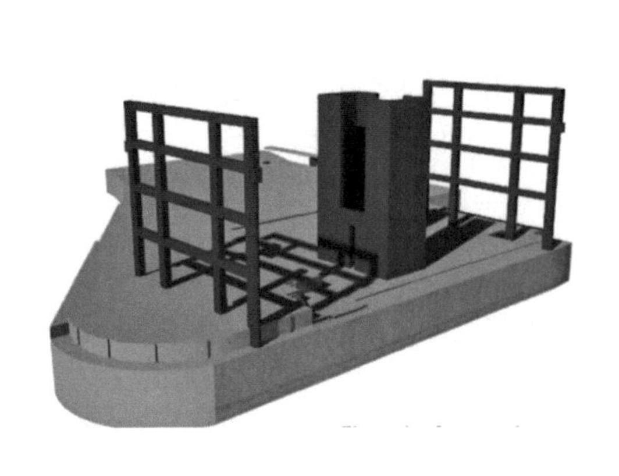

（*a*）结构抗侧体系示意图

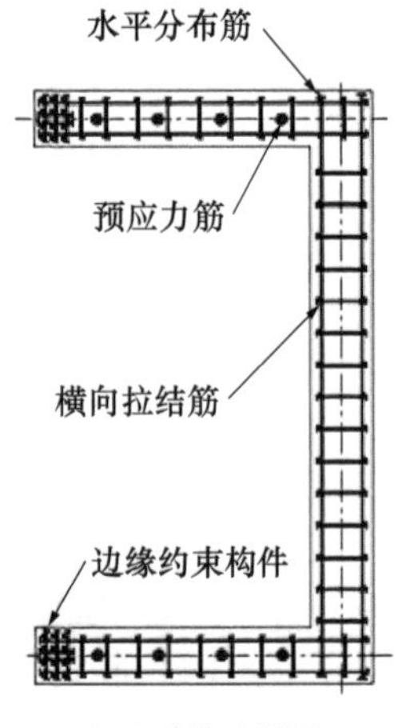

（*b*）剪力墙详图

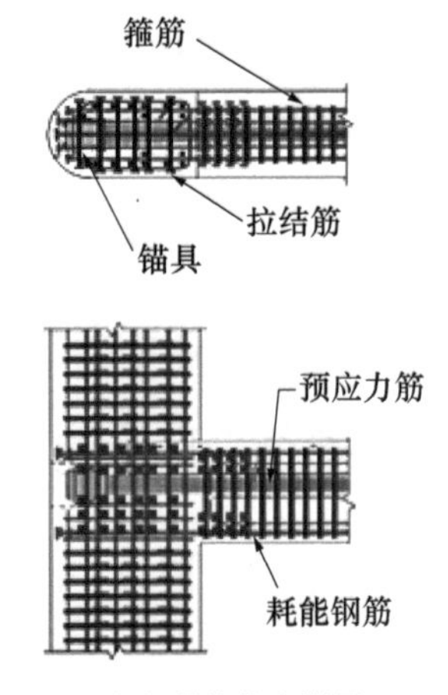

（*c*）梁柱节点详图

图 3.4-33　采用摇摆墙的伯克利办公楼[22]

2009 年，Wada 等[23]在对东京工业大学津田校区一幢 11 层的钢骨混凝土框架结构加固中采用了摇摆墙与钢阻尼器联合使用的加固方法。图 3.4-34 为该摇摆墙底部节点构造及实物照片，底部铰接节点采用齿形铰接设计后，墙体在底部具有很大的转动能力。由于摇摆墙自身刚度很大，当与周边框架相连后，摇摆墙能有效地控制与其相连的相邻框架结构在水平地震作用下的侧向变形模式，从而起到控制框架结构损伤分布模式的作用。另外，通过在摇摆墙和相邻框架结构连接处附加消能减震装置的形式，提高了整体结构加固后的耗能能力[24]。

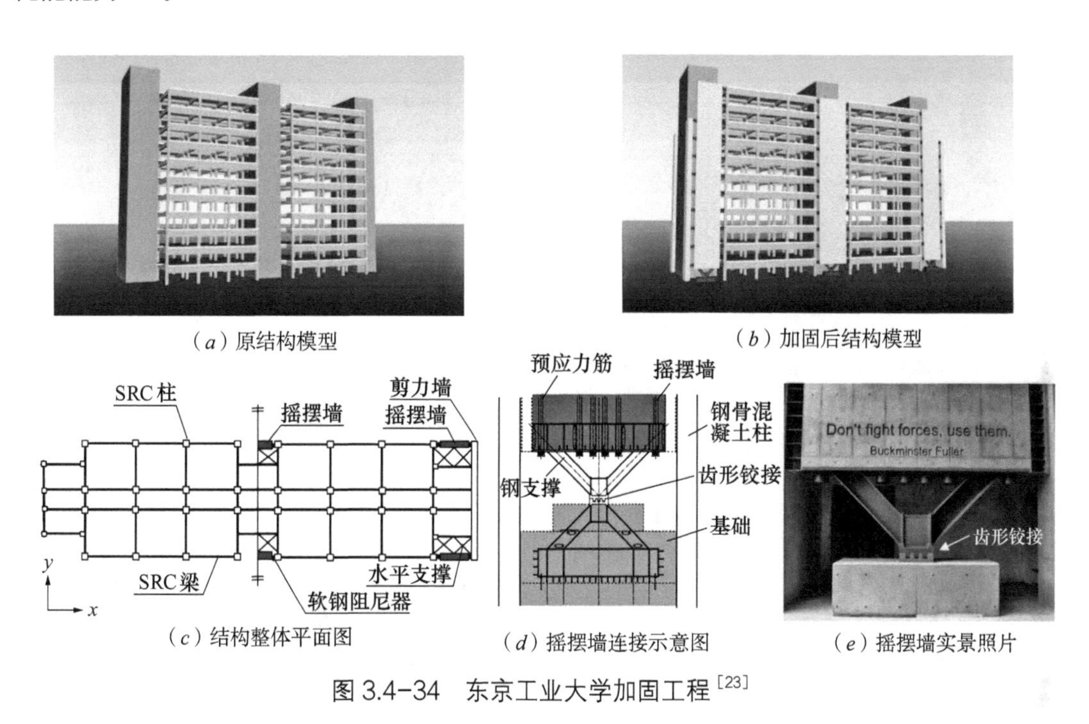

（a）原结构模型　（b）加固后结构模型

（c）结构整体平面图　（d）摇摆墙连接示意图　（e）摇摆墙实景照片

图 3.4-34　东京工业大学加固工程[23]

美国加州的 Orinda 市政厅[25]（图 3.4-35）采用钢 - 木混合摇摆支撑 - 框架结构，在地震作用下可发生摇摆，预应力筋提供回复力，柱底的角钢作为耗能单元可在地震中屈服耗能，并可以在震后进行更换。

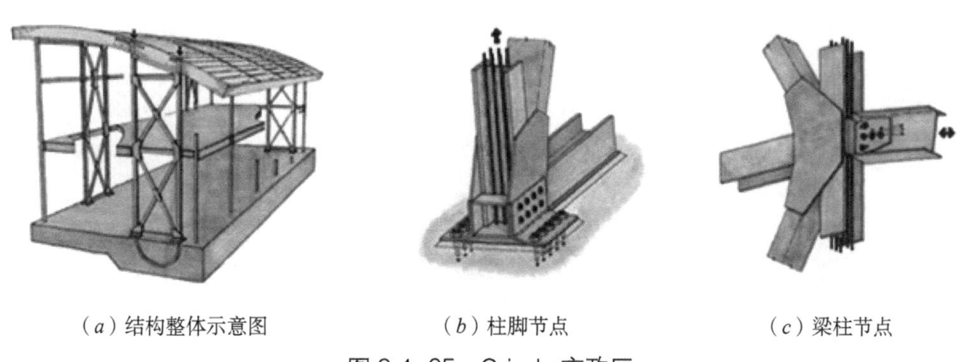

（a）结构整体示意图　（b）柱脚节点　（c）梁柱节点

图 3.4-35　Orinda 市政厅

美国旧金山 Public Utilities Commission 办公楼[26]（图 3.4-36）在混凝土剪力墙中采用

后张拉预应力筋实现结构震后的自复位并且减小结构损伤，剪力墙中的竖向预应力筋一端锚固在基础内，另一端锚固在墙体顶部，如图 3.4-36（*a*）所示。该结构采用钢－混凝土组合连梁连接剪力墙墙肢。

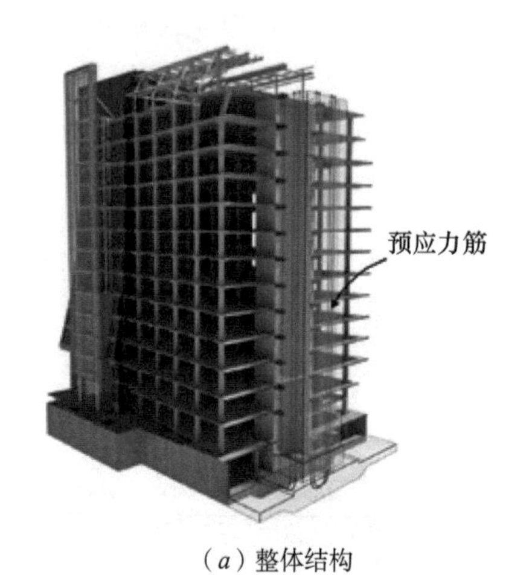

（*a*）整体结构

（*b*）钢－混凝土组合连梁

图 3.4-36　Public Utilities Commission 办公楼

新西兰威灵顿维多利亚大学的一栋框架和剪力墙均采用了无粘结后张拉的摇摆结构[27]，如图 3.4-37 所示，其框架梁柱节点部位设置了阻尼器，摇摆墙采用无粘结预应力筋并将其固定在基础上，同时摇摆墙之间采用钢连梁连接，钢连梁在地震时作为一种耗能构件工作。

（*a*）结构整体效果图

（*b*）施工过程

（*c*）柱脚耗能装置

（*d*）梁柱节点

图 3.4-37　新西兰维多利亚大学框架－摇摆墙结构

3.5 框架－摇摆墙结构体系的设计方法

3.5.1 设计原理

采用框架－摇摆墙体系的建筑结构需满足我国现行设计规范的相关要求，如多遇或罕遇地震作用下的层间位移角限值，竖向构件的轴压比限值等。在此基础上，设计的结构应满足可恢复功能性能目标，如残余变形要求。设计方法采用“三水准，三阶段”的抗震设计思路，在规范原有的两阶段设计基础上，明确结构在中震下的性能目标，对经过按小震常规设计后的摇摆墙构件，对其承载力、变形能力及其他性能指标在中震下的响应进行复核，根据复核结果对小震常规设计结果予以调整，以满足可恢复功能的性能指标要求。

摇摆墙的设计应考虑结构使用过程中所有可能遇到的全部荷载作用组合。当完成结构的平面布置方案后，根据楼层荷载分布以及结构所在地的地震设计参数，即可确定剪力墙的底部剪力需求。对于多层结构，通常可采用底部剪力法或模态分析法确定不同地震水准下的底部剪力设计值，然后根据假设的沿楼层高度分布的地震力，即可确定底部接缝节点和上部其他节点的弯矩和剪力需求。

摇摆墙截面的具体设计流程如下文所述，框架部分设计方法参考第2章自复位框架的设计方法。

摇摆墙在多遇地震作用下，底部接缝虽然可能张开，但张开程度不大，边缘构件约束区混凝土和耗能钢筋均没有进入非线性，墙体基本处于弹性状态，可采用弹性的计算方法。剪力墙的顶点总位移 Δ_w 由弹性弯曲位移 Δ_{flex} 和弹性剪切位移 Δ_{sh} 组成，即：

$$\Delta_w = \Delta_{flex} + \Delta_{sh} \tag{3.5-1}$$

式中，弯曲位移 Δ_{flex} 为考虑了底部接缝张开后墙体刚体转动引起的位移和墙体自身的弯曲位移。Smith 等[8] 提出用有效弹性弯曲刚度模型计算 Δ_{flex}，计算方法如图 3.5-1 所示，图中墙体底部接缝的张开采用转动弹簧来表示，由此墙体顶点弯曲位移可表示如下：

$$\Delta_{flex} = \Delta_{gap} + \Delta_e \tag{3.5-2}$$

式中，Δ_{gap} 和 Δ_e 分别为接缝张开引起的刚体转动顶点位移和墙体自身弯曲变形顶点位移。Δ_e 可由线弹性悬臂结构的顶点位移公式得到：

$$\Delta_e = \frac{FH_w^3}{3E_cI_g} \tag{3.5-3}$$

其中，F 为顶点外力，H_w 为摇摆墙高度，E_c 为混凝土弹性模量，I_g 为毛截面惯性矩。

摇摆墙底部接缝张开引起的刚体转角 θ_{gap}，可由假设底部接缝受压段沿墙高高度为 h_{gap}，在 h_{gap} 高度范围内弯矩均匀分布，再由这一小段悬臂体的转角公式得到：

$$\theta_{gap} = \frac{Fh_{gap}^2}{2E_cI_{gap}} \tag{3.5-4}$$

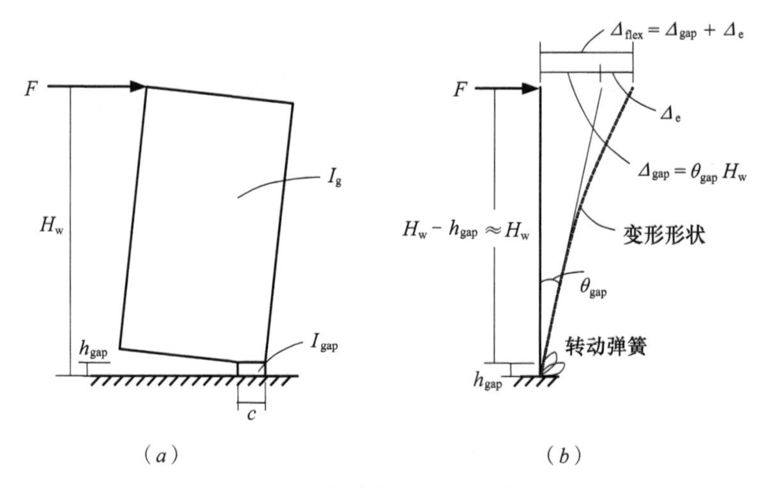

图 3.5-1 有效弹性弯曲刚度模型

式中，I_{gap} 为接缝受压区的惯性矩，可由如下公式求得：

$$I_{gap}=\frac{t_w c^3}{12} \tag{3.5-5}$$

其中，t_w 为墙厚，c 为接缝受压高度（中性轴高度）。在计算得到 θ_{gap} 后，即可求得由接缝张开引起的顶点位移 Δ_{gap}：

$$\Delta_{gap}=\theta_{gap}H_w \tag{3.5-6}$$

将式（3.5-4）代入式（3.5-6），并结合 Δ_e 和有效弯曲惯性矩 I_e，可得：

$$\frac{FH_w^3}{3E_cI_g}+\frac{Fh_{gap}^2H_w}{2E_cI_{gap}}=\frac{FH_w^3}{3E_cI_e} \tag{3.5-7}$$

由此求得有效弯曲惯性矩 I_e 的表达式为：

$$I_e=\frac{2I_gI_{gap}H_w^3}{3I_gh_{gap}H_w^2+2I_{gap}H_w^3} \tag{3.5-8}$$

由此可得到总的顶点弯曲位移为：

$$\Delta_{flex}=\frac{FH_w^3}{3E_cI_e} \tag{3.5-9}$$

Smith 采用不同的 I_e/I_g 和 c/l_w（l_w 为截面长度）组合的结果和分析模型做了对比，最后得出结论：采用 $h_{gap}=0.06H_w$ 的结果和分析模型计算结果吻合较好。同时，Smith 等假设在设计阶段底部接缝张开大于 82.5%l_w，即接缝受压高度为 0.175l_w，由此得出 $I_e=0.50I_g$。

摇摆墙在多遇烈度地震下的剪切变形可由线弹性公式得到，即：

$$\Delta_{sh}=\frac{FH_w}{G_cA_{sh}} \tag{3.5-10}$$

式中，G_c 为混凝土剪切模量，A_{sh} 为有效剪切面积，可假设为 0.8A_g（A_g 为剪力墙毛截面面积）。

对于摇摆墙在设防烈度地震和罕遇地震下的位移，可以采用非线性时程分析得到，但应合理选择地震动输入。除此之外，也可采用合理考虑摇摆墙滞回特性的单自由度恢复力模型来确定摇摆墙在设防烈度地震和罕遇地震作用下的顶点位移。

3.5.2　设计方法

1. 性能水准

性能目标可以定义为当一个建筑遭受一定程度的地震作用时，该建筑物所预期的损伤状态。性能设计方法关键的一步是性能目标的确定。对钢筋混凝土摇摆墙的抗震性能可采用四水准划分，各性能点依次为消压点（decompression）、软化点（softening）、屈服点（yielding）和极限点（ultimate），具体描述如下（图3.5-2）：

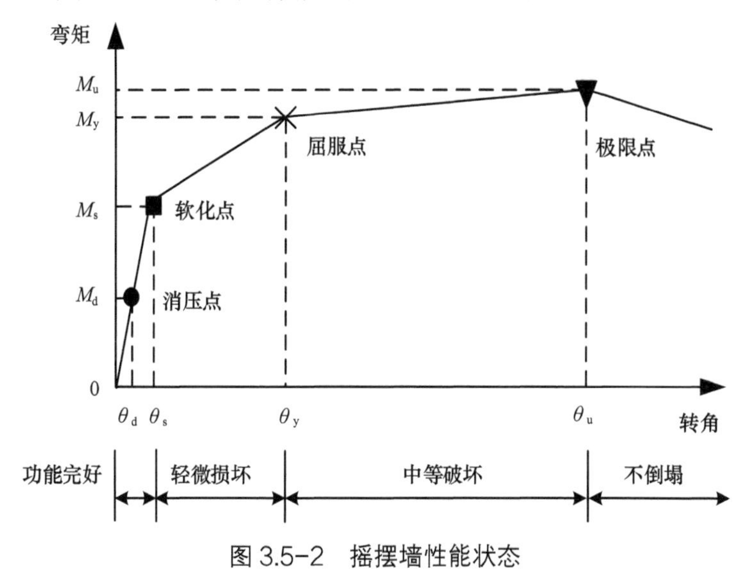

图3.5-2　摇摆墙性能状态

（1）消压点为摇摆墙与基础间的接缝首次张开的性能点，即由竖向力和预应力引起的截面边缘混凝土压应力首次被由倾覆弯矩引起的拉应力抵消时的性能点。

（2）软化点为结构水平抗侧刚度开始显著降低的性能点，该状态由接缝张开程度或混凝土材料受压的非线性程度控制。

（3）屈服点为转角－弯矩曲线进入屈服的性能点，由于接缝不断张开和混凝土材料进入强非线性导致的结构大变形，使结构进入屈服阶段，在屈服之前，由于底部混凝土螺旋箍筋或高体积配箍率箍筋对混凝土的约束作用，除保护层混凝土会有些许轻微剥落外，不会有显著的破坏发生。

（4）极限点为由底部约束混凝土材料压溃引起的剪力墙压弯破坏。约束混凝土的压溃是由约束箍筋的拉断引起。极限点之后，结构的竖向和水平承载力显著退化。

对于摇摆墙结构，定义软化点之前结构状态为“功能完好”，软化点与屈服点之间为“轻微损坏”，屈服点与极限点之间为“中等破坏”，极限位移点之后为“不倒塌”，各性能水准的具体描述如表3.5-1所示。

摇摆墙结构各性能水准的定义　　表 3.5-1

	功能完好	轻微损坏	中等破坏	不倒塌
整体结构	无残余变形；结构保持原有强度和刚度；建筑无需修复	无残余变形；结构基本保持原有强度和刚度；稍加修复即可使用	残余变形很小；结构有残余强度和刚度，能承受重力荷载的构件仍起作用；需要一定程度的修复即可使用	有一定的残余变形；结构的刚度和强度显著的降低，但承受荷载的柱子和墙体仍起作用；建筑修复费用较高
构件细节	结构构件没有破坏；所有接缝保持闭合；水平接缝处无剪切滑移；耗能钢筋处于弹性状态；预应力筋处于弹性阶段；不允许保护层脱落	结构构件与非结构构件有轻微损坏；剪力墙与基础接缝有张开趋势，墙板之间的接缝闭合；水平接缝处无剪切滑移；耗能钢筋接近屈服；预应力筋处于弹性阶段；可以允许保护层部分脱落，其余混凝土损伤很小	结构构件与非结构构件有一定破坏；剪力墙与基础接缝张开，但墙板之间连接接缝闭合；水平接缝没有明显的滑移；耗能钢筋显著屈服，但没有断裂；预应力筋在弹性阶段；墙脚混凝土保护层脱落，其余混凝土损伤很小	结构构件与非结构构件有明显破坏，但可以修复；剪力墙与基础接缝大幅度张开，墙板之间连接接缝允许张开；水平接缝处允许有剪切滑移；耗能钢筋显著屈服，最外侧耗能钢筋允许断裂；预应力筋在弹性阶段；墙脚混凝土保护层脱落，其余混凝土损伤很小

2. 摇摆墙截面设计

摇摆墙结构的截面配筋设计具体指剪力墙混凝土强度、配筋、截面形式等[29]。根据每片剪力墙分配的剪力 V_{bw} 和弯矩 M_{ovw} 进行截面设计。设计时主要考虑两个性能关键点，分别为屈服点和极限点，主要设计参数如下：

1）剪力墙截面几何尺寸，即剪力墙长度 l_w、厚度 b_w、保护层厚度；

2）预应力筋的设计，即预应力筋的面积 A_{pt}、偏心距 e_{pt}、初始应力 σ_{pti}；

3）耗能钢筋的设计，即耗能钢筋的面积 A_s、最外侧耗能钢筋的偏心距 e_s、无粘结段长度 $l_{debonded}$、锚固长度 l_{bonded}；

4）墙脚约束区的设计，即边缘约束区纵筋、箍筋、约束钢筋高度 l_{hoop} 及其长度 a_{hoop}，各参数含义如图 3.5-3 所示。

选取国内外已完成的摇摆墙试验[3, 6, 8, 11, 13, 30, 31]数据，对其进行汇总。表 3.5-2 列出了所选用试件的主要试验结果。通过对试验结果的统计分析，得到以下结果：

1）M_u/M_y 的平均值为 1.28，可近似认为 $M_u = 1.3M_y$；

2）θ_y 与 n 具有线性关系，如图 3.5-4 所示。拟合式为 $\theta_y = 6.172n + 0.123$。

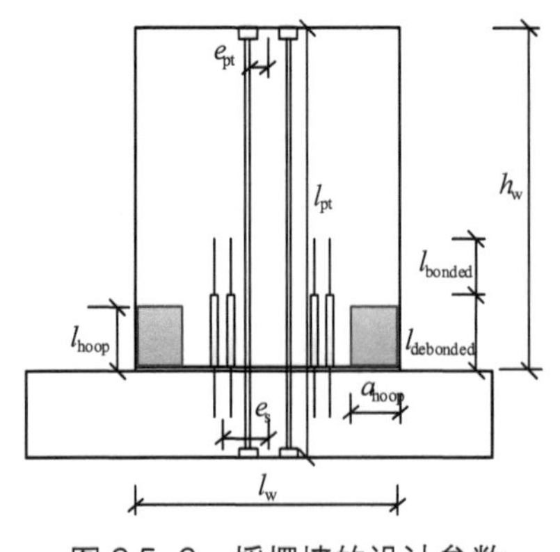

图 3.5-3　摇摆墙的设计参数

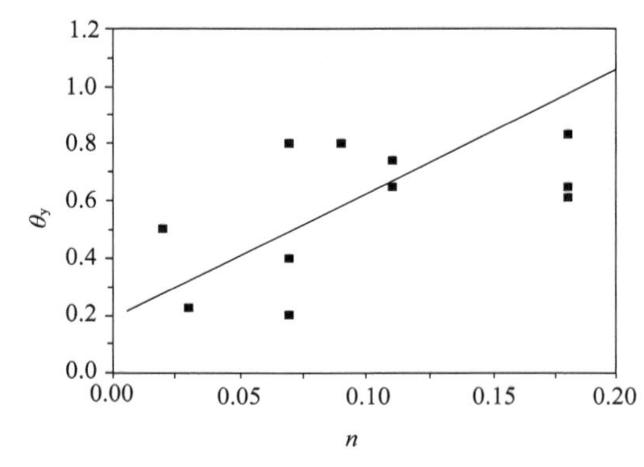

图 3.5-4　θ_y 与轴压比 n 的关系

摇摆墙试验结果汇总

表 3.5-2

序号	数据来源	试件编号	f_c'（MPa）	N_w（kN）	P_{pt}（kN）	n	$l_w \times t_w \times H_w$（mm）	H_{acc}（mm）	A_{pt}（mm^2）	ρ_{pt}（%）	f_{pi}/f_{pu}	f_{pu}（MPa）	θ_y（%）	θ_u（%）	μ	M_u/M_y
1	文献[3]	TW1	52.4	771	2950	0.18	2540×152×9910	7230	4840	1.25	0.55	1102	0.61	3.6	5.8	1.14
2		TW2	52.4	771	2950	0.18	2540×152×9910	7230	4840	1.25	0.55	1102	0.65	2.5	3.8	1.12
3		TW3	52.4	771	2950	0.18	2540×152×9910	7230	4840	1.25	0.55	1102	0.83	2.7	3.3	1.08
4		TW4	52.4	771	1477	0.11	2540×152×9910	7230	4840	1.25	0.28	1102	0.74	3.0	4.0	1.36
5		TW5	52.4	771	1474	0.11	2540×152×9910	7230	2420	0.63	0.55	1102	0.65	6.5	10	1.13
6	文献[6]	Unit1	41.0	0	183	0.03	1350×125×4000	3700	200	0.12	0.5	1836	0.23	2.7	11.8	1.60
7		Unit2	48.0	0	183	0.02	1350×125×4000	3700	200	0.12	0.5	1836	0.50	3.0	5.0	1.50
8		Unit3	31.0	200	183	0.07	1350×125×4000	3700	200	0.12	0.5	1836	0.41	4.1	10.1	1.21
9	文献[8]	HW1	33.0	324.7	853	0.09	2438×159×4140	3660	834	0.22	0.55	1860	0.8	1.9	2.4	1.32
10		HW2	41.0	324.7	853	0.07	2438×159×4140	3660	834	0.22	0.55	1860	0.8	2.3	2.9	1.31
11		HW3	41.0	324.7	853	0.07	2438×159×4140	3660	834	0.22	0.55	1860	0.8	2.9	3.6	1.30
12	文献[11]	PTT	34.5	213.5	5478	0.07	2032×152×3110	3400	900	0.29	0.6	1014	0.4	2.5	6.2	1.28
13	文献[13]	HW1	28.5	1000	313	0.14	1600×200×3200	3500	420	0.13	0.4	1860	1.1	2.8	2.6	1.16
14		HW2	28.5	1000	208	0.13	1600×200×3200	3500	280	0.09	0.4	1860	1	2.6	2.6	1.21
15		HW3	28.5	1000	312	0.14	1600×200×3200	3500	420	0.13	0.4	1860	1.05	2.8	2.7	1.16
16	文献[30]	—	40.0	0	2500	0.07	2800×300×10000	8800	3360	0.40	0.62	1200	0.2	2.5	12.5	1.70
17	文献[31]	SW1-3	20.7	370	126	0.19	1000×125×2000	2300	280	0.22	0.24	1860	1.0	3.5	3.5	1.24

注：f_c' 为圆柱体混凝土抗压强度；N_w 为施加的竖向荷载；P_{pt} 为预应力筋初始应力产生的竖向荷载；n 为轴压比（包括预应力筋初始应力引起的轴压比）；H_{acc} 表示加载点的高度；A_{pt} 为预应力筋面积；ρ_{pt} 为预应力筋配筋率；θ_y 为屈服位移角；θ_u 为极限位移角；M_y 为基底的屈服弯矩；M_u 为基底的极限弯矩；μ 为延性系数。

（1）耗能钢筋比率 κ

由于耗能钢筋和预应力筋的相对含量的比值对摇摆墙的设计十分关键，定义系数 κ 为“耗能钢筋比率”，κ 计算如式（3.5-11）所示，预应力筋的内力及耗能钢筋的内力都是与侧向位移相关的，本文定义 κ 为屈服点时的比值，按下式计算：

$$\kappa=\frac{M_{ws}}{M_{wp}+M_{wn}} \tag{3.5-11}$$

式中，M_{ws}、M_{wp}、M_{wn} 分别为耗能钢筋、预应力筋和竖向力对总弯矩 M_{wy} 的贡献值。κ 的取值宜有一定范围，如果 κ 值太小，则不能提供足够的耗能能力，如果 κ 值太大，则说明 M_{wp} 的值太小，预应力筋不能提供足够的回复力，可能会产生残余变形。Smith 等[8]建议 κ 的取值范围为 0.50 ～ 0.90。新西兰混凝土规范[32]将此项系数的倒数称作弯矩贡献率 λ（Moment Contribution Ratio），规定 $\lambda \geqslant 1.15$，即 $\kappa \leqslant 0.87$。

（2）屈服点计算

当摇摆墙处于屈服点时作以下几点假定：1）受压侧混凝土的保护层未剥落；2）墙体转动中心为底部截面中性轴位置，受压区的长度范围为 $0.2l_w$ ～ $0.3l_w$；3）耗能钢筋全部屈服；4）混凝土的受压应力由等效应力表示，等效原则为混凝土受压区压力合力等效和截面弯矩等效，即等效后混凝土受压区合力大小相等，合力作用点位置不变，如图 3.5-5 所示。其中，f_c 为混凝土抗压强度设计值；x 为等效矩形的长度，$x=\beta_1 x_c$；σ_0 为等效应力，$\sigma_0=\alpha_1 f_c$。当混凝土强度等级不超过 C50 时，$\alpha_1=1.0$，$\beta_1=0.8$；当混凝土强度等级为 C80 时，$\alpha_1=0.94$，$\beta_1=0.74$；当混凝土强度等级在 C50 ～ C80 之间时，按照线性内插法确定 α_1 和 β_1。

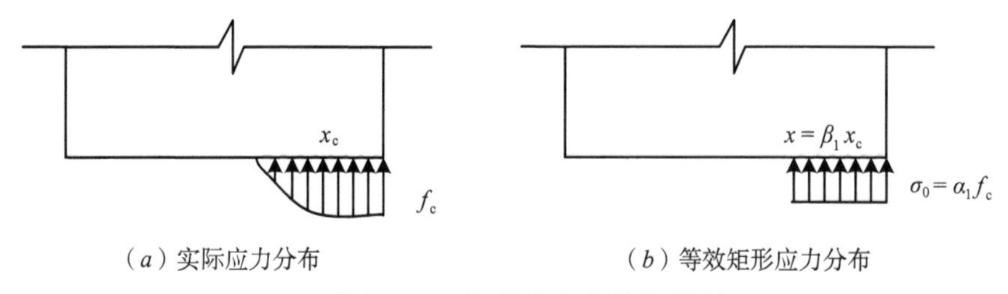

（a）实际应力分布　　（b）等效矩形应力分布

图 3.5-5　混凝土应力等效原则

在屈服性能点时，摇摆墙底部受力分析如图 3.5-6 所示，通过预应力筋的应变 ε_{pt} 求得预应力筋的应力。根据 ACI318-14[33]，预应力筋的最小间距为 50.8mm，其伸长量可由下式确定：

$$\delta_{pt1}=\theta_y(0.5l_w-c_y+e_{pt}) \tag{3.5-12}$$

$$\delta_{pt2}=\theta_y(0.5l_w-c_y-e_{pt}) \tag{3.5-13}$$

$$\varepsilon_{pt}=\frac{\delta_{pt}}{l_{pt}} \tag{3.5-14}$$

式中，δ_{pt} 为预应力筋伸长量；θ_y 为屈服点时摇摆墙的转角；c_y 为屈服点时混凝土的实际受压区长度；e_{pt} 为预应力筋的偏心距；ε_{pt} 为预应力筋的应变；l_{pt} 为预应力筋的长度。

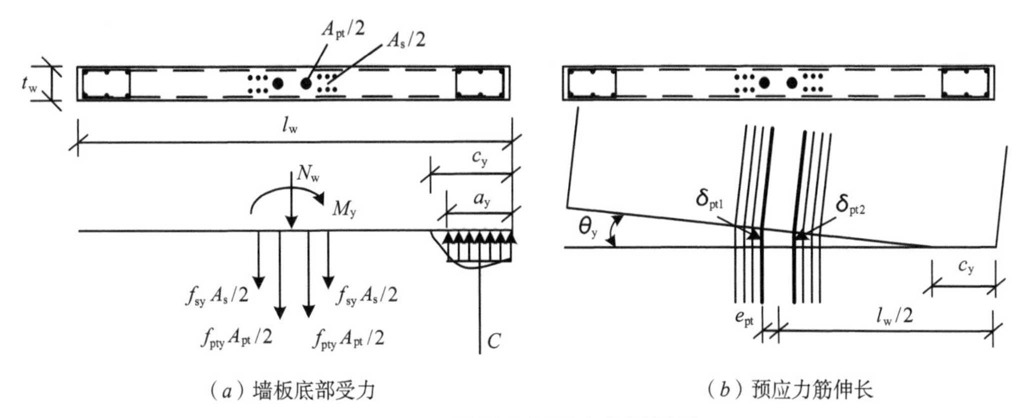

（a）墙板底部受力　　（b）预应力筋伸长

图3.5-6　墙板底部受力分析图示

经计算，屈服点时预应力筋应力 σ_{pty} 约为初始应力 σ_{pti} 的1.1倍，若简化设计，可认为 $\sigma_{pty}=1.1\sigma_{pti}$。预应力筋的初始预应力，提供了一部分回复力，回复力的大小与预应力筋的位置有关，建议预应力筋布置在截面中心处，优势在于截面中心处变形较小，可使预应力筋在较大位移下保持弹性，延迟进入屈服。屈服点的总抵抗弯矩由下式确定：

$$M_{wy}=M_{ws}+M_{wp}+M_{wn} \tag{3.5-15}$$

$$M_{ws}=A_s f_{sy}\left(\frac{l_w}{2}-\frac{a_y}{2}\right) \tag{3.5-16}$$

$$M_{wp}=A_{pt}\sigma_{pty}\left(\frac{l_w}{2}-\frac{a_y}{2}\right) \tag{3.5-17}$$

$$M_{wn}=N_w\left(\frac{l_w}{2}-\frac{a_y}{2}\right) \tag{3.5-18}$$

$$C=\alpha_1 f_c a_y t_w \tag{3.5-19}$$

$$M_{wy}=C\left(\frac{l_w}{2}-\frac{a_y}{2}\right) \tag{3.5-20}$$

式中，M_{wy} 为屈服点总抵抗弯矩；M_{ws} 为耗能钢筋提供的弯矩；M_{wp} 为预应力筋提供的弯矩；M_{wn} 为重力荷载提供的弯矩；N_w 为竖向荷载；C 为墙脚混凝土压力的合力；a_y 为屈服点等效矩形混凝土受压区长度；f_{sy} 为屈服点耗能钢筋屈服强度设计值；σ_{pty} 为屈服点预应力筋的应力。

屈服点时中性轴长度 c_y 由下式确定：

$$c_y=\frac{a_y}{\beta_1} \tag{3.5-21}$$

根据已有的试验结果，合理的中性轴长度范围约为 $0.2l_w\sim0.3l_w$。若 $c_y>0.3l_w$，或 $c_y<0.2l_w$，需增大或缩小 l_w 值重新进行计算。

（3）极限点计算

当摇摆墙处于极限点时，做以下几点假定：1）受压侧混凝土的保护层已经剥落；2）混凝土的受压应力由等效应力表示，极限点时 $\alpha_2=0.9$，$\beta_2=1.0$；3）墙体转动中心位于底部截面中性轴位置。采用 Mander 等[34]提出的模型计算约束混凝土相关参数。设计中应保证底部墙板有足够的约束钢筋使得混凝土能够承受很大的塑性变形，从而使得结构屈服后有足够的变形能力，即满足位移延性要求。混凝土的性能目标是在达到极限位移角 θ_u 之前未被压溃。极限点时中性轴长度 c_u 为

$$c_u=\frac{a_u}{\beta_2}=\frac{N_w+A_{pt}\sigma_{ptu}+A_s f_{sy}}{\alpha_2\beta_2 f_{cc} t_w'} \tag{3.5-22}$$

式中，a_u 为极限点时等效矩形混凝土受压区长度；f_{cc} 为约束混凝土抗压强度设计值；σ_{ptu} 为极限点时预应力筋的内力。

摇摆墙边缘约束构件的约束箍筋主要是为了保证剪力墙构件具有足够的延性。在剪力墙达到极限点之前，约束混凝土不应出现压碎。由于剪力墙在水平地震作用下，底部区域往往会产生塑性铰。因此，为保证摇摆墙具有足够的延性，底部约束区沿墙高不应小于剪力墙塑性铰区高度 h_p，h_p 的计算公式可由 ACI ITG-5.2[34]或其他推荐公式确定，假定塑性铰的高度 $h_p = 0.2l_w$，且弯曲曲率在塑性铰区域均匀分布，塑性铰区曲率 ϕ_u 计算如下：

$$\phi_u=\frac{\theta_u}{0.2l_w} \tag{3.5-23}$$

$$\varepsilon_{cu}=c_u\phi_u \tag{3.5-24}$$

$$l_{hoop}=c_u\left(1-\frac{\varepsilon_{u0}}{\varepsilon_u}\right) \tag{3.5-25}$$

式中，ε_{cu} 为约束混凝土的极限应变；l_{hoop} 为约束混凝土的高度；$\varepsilon_{u0} = 0.004$。

约束区混凝土的长度 a_{hoop} 不得小于 a_u。对预应力筋应变的设计，应要求当剪力墙顶点位移达到 Δ_m 时，预应力筋不应出现显著的非线性，以免产生过大的初始预应力损失。另外，预应力筋的锚固系统应能保证预应力筋在达到设计的应力和应变时，预应力筋中的钢绞线不出现断裂或滑移。Smith 等根据前人的研究结果，建议在达到顶点位移 Δ_m 时的预应力筋最大应变不超过 0.01。

根据 ACI ITG-5.2[34]，底部约束区在水平方向上的长度应不小于 $0.95c_u$ 或者 305mm，其中 c_u 为摇摆墙达到极限点时的受压区高度。边缘约束区具体的箍筋形式和间距应满足当前设计规范的要求。除此之外，根据 Smith 等的研究结果，边缘约束构件第一道箍筋到墙底的距离对整个约束区混凝土的性能具有重要影响。Smith 等[8]建议，该距离不应大于混凝土保护层厚度。另外，矩形箍筋肢长的长细比（中心到中心）不宜大于 2.5，以防止箍筋由于长细比太大而发生平面外屈曲破坏。

（4）耗能钢筋计算

摇摆墙和基础接缝中部设置了普通钢筋作为耗能钢筋，耗能钢筋的上端埋置在摇摆墙内，下端埋置在基础内，靠近接缝界面的中间一段长度被包裹起来从而形成无粘结段。在这一段长度内耗能钢筋的应变均匀分布，防止耗能钢筋过早拉断。由于摇摆墙的转动，耗能钢筋产生较大的伸长变形（图 3.5-7），需对耗能钢筋的应变进行校核，采用下式计算：

$$\delta_s=\theta\cdot(0.5l_w-c+e_s) \tag{3.5-26}$$

$$\varepsilon_s=\frac{\delta_s}{l_{debonded}+\alpha_s d_s} \tag{3.5-27}$$

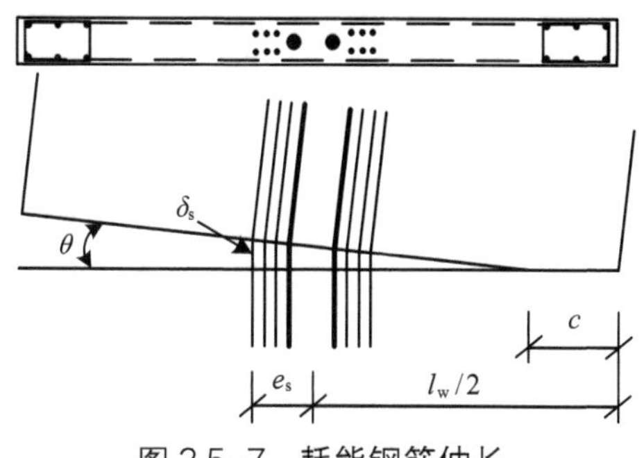

图 3.5-7　耗能钢筋伸长

式中，c 为混凝土受压区长度，屈服点时取 $c = c_y$，极限点时取 $c = c_u$；θ 为摇摆墙底部转角，屈服点时取 $\theta = \theta_y$，极限点时取 $\theta = \theta_u$；δ_s 为墙体转动引起的耗能钢筋的变形量；α_s 为耗能钢筋附加长度系数，根据 Smith 等[8] 的研究结果，屈服点时取 $\alpha_s = 0$，极限点时取 $\alpha_s = 2.0$；d_s 为耗能钢筋的直径；$l_{debonded}$ 为耗能钢筋的无粘结长度。

设计中，需对耗能钢筋的无粘结长度 $l_{debonded}$ 进行控制，保证屈服点时耗能钢筋能够屈服（$\varepsilon_s > 0.002$），极限点时耗能钢筋未被拉断（$\varepsilon_s < 0.1$）。同时，耗能钢筋有粘结部分长度 l_{bonded} 不宜过短，否则可能造成耗能钢筋的拔出而失效，耗能钢筋的锚固长度 l_{bonded} 可按下式确定：

$$l_{bonded} = \alpha_v \cdot \frac{f_{sy}}{f_t} \cdot d_s \tag{3.5-28}$$

式中，α_v 为耗能钢筋的外形系数，对于带肋钢筋，$\alpha_v = 0.14$；f_{sy} 为耗能钢筋的抗拉强度设计值；f_t 为锚固区混凝土的抗拉强度设计值。

耗能钢筋的间距不易过密，如果配置过多数量的耗能钢筋，导致摇摆墙根部局部区域内耗能钢筋间距过小，则易引起群锚失效，从而导致部分耗能钢筋未屈服，建议耗能钢筋间距大于 100mm。

耗能方式也可以选择其他阻尼器，如剪切型钢板阻尼器、黏弹性阻尼器等。

（5）防止底部滑移设计

在重力和预应力筋的合力作用下，摇摆墙的变形模式有两种，如图 3.5-8 所示。其中，受弯张开可以恢复原位，如图 3.5-8（a）所示，而剪切滑移会产生永久性变形，无法恢复，如图 3.5-8（b）所示。研究表明，摇摆墙的有效高宽比满足下式时可以防止侧向剪切滑移的发生：

$$\frac{h_e}{l_w} \geqslant \frac{\omega_d \omega_k \omega_f}{2\mu_f} \tag{3.5-29}$$

式中　h_e ——摇摆墙的有效高度；

μ_f ——接触面静摩擦系数；

ω_d——静力与动力摩擦系数比值，取值大于 1；

ω_k——不同剪力墙截面长度引起的剪力墙系数，取值大于 1；

ω_f——动静力等效高宽比系数，取值大于 1。

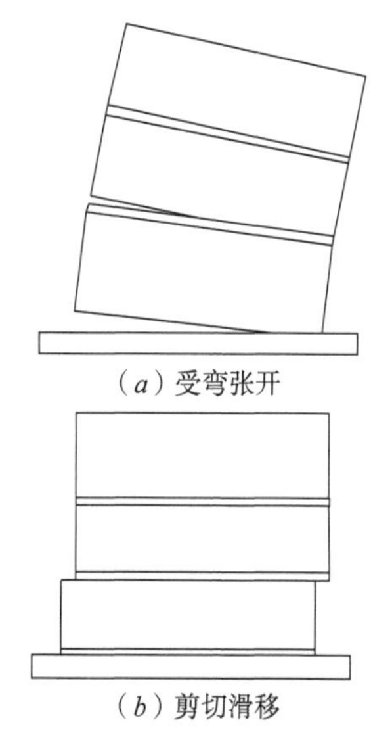
（a）受弯张开

（b）剪切滑移

图 3.5-8　接缝变形模式

试验结果表明[3, 6, 8, 11, 13, 30, 31]，高宽比大于 2 的剪力墙结构，均未发生底部滑移破坏。

（6）上部接缝节点设计

为防止上部接缝节点发生显著的接缝张开，节点连接钢筋应对称地布置在摇摆墙截面两端。为使得连接钢筋和混凝土均保持在线弹性范围以内，两端连接钢筋的应变不应超过其屈服应变 ε_{sy}，最大混凝土应力则不应大于 $0.5f_c$。

3. 设计流程

基于性能的框架－摇摆墙结构体系设计流程如图 3.5-9 所示，具体步骤如下：

（1）首先选择结构的性能目标，确定结构的布置方案。

（2）根据基于力或者基于位移的设计方法，确定摇摆墙及框架部分所承担的基底剪力和倾覆弯矩。

（3）根据摇摆墙所承担的基底剪力和倾覆弯矩进行摇摆墙的截面设计，初步确定摇摆墙截面尺寸及耗能钢筋比率 κ，进行屈服点计算，确定预应力筋相关参数，进行极限点计算，确定边缘约束构件相关参数，校核耗能钢筋应变。

（4）采用弹塑性时程分析检验结构各项性能指标，若满足则完成设计，若不满足则调整摇摆墙截面尺寸或耗能钢筋率 κ 重新进行计算，直至满足各项性能指标的要求。

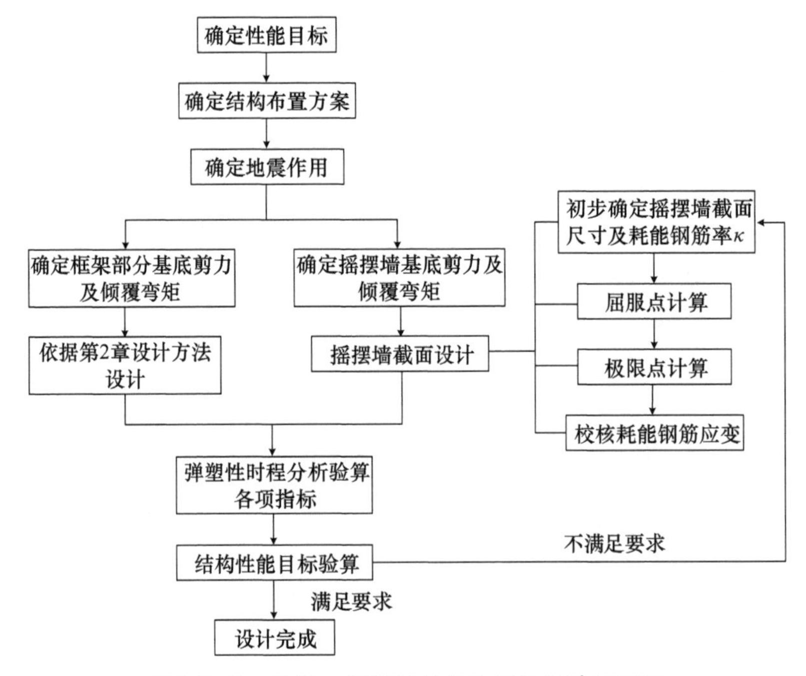

图 3.5-9　框架－摇摆墙结构体系的设计流程图

3.5.3　设计实例

某结构为 4 层框架－摇摆墙结构，其标准层结构平面布置如图 3.5-10 所示。结构位于 8 度抗震设防区，设计基本地震加速度为 0.2*g*，Ⅳ类场地，设计地震分组为第二组。楼面恒载标准值为 5.0kN/m^2，楼面活载标准值为 2.0kN/m^2，屋面恒载标准值为 4.0kN/m^2，屋面活荷载标准值为 3.0kN/m^2。结构横向（南北向）方向由剪力墙和框架共同提供抗侧力，纵向（东南向）由抗弯框架提供抗侧力。每片墙的基底剪力 V_{bw} = 2430.8kN，倾覆弯矩 M_{ovw} = 23.8mN・m。

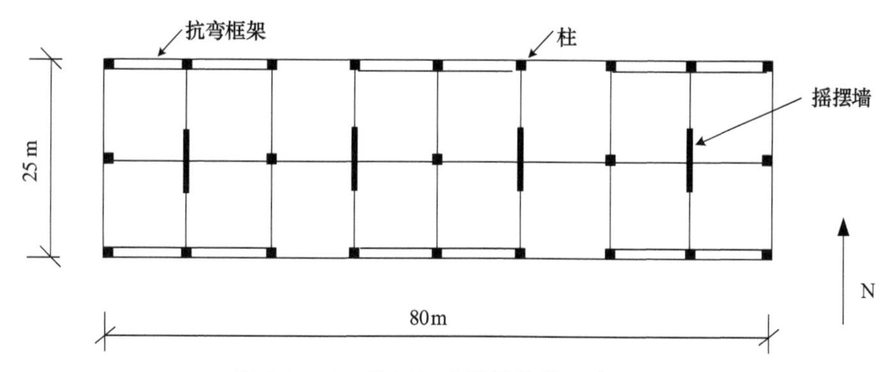

图 3.5-10　算例标准层结构平面布置图

算例中的框架部分设计方法参见第 2 章，摇摆墙具体设计过程如下：

（1）选定材料。采用强度等级 C60 的混凝土，此时 $\alpha_1 = 0.98$，$\beta_1 = 0.78$。混凝土的轴心抗压强度设计值 $f_c = 27.5\text{MPa}$，耗能钢筋选用 HRB400 的耗能钢筋，屈服强度设计值为 360MPa，采用Φ^S15.2 高强低松弛钢绞线作为预应力钢绞线，抗拉强度设计值为 1320MPa，预应力筋初始应力取为 $\sigma_{pti} = 660\text{MPa}$。

（2）初步确定相关参数。耗能钢筋比率取为 $\kappa = 0.75$，保护层厚度取为 20mm，初步确定剪力墙的截面尺寸为 4500mm×400mm。

（3）屈服点计算。屈服点的倾覆弯矩 $M_y = M_u/1.3 = M_{ovw}/1.3 = 18.3\text{mN}\cdot\text{m}$，代入式（3.5-18）与式（3.5-19），得 $a_y = 959\text{mm}$，$C = 10335\text{kN}$，从而计算得到预应力筋面积 $A_{pt} = 2779\text{mm}^2$，耗能钢筋面积 $A_s = 12311\text{mm}^2$。实际配筋如图 3.5-12 所示。预应力筋配筋率 $\rho_{pt} = 0.15\%$，耗能钢筋配筋率 $\rho_s = 0.68\%$。计算屈服状态的时中性轴长度，$c_y = a_y/\beta_1 = 0.27l_w$，满足假设条件。

（4）约束混凝土计算。由 Mander 本构关系得到约束混凝土的应力－应变关系如图 3.5-11 所示。各参数取值：非约束混凝土峰值抗压强度 $f_0 = 27.5\text{MPa}$；非约束混凝土峰值应力处应变 $\varepsilon_{c0} = 0.002$；平行于 x 轴（图 3.5-10）的纵筋截面积 $A_{sx} = 157\text{mm}^2$；平行于 y 轴的纵筋截面 $A_{sy} = 157\text{mm}^2$；箍筋直径 $d_s = 10\text{mm}$；箍筋屈服强度 $f_{yh} = 360\text{MPa}$；x 方向纵筋间距 $w_x = 85\text{mm}$；x 方向核心区混凝土长度 $a_{hoop} = 1000\text{mm}$；箍筋间距 $s = 50\text{mm}$；纵筋总面积为 1000mm^2，实际配置 10 Φ 12 钢筋。选定 $f_{c0} = 41.6\text{MPa}$，塑性铰区曲率 $\phi_u = 2.2\times10^{-5}$，$\varepsilon_{cu} = 0.02$；约束混凝的高度 $l_{hoop} = 767\text{mm}$。

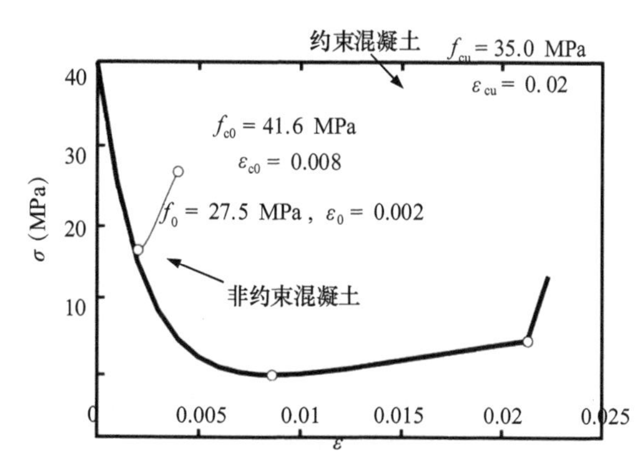

图 3.5-11　约束混凝土与非约束混凝土应力－应变关系

（5）耗能钢筋应变校核。假定 $l_{debonded} = 1.0\text{m}$，屈服点时，$\varepsilon_{sy} = 0.0037 > 0.002$，最内侧耗能钢筋可以屈服；极限点时，$\varepsilon_{sy} = 0.042 < 0.10$，耗能钢筋未被拉断，满足假设条件，

实际取 $l_{debonded}=1.0m$。$l_{bonded}=692mm$，实际取锚固长度为 700mm。

（6）分布钢筋的规格采用⏀10@250。

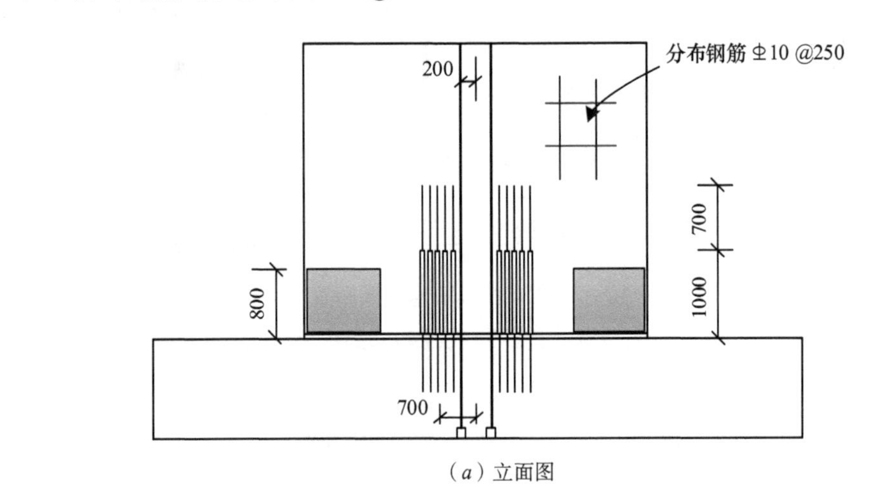

（a）立面图

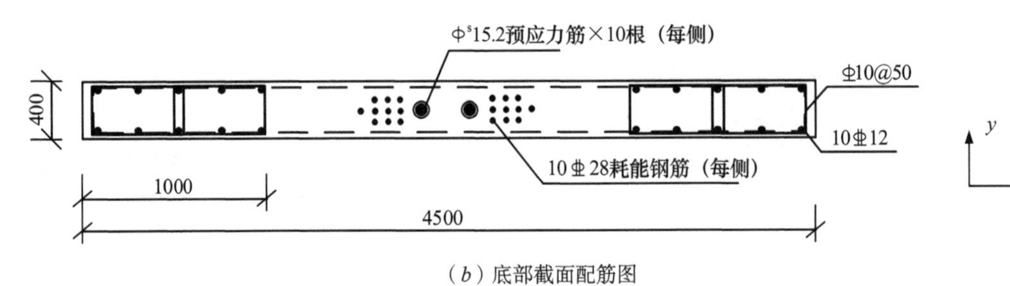

（b）底部截面配筋图

图 3.5-12 算例结构摇摆墙配筋图（单位：mm）

本章参考文献

[1] Kurama Y C. Seismic analysis，behavior，and design of unbonded post-tensioned precast concrete walls: [dissertation]. Bethlehem：Lehigh University，1997.

[2] Kurama Y，Sause R，Pessiki S，et al. Lateral load behavior and seismic design of unbonded post-tensioned precast concrete walls. Structural Journal，1999，96（4）：622-632.

[3] Perez F J，Pessiki S，Sause R. Experimental lateral load response of unbonded post-tensioned precast concrete walls. ACI Structural Journal，2013，110（6）：1045.

[4] Kurama Y. C. Simplified seismic design approach for friction damped unbonded post tensioned precast walls [J]. ACI Structural Journal, 2001, 98（5）: 705-716.

[5] Rahman A, Restrepo J. Earthquake resistant precast concrete buildings: seismic performance of cantilever walls prestressed using unbonded tendons [R]. Research Report 2000-5, Department of Civil Engineering, University of Canterbury, Christchurch, New Zealand.

[6] Restrepo J I，Rahman A. Seismic performance of selfcentering structural walls incorporating energy dissipators. Journal of Structural Engineering，ASCE，2007，133（11）：1560-1570.

[7] Holden T, Restrepo J, Mander J B. Seismic performance of precast reinforced and prestressed concrete walls [J]. Journal of Structural Engineering, ASCE, 2003, 129（3）: 286-296.

[8] Smith B J，Kurama Y C，McGinnis M J. Design and measured behavior of a hybrid precast concrete wall specimen for seismic regions. Journal of Structural Engineering，ASCE，2011，137（10）：1052-1062.

[9] Hamid N H, Mander J B. Lateral seismic performance of multipanel precast hollowcore walls [J]. Journal of Structural Engineering，ASCE，2010，136（7）: 795-804.

[10] Sritharan S，Aaleti S，Thomas D J. Seismic analysis and design of precast concrete jointed wall systems. ISU-ERI-Ames Report ERI-07404. Ames: Department of Civil，Construction and Environmental Engineering，Iowa State University，2007.

[11] Erkmen B，Schultz A E. Self-centering behavior of unbonded，post-tensioned precast concrete shear walls. Journal of Earthquake Engineering，2009，13（7）：1047-1064.

[12] Marriott D. The Development of High-performance post-tensioned rocking systems for the seismic design of structures: [dissertation]. Christchurch：University of Canterbury，2009.

[13] 吴浩，吕西林，蒋焕军，施卫星，李检保 . 预应力预制混凝土剪力墙抗震性能试验研究，建筑结构学报，2015，37（5）：208-217.

[14] Priestley M J N, Park R. Strength and ductility of concrete bridge columns underseismic loading [J]. ACI Structural Journal, 1987, 84（1）: 61-76.

[15] Priestley M J N，Sritharan S，Conley J R，et al. Preliminary results and conclusions from the PRESSS five-story precast concrete test building. PCI Journal，1999，44（6）：42-67.

[16] Restrepo J I. Preliminary results of the shake-table testing for the development of a diaphragm seismic design methodology. PCI Journal，2009，54（1）：100-124.

[17] Nagae T，Tahara K，Matsumori T，et al. Design and instrumentation of 2010 E-Defense four-story reinforced concrete and post-tensioned concrete buildings. Report 2011/103. Berkeley: Pacific Earthquake Engineering Research Center，2011.

[18] Salinas R，Rodríguez M，Sánchez R. Evaluation of seismic responses of building systems with self-centering concrete structural walls [C].//16WCEE. Santiago，2017，Paper No. 2610.

[19] Xilin Lu，Boya Yang，Bin Zhao. Shake-table testing of a self-centering precast reinforced concrete frame with shear walls. Earthquake Engineering and Engineering Vibration，2018，17（2）：221-233.

[20] Englekirk R E，Englekirk R E. Design-construction of the paramount - a 39story precast prestressed concrete apartment building. PCI Journal，2002，47（4）：56-71.

[21] Panian L, Steyer M, Tipping S. An innovative approach to earthquake safety and concrete construction in buildings [J]. Journal of the Post-Tensioning Institute, 2007, 5（1）: 7-16.

[22] Stevenson M，Panian L，Korolyk M，et al. Post-tensioned concrete walls and frames for seismic-resistance- a case study of the David Brower Center. Proc. the SEAOC Annual Convention，Hawaii，2008.

[23] Wada A，Qu Z，Ito H，et al. Seismic retrofit using rocking walls and steel dampers [C]. // Proceedings of ATC/SEI Conference on Improving the Seismic Performance of Existing Buildings and Other Structures. San Francisco，CA，USA: Applied Technology Council，2009.

[24] Ito H, Uchiyama Y, Sakata H. Study on seismic retrofitting using rocking walls and steel dampers[C]. 7CUEE&5ICEE, Tokyo: Tokyo Institute of Technology, 2010:1335.

[25] Tipping Structural Engineers. Projects of Tipping Structural Engineers [DB/OL]. http://www.tippingstructural.com/projects/project_details/21.

[26] Tipping Structural Engineers. Projects of Tipping Structural Engineers [DB/OL]. http://www.tippingstructural.com/projects/project_details/36#.

[27] Cattanach A，Pampanin S. 21st century precast: the detailing and manufacture of NZ’s first multi-storey PRESSS building. New Zealand Society for Earthquake Engineering Conference，Rotorua，2008.

[28] ACI Innovation Task Group 5. ACI ITG 5.1-07 Acceptance criteria for special unbonded post-tensioned precast structural walls based on validation testing. Farmington Hills: American Concrete Institute，2007.

[29] Boya Yang，Xilin Lu. Displacement-based seismic design approach for prestressed precast concrete shear walls and its application. Journal of Earthquake Engineering. DOI: 10.1080/13632469.2017.1309607.

[30] 党像梁，吕西林，周颖 . 底部开水平缝预应力自复位剪力墙试验研究及数值模拟 . 地震工程与工程振动，2014，34（4）：154-161.

[31] Zibaei H，Mokari J. Evaluation of seismic behavior improvement in RC MRFs retrofitted by controlled rocking wall systems. Structural Design of Tall and Special Buildings，2014，23（13）：995-1006.

[32] Standards Association of New Zealand. NZS 3101 Concrete structures standard. Wellington: Standards New Zealand，2006.

[33] ACI Committee. ACI 318-14 Building code requirements for structural concrete and commentary. Farmington Hills: American Concrete Institute，2014.

[34] Mander J B，Priestley M J N，Park R. Theoretical stress-strain model for confined concrete. Journal of Structural Engineering，ASCE，1988，114（8）：1804-1826.

[35] ACI Innovation Task Group 5. ACI ITG 5.2-09 Requirements for design of a special unbonded post-tensioned precast shear wall satisfying ACI ITG-5.1. Farmington Hills: American Concrete Institute，2009.

[36] Chang G A, Mander J B. Seismic energy based fatigue damage analysis of bridge columns -Part 1: evaluation of seismic capacity[R]. NCEER 94-0006, Buffalo, N.Y. : National Center for Earthquake Engineering Research, Technical report, 1994.

[37] Pampanin S，Cattanach A，Haverland G. PRESSS design handbook: seminar notes. Technical report TR44. Auckland：New Zealand Concrete Society，2010.

[38] Seismology Committee. Recommended lateral force requirements and commentary（Blue book）. Structural Engineers Association of California（SEAOC）, 1999.

[39] Pakiding L, Pessiki S, Sause R, et al. Experimental testing of cast-in-place seismic resistant unbonded post-tensioned special reinforced concrete walls [R]. ATLSS Report No. 14-07, Department of Civil and Environmental Engineering, Lehigh University, Bethlehem, PA, 2014.

第 4 章　具有可更换构件结构体系

4.1　具有可更换构件结构体系的特点和组成

将结构某部位强度或刚度削弱，或在该部位设置延性耗能构件，将削弱部位或耗能构件设置为可更换构件，并与主体结构通过可以拆卸的装置连接，即为具有可更换构件的结构体系。正常使用情况下，可更换构件与主体结构共同工作，在较大地震作用下，破坏将集中于可更换构件，通过可更换构件的塑性变形，耗散地震输入能量，保护主体结构不受损伤或只受轻微损伤，地震作用后只需更换耗能构件即可快速恢复结构功能。

从结构形式上来看，具有可更换构件的结构体系属于可恢复功能结构体系的一种。"可更换"的思想在机械工程中运用较为普遍，近年来在结构工程中开始应用这种思想。"可更换构件"最早应用于桥梁工程，之后在钢结构体系中取得了较好的发展，而在混凝土结构体系中的研究和应用还较为有限。

可更换构件一般设置于结构易发生塑性变形的部位，将此部位截面有意削弱，或用延性材料、新型耗能材料替代原材料，或将此部位用耗能阻尼器替换。可更换构件一般具有集中损伤、易于拆卸的特点，它的功能主要有：

（1）在较小地震作用下保持一定的刚度和强度，和主体结构共同抵御外界荷载，保证结构体系在正常使用状态下的功能完好；

（2）在较强地震作用下进入塑性状态或发生较大变形，耗散能量，将破坏位置集中在可更换构件以保护主体结构基本完好；

（3）地震后易于更换，更换时基本不影响主体结构的使用功能。

4.2　具有可更换构件结构体系的研究进展

4.2.1　桥梁结构

2001 年 Tang 和 Manzanarez[1] 在设计新旧金山—奥克兰海湾大桥时提出了一种可更换的钢连梁，钢连梁位于大桥塔杆之间。一些学者对这种连梁做了试验和分析[2]，结果表明采用钢连梁降低了塔杆主体的位移、弯矩，使得主体结构在较大地震时保持弹性，通过拆卸螺栓可完成钢连梁的更换。2013 年 3 月桥塔施工顺利完成，整体结构于 2013 年 9 月竣工，桥塔的结构形式如图 4.2-1 所示。

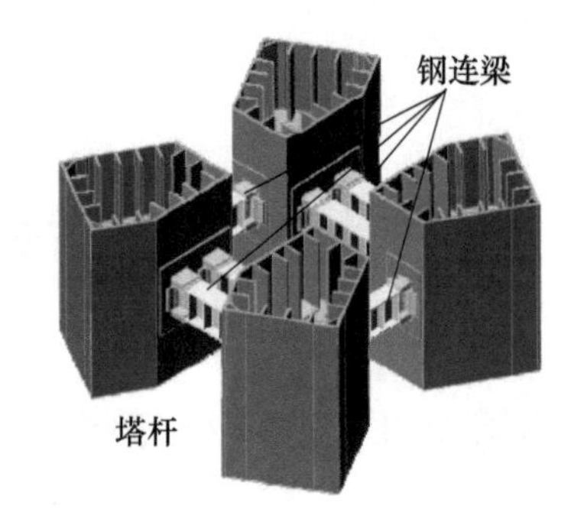

（a）整体结构　　（b）可更换钢连梁

图 4.2-1　带有可更换钢连梁的桥塔 [1]

4.2.2　框架结构

框架结构在正常使用状态能承受一定的竖向及水平荷载，但在强地震作用下可能发生较大的震害，为此，诸多学者在框架结构中设置了各种形式的可更换构件，主要包括带可更换构件框架体系、支撑框架体系，以及一种新型的带有可更换连接的连柱框架体系等。

1. 带可更换构件框架体系

2007 年 Chou 等 [3] 设计了一种削弱截面的翼缘盖板连接钢梁和钢柱。在此基础上，Farrokhi 等 [4] 于 2009 年提出了一种设置在钢梁翼缘外部的可更换带孔盖板，如图 4.2-2 所示。试验研究表明，该连接使梁端塑性变形集中在盖板孔洞周围，并能发挥连接处钢材的全塑性能力，相比于一般的梁柱连接延性提高了 60%，从而有效地避免了连接处焊缝的脆性破坏。研究发现孔洞直径小于盖板厚度的 0.8 倍、孔洞间距大于盖板厚度的 1.25 倍时带孔盖板的塑性变形能力较好。

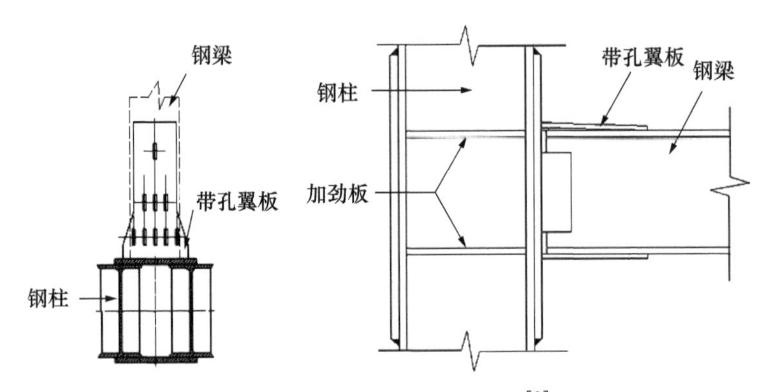

图 4.2-2　可更换带孔翼板 [3]

Oh 等 [5] 对一种可更换带缝钢板阻尼器进行了试验研究，装置如图 4.2-3 所示。将阻尼器设于钢梁端部，用高强螺栓与钢梁下翼缘相连，塑性变形集中于阻尼器，同时便于更换。试验表明，该阻尼器具有良好的滞回性能，耗能达到输入能量的 90% 以上。整个循环试验过程中，试件的弯矩及应力均未超过钢梁发生塑性变形所需的弯矩及应力，钢梁保持弹性。研究还发现，钢梁截面受正弯矩作用时，混凝土楼板对结构初始刚度及钢梁截面塑性中和轴位置的影响不可忽略。

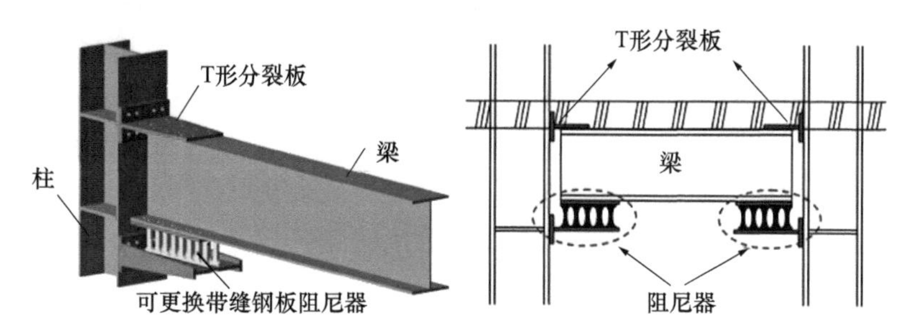

图 4.2-3　带缝钢板阻尼器装置[5]

2008 年，一个名为“FUSEIS”的欧洲研究计划研究了两种用于抗震钢框架的可更换耗能“保险丝”[6]。在钢框架的承重柱旁加设了柱，设计了第一种可更换保险丝连接原有承重柱和新加柱，可更换保险丝的行为相当于框架梁，如图 4.2-4 所示。对带有这种可更换保险丝的耗能柱进行了低周反复加载试验[6]，发现可更换保险丝像梁一样发生塑性变形，且塑性变形只集中在可更换保险丝上。

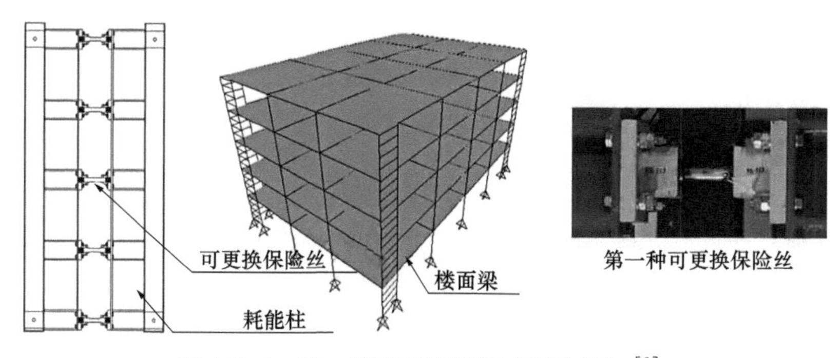

图 4.2-4　第一种可更换钢板“保险丝”[6]

随后，该研究提出了另一种形式的可更换保险丝[7]，首先在距梁柱节点一定距离处将钢梁断开，再用矩形钢板分别连接断开的钢梁下翼缘和腹板，如图 4.2-5 所示。8 个足尺模型的低周反复荷载试验表明，螺栓连接的钢板塑性耗能能力强，梁端负弯矩下钢板的屈曲影响了其塑性承载力，可更换钢板与钢梁截面的抗弯承载力比值对结构性能的影响较大。试验结束后，两个工人用 1.5h 可完成 3 处“保险丝”的更换[7]。

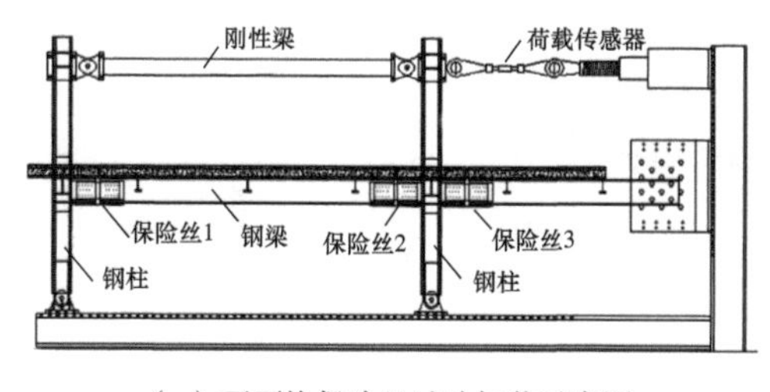

（*a*）可更换保险丝试验加载示意图

（*b*）试验现场照片

图 4.2-5　第二种可更换钢板“保险丝”[7]

Shen 和 Christopoulos[8] 研究开发了一种塑性可更换连接，设置在距离梁端一小段距离处，它的优点是可以预制，梁高在一定范围内时可采用相同尺寸的可更换连接，设计者可均衡考虑结构承载力和弹性刚度这两个指标。他们设计了两种形式的连接，并进行了 4 个试件的足尺模型对比试验，连接构造如图 4.2-6 所示。试验表明，槽钢腹板可更换连接的滞回曲线较端板螺栓可更换连接饱满，但槽钢腹板可更换连接达到 0.04rad 位移角后由于受压屈曲，强度迅速降至峰值荷载的 80% 以下。更换后的槽钢腹板连接滞回性能不变，而更换后的端板螺栓连接强度有所降低。研究发现，残余变形是影响连接可更换性的主要因素，较小的残余变形下可通过现场钻孔完成连接的更换。

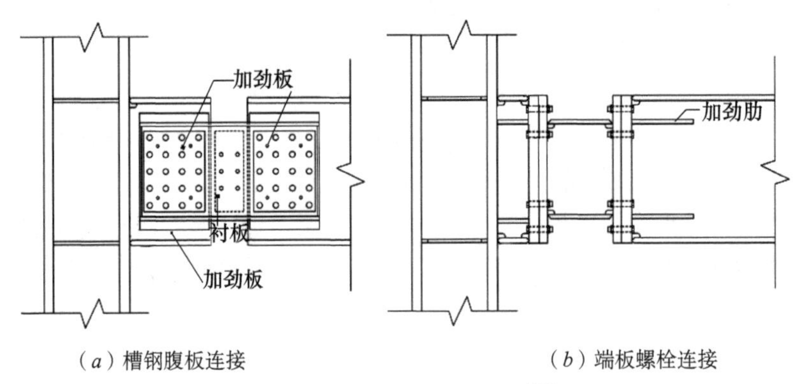

（*a*）槽钢腹板连接　　（*b*）端板螺栓连接

图 4.2-6　梁端可更换连接 [8]

2. 支撑框架体系

Vargas 等 [9] 设计了一种可更换防屈曲支撑，并研究了它在钢框架中的性能，支撑构造如图 4.2-7 所示。计算发现，钢框架与整体结构初始刚度比值 $\alpha \geqslant 0.25$，钢框架与防屈曲支撑的屈服位移比值 $\mu_{max} \geqslant 5$ 时，可更换防屈曲支撑的设计较为合理。他们对一个带有可更换防屈曲支撑的 3 层单跨钢框架进行了研究，设计 $\alpha = 0.25$，$\mu_{max} = 5$，并进行了有限元分析和 1∶3 比例的模型试验 [10]。有限元分析结果验证了设计方法的可行性，振动台模型试验结果表明，设置可更换防屈曲支撑的钢框架梁柱保持弹性。偏心加劲板连接避免了支撑的局部屈曲现象，并提供了可更换性，更换支撑后结构性能差别不大。他们还通过试验研究了滚球摩擦隔震阻尼器减小结构位移的有效性。

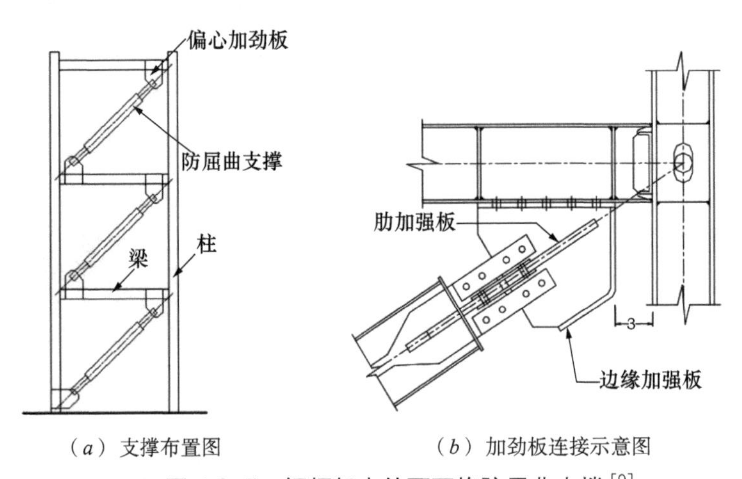

（*a*）支撑布置图　　（*b*）加劲板连接示意图

图 4.2-7　钢框架中的可更换防屈曲支撑 [9]

2013 年 Nasim 等[11]将可更换剪切连接段应用于交叉斜撑钢框架，如图 4.2-8 所示。降低剪切承载力设计可更换剪切连接段，并采用较大截面的钢梁及支撑等主体结构构件以达到理想的损伤分布状态。推覆分析和抗震动力分析结果表明，可更换剪切连接段能够成功地集中塑性变形，同时结构的残余楼层位移大大降低。

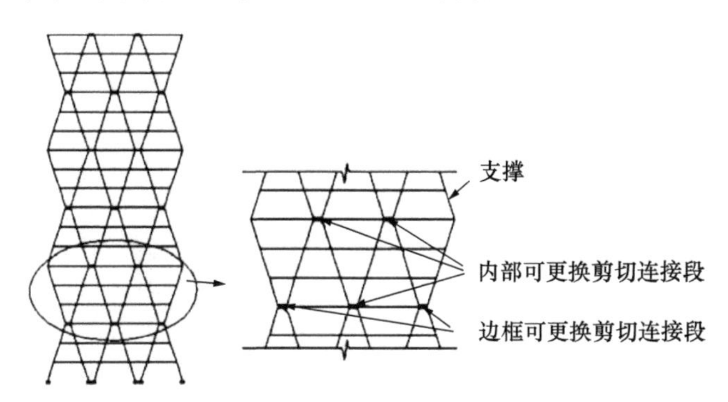

图 4.2-8　交叉斜撑钢框架中的可更换剪切连接段[11]

Mansour 和 Christopoulos[12]针对偏心支撑框架结构设计了两种形式的可更换连系梁段，如图 4.2-9 所示。可更换连系梁段的反复加载试验[13]和带有其梁段的支撑框架足尺模型反复加载试验表明，连系梁具有良好的耗能特性，由于支撑框架中的轴拉力使得连系梁剪力减小，轴压力使得剪力增加，连系梁滞回曲线在大位移时出现不对称现象。此外他们发现，由于楼板的影响连系梁所受剪力增大了 14%，楼板对连系梁的剪切变形没有约束。在结构残余位移角为 0.5% 时，他们更换了连系梁并进行试验，结果表明，将端板螺栓连接的连系梁更换后，改为焊接连接可提高更换效率，而槽钢腹板连系梁则可以采用更短的槽钢腹板连系梁更换，更换后的连系梁均表现出良好的滞回性能。

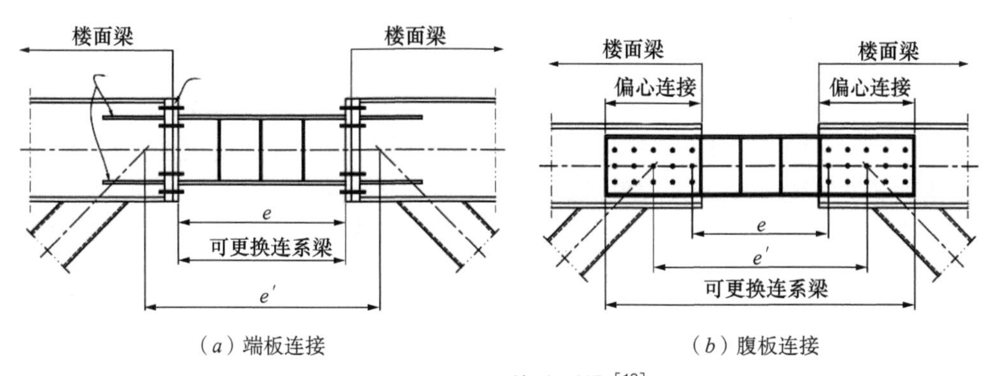

图 4.2-9　可更换连系梁[12]

2015 年广州大学的周云等[14]采用有限元软件对不同腹板宽厚比、腹板钢材屈服强度、腹板加劲肋设置情况下的可更换剪切钢板阻尼器偏心支撑框架进行了分析。分析结果建议剪切钢板阻尼器腹板宽厚比宜小于 30，腹板钢材宜采用软钢，宜采用加劲肋来保证阻尼器不发生平面外屈曲。

3. 连柱框架体系

2007 年 Iwai 和 Dusicka[15]提出了一种带有可更换连接的连柱框架结构体系，如图

4.2-10 所示，可更换连接相连的两排连柱构成侧向力下第一道防线，框架结构作为第二道防线，正常使用阶段结构保持弹性，可修复阶段连柱系统的可更换连接发生剪切塑性破坏，防止倒塌阶段框架结构产生塑性变形。经有限元计算分析发现，所有柱底采用铰接支座，连柱基础间附加刚塑性连接时结构性能较为理想；连柱系统的屈服位移小于框架结构的屈服位移，可修复阶段的位移角限值可以取为 0.5% ～ 1.8%。

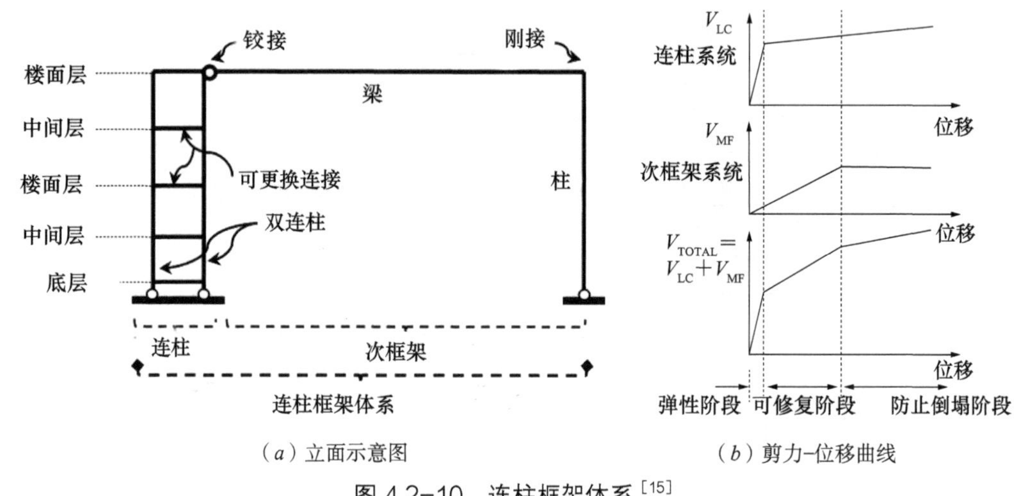

（*a*）立面示意图　　（*b*）剪力–位移曲线

图 4.2-10　连柱框架体系 [15]

2010 年 Dusicka 和 Lewis [16] 对可更换连接的形式做了分析和模型试验，发现与连柱螺栓连接的形式能有效传递弯矩和剪力，并能发生良好塑性变形，塑性集中于连接内部，更换方便。之后 Malakoutian [17] 对这种形式的连柱框架体系进行了非线性时程分析，发现 3 层、6 层和 9 层的结构体系在 50 年超越概率为 10% 的地震作用下塑性铰只出现在可更换连接处，在 50 年超越概率为 2% 的地震作用下层间位移角小于 2%，满足设计限值。随着结构高度增加，倾覆力矩增大，可更换连接的长度须加大。

2012 年 Lopes 和 Dusicka [18] 又对这种连柱框架结构的设计参数做了研究。经推覆分析发现，低层的连柱系统和高层的框架梁对结构位移的贡献较大，设计通过改变连柱或可更换连接刚度来控制结构位移、降低地震作用、节省材料用量，这种形式的结构在可修复阶段的位移限值可达到塑性位移的两倍。同时，可更换连接采用焊接截面或宽翼缘截面加强了塑性集中。

4.2.3　剪力墙结构

剪力墙结构中可更换构件的研究主要包括可更换钢板墙、可更换墙脚构件以及可更换连梁。

1. 可更换钢板墙

2006 年台湾大学、台湾大学地震工程研究中心（NCREE）联合纽约州立大学布法罗分校、美国地震工程多学科研究中心（MCEER）提出了一种带有可更换钢板墙的剪力墙结构，并在台湾大学地震工程研究中心地震模拟实验室进行了 2 层钢板剪力墙的足尺模型试验[19]，如图 4.2-11 所示。试验分为两个阶段：首先进行钢板剪力墙拟动力试验，更换钢板后进行第二阶段拟动力试验，加载至结构破坏。试验分析结果表明，按该方法设计的结构边缘构件未发生破坏，条带模型模拟的有限元分析与第一阶段试验结果吻合较好。他们对更换钢板后的第二阶段试验进行了有限元分析。试验和分析结果表明，新换钢板墙表现出良好的屈曲耗能特性，更换钢板后的结构滞回性能与更换前基本一致。拟动力试验发现，钢板墙的滞回曲线在 2.6% ~ 2.8% 层间位移角前稳定，之后呈现捏拢现象。3 名技术人员两天半内完成了钢板的更换。

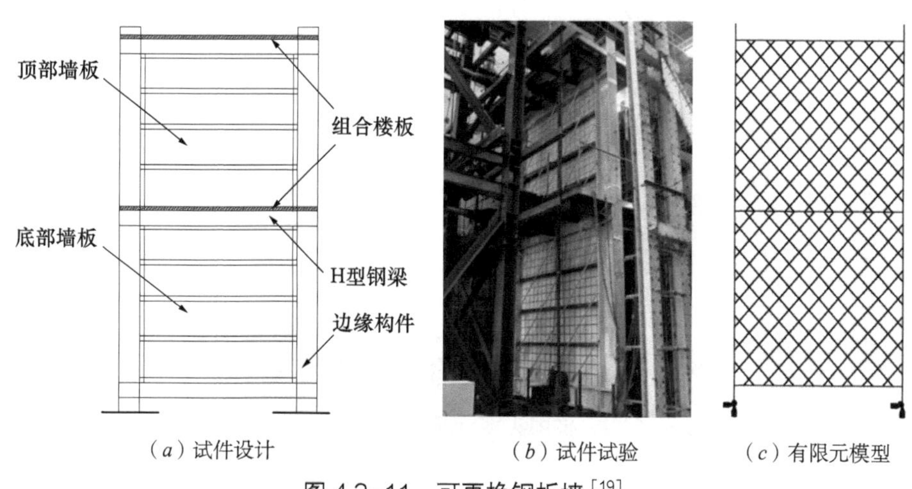

（a）试件设计　（b）试件试验　（c）有限元模型

图 4.2-11　可更换钢板墙[19]

2011 年 Cortés 和 Liu[20] 对一种带竖缝的钢板墙框架结构进行了研究，如图 4.2-12 所示。与普通剪力墙相比，带竖缝的钢板墙只承受 10% ~ 25% 的侧向力，而普通剪力墙在正常使用状态下承担所有的水平荷载。带竖缝钢板墙的高宽比接近 2∶1，大于普通剪力墙结构，因此具有更大的空间。螺栓连接形式的钢板墙能预制生产，现场安装，并能及时更换。试验分析表明，这种带竖缝钢板墙具有良好的耗能特性，10 个试件的破坏形态均为钢板墙竖缝间连接区的塑性破坏，破坏时层间位移角达 5% 以上。

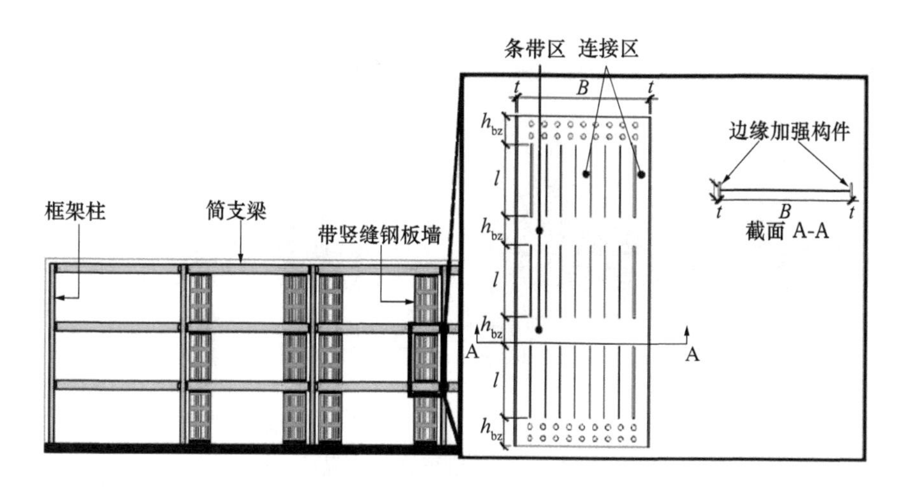

图 4.2-12　带竖缝的可更换钢板墙结构[20]

2. 可更换墙脚构件

Ozaki 等[21]提出了一种带有脚部可更换阻尼器的钢板剪力墙。剪力墙采用冷弯型钢钢板获得较高的刚度和强度，底部安装剪力锚固支座，竖向位移无约束。可更换阻尼器的构造如图 4.2-13 所示，由一对蝶形钢板塑性耗能，用槽钢固定并通过自攻螺钉与剪力墙相连，用地脚螺栓与地面相连。反复荷载作用下，可更换构件承受拉力和压力，倾覆力矩下发生塑性变形，并约束剪力墙的竖向位移。单向振动台试验结果表明[22]，剪力墙底部所受剪力大于型钢钢板的屈服承载力，而脚部蝶形钢板屈服耗能。试验后墙脚构件的残余竖向位移为 0.5mm，可通过调节地脚螺栓消除，未发现可更换墙脚构件的水平残余位移。

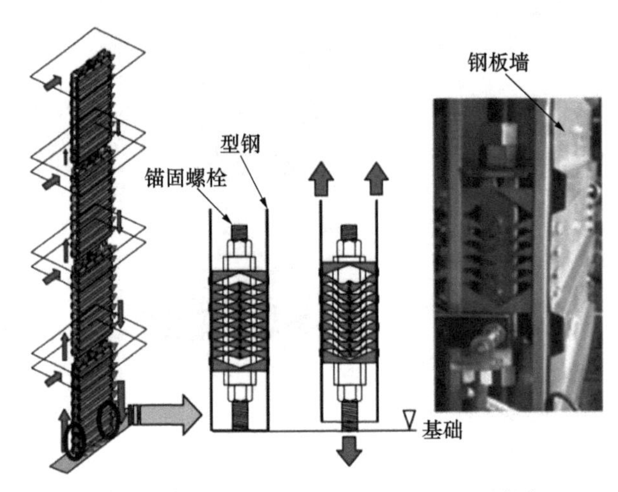

图 4.2-13　剪力墙脚部可更换阻尼器[21]

3. 可更换连梁

Fortney 等[23]最早提出了可更换连梁保险丝的概念，在钢连梁中部设置可更换保险丝，保险丝的屈服剪力取为原钢梁屈服剪力的一半，连梁构造如图 4.2-14（*a*）所示。他们对带有可更换保险丝的双肢剪力墙进行了拟静力加载试验[24]。试验结果表明，承载力降低后的可更换保险丝具有较好的耗能能力，并能集中钢连梁的塑性损伤。

（*a*）试验试件

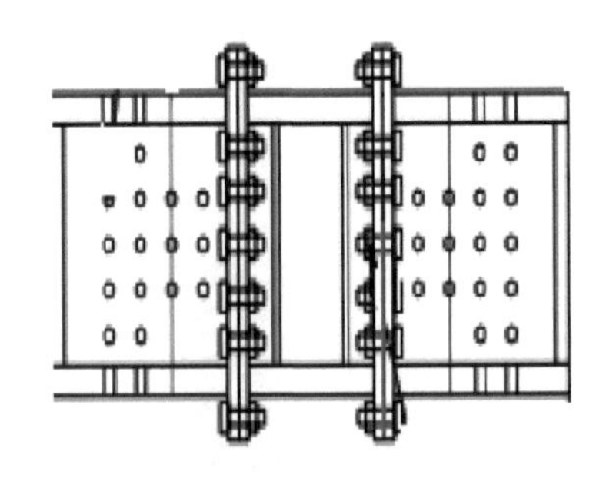

（*b*）改进后的可更换连梁

图 4.2-14　可更换钢连梁

2010 年滕军等设计了一种开缝钢板连梁阻尼器，进行了不同尺寸钢板阻尼器的拟静力试验[25]，同时对带有该钢板连梁阻尼器的联肢剪力墙进行了整体拟动力试验[26]。他们基于与原连梁抗弯刚度等效的原则设计钢板阻尼器，并验算阻尼器的抗剪刚度，如图 4.2-15 所示，试验和模拟分析结果表明，该钢板阻尼器在反复荷载下屈曲耗能，带有该阻尼器的联肢剪力墙结构比原结构在大震作用下层间位移角更均匀。

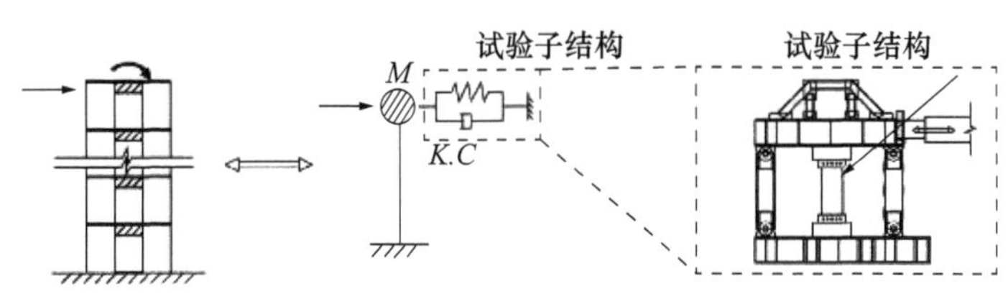

（a）连梁阻尼器低周反复加载试验　　（b）带有连梁阻尼器的剪力墙拟动力试验

图 4.2-15　连梁开缝钢板阻尼器

2012 年王涛等[27]对一种带有可更换金属阻尼器连梁的钢筋混凝土剪力墙做了试验研究。图 4.2-16 为可更换阻尼器的构造示意图，金属阻尼器采用叠层三角形开孔钢板，设置在连梁中部，通过螺栓与预埋钢板相连接，并设置一定的锚固长度。拟静力试验结果表明，带有可更换阻尼器连梁的剪力墙结构较普通钢筋混凝土连梁剪力墙结构强度低，而滞回曲线饱满，等效阻尼比是普通结构的 1.3 ～ 2.2 倍。试验后普通结构出现较多裂缝，可更换连梁只在端部出现微小的弯曲裂缝。

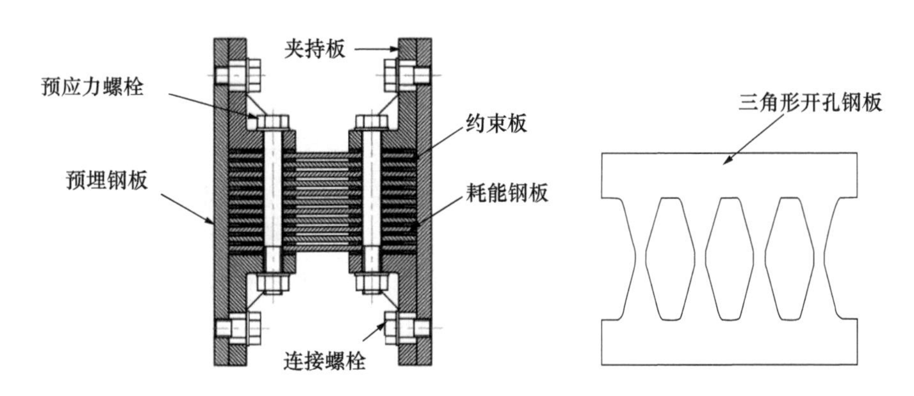

图 4.2-16　连梁叠层三角形开孔钢板可更换阻尼器[27]

2013 年毛晨曦等[28]开发了一种 SMA 阻尼器用于连梁中部。他们对该种 SMA 阻尼器进行了拟静力试验，并对一个普通连梁和一个安装有 SMA 阻尼器的连梁进行了低周反复加载试验，如图 4.2-17 所示。试验结果表明，SMA 的耗能能力良好，残余变形小，有很好的自复位能力；安装 SMA 阻尼器的连梁的变形集中在阻尼器中，大幅度降低了混凝土连梁的损伤并起到自复位作用。根据 SMA 阻尼器性能试验结果，将其力 - 位移曲线简化为线性曲线，并将一个带有 SMA 阻尼器的框架 - 剪力墙空间结构简化为平面结构，进行非线性有限元分析，将原结构连梁中部剪力减小 40% 设计 SMA 阻尼器，并设计阻尼器的屈服位移小于原连梁中部位移，结果表明 SMA 阻尼器能够集中塑性损伤，但结构的强度降低。

（a）SMA 阻尼器性能试验　　（b）安装 SMA 阻尼器的连梁静力试验

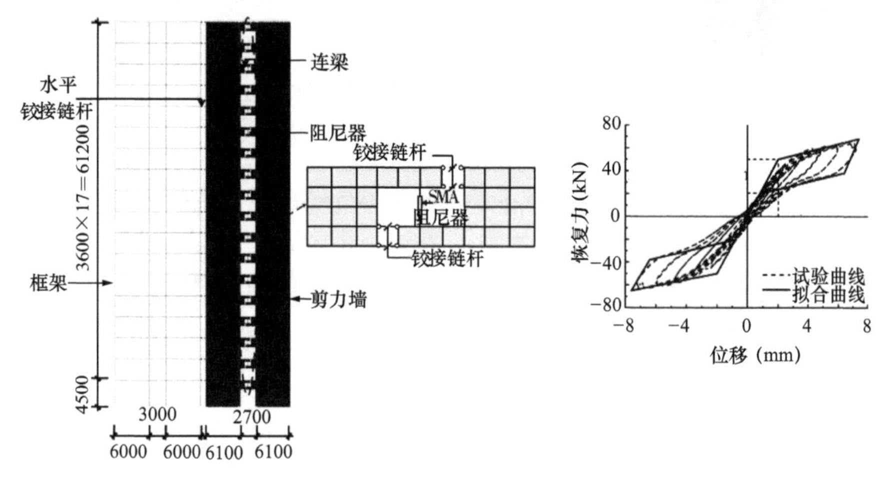

（c）带有 SMA 阻尼器连梁的框剪结构模拟　　（d）SMA 阻尼器的力学模型

图 4.2-17　连梁 SMA 阻尼器[28]

2013 年李贤等[29]提出了一种可拆卸式消能减震钢连梁，如图 4.2-18 所示，钢连梁的上下弦杆与钢筋混凝土剪力墙上的预埋件铰接，腹杆或腹板采用屈曲约束支撑或屈曲约束钢板作为耗能部位，同时耗能部位与上下弦杆间采用高强螺栓连接，方便震后更换。他们对屈曲约束支撑作为腹杆的试件和屈曲约束钢板作为腹板的试件进行了低周反复加载试验研究，结果发现设置屈曲约束钢腹板的连梁的承载力较高，延性较好，其中不开洞薄腹板的滞回性能最好。此外，他们提出了该连梁的分析模型，能够较好地预测该连梁的性能。

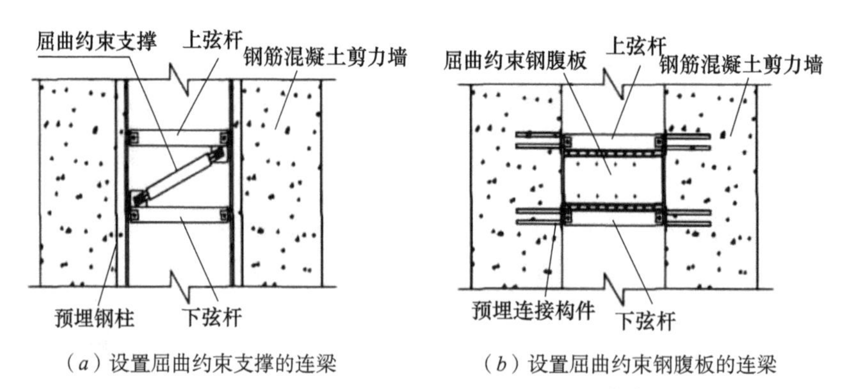

（a）设置屈曲约束支撑的连梁　　（b）设置屈曲约束钢腹板的连梁

图 4.2-18　可拆卸式消能减震钢连梁[29]

2014 年纪晓东等[30]设计了一种可更换消能梁段，采用剪切钢板的形式，并对其进行了反复加载试验，如图 4.2-19 所示。试验发现消能梁段的破坏模式为加劲肋—腹板焊缝断裂破坏，加劲肋满足规范要求的试件的骨架线基本为双折线，加劲肋的布置方式以及试件长度对极限塑性转角影响不大，而加劲肋间距较大承载力下降快。同时发现剪切腹板采用 LY225 软钢材料比采用 Q235 普通钢材塑性变形能力大。他们对带有可更换消能梁段的钢连梁进行了低周反复试验[31, 32]，发现钢连梁的极限转角为 0.06rad，约为剪切破坏的钢筋混凝土连梁的极限转角 0.02rad 的 3 倍，此时消能梁段的塑性转角为 0.16rad，塑性发展充分；同时，消能梁段在 0.0045rad 残余转角时仍可以更换，更换残余转角大于罕遇地震作用下钢连梁的震后残余转角 0.002rad，更换时间约为 0.4 ～ 2.2h。他们还发现，消能梁段在大剪切塑性变形时伴有轴向位移，当连梁受到轴向约束时会产生较大轴力。

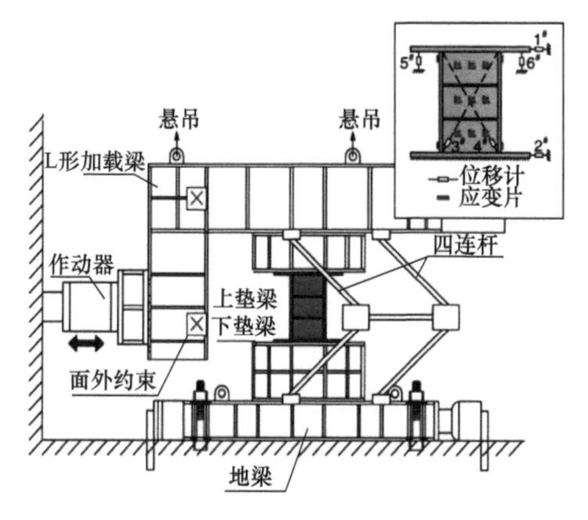

（a）可更换消能梁段性能试验

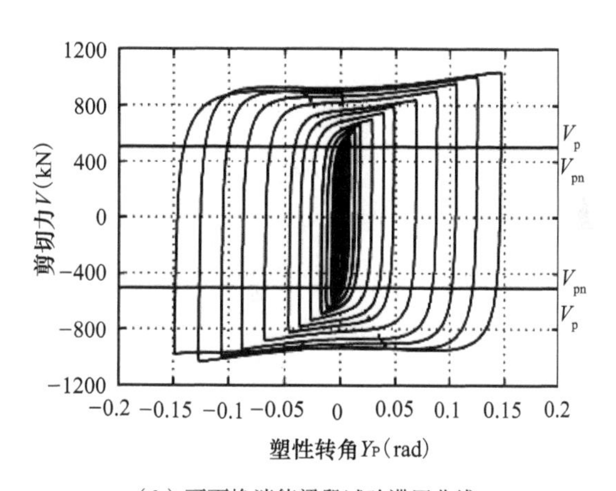

（b）可更换消能梁段试验滞回曲线

（c）带有可更换消能梁段钢连梁性能试验

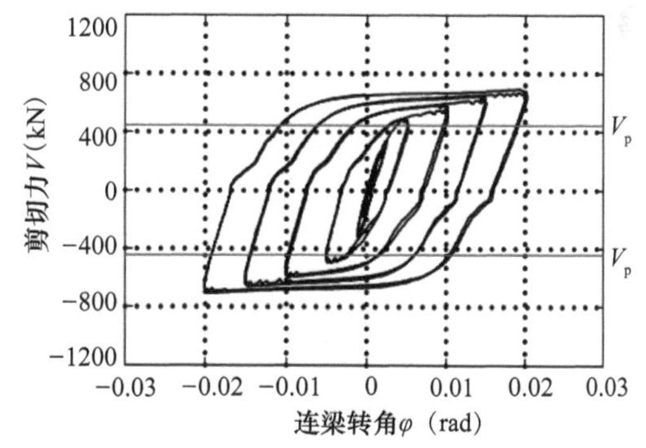

（d）带有可更换消能梁段钢连梁滞回曲线

图 4.2-19　可更换消能梁段

从框架结构、框架 - 支撑结构、剪力墙结构不同部位的可更换构件研究来看，结构工程中的可更换构件主要分为以下两种：

（1）附加型可更换构件：在结构易发生塑性变形的部分附加形式简单的阻尼器，通过塑性耗能避免了结构其余构件的破坏，震后更换附加构件。

（2）替换型可更换构件：将结构构件部分拆除，替换以新的塑性消能构件，设计新构件的承载力与原拆除部分基本一致，保证正常使用状态下结构承载力满足要求。大震作用下构件塑性耗能，破坏集中在可更换构件中。

将机械工程中广泛应用的可更换构件运用于结构工程领域，可改善结构在大震下的性能，符合性能设计的理念，是一种值得推广的结构新体系。

4.3 具有可更换连梁结构体系的试验研究

4.3.1 具有可更换连梁的耗能机制

联肢剪力墙结构是一种有效的抗侧力结构体系，在现代高层或超高层建筑结构中广为采用。大量震害表明，小跨高比连梁在地震中易出现斜裂缝（图 4.3-1（*a*）、（*b*）)，发生脆性的剪切破坏，而脆性破坏是抗震设计中应当避免的。连梁理想的破坏模式为端部形成塑性铰破坏，该破坏模式虽然具有一定的延性耗能能力，但由于连梁承受较大剪力使得连梁斜裂缝增多，而裂缝的产生是连梁抗弯刚度降低的主要原因，因此连梁的弯矩-转角滞回曲线一般来说并不饱满甚至出现捏缩现象，塑性耗能能力不强，同时，该破坏模式集中于连梁两端与墙相连处，震后难以修复（图 4.3-1（*c*））。

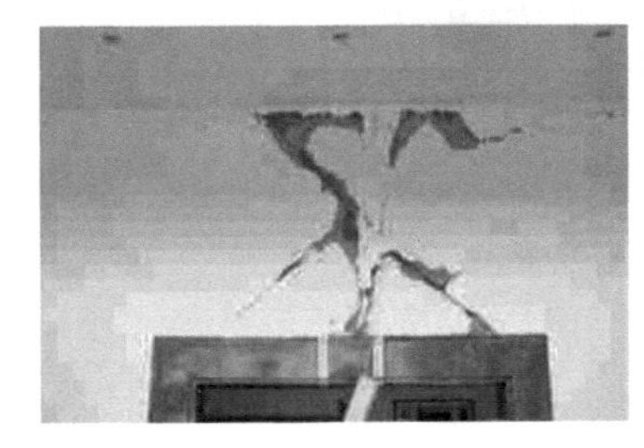

（*a*）汶川地震中连梁震害

（*b*）智利地震连梁震害一

（*c*）智利地震连梁震害二

图 4.3-1　钢筋混凝土连梁震害

可更换连梁的概念就是基于这两点提出的[33]，将便于更换的耗能装置设置于钢筋混凝土连梁的中部，在较强地震作用下集中塑性变形，保持两端混凝土梁段的完好，从而将两端难以修复的塑性变形转移到中部；当中部可更换构件采用剪切屈服型耗能器时，可以有效地将混凝土脆性剪切破坏转化为金属剪切延性破坏。

图 4.3-2 为可更换连梁的示意图，可更换连梁由两端非屈服段和中部可更换构件组成。非屈服段为钢筋混凝土梁段，由于设计要求非屈服段保持弹性，故两端钢筋混凝土段也称为连接梁；可更换构件可以采用多种形式，设置原则为制造简单、成本低廉、耗能能力良好，以满足集中连梁损伤、损伤后可方便更换的要求；非屈服段和可更换段通过螺栓等可以拆卸的连接方式。

在侧向荷载作用下，带有可更换连梁的剪力墙的变形模式如图 4.3-3 所示，梁中部深色部分为可更换构件，集中连梁的塑性变形，而连梁两端不发生损伤，中部可更换构件两端发生上下错动，从而产生相对变形，当相对变形大于弹性限值时可更换构件产生塑性变形，发生滞回耗能。

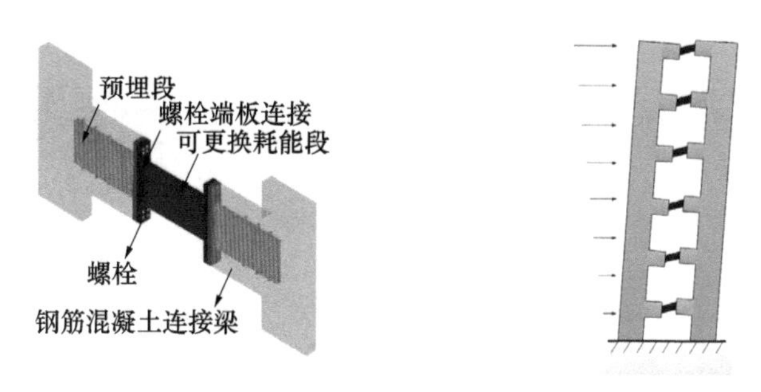

图 4.3-2　可更换连梁示意图　图 4.3-3　带有可更换连梁的剪力墙变形模式

4.3.2　可更换连梁剪力墙的试验研究与理论分析

1. 试验概况

作者团队设计了四个 1/2 比例模型的双肢剪力墙试件，包括一个传统的钢筋混凝土双肢剪力墙模型（称为 CSW），三个带有不同可更换连梁的双肢剪力墙模型，分别称为 F1SW、F2SW 和 F3SW。各模型除了连梁不同之外，墙肢的尺寸和配筋完全相同，如图 4.3-4 所示。剪力墙的混凝土强度等级为 C25，连梁的纵筋和箍筋、剪力墙的分布钢筋和暗柱箍筋采用 HPB235 级钢筋，剪力墙暗柱的纵筋采用 HRB335 级钢筋。

三种可更换构件（以下称保险丝）均采用 Q235 钢制作，分别如图 4.3-5 ～图 4.3-7 所示，跨度均为 200mm，端板的厚度均为 15mm，端板上开有四个螺孔用来与连梁非屈服段的预埋型钢相连接，损坏后便于拆卸更换。加工好的可更换构件如图 4.3-8 所示。

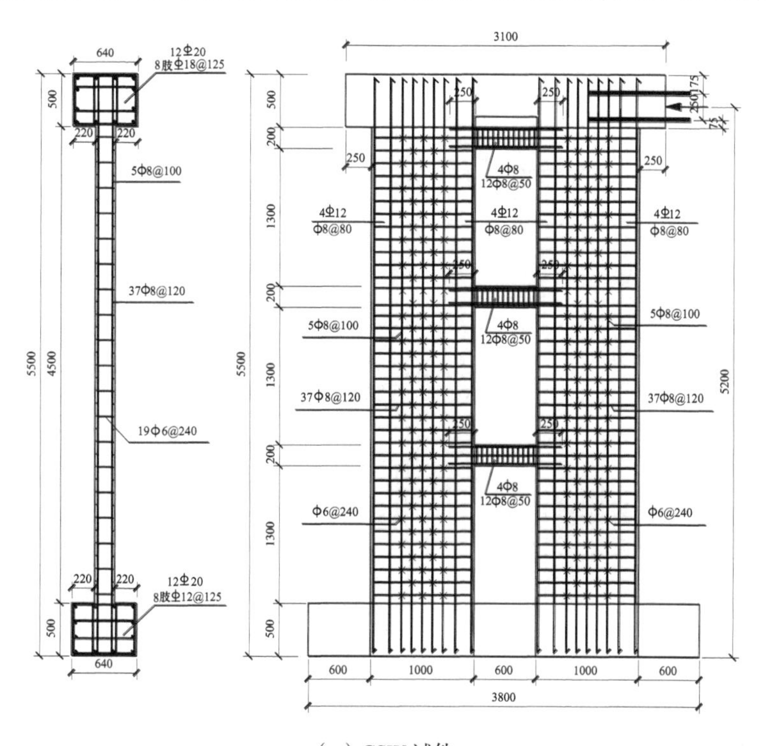

（*a*）CSW 试件

图 4.3-4　试件尺寸与配筋（一）

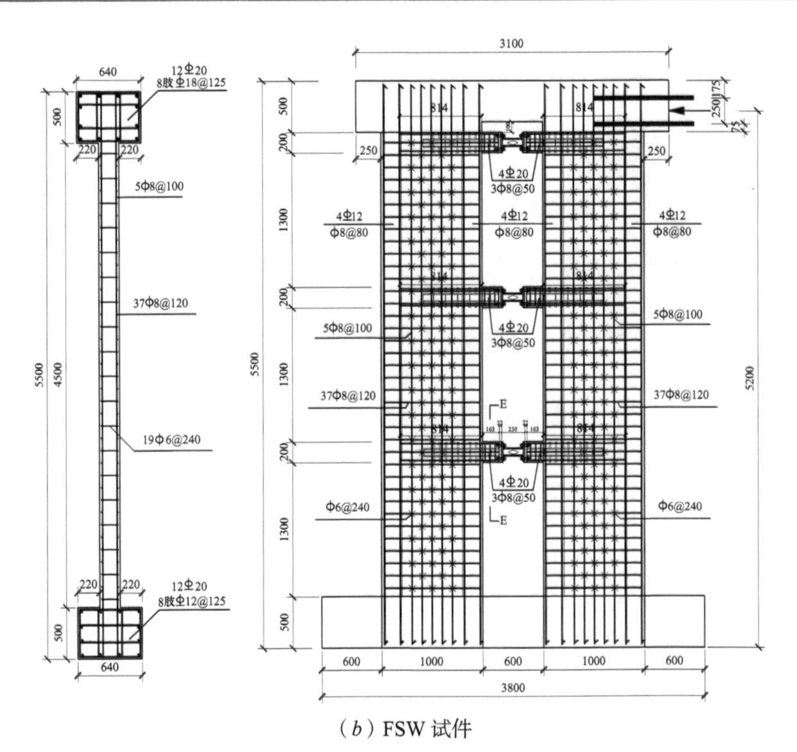

（b）FSW 试件

图 4.3-4　试件尺寸与配筋（二）

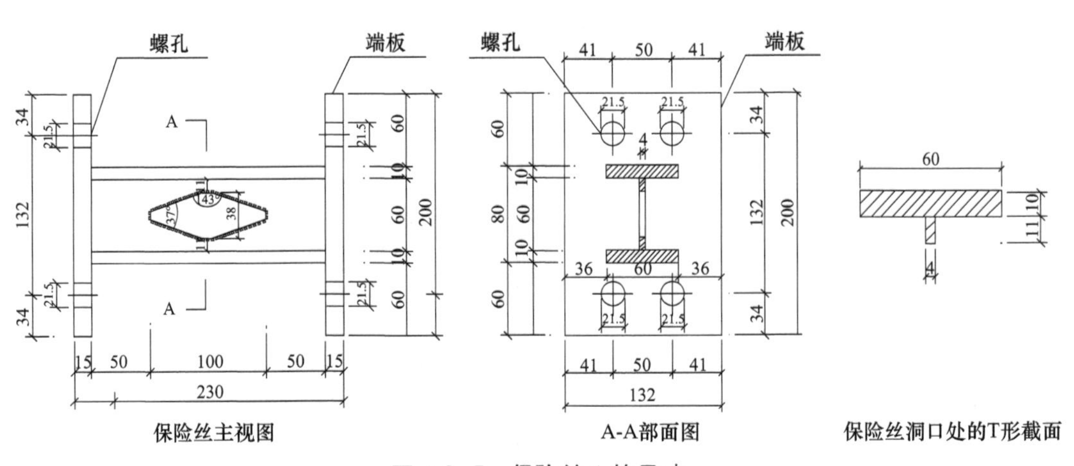

图 4.3-5　保险丝 1 的尺寸

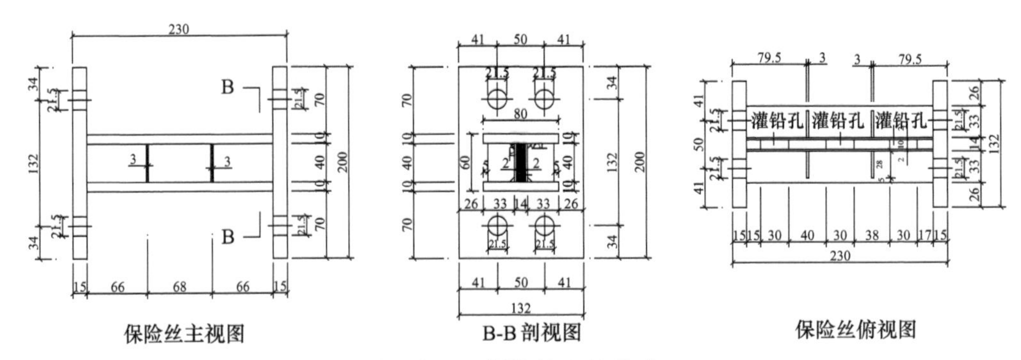

图 4.3-6　保险丝 2 的尺寸

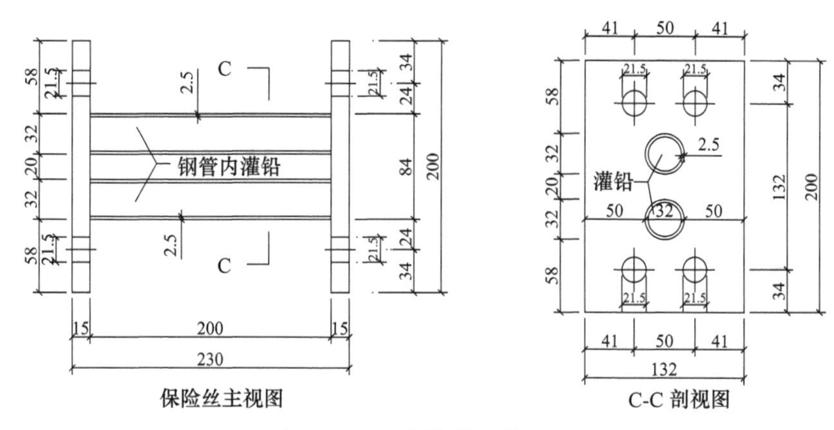

图 4.3-7　保险丝 3 的尺寸

（a）保险丝 1

（b）保险丝 2

（c）保险丝 3

图 4.3-8　加工完成后的可更换连梁保险丝照片

2. 试验装置和测点布置

试验在同济大学土木工程防灾国家重点实验室进行。试件的底座采用大尺寸的钢筋混凝土梁，梁高 500mm，为了防止底座在水平推力作用下发生移动，在底梁两端的固定处设置八个锚孔用来固定底座。在顶端施加竖向荷载和水平荷载，通过八根预应力拉杆施加竖向荷载，预应力拉杆的拉力通过加载梁上方的穿心千斤顶施加。预应力拉杆通过螺栓和厚钢板锚固于底座，因此在反复推覆过程中，预应力拉杆能够发生较小的转动。试验加载时，竖向荷载一共施加 1200kN，每个试件的轴压比都相同，为 0.21 左右。水平荷载由 100t水平作动器施加，试验加载装置如图 4.3-9 所示。

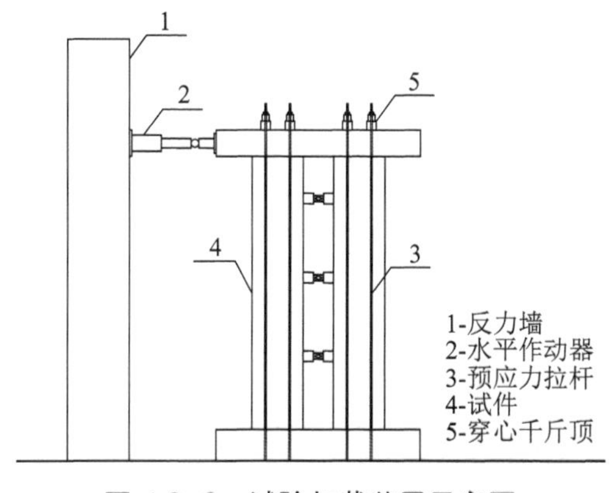

图 4.3-9　试验加载装置示意图

位移测量主要包括剪力墙各层的水平位移、每层连梁的剪切变形、底梁的水平位移和竖向位移、加载点的水平位移。应变测量包括混凝土的应变测量、钢筋的应变测量、可更换连梁保险丝及非屈服段的型钢应变测量，位移计和应变片的布置如图 4.3-10 ～图 4.3-12 所示。

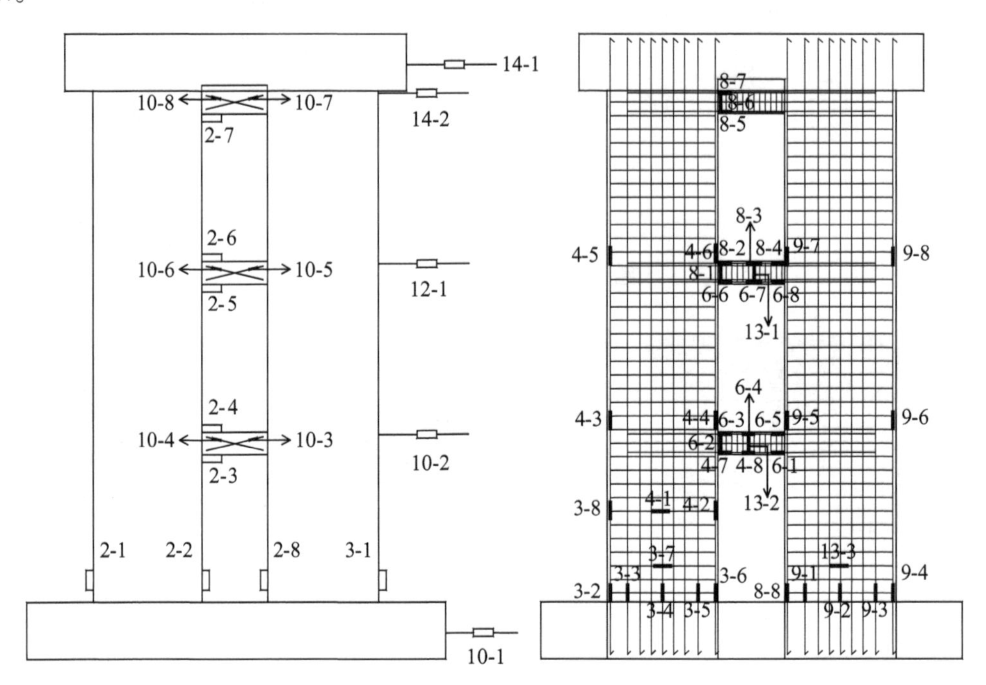

（*a*）所有试件混凝土应变计和位移计布置　　（*b*）CSW 试件钢筋应变计布置

图 4.3-10　试件应变片和位移计布置图

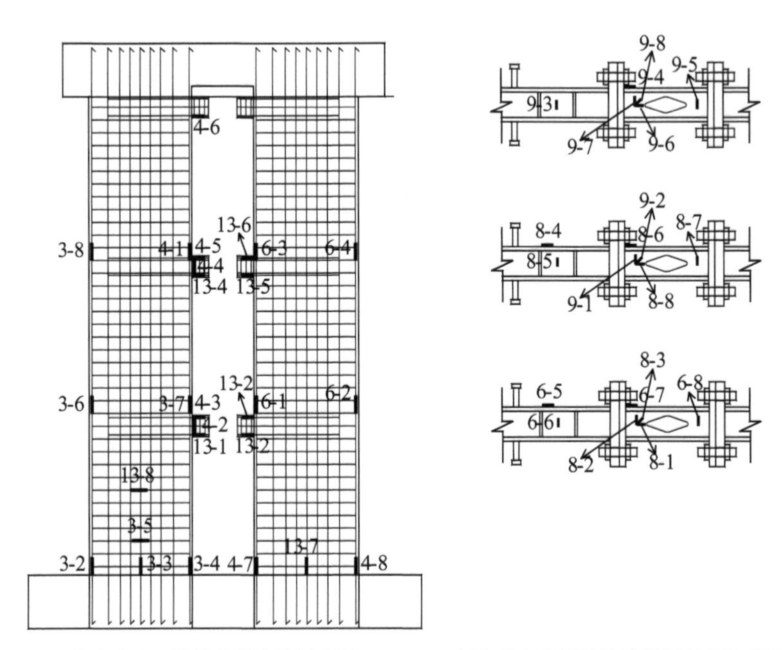

（*a*）F1SW 试件钢筋应变计布置　　（*b*）F1SW 保险丝及型钢应变计布置

图 4.3-11　F1SW 试件应变片布置图

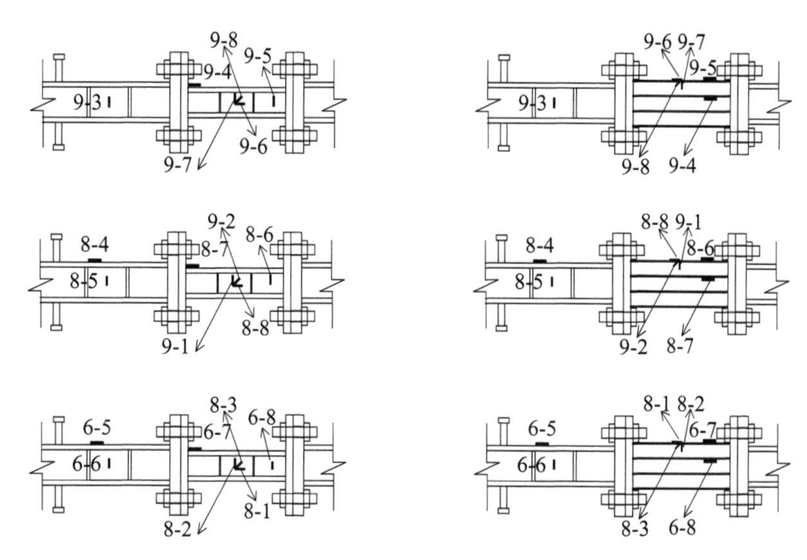

（*a*）F2SW 保险丝及型钢应变计布置 （*b*）F3SW 保险丝及型钢应变计布置

图 4.3-12 F2SW/F3SW 保险丝及型钢应变片布置

正式开始试验时，水平力采用荷载控制和位移控制两种方法加载。试件屈服前采用荷载控制并分级加载，初始加载值为估算屈服荷载的 25%，达到估算屈服荷载值的 75% 时减少级差，每级荷载作用下反复循环一次。试件屈服后采用位移控制加载，位移幅值逐级增加，每级增加的位移量为按荷载控制结束时位移的倍数，并在相同位移幅值下往复循环 3 次，直至试件的水平承载力至少下降到历经的最大承载力的 85%，或试件不能承担预定轴压力时为止。加载制度如图 4.3-13 所示。

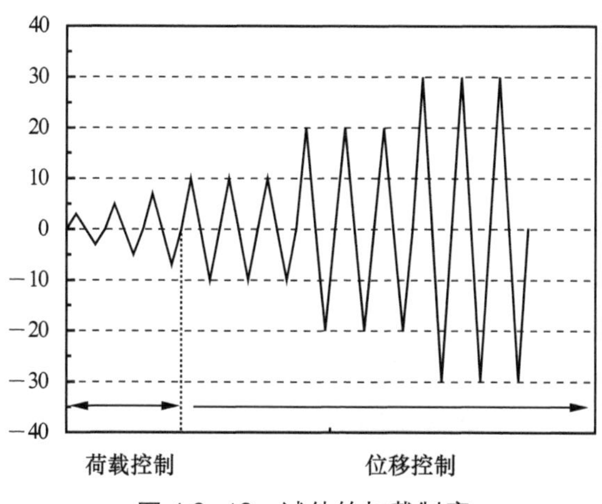

图 4.3-13 试件的加载制度

3. 试验现象

（1）连梁破坏形态

CSW 试件一、二层连梁端部在水平荷载达到初步计算的屈服荷载时几乎同时出现平行于墙肢高度方向的竖向弯曲裂缝，此后连梁的裂缝不断扩展，在连梁与墙肢的交界处，裂缝贯通连接在一起，底层连梁的端部混凝土有轻微压碎和剥落现象出现。最终，连梁除了梁端之外的其余部位基本没有破坏，属于典型的连梁形成塑性铰的弯曲破坏。图 4.3-14 显示了连梁裂缝的产生、发展和最终的破坏形态。

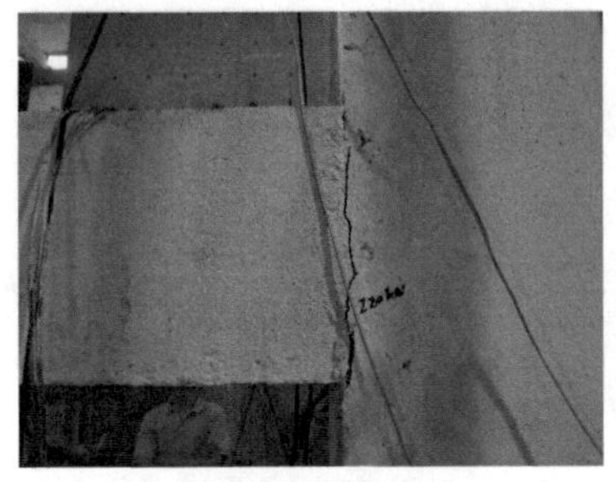

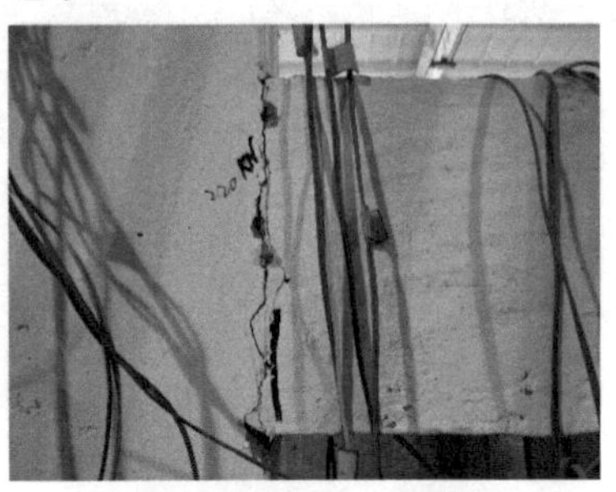

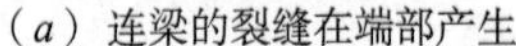

（a）连梁的裂缝在端部产生　　（b）连梁裂缝进一步加宽

（c）一层连梁最终端部混凝土压碎　　（d）二层连梁最终端部混凝土轻微压碎

图 4.3-14　CSW 试件连梁裂缝的发展变化过程

F1SW、F3SW 试件连梁的初始裂缝均产生于连梁与墙肢连接的部位附近，然后在连梁的非屈服段和预埋型钢伸入墙肢的位置处产生一些微裂缝；F2SW 试件首先在连梁的非屈服段和预埋型钢伸入墙肢的部分产生多条微裂缝。随着荷载的增大，连梁上的微裂缝增多，但这些裂缝彼此不连通，直到试件破坏基本都没有发展。F1SW 试件在墙肢顶部位移达到 60mm 时，连梁保险丝在小孔的四角出现了撕裂现象，随着荷载的增大，保险丝的裂缝一直延伸至翼缘；F2SW 试件在墙肢顶部位移达到 80mm 时，保险丝中间区格的加劲肋处腹板出现裂缝，随着荷载的增大，保险丝加劲肋处的腹板都出现不同程度的撕裂；F3SW 试件保险丝的端部最终产生弯曲裂缝并撕裂，遭到破坏。试验结束后除了保险丝已发生严重破坏外，连梁的非屈服段以及连梁与墙肢连接的部位基本保持完好，残余变形很小。因此，试验结束以后可以很容易地将损坏后的保险丝卸下。F1SW、F2SW、F3SW 试件的连梁损伤发展过程如图 4.3-15 ～图 4.3-17 所示。

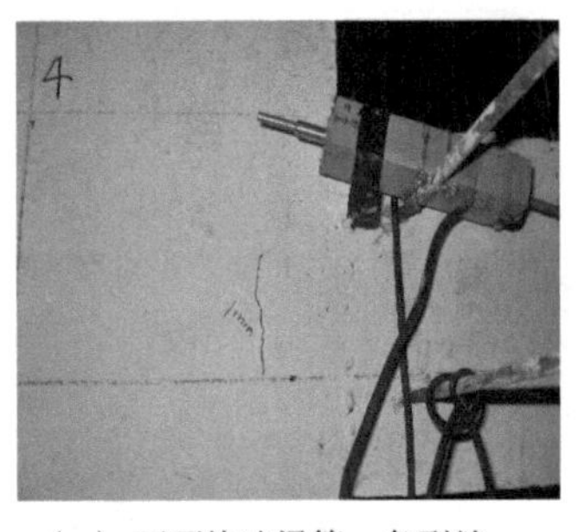

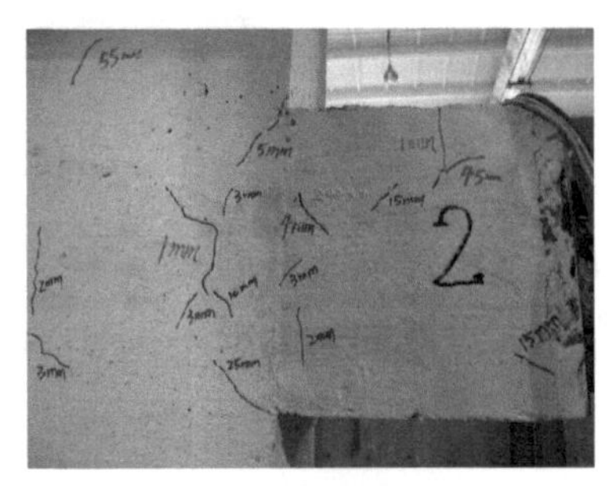

（a）可更换连梁第一条裂缝　　（b）可更换连梁的最终裂缝形态

图 4.3-15　F1SW 试件连梁的裂缝发展变化过程（一）

（*c*）可更换连梁保险丝发生破坏

（*d*）损坏的保险丝易于拆卸

图 4.3-15　F1SW 试件连梁的裂缝发展变化过程（二）

（*a*）可更换连梁的初始裂缝

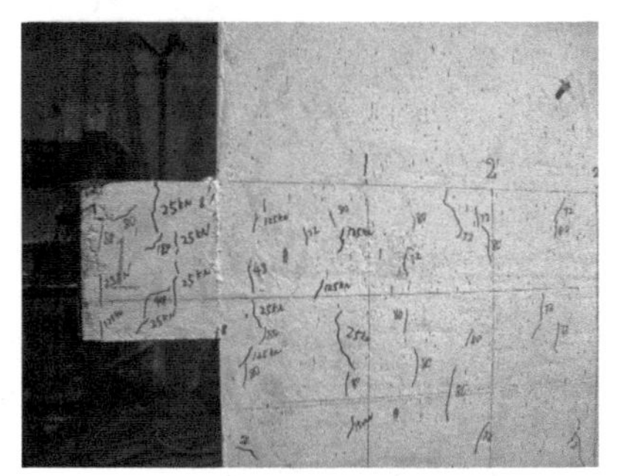

（*b*）可更换连梁的最终裂缝形态

（*c*）可更换连梁保险丝的变形图

（*d*）保险丝的中间区格腹板最终撕裂

图 4.3-16　F2SW 试件连梁的裂缝发展变化过程

（*a*）连梁与墙肢连接部位产生初始裂缝

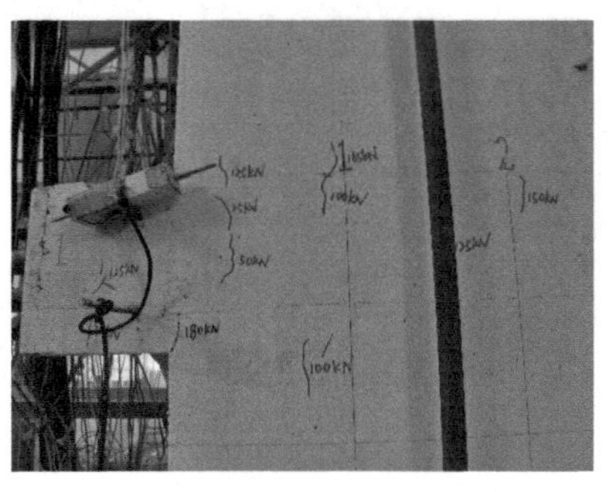

（*b*）连梁的最终裂缝形态

图 4.3-17　F3SW 试件连梁的裂缝发展变化过程（一）

（*c*）保险丝的根部断裂

（*d*）连梁的保险丝易于拆卸

图 4.3-17　F3SW 试件连梁的裂缝发展变化过程（二）

（2）墙肢破坏形态

CSW 试件墙肢开始时在外侧底部形成较细小的水平裂缝，后来外侧的水平裂缝不断发展，裂缝由开始的水平方向稍向下倾斜发展，随着位移的不断增大，墙肢外侧形成多条近似平行的水平裂缝。连梁屈服后，墙肢内侧也出现水平裂缝，随着多条水平裂缝的出现，裂缝方向开始倾斜向下延伸发展，角度约为 45°，外侧裂缝虽然也倾斜向下发展，但倾斜角度较小，小于 30°，部分裂缝的倾斜角度甚至小于 15°，最终每个墙肢的内外侧裂缝倾斜发展后相交形成交叉裂缝。

最终破坏形态为，1 个墙肢暗柱外侧的 2 根纵筋在反复拉压作用下拉断，内侧的 2 根纵筋完全压屈，混凝土压碎，靠近暗柱的 4 根纵向分布钢筋也完全压屈，与之连接的水平分布钢筋向外鼓出，外侧的混凝土严重剥落，墙肢外侧混凝土压碎的水平长度约为整个墙肢宽度的一半，高度约为 40cm，墙肢内侧的混凝土压碎区很小，箍筋有轻微外鼓；另一个墙肢的外侧破坏较轻，混凝土压碎区的高度约为 30cm，箍筋外鼓，但压碎区的长度较小，不到 8cm，暗柱纵筋也尚未露出。此墙肢内侧的混凝土仅有轻微压裂，混凝土尽管有剥落，但钢筋尚未露出。

另外，墙肢的顶部有多条相互接近平行的方向为 45° 的裂缝，原因是顶层连梁上方的洞口附近应力集中比较严重，产生裂缝后不断延伸发展，一层连梁和二层连梁之间的墙肢除了几条较小的裂缝外，基本没有破坏。墙肢的破坏发展过程如图 4.3-18 所示。

（*a*）CSW 试件墙肢外侧初始裂缝

（*b*）CSW 试件墙肢外侧最终破坏形态

图 4.3-18　CSW 试件墙肢的裂缝发展变化过程（一）

（*c*）CSW 试件单片墙肢最终的整体破坏形态

图 4.3-18　CSW 试件墙肢的裂缝发展变化过程（二）

F1SW、F2SW 试件墙肢的破坏情况和 CSW 试件相似，也是墙肢的外侧先出现裂缝，随着荷载的不断增大，墙体外侧的水平裂缝不断增多，然后墙肢内侧也出现水平裂缝，这些水平裂缝都斜向下延伸，最后交叉在一起形成多条交叉裂缝，最后墙肢外侧的混凝土压碎，纵筋在多次反复拉压作用下拉断，试件彻底破坏。F3SW 试件在墙体出现平面外失稳前，墙体裂缝情况和 F1SW、F2SW 完全相同。到了后期，出现平面外失稳，一片墙肢的破坏比较严重，另一片墙肢破坏较轻。F1SW、F2SW、F3SW 试件墙肢的损伤变化发展过程如图 4.3-19 ～图 4.3-21 所示。

（*a*）F1SW 试件剪力墙初始裂缝

（*b*）F1SW 试件剪力墙最终墙脚破坏形态

（*c*）F1SW 试件剪力墙墙肢最终整体破坏形态

图 4.3-19　F1SW 试件墙肢的裂缝发展变化过程

（*a*）F2SW 试件墙肢产生初始裂缝

（*b*）F2SW 试件墙肢墙脚最终破坏形态

（*c*）F2SW 试件墙肢最终整体破坏形态

图 4.3-20　F2SW 试件墙肢的裂缝发展变化过程

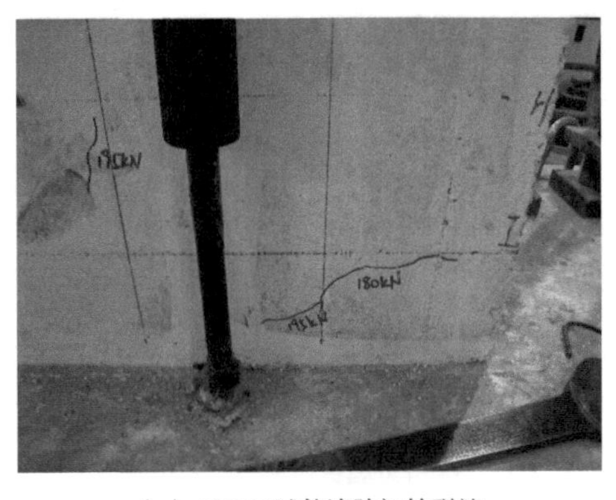

（*a*）F3SW 试件墙肢初始裂缝

（*b*）F3SW 试件墙脚破坏形态

图 4.3-21　F3SW 试件墙肢的裂缝发展变化过程（一）

（c）F3SW 试件墙肢整体破坏形态

图 4.3-21　F3SW 试件墙肢的裂缝发展变化过程（二）

（3）试验现象总结

传统双肢剪力墙的钢筋混凝土连梁达到了设计目的，典型的塑性铰在连梁的端部形成，连梁没有发生剪切破坏，因此连梁可以耗散大量地震能量。但最终连梁端部的纵筋屈服，同时部分混凝土脱落，这导致震后的修复困难。带有可更换连梁的 3 片新型剪力墙的连梁实现了设计目标。尽管可更换连梁的非屈服段产生了部分微裂缝，但这些裂缝随着墙肢顶部加载位移的增大，并没有进一步发展，因此连梁的非屈服段以及连梁与墙肢连接的部分基本保持完好，连梁的塑性变形绝大部分集中在保险丝部分，保险丝最终都发生了破坏。破坏后的保险丝由于残余变形很小，很容易拆卸更换，实现了损坏后可更换的目的，这是可更换连梁相比传统连梁的一大优势。

从墙体破坏情况来看，安装可更换连梁的 3 片双肢剪力墙与传统的双肢剪力墙并无明显的区别，最终墙体都产生了严重的破坏。因为本试验中的传统连梁跨高比较大，所以传统连梁实现了典型的弯曲延性破坏，塑性铰的耗能能力达到了很好地展现。但实际工程中，大多数连梁的跨高比很小，因此连梁端部形成耗能能力强的塑性铰很难实现。

4. 试验结果及分析

（1）滞回曲线与骨架曲线

4 个试件的水平荷载-顶点位移滞回曲线与骨架曲线如图 4.3-22 ～图 4.3-25 所示。由于 CSW 试件底座出现了滑移，因此滞回曲线出现不对称。为了对 4 个试件的承载力和屈服位移以及极限位移等做一个综合比较，表 4.3-1 列出了 4 个试件的试验相关结果。

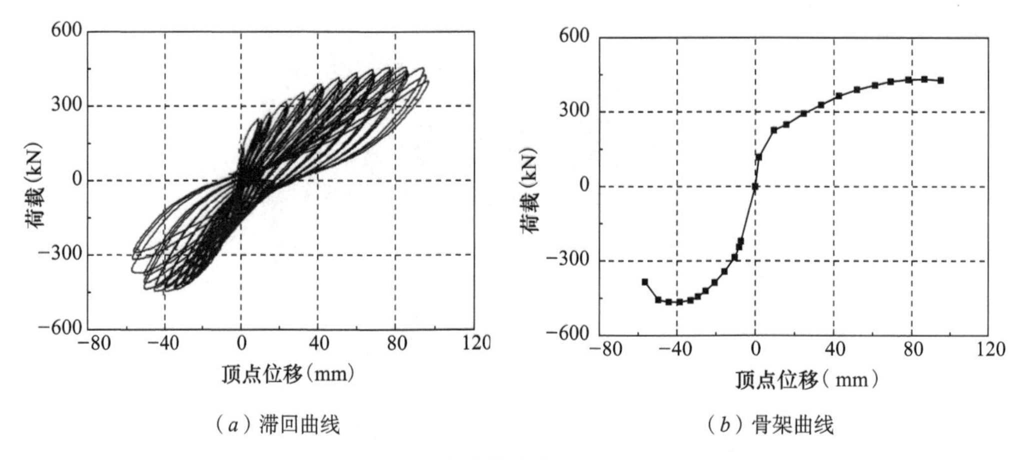

（a）滞回曲线　　（b）骨架曲线

图 4.3-22　CSW 试件的水平荷载 - 顶点位移曲线

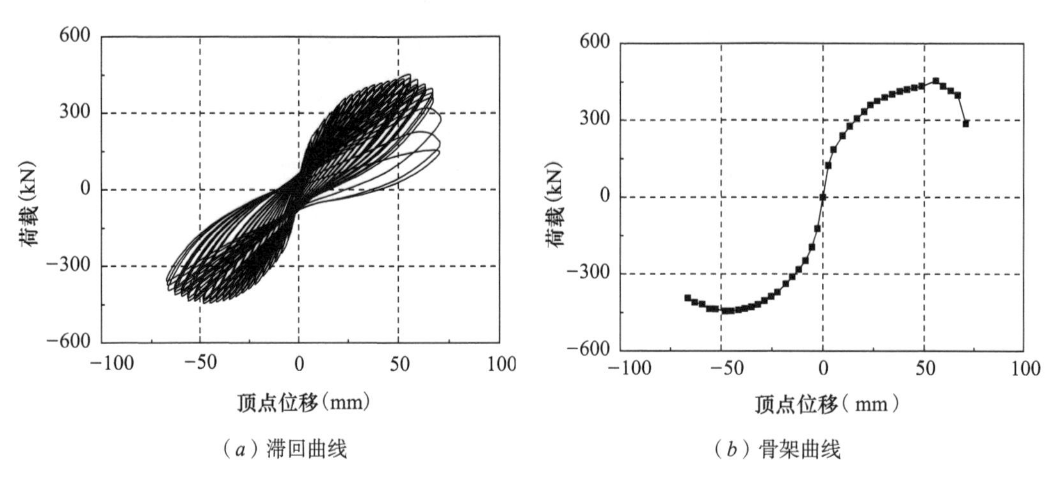

（a）滞回曲线　　（b）骨架曲线

图 4.3-23　F1SW 试件的水平荷载 - 顶点位移曲线

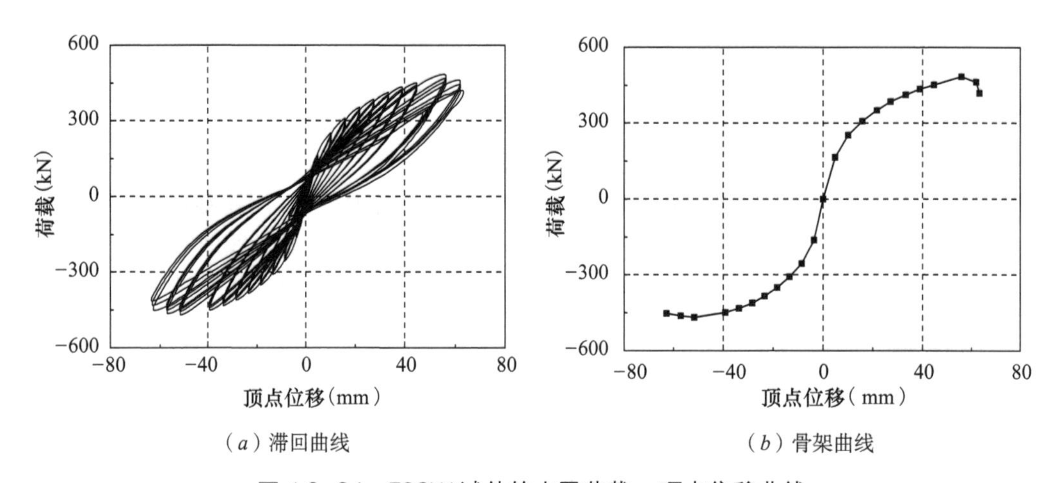

（a）滞回曲线　　（b）骨架曲线

图 4.3-24　F2SW 试件的水平荷载 - 顶点位移曲线

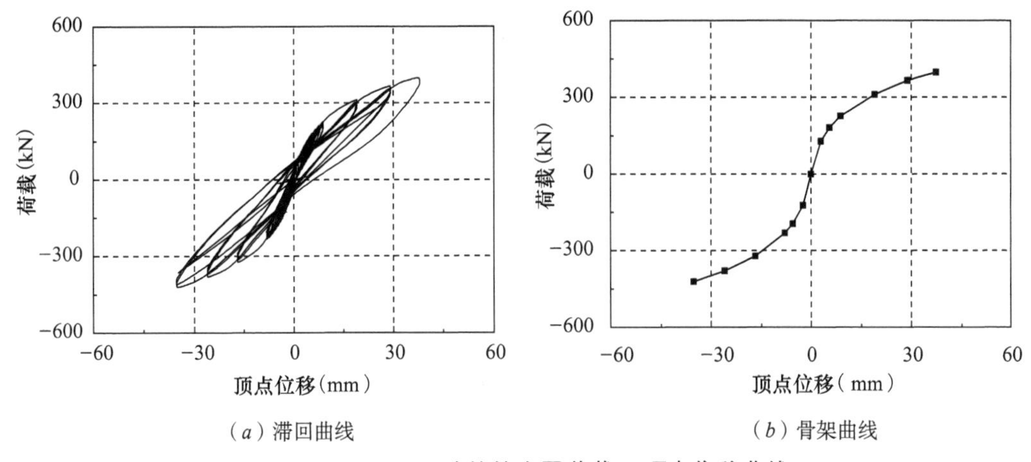

(a) 滞回曲线 (b) 骨架曲线

图 4.3-25 F3SW试件的水平荷载 - 顶点位移曲线

试验结果总结 表 4.3-1

试件	加载方向	屈服位移(mm)	屈服荷载(kN)	峰值位移(mm)	峰值荷载(kN)	极限位移(mm)	极限荷载(kN)	延性系数
CSW	正向	34.07	351.69	73.75	431.46	81.80	426.74	2.38
	负向	−24.73	−376.30	−55.10	−463.82	−77.43	−388.99	3.13
F1SW	正向	26.36	374.16	55.75	455.06	67.29	386.80	2.55
	负向	−20.97	−358.65	−48.06	−444.27	−66.46	−393.71	3.17
F2SW	正向	28.57	393.71	55.84	484.04	63.27	419.32	2.21
	负向	−22.41	−378.88	−51.63	−468.54	−62.80	−453.03	2.80
F3SW	正向	20.30	317.12	—	—	—	—	
	负向	−23.70	−362.70	−64.27	−453.03	−81.73	−429.44	3.45

CSW、F1SW、F2SW 和 F3SW 试件的平均屈服荷载分别为 364.0kN、366.4kN、386.3kN 和 340.0kN。以 CSW 试件的屈服荷载为标准，则 F1SW、F2SW 和 F3SW 与 CSW 试件的屈服荷载差值百分比分别为 0.66%、6.13% 和－6.59%。可以看出，F1SW 试件与 CSW 试件的屈服承载力很接近。F2SW 试件的屈服承载力略大于 CSW 试件，但二者的差别也不大，F3SW 试件由于在加载过程中出现了平面外失稳，因此其屈服承载力低于前三个试件，比 CSW 试件小 6.59%，差距并不大。总体来讲，从屈服承载力的比较可以认为，带可更换连梁的新型剪力墙能够获得和传统的联肢剪力墙接近的屈服承载力。

CSW、F1SW、F2SW 和 F3SW 试件的平均峰值荷载分别为 447.64kN、449.67kN、476.29kN 和 453.03kN。以 CSW 试件的峰值荷载为标准，则 F1SW、F2SW 和 F3SW 与 CSW 试件的峰值荷载差值百分比分别为 0.45%、6.4% 和 1.2%。可以看出，F1SW 试件与 CSW 试件的峰值承载力最为接近，二者的差值仅为 0.45%。F2SW 试件的峰值承载力略大于 CSW 试件，但二者的差别也不大，差值为 6.4%。F3SW 试件的峰值承载力也与 CSW 试件差别不大，差别仅为 1.2%。因此，三片带有可更换连梁的新型剪力墙的峰值承载力与 CSW 试件的峰值承载力接近。可以认为，通过前述的设计方法，带可更换连梁的新型剪力墙能够获得和传统联肢剪力墙接近的屈服承载力和峰值承载力。

CSW、F1SW、F2SW 和 F3SW 试件的平均延性系数分别为 2.75、2.86、2.51 和 3.45。除了 F2SW 的延性系数小于 CSW 试件，其余两个试件的延性系数都大于 CSW。

图 4.3-26 列出了四个试件的正则化骨架曲线。除了 F3SW 试件的正向无法做出正则化的骨架曲线外，可以发现四个试件在屈服之前和屈服之后的曲线基本重合，表明带有可更换连梁的新型双肢剪力墙和传统双肢剪力墙的水平荷载 - 顶点位移骨架曲线的变化过程非常接近，而且初始刚度也比较接近。

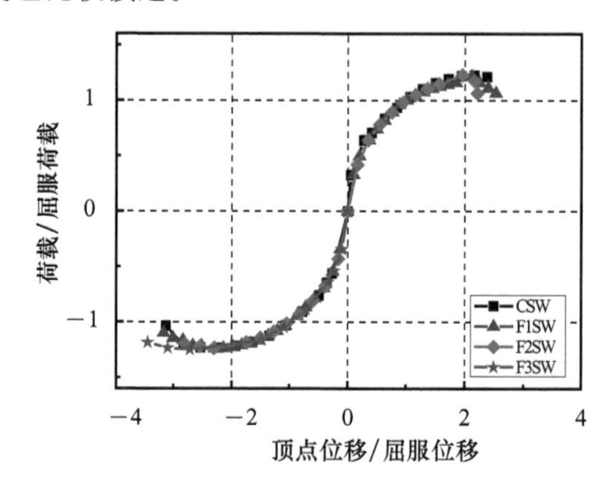

图 4.3-26　正则化的水平荷载 - 顶点位移骨架曲线

（2）强度退化和刚度退化

取每级位移第 3 次循环的峰值荷载与第 1 次循环的峰值荷载之比来计算强度退化率，4 个试件的强度退化曲线如图 4.3-27 所示。

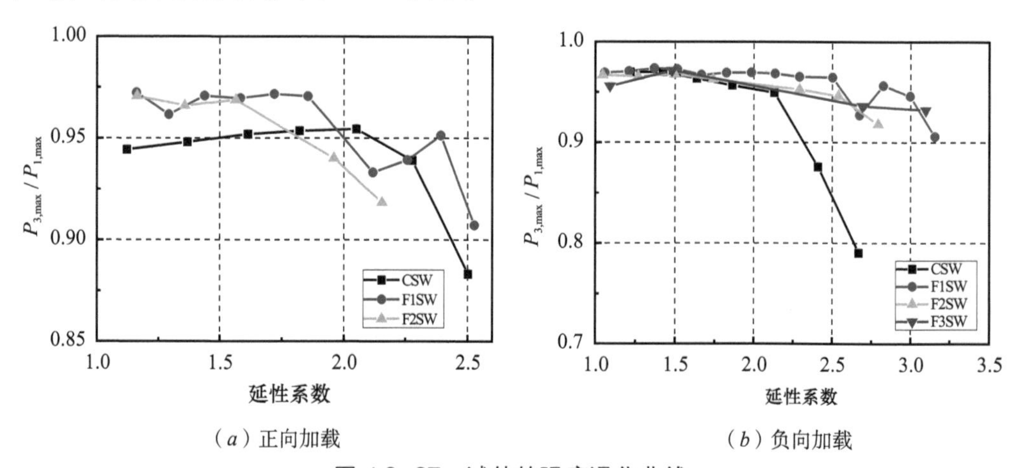

图 4.3-27　试件的强度退化曲线

正向加载时，当构件的延性系数小于 1.78 时，F1SW 和 F2SW 试件的强度退化都小于 CSW 试件；当试件的延性系数大于 1.78 小于 1.97 时，F1SW 试件的强度退化最小，F2SW 试件的强度退化较大；当延性系数大于 2.26 时，F1SW 试件的强度退化较小，CSW 试件的强度退化较大，最终 CSW 试件的强度退化达到了 12%，F1SW 试件的强度退化为 8.9%，F2SW 试件强度退化达到了 8%。总体来看，正向加载时，F2SW 的强度退化最小，F1SW 试件的初期强度退化较小，后期较大。

负向加载时，在试件的延性系数小于 2.14 时，四个试件的强度退化基本差不多，强度退化都小于 5%；当试件的延性系数大于 2.14 时，CSW 试件的强度退化随着加载位移的不断增大，强度退化越来越严重，而带有可更换连梁的新型剪力墙的强度退化较小，最终 CSW 试件的强度退化达到 21%，而 F1SW、F2SW 和 F3SW 的强度退化都小于 10%，三片带有可更换连梁的新型剪力墙的强度退化都差不多，之间没有明显的差别。

采用等效割线刚度计算试件的刚度，4 个试件的刚度退化如图 4.3-28 所示。正向加载时，F1SW 和 F2SW 试件的刚度退化规律几乎完全相同。负向加载时，4 个试件的刚度退化规律几乎完全相同。总体来看，带有可更换连梁的新型剪力墙与传统剪力墙的刚度退化规律并无明显差别。

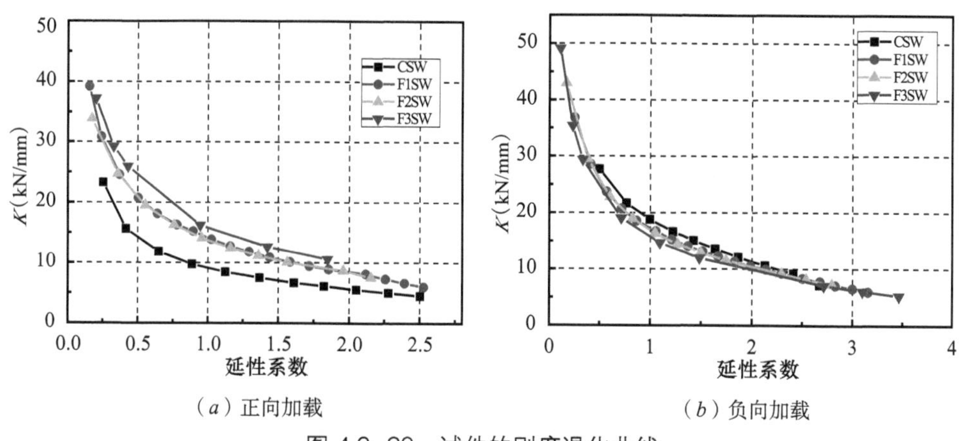

（a）正向加载　　（b）负向加载

图 4.3-28　试件的刚度退化曲线

（3）耗能能力

采用等效黏滞阻尼系数 h_e 评价结构的耗能性能，4 个试件的对比如图 4.3-29 所示，当延性系数小于 1.67 时，F3SW 的耗能能力最大，但该试件由于加载的过程中发生扭转失稳，因此后续的等效黏滞阻尼系数没有计算。总体来看，F2SW 的等效黏滞阻尼系数较大，在整个过程中的耗能能力较强；F1SW 试件的等效黏滞阻尼系数最小，小于 CSW 试件，主要原因是由于传统剪力墙 CSW 的连梁端部形成耗能性能非常好的塑性铰，耗能能力较强，传统的钢筋混凝土连梁实现了非常理想的破坏模式，同时保险丝 1 的等效黏滞阻尼系数在腹板开裂后下降较大，因此 F1SW 的耗能能力较差。

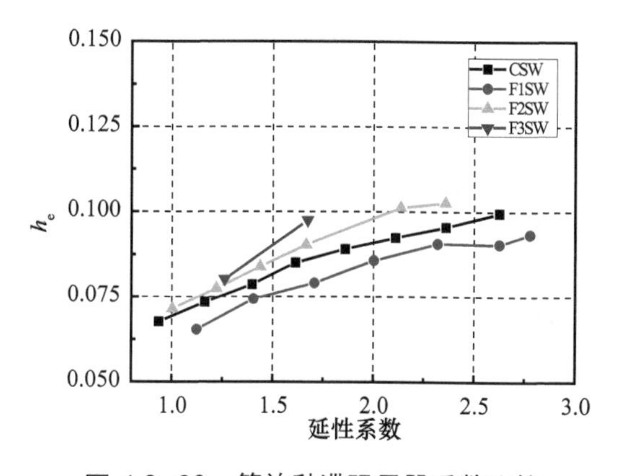

图 4.3-29　等效黏滞阻尼器系数比较

（4）应变分析

1）CSW 试件部分纵筋的应变如图 4.3-30 所示。CSW 试件连梁纵筋的屈服应变是 1626με，由图 4.3-30 可见，连梁纵筋较早屈服，暗柱纵筋的屈服应变是 1942με，因此暗柱的纵筋也发生屈服，能够耗散较多的能量。

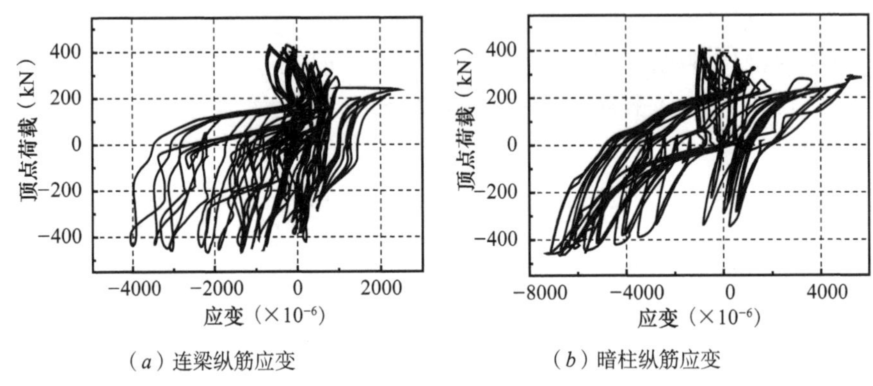

（a）连梁纵筋应变　　（b）暗柱纵筋应变

图 4.3-30　CSW 试件的应变反应

2）F1SW 和 F2SW 试件连梁保险丝腹板剪应变及 F3SW 试件连梁保险丝根部应变如图 4.3-31 ～图 4.3-33 所示。由图 4.3-31 ～图 4.3-33 可见，F1SW、F2SW 试件保险丝腹板的剪应变、F3SW 试件保险丝根部的应变均与顶点荷载之间形成了较为饱满的滞回曲线，说明保险丝可以较好地发挥滞回耗能作用。三层连梁尽管受加载梁的影响较大，但连梁保险丝仍然发挥了较好的耗能作用。

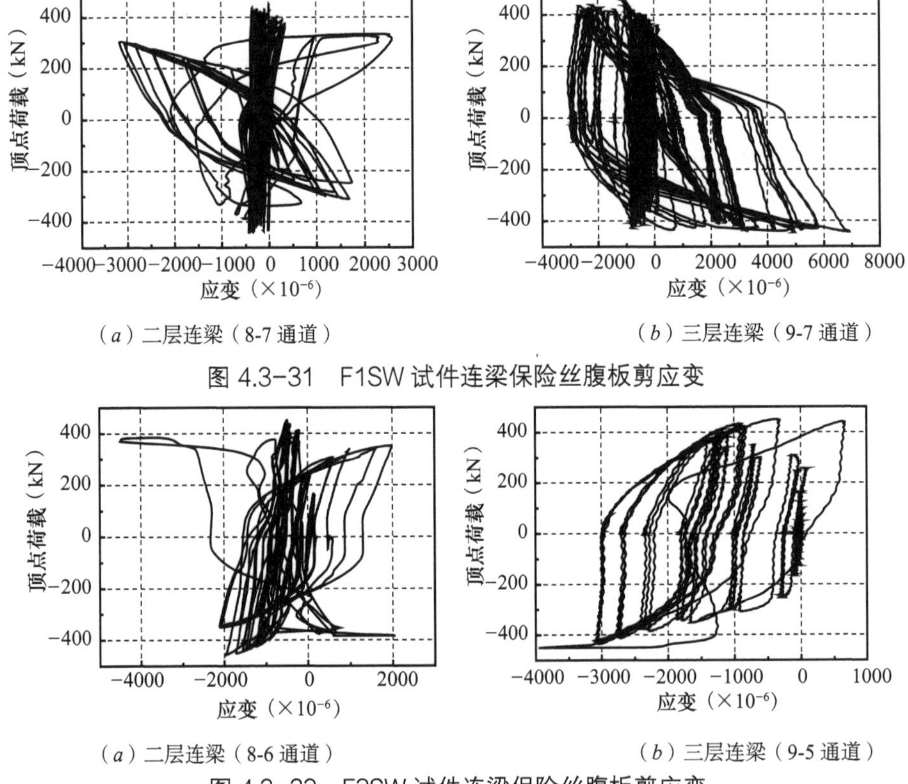

（a）二层连梁（8-7 通道）　　（b）三层连梁（9-7 通道）

图 4.3-31　F1SW 试件连梁保险丝腹板剪应变

（a）二层连梁（8-6 通道）　　（b）三层连梁（9-5 通道）

图 4.3-32　F2SW 试件连梁保险丝腹板剪应变

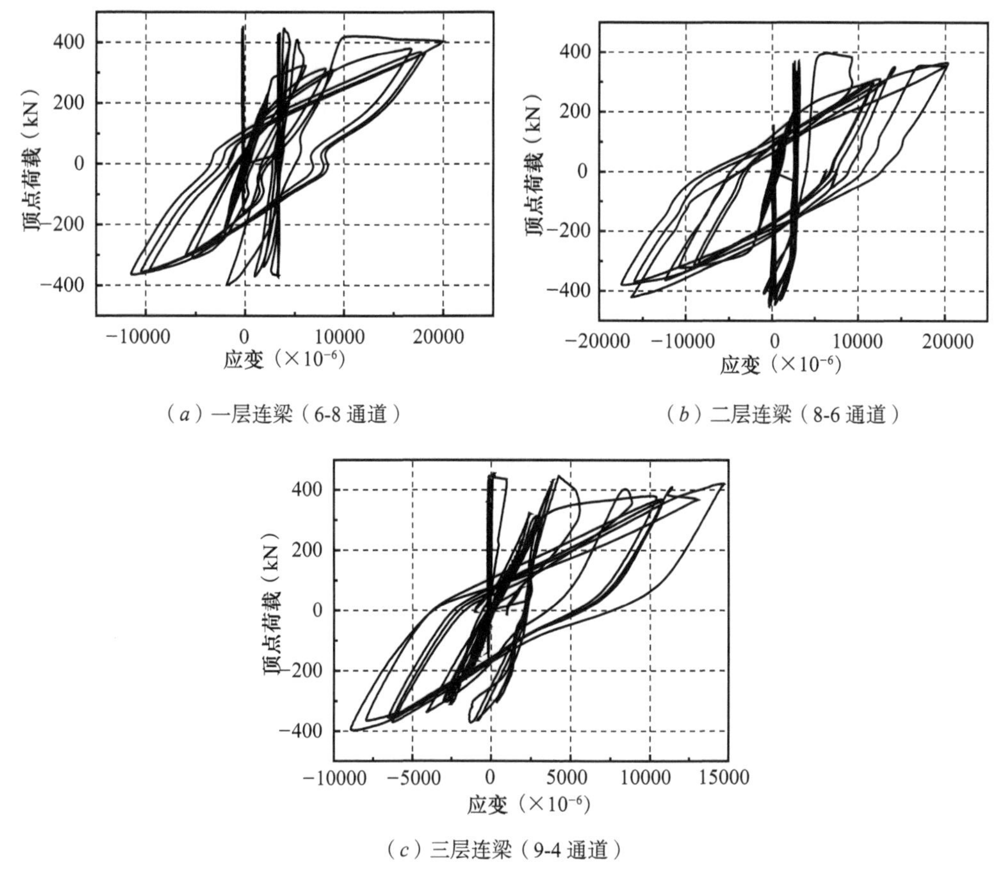

（*a*）一层连梁（6-8 通道）　　（*b*）二层连梁（8-6 通道）

（*c*）三层连梁（9-4 通道）

图 4.3-33　F3SW 试件连梁保险丝根部应变

由于受材料超强的影响，保险丝的端部翼缘也通常发生弯曲屈服，发挥较好的耗能作用。F1SW 和 F2SW 试件连梁保险丝端部翼缘的应变如图 4.3-34 和图 4.3-35 所示。由图可知，连梁保险丝的翼缘应变都远远超过了其屈服应变（1670με），其滞回曲线非常饱满，耗能能力较强。因此，保险丝的腹板和翼缘均可以发挥优良的耗能性能。

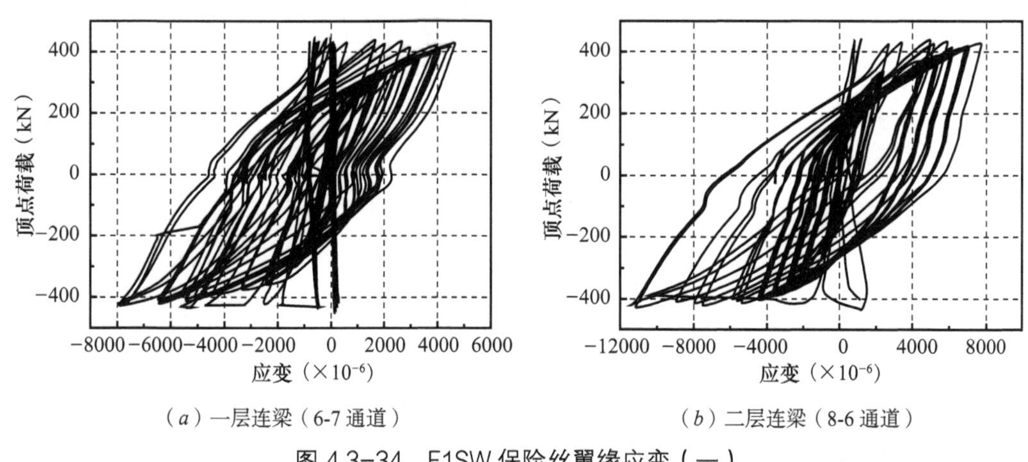

（*a*）一层连梁（6-7 通道）　　（*b*）二层连梁（8-6 通道）

图 4.3-34　F1SW 保险丝翼缘应变（一）

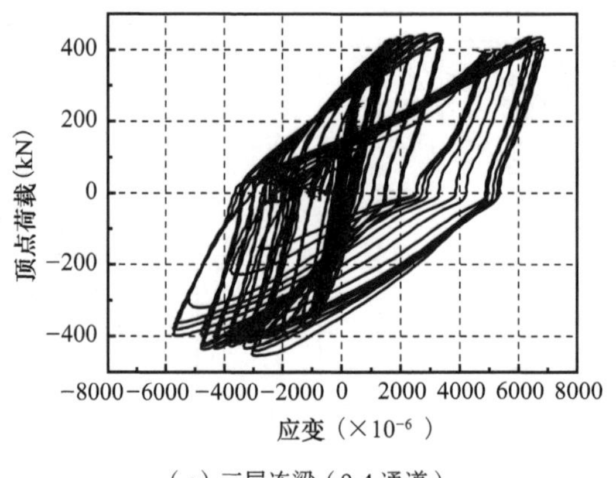

（c）三层连梁（9-4 通道）

图 4.3-34 F1SW 保险丝翼缘应变（二）

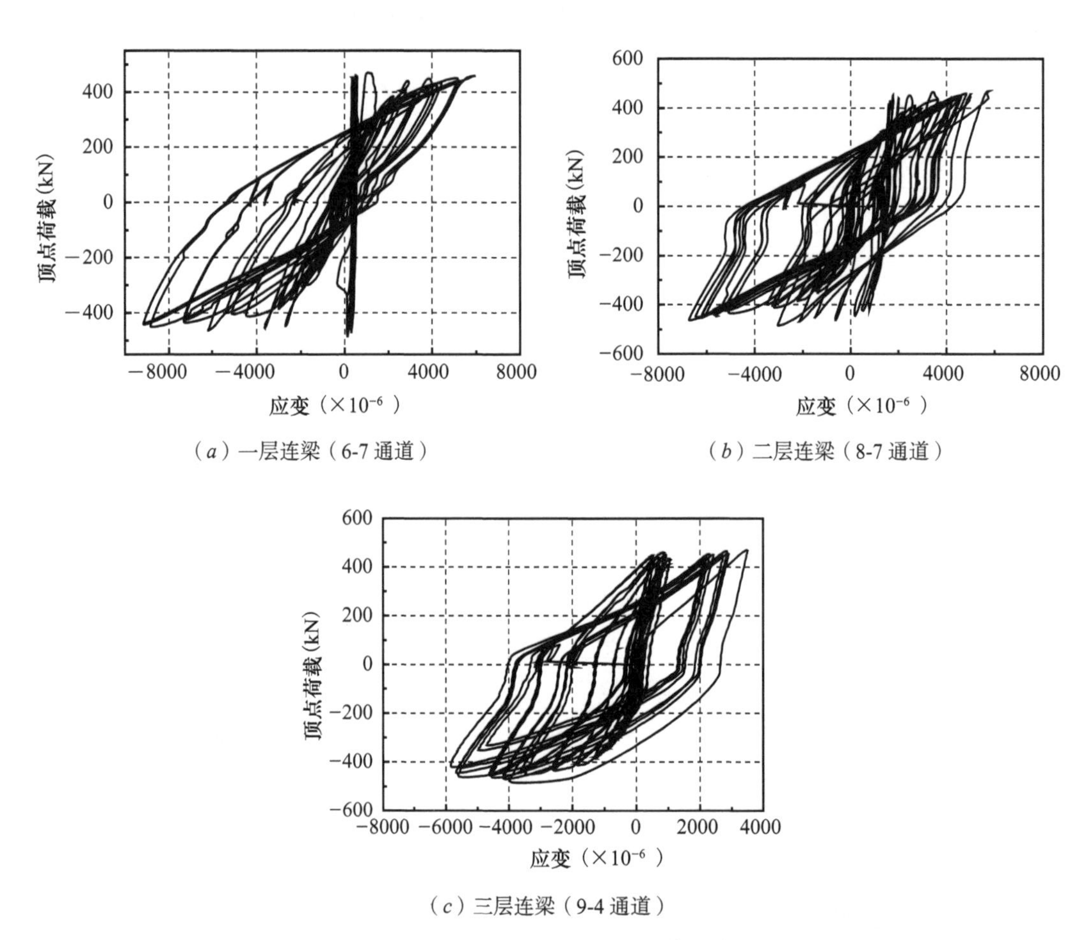

（a）一层连梁（6-7 通道）

（b）二层连梁（8-7 通道）

（c）三层连梁（9-4 通道）

图 4.3-35 F2SW 保险丝翼缘应变

图 4.3-36 ～图 4.3-41 所示为可更换连梁非屈服段的钢筋和预埋型钢应变随顶点荷载的变化曲线。由图可知，连梁非屈服段的纵筋、箍筋、预埋型钢的翼缘和腹板的应变都非常小，应变绝对值的最大值不到 1200με，小于相应的屈服应变，表明尽管非屈服段的混凝

土产生了部分微裂缝，但非屈服段内置钢筋和型钢都处于弹性状态，没有产生塑性损伤，这有利于震后实现对保险丝的更换。

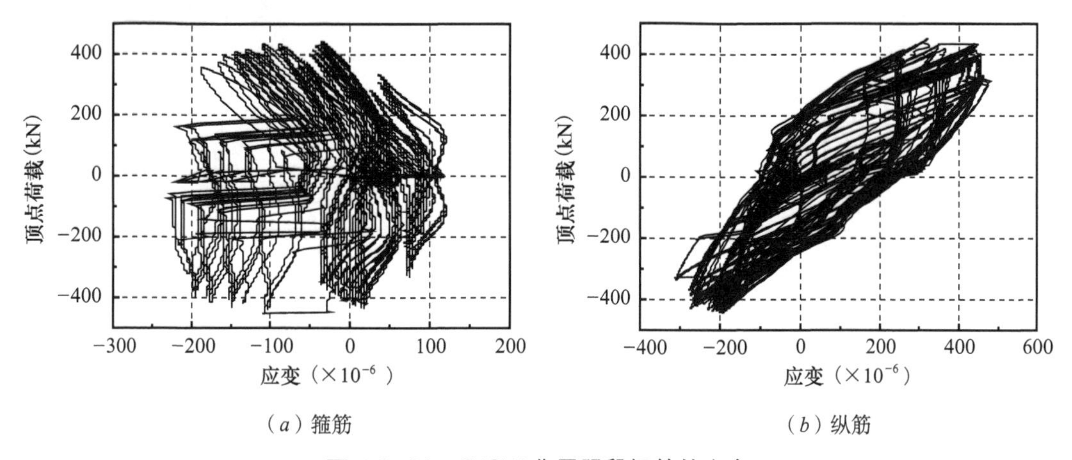

（a）箍筋　　　　（b）纵筋

图 4.3-36　F1SW 非屈服段钢筋的应变

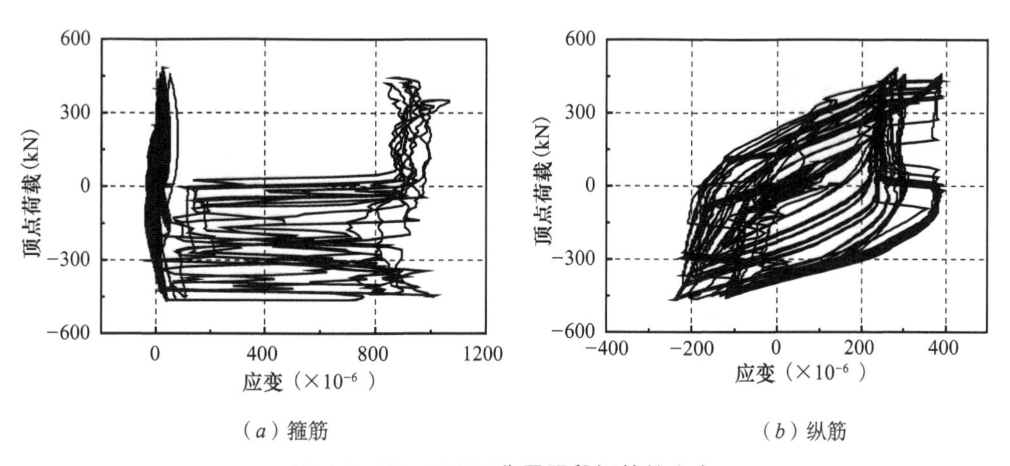

（a）箍筋　　　　（b）纵筋

图 4.3-37　F2SW 非屈服段钢筋的应变

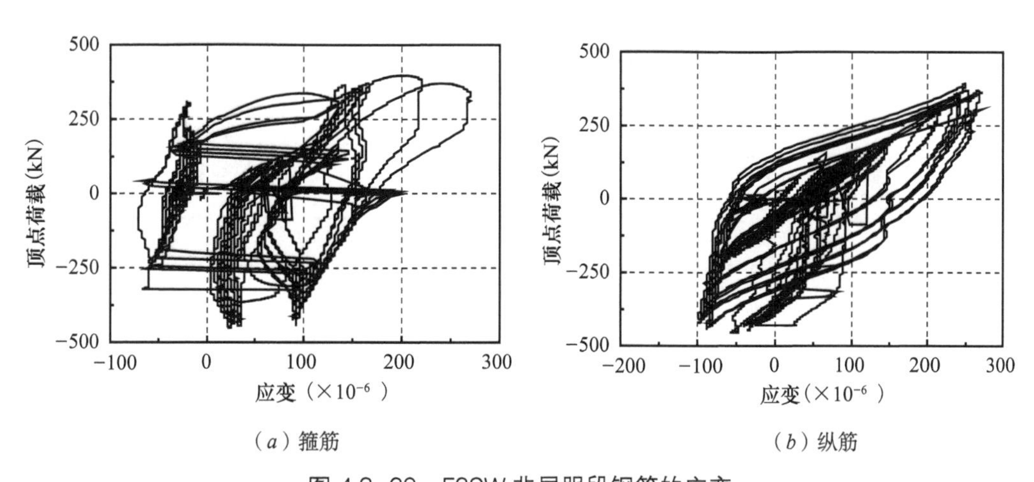

（a）箍筋　　　　（b）纵筋

图 4.3-38　F3SW 非屈服段钢筋的应变

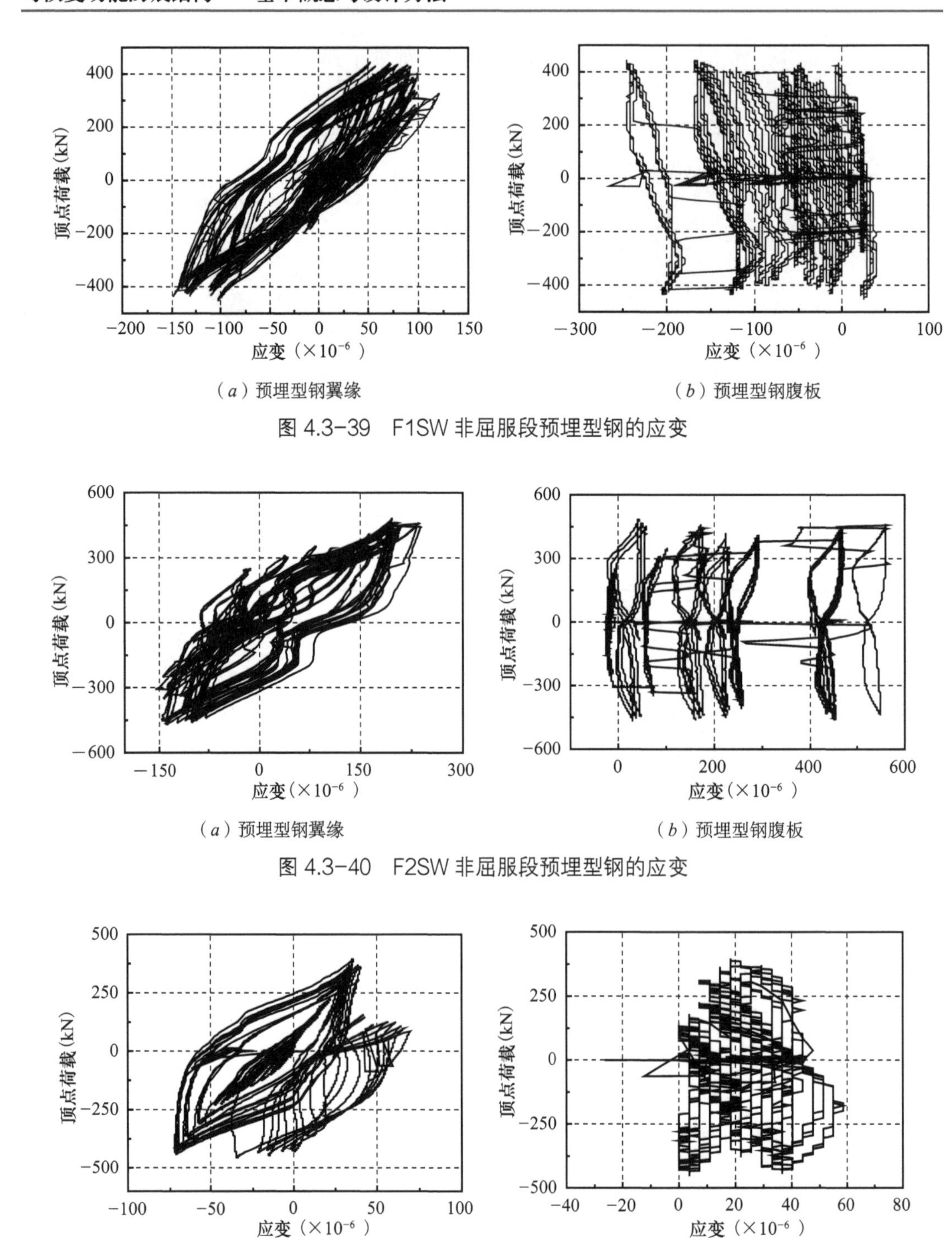

图 4.3-39　F1SW 非屈服段预埋型钢的应变

（a）预埋型钢翼缘　（b）预埋型钢腹板

图 4.3-40　F2SW 非屈服段预埋型钢的应变

（a）预埋型钢翼缘　（b）预埋型钢腹板

图 4.3-41　F3SW 非屈服段预埋型钢的应变

带有可更换连梁的 FSW 试件墙肢底部纵筋也发生了屈服，在墙肢底部形成了相应的塑性铰区。CSW 试件的墙肢塑性铰区域扩展到了第二层，但 FSW 试件的塑性铰区域仅在第一层，第二层的暗柱纵筋并没有发生屈服。因此，FSW 试件整体墙肢损伤小于 CSW 试

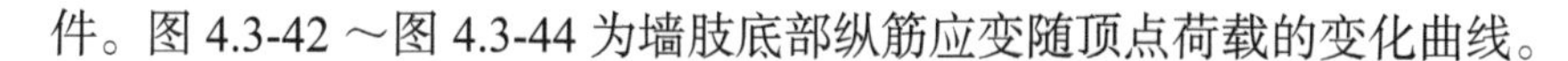
件。图 4.3-42 ～图 4.3-44 为墙肢底部纵筋应变随顶点荷载的变化曲线。

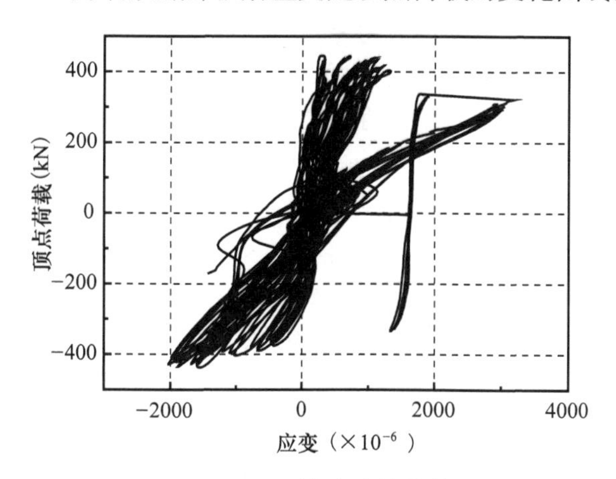

图 4.3-42　F1SW 墙脚暗柱纵筋的应变

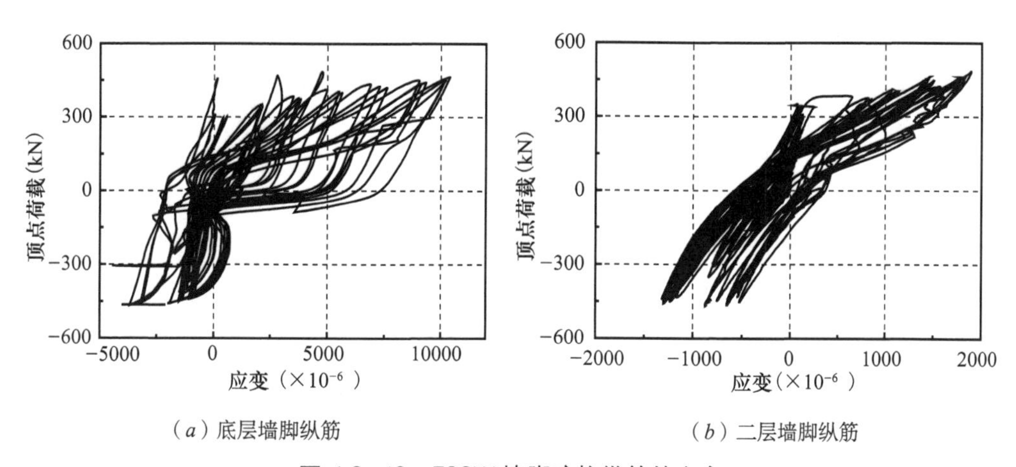

（*a*）底层墙脚纵筋　　（*b*）二层墙脚纵筋

图 4.3-43　F2SW 墙脚暗柱纵筋的应变

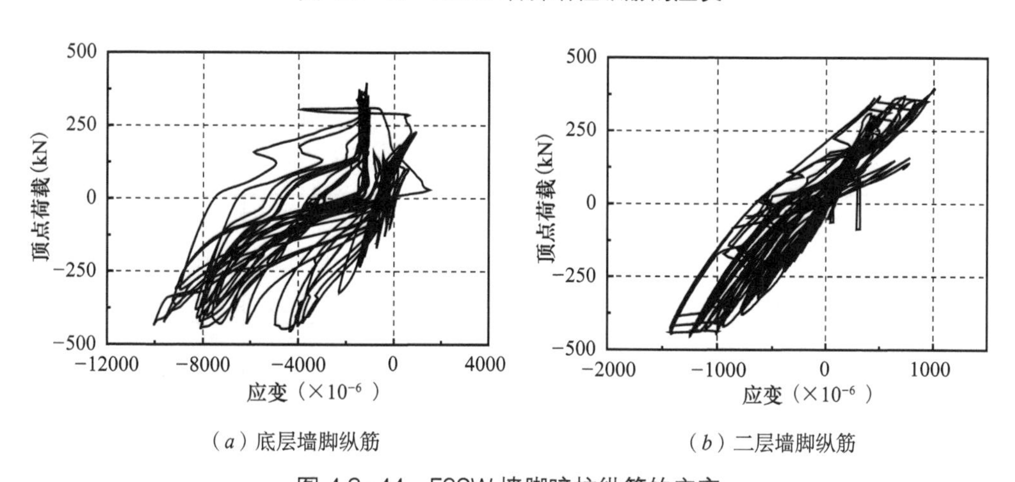

（*a*）底层墙脚纵筋　　（*b*）二层墙脚纵筋

图 4.3-44　F3SW 墙脚暗柱纵筋的应变

（5）综合评价

首先，三种新型剪力墙连梁与传统剪力墙连梁的破坏机理不同。传统剪力墙的连梁尽管在跨高比较大的情况下可以实现延性破坏，在连梁端部形成塑性铰耗能，但其破坏后较难修复；三种带有不同保险丝的新型剪力墙连梁的塑性变形主要集中在保险丝，通过保险丝变形耗能，连梁的非屈服段基本保持完好，尽管产生了一些微裂缝，但主要受力组件包括连梁纵筋、箍筋、预埋型钢都处于弹性状态，而且试验完毕后损伤的保险丝很容易拆卸更换，有利于震后修复或更换。

其次，在墙肢配筋相同的情况下带有不同连梁的4片双肢剪力墙具有相近的承载力，证明了按该设计方法设计的可更换连梁具有和原来传统钢筋混凝土连梁相近的承载力，能够对墙肢提供相同的约束弯矩，不会削弱新型剪力墙的整体承载力。

最后，从延性系数来看，除了F2SW的延性系数小于CSW，其余两片新型剪力墙的延性系数均大于传统剪力墙；从耗能指标来看，除了F1SW的等效黏滞阻尼系数小于CSW，F2SW和F3SW试件的等效黏滞阻尼系数均大于CSW。考虑到CSW试件的塑性铰区延伸到了第二层的墙肢上，新型剪力墙的塑性铰区仅发生在墙脚，这进一步表明了可更换连梁相比传统连梁耗散了更多的地震能量。从强度退化性能来看，3个带有可更换连梁的新型剪力墙的强度退化较小，而传统剪力墙的强度退化较大，进一步证明了新型剪力墙具有较好的荷载保持能力。从刚度退化性能看，新型剪力墙和传统剪力墙具有相似的刚度退化规律。

总体而言，通过4片剪力墙试件的低周加载试验研究可知，可更换连梁基本达到了设计目的和要求，在不削弱联肢墙整体承载力的同时，其最基本和重要的功能就是在连梁耗能的同时要便于震后的修复或更换，这一功能已经试验证实。此外，带有可更换连梁的新型剪力墙的延性、耗能能力都优于传统剪力墙，而且强度退化也小于传统剪力墙。

4.3.3 可更换连梁筒体结构的试验研究与理论分析

1. 试验概况

根据振动台模型试验要求，设计了两个1/5尺寸比例的五层双筒体结构，一个为带有普通连梁的结构S5n，一个为带有可更换连梁的结构S5r。设计的原型与模型概况如表4.3-2所示，模型结构平面布置和实体示意如图4.3-45所示，每层布置相同。

原型与模型概况 **表 4.3-2**

	原型	S5n 模型	S5r 模型
层数	5	5	5
层高	4.5m	0.9m	0.9m
底座高度	—	0.3m	0.3m
模型总高	—	4.8m	4.8m
平面尺寸	11.8m×7.8m	2.36m×1.56m	2.36m×1.56m

续表

	原型	S5n 模型	S5r 模型
墙体厚度	300mm	60mm	60mm
楼板厚度	120mm	24mm ＋ 10mm 加固层	24mm ＋ 10mm 加固层
钢筋混凝土连梁尺寸	300mm×800mm	60mm×160mm	60mm×200mm
混凝土材料	C40	C40	C40
纵筋材料	HPB335	HPB335	HPB335
箍筋材料	HPB300	HPB300	HPB300
墙体分布钢筋材料	HPB300	HPB300	HPB300

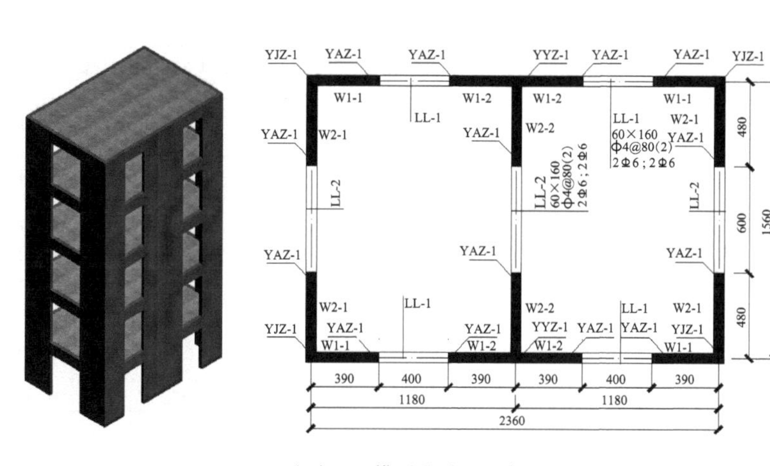

（*a*）S5n 模型及平面尺寸

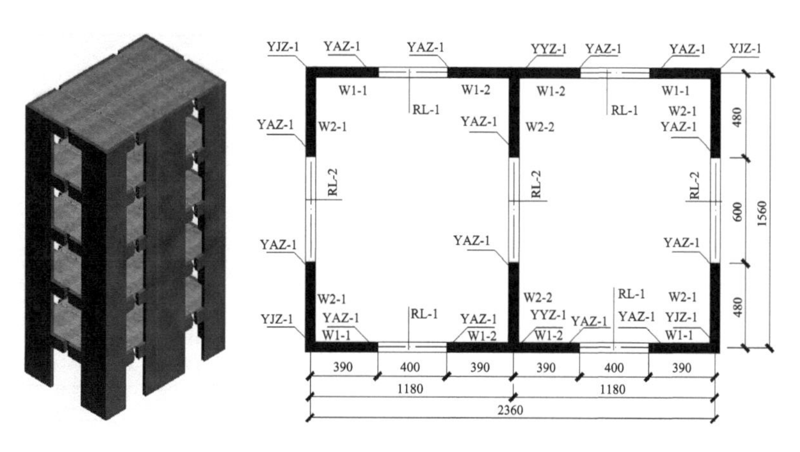

（*b*）S5r 模型及平面尺寸

图 4.3-45　模型平面布置和立体示意图

由相似原则得到模型混凝土构件配筋情况如表 4.3-3、表 4.3-4 及图 4.3-46 所示。

混凝土连梁尺寸与配筋 **表 4.3-3**

符号	名称	截面尺寸	截面配筋图
LL-1、LL-2	普通连梁	60mm×160mm	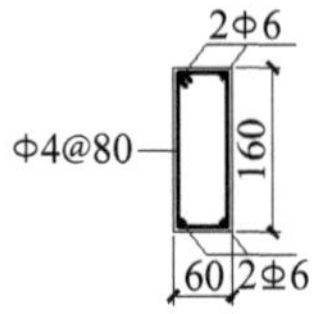 2Φ6 Φ4@80 160 60 2Φ6
RL-1、RL-2	可更换连梁两端非屈服混凝土梁段	60mm×200mm	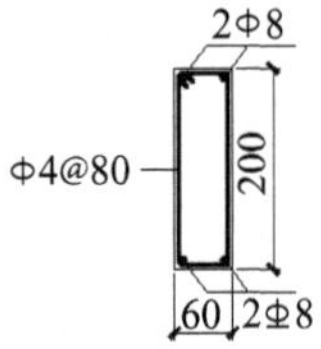 2Φ8 Φ4@80 200 60 2Φ8

混凝土墙尺寸与配筋 **表 4.3-4**

符号	名称	截面尺寸	截面配筋（图）
W	一层剪力墙	墙厚 60mm	水平分布筋：Φ4@80 垂直分布筋：Φ6@50 拉筋（双向）：Φ4@100@160（梅花形布置）
W	二至五层剪力墙	墙厚 60mm	水平分布筋：Φ4@100 垂直分布筋：Φ6@100 拉筋（双向）：Φ4@200@200（梅花形布置）
YAZ	剪力墙边缘暗柱	60mm×80mm	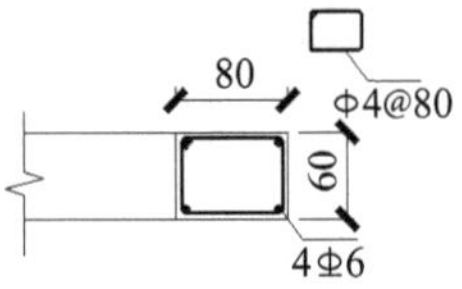 80 Φ4@80 60 4Φ6
YJZ	剪力墙边缘转角柱	120mm×120mm×60mm	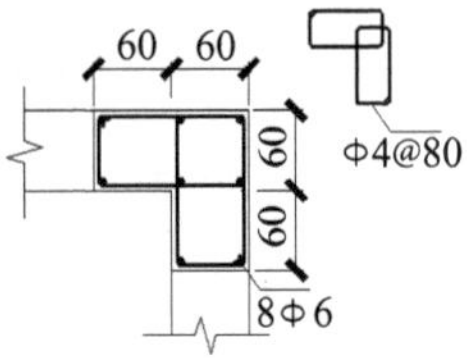 60 60 Φ4@80 60 60 8Φ6
YYZ	剪力墙边缘翼墙柱	180mm×120mm×60mm	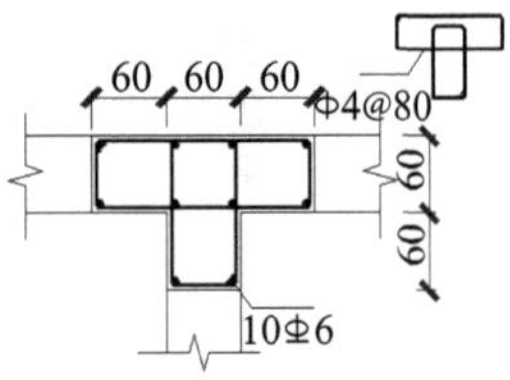 60 60 60 Φ4@80 60 60 10Φ6

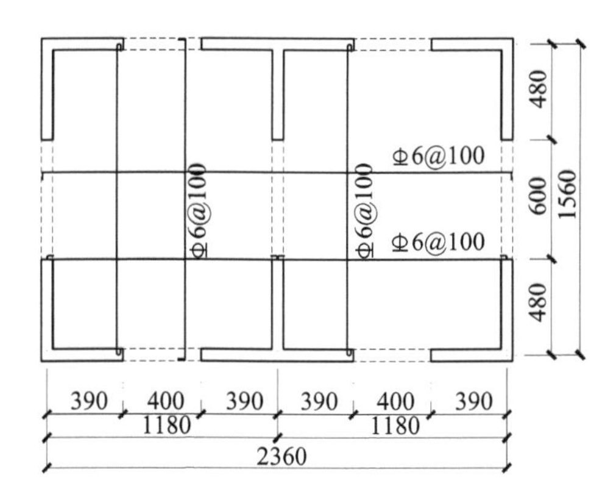

图 4.3-46　混凝土楼板尺寸与配筋图

2. 试验装置和测点布置

试验在同济大学土木工程防灾国家重点实验室振动台试验室进行。试验过程中，每层楼面及底座处布置加速度计，隔层楼面及底座处布置拉线式位移计，加速度计及位移计的平面布置及编号如图 4.3-47和图 4.3-48 所示，两个模型的布置相同。

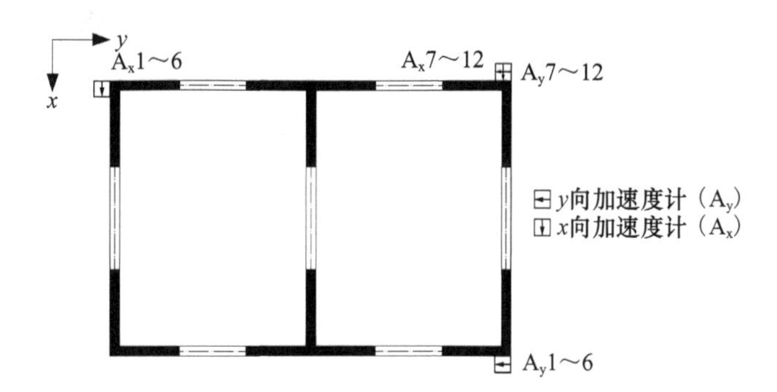

图 4.3-47　1-5 层楼面处及基础顶面处加速度计布置图

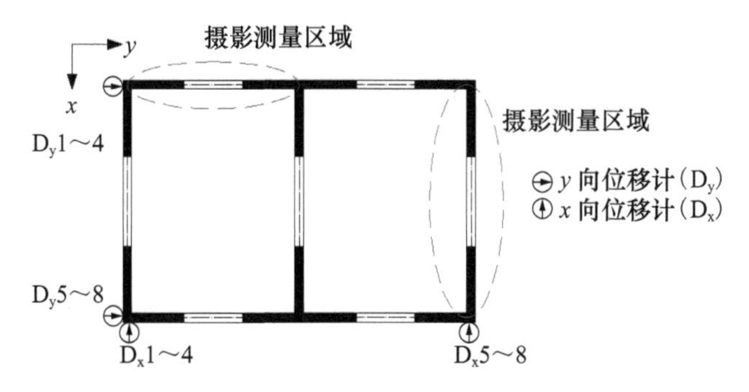

图 4.3-48　1、3、5 层楼面处及基础顶面处位移计布置图

可更换构件的相对位移测量采用高速摄影测量的方法，在可更换构件两端布置测量目标点得到可更换构件的竖向相对位移，如图 4.3-49（*a*）所示。同时，在模型角部布置楼层位移测量目标点，与位移计测量值对比，如图 4.3-49（*b*）所示。结构横向与纵向测点布置如图 4.3-49（*c*）和图 4.3-49（*d*）所示。

应变的测量包括墙体底部的钢筋应变、普通混凝土连梁纵筋应变、可更换连梁非屈服混凝土梁段纵筋应变、可更换连梁非屈服段预埋型钢应变，应变片布置如图 4.3-50 所示。

（*a*）可更换构件两端测点布置

高速摄影测量测点

（*b*）模型角部测点布置

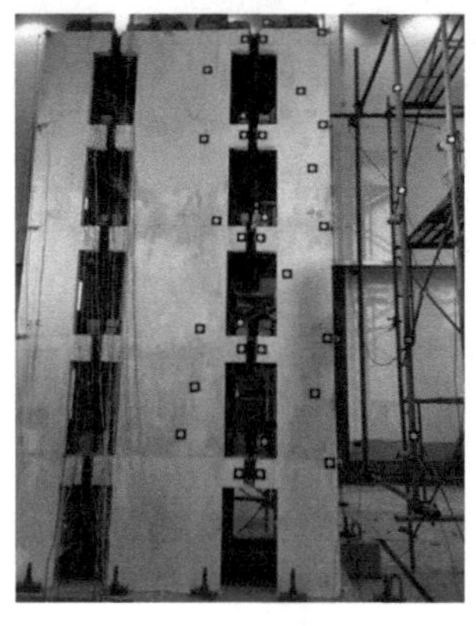

（*c*）结构纵向测点及控制点布置　（*d*）结构横向测点及控制点布置

图 4.3-49　高速摄影测量目标测点布置

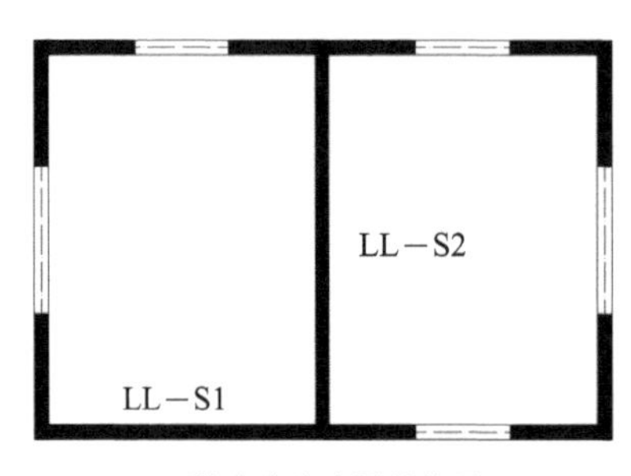

贴应变片连梁的位置

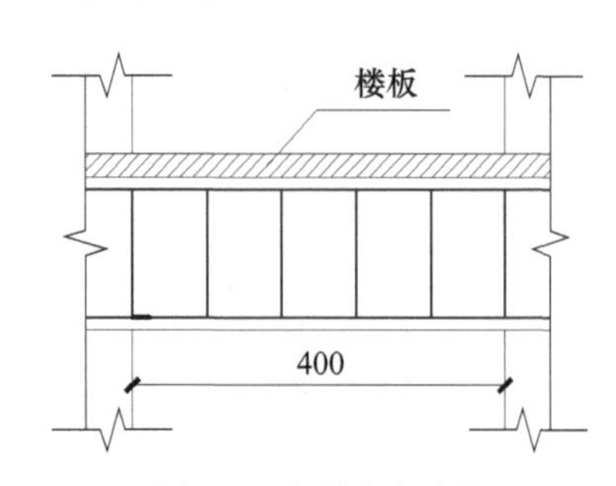

1 ～ 5 层 LL-S1 钢筋应变片位置

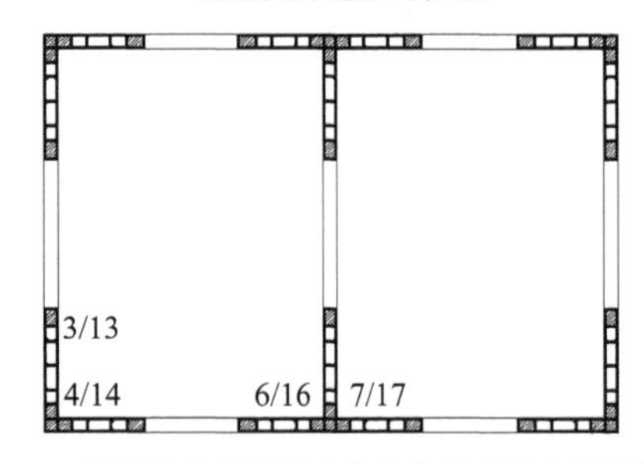

1 ～ 2 层墙体底部钢筋应变片位置（竖向粘贴）

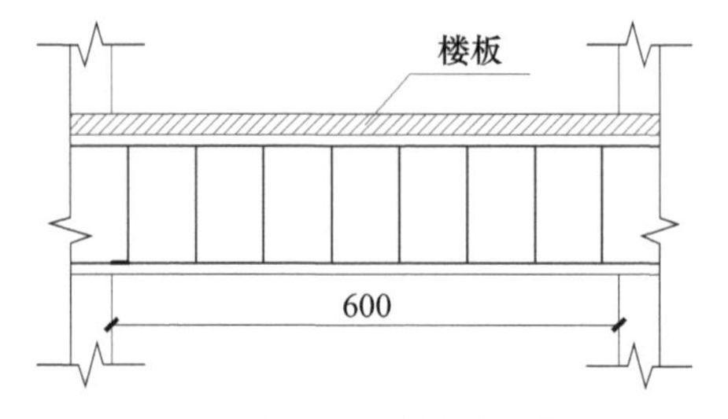

1 ～ 5 层 LL-S2 钢筋应变片位置

（*a*）S5n 模型结构

图 4.3-50　应变片布置图（一）

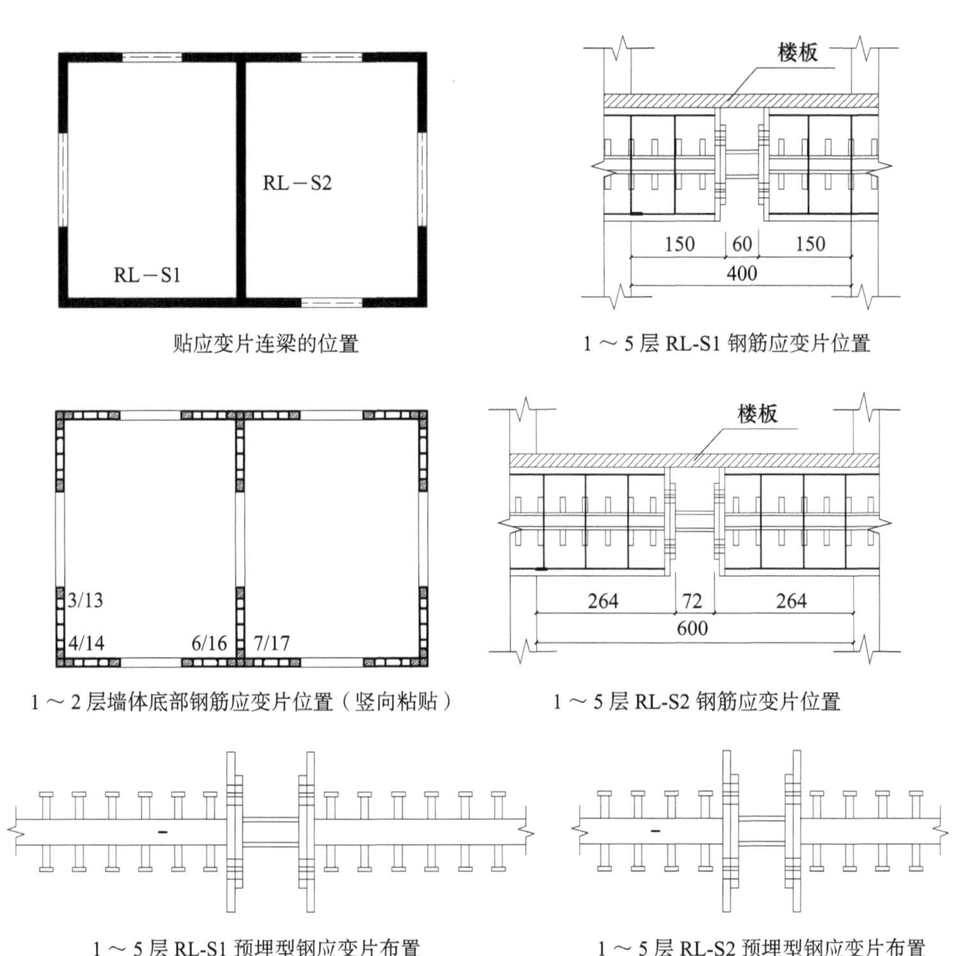

贴应变片连梁的位置　　1 ～ 5 层 RL-S1 钢筋应变片位置

1 ～ 2 层墙体底部钢筋应变片位置（竖向粘贴）　　1 ～ 5 层 RL-S2 钢筋应变片位置

1 ～ 5 层 RL-S1 预埋型钢应变片布置　　1 ～ 5 层 RL-S2 预埋型钢应变片布置

（*b*）S5r 模型结构

图 4.3-50　应变片布置图（二）

3. 试验输入地震波

选用表 4.3-5 所列地震波作为振动台台面输入，选取 El Centro 波和汶川波的双向分量，主向记为 h1，次向记为 h2，SHW01 人工波只有一个分量。地震波反应谱与设计反应谱的对比如图 4.3-51 所示，输入地震波在原型结构第一周期附近与设计反应谱吻合较好并且反应谱值较大，适用于该结构的抗震性能评估。

试验输入地震波　　**表 4.3-5**

地震波	测站	日期	持时（s）	卓越频率（Hz）
El Centro 波	EL CENTRO ARRAY #9	1940/05/18	53.73	2.176
汶川波	卧龙站	2008/05/12	180	5.683
SHW01 人工波	—	—	36.86	0.591

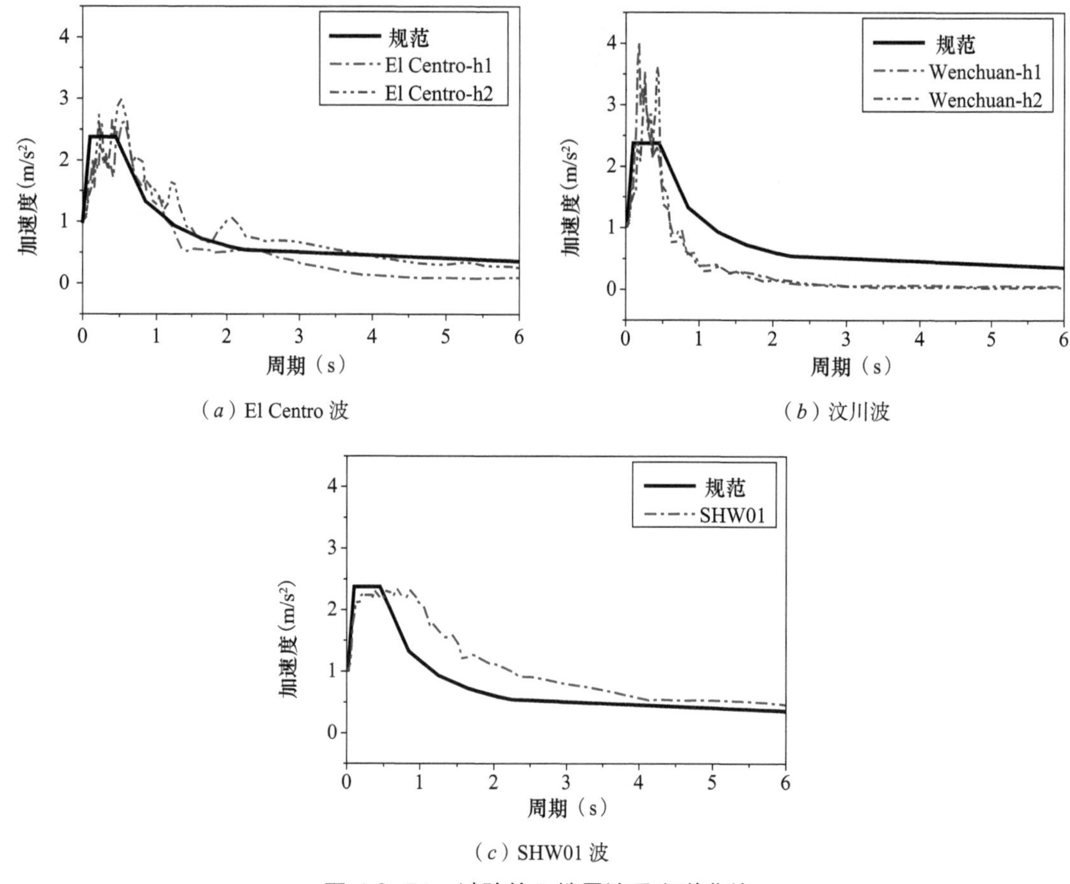

（*a*）El Centro 波　（*b*）汶川波

（*c*）SHW01 波

图 4.3-51　试验输入地震波反应谱曲线

试验时分别按每一级的设计 PGA 调整输入地震波幅值，按设计 PGA 为 0.14g、0.3g、0.4g、0.6g、0.8g、1.0g 逐级输入。天然地震波按主向：次向为 1：0.85 的 PGA 比例调幅后沿振动台两个水平方向输入，人工波单向输入，主向分别沿水平两个方向轮次输入。每一级地震波输入前后均用低幅白噪声激振扫频。

4. 试验现象

设计峰值加速度为 0.14g 的地震波输入后，普通结构 S5n 和新型结构 S5r 均未发现可见裂缝，S5r 结构连梁中部可更换段未出现明显错动，两个结构基本处于弹性工作状态。

设计峰值加速度为 0.3g 的地震波输入后，S5n 结构 X 向和 Y 向连梁均出现端部竖向裂缝，该裂缝为明显的弯曲裂缝；双向地震输入后，S5n 结构顶部楼层的连梁出现了竖向裂缝，墙脚未发现可见裂缝，说明结构的损伤由连梁开始，但还未扩展至墙体，损伤次序合理，是理想的钢筋混凝土联肢剪力墙体系塑性开展次序。此阶段 S5r 模型结构连梁中部可更换构件出现肉眼可见的竖向错动，但结构混凝土部分未发现可见裂缝，说明新型结构的损伤是由中部可更换构件开始的。

设计峰值加速度为 0.4g 的地震波输入后，S5n 结构一层连梁出现了竖向裂缝，同时 2 层连梁端部弯曲裂缝发展，与连梁底部贯通；X 向与 Y 向一层连梁端部出现了斜裂缝，该斜裂缝由梁腹中部斜向发展，并未与竖向弯曲裂缝贯通，故不是由竖向弯曲裂缝发展而来，认为是连梁受剪产生的斜裂缝，说明连梁所受剪力增大，处于弯剪共同作用的状态；墙脚未发现可见裂缝，损伤仍未扩展至墙体。随着地震波峰值加速度的增大，S5r模型结构连梁中部可更换构件的竖向错动更加明显，结构其他部位未发现可见裂缝，此阶段的损伤集中于中部可更换构件。

设计峰值加速度为0.6g的地震波输入后，S5n结构1层连梁端部弯曲裂缝继续发展，并在连梁顶部楼面处出现裂缝，一层连梁基本出现中部竖向裂缝和斜裂缝，说明连梁所受弯矩和剪力均增大；X向一层墙体墙脚出现拉裂缝，说明墙体应力开始增大。随着地震波峰值加速度的增大，S5r结构连梁中部可更换构件的竖向错动更加明显，楼板开槽处混凝土开裂剥落。可更换构件的竖向变形使得开槽两侧楼板发生竖向错动，由于楼板开槽宽度小，两侧相对变形大，如图4.3-52所示，钢筋伸长对槽口端部的楼板产生斜向拉力T，该拉力又可分解为竖向销栓剪力V和水平拉力N，由于开槽处填充硬泡沫，在力N的作用下硬泡沫受到挤压，从而对槽口端部楼板产生均布反作用压力，使得楼板混凝土开裂甚至剥落破坏。实际应用中若要使得楼板不发生破坏，楼板开槽处可填充黏弹性等耗能材料，或设置箍筋或弯折钢筋等抗剪钢筋，或将楼板开槽宽度增加使得钢筋相对应变减小。S5r结构其他部位未发现可见裂缝。

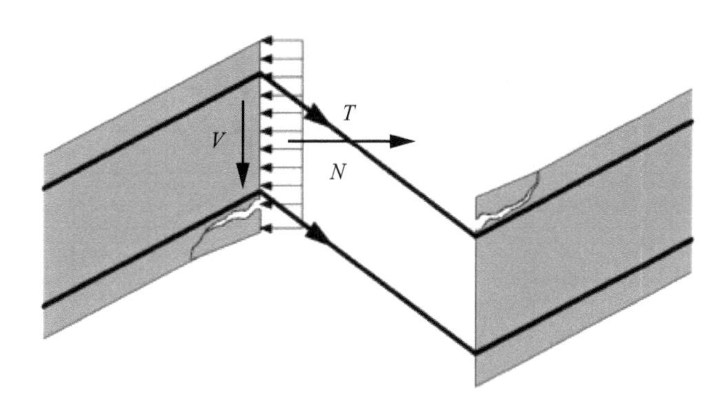

图4.3-52 楼板开槽处受力

设计峰值加速度为0.8g的地震波输入后，S5n结构2层连梁顶部楼面处出现裂缝，一层连梁裂缝继续发展，内外裂缝贯通，顶部连梁基本出现中部竖向裂缝和斜裂缝，连梁应力继续增大；Y向一层墙体墙脚出现裂缝，X向一层墙体形成墙脚水平长裂缝，墙体应力也不断增大。随着地震波峰值加速度的增大，S5r结构连梁中部可更换构件的竖向错动更加明显，楼板开槽处混凝土开裂剥落现象增加，结构其他部位未发现可见裂缝。

设计峰值加速度为1.0g的地震波输入后，S5n结构所有连梁均已开裂，所有层连梁均出现端部及中部竖向裂缝、斜裂缝，一些裂缝贯通至连梁底部，开裂顺序一致，均为端部竖向裂缝先出现，随后出现中部竖向裂缝、斜裂缝；X向底层墙体墙身出现水平弯曲裂缝。此阶段后S5r结构墙体在底层墙脚也出现弯曲裂缝，楼板开槽处混凝土破坏，连梁未出现可见裂缝，损伤集中于可更换构件。

5. 试验结果及分析

（1）动力特性

两个结构在每一级地震作用前后的结构自振频率、阻尼比及振动形态的对比如表4.3-6所示。从表中可以看到，试验初期S5n的自振频率比S5r略大；扭转频率的差值大于平动频率，这可能与扭转频率识别精度不高有关；两个结构的平动频率阻尼比相差不大。随着输入地震波幅值的增大，两个结构的自振频率均下降，峰值加速度0.8g的地震波输入前（第五次白噪声扫频前），两者频率下降相差不大。随着输入地震波幅值的增大，两个结构的自振频率差值变大，这可能与两者连梁的塑性发展机制不同有关，但振动形态始终保持一致。总的来说，两个结构的初期动力特性相差不大，S5r并未由于可更换连梁的设置改变结构的振动形态。

结构动力特性测试结果 **表4.3-6**

序号		第一次白噪声			第二次白噪声			第三次白噪声		
		S5n	S5r	差值（%）	S5n	S5r	差值（%）	S5n	S5r	差值（%）
第一振型	频率（Hz）	8.19	7.59	7.25	7.73	7.16	7.47	6.92	6.31	8.81
	频率下降比（%）	0.00	0.00	—	5.54	5.77	—	15.45	16.87	—
	阻尼比（%）	6.80	6.40	—	5.00	4.50	—	6.40	6.59	—
	振动形态	Y向平动	Y向平动	—	Y向平动	Y向平动	—	Y向平动	Y向平动	—
第二振型	频率（Hz）	9.06	8.09	10.69	9.02	7.69	14.73	8.28	6.88	16.98
	频率下降比（%）	0.00	0.00	—	0.52	0.05	—	8.63	0.15	—
	阻尼比（%）	7.48	7.43	—	7.30	6.80	—	7.25	7.40	—
	振动形态	X向平动	X向平动	—	X向平动	X向平动	—	X向平动	X向平动	—
第三振型	频率（Hz）	20.03	15.91	20.57	18.66	15.03	19.45	16.15	12.66	21.61
	频率下降比（%）	0.00	0.00	—	0.07	0.06	—	0.19	0.20	—
	阻尼比（%）	1.60	3.03	—	2.85	3.71	—	1.50	2.90	—
	振动形态	扭转	扭转	—	扭转	扭转	—	扭转	扭转	—
第四振型	频率（Hz）	25.41	29.48	−16.02	24.36	24.72	−1.48	23.34	24.22	-3.77
	频率下降比（%）	0.00	0.00	—	0.04	0.16	—	0.08	0.18	—
	阻尼比（%）	3.40	2.50	—	1.70	3.10	—	2.00	3.30	—
	振动形态	Y向平动	Y向平动	—	Y向平动	Y向平动	—	Y向平动	Y向平动	—
第五振型	频率（Hz	27.69	29.63	−7.01	26.95	25.53	5.27	26.41	25.22	4.51
	频率下降比（%）	0.00	0.00	—	0.03	0.14	—	0.05	0.15	—
	阻尼比（%）	2.20	3.10	—	1.40	2.50	—	1.80	2.70	—
	振动形态	X向平动	X向平动	—	X向平动	X向平动	—	X向平动	X向平动	—

续表

序　号		第一次白噪声			第二次白噪声			第三次白噪声		
		S5n	S5r	差值（%）	S5n	S5r	差值（%）	S5n	S5r	差值（%）
第六振型	频率（Hz）	33.59	38.47	−14.53	31.89	35.34	−10.82	30.59	31.84	-4.09
	频率下降比（%）	0.00	0.00	—	0.05	0.08	—	0.09	0.17	—
	阻尼比（%）	2.30	1.61	—	2.50	3.00	—	2.70	3.70	—
	振动形态	扭转	扭转	—	扭转	扭转	—	扭转	扭转	—
第七振型	频率（Hz）	43.03	38.91	9.57	40.61	36.81	9.36	35.38	31.75	10.26
	频率下降比（%）	0.00	0.00	—	0.06	0.05	—	0.18	0.18	—
	阻尼比（%）	1.80	1.60	—	2.30	2.70	—	3.10	2.30	—
	振动形态	*Y*向平动	*Y*向平动	—	*Y*向平动	*Y*向平动	—	*Y*向平动	*Y*向平动	—
第八振型	频率（Hz）	48.69	40.28	17.27	47.33	37.81	20.11	41.22	33.75	18.12
	频率下降比（%）	0.00	0.00	—	0.03	0.06	—	0.15	0.16	—
	阻尼比（%）	1.90	2.83	—	3.65	3.05	—	3.50	5.45	—
	振动形态	*X*向平动	*X*向平动	—	*X*向平动	*X*向平动	—	*X*向平动	*X*向平动	—

序　号		第四次白噪声			第五次白噪声			第六次白噪声		
		S5n	S5r	差值（%）	S5n	S5r	差值（%）	S5n	S5r	差值（%）
第一振型	频率（Hz）	6.92	6.03	12.87	6.67	5.92	11.24	6.16	3.53	42.64
	频率下降比（%）	15.46	20.58	—	18.51	22.02	—	24.82	53.50	—
	阻尼比（%）	5.70	6.00	—	5.60	5.05	—	5.50	6.50	—
	振动形态	*Y*向平动	*Y*向平动	—	*Y*向平动	*Y*向平动	—	*Y*向平动	*Y*向平动	—
第二振型	频率（Hz）	8.27	6.88	16.83	8.06	6.41	20.45	7.64	3.59	52.96
	频率下降比（%）	8.79	0.15	—	11.03	0.21	—	15.69	0.56	—
	阻尼比（%）	6.20	5.10	—	7.90	7.19	—	6.40	7.25	—
	振动形态	*X*向平动	*X*向平动	—	*X*向平动	*X*向平动	—	*X*向平动	*X*向平动	—
第三振型	频率（Hz）	15.72	12.30	21.76	15.35	10.66	30.55	14.10	6.47	54.12
	频率下降比（%）	0.22	0.23	—	0.23	0.33	—	0.30	0.59	—
	阻尼比（%）	3.00	3.60	—	5.00	3.40	—	5.10	6.67	—
	振动形态	扭转	扭转	—	扭转	扭转	—	扭转	扭转	—
第四振型	频率（Hz）	23.22	23.97	−3.23	21.03	23.52	−11.84	20.41	13.78	32.48
	频率下降比（%）	0.09	0.19	—	0.17	0.20	—	0.20	0.53	—
	阻尼比（%）	2.50	3.50	—	3.27	4.10	—	2.70	3.70	—
	振动形态	*Y*向平动	*Y*向平动	—	*Y*向平动	*Y*向平动	—	*Y*向平动	*Y*向平动	—

续表

序号		第四次白噪声			第五次白噪声			第六次白噪声		
		S5n	S5r	差值（%）	S5n	S5r	差值（%）	S5n	S5r	差值（%）
第五振型	频率（Hz）	26.14	24.30	7.04	23.22	23.71	−2.11	22.28	16.01	28.14
	频率下降比（%）	0.06	0.18	—	0.16	0.20	—	0.20	0.46	—
	阻尼比（%）	2.00	2.00	—	2.40	3.00	—	1.10	3.50	—
	振动形态	X向平动	X向平动	—	X向平动	X向平动	—	X向平动	X向平动	—
第六振型	频率（Hz）	29.72	31.50	−5.99	27.70	31.42	−13.43	27.14	22.25	18.02
	频率下降比（%）	0.12	0.18	—	0.18	0.18	—	0.19	0.42	—
	阻尼比（%）	3.80	3.84	—	2.60	2.20	—	6.43	3.16	—
	振动形态	扭转	扭转	—	扭转	扭转	—	扭转	扭转	—
第七振型	频率（Hz）	34.89	31.47	9.80	34.06	32.39	4.90	32.14	22.73	29.28
	频率下降比（%）	0.19	0.19	—	0.21	0.17	—	0.25	0.42	—
	阻尼比（%）	4.15	2.60	—	3.00	3.59	—	4.90	4.03	—
	振动形态	Y向平动	Y向平动	—	Y向平动	Y向平动	—	Y向平动	Y向平动	—
第八振型	频率（Hz）	40.02	32.81	18.02	38.94	33.69	13.48	37.53	23.48	37.44
	频率下降比（%）	0.18	0.19	—	0.20	0.16	—	0.23	0.42	—
	阻尼比（%）	3.40	5.00	—	3.60	3.25	—	4.20	3.95	—
	振动形态	X向平动	X向平动	—	X向平动	X向平动	—	X向平动	X向平动	—

序号		第七次白噪声			序号		第七次白噪声		
		S5n	S5r	差值（%）			S5n	S5r	差值（%）
第一振型	频率（Hz）	5.78	3.25	43.76	第五振型	频率（Hz）	22.28	19.47	12.61
	频率下降比（%）	0.29	0.57	—		频率下降比（%）	0.20	0.34	—
	阻尼比（%）	0.05	0.07	—		阻尼比（%）	0.02	0.03	—
	振动形态	Y向平动	Y向平动	—		振动形态	X向平动	X向平动	—
第二振型	频率（Hz）	7.39	3.26	55.92	第六振型	频率（Hz）	26.17	20.53	21.55
	频率下降比（%）	0.18	0.60	—		频率下降比（%）	0.22	0.47	—
	阻尼比（%）	0.06	0.07	—		阻尼比（%）	0.03	0.04	—
	振动形态	X向平动	X向平动	—		振动形态	扭转	扭转	—
第三振型	频率（Hz）	13.11	6.09	53.52	第七振型	频率（Hz）	30.08	20.61	31.48
	频率下降比（%）	0.35	0.62	—		频率下降比（%）	0.30	0.47	—
	阻尼比（%）	0.04	0.07	—		阻尼比（%）	0.05	0.04	—
	振动形态	扭转	扭转	—		振动形态	Y向平动	Y向平动	—

续表

序　号		第七次白噪声			序　号		第七次白噪声		
		S5n	S5r	差值（%）			S5n	S5r	差值（%）
第四振型	频率（Hz）	20.41	18.77	8.04	第八振型	频率（Hz）	35.02	21.28	39.23
	频率下降比（%）	0.20	0.36	—		频率下降比（%）	0.28	0.47	—
	阻尼比（%）	0.03	0.03	—		阻尼比（%）	0.04	0.04	—
	振动形态	*Y* 向平动	*Y* 向平动	—		振动形态	*X* 向平动	*X* 向平动	—

结构各次白噪声扫频得到的 *X*、*Y* 向第一阶振型如图 4.3-53 所示。可以看到，模型结构低阶振型的振动形态主要为整体平动，并且两个结构的振型几乎保持一致。随着 S5n 连梁的开裂和 S5r 可更换构件的变形，两个结构的一阶平动振型出现了略微区别，这主要是由于整体结构扭转成分增大，扭转耦联对平动模态造成了一定影响。总的来说，两个结构的一阶平动振型基本一致。

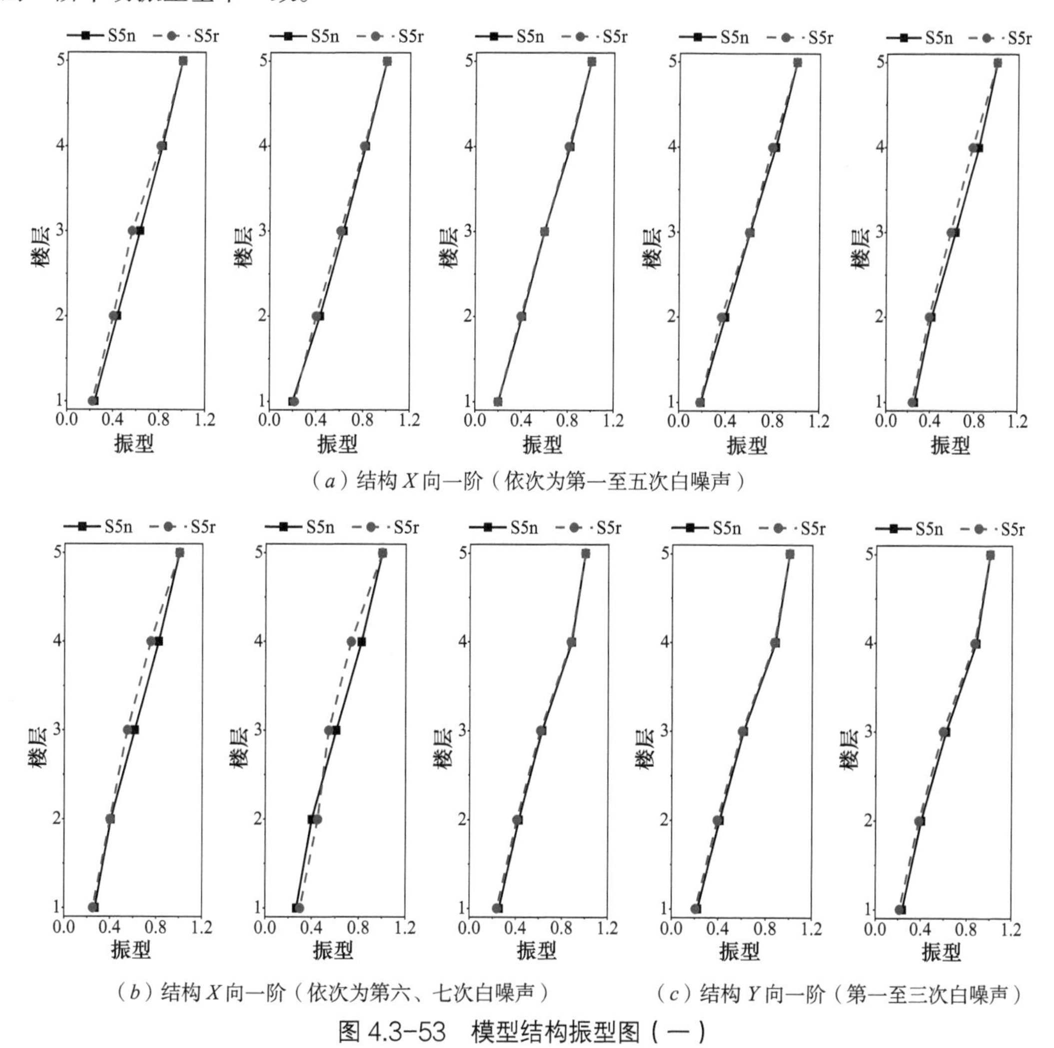

（*a*）结构 *X* 向一阶（依次为第一至五次白噪声）

（*b*）结构 *X* 向一阶（依次为第六、七次白噪声）　（*c*）结构 *Y* 向一阶（第一至三次白噪声）

图 4.3-53　模型结构振型图（一）

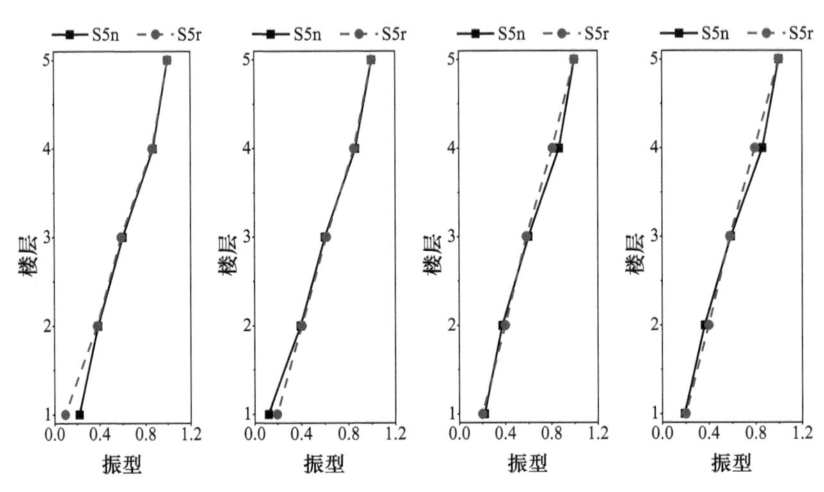

（d）结构 Y 向一阶（依次为第四至七次白噪声）

图 4.3-53　模型结构振型图（二）

（2）加速度反应

不同峰值加速度地震波输入下，模型结构两个方向的加速度放大系数随楼层的变化如图 4.3-54 所示。

可以看到，不同峰值加速度地震作用下，两个结构加速度放大系数在 X 方向和 Y 方向各楼层最大加速度的变化规律基本相同，总的来说各地震波下两者的加速度反应相差不大。随地震动强度的增大，两个结构楼层加速度放大系数变化规律保持一致：试验初期，新型结构 S5r 的 X 向加速度放大系数比普通结构 S5n 略小，Y 向加速度放大系数与 S5n 几乎一样；在 0.3g 峰值加速度地震波输入时，两个结构均由弹性进入了非线性，反应增大，加速度放大系数有所增大，S5r 结构加速度反应比 S5n 结构小；随着地震波峰值加速度的加大，两个结构自振频率下降，加速度动力放大系数有所降低，S5r 结构加速度反应仍比 S5n 结构小；在 0.8g 峰值加速度地震波输入时，由于 S5r 结构自振频率下降较多，与输入地震波的卓越频率更为接近，加速度反应增大较多，因此超过了 S5n 的加速度反应。

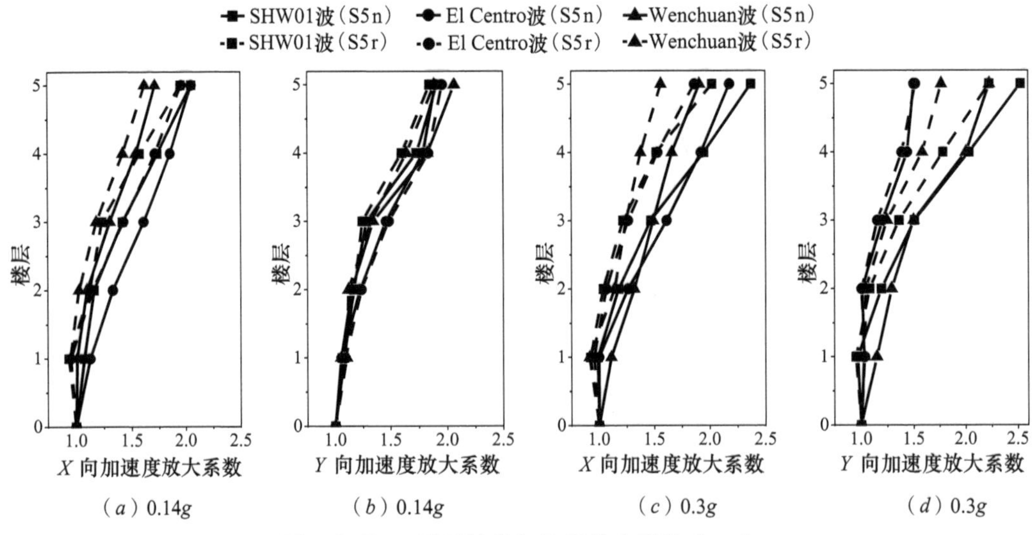

（a）0.14g　（b）0.14g　（c）0.3g　（d）0.3g

图 4.3-54　模型结构加速度放大系数（一）

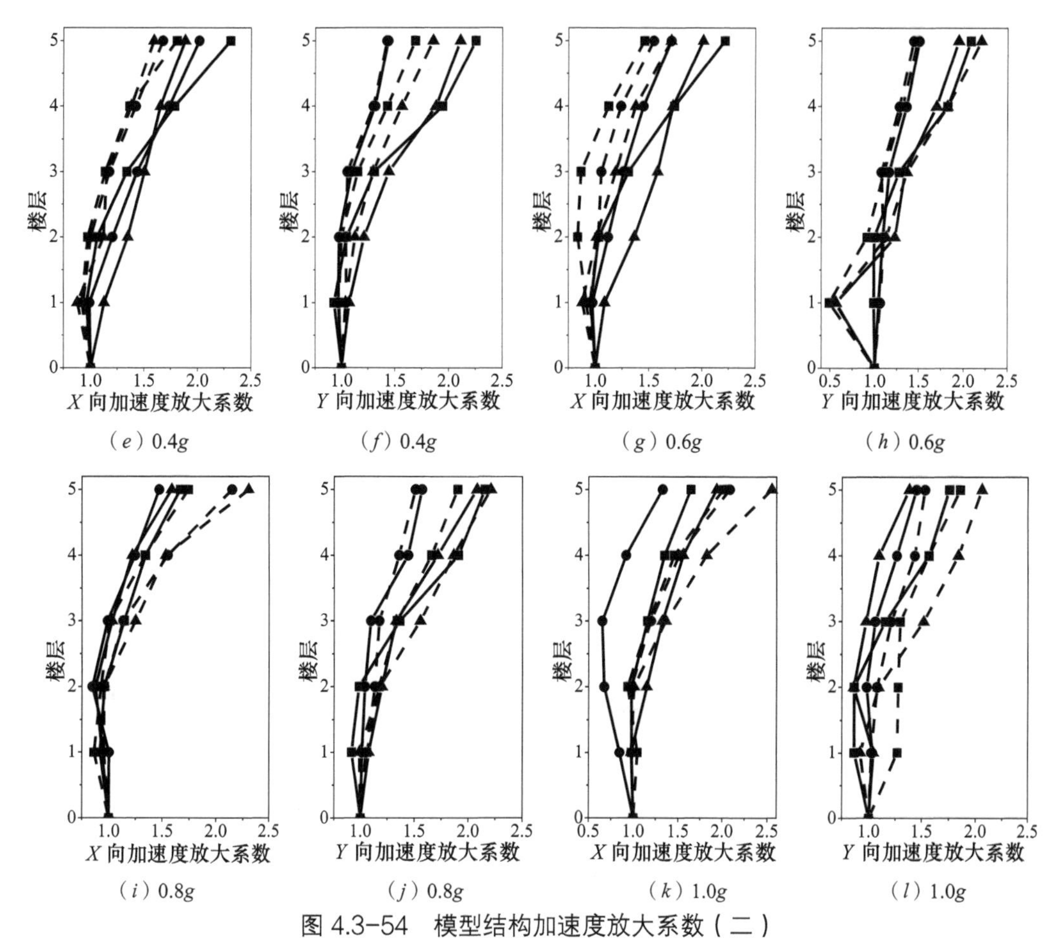

图 4.3-54　模型结构加速度放大系数（二）

（3）楼层位移反应

模型结构楼层位移包络值如图 4.3-55 所示，两个结构楼层位移包络值沿楼层分布的规律一致。0.8g 峰值加速度地震波输入前，新型结构 S5r 和普通结构 S5n 的最大位移相差不大，由于在 0.8g 峰值加速度地震波输入时 S5r 结构刚度下降很大，因此最后两级地震波输入时 S5r 楼层位移较大。

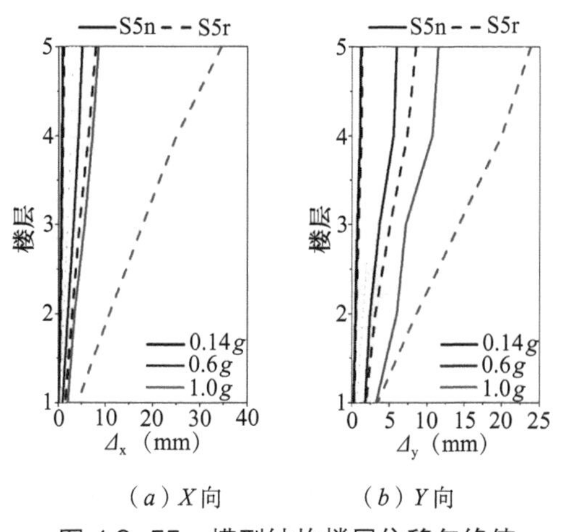

图 4.3-55　模型结构楼层位移包络值

（4）残余位移

为了研究结构的震后可修复性，提取模型结构的楼层残余位移。两个结构 3 层与顶层的楼层残余位移如图 4.3-56 和图 4.3-57 所示，可以看到，新型结构 S5r 的残余位移比普通结构 S5n 减小，0.8*g* 峰值加速度后 S5n 结构残余位移较大，而 S5r 结构的残余位移仍处于较小的水平。研究表明[34, 35]，结构残余位移角达到 0.5% 时住户可感知结构变形，此时处于可修复状态，修复的代价小于重建；超过 0.5% 时修复的代价超过重建；超过 1% 时住户感到明显的结构变形，结构需要推倒重建。本文 S5r 结构的震后残余位移角最大值为 0.14%，处于可修复状态，而结构除可更换构件外其他部位没有损伤，因此只需替换可更换构件便可以迅速恢复使用功能，符合可恢复功能结构的要求。同时，较小的残余位移为可更换构件在地震作用后的更换提供了便利。

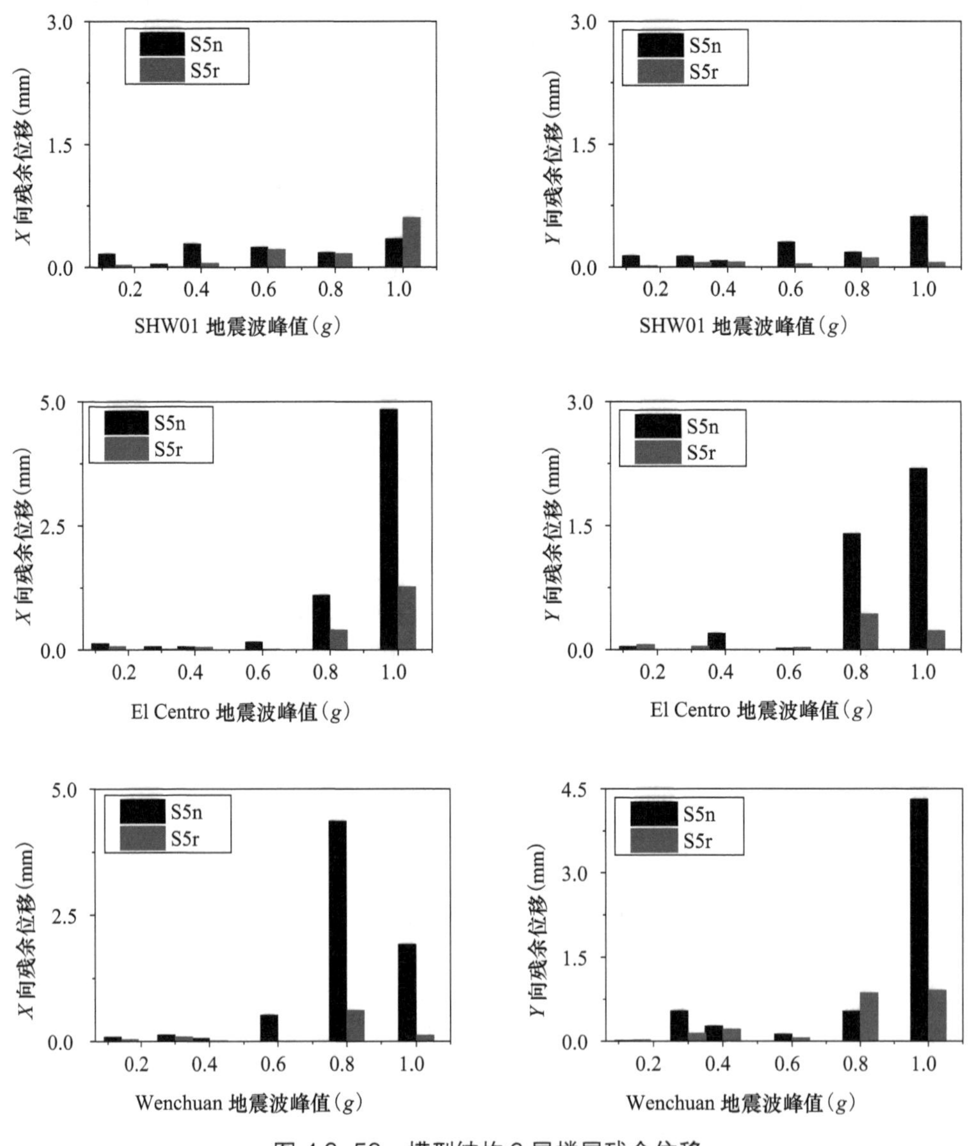

图 4.3-56　模型结构 3 层楼层残余位移

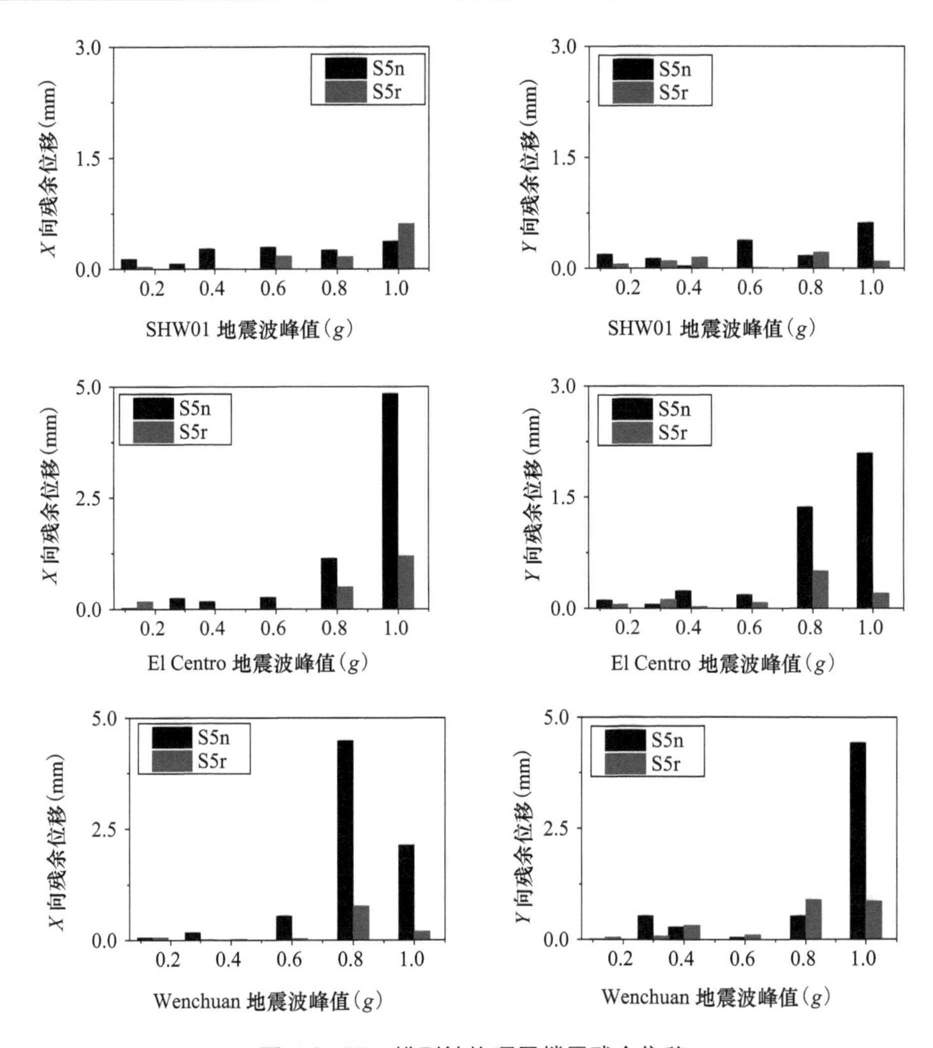

图 4.3-57　模型结构顶层楼层残余位移

两个结构 3 层与顶层的楼层残余位移与最大位移的比值列于表 4.3-7。可以看到，0.8g 峰值加速度前，新型结构 S5r 残余位移与最大位移的最大比值仅为 5.28%，与普通结构 S5n 相比小很多，最大减小了 93.7%；0.8g 峰值加速度后，S5r 结构残余位移与最大位移的比值有所增加，但仍比 S5n 结构小，最小减小了 6.4%。说明 S5r 结构具有更好的复位能力，震后能够迅速恢复到初始状态。

模型结构残余位移与最大位移比值（单位：%）　　**表 4.3-7**

（a）3 层结构 X 向

设计 PGA（g）	S5n 结构				S5r 结构				最大值差值
	SHW01 波	El Centro 波	Wenchuan 波	最大值	SHW01 波	El Centro 波	Wenchuan 波	最大值	
0.14	2.58	4.58	8.19	8.19	2.51	2.22	3.29	3.29	59.8
0.3	1.54	1.32	2.89	2.89	0.26	0.34	3.17	3.17	−9.7
0.4	7.00	0.88	1.89	7.00	1.57	0.88	0.42	1.57	77.5

续表

设计PGA(*g*)	S5n 结构				S5r 结构				最大值差值
	SHW01波	El Centro波	Wenchuan波	最大值	SHW01波	El Centro波	Wenchuan波	最大值	
0.6	5.80	1.43	9.53	9.53	4.68	0.16	0.12	4.68	50.9
0.8	2.90	8.58	48.58	48.58	1.80	3.23	3.70	3.70	92.4
1.0	4.89	31.96	21.74	31.96	3.05	5.24	0.40	5.24	83.6

(*b*)3 层结构 *Y* 向

设计PGA(*g*)	S5n 结构				S5r 结构				最大值差值
	SHW01波	El Centro波	Wenchuan波	最大值	SHW01波	El Centro波	Wenchuan波	最大值	
0.14	0.33	0.09	0.12	0.33	0.04	0.13	0.21	0.21	36.6
0.3	0.15	0.00	1.86	1.86	0.07	0.05	0.54	0.54	71.2
0.4	0.07	0.16	0.72	0.72	0.06	0.00	0.60	0.60	17.1
0.6	0.19	0.01	0.24	0.24	0.03	0.02	0.12	0.12	50.8
0.8	0.15	1.16	0.75	1.16	0.10	0.36	1.08	1.08	6.4
1.0	0.41	1.62	5.45	5.45	0.05	0.14	0.84	0.84	84.7

(*c*)顶层结构 *X* 向

设计PGA(*g*)	S5n 结构				S5r 结构				最大值差值
	SHW01波	El Centro波	Wenchuan波	最大值	SHW01波	El Centro波	Wenchuan波	最大值	
0.14	2.20	0.81	4.27	4.27	2.19	5.28	4.14	5.28	− 23.5
0.3	2.34	3.80	3.20	3.80	0.02	0.03	0.40	0.40	89.6
0.4	5.67	1.85	0.22	5.67	0.22	0.04	0.40	0.40	92.9
0.6	5.56	1.94	7.02	7.02	2.45	0.12	0.32	2.45	65.0
0.8	3.19	7.37	44.09	44.09	1.07	2.35	2.76	2.76	93.7
1.0	4.03	27.55	17.60	27.55	1.75	2.89	0.39	2.89	89.5

(*d*)顶层结构 *Y* 向

设计PGA(*g*)	S5n 结构				S5r 结构				最大值差值
	SHW01波	El Centro波	Wenchuan波	最大值	SHW01波	El Centro波	Wenchuan波	最大值	
0.14	0.45	0.24	0.12	0.45	0.15	0.11	0.45	0.45	1.4
0.3	0.16	0.06	1.79	1.79	0.12	0.14	0.29	0.29	83.9
0.4	0.03	0.20	0.73	0.73	0.14	0.02	0.85	0.85	− 16.4
0.6	0.24	0.11	0.10	0.24	0.01	0.05	0.18	0.18	23.4
0.8	0.14	1.10	0.71	1.10	0.18	0.39	0.99	0.99	10.5
1.0	0.40	1.51	5.32	5.32	0.07	0.12	0.66	0.66	87.5

（5）层内力反应

两个结构的层剪力时程最大值对比如图4.3-58所示。可以看到，两个结构层剪力沿楼层的分布规律一致。随着输入地震波强度的增加，楼层剪力逐渐增大，开始时两个结构的层内力相差不大，S5r结构比S5n结构层剪力小，后两个工况由于S5r结构自振频率下降较多，与地震波的卓越频率更为接近，使得S5r结构最大层剪力比S5n大。

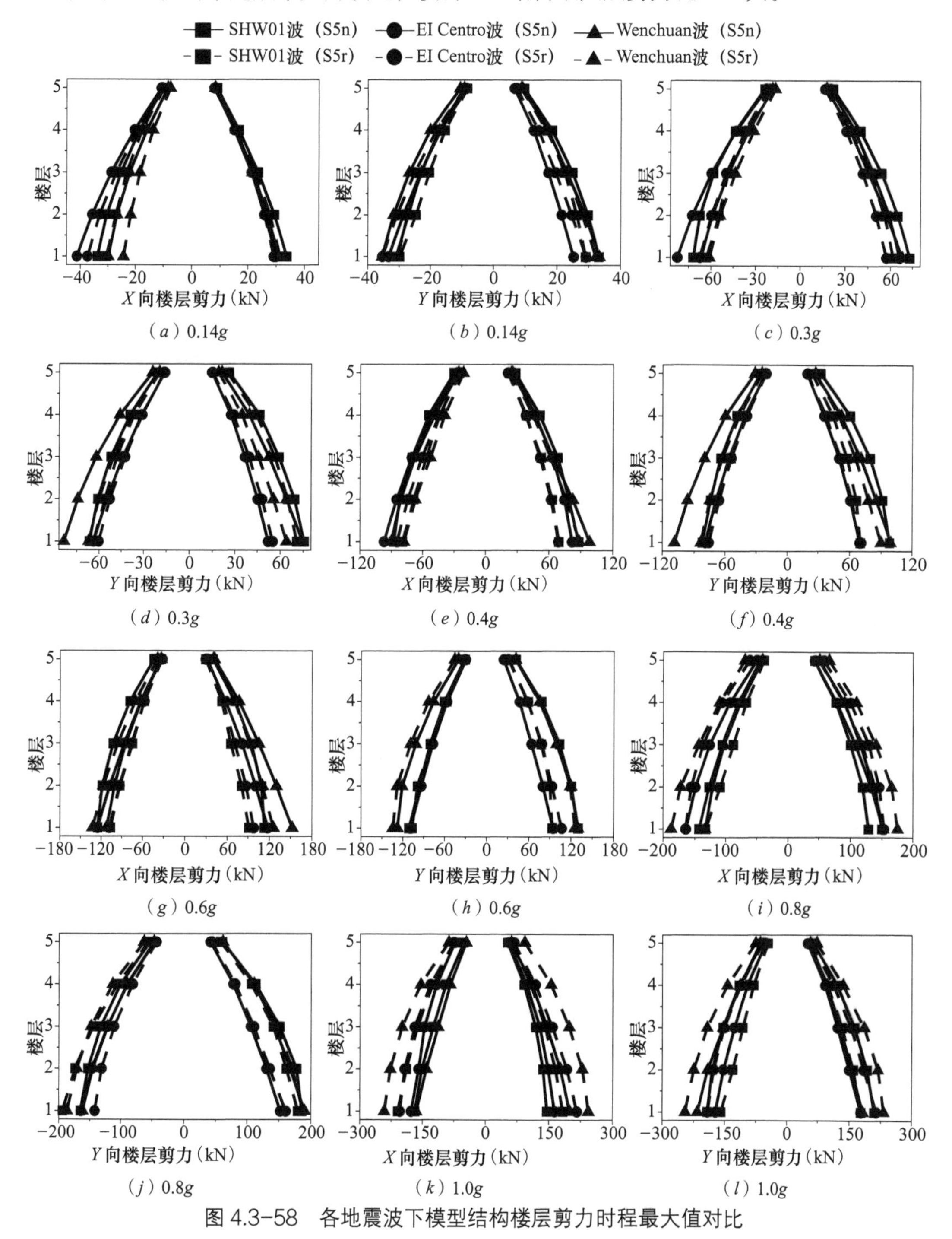

（a）0.14g （b）0.14g （c）0.3g （d）0.3g （e）0.4g （f）0.4g （g）0.6g （h）0.6g （i）0.8g （j）0.8g （k）1.0g （l）1.0g

图4.3-58 各地震波下模型结构楼层剪力时程最大值对比

（6）连梁纵筋应变

不同峰值加速度地震作用下，两个结构连梁端部的纵筋最大应变随输入地震波的变化如图 4.3-59 所示。可以看到，不同峰值加速度地震作用下新型结构 S5r 的纵筋应变比普通结构 S5n 的纵筋应变要小很多，随着输入地震波峰值加速度的增加，连梁纵筋应变增加，S5r 结构的纵筋应变最大值始终比 S5n 结构纵筋应变最大值小，*X* 向一层和二层、*Y* 向二层和五层减小最明显，说明新型结构的可更换连梁能够有效减轻连梁两端的损伤，使得损伤集中于中部可更换构件。

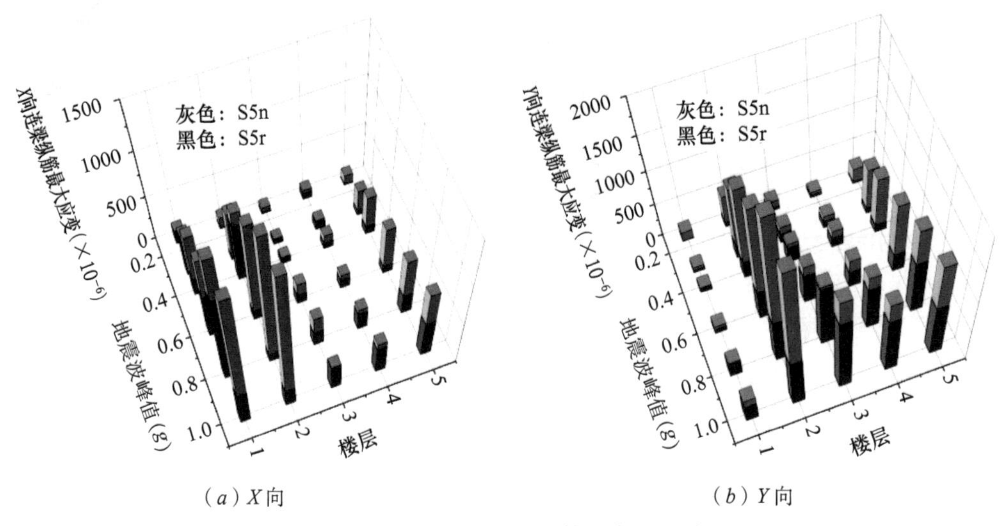

（*a*）*X* 向　　（*b*）*Y* 向

图 4.3-59　模型结构连梁纵筋应变最大值对比

（7）墙脚纵筋应变

墙脚应变片的位置如图 4.3-60 所示，其中应变片 S4 位于核心筒角部，应变片 S7 位于纵横墙交界处，均为可能出现损伤的部位。

图 4.3-61 为两个结构墙脚纵筋应变的变化，可以看到，随着地震波峰值加速度的增大，墙脚纵筋应变增加。峰值加速度 0.8*g* 地震波输入前，新型结构 S5r 墙脚应变要比普通结构 S5n 小很多，说明新型结构的可更换连梁明显改善了墙体的受力，能够使得结构墙体损伤减轻，从而使得震后墙体不需修复。峰值加速度达到 0.8*g* 地震波输入后，S5r 结构的墙体应变比 S5n 结构大，可更换构件出现了破坏而连梁不能传递更大的剪力，使得结构受力转移到墙体所致。图 4.3-62 为所有一层和二层墙体暗柱纵筋应变，为同一级不同地震波下每层所有应变片记录数值的最大值。可以看到，与上述应变结果一致，S5r 结构在可更换构件破坏前墙体的应变有所减小，二层墙体比一层应变小，在可更换构件破坏后墙体应变增大，一层首先增大，然后二层墙体逐渐增大。因此可更换构件破坏后若未及时发现，墙体也不会立即有损伤，发现后更换便可恢复功能，同时可更换连梁若与可更换墙脚构件共同使用，结构的抗震效果会更好。

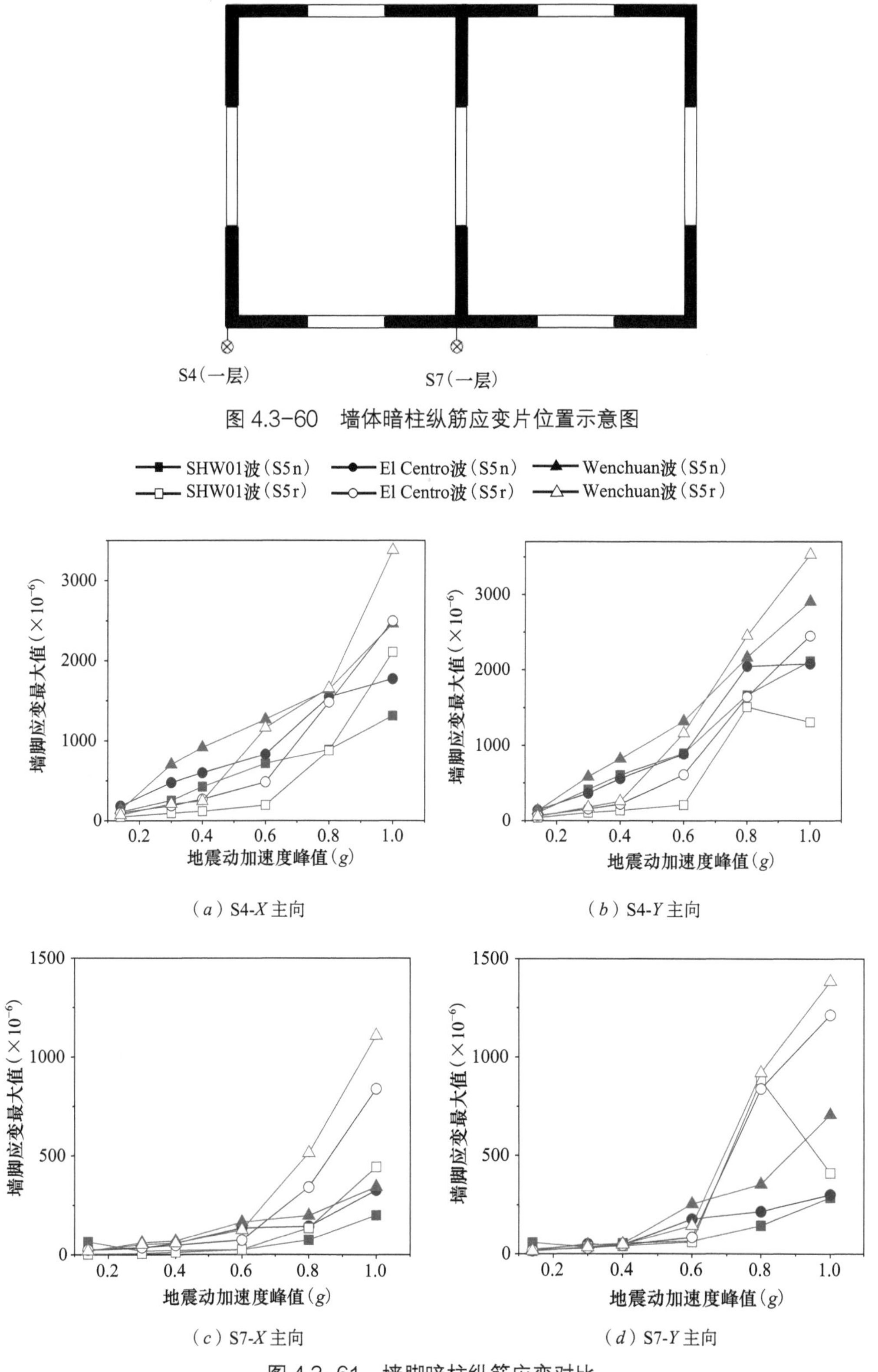

图 4.3-60　墙体暗柱纵筋应变片位置示意图

（a）S4-X 主向

（b）S4-Y 主向

（c）S7-X 主向

（d）S7-Y 主向

图 4.3-61　墙脚暗柱纵筋应变对比

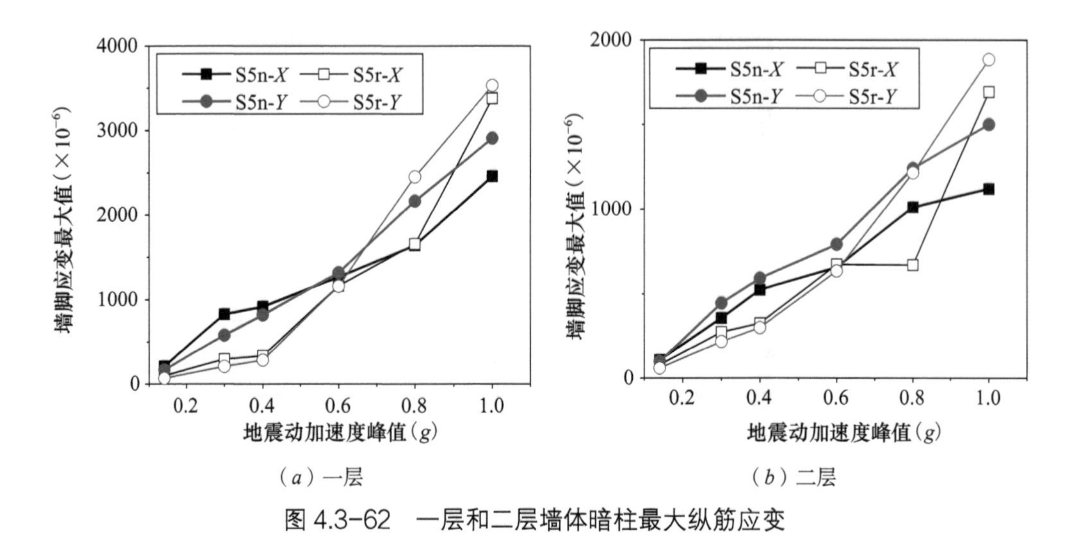

（a）一层　　（b）二层

图 4.3-62　一层和二层墙体暗柱最大纵筋应变

（8）可更换构件的反应

高速摄影测量每一层可更换构件两端测点的竖向相对位移结果如图 4.3-63 和图 4.3-64 所示，其中水平线按输入地震波的大小分别表示可更换构件试验得到的屈服位移、屈服位移的 2 倍、破坏位移。

从图中可以看到，随着地震波峰值加速度的增大，可更换构件两侧相对位移不断增大，X 向可更换构件在 0.3g 峰值加速度时达到了屈服位移，在 0.8g 地震阶段 El Centro 波输入时达到了破坏位移；Y 向可更换构件在 0.3g 汶川波输入时达到了屈服位移，在 0.8g 地震阶段汶川波输入时达到了破坏位移。这与 0.3g 时可更换构件发生明显变形，S5r 结构频率突降，0.8g 后 S5r 结构反应很大，频率降低较多的试验结果是对应的。同时还可以看到，X 向第二层可更换构件的相对竖向位移较大，Y 向可更换构件的相对竖向位移上部比下部大，总的来说，每个楼层可更换构件相对位移的峰值相差不大，耗能在楼层间的分布较为均匀。

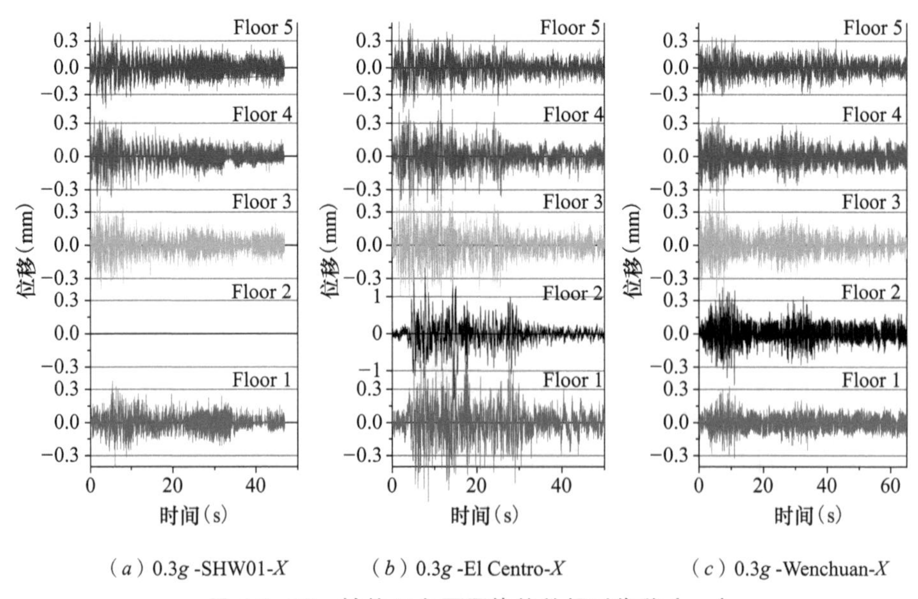

（a）0.3g -SHW01-X　　（b）0.3g -El Centro-X　　（c）0.3g -Wenchuan-X

图 4.3-63　结构 X 向可更换构件相对位移（一）

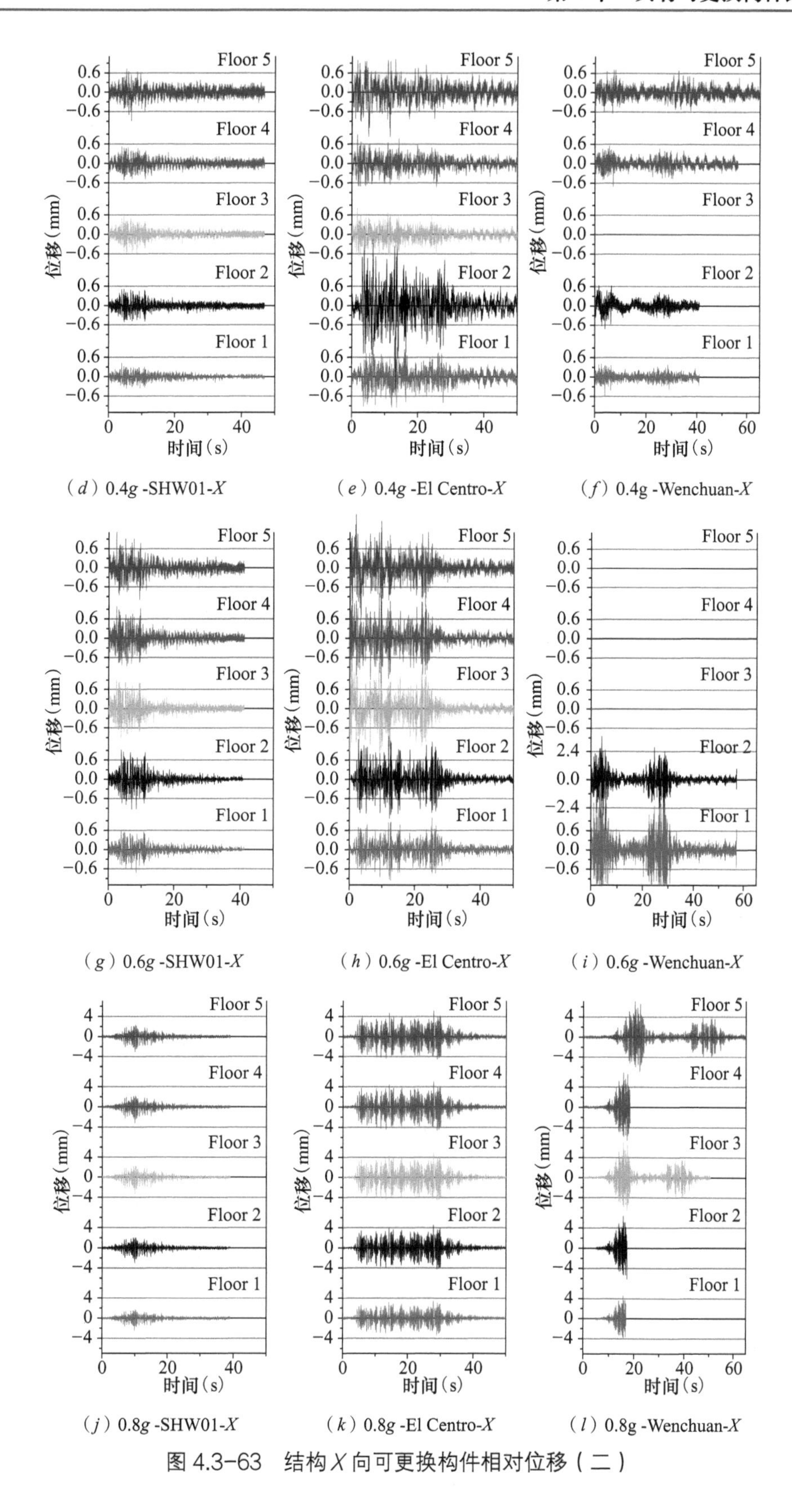

（*d*）0.4*g* -SHW01-*X*　（*e*）0.4*g* -El Centro-*X*　（*f*）0.4g -Wenchuan-*X*

（*g*）0.6*g* -SHW01-*X*　（*h*）0.6*g* -El Centro-*X*　（*i*）0.6*g* -Wenchuan-*X*

（*j*）0.8*g* -SHW01-*X*　（*k*）0.8*g* -El Centro-*X*　（*l*）0.8g -Wenchuan-*X*

图 4.3-63　结构 *X* 向可更换构件相对位移（二）

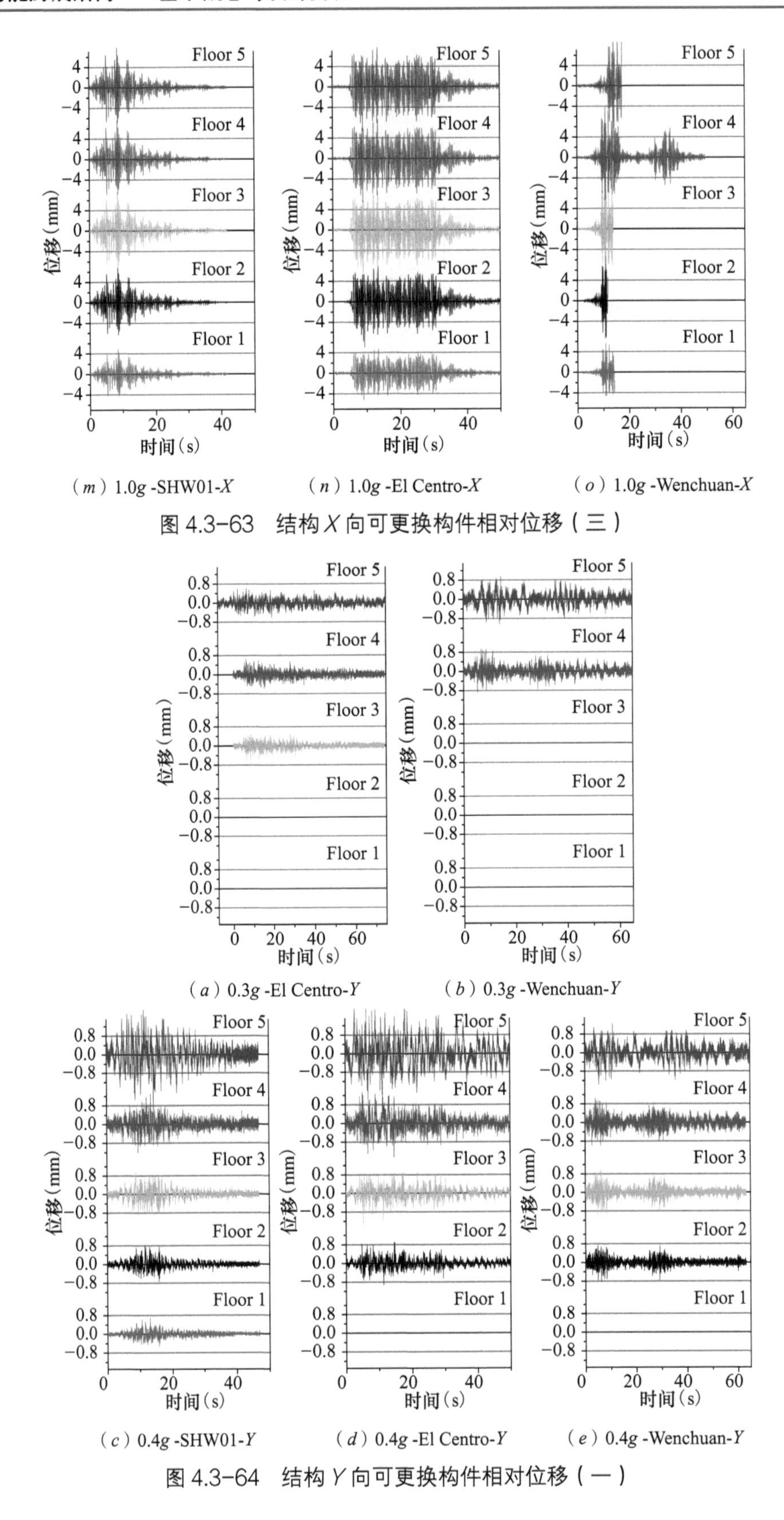

（*m*）1.0*g* -SHW01-*X*　（*n*）1.0*g* -El Centro-*X*　（*o*）1.0*g* -Wenchuan-*X*

图 4.3-63　结构 *X* 向可更换构件相对位移（三）

（*a*）0.3*g* -El Centro-*Y*　（*b*）0.3*g* -Wenchuan-*Y*

（*c*）0.4*g* -SHW01-*Y*　（*d*）0.4*g* -El Centro-*Y*　（*e*）0.4*g* -Wenchuan-*Y*

图 4.3-64　结构 *Y* 向可更换构件相对位移（一）

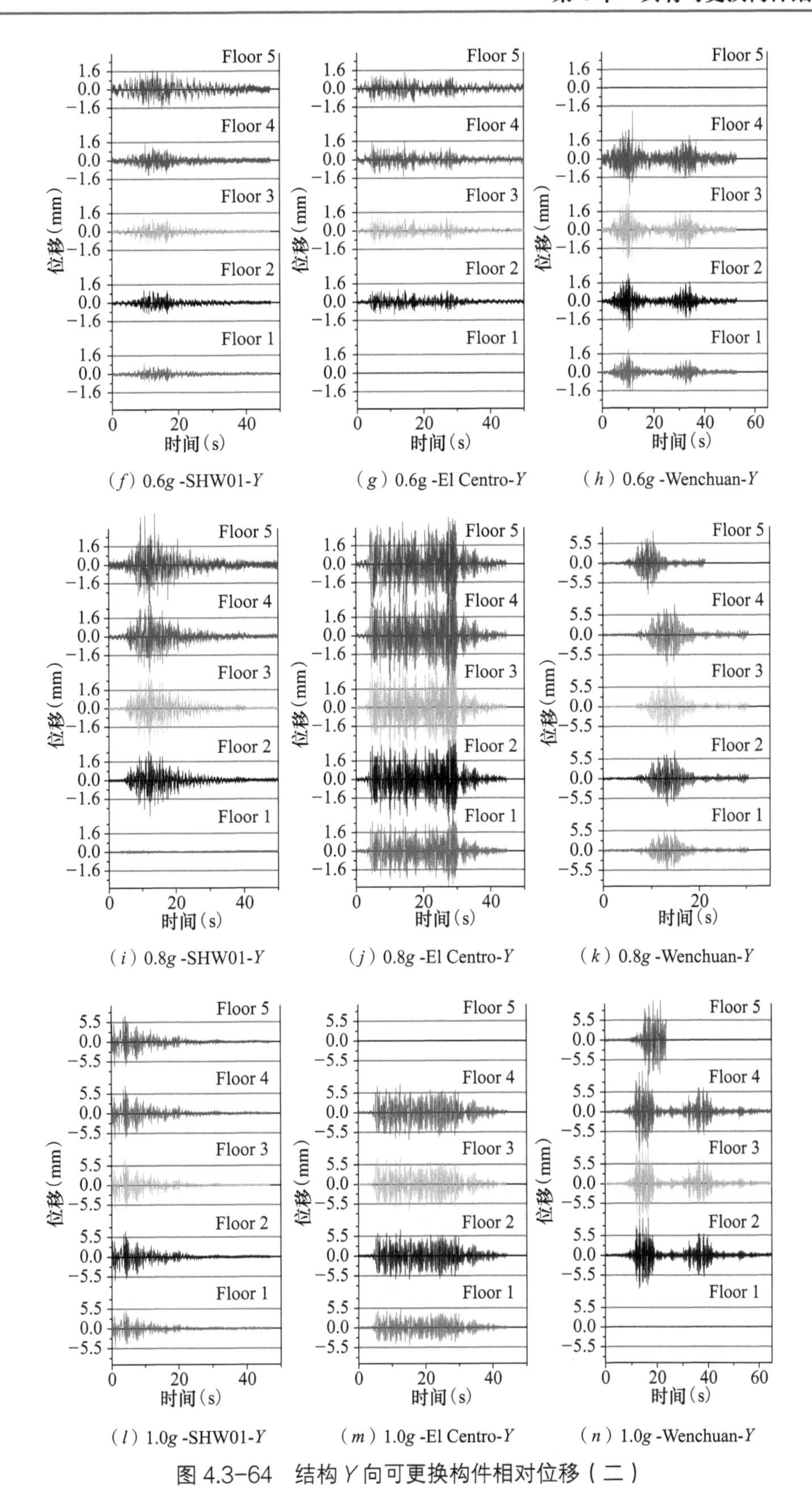

图 4.3-64　结构 Y 向可更换构件相对位移（二）

4.4 具有可更换连梁结构体系的设计方法和工程应用

4.4.1 设计原理

在小震和风荷载作用或正常使用状态下，新型可更换连梁和传统的钢筋混凝土连梁相同，应处于弹性状态；在中震或大震作用下，可更换连梁的中部屈服段率先屈服耗能，减轻墙肢的损伤破坏，同时非屈服段保持完好，震后仅更换屈服段。连梁非屈服段的设计要求是，小震或正常使用状态下保持弹性，在中震或大震下，连梁的非屈服段都不应发生任何的剪切或弯曲破坏。连梁屈服段的设计要求是，小震或正常使用状态下保持弹性，在中震或大震下应先于墙肢屈服耗能。同时要求可更换连梁能够对墙肢提供与传统连梁相同的约束弯矩，可更换连梁与原传统连梁的刚度相差不大。

为了与传统的联肢剪力墙结构设计方法相统一，便于结构设计人员理解应用，以传统的钢筋混凝土连梁设计为基础，提出新型可更换连梁的设计方法。

4.4.2 设计方法

1. 性能目标

整体结构的设计首先要确定结构的性能目标。基本性能目标下带有可更换连梁的钢筋混凝土结构性能等级的宏观描述及量化指标如表 4.4-1 所示，表中的部分数值参考了美国 SEAOC 的相关要求。

基本性能目标下带有可更换连梁 RC 结构性能等级的宏观描述及量化指标 表 4.4-1

地震强度	性能等级	结构宏观描述	层间位移角限值	层间残余位移角限值
—	充分运行	结构基本保持弹性，非结构构件可能有可忽略的损伤，建筑结构完好	0.001	—
小震	基本运行	可更换构件基本处于弹性，非结构构件有极轻微的破坏，主体部分基本保持弹性，结构基本完好	0.00125 ~ 0.002（框架 - 剪力墙、框架 - 核心筒、板柱 - 剪力墙）；0.001 ~ 0.002（筒中筒、剪力墙）*	—
中震	生命安全	可更换构件损伤大，主体部分有轻微损伤但不影响其承重，生命安全能保障	0.004/0.006/0.008（建筑使用功能类别Ⅱ / Ⅲ / Ⅳ）	0.1%
大震	防止倒塌	结构可更换构件损伤大但能够有效发挥耗能作用，连接梁保持弹性，主体部分有损伤，但竖向承重构件可继续发挥功能	0.01	0.2%

* $H \leqslant 150$m，0.00125/0.001；$H \geqslant 250$m，0.002；$H = 150 \sim 250$m，线性插值。

2. 结构设计和更换方案

为了与现行规范准则及设计软件相适应，具有可更换构件的钢筋混凝土结构设计首先从普通结构出发，由建筑布置和普通结构的最不利荷载进行结构设计并配筋。

针对带有可更换连梁的钢筋混凝土结构，普通结构设计完成后根据连梁内力大小及截面配筋情况确定可更换连梁的布置方案。可更换连梁一般放置在中下部位移较大或应力较大的连梁位置。根据普通结构弹性计算下的结果，可以在应力高、剪力大、超筋易发生剪切脆性破坏的连梁处设置可更换连梁，也可以将可更换连梁设置在中下部剪切位移较大处；根据普通结构非线性计算下的结果，可将可更换连梁设置在中下部剪切位移较大处，或用可更换连梁替换普通结构塑性发展或损伤较大的连梁，便于强震后修复更换。同时，由于可更换构件的高度一般达不到原钢筋混凝土连梁的高度，且一般不与楼板相连，无法承载楼板传来的竖向荷载，因此在设计时还需要考虑这一因素。

3. 可更换设计

（1）强度计算

可更换连梁的强度计算包括非屈服段、屈服段以及可更换连接计算。

1）非屈服段

首先，设计传统的钢筋混凝土连梁，得到其设计受弯承载力 M_c 和设计受剪承载力 V_c。

然后，得到可更换连梁非屈服段的弯矩设计值 M_n（式 4.4-1），其中 ξ 为增强系数，按《建筑抗震设计规范》GB 50011—2010 取值，一级抗震等级取 1.3，二级和三级抗震等级分别取 1.2 和 1.1，非屈服段的剪力设计值 V_n 不增强（式 4.4-2）：

$$M_n=\xi M_c \tag{4.4-1}$$

$$V_n=V_c \tag{4.4-2}$$

非屈服段的强度需满足[36]：

$$M_n \leqslant f_{nsy}A_{ns}(h_n-2a_s)/\gamma_{RE} \tag{4.4-3}$$

$$V_n \leqslant 1.6[0.6f_y(h-2t_f)t_w+(0.166\sqrt{f_c'}bh_0+f_{yv}A_{sv}h_0/s)] \tag{4.4-4}$$

式中，f_{nsy}、A_{ns} 为抗弯钢筋的屈服强度和面积，非屈服段混凝土梁宽度取墙厚；h_n、a_s 为非屈服段混凝土梁的高度和保护层厚度；γ_{RE} 为抗震调整系数（取 0.75）；f_y、h、t_f、t_w 分别为非屈服段预埋型钢腹板的屈服强度、总截面高度、翼缘厚度、腹板厚度；f_c、b、h_0 分别为非屈服段混凝土的抗压强度、混凝土梁的宽度和有效高度；f_{yv}、A_{sv}、s 分别为抗剪钢筋的屈服强度、面积和间距。

2）屈服段

根据传统钢筋混凝土连梁的设计力得到屈服段可更换构件的设计力，这里分为两种情况。当长度比 ρ 小于 1.6 时，构件抗剪强度小于抗弯强度，首先发生剪切屈服，为剪切屈服型构件，当大于或等于 1.6 时为弯曲屈服型构件[37]，长度比计算如式（4.4-5）所示，式中、M_p、V_p 分别为构件截面的塑性弯矩和塑性剪力；L_r 为可更换构件的跨度。

$$\rho=L_r/(M_p/V_p) \tag{4.4-5}$$

剪切屈服型可更换构件按可更换构件受剪与原连梁受弯等效的原则，可更换构件的抗剪承载力 V_{ra}（图 4.4-1）应大于传统混凝土连梁的抗弯承载力除以连梁跨度的一半，如式

（4.4-6）所示，其中 ξ_1 为钢筋混凝土构件剪力抗震调整系数与弯矩抗震调整系数的比值（$\xi_1 = 0.85/0.75 = 1.13$）；可更换构件的抗弯承载力 M_{ra} 应大于可更换构件的抗剪承载力 V_{ra} 对应的弯矩值乘以增强系数 ξ，使构件首先进入剪切屈服，如式（4.4-7）所示。

$$V_{ra} \geqslant M_c / (0.5\xi_1 L) \tag{4.4-6}$$

$$M_{ra} \geqslant 0.5\xi V_{ra} L_r \tag{4.4-7}$$

此时，屈服段剪力设计值与非屈服段剪力设计值的比值为：

$$V_{ra} / V_n \approx M_c / \xi\xi_1 M_c = 1/\xi\xi_1 = \begin{cases} 0.80(\text{三级抗震等级}) \\ 0.74(\text{二级抗震等级}) \\ 0.68(\text{一级抗震等级}) \end{cases}$$

$V_n = V_c$　　V_{ra}　　$V_n = V_c$

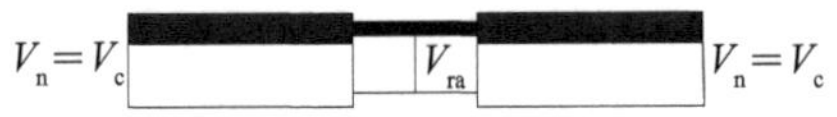

图 4.4-1　剪切屈服型可更换构件屈服段与非屈服段剪力图

弯曲屈服型可更换构件按可更换构件受弯与原连梁受弯等效的原则，可更换构件的抗弯承载力 M_{rb}（图 4.4-2）应大于原连梁抗弯承载力乘以屈服段与原连梁跨度的比值（式 4.4-8），可更换构件的抗剪承载力 V_{rb} 则应大于可更换构件的抗弯承载力 M_{rb} 对应的剪力值乘以增强系数 ξ，使构件首先进入弯曲屈服，计算式为式（4.4-9）。

$$M_{rb} \geqslant M_c L_r / L \tag{4.4-8}$$

$$V_{rb} \geqslant \xi M_{rb} / (0.5L_r) \tag{4.4-9}$$

此时，屈服段弯矩设计值与非屈服段弯矩设计值的比值为：

$$M_{rb} / M_n = (M_c L_r / L) / (\xi M_c) = L_r / \xi L = \begin{cases} 0.90 L_r / L(\text{三级抗震等级}) \\ 0.83 L_r / L(\text{二级抗震等级}) \\ 0.77 L_r / L(\text{一级抗震等级}) \end{cases}$$

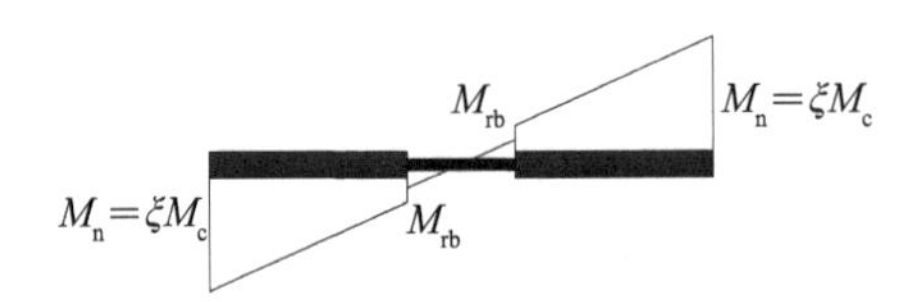

图 4.4-2　弯曲屈服型可更换构件屈服段与非屈服段弯矩图

3）可更换连接

可更换连梁采用端板螺栓连接，包括螺栓计算、端板计算和预埋件计算。

端板螺栓承受剪力及弯矩下的拉压力，处于拉（压）剪复合状态，强度计算按《钢结构设计标准》GB 50017—2017 由下式得到：

$$\sqrt{\left(\frac{N_V}{N_{Vb}}\right)^2 + \left(\frac{N_t}{N_{tb}}\right)^2} \leqslant 1 \quad （普通螺栓） \tag{4.4-10}$$

$$\frac{N_V}{N_{Vb}} + \frac{N_t}{N_{tb}} \leqslant 1 \quad （高强螺栓） \tag{4.4-11}$$

式中，N_{V}，N_{t}分别为一个螺栓承受的剪力和拉力设计值，由可更换构件承受外力的最大值即抗剪承载力和抗弯承载力得到，在可更换构件承载力基础上乘以连接增强系数ξ，一级抗震等级取1.3，二级和三级抗震等级分别取1.2和1.1，一个螺栓承受的剪力和拉力设计值按式（4.4-12）、式（4.4-13）计算：

$$N_{\mathrm{V}}=\xi V_{\mathrm{r}}/n \tag{4.4-12}$$

$$N_{\mathrm{t}}=\xi M_{\mathrm{r}}\times\max(y_i/\sum y_i^2) \tag{4.4-13}$$

式中，V_{r}，M_{r}分别为可更换连梁屈服段抗剪承载力和抗弯承载力；n为螺栓个数；y_i为单个螺栓距螺栓群旋转中心的距离，取保守情况即旋转中心位于最下排螺栓处计算；N_{Vb}，N_{tb}分别为一个螺栓的抗剪和抗拉承载力，按式（4.4-14）、式（4.4-15）计算。

$$N_{\mathrm{Vb}}=\begin{cases}\max\left(n_{\mathrm{v}}\dfrac{\pi d^2}{4}f_{\mathrm{v}}^{\mathrm{b}},d\sum tf_{\mathrm{c}}^{\mathrm{b}}\right) & \text{（普通螺栓、承压型高强螺栓）}\\ 0.9n_{\mathrm{f}}\mu P & \text{（摩擦型高强螺栓）}\end{cases} \tag{4.4-14}$$

$$N_{\mathrm{tb}}=\begin{cases}\dfrac{\pi d_0^2}{4}f_{\mathrm{t}}^{\mathrm{b}} & \text{（普通螺栓、承压型高强螺栓）}\\ 0.8P & \text{（摩擦型高强螺栓）}\end{cases} \tag{4.4-15}$$

式中，n_{v}，n_{f}分别为受剪面数目和传力摩擦面数目；d，d_0分别为螺杆直径和螺孔直径；$\sum t$为一个受力方向承压板总厚度，取不同受力方向的最小值；P为一个高强螺栓的预拉力；$f_{\mathrm{v}}^{\mathrm{b}}$，$f_{\mathrm{c}}^{\mathrm{b}}$，$f_{\mathrm{t}}^{\mathrm{b}}$分别为螺栓的抗剪、承压、抗拉强度设计值。

连接端板的宽度b取为连接梁宽度，端板高度h_{d}则由螺栓间距构造措施确定，端板厚度t由连接的抗弯及抗剪承载力得到。

弯矩作用下端板按支承条件分为伸臂区，无肋区及两边支承区，如图4.4-3所示。弯矩作用下端板最小厚度t分别为：

$$t\geqslant\sqrt{\frac{6e_iN_{\mathrm{t}}}{bf}}\ \text{（伸臂区）} \tag{4.4-16}$$

$$t\geqslant\sqrt{\frac{3e_{\mathrm{w}}N_{\mathrm{t}}}{(0.5a+e_{\mathrm{w}})f}}\ \text{（无肋区）} \tag{4.4-17}$$

$$t\geqslant\sqrt{\frac{6e_{\mathrm{f}}e_{\mathrm{w}}N_{\mathrm{t}}}{(e_{\mathrm{w}}b+2e_i(e_{\mathrm{f}}+e_{\mathrm{w}}))f}}\ \text{或}\ t\geqslant\sqrt{\frac{12e_{\mathrm{f}}e_{\mathrm{w}}N_{\mathrm{t}}}{(e_{\mathrm{w}}b+4e_i(e_{\mathrm{f}}+e_{\mathrm{w}}))f}}\ \text{（两边支承区）} \tag{4.4-18}$$

式中，N_{t}为一个螺栓所受的拉力，可取保守值，即一个螺栓的受拉承载力，按式（4.4-15）计算；e_i，e_{w}，e_{f}分别为螺栓中心至端板边缘、腹板和翼缘板表面的距离；a为螺栓间距；

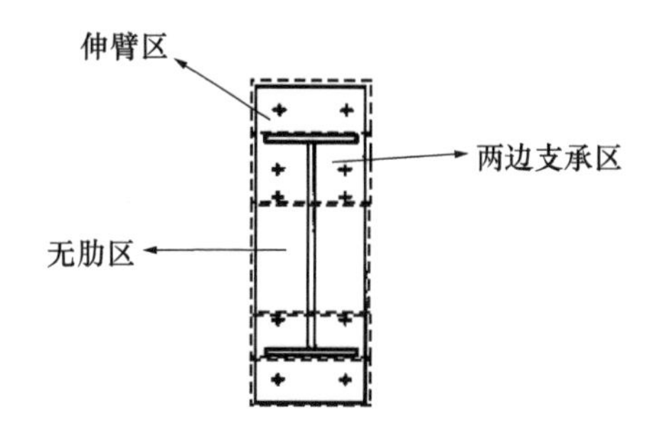

图4.4-3 端板按支承条件分区

f 为端板材料的抗拉强度；b 为端板的宽度。

剪力作用下端板所需的最小厚度 t 根据螺栓类型为：

$$t \geqslant \frac{\xi V_{\mathrm{r}}}{f(b-nd_0)} \quad （普通螺栓） \tag{4.4-19}$$

$$t \geqslant \frac{\xi V_{\mathrm{r}}}{fb} 且 t \geqslant \frac{\xi V_{\mathrm{r}}(1-0.5n/n_{\mathrm{total}})}{f(b-nd_0)} \quad （高强螺栓） \tag{4.4-20}$$

式中，ξ 为连接增强系数，一级抗震等级取 1.3，二级和三级抗震等级分别取 1.2 和 1.1；V_{r} 为可更换构件所受的剪力，可取保守值即可更换构件的抗剪承载力；n，n_{total} 分别为计算截面的螺栓数量和总螺栓数量；d_0 为螺孔直径。

预埋件采用预埋钢板加栓钉的形式[38]，预埋钢板的预埋长度由其承载力决定。附加抗剪栓钉的预埋钢板竖向抗剪承载力按式（4.4-21）计算[39]，抗剪承载力应大于可更换构件的抗剪承载力 V_{r} 与连接增强系数 ξ 的乘积：

$$V_{\mathrm{n}} = f_{\mathrm{b}}\beta_1 b_{\mathrm{f}} l_{\mathrm{e}}\left(\frac{0.58-0.22\beta_1}{0.88+a/l_{\mathrm{e}}}\right) + \frac{2(0.88-a/l_{\mathrm{e}})\sum_{i=1}^{n} A_{\mathrm{s}i} f_{\mathrm{s}i}}{0.88+a/l_{\mathrm{e}}} \geqslant \xi V_{\mathrm{r}} \tag{4.4-21}$$

式中，

$$f_{\mathrm{b}} = 4.5\sqrt{f_{\mathrm{c}}'}\left(\frac{b_{\mathrm{wall}}}{b_{\mathrm{f}}}\right)^{0.55} \tag{4.4-22}$$

式中，f_{c}' 为美国规范的圆柱体混凝土抗压强度，是 0.8 倍的中国规范立方体混凝土抗压强度；β_1 为混凝土等效受压区高度不均匀系数，按中国《混凝土结构设计规范》GB 50010—2010 取 0.8；l_{e}、a 分别为预埋段长度和连梁跨度的一半，预埋段长度宜大于 1.14 倍的连梁跨度一半，使 $0.88 - a/l_{\mathrm{e}}$ 大于零；b_{wall}、b_{f} 分别为墙厚和预埋钢板的宽度；$A_{\mathrm{s}i}$、$f_{\mathrm{s}i}$ 分别为单个栓钉的截面积和抗压强度设计值。

（2）刚度计算

如图 4.4-4（a）所示，原连梁在连梁单位剪力作用下的竖向位移 Δ 包括剪切位移 Δ_{V} 和弯曲位移 Δ_{M}。对于钢筋混凝土连梁，抗震计算时单侧配筋率最大值不超过 1.5%，即单侧钢筋面积 A_{s} 最大只为混凝土面积 A_{c} 的 1.5%，又因钢筋弹性模量 E_{s} 为混凝土弹性模量 E_{c} 的 10 倍左右，故钢筋部分与混凝土部分抗剪刚度之比 $2G_{\mathrm{s}}A_{\mathrm{s}}/G_{\mathrm{c}}A_{\mathrm{c}} \approx 0.3$，抗剪刚度可只计算混凝土部分；混凝土部分矩形截面惯性矩 $I_{\mathrm{c}} = bh^3/12 = A_{\mathrm{c}}h^2/12$，钢筋部分截面惯性矩 $I_{\mathrm{s}} = 2\left(I_{\mathrm{s}_0} + A_{\mathrm{s}}(h/2 - a_{\mathrm{s}})^2\right)$，其中由于钢筋面积小，自身的截面惯性矩 I_{s} 可忽略，同时近似认为有效高度与总高度 h 相等，钢筋部分截面惯性矩 $I_{\mathrm{s}} \approx A_{\mathrm{s}}h^2/2$，由此，钢筋部分与混凝土部分抗弯刚度之比 $E_{\mathrm{s}}I_{\mathrm{s}}/E_{\mathrm{c}}I_{\mathrm{c}} \approx 0.15$，故连梁抗弯刚度也可只计算混凝土部分。

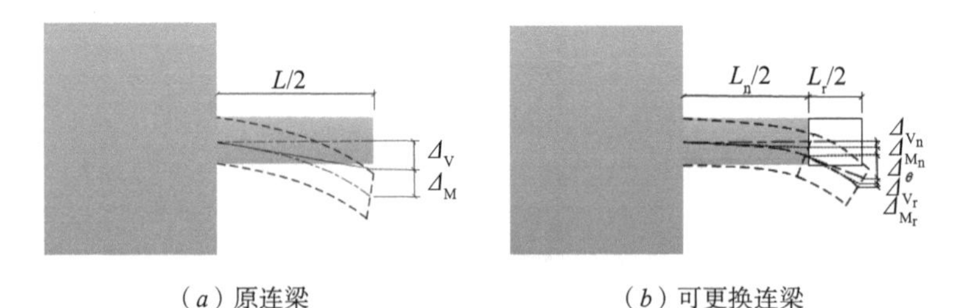

（a）原连梁　　（b）可更换连梁

图 4.4-4　连梁在竖向荷载作用下的相对位移示意图

因此，竖向剪力作用下原钢筋混凝土连梁总刚度为：

$$K=\frac{1}{\Delta}=\frac{1}{\Delta_{\mathrm{V}}+\Delta_{\mathrm{M}}}=\frac{1}{\dfrac{kL}{G_{\mathrm{c}}A_{\mathrm{c}}}+\dfrac{L^3}{12E_{\mathrm{c}}I_{\mathrm{c}}}} \tag{4.4-23}$$

式中，k 为截面剪切形状系数，矩形截面取 1.2；L 为连梁跨度。

可更换连梁的竖向位移 Δ 包括五部分：连梁非屈服段剪切位移 $\Delta_{\mathrm{V_n}}$、弯曲位移 $\Delta_{\mathrm{M_n}}$ 以及屈服段剪切位移 $\Delta_{\mathrm{V_r}}$、弯曲位移 $\Delta_{\mathrm{M_r}}$，同时由于非屈服段与屈服段连接处截面转动，屈服段由于连接面的转角 θ 产生刚体转动，从而产生竖向位移 Δ_{θ}，如图 4.4-4（b）所示。其中，$\Delta_{\theta}=\theta L_{\mathrm{r}}=L_{\mathrm{r}}\int_0^{L_{\mathrm{n}}/2}\frac{M-Vx}{EI}\mathrm{d}x=L_{\mathrm{r}}\int_0^{L_{\mathrm{n}}/2}\frac{1\times(L_{\mathrm{n}}+L_{\mathrm{r}})/2-1x}{E_{\mathrm{nc}}I_{\mathrm{nc}}+E_{\mathrm{nb}}I_{\mathrm{nb}}}\mathrm{d}x=\frac{L_{\mathrm{r}}L_{\mathrm{n}}^{\ 2}+2L_{\mathrm{n}}L_{\mathrm{r}}^{\ 2}}{8(E_{\mathrm{nc}}I_{\mathrm{nc}}+E_{\mathrm{nb}}I_{\mathrm{nb}})}$，由此得到的可更换连梁刚度为：

$$\begin{aligned}K'=\frac{1}{\Delta'}&=\frac{1}{\Delta_{V_{\mathrm{n}}}+\Delta_{M_{\mathrm{n}}}+\Delta_{V_{\mathrm{r}}}+\Delta_{M_{\mathrm{r}}}+\Delta_{\theta}}\\&=\frac{1}{\dfrac{k_{\mathrm{n}}L_{\mathrm{n}}}{(G_{\mathrm{nc}}A_{\mathrm{nc}}+G_{\mathrm{nb}}A_{\mathrm{nb}})}+\dfrac{L_{\mathrm{n}}^3}{12(E_{\mathrm{nc}}I_{\mathrm{nc}}+E_{\mathrm{nb}}I_{\mathrm{nb}})}+\dfrac{k_{\mathrm{r}}L_{\mathrm{r}}}{(G_{\mathrm{r}}A_{\mathrm{r}})}+\dfrac{L_{\mathrm{r}}^3}{12E_{\mathrm{r}}I_{\mathrm{r}}}+\dfrac{L_{\mathrm{r}}L_{\mathrm{n}}^2+2L_{\mathrm{n}}L_{\mathrm{r}}^2}{8(E_{\mathrm{nc}}I_{\mathrm{nc}}+E_{\mathrm{nb}}I_{\mathrm{nb}})}}\end{aligned} \tag{4.4-24}$$

式中，k_{n}，k_{r} 分别为非屈服段和可更换段的截面剪切形状系数；L_{n}，L_{r} 分别为可更换连梁非屈服段和屈服段跨度；E_{nc}，E_{nb}，E_{r} 分别为非屈服段混凝土、预埋钢板以及可更换构件材料的弹性模量；G_{nc}，G_{nb}，G_{r} 分别为非屈服段混凝土、预埋钢板和可更换构件材料的剪切模量；A_{nc}，A_{nb}，A_{r} 分别为非屈服段混凝土、预埋钢板和可更换构件的受剪面积；I_{nc}，I_{nb}，I_{r} 分别为非屈服段混凝土、预埋钢板和可更换构件的截面惯性矩。

定义刚度比系数：

$$R_{\mathrm{K}}=\frac{K'}{K} \tag{4.4-25}$$

参考我国《高层建筑混凝土结构技术规程》JGJ 3—2010 或《建筑抗震设计规范》GB 50011—2010 考虑连梁开裂的刚度折减系数的取值，可更换构件的刚度比系数 R_{K} 应大于 0.7，使两端混凝土部分不发生损伤的可更换连梁刚度至少与原连梁开裂后的刚度相当。

（3）可更换构件稳定验算

可根据矩形薄板小挠度理论进行可更换构件稳定验算，弹性剪切临界应力为：

$$\tau_{\mathrm{cr}}=\frac{k\pi^2E}{12(1-\upsilon^2)}\left(\frac{t}{b}\right)^2 \tag{4.4-26}$$

$$k=\begin{cases}-3.44+8.39\alpha+\dfrac{2.31}{\alpha}+\dfrac{5.34}{\alpha^2},\alpha<1\\[2ex]8.98+\dfrac{5.61}{\alpha^2}-\dfrac{1.99}{\alpha^3},\alpha\geqslant1\end{cases} \tag{4.4-27}$$

当属于非弹性稳定问题时，其剪切临界荷载受初始缺陷、残余应力等因素的影响，非弹性剪切屈曲荷载为：

$$\tau_{\mathrm{crn}}=\eta\tau_{\mathrm{cr}} \tag{4.4-28}$$

$$\eta=\frac{fG_{s}}{G} \tag{4.4-29}$$

式中，G_s、G 分别为剪切割线模量和剪切弹性模量；f 为比例参数（$G_s=0.01G$，$f=3.67$[40]）。

腹板失稳的剪切屈曲荷载也可以通过有限元分析确定。有限元屈曲分析一般分为线性屈曲分析和非线性屈曲分析。

规范对于剪切型钢板稳定的验算主要为腹板及翼缘的局部稳定。验算腹板的局部稳定，腹板高厚比需满足：

$$\frac{h_{rw}}{t_{rw}}\leqslant(16+0.5\lambda+25)\sqrt{\frac{235}{f_{yrw}}} \tag{4.4-30}$$

式中，λ 为构件长细比；h_{rw}，t_{rw} 分别为腹板的高度和厚度；f_{yrw} 为腹板材料的屈服强度。

验算翼缘的局部稳定，翼缘外伸宽厚比需满足式（4.4-31）。同时，翼缘总的宽厚比需满足式（4.4-32）[37, 41]：

$$\frac{(b_{rf}-t_{rw})}{2t_{rf}}\leqslant13\sqrt{\frac{235}{f_{yrf}}} \tag{4.4-31}$$

$$\frac{b_{rf}}{2t_{rf}}\leqslant0.38\sqrt{\frac{E_{s}}{f_{yrf}}} \tag{4.4-32}$$

式中，b_{rf}，t_{rf} 分别为翼缘的宽度和厚度；f_{yrf} 为翼缘材料屈服强度；E_s 为翼缘材料的弹性模量。

（4）螺栓滑移验算

剪切型可更换构件连接中，螺栓的滑移对可更换构件的性能影响较大。

普通螺栓剪切荷载下的滑移量可按式（4.4-33）计算[42]，其中 u_i（$i=1$，2）为螺栓连接的端板由于剪切产生的孔壁承压变形量，按式（4.4-34）计算；N 为剪切力；E 为端板材料弹性模量；t_i 为端板厚度；f_y 为端板材料屈服强度；d_0 为螺孔直径；d 为螺杆直径。

$$u=u_{1}+u_{2}+d_{0}-d \tag{4.4-33}$$

$$u_{i}=\begin{cases}\dfrac{1}{4.22}\left(\dfrac{22}{d}\right)^{1/3}\left(e^{N/0.0345Et_{i}}-1\right),\ N\leqslant70\,t_{i}f_{y}\\ \dfrac{1}{4.22}\left(\dfrac{22}{d}\right)^{1/3}\left(e^{1977f_{y}/E}-1\right)+\dfrac{N}{1663.2t_{i}}-\dfrac{f_{y}}{23.76},N>70t_{i}f_{y}\end{cases} \tag{4.4-34}$$

承压型高强螺栓剪切荷载下的滑移量可参考文献［42］计算，计算式为（4.4-35），其中 N_A 为连接面的最大摩擦力。u_i（$i=1,2$）按式（4.4-34）计算，但将 N 替换为 $N-N_A$：

$$u=\begin{cases}0,\quad 0\leqslant N\leqslant N_{A}\\ 0\sim u_{1}+u_{2}+d_{0}-d,\ \ N=N_{A}\\ u_{1}+u_{2}+d_{0}-d,\ \ N>N_{A}\end{cases} \tag{4.4-35}$$

摩擦型高强螺栓剪切荷载下的滑移量可用有限元模拟方法计算。

4. 弹塑性验算

在有限元软件中建立带有可更换连梁的整体结构模型，对结构进行弹塑性时程分析，验算结构的抗震性能目标。

可更换连梁计算模型如图 4.4-5 所示，两端设置弯曲塑性铰模拟混凝土非屈服梁段可能出现的塑性，可更换段使用剪切钢板阻尼器，其塑性由中部剪切塑性铰模拟。

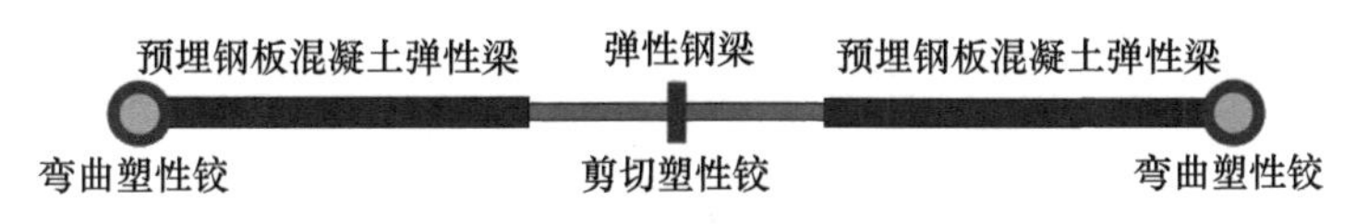

图 4.4-5　可更换连梁模拟方式一

也可采用图 4.4-6 所示的方法模拟，采用梁单元或壳单元模拟非屈服段钢筋混凝土段，预埋型钢按配钢率等效为抗剪箍筋。用连接器单元模拟中部可更换段，将两点间的塑性用板的平面内塑性行为来模拟，其中轴向只考虑弹性行为，刚度定义为轴向弹性刚度，剪切向考虑弹性和塑性行为，弹性刚度取第一刚度，塑性刚度按非线性行为骨架曲线取值，非线性滞回行为可根据可更换构件的滞回特点选择多线性随动强化行为、多线性等向强化行为或非线性混合强化行为。

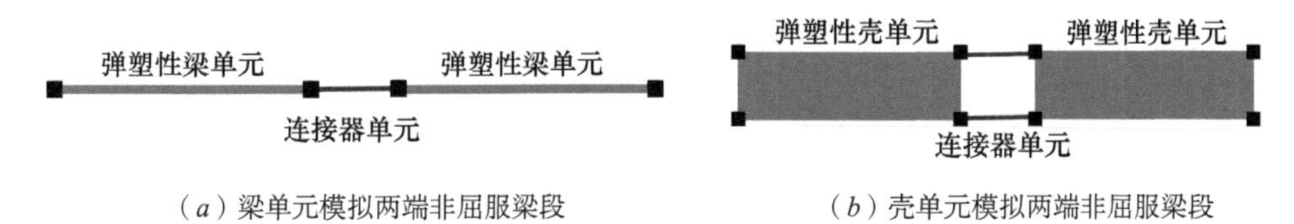

（*a*）梁单元模拟两端非屈服梁段　　（*b*）壳单元模拟两端非屈服梁段

图 4.4-6　可更换连梁模拟方式二

5. 设计流程

带有可更换连梁的钢筋混凝土结构设计流程如图 4.4-7 所示。

（1）首先按上文提出的地震水准和性能等级确定带有可更换构件的建筑结构性能目标，按照建筑方案设计普通结构并配筋，确定可更换连梁布置方案。

（2）然后进行可更换设计，根据普通连梁的受弯承载力得到可更换构件的设计内力，对于剪切屈服型可更换构件，根据剪力设计值选定截面，进行抗剪承载力验算；对于弯曲屈服型可更换构件，根据弯矩设计值选定截面，进行抗弯承载力验算。此时需要根据结构中不同种类的可更换构件进行选型优化，合并承载力计算结果相似的构件，使可更换构件的种类尽量少又不造成过分的浪费，同时根据确定的可更换构件截面，选定预埋型钢或钢板的截面。

（3）将已知条件代入刚度比关系式（4.4-25），选取合适的屈服段跨度和非屈服段连接梁高度，使刚度比满足要求。

（4）由选定的非屈服段连接梁高度，计算非屈服段连接梁的配筋，验算非屈服段的承载力，由此，非屈服段截面尺寸及配筋选定。同时由屈服段跨度，验算剪切屈服形可更换构件抗弯承载力，或验算弯曲屈服型可更换构件的抗剪承载力，由此屈服段截面选定。

（5）验算可更换构件判定条件式（4.4-5），采用钢构件时还要验算可更换构件的稳定性。

（6）设计可更换连接，并对结构进行构造处理。

（7）结构弹塑性分析，验算可更换构件集中塑性能力和结构抗震性能。

（8）验算结构性能目标，若不满足则重新计算，若满足则完成设计。

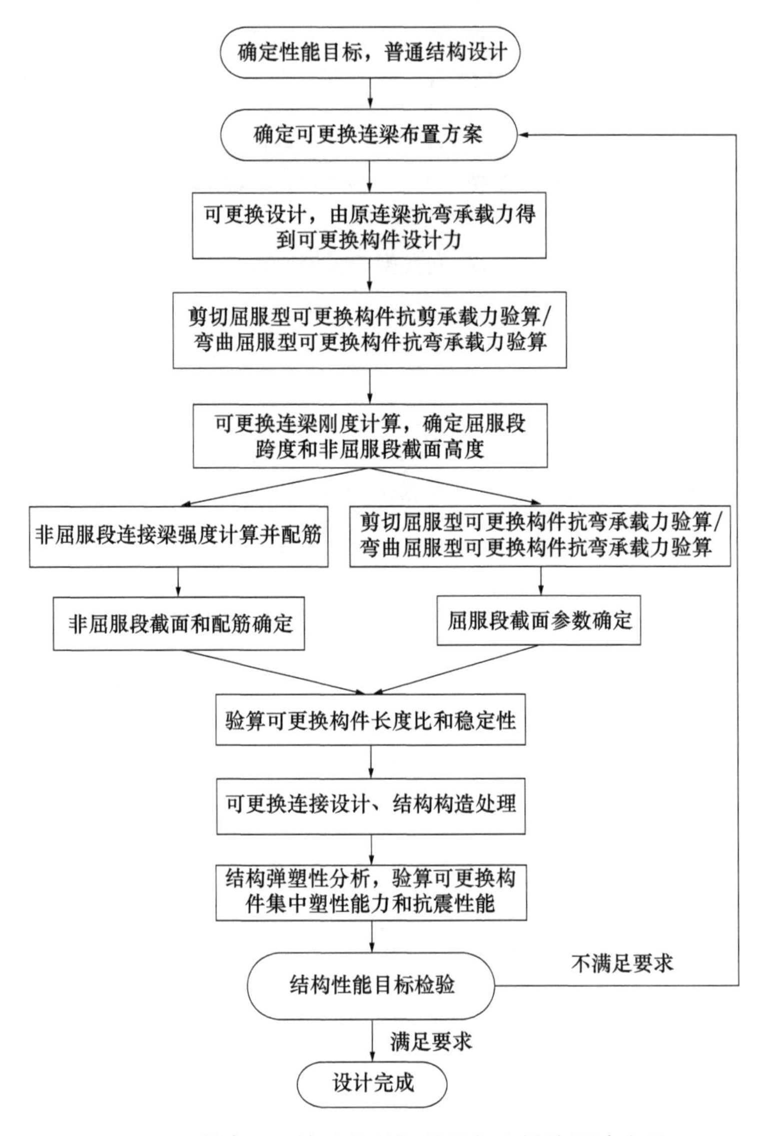

图 4.4-7　带有可更换连梁的钢筋混凝土结构设计流程图

4.4.3　设计实例及现场实测

（1）工程概况

工程位于陕西省西安市，共包含五幢高层住宅建筑，总平面如图 4.4-8（*a*）所示，平面布置共分为 A（1 号楼、2 号楼、5 号楼）和 B（3 号楼、4 号楼）两种，建筑结构形式为框架 - 剪力墙结构，地上 29 层，结构高度为 95.5m，地下 3 层，埋深 9.6m。框架和剪力墙的抗震等级均为一级。结构抗震设防烈度为 8 度（0.2*g*），设计地震分组第一组，场地类别Ⅱ类，场地特征周期 0.35s。风荷载基本风压 0.4kN/m^2，场地粗糙度类型 C 类。恒载（不包括现浇板自重）标准值 3.5 kN/m^2，活载标准值 2.5 kN/m^2。1 ～ 29 层的结构构件强度见表 4.4-2，1 ～ 13 层采用型钢混凝土框架柱，钢材牌号为 Q345。

首先对普通结构进行分析，发现核心筒连梁应力较大，同时发现沿结构横向的连梁跨高比小，受力大，易发生剪切破坏。为了控制损伤的部位并且震后能够更换，在结构横向小跨高比连梁处设置可更换连梁，综合考虑连梁受力与经济性，在结构 2 ~ 20 层布置可更换耗能连梁，平面布置示意图见图 4.4-8（*b*）、（*c*），各层平面布置相同，每幢楼一共布置 95 个可更换连梁。

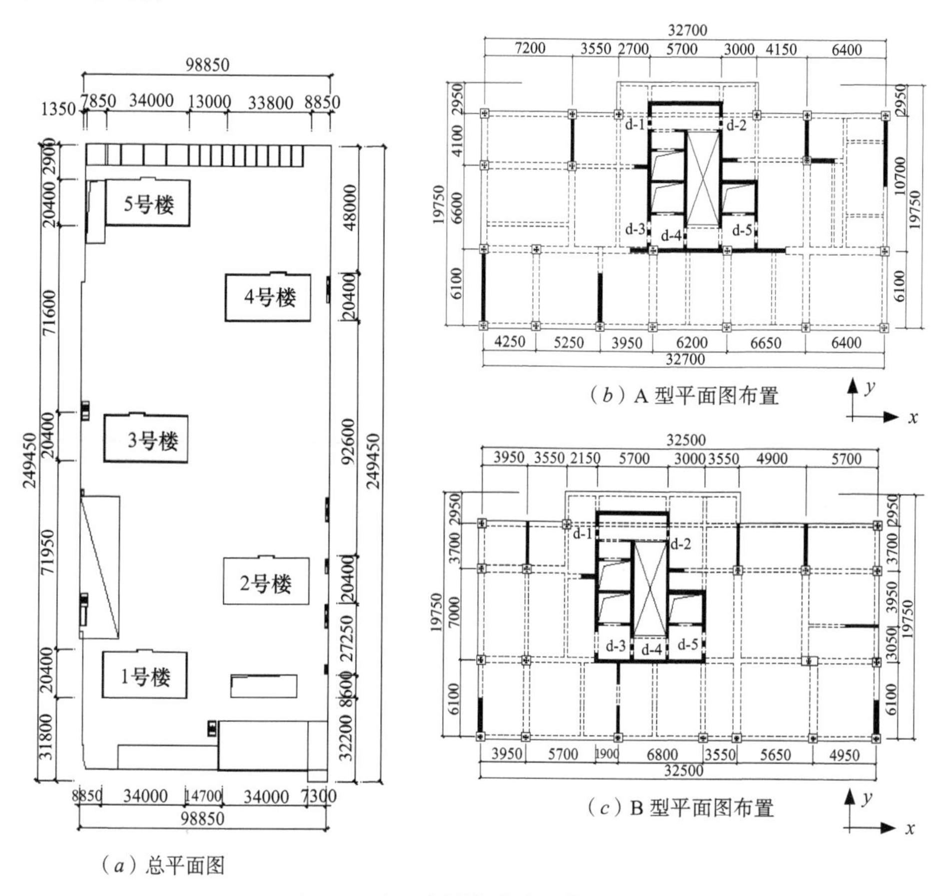

图 4.4-8　高层住宅项目平面图

构件材料强度　　　**表 4.4-2**

楼层	板混凝土强度	梁混凝土强度	柱混凝土强度	剪力墙混凝土强度	受力钢筋强度
1 ~ 6 层	C30	C30	C60	C60	HRB400
7 ~ 13 层	C30	C30	C50	C50	HRB400
14 ~ 20 层	C30	C30	C40	C40	HRB400
21 ~ 29 层	C30	C30	C30	C30	HRB400

可更换连梁中部可更换构件采用剪切屈服型钢板耗能装置，可更换连梁的设计构造如图 4.4-9（*a*）所示，实际工程中的可更换构件及结构中的可更换连梁如图 4.4-9（*b*）、（*c*）所示。

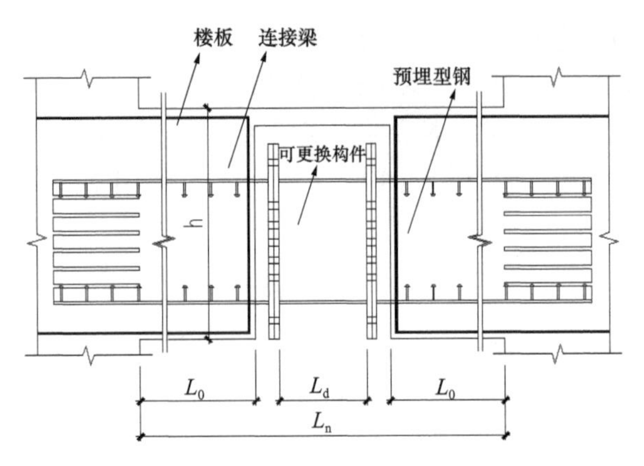

（a）可更换连梁设计构造示意图

（b）施工现场的可更换构件

（c）实际结构中的可更换连梁

图 4.4-9　可更换连梁示意图

根据前述设计方法，可更换连梁的设计参数见表 4.4-3。由于原结构普通连梁的尺寸和配筋种类较多，据此设计的可更换构件种类较多不利于批量生产，因此需要进行选型优化，使得最终采用的可更换构件种类减少。根据设计方法计算得到的可更换构件屈服力与实际选用的可更换构件屈服力如图 4.4-10 所示，可以看到相比于计算值，实际采用的可更换构件屈服力种类减少。

可更换连梁设计参数　　**表 4.4-3**

（a）A 型布置

楼层	可更换连梁编号	可更换构件跨度 L_d（mm）	连梁跨度 L_n（mm）	连接梁高度（mm）	原连梁设计受弯承载力（kN·mm）	计算可更换构件屈服力（kN）	实际选用可更换构件屈服力（kN）	刚度比系数
2～6层	d-1	620	1150	950	348756.5	607	510	0.79
	d-2	620	1150	950	292647.4	509	510	0.95
	d-3	574	1850	950	419923.1	454	460	2.44
	d-4	606	1500	950	271433.6	362	370	1.09
	d-5	574	1850	950	419923.1	454	460	2.44
7～10层	d-1	620	1150	950	348756.5	607	510	0.82
	d-2	620	1150	950	292647.4	509	510	0.97

续表

楼层	可更换连梁编号	可更换构件跨度 L_d（mm）	连梁跨度 L_n（mm）	连接梁高度（mm）	原连梁设计受弯承载力（kN·mm）	计算可更换构件屈服力（kN）	实际选用可更换构件屈服力（kN）	刚度比系数
7～10 层	d-3	574	1850	950	419923.1	454	460	2.48
	d-4	606	1500	950	271433.6	362	370	1.11
	d-5	574	1850	950	419923.1	454	460	2.48
11～13 层	d-1	620	1150	950	348756.5	607	510	0.85
	d-2	620	1150	950	292647.4	509	510	1.01
	d-3	526	1850	950	373265.0	404	410	2.55
	d-4	606	1500	950	271433.6	362	370	1.15
	d-5	574	1850	950	409660.4	443	460	2.56
14～20 层	d-1	620	1150	950	317702.8	553	510	0.89
	d-2	574	1150	950	265439.8	462	460	1.04
	d-3	606	1850	950	326824.7	353	370	2.62
	d-4	558	1500	950	244968.8	327	330	1.18
	d-5	606	1850	950	326824.7	353	370	2.62

（*b*）B 型布置

楼层	可更换连梁编号	可更换构件跨度 L_d（mm）	连梁跨度 L_n（mm）	连接梁高度（mm）	原连梁设计受弯承载力（kN·mm）	计算可更换构件屈服力（kN）	实际选用可更换构件屈服力（kN）	刚度比系数
2～6 层	d-1	536	1150	950	249111.8	465	420	0.77
	d-2	604	1150	950	281391.7	483	490	0.92
	d-3	536	1500	950	381748.3	413	420	1.98
	d-4	606	1500	950	271433.6	367	370	1.09
	d-5	606	1850	950	341383.7	339	370	2.37
7～10 层	d-1	536	1150	950	249111.8	465	420	0.79
	d-2	604	1150	950	281391.7	483	490	0.95
	d-3	536	1500	950	381748.3	413	420	2.01
	d-4	606	1500	950	271433.6	367	370	1.11
	d-5	606	1850	950	341383.7	339	370	2.40
11～13 层	d-1	504	1150	950	166074.5	456	420	0.77
	d-2	604	1150	950	281391.7	444	490	0.99
	d-3	536	1500	950	381748.3	413	420	2.09
	d-4	606	1500	950	271433.6	367	370	1.15
	d-5	606	1850	950	341383.7	325	370	2.45

续表

楼层	可更换连梁编号	可更换构件跨度 L_d（mm）	连梁跨度 L_n（mm）	连接梁高度（mm）	原连梁设计受弯承载力（kN·mm）	计算可更换构件屈服力（kN）	实际选用可更换构件屈服力（kN）	刚度比系数
14～20层	d-1	536	1150	950	240521.7	456	420	0.86
	d-2	536	1150	950	240521.7	429	420	1.03
	d-3	606	1500	950	336728.5	356	370	2.13
	d-4	606	1500	950	271433.6	367	370	1.21
	d-5	504	1850	950	248925.6	286	290	2.46

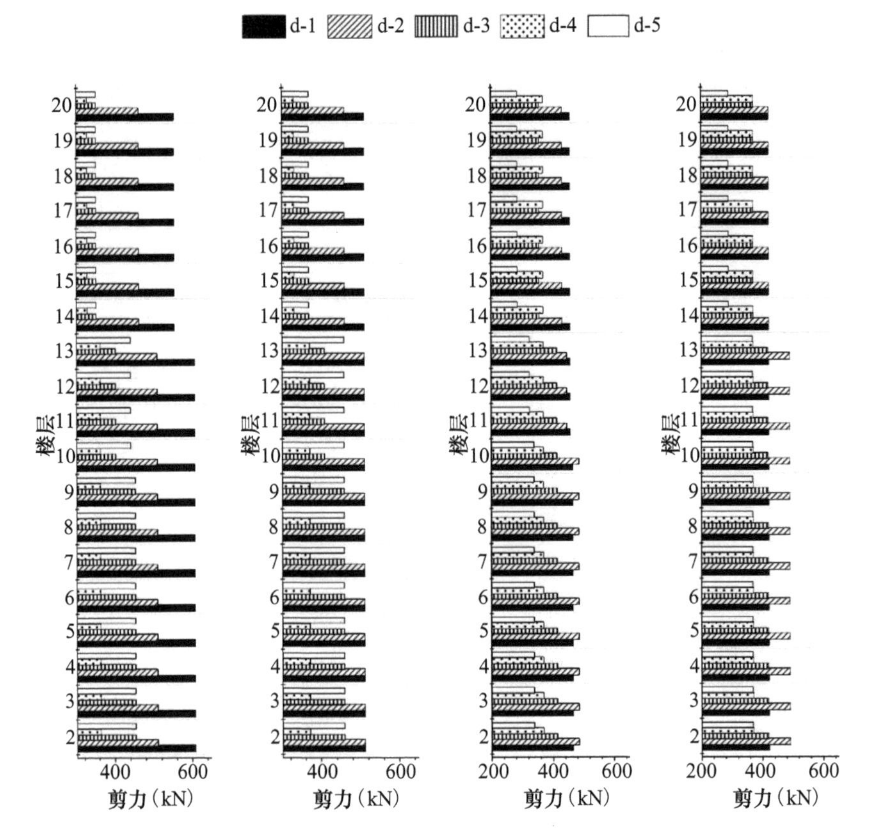

（*a*）计算屈服力 - A 型（*b*）实际屈服力 - A 型（*c*）计算屈服力 - B 型（*d*）实际屈服力 - B 型

图 4.4-10　可更换构件计算屈服力和实际采用的屈服力

（2）计算模型

框架梁采用梁塑性铰模型，将框架梁的塑性集中于塑性铰，和弹性梁串联。框架柱两端设置轴力 - 双向弯矩相关的 P-M-M 铰，弯矩 - 转角关系采用双线性，由两端 P-M2-M3 塑性铰和中部弹性柱组成框架柱单元组件。

跨高比较大的连梁建模方法与框架梁相同，但由于连梁与墙之间的钢筋与混凝土粘结滑移，使得塑性铰转角增加，故折减连梁弯曲刚度来间接考虑这种影响。跨高比较小的连梁应考虑剪切变形，故采用弹性梁组合中部剪切铰的连梁单元模型，截面设置与梁单元相同。剪力墙采用纤维模型。

可更换连梁由中部可更换段和两端钢筋混凝土非屈服梁段组成，采用上文所述塑性铰模型，如图4.4-11所得到的可更换段模拟滞回环与试验结果吻合良好，可用于整体结构分析。

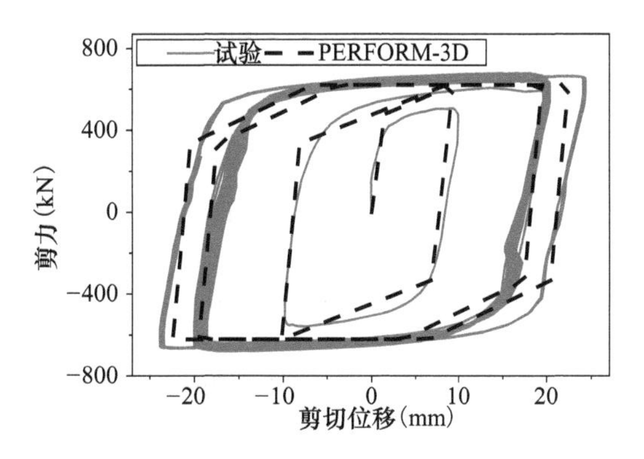

图4.4-11 可更换段剪切铰滞回环与试验结果对比

（3）弹性分析

有限元模态分析得到的原结构（S-norm）和带可更换连梁结构（S-damp）周期对比见表4.4-4，设置可更换连梁前后，结构前12阶周期差值最大为5.91%，前12阶振型均相同，*X*向及*Y*向一阶振型均为典型的一阶整体平动。总的来说，设置了可更换连梁的结构动力特性并无太大改变。

结构周期 **表4.4-4**

（*a*）A型布置

振型号	S-norm周期（s）	S-damp周期（s）	差值
1	1.9760	1.9840	0.51%
2	1.8670	1.9210	2.85%
3	1.5560	1.6430	5.54%
4	0.5548	0.5570	0.44%
5	0.4581	0.4720	3.03%
6	0.4429	0.4630	4.58%
7	0.2745	0.2750	0.18%
8	0.2325	0.2384	2.54%
9	0.2033	0.2136	5.01%
10	0.1742	0.1744	0.12%
11	0.1483	0.1514	0.00%
12	0.1271	0.1333	2.09%

（*b*）B型布置

振型号	S-norm周期（s）	S-damp周期（s）	差值
1	1.9753	1.9872	0.60%

续表

振型号	S-norm 周期（s）	S-damp 周期（s）	差值
2	1.7048	1.7410	2.12%
3	1.4311	1.4919	4.25%
4	0.5403	0.5435	0.59%
5	0.4500	0.4621	2.68%
6	0.4189	0.4332	3.43%
7	0.2627	0.2630	0.13%
8	0.2318	0.2380	2.71%
9	0.1962	0.2040	3.94%
10	0.1663	0.1666	0.20%
11	0.1625	0.1626	0.04%
12	0.1541	0.1548	0.44%

采用振型分解反应谱法对结构进行 8 度小震作用下的分析，原结构及带可更换连梁结构的层间位移角如图 4.4-12 和表 4.4-5 所示。可以看到，两种结构的层间位移角都满足规范要求，最大层间位移角都小于 1/800。总的来说，小震作用下设置了可更换连梁的结构层间位移角与原结构相比变化不大，由于设置可更换连梁的楼层为 2 ～ 20 层，因此中部楼层的层间位移角有所差别，然而最大差值为 6.66% 和 6.57%，差值较小；上部楼层的层间位移角差别小，21 ～ 29 层增大的最大差值仅为 1.87% 和 2.64%，随着楼层增高差值减小，并且 Y 向上部楼层层间位移角均有所减小。说明根据原结构设计的可更换连梁使得新结构与原结构的初始状态差别不大，因此除了可更换连梁外，原有结构部件的设计方法可以保持不变，而可更换连梁则根据本文提出的方法进行设计。

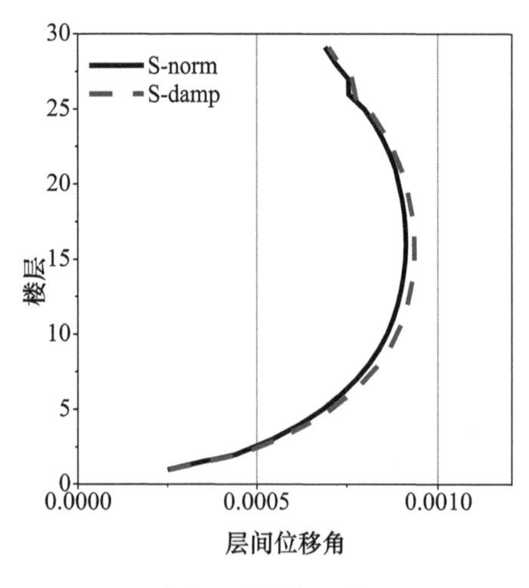

（a）A 型布置 - X 向

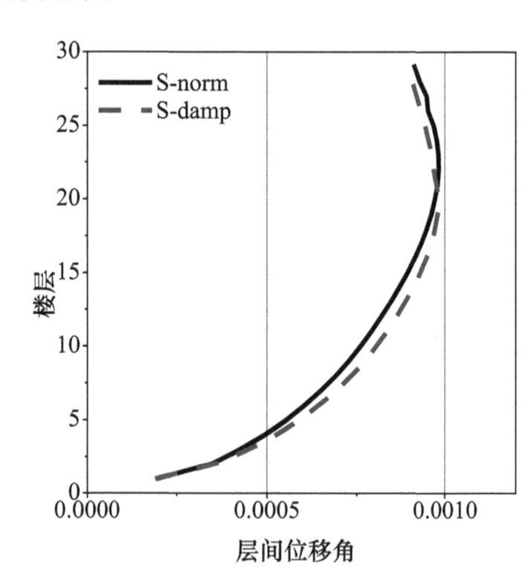

（b）A 型布置 - Y 向

图 4.4-12　8 度小震作用下结构的层间位移角（一）

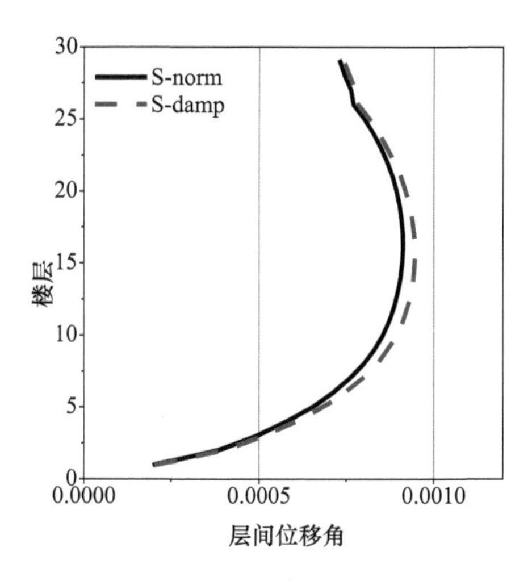

（c）B 型布置 - X 向

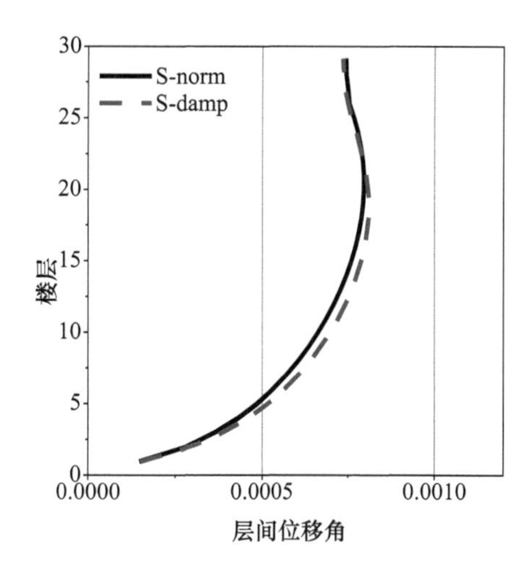

（d）B 型布置 - Y 向

图 4.4-12　8 度小震作用下结构的层间位移角（二）

8 度小震作用下结构的层间位移角对比　　表 4.4-5

（a）A 型布置

楼　层	S-norm		S-damp		差值	
	X 向	Y 向	X 向	Y 向	X 向	Y 向
1	0.00025600	0.00019910	0.00026100	0.00019560	1.95%	－ 1.76%
2	0.00044090	0.00034620	0.00045210	0.00035550	2.54%	2.69%
3	0.00054050	0.00042650	0.00055620	0.00045090	2.90%	5.72%
4	0.00061990	0.00049510	0.00063940	0.00052650	3.15%	6.34%
5	0.00068330	0.00055380	0.00070580	0.00059060	3.29%	6.64%
6	0.00073450	0.00060480	0.00075900	0.00064510	3.34%	6.66%
7	0.00077620	0.00065050	0.00080230	0.00069310	3.36%	6.55%
8	0.00081030	0.00069170	0.00083750	0.00073570	3.36%	6.36%
9	0.00083760	0.00072810	0.00086530	0.00077270	3.31%	6.13%
10	0.00085920	0.00076100	0.00088700	0.00080550	3.24%	5.85%
11	0.00087600	0.00079120	0.00090380	0.00083500	3.17%	5.54%
12	0.00088890	0.00081900	0.00091640	0.00086180	3.09%	5.23%
13	0.00089850	0.00084500	0.00092550	0.00088620	3.01%	4.88%
14	0.00090550	0.00086910	0.00093180	0.00090840	2.90%	4.52%
15	0.00091010	0.00089260	0.00093560	0.00092940	2.80%	4.12%
16	0.00091180	0.00091370	0.00093620	0.00094710	2.68%	3.66%
17	0.00091080	0.00093240	0.00093400	0.00096170	2.55%	3.14%
18	0.00090720	0.00094850	0.00092900	0.00097270	2.40%	2.55%
19	0.00090100	0.00096180	0.00092130	0.00097960	2.25%	1.85%

续表

楼层	S-norm		S-damp		差值	
	X向	Y向	X向	Y向	X向	Y向
20	0.00089170	0.00097160	0.00091020	0.00098220	2.07%	1.09%
21	0.00088230	0.00097950	0.00089880	0.00097670	1.87%	－0.29%
22	0.00086670	0.00098270	0.00088110	0.00096720	1.66%	－1.58%
23	0.00084800	0.00098200	0.00086100	0.00096190	1.53%	－2.05%
24	0.00082580	0.00097710	0.00083770	0.00095400	1.44%	－2.36%
25	0.00079900	0.00096770	0.00081000	0.00094320	1.38%	－2.53%
26	0.00075550	0.00095150	0.00076580	0.00092700	1.36%	－2.57%
27	0.00075490	0.00094770	0.00076490	0.00092290	1.32%	－2.62%
28	0.00072080	0.00092800	0.00073100	0.00090410	1.42%	－2.58%
29	0.00069390	0.00091280	0.00070380	0.00088940	1.43%	－2.56%

(*b*) B 型布置

楼层	S-norm		S-damp		差值	
	X向	Y向	X向	Y向	X向	Y向
1	0.00020380	0.00015250	0.00021010	0.00015620	3.09%	2.43%
2	0.00038230	0.00028340	0.00039730	0.00029700	3.92%	4.80%
3	0.00049280	0.00036570	0.00051420	0.00038850	4.34%	6.23%
4	0.00058140	0.00043120	0.00060810	0.00045940	4.59%	6.54%
5	0.00065380	0.00048550	0.00068460	0.00051740	4.71%	6.57%
6	0.00071210	0.00053120	0.00074600	0.00056540	4.76%	6.44%
7	0.00076010	0.00057120	0.00079630	0.00060650	4.76%	6.18%
8	0.00079940	0.00060670	0.00083720	0.00064220	4.73%	5.85%
9	0.00083040	0.00063780	0.00086920	0.00067310	4.67%	5.53%
10	0.00085460	0.00066510	0.00089390	0.00069980	4.60%	5.22%
11	0.00087330	0.00068920	0.00091260	0.00072320	4.50%	4.93%
12	0.00088740	0.00071040	0.00092630	0.00074350	4.38%	4.66%
13	0.00089740	0.00072900	0.00093570	0.00076080	4.27%	4.36%
14	0.00090550	0.00074580	0.00094270	0.00077600	4.11%	4.05%
15	0.00091010	0.00076000	0.00094590	0.00078830	3.93%	3.72%
16	0.00091210	0.00077190	0.00094640	0.00079800	3.76%	3.38%
17	0.00091150	0.00078140	0.00094410	0.00080510	3.58%	3.03%
18	0.00090830	0.00078850	0.00093910	0.00080930	3.39%	2.64%
19	0.00090250	0.00079320	0.00093110	0.00081050	3.17%	2.18%
20	0.00089370	0.00079550	0.00091990	0.00080870	2.93%	1.66%

续表

楼　层	S-norm		S-damp		差值	
	X 向	Y 向	X 向	Y 向	X 向	Y 向
21	0.00088300	0.00079540	0.00090630	0.00080200	2.64%	0.83%
22	0.00086760	0.00079220	0.00088800	0.00079240	2.35%	0.03%
23	0.00084910	0.00078650	0.00086720	0.00078360	2.13%	− 0.37%
24	0.00082770	0.00077830	0.00084410	0.00077330	1.98%	− 0.64%
25	0.00080210	0.00076670	0.00081710	0.00076050	1.87%	− 0.81%
26	0.00077060	0.00075300	0.00078460	0.00074620	1.82%	− 0.90%
27	0.00076370	0.00074930	0.00077710	0.00074220	1.75%	− 0.95%
28	0.00074560	0.00074460	0.00075840	0.00073720	1.72%	− 0.99%
29	0.00073160	0.00074340	0.00074370	0.00073480	1.65%	− 1.16%

（4）弹塑性分析

弹塑性时程分析输入地震波详细信息见表 4.4-6。地震波输入分量与 8 度大震作用的规范反应谱对比见图 4.4-13（*a*），人工波 1 与人工波 2 和规范反应谱的对比见图 4.4-13（*b*）。可以看到，地震波反应谱的形状与目标反应谱基本一致。

输入地震波详细信息　　**表 4.4-6**

地震波	输入分量	事件	测站	日期	持时（s）
El Centro	El Centro-h1 El Centro-h2	Imperial Valley	EL CENTRO ARRAY #9	1940/05/18	40
Tabas	Tabas-h1 Tabas-h2	TABAS， IRAN	TABAS	1978/09/16	32.84
Kobe	Kobe-h1 Kobe-h2	KOBE	TAKARAZU	1995/01/17	40.96
人工波 1	A1-h1 A2-h2	将 El Centro 波按 8 度规范反应谱通过小波变换生成			40
人工波 2	A2	按 8 度规范反应谱直接拟合生成			25

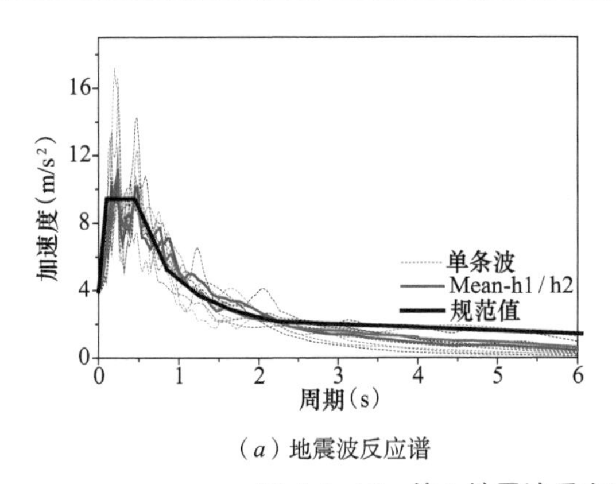

（*a*）地震波反应谱

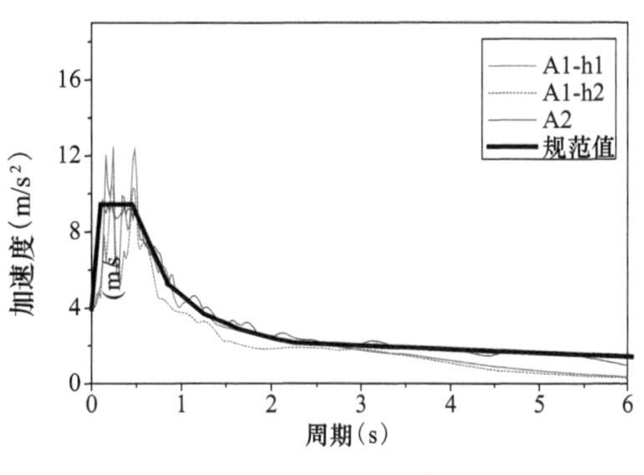

（*b*）人工波反应谱

图 4.4-13　输入地震波反应谱与规范目标反应谱对比图

天然地震波和人工波 1 具有两个不同的分量，主向输入分量 h1 按照 8 度大震作用，加速度峰值统一为 0.4g。由于结构只在 Y 向设置了可更换连梁，为了研究可更换连梁的影响，地震波主向输入分量 h1 沿结构 Y 向输入，次向输入分量 h2 按比例 1 ： 0.85 调整峰值，沿 X 向输入。人工波 2 只有一个分量，故沿结构 Y 方向单向输入，分析工况如表 4.4-7 所示。

罕遇地震下分析工况　　表 4.4-7

工况	Y 向	X 向	Y 向 PGA（m/s²）	X 向 PGA（m/s²）
1	El Centro-h1	El Centro-h2	4	3.4
2	Tabas-h1	Tabas-h2	4	3.4
3	Kobe-h1	Kobe-h2	4	3.4
4	人工波 1-h1	人工波 2-h2	4	3.4
5	人工波 2	—	4	—

采用瑞利阻尼假定，选取 $0.9T_1$ 和 $0.25T_1$ 的阻尼比 ξ 计算质量和刚度因子，根据下文现场动力测试的结果，ξ 取第一振型对应的阻尼比。结构构件发生塑性后阻尼已反映在结构塑性行为中，故这里的阻尼只定义初始弹性状态的整体结构阻尼。

图 4.4-14和图 4.4-15 为原结构（S-norm）和设置可更换连梁的结构（S-damp）在各地震作用下的 Y 向顶点位移时程。从图 4.4-14 可以看到，带有可更换连梁的结构与原结构顶点位移历程保持一致，在地震波输入后期的位移控制效果较为显著。

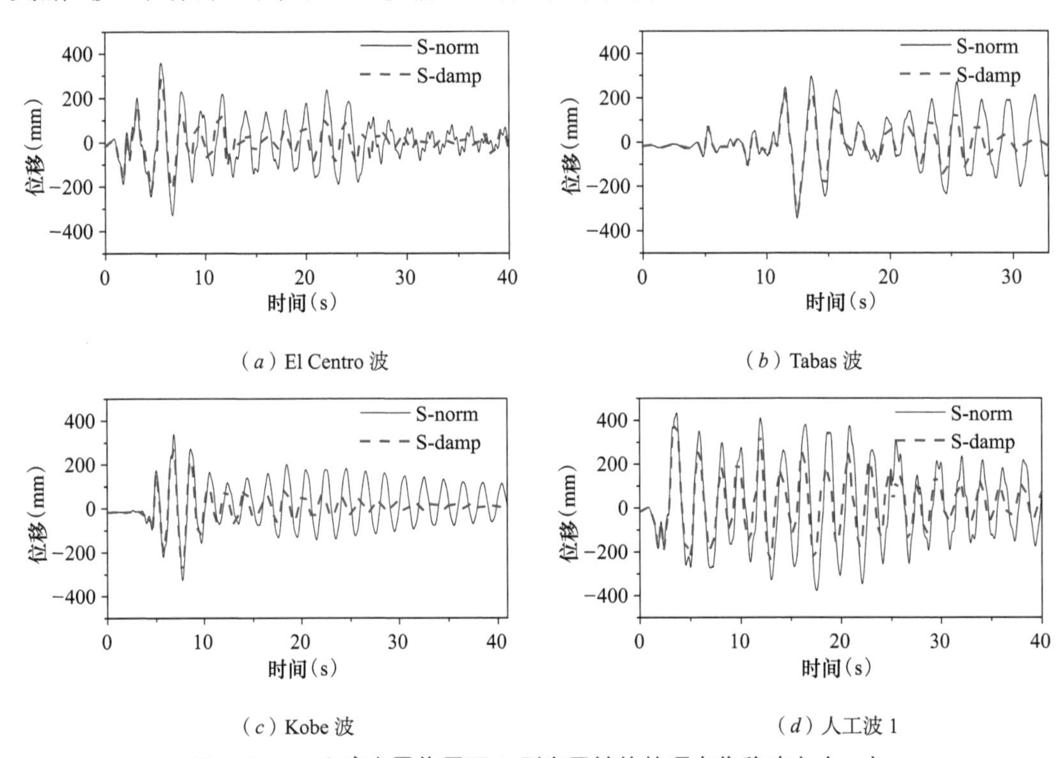

图 4.4-14　8 度大震作用下 A 型布置结构的顶点位移响应（一）

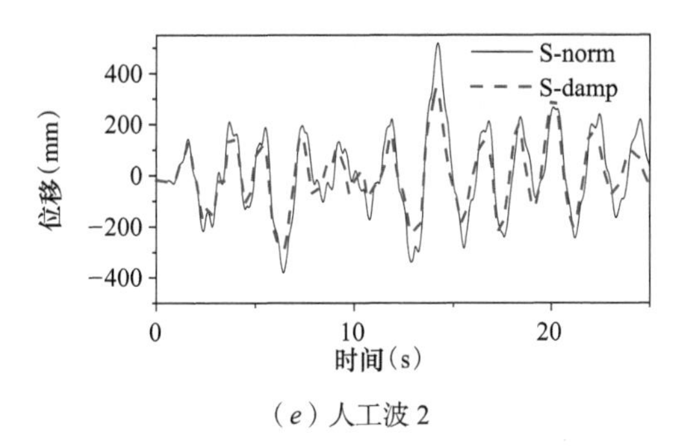

(e) 人工波 2

图 4.4-14　8 度大震作用下 A 型布置结构的顶点位移响应（二）

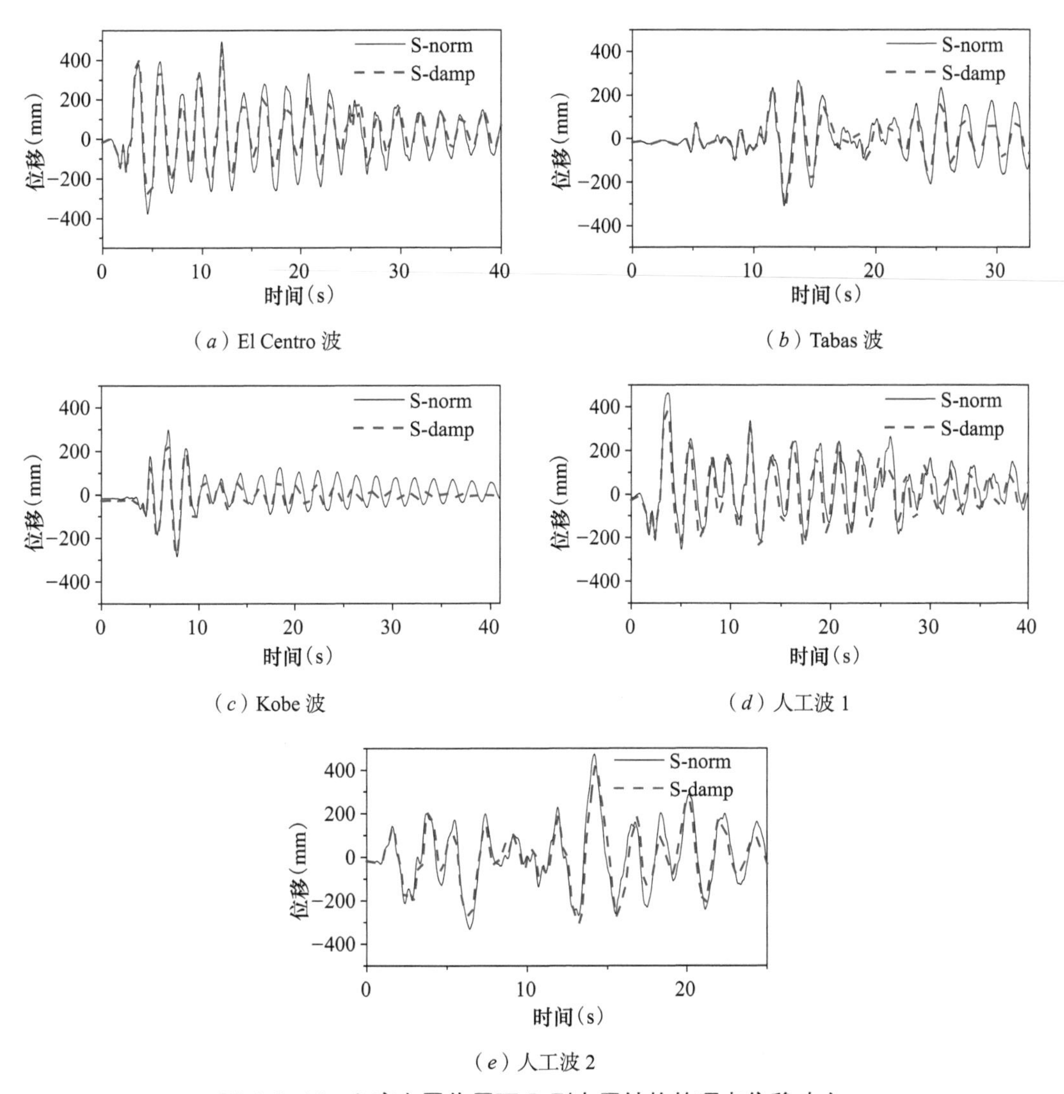

(a) El Centro 波

(b) Tabas 波

(c) Kobe 波

(d) 人工波 1

(e) 人工波 2

图 4.4-15　8 度大震作用下 B 型布置结构的顶点位移响应

原结构（S-norm）和设置可更换连梁的结构（S-damp）在各地震作用下的最大层间位移角结果如图 4.4-16 和图 4.4-17 所示，由于只在 Y 向设置可更换连梁，故只比较结构在 Y 向的地震响应。可以看到，两种结构的结构层间位移角均满足规范要求的弹塑性层间位移角限值 0.01，可更换连梁对结构的层间位移角有一定的控制效果。虽然设置可更换连梁的结构与原结构相比，层间位移角最大值有增大也有减小，最大增大了 17.18%，而较多工况下层间位移角有所降低。

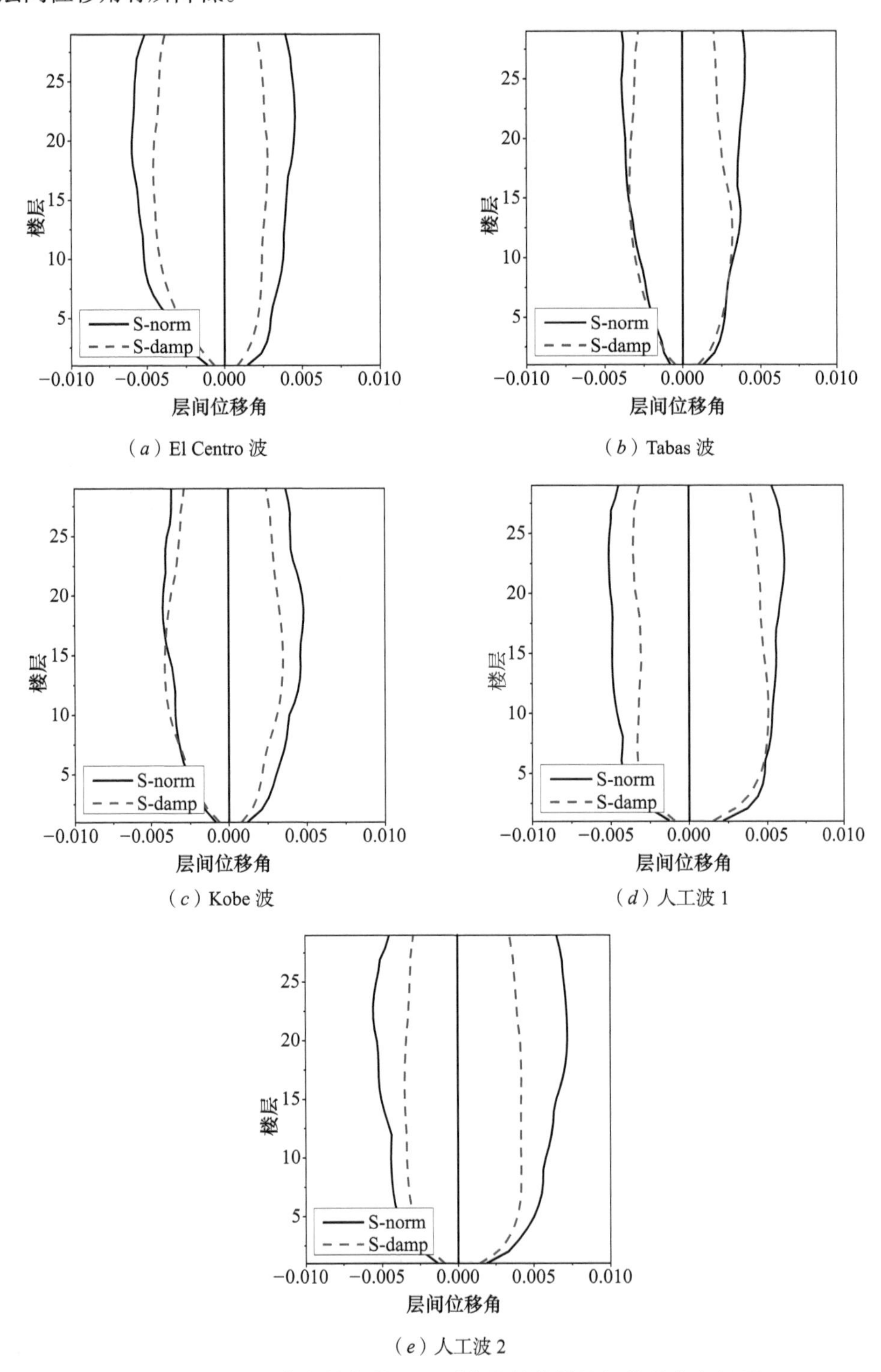

（a）El Centro 波

（b）Tabas 波

（c）Kobe 波

（d）人工波 1

（e）人工波 2

图 4.4-16　8 度大震作用下 A 型布置结构的层间位移角包络图

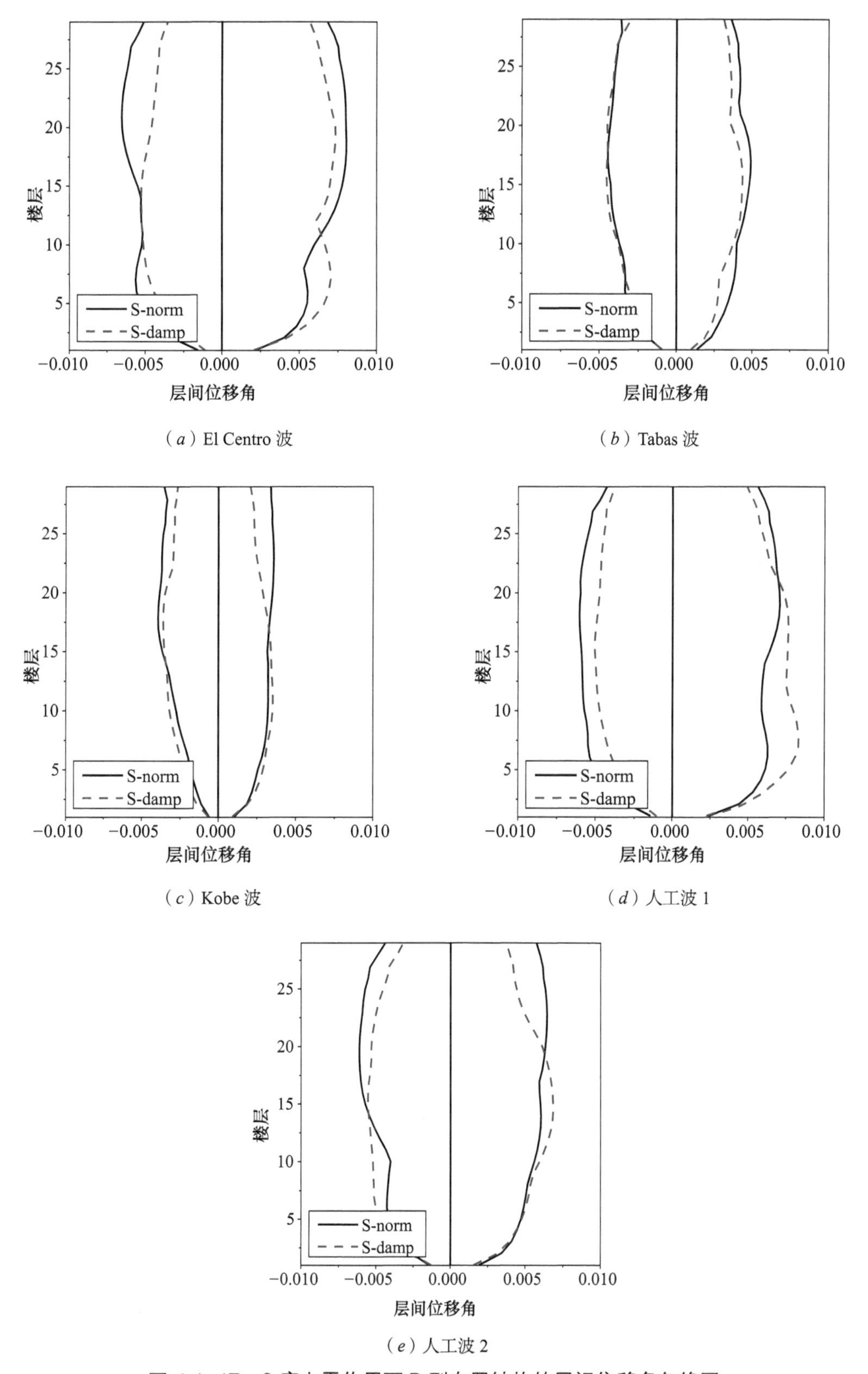

（a）El Centro 波

（b）Tabas 波

（c）Kobe 波

（d）人工波 1

（e）人工波 2

图 4.4-17　8 度大震作用下 B 型布置结构的层间位移角包络图

两种结构各楼层的残余位移角如图 4.4-18 所示。可以看到，设置可更换连梁后结构楼层的残余位移角减小，结构可修复性增强。

两种结构 8 度大震作用下的最大基底剪力如表 4.4-8 所示，最大层剪力如图 4.4-19 和图 4.4-20 所示。从基底剪力结果可以看到，设置可更换连梁的结构（S-damp）与原结构（S-norm）相比基底剪力有所减小，而层剪力结果可看出结构层剪力的降低主要是由于剪力墙所受层剪力有所降低，而框架部分的层剪力几乎不变，说明设置可更换连梁后剪力墙内力减小，同时层剪力沿楼层分布更均匀。

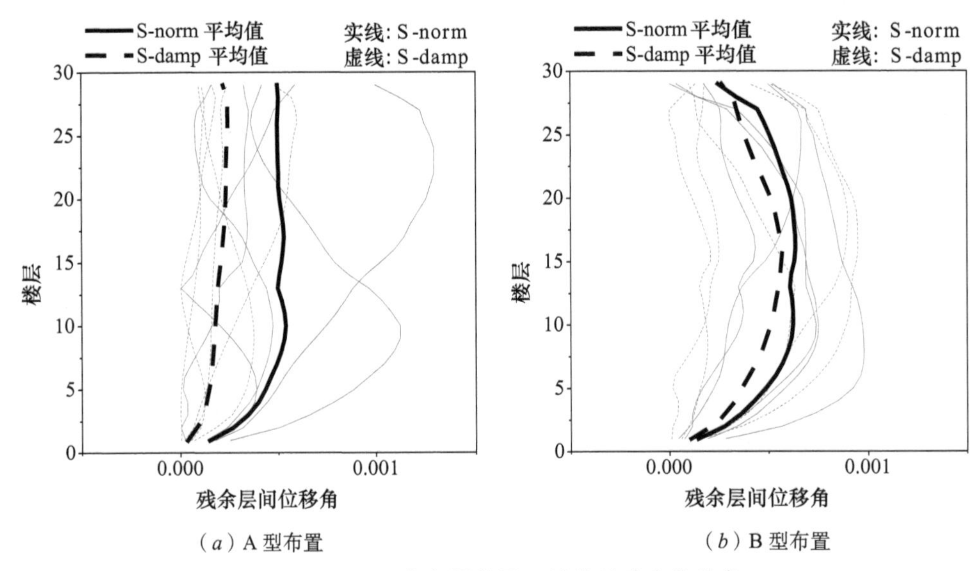

（*a*）A 型布置　　（*b*）B 型布置

图 4.4-18　8 度大震作用下结构的残余位移角

8 度大震作用下结构的最大基底剪力（单位：MN）　　**表 4.4-8**

（*a*）A 型布置

	El Centro 波		Tabas 波		Kobe 波		人工波 1		人工波 2	
	正向	负向	正向	负向	正向	负向	正向	负向	正向	负向
S-norm	38.2	42.1	40.6	43.0	43.8	36.2	53.1	44.9	47.3	45.8
S-damp	28.1	25.9	25.6	25.8	29.2	19.9	33.8	30.9	33.5	31.4
差值（%）	−26.4	−38.5	−36.9	−40.0	−33.3	−45.0	−36.3	−31.2	−29.2	−31.4

（*b*）B 型布置

	El Centro 波		Tabas 波		Kobe 波		人工波 1		人工波 2	
	正向	负向	正向	负向	正向	负向	正向	负向	正向	负向
S-norm	45.4	42.5	36.2	41.0	43.6	35.7	47.1	45.2	39.8	44.3
S-damp	37.8	32.9	35.3	32.6	34.6	25.9	38.6	35.1	32.9	33.4
差值（%）	−16.7	−22.6	−2.6	−20.6	−20.5	−27.6	−18.0	−22.5	−17.5	−24.6

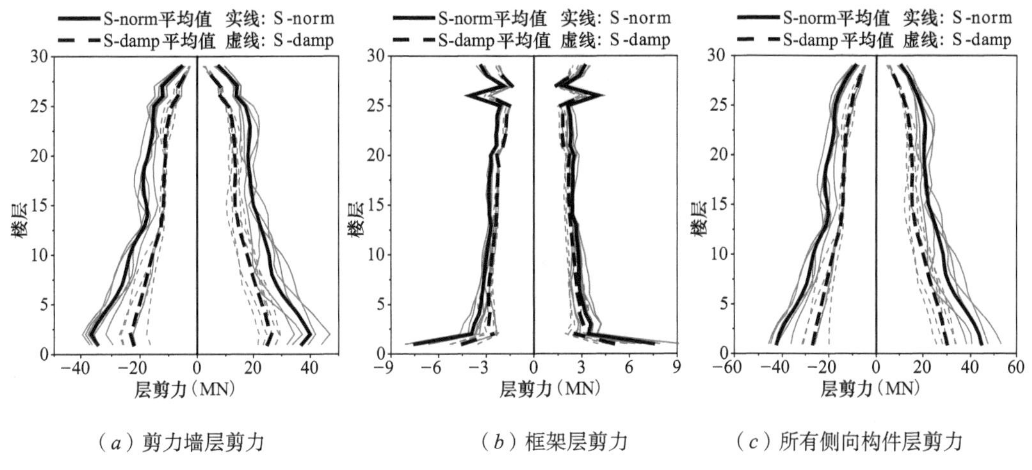

（a）剪力墙层剪力　　（b）框架层剪力　　（c）所有侧向构件层剪力

图 4.4-19　8 度大震作用下 A 型布置结构的层剪力分布

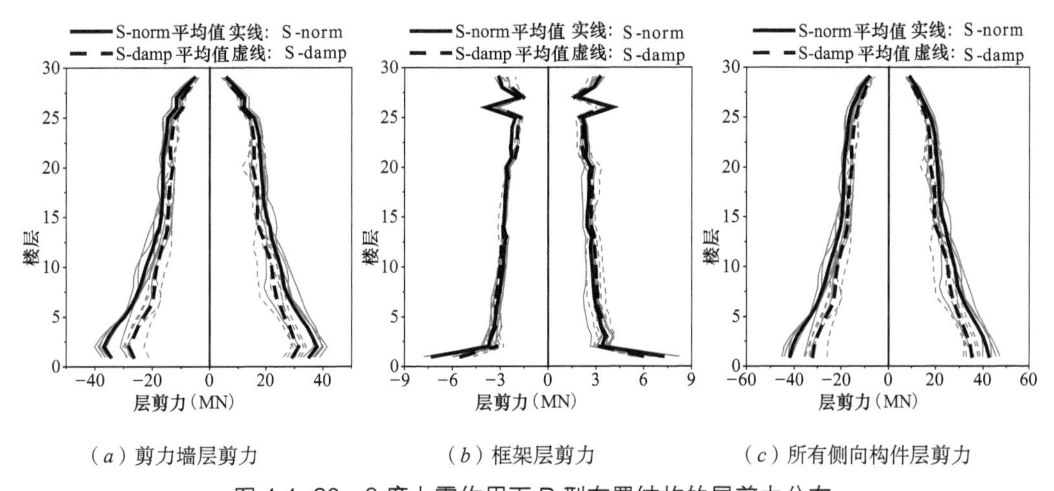

（a）剪力墙层剪力　　（b）框架层剪力　　（c）所有侧向构件层剪力

图 4.4-20　8 度大震作用下 B 型布置结构的层剪力分布

选取外墙以及内部带有可更换连梁的典型墙段对比设置可更换连梁对墙体损伤的影响，墙体位置如图 4.4-21 所示，其中，A 墙为外围剪力墙，B、C 墙为带有可更换连梁的剪力墙。

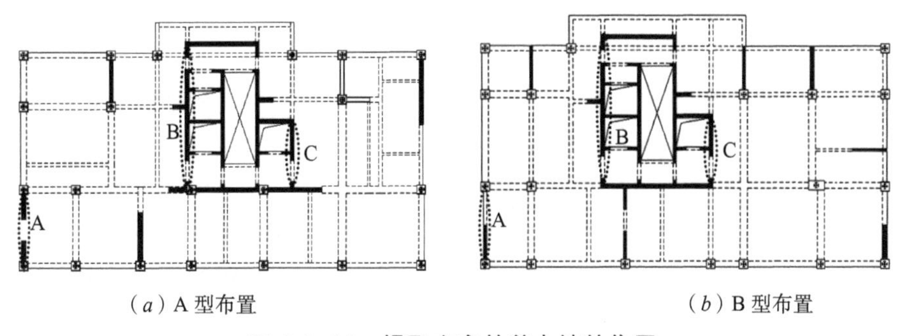

（a）A 型布置　　（b）B 型布置

图 4.4-21　提取应变的剪力墙的位置

提取墙体纤维截面的最大拉压应变来表示墙体的损伤程度，如图 4.4-22 和图 4.4-23 所示。可以看出，设置了可更换连梁后，外围剪力墙（A 墙）的最大拉压应变与原结构相比有一定减小，而带有可更换连梁的剪力墙（B 墙和 C 墙）应变减小更明显。该现象说明设置了可更换连梁能够减小相连墙体的损伤，同时并不会使得地震剪力转移到外围墙体。同时除了原结构平面布置的突变层 26 层（加强层）处墙体应变有突变，设置可更换连梁到未设置可更换连梁的突变层（21 层），带有可更换连梁的墙体应变也会有突变，因此该部位的墙体需采取一定的加强措施。

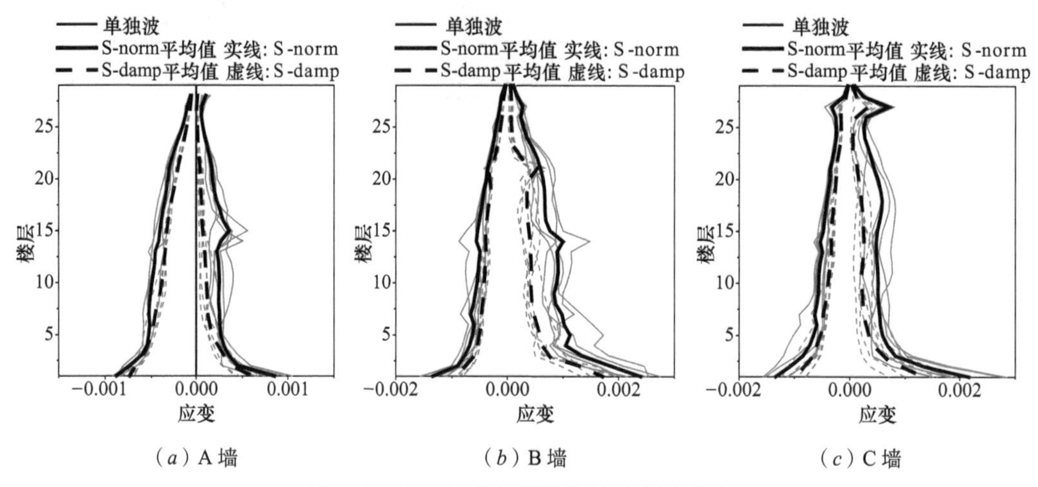

图 4.4-22　A 型布置结构墙体最大应变

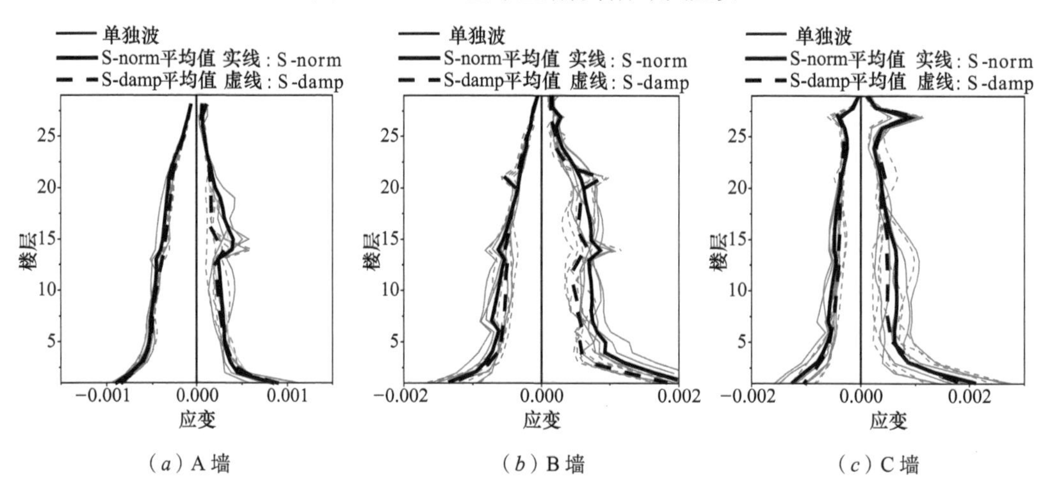

图 4.4-23　B 型布置结构墙体最大应变

基于能量平衡的结构设计理论认为[43]，结构在地震作用下由动力方程得到的能量平衡方程为：

$$E_k + E_\xi + E_a = E_i \tag{4.4-36}$$

式中，E_i 为输入能量（input energy）；E_k 为结构动能（kinetic energy）；E_ξ 为黏滞阻尼耗散的能量，包括结构附加的粘滞阻尼器耗能（energy in additive viscous dampers），beta-K 阻尼能量（beta-K viscous energy），alpha-M 阻尼能量（alpha-M viscous energy）以及模态阻尼能量（modal damping energy）；E_a 为结构构件耗散的能量，由可恢复的弹性应变能（elastic strain energy）和不可恢复的非线性耗散能量（dissipated inelastic energy）组成。

计算得到的结构整体能量分布如图 4.4-24 和图 4.4-25 所示。可以看到不同地震作用下，相比于原结构，带有可更换连梁的新型结构非线性耗散能量（dissipated inelastic energy）比例均有明显提高。将各类构件的非线性耗散能量进行比较，得到的结果如图 4.4-26 和图 4.4-27 所示。相比于原结构，带有可更换连梁的结构中包括连梁在内的梁类单元耗散的非线性能量明显提高，使得墙体的非线性耗能减少，而框架柱几乎不耗能。由此可知，可更换连梁能够通过可更换构件集中塑性变形而使得结构其他构件的损伤减小。

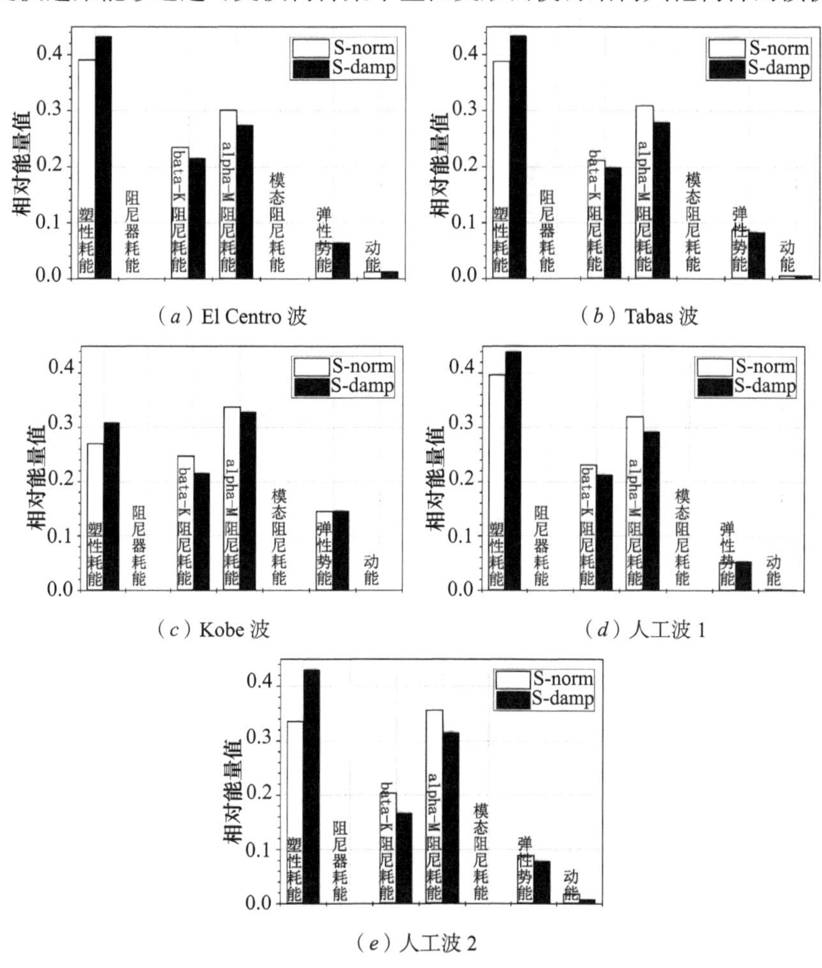

（a）El Centro 波　（b）Tabas 波

（c）Kobe 波　（d）人工波 1

（e）人工波 2

图 4.4-24　各地震作用下 A 型布置结构整体能量分布

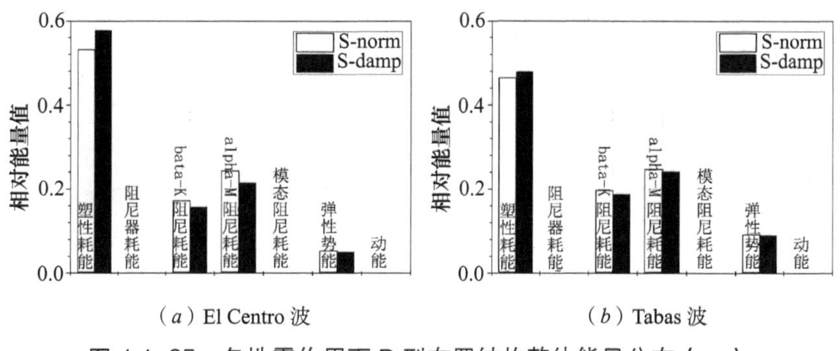

（a）El Centro 波　（b）Tabas 波

图 4.4-25　各地震作用下 B 型布置结构整体能量分布（一）

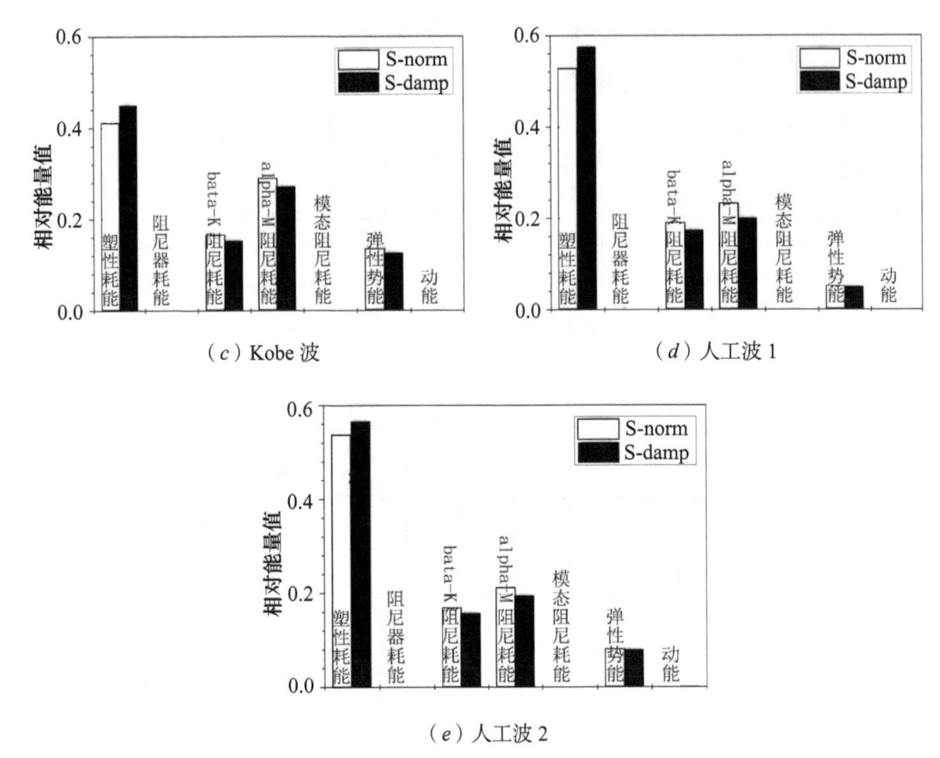

（c）Kobe 波

（d）人工波 1

（e）人工波 2

图 4.4-25　各地震作用下 B 型布置结构整体能量分布（二）

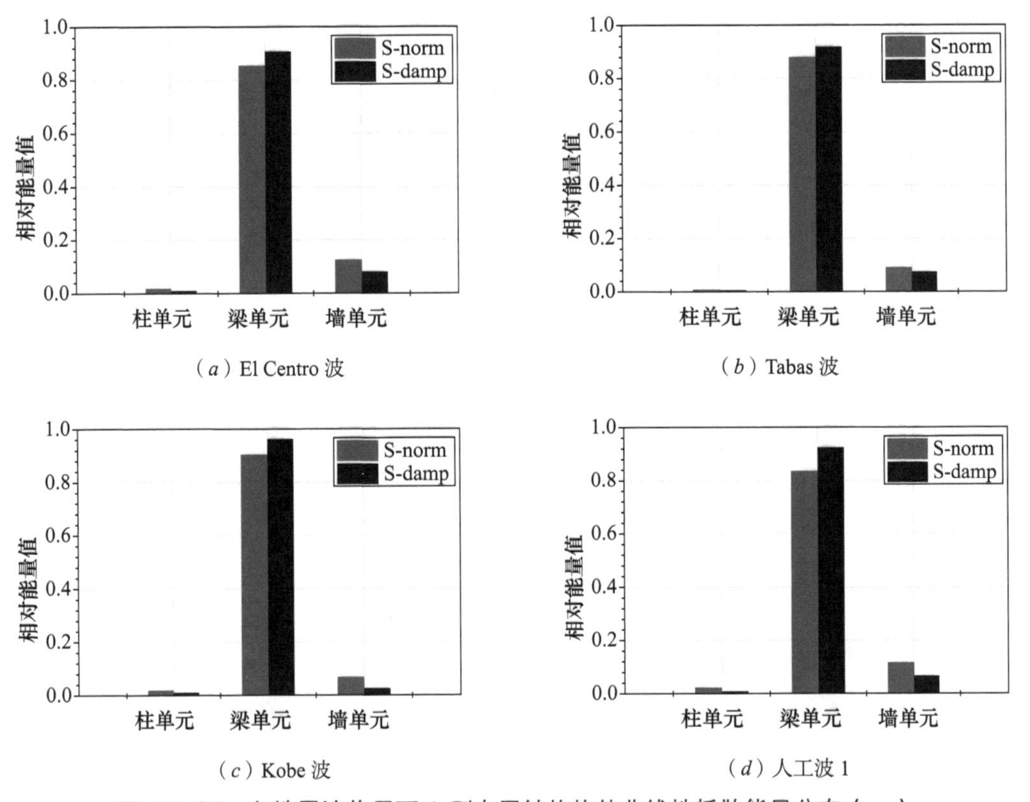

（a）El Centro 波

（b）Tabas 波

（c）Kobe 波

（d）人工波 1

图 4.4-26　各地震波作用下 A 型布置结构构件非线性耗散能量分布（一）

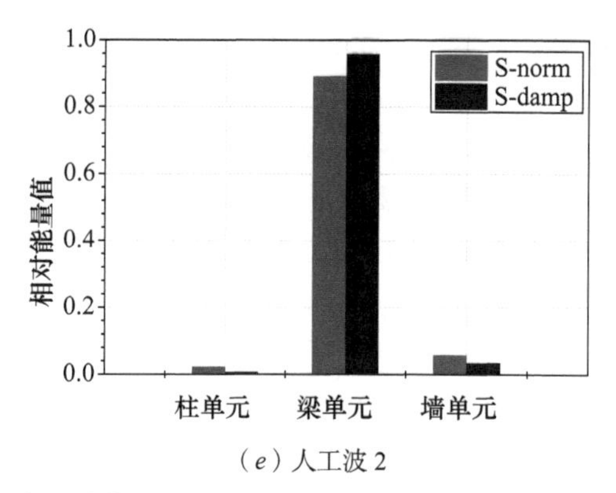

（e）人工波 2

图 4.4-26　各地震波作用下 A 型布置结构构件非线性耗散能量分布（二）

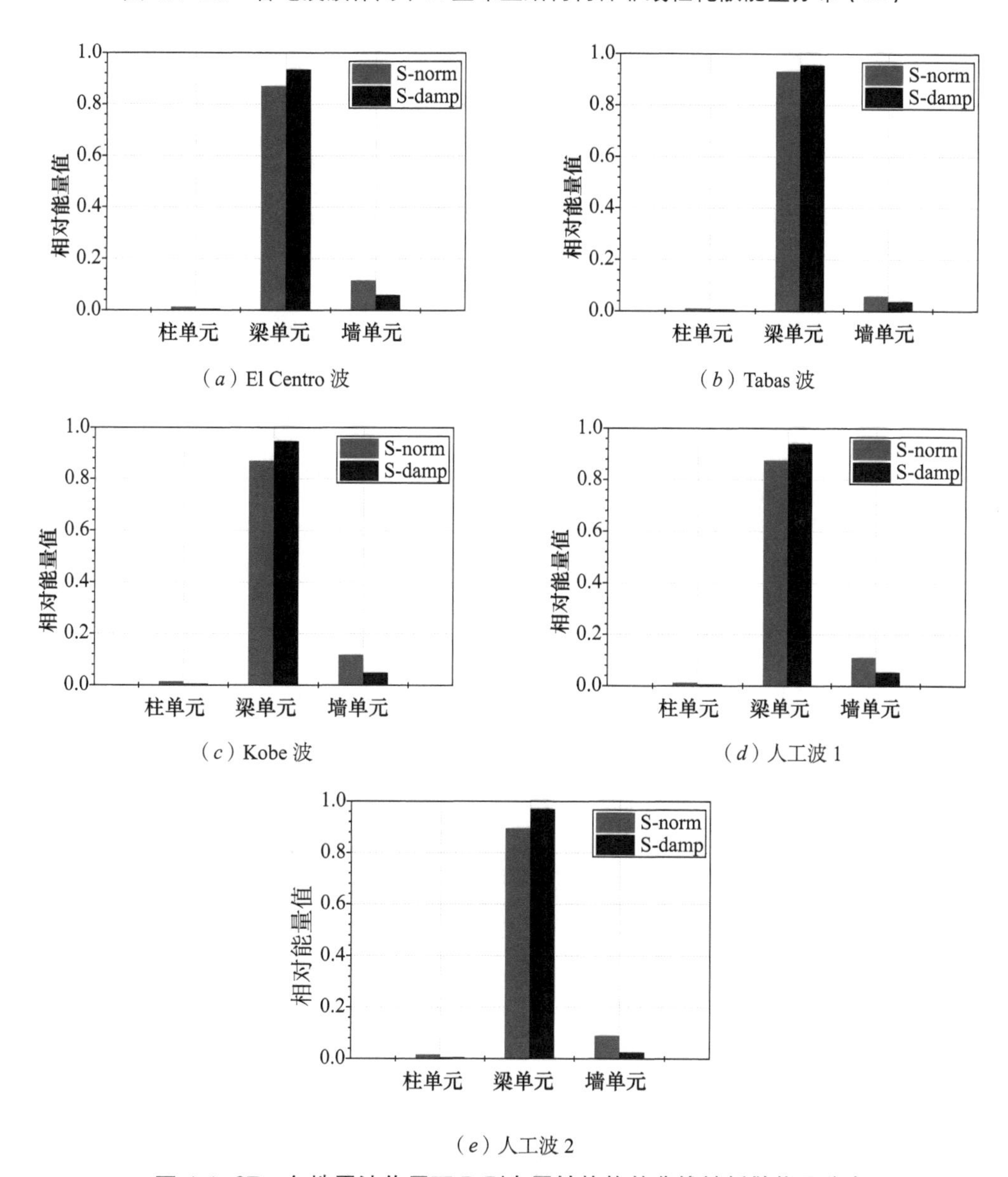

（a）El Centro 波

（b）Tabas 波

（c）Kobe 波

（d）人工波 1

（e）人工波 2

图 4.4-27　各地震波作用下 B 型布置结构构件非线性耗散能量分布

由于可更换连梁数量较多，提取结构反应最强烈的人工波 1 作用下可更换构件的塑性滞回曲线，选取典型楼层的结果，分别提取可更换连梁沿楼层分布的开始层（2 层）、中间层（11 层）和结束层（20 层）可更换构件的滞回关系，如图 4.4-28（*a*）～（*e*）和图 4.4-29（*a*）～（*e*）所示，其中竖轴代表可更换构件所受剪切力，横轴表示可更换构件剪切位移。可更换构件滞回曲线饱满，能够有效地吸收地震能量，集中连梁的塑性变形。人工波 1 作用下可更换构件均发生不同程度的塑性耗能，布置可更换构件的开始层和中间层耗能大，顶部结束层耗能最少。查看其余地震波的情况发现不同地震波作用下大多数可更换构件塑性发展充分。

提取耗能最大的可更换构件非屈服段混凝土连接梁的塑性情况，如图 4.4-28（*f*）和图 4.4-29（*f*）所示，连接梁处于弹性状态。查看其余工况发现非屈服段的弯矩 - 转角关系均为弹性，由于篇幅原因只列出一个。表明可更换连梁能够很好地将塑性集中在可更换构件，而非屈服段的混凝土梁段保持弹性，符合可更换连梁设计的初衷。

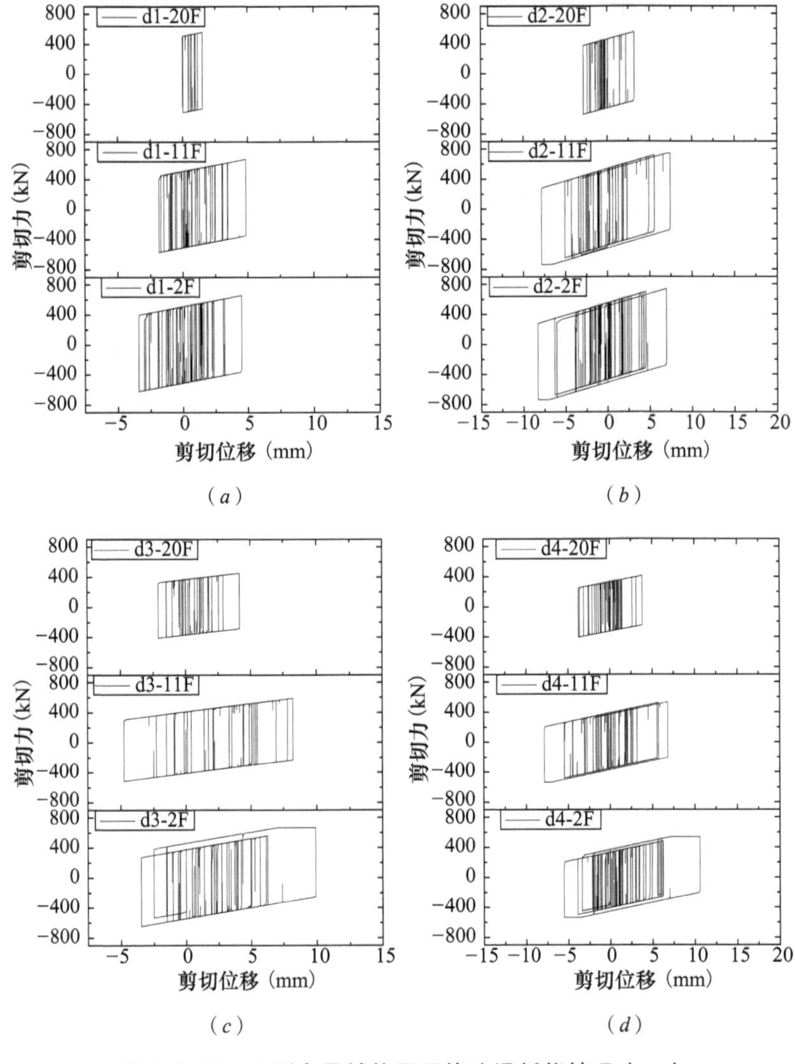

图 4.4-28　A 型布置结构可更换连梁耗能情况（一）

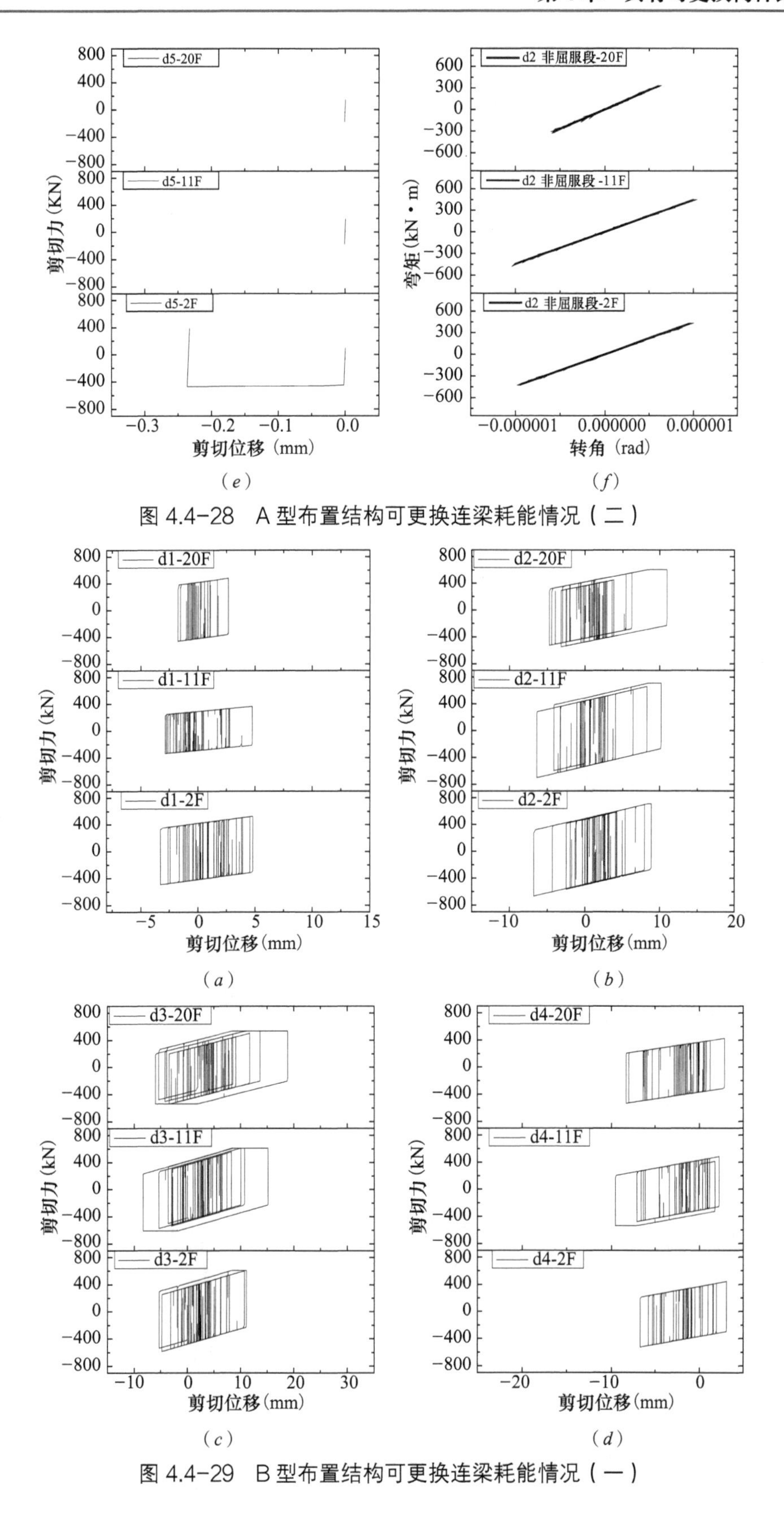

图 4.4-28　A 型布置结构可更换连梁耗能情况（二）

图 4.4-29　B 型布置结构可更换连梁耗能情况（一）

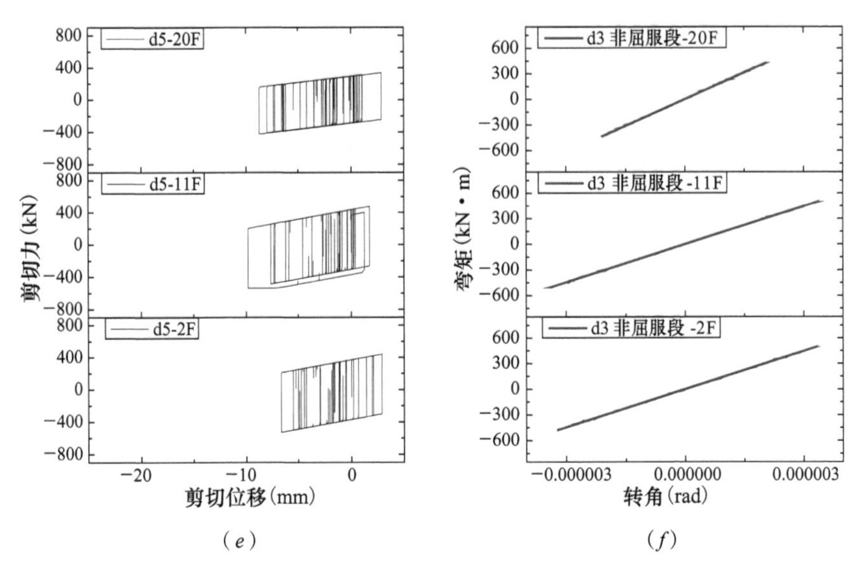

(e) (f)

图 4.4-29 B 型布置结构可更换连梁耗能情况（二）

（5）现场实测

为了检验设计和计算分析的合理性，通过现场实测对结构的动力特性进行校核。现场动力测试的是带有可更换连梁的结构（S-damp），测试时结构处于幕墙施工阶段，结构外观如图 4.4-30（*a*）所示。在结构楼层核心筒楼梯间处布置测站，放置同济大学研制的 SVSA 数据采集仪，在结构的不同楼层布置 Lance LC0132T 高灵敏度压电式加速度传感器，测试结构在环境激励（脉动）下的随机振动，通过分析振动数据得到结构的自振周期、阻尼比及振型，采集仪采用 20Hz 采样频率。

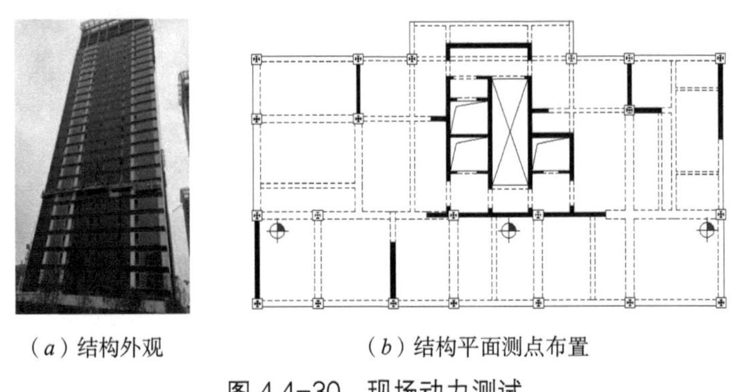

（*a*）结构外观　　（*b*）结构平面测点布置

图 4.4-30 现场动力测试

为了得到结构自振周期和阻尼比，在结构低阶模态反应较大的 27 层布置测点如图 4.4-30（*b*）所示：在结构中心位置 A 点沿 *X* 向及 *Y* 向布置两个传感器，分别测试两个方向的平动周期；为了得到结构的扭转周期，在结构周边位置 B 点及 C 点布置 *Y* 向传感器，并使 A、B、C 三点位于同一直线。为了得到结构的振型，分别沿竖向不同楼层布置测点，在三个测站分三次完成：测站位于第 8 层时，在该层放置采集仪，分别在第 3、6、9、12 层布置传感器；测站位于第 16 层时，分别在第 12、15、18、21 层布置传感器；测站位于第 25 层时，分别在第 21、24、26、29 层布置传感器。

对测试结果进行功率谱分析，FFT 长度按结构振型阻尼比大小确定，分别取 1024 点、2048 点、4096 点中的一项，采用最大峰值法确定结构各阶自振周期，采用半功率带宽法得到各阶周期对应的阻尼比。由测试结果分析得到的结构自振周期及阻尼比如表 4.4-9 所示，*X* 向及 *Y* 向一阶振型如表 4.4-10 所示。振型测试只针对 1 号楼，故只列出 1 号楼的结果。

结构自振周期及阻尼比现场动力测试结果　　表 4.4-9

（*a*）1 号楼

模态	周期（s）	阻尼比
1	1.9505	0.035
2	1.7068	0.023
3	1.3214	0.018
4	0.4708	0.013
5	0.4708	0.012
6	0.4137	0.010

（*b*）2 号楼

模态	周期（s）	阻尼比
1	1.9505	0.035
2	1.7068	0.025
3	1.3214	0.022
4	0.4936	0.013
5	0.4708	0.012
6	0.4223	0.010

（*c*）3 号楼

模态	周期（s）	阻尼比
1	1.9505	0.054
2	1.7809	0.026
3	1.3654	0.026

（*d*）5 号楼

模态	周期（s）	阻尼比
1	1.9505	0.035
2	1.7068	0.023
3	1.3214	0.021
4	0.4935	0.012
5	0.4708	0.010
6	0.4137	0.010

结构一阶振型识别结果（1 号楼）　　表 4.4-10

测试楼层	X 向振型	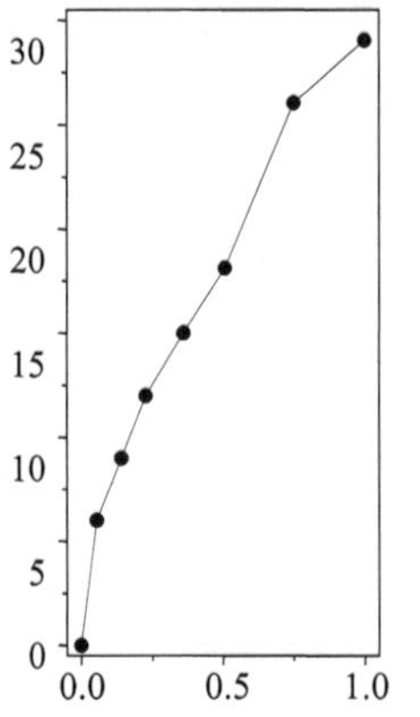 Y 向振型 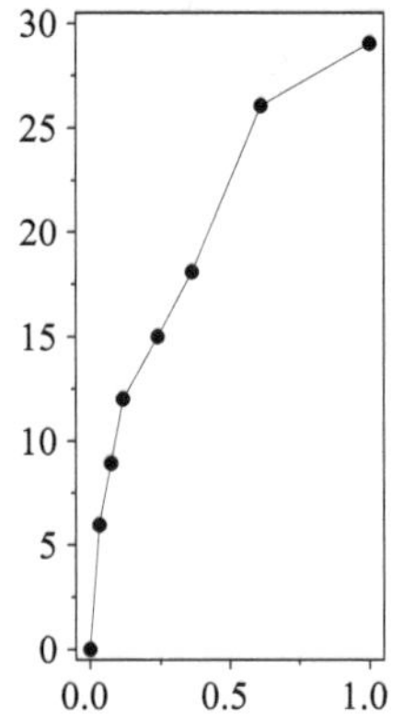
29	1.000	−1.000
26	0.754	−0.608
18	0.506	−0.363
15	0.364	−0.237
12	0.225	−0.111
9	0.143	−0.070
6	0.061	−0.030

可以看到动力测试的 1 号楼、2 号楼、5 号楼的周期结果基本相同，将 A 型平面布置的有限元计算结果与 1 号楼现场测试结果进行对比，将 B 型平面布置的有限元计算结果与 3 号楼现场测试结果进行对比，如表 4.4-11 所示。可以看到现场测试得到的周期结果要小于有限元模拟得到的周期结果，这可能与幕墙对结构刚度的影响有关，然而第一周期的差值仅为 1.72% 和 1.88%，认为能够满足工程计算的精度要求。同时可以看到 1 号楼振型测试的结果为 X 向及 Y 向一阶振型均为整体平动，与上文有限元模拟的结果相同。

结构自振周期现场测试结果与有限元模拟结果对比　　表 4.4-11

（*a*）A 型布置

模态	测试结果（s）	模拟结果（s）	差值
1	1.9505	1.9840	1.72%
2	1.7068	1.9210	12.55%
3	1.3214	1.6430	24.34%
4	0.4708	0.5570	18.31%
5	0.4708	0.4720	0.25%
6	0.4137	0.4630	11.92%

（*b*）B 型布置

模态	测试结果（s）	模拟结果（s）	差值
1	1.9505	1.9872	1.88%
2	1.7809	1.7410	−2.24%
3	1.3654	1.4919	9.26%

4.5　具有可更换脚部构件的剪力墙结构

4.5.1　传统剪力墙脚部地震破坏特点和更换的可能性

钢筋混凝土剪力墙是目前应用最为广泛的高层结构构件之一。在钢筋混凝土剪力墙的设计中，通常将剪力墙设计为弯曲型破坏模式，以保证其具有较好的延性。这类剪力墙在遭遇强烈地震作用时，剪力墙脚部混凝土往往严重压溃，受压钢筋压屈，给震后修复带来困难（图 4.5-1）。

图 4.5-1　大地震中出现的剪力墙脚部破坏
（左：汶川地震；右：智利地震）

在剪力墙墙脚等易破坏的区域设置易拆卸可更换消能构件，引导地震能量集中于可更换构件，可以有效保护主体结构免遭破坏。可更换构件通过可以拆卸的连接与主体结构相连，震后根据损伤程度进行更换，从而结构功能可以快速恢复。

4.5.2　可更换部位的设置原则和性能控制原理

1. 设置原则

图 4.5-2 给出了带可更换脚部构件混凝土剪力墙（以下称新型剪力墙）的设计概念示意图。

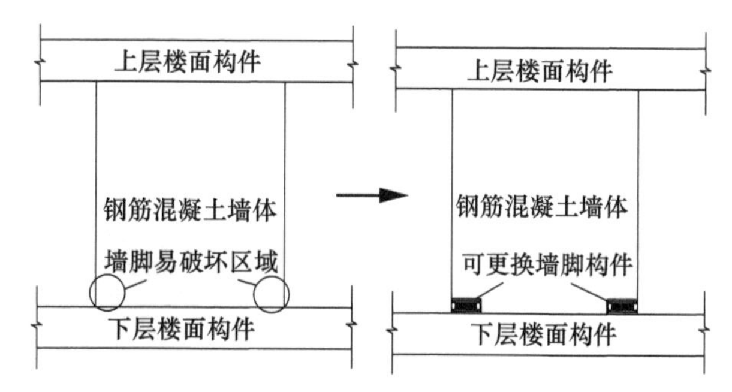

图 4.5-2　带可更换脚部构件剪力墙的设计概念

可更换脚部构件需要具有以下几个特点：

（1）竖向能够承受较大的压力

脚部构件放置于剪力墙的墙脚，首先需要能够承受较大的压力，其受压承载力不能低于相应墙脚的混凝土的承载力。

（2）竖向能够承受较大的拉力

普通剪力墙脚部混凝土除了承受较大压力外，边缘约束构件中的纵筋还承受了较大的拉力，所以可更换脚部构件也要能够承受不低于此部分纵筋的受拉承载力。

（3）竖向具有足够的刚度

放置在剪力墙脚部，如果初始刚度过小，会造成上部混凝土墙体局部产生变形，出现裂缝。所以可更换脚部构件竖向刚度应与钢筋混凝土相当。

（4）能够耗散能量

作为剪力墙墙脚的可更换部件，在发生大地震时，进入塑性阶段耗散能量，使得剪力墙破坏集中于此，保护主体结构不受到较大破坏。

（5）可更换性

可更换构件要具备易更换性，通过连接的设计做到震后可以方便更换损伤破坏的部件，迅速恢复结构的使用功能。

2. 可更换区域对整体性能的控制原理

（1）可更换区域宽度

可更换区域宽度占墙片整体长度的尺寸比例，对于新型剪力墙的抗侧刚度和强度都有显著影响，以下探讨该因素的影响程度。

根据普通墙片的整体尺寸，设计了 6 种带不同尺寸墙脚支座的新型剪力墙，单个支座所占整体墙片长度比例分别为 0.05、0.1、0.15、0.2、0.24 和 0.31。6 片新型剪力墙模型见图 4.5-3，6 个模型的不同之处仅在于墙脚支座的尺寸和刚度。

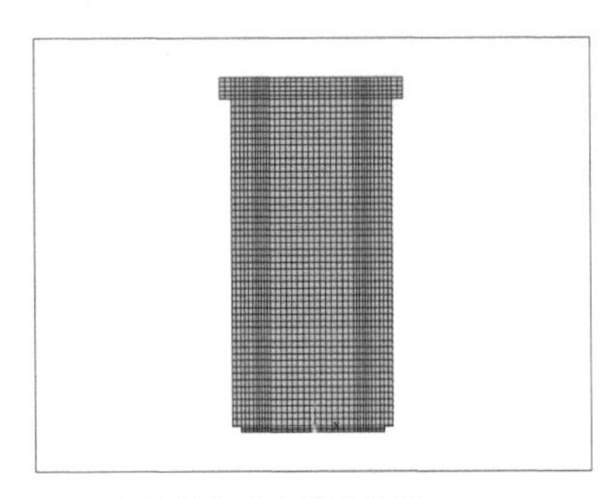

（*a*）墙脚支座所占比例 0.05

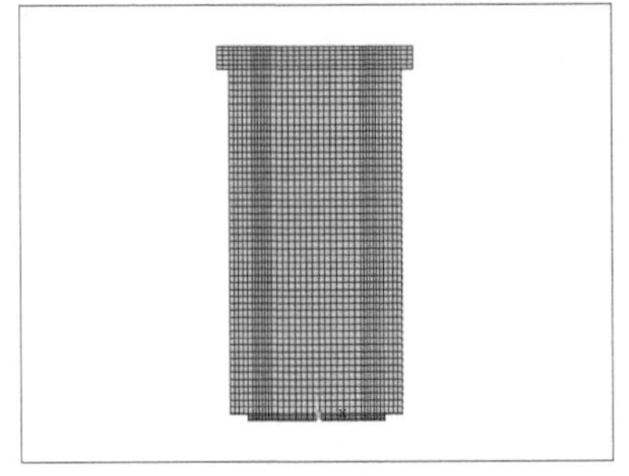

（*b*）墙脚支座所占比例 0.1

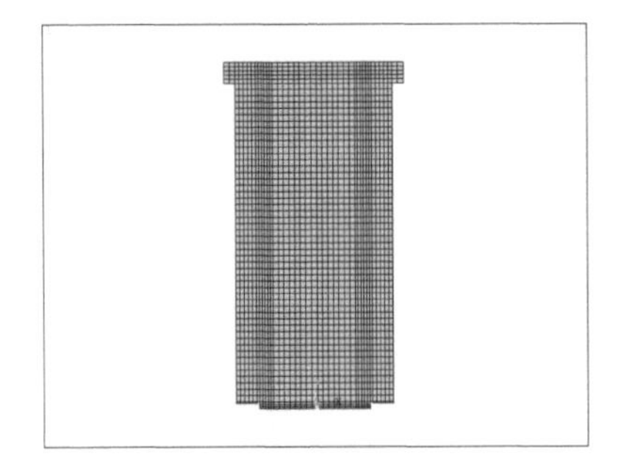

（*c*）墙脚支座所占比例 0.15

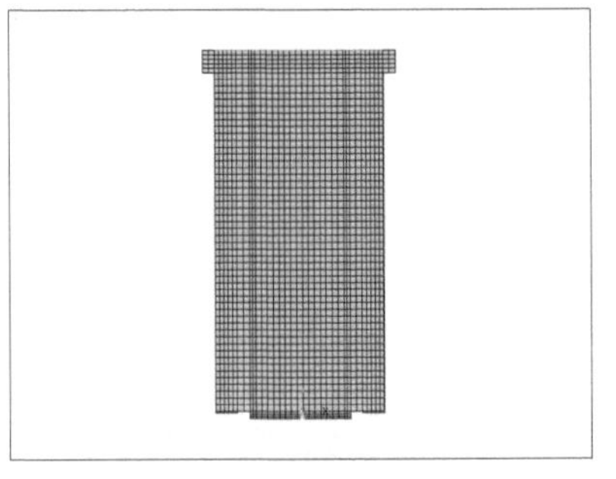

（*d*）墙脚支座所占比例 0.2

图 4.5-3 带不同尺寸墙脚支座的新型剪力墙计算模型（一）

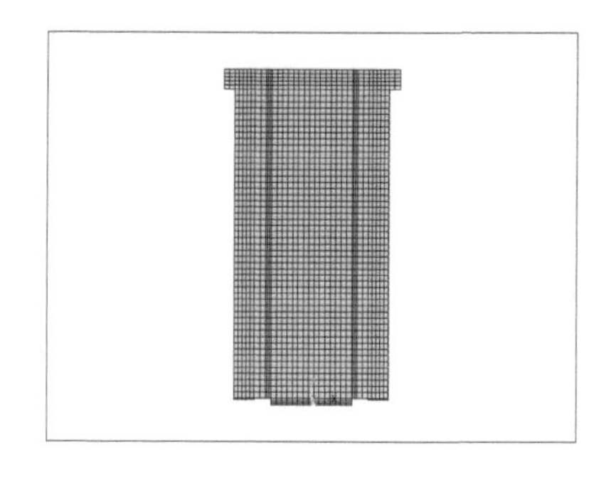

（e）墙脚支座所占比例 0.24

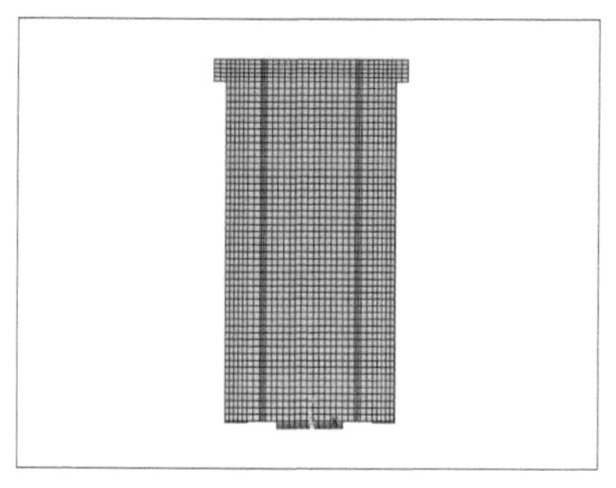

（f）墙脚支座所占比例 0.31

图 4.5-3 带不同尺寸墙脚支座的新型剪力墙计算模型（二）

对模型进行静力推覆计算，混凝土材料使用多线性等向强化模型（MISO）。可更换支座使用两种 Combin39 单元模拟，一种是模拟竖向刚度的非线性轴向拉压弹簧，另一种是模拟水平刚度的弹性轴向拉压弹簧，卸载刚度取为弹性段刚度。除了长度比例为 0.05 的模型用两组单轴弹簧模拟，其余模型采用四组单轴弹簧来模拟。由于尺寸不同，支座的刚度有所不同，详见表 4.5-1。为了使这 6 个不同模型有可比性，在设计支座时，其第一形状系数均在 17.3 ～ 18.1 之间，第二形状系数均在 4.1 ～ 5.5 之间。顶部施加单向推覆位移，所有模型加载至顶点位移达 200mm。图 4.5-4 给出了 6 个模型的力 - 位移关系曲线。

不同长度比例的支座刚度（kN/mm） 表 4.5-1

支座长度比例	第一受压刚度	第二受压刚度	第一受拉刚度	第二受拉刚度	第三受拉刚度	水平刚度
0.05	2562.3	1149.7	931.6	357.7	2.9	1.0
0.1	4424.2	1922.4	1644.6	628.3	4.9	1.7
0.15	5267.2	2407.1	1888.6	726.6	6.1	2.0
0.2	6970.3	3420.8	2361.5	919.5	8.6	2.9
0.24	7590.9	3610.9	2640.2	1023.3	9.2	3.1
0.31	8659.2	4333.2	2888.1	1130.6	11.1	3.9

由图 4.5-4 可以看出，在位移角达到 1/1000 之前，各模型的刚度相差不大。随着水平力的增加，各模型的刚度差异变大，带尺寸较小支座的墙片刚度更大，同时最后也能达到更大的极限荷载。计算得到的最大承载力，支座尺寸比例为 0.05 的墙片最大，支座尺寸比例为 0.1 的墙片比比例为 0.05 的墙片降低 0.73%，支座尺寸比例为 0.15、0.2、0.24 和 0.31 的墙片分别比比例为 0.05 的墙片降低了 6.08%、12.84%、18.09% 和 27.39%。按照相同材料模型和加载方式计算了一片普通剪力墙模型，计算结果见图 4.5-4 中虚线所示。其水平刚度在所有模型中最大，力 - 位移关系曲线与新型剪力墙中支座尺寸比例为 0.05 及 0.1 的曲线基本相同。

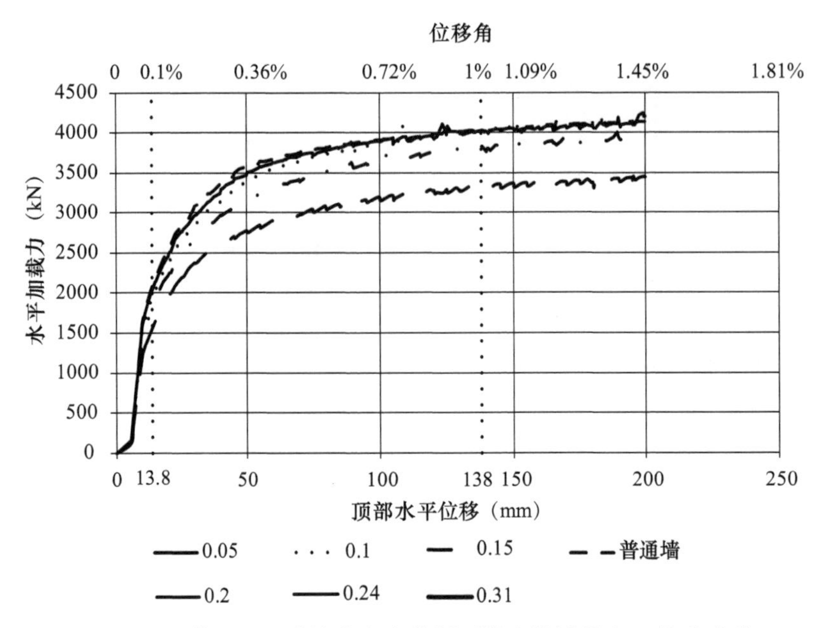

图 4.5-4　带不同尺寸墙脚支座的新型剪力墙计算力 - 位移曲线

图 4.5-5 和图 4.5-6 给出了初始阶段和位移角达到 1/100 时带不同尺寸墙脚构件的新型剪力墙的刚度与普通墙刚度的比例。可以看出，当支座长度比例小于等于 0.1 时，新型剪力墙的初始弹性刚度比普通墙降低不到 7%，支座长度比例达到 0.31 时，弹性刚度降低了 30%；当支座长度比例小于等于 0.15 时，新型剪力墙加载到位移角 1/100 时的割线刚度比普通墙降低不到 7%，支座长度比例达到 0.31 时，此时的割线刚度降低了 27%。

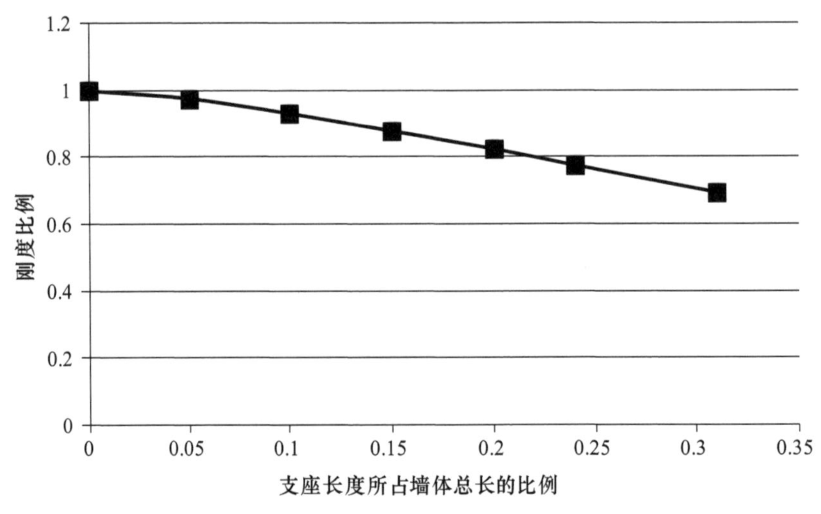

图 4.5-5　带不同尺寸墙脚构件的剪力墙初始刚度比例

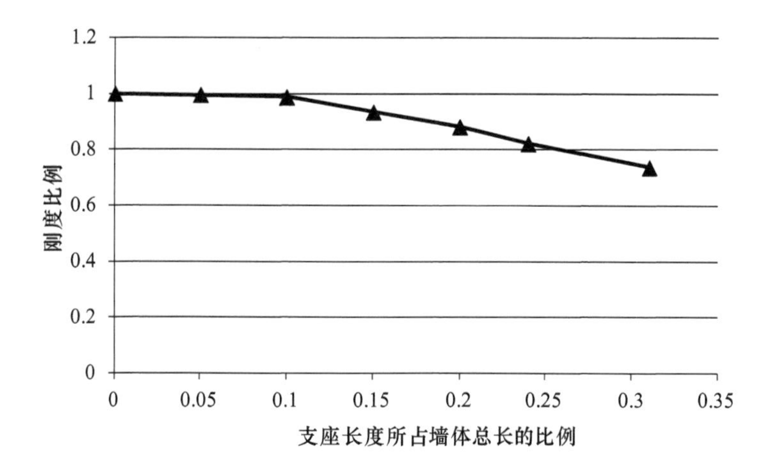

图 4.5-6　位移角为 1/100 时各剪力墙刚度比例

由上可知，对于新型带可更换墙脚构件剪力墙的设计，支座的长度所占整片墙体长度的比例最好在 0.15 以内，此时得到的新型墙的刚度和强度都比较理想，与普通剪力墙相差不大。

同时，根据变形协调原理和平截面假定，应变最大区域通常为剪力墙外边缘处，剪力墙内部区域则为应变较小的区域。为了使得非更换区域混凝土基本不发生破坏，可更换的区域宽度 l_c 应大于混凝土压应变超过 ε_x 的区域，并乘以 1.5 的放大系数：

$$l_c \geqslant 1.5\left(1-\frac{\varepsilon_x}{\varepsilon_{c,max}}\right)\xi h_0 = 1.5\left(1-\frac{\varepsilon_x h_p}{\theta_u \xi h_0}\right)\xi h_0 \quad (4.5\text{-}1)$$

式中，$\varepsilon_{c,max}$ 为混凝土边缘最大压应变，等于极限曲率乘以混凝土受压区高度 ξh_0，而极限曲率近似为极限位移角 θ_u 与剪力墙塑性铰高度 h_p 的比值[44]。一般取 $\varepsilon_x = 0.001$ 时能够满足非更换区域混凝土基本不发生破坏的要求[44]。

（2）可更换区域高度

为了集中变形协调产生的塑性变形，可更换区域应包含剪力墙的塑性铰范围，因此可更换区域的高度 h_c 应大于剪力墙等效塑性铰高度：

$$h_c \geqslant 0.2h_w + 0.044H \quad (4.5\text{-}2)$$

式中，h_w 为剪力墙截面高度；H 为剪力墙等效为顶部施加水平荷载得到与实际墙相同底部弯矩和剪力的悬臂梁的高度。

4.5.3　具有可更换脚部构件的剪力墙的试验研究与理论分析

1. 试验概况

一共进行了 5 片试件的低周反复加载试验，其中一片剪力墙试件是普通墙（SW-0），其余四片试件为带可更换脚部构件新型剪力墙（NSW1-1、NSW1-2、NSW1-3、NSW2-2），其主要设计参数见表 4.5-2。剪力墙试件截面尺寸为 200mm×1600mm，墙体高度为 3.2m 和 2.4m，边缘约束构件配筋长度为 320mm。

剪力墙试件编号及主要设计参数　　表 4.5-2

试件编号	脚部有无支座	混凝土等级	设计轴压比	实际加载竖向力（kN）	剪跨比	墙片高度（m）	底梁高度（mm）
SW-0	无	C25	0.33	1200	2∶1	3.2	500
NSW1-1	有	C25	0.47	1700	2∶1	3.2	500
NSW1-2	有	C25	0.33	1200	2∶1	3.2	500
NSW1-3	有	C25	0.22	800	2∶1	3.2	500
NSW2-2	有	C25	0.33	1200	1.5∶1	2.4	700

普通剪力墙根据现行设计规范要求设计配筋，配筋见图 4.5-7；新型剪力墙按照前文设计原理进行脚部可更换构件的设计，配筋见图 4.5-8 和图 4.5-9。试件 SW-0 的暗柱纵筋为 HRB335 级钢筋，水平分布筋和竖向分布筋以及暗柱的箍筋为 HPB235 级钢筋。边缘约束构件纵筋配筋率为 1.24%，墙体竖向分布钢筋配筋率为 0.50%，水平分布钢筋配筋率为 0.42%。

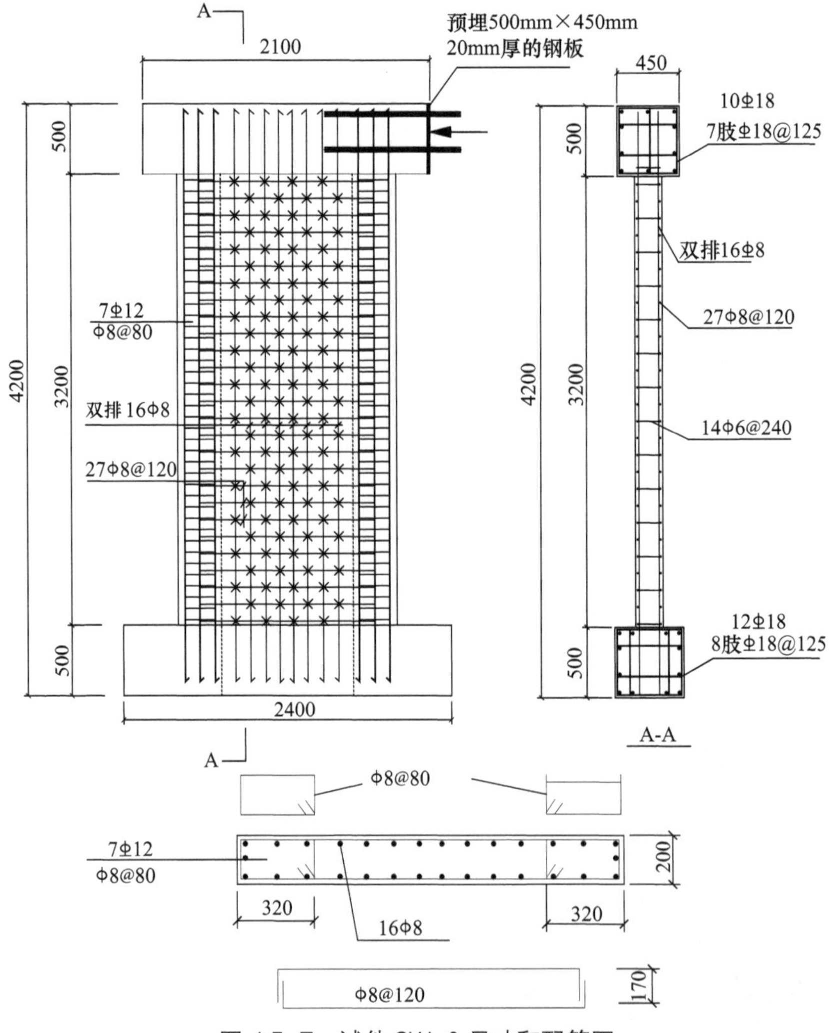

图 4.5-7　试件 SW-0 尺寸和配筋图

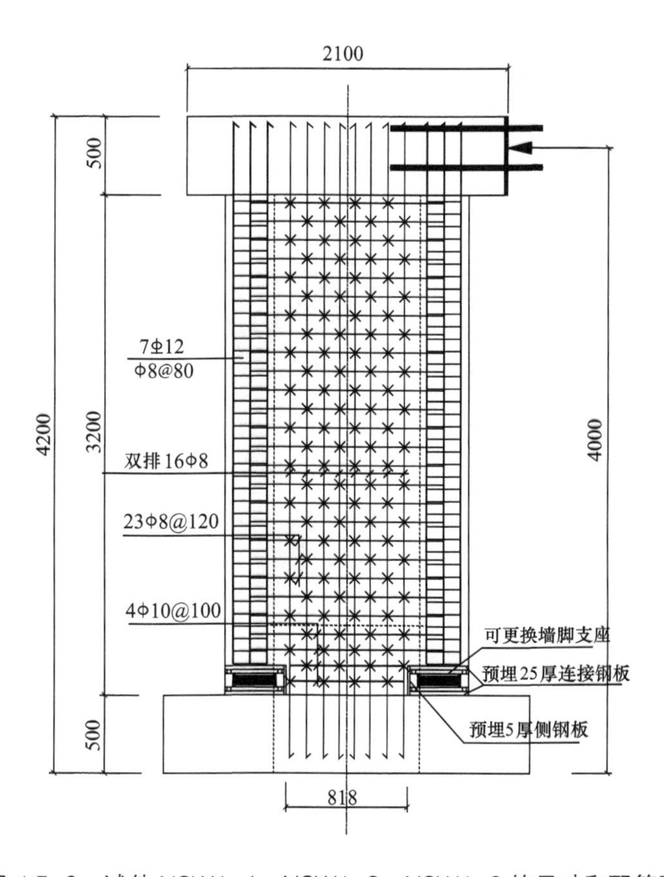

图 4.5-8　试件 NSW1-1、NSW1-2、NSW1-3 的尺寸和配筋图

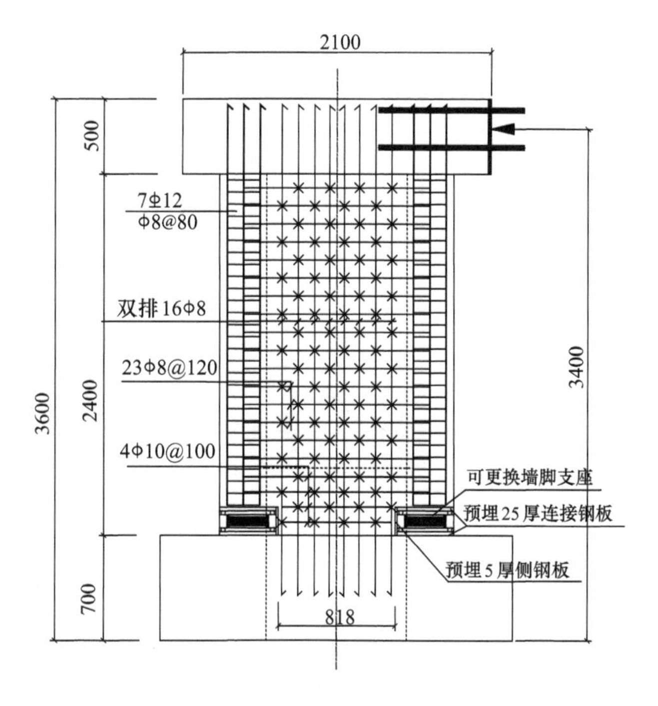

图 4.5-9　试件 NSW2-2 的尺寸和配筋图

2. 试验装置和测点布置

试验在同济大学土木工程防灾国家重点实验室的大型结构静力试验室完成。试件顶部通过4个液压式千斤顶施加轴向力，通过水平IST作动器施加水平荷载。试验加载装置见图4.5-10。

图4.5-10　试验加载装置

试验位移测量主要包括试件顶部侧向位移、中部侧向位移、底部剪切位移和弯曲位移，位移计的布置如图4.5-11所示。应变测量包括钢筋应变和可更换脚部构件内置钢板应变，应变片的布置如图4.5-12和图4.5-13所示。

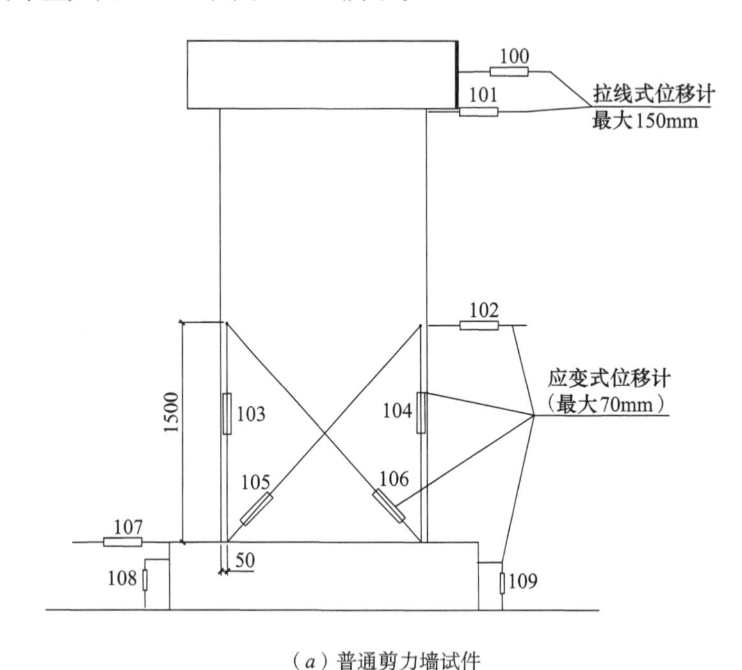

（a）普通剪力墙试件

图4.5-11　剪力墙试件位移计布置（一）

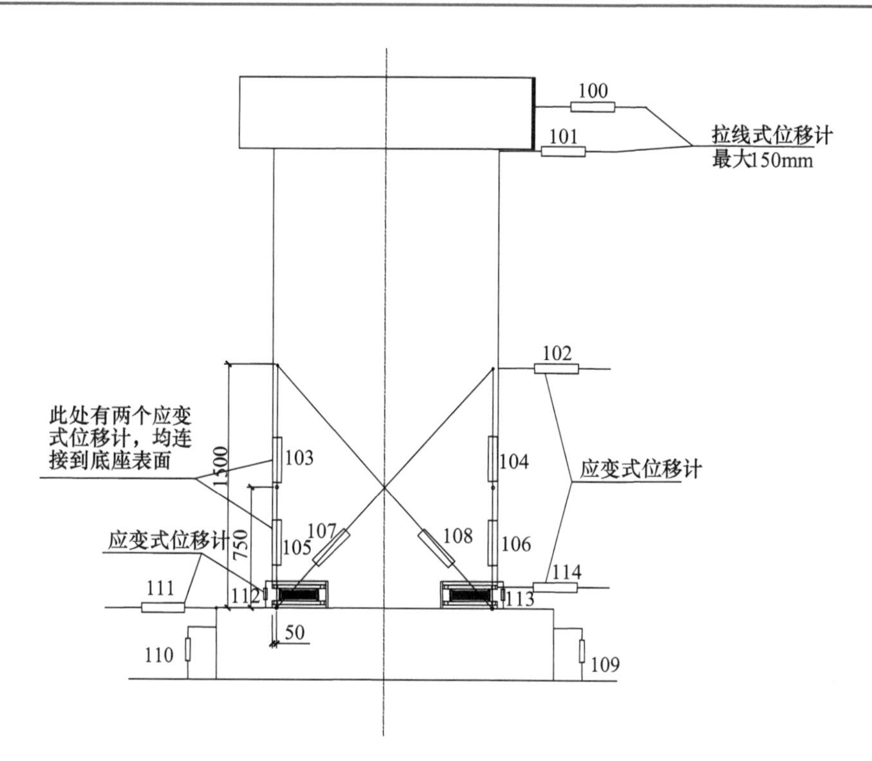

（b）新型剪力墙试件

图 4.5-11　剪力墙试件位移计布置（二）

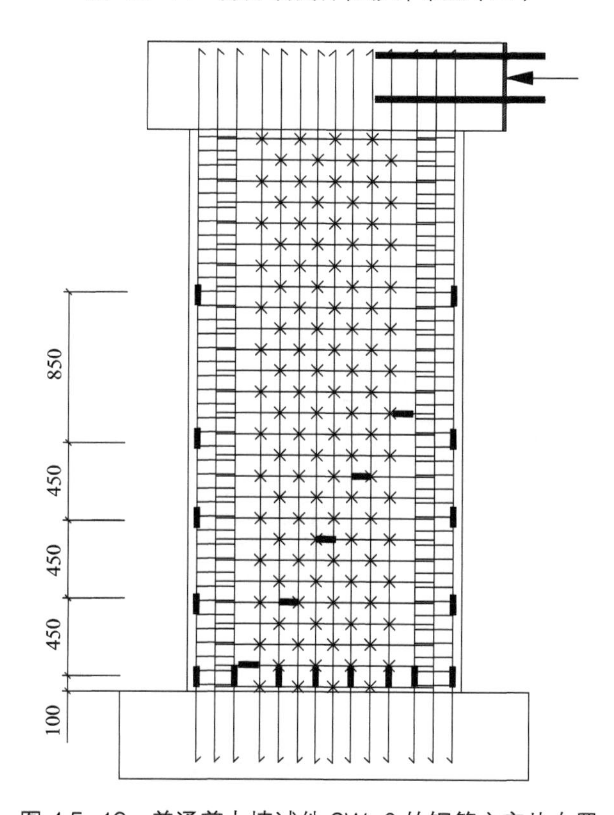

图 4.5-12　普通剪力墙试件 SW-0 的钢筋应变片布置

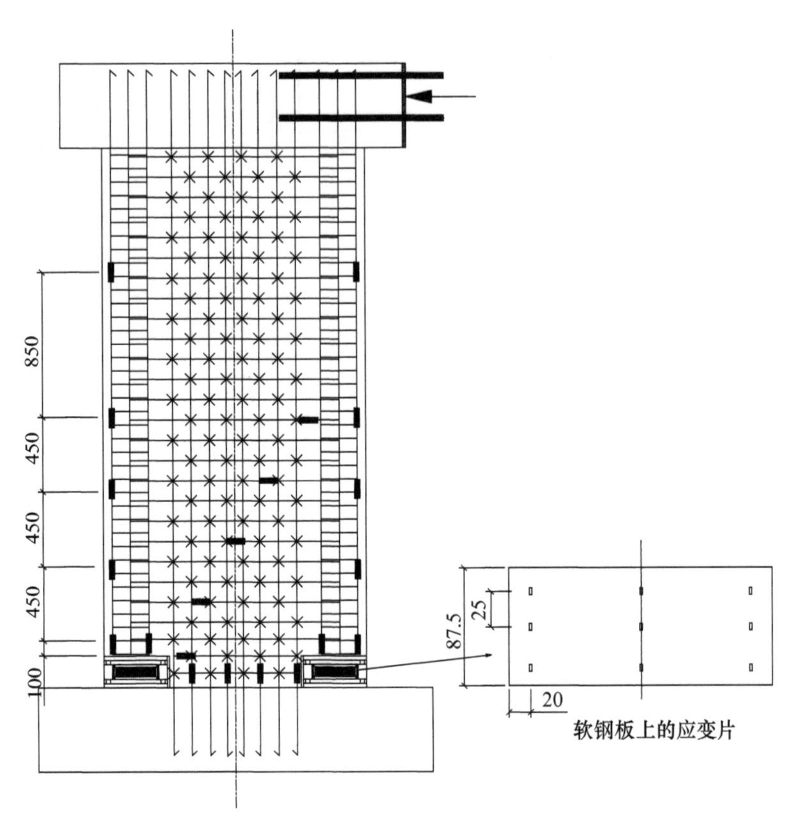

（a）试件 NSW1-1、NSW1-2、NSW1-3

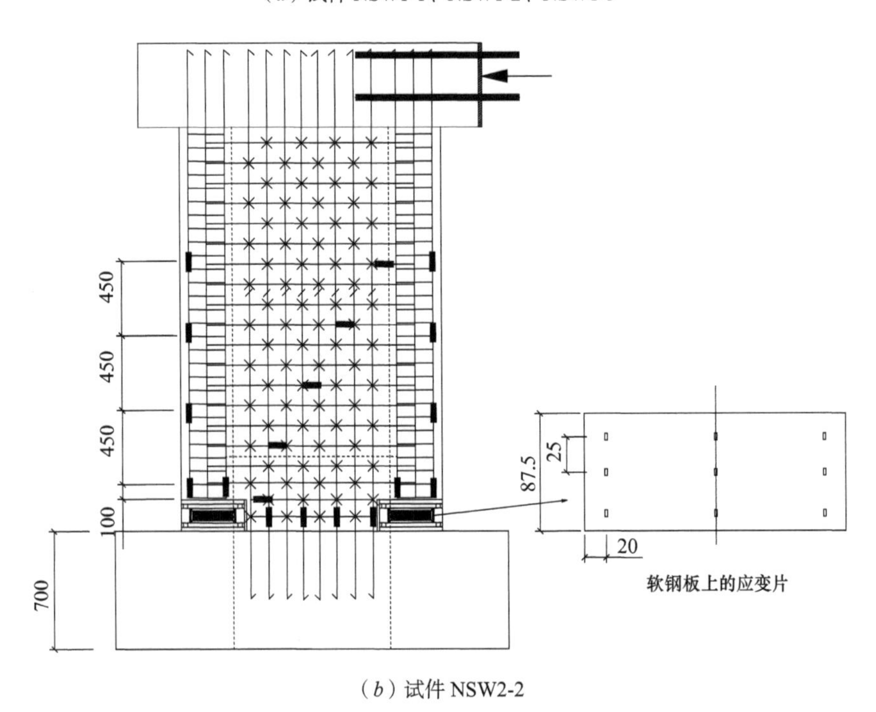

（b）试件 NSW2-2

图 4.5-13　新型剪力墙试件的钢筋应变片布置

正式开始前先进行预加反复荷载一次，正式试验开始后，全程使用位移控制方式加载，直至承载力下降到峰值的 70% 或出现明显破坏现象时停止。加载制度如图 4.5-14 和图 4.5-15 所示。

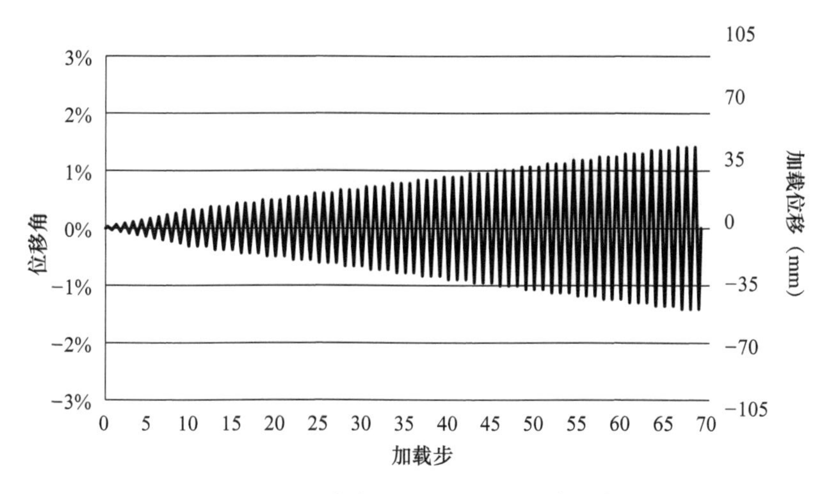

图 4.5-14　试件 SW-0 的加载制度示意图

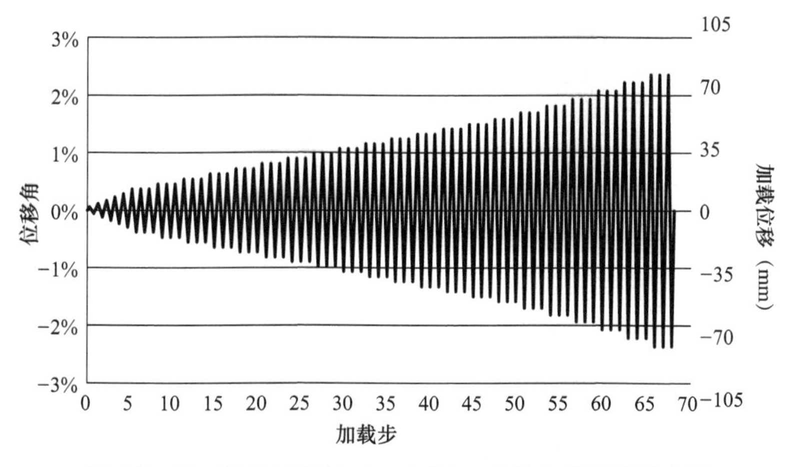

图 4.5-15　试件 NSW1-1 ~ NSW1-3 的加载制度示意图

3. 试验现象

（1）试件宏观现象

图 4.5-16 给出了各个试件在加载各阶段的裂缝分布情况，其中括号中的数值表示此时加载位移对应的位移角。

普通剪力墙试件 SW-0 基本呈现了弯曲破坏的过程。在试件顶端位移到达 4mm 时，受拉裂缝首先出现在墙体脚部。然后墙体两边缘均出现若干水平裂缝，墙体中部有一些细小的斜裂缝。当顶端位移到达 7.5mm 时，边缘约束构件外侧的一根纵筋屈服。在顶端位移达到 14mm 至 17mm 时，墙体脚部的混凝土保护层开始出现剥落现象。当顶端位移达 29mm 时，剪力墙底部出现了几条相对较长的水平裂缝。当顶端位移到达 36mm 时，水平作用力到达了峰值，此时，脚部最外侧的纵筋出现裸露。此后，纵筋逐渐被压屈外鼓，墙体脚部混凝土开始剥落压碎，剥落区域向高处发展。水平裂缝也开始向墙体上方发展。当顶端位移到达 43mm 之前，边缘约束构件中外侧的一根纵筋被拉断，断裂位置位于底梁以上 65mm。试验最终在顶端位移 46mm 时终止。此时，水平承载力在两个方向较峰值荷载分别下降了 20.7% 和 35.8%。最后，裂缝分布高度达到 1750mm，以水平裂缝为主，混凝土破坏区域主要集中在脚部，呈现比较明显的弯曲破坏。同时，两侧脚部各有两根纵向主筋断裂。

SW-0（25mm，1/128）　SW-0（34mm，1/95）　SW-0（破坏 47mm，1/68）

NSW1-2（32mm，1/100）　NSW1-2（62mm，1/50）　NSW1-2（破坏 80mm，1/40）

NSW1-1（32mm，1/100）　NSW1-1（70mm，1/45）　NSW1-1（破坏 82mm，1/39）

NSW1-3（32mm，1/100）　NSW1-3（65mm，1/49）　NSW1-3（破坏 86mm，1/37）

图 4.5-16　各试件的裂缝分布以及破坏形态图（加载位移，加载位移角）（一）

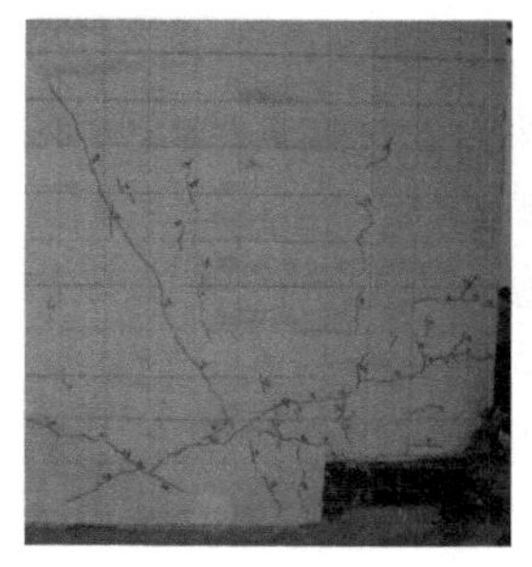
NSW2-2（24mm，1/100）

NSW2-2（45mm，1/53）

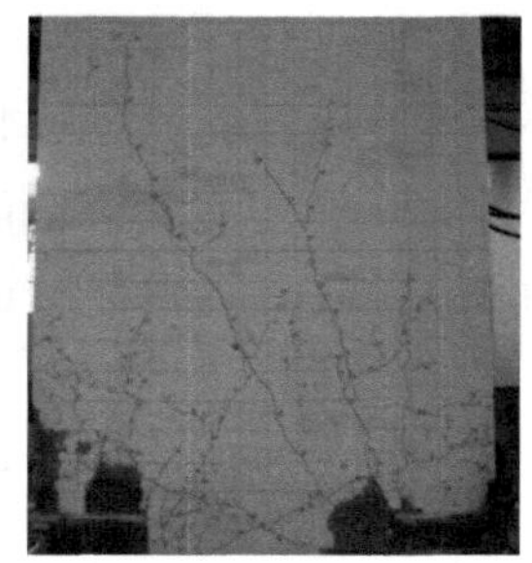
NSW2-2（破坏 50.5mm，1/48）

图 4.5-16 各试件的裂缝分布以及破坏形态图（加载位移，加载位移角）（二）

带可更换墙脚构件的剪力墙试件 NSW1-2 的轴压比和高宽比两个参数与普通剪力墙是相同的，但其裂缝形态与普通墙不一样。在顶端位移达 8mm 时，裂缝首先出现在支座内侧上角部的墙体上。随着侧向荷载的增加，斜裂缝从上述位置向支座上方发展。直至顶端位移达 29mm，所有斜裂缝都较细短，且分布在支座上方 500mm 范围内。在顶端位移分别达到 14mm、17mm、29mm、35mm 四个阶段时，脚部两个可更换支座的四块软钢板逐渐从外侧向内侧在中部出现屈曲。当顶端位移达到 23mm 时，墙体边缘支座上方的混凝土保护层开始剥落。顶端位移从 29mm 到 62mm，裂缝逐渐延伸变长，向墙体中部更高处发展。顶端位移到达 62mm 之后，支座上方的混凝土剥落现象较为严重，套筒和内侧纵筋逐渐裸露。在位移到达 72mm 时，支座上方混凝土出现压溃现象。最终顶端位移已达到 80mm，裂缝分布最高至 1250mm 高度，支座上方边缘约束构件内焊在连接板上的最外侧纵筋从焊点断开。

试件 NSW1-1 的轴压力比 NSW1-2 大，轴压力为 1800kN，设计轴压比为 0.47，所以，其开裂、屈服以及到达峰值荷载都比后者要早。顶端位移到达 5mm 时，在支座内侧上角部处混凝土第一次出现裂缝。此后，随着顶端位移的增加，裂缝从拐角处向支座上方的墙体斜向发展。直到顶端位移到达 32mm 时，在墙体下部形成了两条较长的剪切裂缝。两个可更换支座的四块软钢板分别在顶端位移达 8mm、13mm、22mm、25mm 时在中部出现屈曲。由于轴压力较大，所以出现屈曲的情况比试件 NSW1-2 要早。随着水平位移的增大，钢板压曲变形越来越严重。在水平位移达到 32mm 时，西面侧边支座上方混凝土保护层出现剥落，内埋钢套筒可见。裂缝发展主要集中在支座上方 500mm 高度以内，逐渐形成水平长裂缝和指向支座上角部拐点的斜裂缝。当顶端位移超过 42mm 时，随着墙体西侧端部混凝土剥落范围的增大，内部钢筋裸露，墙体与支座之间的传力面积减少，在墙体中部出现了一条较长的纵向裂缝，并随着顶部荷载的增加，往高处延伸，见图 4.5-17。当顶部位移达到 63mm 时，支座内侧混凝土外鼓，保护层脱落，内部纵筋屈曲。墙体端部支座上方混凝土保护层剥落范围加大，露出箍筋。最终顶端位移加载到 82mm，支座内侧角部混凝土压溃，发现一根纵筋断裂；支座上方与混凝土墙体连接部位被拉开，混凝土多处外鼓；支座的外侧钢板压弯变形较大，支座上下板之间有 6 ～ 7mm 的水平位移。

由于试件 NSW1-3 的轴压力是几个试件中最小的，为 800kN，设计轴压比为 0.22，构件的开裂位移和峰值位移均比前两个试件要大。在顶端位移加载到 8mm 时出现可见裂缝，随后一些细小的裂缝主要在墙脚支座内侧的上角部和墙体边缘支座上方发展。在加载位移到达11mm和16mm时，外侧两块钢板分别出现屈曲变形。随着顶端位移增大至32mm前，裂缝主要在支座上方墙脚处及400mm高度范围内发展，以水平裂缝和指向支座内侧上角的斜裂缝为主。在30mm和32mm位移时，墙体东侧、西侧边缘支座上端内埋的套筒保护层分别剥落，露出两个套筒。此后，裂缝开始向墙体中间底部和上部发展，出现较长的剪切裂缝。在加载位移为49mm和57mm时，东侧、西侧的支座外侧钢板分别从中间压曲最严重处断开。从56mm之后，破坏主要出现在支座上方的混凝土脚部，依次出现混凝土外鼓、保护层剥落、边缘构件中的纵筋从连接焊点断开等现象。峰值荷载出现在71mm，此后，承载力开始下降。最后加载停止在86mm，支座上方的两排纵筋从焊点处断开，混凝土严重剥落，部分箍筋内的混凝土压溃。支座的外侧钢板严重变形断裂，上下连接板之间存在10mm左右的水平位移，如图4.5-17所示。

（a）NSW1-1

（b）NSW1-3

图4.5-17　可更换支座试验后的变形图

试件NSW2-2的高度跟前几个试件均不同，为2.4m，剪跨比为1.5。设计轴压比与试件NSW1-2相同，为0.33。剪跨比降低，所以试件出现开裂、屈服和峰值荷载都比前几个试件要早，承载能力也有所提高。墙体底部的剪切裂缝出现的要早，但是裂缝形态和破坏模式没有明显的差别，剪切裂缝要更加明显。顶端位移达到3mm时，开裂出现，首先在两个支座内侧上角端附近发现细小斜裂缝。随着顶端加载位移的增加，裂缝主要出现在支座上方。两个支座最外侧的软钢板分别在顶端位移达到7mm、9mm时从中部屈曲。直至加载位移到13mm之前，裂缝以细小的水平裂缝和斜裂缝为主，分布在支座上方600mm高度范围内；墙体两侧边缘约束构件内的内埋套筒保护层开始脱落。此后，墙体底部开始出现延伸较长的交叉剪切裂缝。当加载到22mm时，两侧内埋套筒均裸露，并发现最外排纵筋从连接焊点处断开。加载时支座上方的混凝土与支座之间出现明显的间隙。此后，墙体中部从支座内侧墙脚发展出较长的斜裂缝，见图4.5-16。支座内侧两块软钢板分别在加载位移达28mm、38mm时屈曲。随着加载位移继续增大，两个支座内侧上角端混凝土出现应力集中，裂缝多以此处为出发点延伸发展。当加载到36mm时，支座内侧上角端混凝土开始出现外鼓剥落现象，露出内侧内埋的钢套筒和纵筋。峰值荷载出现在顶端位移为45mm时，此时支座内侧混凝土脚部保护层剥落，斜裂缝发展的高度达1850mm。最终试验加载至顶端位移为50.5mm处，支座上方的纵筋全部从焊点断开，西侧支座外侧钢板从顶端断裂。支座内侧混凝土脚部大面积剥落，纵向分布筋屈曲。

（2）普通剪力墙与新型剪力墙破坏现象对比

对比试件 SW-0 和试件 NSW1-2，两个试件的轴压比和高宽比都相同。图 4.5-18 中显示了侧向位移到达 32mm 以及 47mm 时，两个试件不同的裂缝分布情况。32mm 时，也就是试件的层间位移角达到 1/100 时，试件 SW-0 处于骨架曲线的强化阶段，接近峰值荷载，墙体脚部的混凝土保护层出现小面积的剥落现象，剪力墙底部出现了几条相对较长的贯穿水平裂缝；试件 NSW1-2 的裂缝明显少于前者，且均为细小的微裂缝，分布高度也只有普通剪力墙的一半，约为 800mm。此时，脚部两个支座的外侧钢板已出现屈曲现象。而在侧向位移达到 46mm 时，即试件的层间位移角达到 1/70 时，试件 SW-0 达到了极限位移，承载力下降到了峰值荷载的 80%，脚部严重破坏，混凝土脚部被压溃，两侧各有两根纵筋断裂；试件 NSW1-2 仍处于骨架曲线的强化阶段，没有出现明显的贯穿裂缝和破坏，裂缝主要集中在脚部支座的上方，以细小的斜裂缝为主。脚部两个支座的两块钢板均已发生屈曲变形。

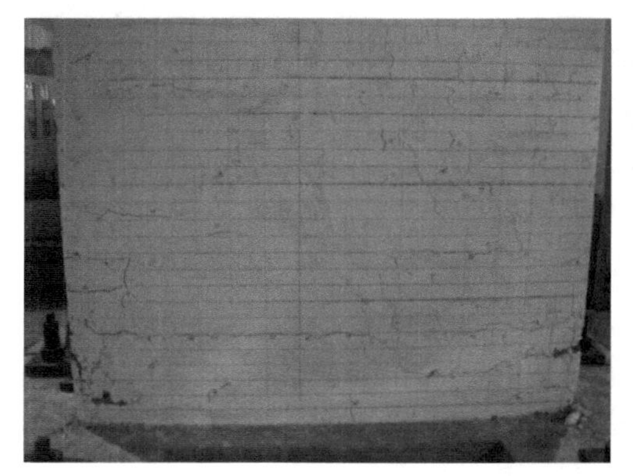
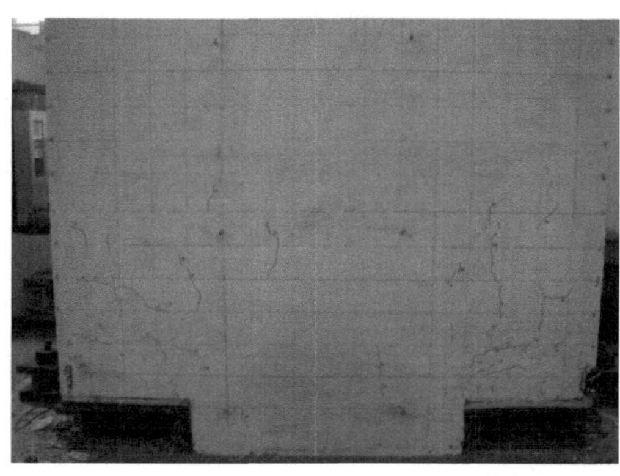

（*a*）侧向位移为 32mm（层间位移角为 1/100）时试件的裂缝分布

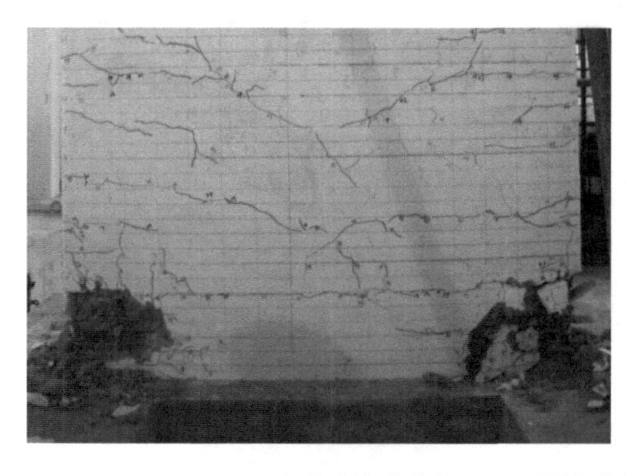
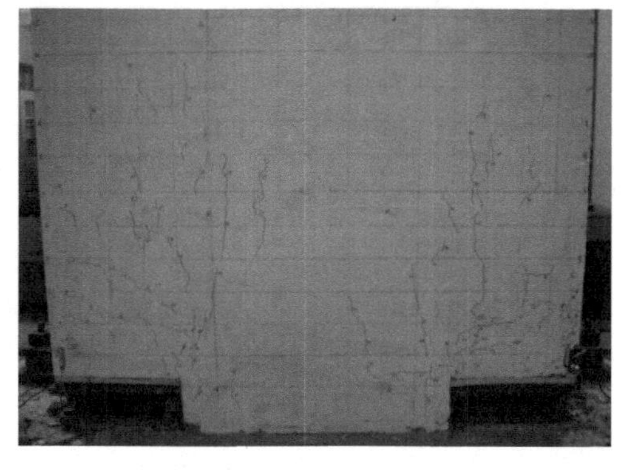

（*b*）侧向位移为 46mm（层间位移角为 1/70）时试件的裂缝分布

图 4.5-18　试件 SW-0（左）与 NSW1-2（右）试验破坏现象对比

表 4.5-3 给出了两个试件出现各个试验现象时的侧向位移对比。其中峰值荷载时的位移和极限位移均为两个方向位移值的平均值，其余位移值为出现此现象的单侧位移值。可见新型剪力墙试件在出现每一个关键试验现象时的位移均比普通剪力墙大很多，表现出了更大的变形能力。

试件 SW-0 与 NSW1-2 的试验现象对比　　表 4.5-3

试验现象	试件 SW-0（位移角（%））	试件 NSW1-2（位移角（%））
出现第一条可见裂缝	4mm（0.13）	8mm（0.25）
钢筋或 LY225 钢板出现屈服	7.3mm（0.23）	10.2mm（0.32）
混凝土保护层出现剥落	17mm（0.53）	23mm（0.72）
混凝土压碎	38mm（1.19）	72mm（2.25）
峰值荷载	35mm（1.09）	69.7mm（2.18）
极限点	46mm（1.44）	76.5mm（2.39）

4. 试验结果分析

（1）滞回曲线与骨架曲线

图 4.5-19 给出了所有试件的荷载 - 位移滞回曲线，可以看出，各试件滞回曲线均表现出了明显的反 S 形，不同参数的带可更换脚部构件的新型剪力墙的滞回曲线形状大致相同，但与普通剪力墙试件有明显的不同。新型剪力墙在屈服后的强化段表现出了更大的变形能力，滞回曲线整体有明显的捏拢效应，残余变形较小。屈服后的强化段较长，刚度下降明显，峰值后下降段较短。由于试件的初始缺陷以及试验加载没有办法做到两个方向完全对称，试件 NSW1-2 和试件 NSW2-2 的一个方向先产生明显破坏，承载力下降，使得滞回曲线另一个方向没有得到明显的下降段。由于单片剪力墙试件尺寸偏小，底部支座所占比例较大，所以承载力和刚度略有下降，但在整体结构中，可以通过脚部构件的设计和布置加以改善。

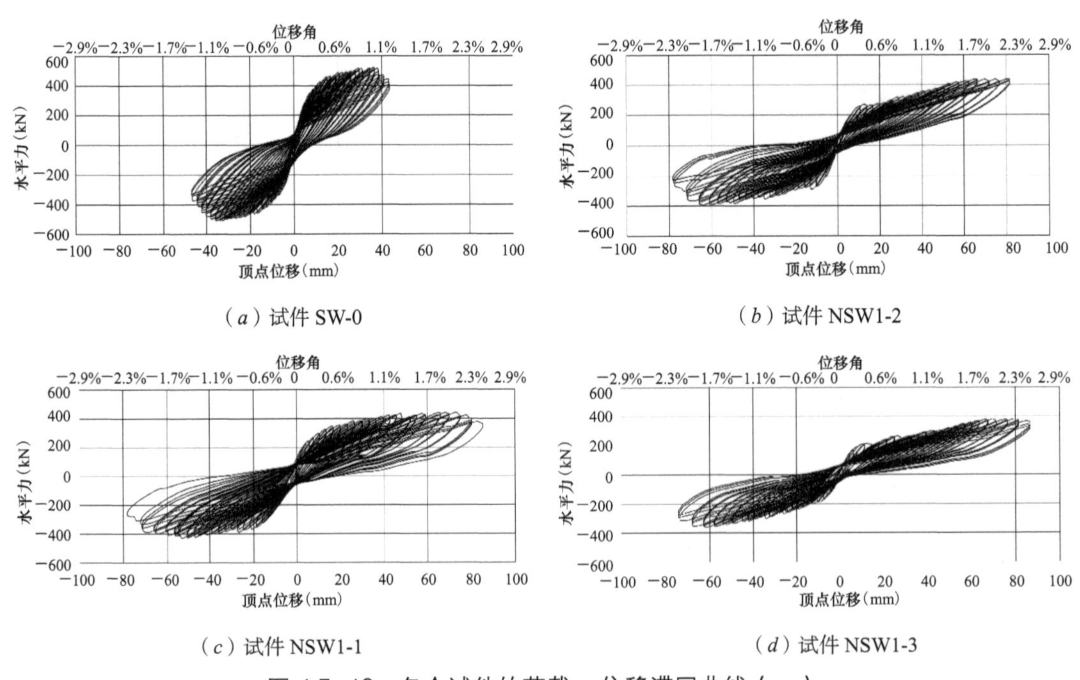

（a）试件 SW-0　　（b）试件 NSW1-2

（c）试件 NSW1-1　　（d）试件 NSW1-3

图 4.5-19　各个试件的荷载 - 位移滞回曲线（一）

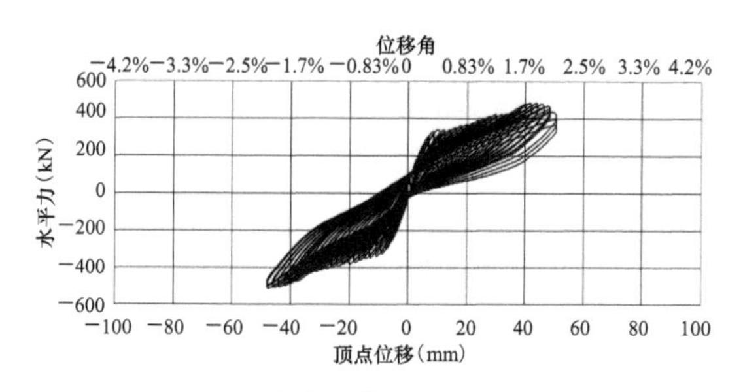

（e）试件 NSW2-2

图 4.5-19　各个试件的荷载 - 位移滞回曲线（二）

通过试验所得的滞回曲线，可以得到每个试件的荷载 - 位移骨架曲线，如图 4.5-20 所示。

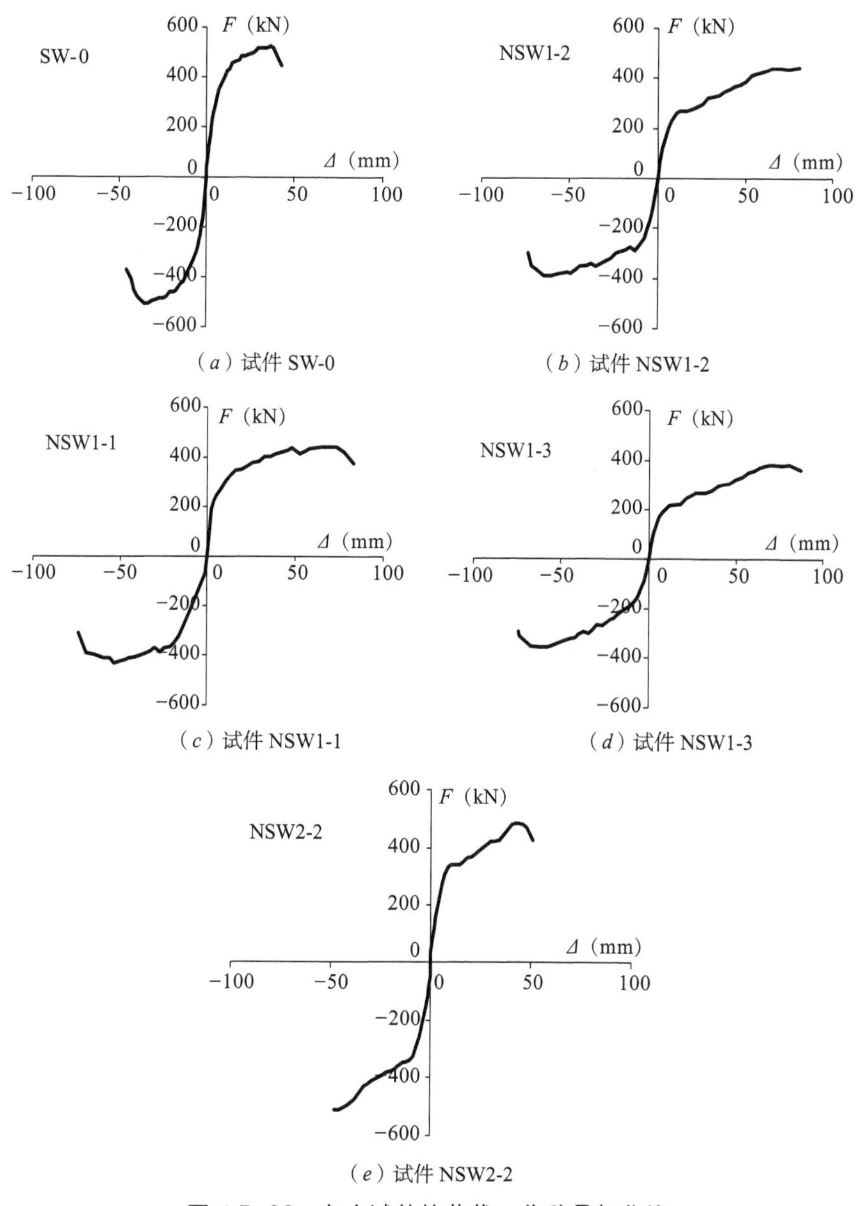

（a）试件 SW-0

（b）试件 NSW1-2

（c）试件 NSW1-1

（d）试件 NSW1-3

（e）试件 NSW2-2

图 4.5-20　各个试件的荷载 - 位移骨架曲线

（2）新型剪力墙与普通剪力墙的抗震性能分析对比

采用通用屈服弯矩法确定骨架曲线的屈服点，同时根据《建筑抗震试验规程》JGJ/T 101—2015 建议，取试件在最大荷载出现后，随变形增加而荷载下降至最大荷载的 85% 时对应的变形以及由于试件严重破坏而停止试验的变形较小值作为极限变形点。普通剪力墙 SW-0 和带可更换脚部构件的新型剪力墙 NSW1-2 荷载–位移骨架曲线的对比如图 4.5-21 所示。

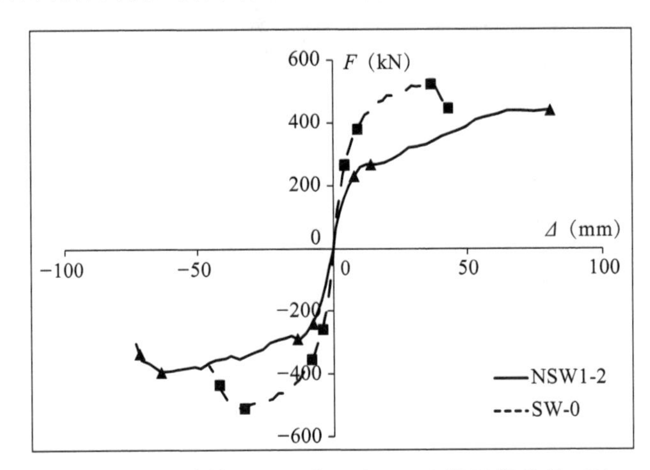

图 4.5-21　试件 SW-0 与 NSW1-2 的骨架曲线对比

试件 SW-0 吸 NSW1-2 的各加载特征点的荷载对比如表 4.5-4 所示。由表 4.5-4 可知，新型剪力墙试件 NSW1-2 两个方向试验实测承载力的平均值为 416.1kN，比普通剪力墙试件 SW-0 要小 19.3%；NSW1-2 的计算承载力要比 SW-0 小 11.3%。由于两个支座的总长占剪力墙总长将近一半，支座水平方向的刚度和承载力相对于混凝土来说都非常小，剪力墙整体的承载力和初始刚度都有明显的降低。另外，在整体结构中，剪力墙脚部支座在整个剪力墙墙片中所占比例约等于边缘约束构件配纵筋区域长度所占剪力墙长度的比例，按照《建筑抗震设计规范》GB 50011—2010 中的规定约为 0.05 ～ 0.125 倍的墙肢长度，且应 ≥ 400mm 和墙肢厚度。所以，在整体结构中加入带可更换墙脚构件剪力墙设计的结构的内力和刚度不会有明显的变化。

试件 SW-0 及 NSW1-2 的承载力对比　　　**表 4.5-4**

试件编号及加载方向		设计轴压比 n_0	开裂荷载 F_{cr}（kN）	屈服荷载 F_y（kN）	峰值荷载 F_m（kN）	承载力平均值 F_m'（kN）	极限点荷载 F_u（kN）	计算承载力 $F_{m,c}$（kN）	相对误差 ω
SW-0	东向	0.33	265.5	380.1	523.5	515.5	447.0	469.1	9%
	西向		256.7	351.5	507.5		431.4		
NSW1-2	东向	0.33	238.7	286.6	391.5	416.1	332.8	416.1	0
	西向		230.0	267.8	440.7		440.7		

两个试件由试验得到的开裂位移 Δ_{cr}、屈服位移 Δ_y、峰值位移 Δ_m 及极限位移 Δ_u 列于表 4.5-5。其中延性系数是分两个方向分别计算得到的，平均延性系数是平均极限位移与平均屈服位移的比值。每个试件关键点的相对位置也都标注于图 4.5-21 中。

试件 SW-0 及 NSW1-2 位移对比　　表 4.5-5

试件编号及加载方向		开裂位移 Δ_{cr}（mm）	屈服位移 Δ_y（mm）	峰值位移 Δ_m（mm）	极限位移 Δ_u（mm）	极限位移角 Θ_u	延性系数 $\mu_\Delta=\Delta_u/\Delta_y$	平均延性 $\mu_\Delta=\Delta_u/\Delta_y$	变形能力 Δ_u/H
SW-0	东向	4.4	9.2	36.5	43.0	1/74	4.7	4.9	0.0134
	西向	4.0	8.2	33.3	42.5	1/75	5.2		0.0133
NSW1-2	东向	7.6	13.4	64.3	72.3	1/44	5.4	5.6	0.0226
	西向	8.0	14.1	80.7	80.7	1/40	5.7		0.0252

试件 SW-0 及 NSW1-2 的位移对比如表 4.5-4 所示。表 4.5-5 可知，新型剪力墙试件 NSW1-2 由于设置了脚部可更换构件，开裂位移、屈服位移、峰值位移及极限位移都被推迟了，新型剪力墙关键点的位移都将近达到普通墙相应位移的两倍左右。新型剪力墙的平均极限位移角达到 1/42，接近普通剪力墙的两倍，所以两者变形能力的比值也接近 2。新型剪力墙的位移延性系数是普通剪力墙的 1.14 倍。

试件的耗能能力使用等效黏滞阻尼系数来衡量，表 4.5-6 列出了试件 SW-0 及 NSW1-2 在屈服点、峰值点以及极限点三个关键点时的等效黏滞阻尼系数。

试件 SW-0 及 NSW1-2 的等效黏滞阻尼系数　　表 4.5-6

试件编号	屈服点 $h_{e,y}$	峰值点 $h_{e,m}$	极限点 $h_{e,u}$	平均黏滞阻尼系数
SW-0	0.0667	0.1078	0.1244	0.1162
NSW1-2	0.1058	0.0931	0.1289	0.1207

新型剪力墙的耗能能力在屈服点时比普通剪力墙高，这是因为此时墙脚支座的软钢板已经进入屈服阶段，开始耗能。但新型剪力墙加载后期的耗能能力相对于普通剪力墙没有特别明显的提高。从滞回曲线上也能看出，新型剪力墙的残余变形很小。这和墙脚支座的尺寸也有关系，由于试件尺寸偏小，脚部支座的尺寸也比较小，其中单片软钢板只有 4mm 厚。故其耗能能力与普通剪力墙相比没有明显的提高，新型剪力墙的平均黏滞阻尼系数比普通剪力墙高出 4%。

表 4.5-7 中列出了两片剪力墙试件在峰值荷载点和极限点处的底部总位移和剪切位移的详细情况。其中，底部位移是指试件在距基底 1500mm 处的侧向位移。可以看出，新型剪力墙底部剪切位移占总位移的比例有明显减小，说明新型剪力墙增加了可更换脚部构件后，峰值点和极限点处的总位移有所增加，但剪切变形变小，更充分发挥了墙体的弯曲变形能力，使得整体墙片弯曲变形更加明显。

试件 SW-0 及 NSW1-2 的剪切位移和弯曲位移对比　　表 4.5-7

试件编号		SW-0	NSW1-2
高宽比		2.0	2.0
轴压比		0.3	0.3
峰值荷载时	底部总位移（mm）	17.5	21.8

续表

试件编号		SW-0	NSW1-2
峰值荷载时	底部总位移角	1/86	1/69
	底部剪切位移（mm）	9.5	10.3
	底部剪切位移角	1/159	1/145
	剪切位移占总位移比例	0.54	0.47
	剪切位移与弯曲位移的比例	1.17	0.90
极限点时	底部总位移（mm）	21.9	28.2
	底部总位移角	1/69	1/53
	底部剪切位移（mm）	11.0	9.3
	底部剪切位移角	1/137	1/161
	剪切位移占总位移比例	0.50	0.33
	剪切位移与弯曲位移的比例	1.00	0.49

（3）轴压比对新型剪力墙的抗震性能影响

选取轴压比作为一个变化的参数来分析轴压比对于新型带可更换脚部构件的剪力墙抗震性能的影响。试验针对新型剪力墙做了三个不同轴压比的试件：NSW1-1、NSW1-2、NSW1-3。表 4.5-8 列出了这三个试件的基本参数信息。

试件 NSW1-1、NSW1-2 及 NSW1-3 的基本信息　　表 4.5-8

试件编号	混凝土立方体抗压强度（MPa）	设计轴压比	实际加载竖向力（kN）	剪跨比	墙片高度（m）	墙片厚度（mm）
NSW1-1	28.5	0.47	1700	2	3.2	200
NSW1-2		0.33	1200	2	3.2	200
NSW1-3		0.22	800	2	3.2	200

图 4.5-22和图 4.5-23 给出了三个试件的荷载 - 位移滞回曲线和骨架曲线，其中骨架曲线上的四个关键点：开裂点、屈服点、峰值荷载点及极限点也依次标注在了图 4.5-23 中。从滞回曲线可以看出，轴压比越大，试件的滞回曲线越发饱满，承载能力也越大，与普通混凝土剪力墙表现出了相近的规律。

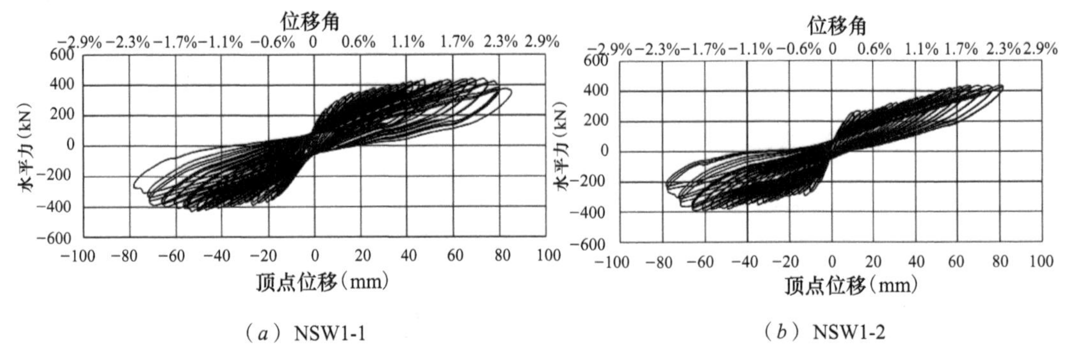

图 4.5-22　试件 NSW1-1、NSW1-2 及 NSW1-3 的滞回曲线对比（一）

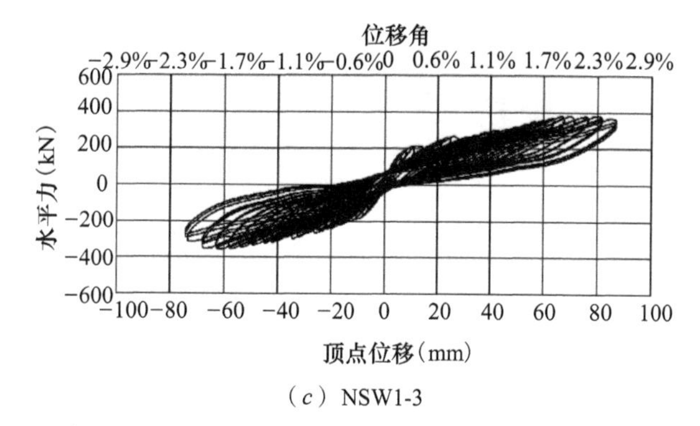

（c）NSW1-3

图 4.5-22　试件 NSW1-1、NSW1-2 及 NSW1-3 的滞回曲线对比（二）

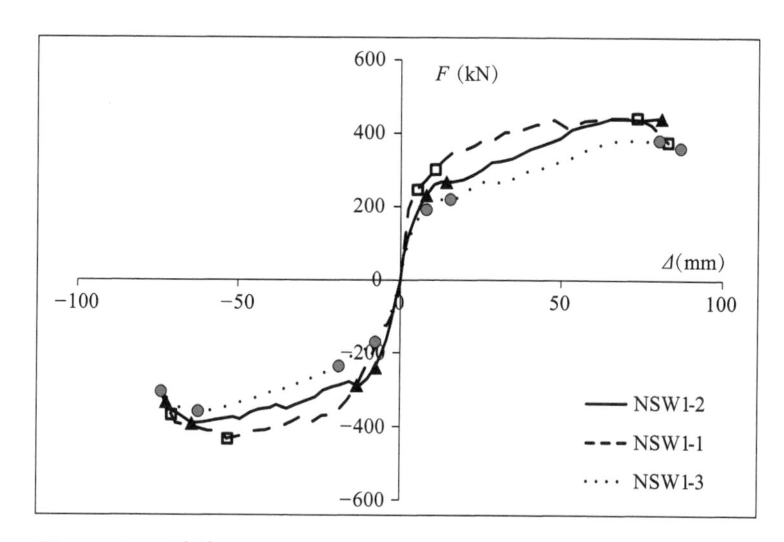

图 4.5-23　试件 NSW1-1、NSW1-2 及 NSW1-3 的骨架曲线对比

表 4.5-9 列出了三个试件的承载力，可以看到，轴压比越大，开裂荷载、屈服荷载、峰值荷载均会随之增大。根据文献 [45] 的试验结果，设计轴压比到达 0.428 时，普通混凝土剪力墙的水平承载力达到最大值，小于此轴压比时，承载力随轴压比的增加而增大；大于此轴压比时，剪力墙水平承载力随轴压比的增加而减小。由于本次新型剪力墙的试验轴压比最大为 0.47，可以说在轴压比小于 0.47 时，和普通剪力墙轴压比对水平承载力的变化规律相同。而由 FEMA273 [46]，剪力墙轴压比大于 0.3 时（换算为本文所述的设计轴压比约为 0.5），将不能有效抵抗地震作用，因此本次试验所定的三种轴压比具有普遍意义。

试件 NSW1-1、NSW1-2 及 NSW1-3 的承载力对比　　　　**表 4.5-9**

试件编号及方向		设计轴压比 n_0	开裂荷载 F_{cr}（kN）	屈服荷载 F_y（kN）	峰值荷载 F_m（kN）	承载力平均值 F_m'（kN）	极限点荷载 F_u（kN）	计算承载力 $F_{m,c}$（kN）	相对误差 ω
NSW1-1	东向	0.47	—	—	432.3	437.2	367.4	440.6	−0.8%
	西向		246.6	301.7	442.0		376.2		

续表

试件编号及方向		设计轴压比 n_0	开裂荷载 F_{cr}（kN）	屈服荷载 F_y（kN）	峰值荷载 F_m（kN）	承载力平均值 F_m'（kN）	极限点荷载 F_u（kN）	计算承载力 $F_{m,c}$（kN）	相对误差 ω
NSW1-2	东向	0.33	238.7	286.6	391.5	416.1	332.8	416.1	0%
	西向		230.0	267.8	440.7		440.7		
NSW1-3	东向	0.22	169.3	234.2	357.8	369.4	304.1	382.7	−3.6%
	西向		191.5	219.7	381.0		360.1		

表 4.5-10 给出了三个试件通过试验得到的开裂位移 Δ_{cr}、屈服位移 Δ_y、峰值荷载点位移 Δ_m 及极限位移 Δ_u。由于 NSW1-1 加载时出现了部分误加载，所以一个方向的开裂位移及屈服位移没有列入。由表可以看出，轴压比越大，开裂位移、屈服位移越小，同时峰值荷载点位移和极限位移也出现得越早，位移延性系数也随轴压比的增大而增大。

试件 NSW1-1、NSW1-2 及 NSW1-3 的位移对比　　　表 4.5-10

试件编号及方向		轴压比 n_0	开裂位移 Δ_{cr}（mm）	屈服位移 Δ_y（mm）	峰值荷载点位移 Δ_m（mm）	极限位移 Δ_u（mm）	极限位移角 Θ_u	延性系数 $\mu_\Delta=\Delta_u/\Delta_y$	平均延性系数	变形能力 Δ_u/H
NSW1-1	东向	0.47	—	—	53.2	70.5	1/46	-	7.2	0.0220
	西向		5.2	10.7	73.2	82.7	1/39	7.7		0.0259
NSW1-2	东向	0.33	7.6	13.4	64.3	72.3	1/44	5.4	5.6	0.0226
	西向		8.0	14.1	80.7	80.7	1/40	5.7		0.0252
NSW1-3	东向	0.22	7.8	19.0	62.3	73.8	1/44	3.9	4.7	0.0231
	西向		7.9	15.4	80.0	86.7	1/37	5.6		0.0271

三个试件的极限位移角和变形能力没有特别明显的规律，数值上相差不多。这可能是由于加载过了峰值点之后，在墙脚支座上方与混凝土墙体的界面上，剪力墙的边缘约束构件中的纵筋在底部焊点处断开，混凝土墙体下部转动中心偏移，使得受压处混凝土应力迅速增加进而破坏。三个试件都有这样的情况发生，使得极限位移在差不多同一位置发生。如果能更好地解决此处连接问题，轴压比对于新型剪力墙变形能力的影响规律会更显著。表 4.5-11 给出了试件 NSW1-1、NSW1-2 及 NSW1-3 在屈服点、峰值荷载点以及极限点三个关键点的等效黏滞阻尼系数对比。

试件 NSW1-1、NSW1-2 及 NSW1-3 的等效黏滞阻尼系数　　　表 4.5-11

试件编号	试验轴压比	屈服点 $h_{e,y}$	峰值荷载点 $h_{e,m}$	极限点 $h_{e,u}$	平均黏滞阻尼系数
NSW1-1	0.47	0.1192	0.0981	0.1251	0.1457
NSW1-2	0.33	0.1058	0.0931	0.1289	0.1207
NSW1-3	0.22	0.1212	0.0979	0.1093	0.0933

在不同的轴压力作用下，屈服点、峰值荷载点和极限点的等效黏滞阻尼系数相差不

大，没有明显的规律；但平均黏滞阻尼系数是随着轴压比的增大而增大的。

（4）高宽比对新型剪力墙抗震性能的影响

试验设计了两个不同高宽比的新型剪力墙试件，NSW1-2 和 NSW2-2，它们轴压比相同，高宽比分别为 2.0 和 1.5。试件 NSW1-2 和 NSW2-2 的基本信息见表 4.5-12。

试件 NSW1-2 和 NSW2-2 的基本信息　　　表 4.5-12

试件编号	混凝土立方体抗压强度（MPa）	设计轴压比	实际加载竖向力（kN）	剪跨比	墙片高度（m）	墙片厚度（mm）
NSW1-2	28.5	0.33	1200	2	3.2	200
NSW2-2	28.5	0.33	1200	1.5	2.4	200

图 4.5-24和图 4.5-25 给出了两个试件的滞回曲线和骨架曲线对比，可以看到高宽比较大的试件初始刚度小。

表 4.5-13 列出了两个试件的承载力，可以看出，除了开裂荷载，高宽比为 1.5 的试件的屈服荷载、峰值荷载和极限荷载均比高宽比为 2 的试件要大。试件 NSW2-2 的峰值荷载要比试件 NSW1-2 大 20%。高宽比对于新型剪力墙的水平承载力的影响显著，规律与普通剪力墙相同。

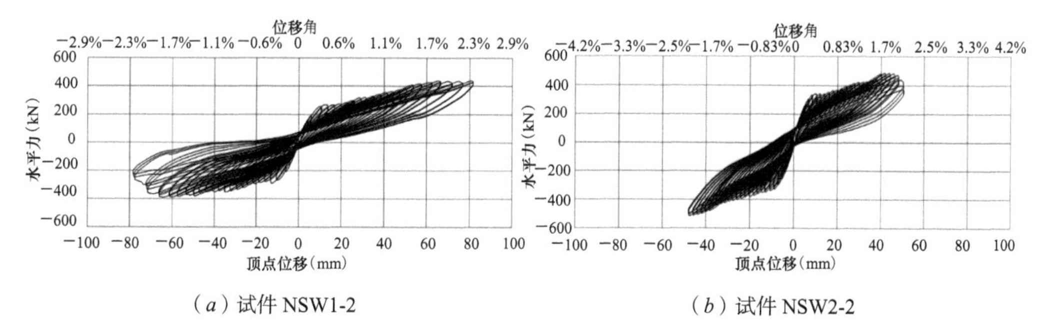

（a）试件 NSW1-2　　（b）试件 NSW2-2

图 4.5-24　试件 NSW1-2 以及 NSW2-2 的滞回曲线对比

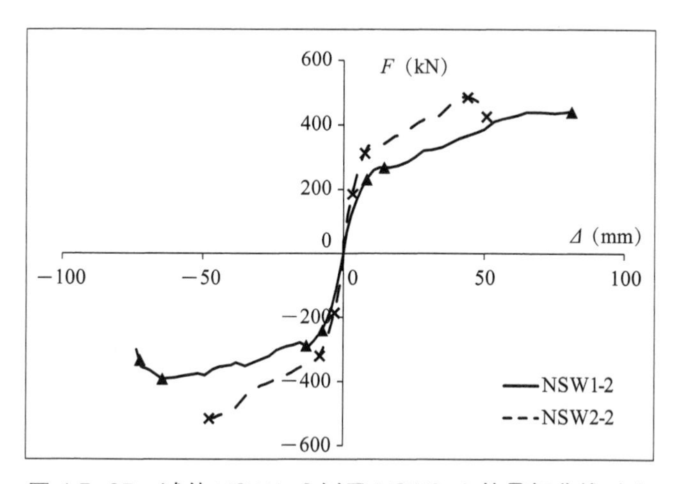

图 4.5-25　试件 NSW1-2 以及 NSW2-2 的骨架曲线对比

试件 NSW1-2 及 NSW2-2 的承载力对比　　　　表 4.5-13

试件编号及方向		高宽比	开裂荷载 F_{cr}（kN）	屈服荷载 F_y（kN）	峰值荷载 F_m（kN）	承载力平均值 F_m'（kN）	极限点荷载 F_u（kN）	计算承载力 $F_{m,c}$（kN）	相对误差 ω
NSW1-2	东向	2.0	238.7	286.6	391.5	416.1	332.8	416.1	0%
	西向		230.0	267.8	440.7		440.7		
NSW2-2	东向	1.5	183.8	318.5	513.4	499.5	513.4	493.0	1.3%
	西向		185.2	312.5	485.5		426.2		

表 4.5-14 给出了两个试件在试验中得到的开裂位移 Δ_{cr}、屈服位移 Δ_y、峰值荷载点位移 Δ_m 及极限位移 Δ_u。由此结果可以看出，随着试件的高宽比的增大，各个关键点的位移均有明显的增大，变形能力更强。同时，两个试件极限位移角均超过了 1/70，表现出了较好的变形能力。

试件 NSW1-2 及 NSW2-2 的位移对比　　　　表 4.5-14

试件编号及方向		高宽比	开裂位移 Δ_{cr}（mm）	屈服位移 Δ_y（mm）	峰值荷载点位移 Δ_m（mm）	极限位移 Δ_u（mm）	极限位移角 Θ_u	延性系数 $\mu_\Delta=\Delta_u/\Delta_y$	平均延性系数	变形能力 Δ_u/H
NSW1-2	东向	2.0	7.6	13.4	64.3	72.3	1/44	5.4	5.6	0.0226
	西向		8.0	14.1	80.7	80.7	1/40	5.7		0.0252
NSW2-2	东向	1.5	3.3	8.5	47.7	47.7	1/67	5.6	6.2	0.0149
	西向		3.0	7.2	43.8	50.5	1/63	7.0		0.0158

表 4.5-15 给出了两个试件在屈服点、峰值荷载点以及极限点的等效黏滞阻尼系数，可以看出，在各个阶段，高宽比较小的试件的等效黏滞阻尼系数都低于高宽比较高的试件。同时，平均黏滞阻尼系数也表现出了相同的规律。所以，高宽比大的新型剪力墙的耗能能力要优于高宽比较小的新型剪力墙。

试件 NSW1-2 及 NSW2-2 的等效黏滞阻尼系数对比　　　　表 4.5-15

试件编号	高宽比	屈服点 $h_{e,y}$	峰值荷载点 $h_{e,m}$	极限点 $h_{e,u}$	平均黏滞阻尼系数
NSW1-2	2.0	0.1058	0.0931	0.1289	0.1207
NSW2-2	1.5	0.0971	0.08181	0.1043	0.0792

表 4.5-16 中列出了两片剪力墙试件在峰值荷载点和极限点处的底部总位移和剪切位移的详细情况。其中，底部位移是指试件在距基底 1500mm 处的侧向位移。位移角的计算方法也是用位移除以底部高度 1500mm 而得到。可以看到，高宽比对新型剪力墙底部位移分量也有明显的影响，轴压比相同、高宽比较小的试件剪切位移所占比例会明显高一些。新型剪力墙底部位移分量的规律与普通剪力墙基本相同。

试件 NSW1-2 及 NSW2-2 的剪切位移和弯曲位移对比　　表 4.5-16

试件编号		NSW1-2	NSW2-2
高宽比		2.0	1.5
轴压比		0.33	0.33
峰值荷载点位移	底部总位移（mm）	21.8	21.7
	底部总位移角	1/69	1/69
	底部剪切位移（mm）	10.3	11.6
	底部剪切位移角	1/145	1/129
	剪切位移占总位移比例	0.47	0.53
	剪切位移与弯曲位移的比例	0.90	1.14
极限位移	底部总位移（mm）	28.2	24.5
	底部总位移角	1/53	1/61
	底部剪切位移（mm）	9.3	13.4
	底部剪切位移角	1/161	1/112
	剪切位移占总位移比例	0.33	0.55
	剪切位移与弯曲位移的比例	0.49	1.21

（5）新型剪力墙可更换支座位移规律

可更换脚部构件是一个拉压组合支座，在剪力墙受到顶端水平荷载时，墙脚的拉压支座就会产生竖向位移。支座的变形对新型剪力墙整体的抗侧力规律起着重要的影响。图 4.5-26 给出了试件 NSW1-1 在四个不同的加载阶段时，脚部两个支座的竖向位移随加载时间的变化。

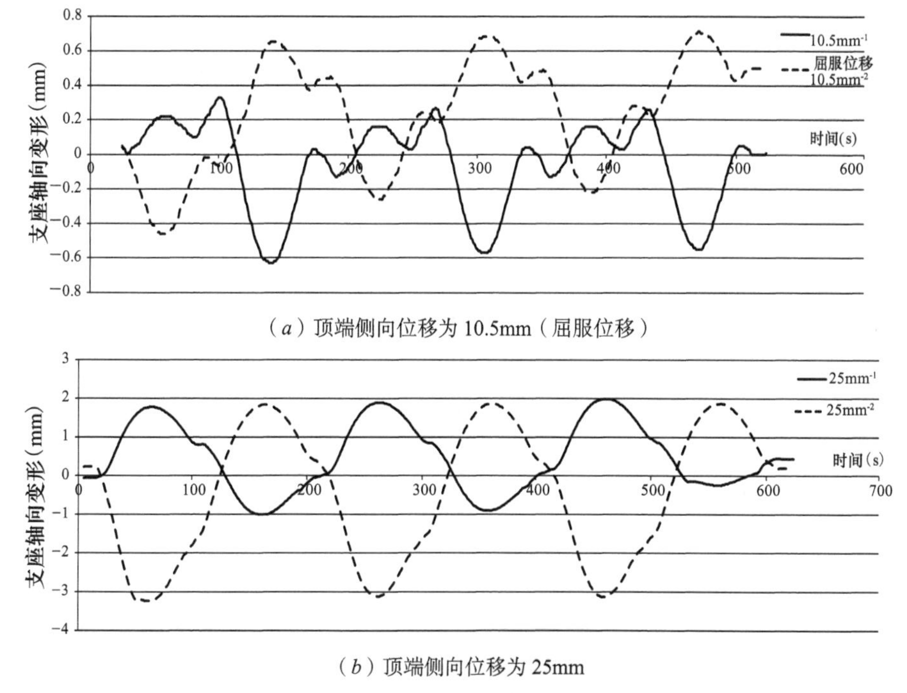

（*a*）顶端侧向位移为 10.5mm（屈服位移）

（*b*）顶端侧向位移为 25mm

图 4.5-26　剪力墙脚部可更换支座竖向位移变化图（一）

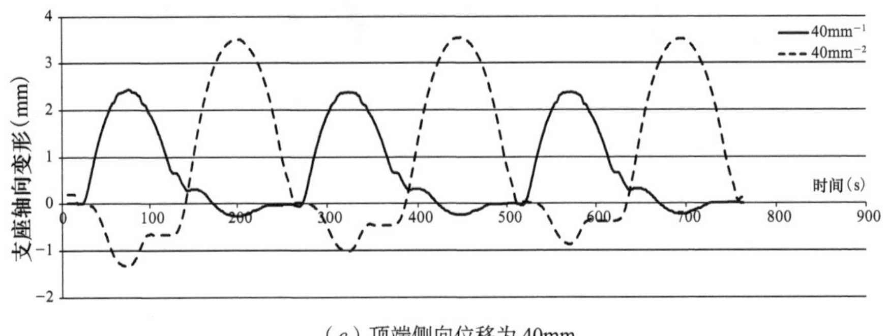

（c）顶端侧向位移为 40mm

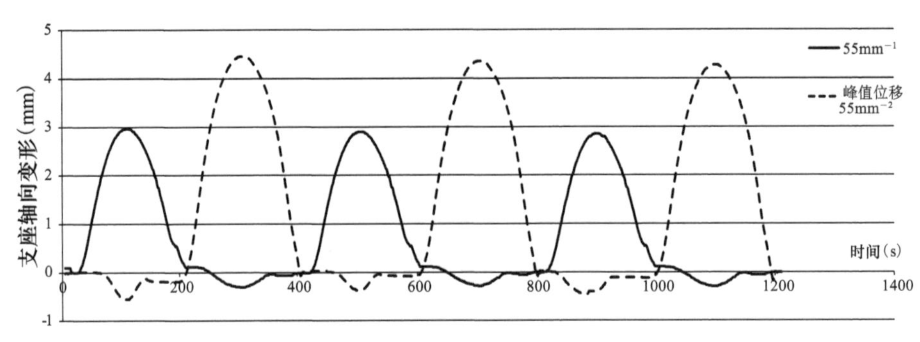

（d）顶端侧向位移为 55mm（单向峰值荷载点位移）

图 4.5-26　剪力墙脚部可更换支座竖向位移变化图（二）

图中纵坐标为支座最外侧位移计所测量得到的位移，且均去除了初始位移的影响，支座受压时位移为正，受拉为负；横坐标为时间轴。图中实线代表西侧墙脚的支座，受力一开始是受压状态；虚线代表东侧墙脚的支座，受力一开始是受拉状态。

从图中可以看出，当加载到 25mm 时，支座的竖向位移规律比较明显，支座的位移随着加载位移的增大而增大，拉压位移相对比较对称。当加载到 40mm 时，受压位移还在增加，但是受拉一侧的位移明显小于受压的位移，也小于前面加载阶段的受拉位移。从试验现象中也能看出，此时，在受拉一侧的支座与上方混凝土墙之间出现比较宽的裂缝，拉力传递效果退化。此时，水平荷载已达到峰值荷载的 94%。当加载到单向到达峰值荷载点位移时，受压位移差达到 4.5mm，而受拉位移只有 0.5mm。此时，支座上方的混凝土部分与支座之间的裂缝在加载时非常明显，边缘构件中的钢筋屈曲，外排钢筋从焊点处断开。

从顶端位移与支座竖向位移的对比还可以看出，当支座受压后又卸载，整体墙片的顶端位移回到零点时，受压支座的竖向位移还没有回到零，仍然处于受压状态，此时受拉侧的支座也处于受拉状态。支座的受力要比墙体的受力滞后一些。

5. 带可更换脚部构件新型剪力墙的恢复力模型

（1）骨架曲线

图 4.5-27 为试验骨架曲线对比图。为了研究骨架曲线的规律，将骨架曲线进行无量纲化，将试验时试件的最大水平承载力点（Δ_m, F_m）作为试件恢复力模型无量纲化的基准点。对 4 个带可更换脚部构件剪力墙试件进行分析，得到无量化的骨架曲线如图 4.5-28 所示。

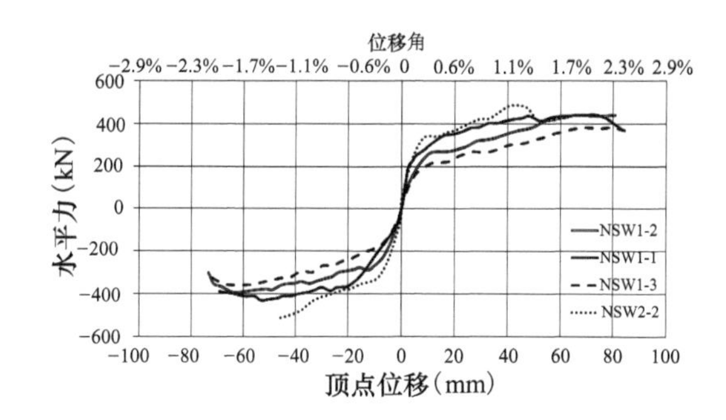

图 4.5-27　新型剪力墙试件骨架曲线对比

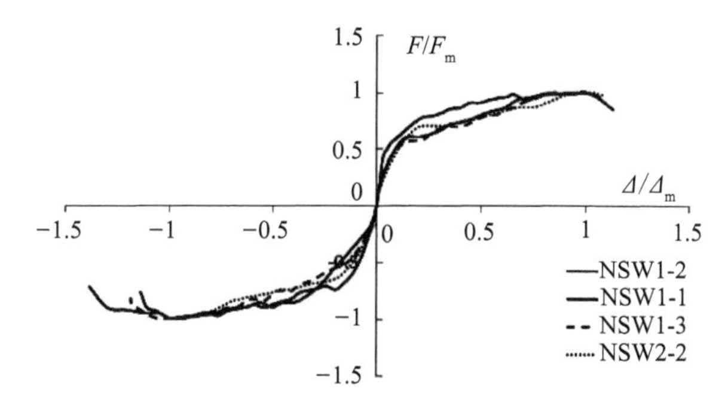

图 4.5-28　新型剪力墙试件无量纲化骨架曲线

为便于在结构弹塑性反应分析中应用，恢复力模型应简化，但要尽量反映试件的主要滞回受力特征。根据试件的骨架曲线和特征点数据，将带可更换墙脚构件剪力墙的骨架曲线简化为四个阶段：弹性段、开裂段、强化段和下降段。在每个阶段内骨架曲线简化为直线。如图 4.5-29 所示，曲线上共有 5 个关键点，分别是原点（0，0）、开裂点（Δ_{cr}，F_{cr}）、屈服点（Δ_y, F_y）、峰值荷载点（Δ_m, F_m）和极限变形点（Δ_u, F_u）。

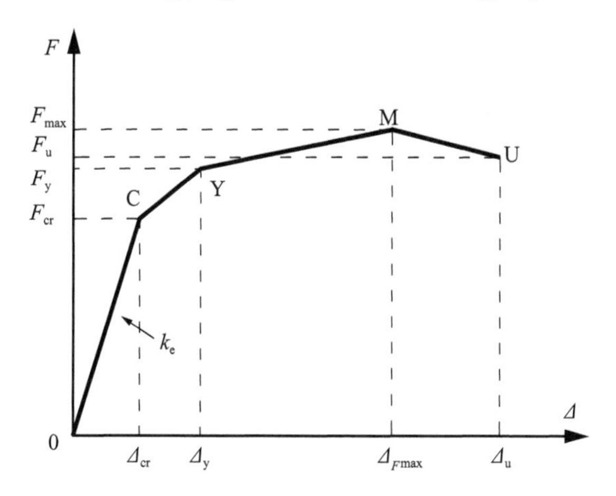

图 4.5-29　新型剪力墙荷载 - 位移骨架曲线简化模型

1）弹性刚度 k_e

根据设计轴压比 n_0 与试验测得的开裂前刚度之间的对应关系，可以回归得到 k_e 的表达式为：

$$k_e=0.8\times(4.367n_0-0.1147)\times\frac{F}{\Delta 1_{弯曲}+\Delta 1_{剪切}+\Delta 2_{弯曲}+\Delta 2_{剪切}} \tag{4.5-3}$$

其中$\Delta 1_{弯曲}$、$\Delta 1_{剪切}$、$\Delta 2_{弯曲}$和$\Delta 2_{剪切}$可由以下公式求出：

$$\Delta 1_{弯曲}=\frac{FH_{AB}^3}{3EI_{AB}}+\frac{FH_{BC}H_{AB}^2}{2EI_{AB}} \tag{4.5-4}$$

$$\Delta 1_{剪切}=\frac{\mu FH_{AB}}{G_cA_{AB}} \tag{4.5-5}$$

$$\begin{aligned}\Delta 2_{弯曲}&=\int_B^C x\varphi\mathrm{d}x=\int_B^C x\frac{M}{EI_{AB}}\mathrm{d}x\\&=\int_B^C\frac{x}{EI_{AB}}\left[Fx-\frac{1}{2}(B-b_{rb})(F_v+F_v')\right]\mathrm{d}x\\&=\frac{1}{EI_{AB}}\left[\frac{1}{3}FH_{BC}^3-\frac{1}{4}H_{BC}^2(B-b_{rb})(F_v+F_v')\right]\end{aligned} \tag{4.5-6}$$

$$\Delta 2_{剪切}=\frac{\mu FH_{BC}}{G_cA_{BC}} \tag{4.5-7}$$

2）开裂荷载F_{cr}

除截面尺寸和材料强度外，剪跨比λ和轴压力N对开裂荷载有较大影响，故以这些因素作为参数，回归得到开裂荷载的计算式。由于首先出现开裂的地方在支座上方，所以开裂荷载不考虑支座的影响。

$$F_{cr}=\frac{1}{4-\lambda}(0.0432f_{ck}bh+0.163N) \tag{4.5-8}$$

3）开裂位移Δ_{cr}

已知开裂荷载和弹性刚度，开裂位移可表示为：

$$\Delta_{cr}=\frac{F_{cr}}{k_e} \tag{4.5-9}$$

4）峰值荷载F_m

从试验结果分析，试件破坏由压弯控制。所以峰值荷载可通过正截面受弯承载力计算方法得到。图 4.5-30 为底部截面极限状态时的应力分布图。

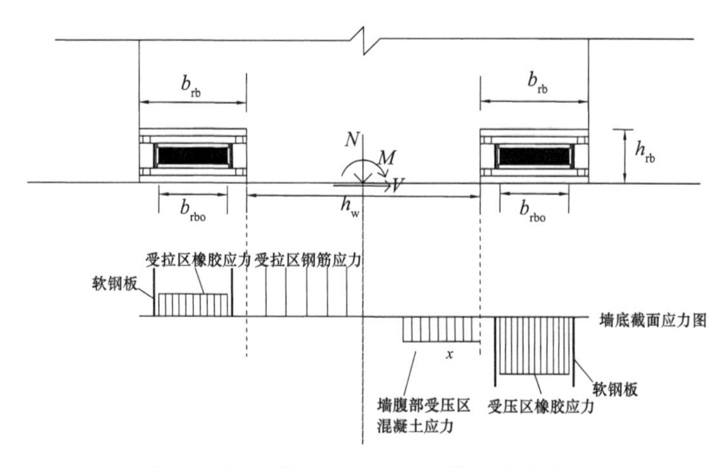

图 4.5-30　截面尺寸示意和截面应力分布

根据力的平衡条件可得：

$$N=N_c-N_{sw}+N_{rb}' \\ =\alpha_1 f_c b_w x-(h_w-1.5x)b_w f_{yw}\rho_w+(\xi_{cu}h_{rb})K_{v,rb} \tag{4.5-10}$$

$$N\left(e_0+\frac{h_w}{2}+\frac{b_{rb}}{2}\right)\leqslant M_c-M_{sw}+2f_{y,sp}A_{sp}(h_w+b_{rb})+(\xi_{cu}h_{rb})K_{v,rb}(h_w+b_{rb}) \tag{4.5-11}$$

式中，

$$M_c=\alpha_1 f_c b_w x\left(h_w-\frac{x}{2}+\frac{b_{rb}}{2}\right) \tag{4.5-12}$$

$$M_{sw}=\frac{1}{2}(h_w-1.5x)b_w f_{yw}\rho_w(h_w-1.5x+b_{rb}) \tag{4.5-13}$$

$$e_0=\frac{M}{N}=\frac{FH}{N} \tag{4.5-14}$$

计算试件承载力并与试验结果对比时，混凝土材料强度采用轴心抗压强度标准值f_{ck}，钢材及钢筋的强度均使用试验得到的屈服强度。通过上式所得到的F即为峰值荷载。

5）峰值荷载点位移Δ_m

考虑剪跨比λ、轴压比n_0以及橡胶垫部分的竖向受压刚度$K_{v,rb}$对峰值位移的影响，并结合试验结果进行回归分析，得到峰值荷载点位移的表达式如下：

$$\Delta_m=\frac{\lambda^2}{\lambda-0.6334}(2.19-n_0)\frac{K_{v,rb}}{2.88\times10^8+K_{v,rb}}H \tag{4.5-15}$$

6）屈服位移Δ_y以及屈服荷载F_y

从试验的骨架曲线可以看出，构件屈服拐点处距离开裂点比较近，离峰值荷载点较远。较难界定屈服点的受力状态。所以屈服点的确定通过找到屈服点与峰值荷载点力和位移的比值，同时考虑轴压比和剪跨比两个参数的影响：

$$\Delta_y=(an_0+b)(c\lambda+d)\Delta_m \tag{4.5-16}$$

$$F_y=(a'n_0+b')(c'\lambda+d')F_m \tag{4.5-17}$$

通过对试验结果的分析回归，可以得到：

$$\Delta_y=(-0.3n_0+0.443)(0.263\lambda+0.11)\Delta_m \tag{4.5-18}$$

$$F_y=(0.493n_0+0.3755)(0.1138\lambda+1)F_m \tag{4.5-19}$$

7）极限点荷载F_u

极限点荷载取值为0.85倍的峰值荷载，即：

$$F_u=0.85F_m \tag{4.5-20}$$

8）极限位移Δ_u

从试验结果分析，试件的位移延性系数随着轴压比的增大而增大。位移延性系数通过回归试验数据可得：

$$\mu=11n_0^{0.56} \tag{4.5-21}$$

位移延性系数$\mu=\Delta_u/\Delta_y=\Delta_u/[(-0.3n_0+0.443)(0.263\lambda+0.11)\Delta_m]$，所以

$$\Delta_u=11n_0^{0.56}(-0.3n_0+0.443)(0.263\lambda+0.11)\Delta_m \tag{4.5-22}$$

表4.5-17给出了根据上述步骤和方法计算得到的4个新型剪力墙试件的骨架曲线关键点的计算结果，并与试验值进行比较。表中的项目，下标带c为按本文建立的方法得到的结果，下标带t为试验结果。试验结果为骨架曲线正负两个方向求得的平均值。由表可见

回归得到的计算公式能够较好地反映试验结果。

试件骨架曲线关键点的计算结果与试验结果比较 **表 4.5-17**

试件编号		NSW1-2	NSW1-1	NSW1-3	NSW2-2
轴压比		0.33	0.47	0.22	0.33
高宽比		2.0	2.0	2.0	1.5
开裂点	$F_{cr,c}$（kN）	229.5	270.3	196.9	183.6
	$F_{cr,t}$（kN）	234.3	246.6	180.4	184.5
	$\Delta_{cr,c}$（mm）	7.4	5.9	9.9	2.7
	$\Delta_{cr,t}$（mm）	7.8	5.2	7.9	3.1
屈服点	$F_{y,c}$（kN）	275.1	328.1	227.5	310.9
	$F_{y,t}$（kN）	277.2	301.7	227.0	315.5
	$\Delta_{y,c}$（mm）	15.2	12.4	17.7	8.0
	$\Delta_{y,t}$（mm）	13.8	10.7	17.2	7.9
峰值点	$F_{m,c}$（kN）	416.0	440.6	382.7	493.0
	$F_{m,t}$（kN）	416.1	437.1	369.4	499.5
	$\Delta_{m,c}$（mm）	69.7	64.5	73.8	46.4
	$\Delta_{m,t}$（mm）	72.5	63.2	71.1	45.7
极限点	$F_{u,c}$（kN）	353.6	374.5	325.3	419.1
	$F_{u,t}$（kN）	386.7	371.8	332.1	469.8
	$\Delta_{u,c}$（mm）	90.2	89.3	83.5	47.6
	$\Delta_{u,t}$（mm）	76.5	76.6	80.2	49.1

根据以上建立的恢复力模型，可以根据不同试件做出骨架曲线，与试验所得到的骨架曲线进行比较，如图 4.5-31 所示。图中虚线是试验得到的骨架曲线，实线是计算得到的骨架曲线。

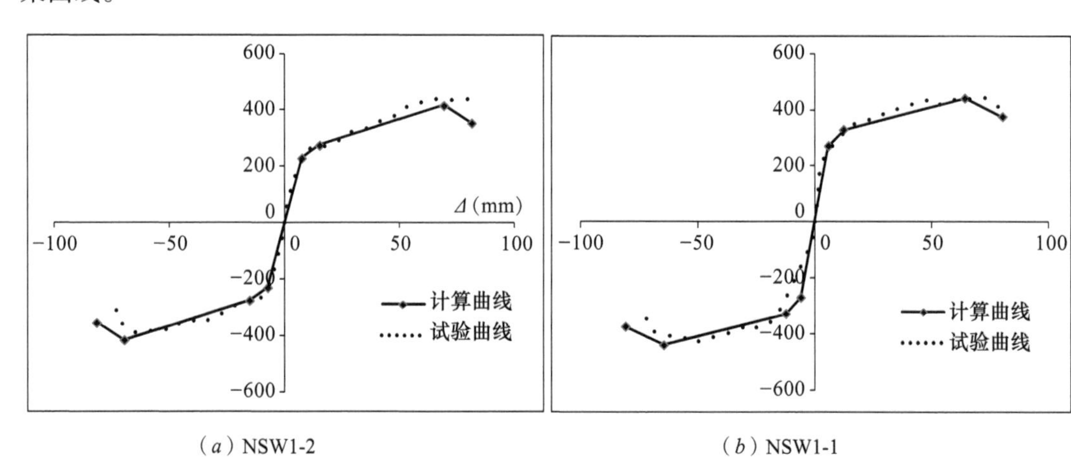

（a）NSW1-2　（b）NSW1-1

图 4.5-31　试验和计算骨架曲线对比（一）

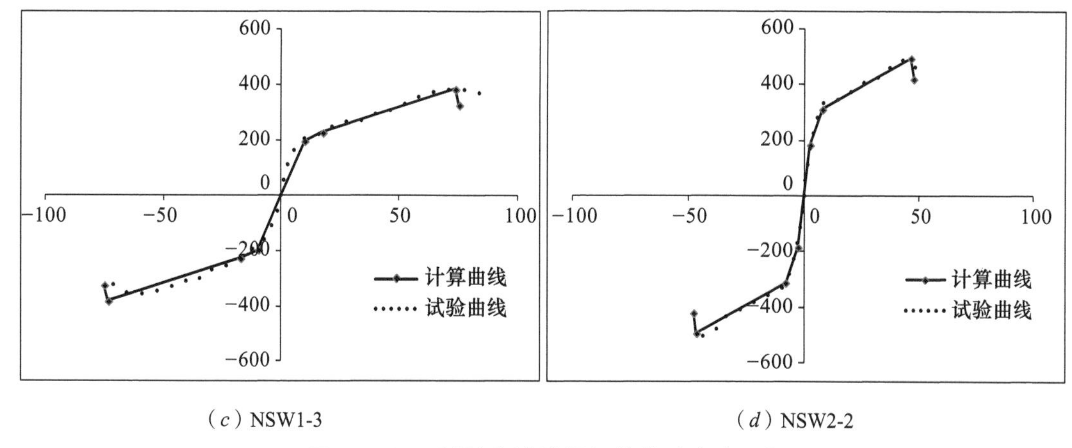

（c）NSW1-3　　（d）NSW2-2

图4.5-31　试验和计算骨架曲线对比（二）

图4.5-31中的NSW1-1试件的骨架曲线负方向，由于加载到4mm时出现了误操作，加载到了18mm，过了开裂点和屈服点，所以这个试件的开裂点以及屈服点仅是根据正向的开裂点及屈服点来确定的。其余试件关键点的确定均是取两个方向的平均值。从图4.5-31可以看出，上述建立的骨架曲线能够较好地反映试验结果。

（2）滞回曲线

通过对试验结果的分析发现，卸载刚度的退化与轴压比 n_0 和剪跨比 λ 有关。图4.5-32给出了各个试件的卸载刚度比与顶部水平位移比的关系。

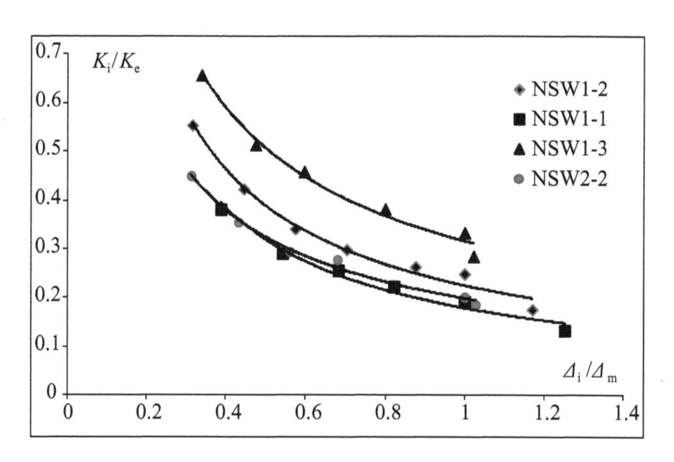

图4.5-32　卸载刚度退化与位移比的关系

图中，K_i 是卸载刚度，K_e 是计算骨架曲线上开裂前的弹性刚度，Δ_i 是试件顶端水平位移，Δ_m 为试件峰值荷载点位移。通过数据拟合，得到卸载刚度的公式如下：

$$K_i / K_0 = (0.101 - 0.129n_0)(1+1.594\lambda)(|\Delta_i|/|\Delta_m|)^{\frac{2.763n_0+2.563}{\lambda-6.527}} \tag{4.5-23}$$

滞回规律如下：

1）开裂前构件处在弹性阶段，加载刚度取开裂前刚度 K_e，并且按照弹性刚度卸载。

2）从开裂到屈服，加载刚度取屈服前刚度 K_2，卸载时指向反向开裂点，考虑刚度退化和残余变形。

3）屈服点之后，加载路径按照骨架曲线屈服点至峰值荷载点直线段。卸载时，卸载刚度按照公式（4.5-23）计算，卸载到零载反向再加载时，在 $F=0$ 处指向反向经历过的最大位移点。

4）过了峰值荷载点，承载力开始下降。极限荷载点取骨架曲线上水平力等于 85% 的点。下降段的卸载刚度同样按照公式（4.5-23）计算。

图 4.5-33 给出了计算得到的滞回曲线与试验滞回曲线的比较。从图中可以看出，带可更换脚部构件的剪力墙计算滞回曲线的整体趋势与试验滞回曲线大致相同，建立的恢复力模型能够较好地反映这种新型剪力墙的滞回性能和动力反应特性。

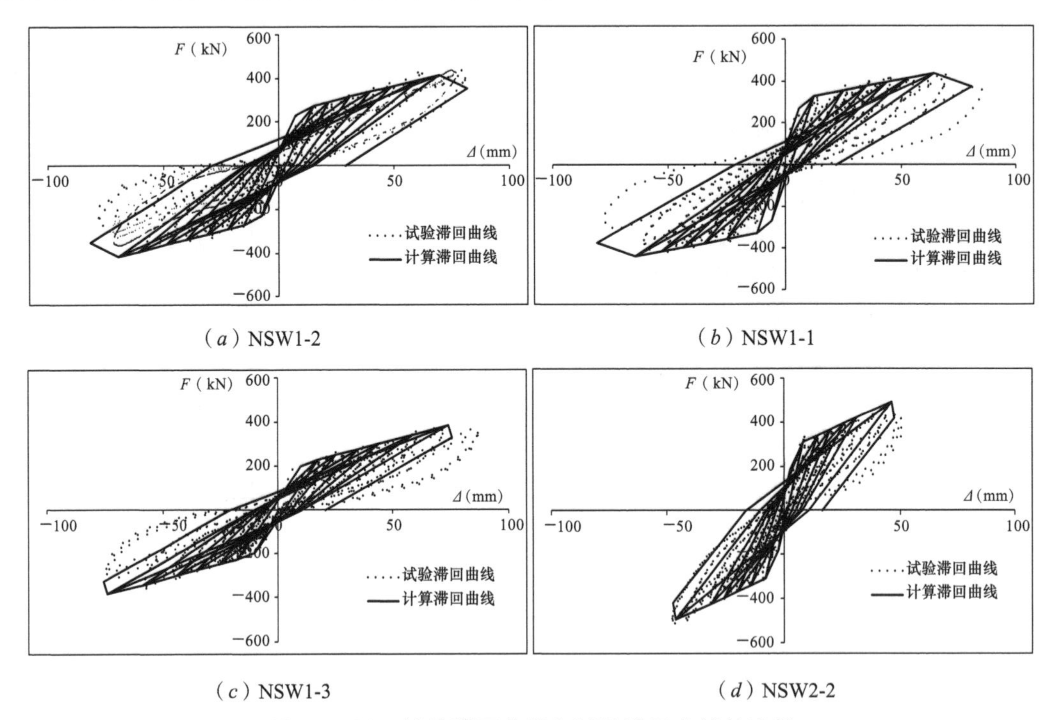

（a）NSW1-2　（b）NSW1-1

（c）NSW1-3　（d）NSW2-2

图 4.5-33　计算滞回曲线与试验滞回曲线的比较

4.6　具有可更换脚部构件的剪力墙结构体系的设计

4.6.1　设计原理

根据叠层橡胶支座的基本构造和形状，确定了剪力墙脚部构件的基本构造，如图 4.6-1 所示。由于此构件是在橡胶支座基础上设计的，又能够同时承受压力和拉力，将其命名为拉压组合减震隔震支座。

叠层橡胶支座竖向受压刚度大、能够承受较大压力，可以作为剪力墙可更换墙脚构件的主体部分。但叠层橡胶支座竖向受拉承载力较小，拉伸刚度也很小，所以还需要其他部分来解决受拉和耗能的问题。

承受拉力部分需要有较大的初始抗拉刚度，大震后进入塑性变形耗散能量，同时也要较大的受拉承载力。用于金属阻尼器的低屈服钢（或称软钢）屈服点波动范围小，具有良好的滞回性能和低周疲劳抗力，还有较高的抗拉性能。所以考虑使用低屈服钢来作为新型可更换脚部构件中受拉部件。

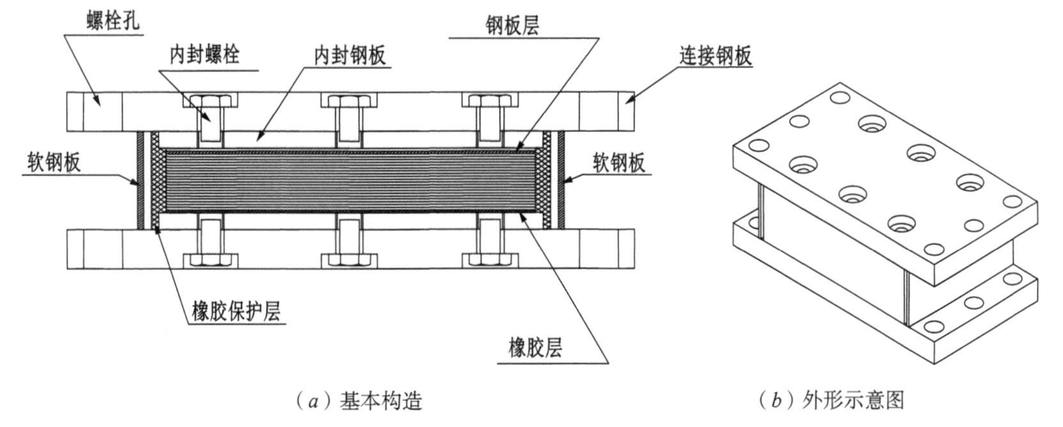

（a）基本构造　　（b）外形示意图

图 4.6-1 拉压组合减震隔震支座示意图

由图 4.6-1 可知，拉压组合支座的基本构造是在一个典型的叠层橡胶支座上，焊接两块直立的软钢板构成的。支座有以下几个主要部分：上下连接钢板，通过钢板两侧的螺栓孔与主体结构相连；上下内封板，通过内封螺栓与连接钢板相连；硫化成一体的多层钢板和橡胶层，主要承受压力；两侧的软钢板，与上下连接钢板焊接，主要承受拉力。

支座沿剪力墙长度方向放置，软钢板的平面内方向与剪力墙的平面内方向垂直。由于支座放置于剪力墙墙脚位置，其水平位移很小，主要考虑其在受弯变形明显的剪力墙中承受拉压荷载，所以不考虑支座的水平刚度，此部位的剪力墙水平刚度由剩余的剪力墙墙体提供。

图 4.6-2 给出了拉压组合支座与墙体的连接方式。在混凝土墙体中预埋焊有内螺纹套筒的连接板，其上焊有锚固用的钢筋，拉压组合支座通过螺栓与套筒相连，即与墙体相连，需要注意的是套筒的长度应按照局部受拉所需的锚固长度确定。这样的连接方式可以实现支座的可更换。

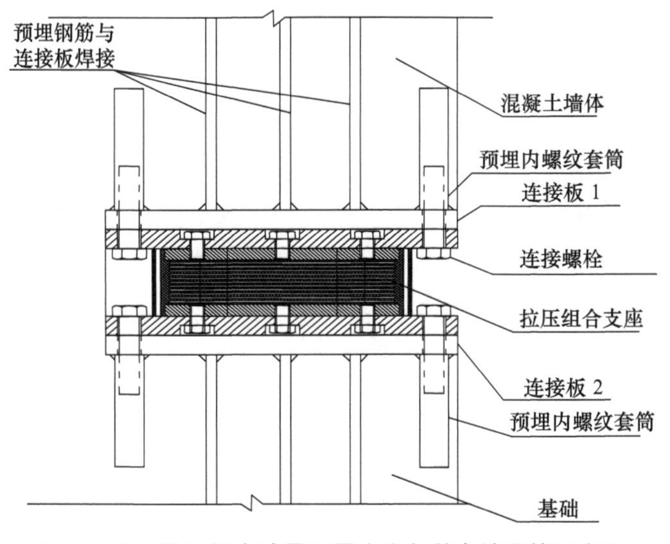

图 4.6-2 拉压组合减震隔震支座与剪力墙连接示意图

4.6.2 设计方法

参照普通钢筋混凝土剪力墙的设计方法，可设计带可更换脚部构件剪力墙，主要步骤如下：

1）根据普通剪力墙边缘约束构件的尺寸，来确定可更换部位的平面尺寸。

可更换支座的厚度 t_{rb} 应与剪力墙的厚度相同。长度应与剪力墙边缘约束构件的长度相当，考虑到连接部位的空间，建议可更换支座的总长度 b_{rb} 取 1.1 ～ 1.2 倍的边缘约束构件长度 l_w，如图 4.6-3 所示。

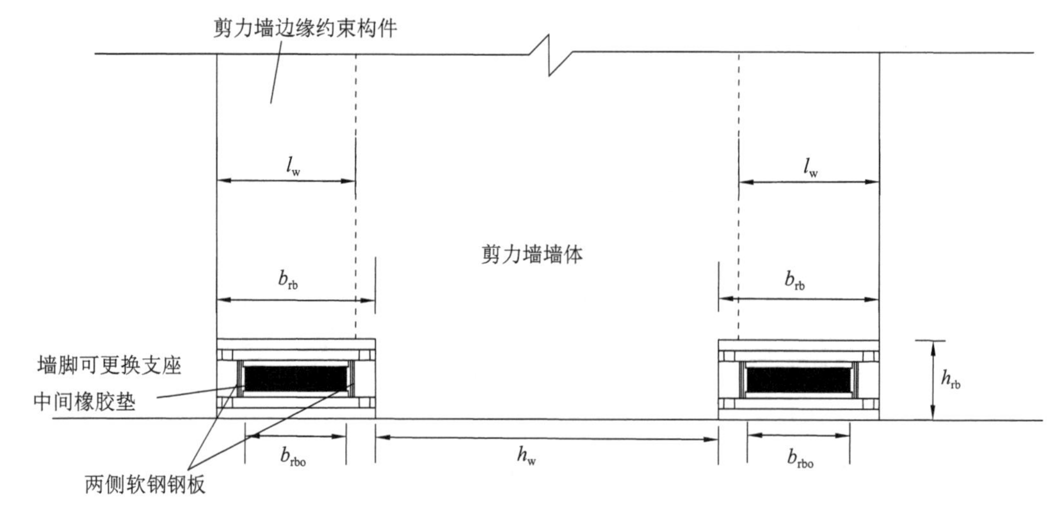

图 4.6-3　带可更换脚部构件剪力墙局部示意图

2）根据边缘约束构件的配筋，确定可更换支座的抗拉能力。

由于可更换支座的位置就处于剪力墙边缘约束构件下方，并且承受拉力和压力，所以其抗拉强度不能小于边缘约束构件的抗拉能力。可更换支座中主要承受拉力的是两侧的软钢板，所以，软钢板的极限抗拉能力不能小于边缘约束构件中所配纵筋的抗拉能力。

3）根据墙体受压条件，确定橡胶垫平面尺寸；根据橡胶垫第一形状系数和第二形状系数要求确定橡胶垫内部叠层橡胶片和钢板的厚度及数量。

4）根据橡胶垫以及软钢板的尺寸，确定可更换支座的竖向抗压能力。由此得到的抗压能力应大于替换掉的钢筋混凝土的抗压能力。

可更换支座的水平抗剪刚度很小，所以不考虑支座的抗剪强度。在设计带有可更换墙脚构件的剪力墙时，可增加支座高度范围内主体墙的水平分布筋和竖向分布筋来补偿墙体抗剪能力的降低。

5）带可更换墙脚构件剪力墙截面承载力计算，如图 4.6-4 所示。该新型剪力墙有两个控制截面，一个是基础上表面两边支座、中间混凝土墙的混合截面，另一个截面是支座上表面。后者是全钢筋混凝土截面，可以按照规范对剪力墙的正截面、斜截面承载力进行验算。针对底部混合截面进行受弯承载力验算，如式（4.6-1）～式（4.6-5）所示。

这些公式是对《高层建筑混凝土结构技术规程》JGJ 3—2010 中剪力墙承载力计算公式的变换，受弯公式左右两边均是对受拉支座中心轴取矩，同时忽略中部剪力墙受压区的分布钢筋作用。此外，假定 1.5 倍受压区范围（1.5x）以外的受拉分布钢筋全部屈服，同时为使支座内侧的混凝土不被压坏，支座竖向极限压应变取为混凝土极限压应变 ξ_{cu}，所以支座的竖向极限压力可由竖向受压刚度乘以竖向极限变形得出。

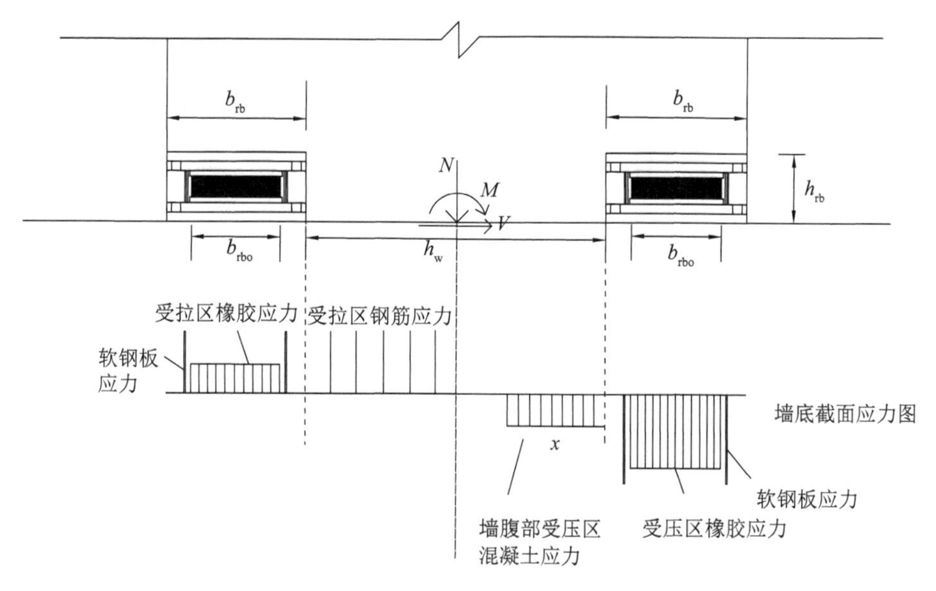

图 4.6-4　带有可更换脚部构件剪力墙截面承载力计算简图

$$N \leqslant N_c - N_{sw} + N_{rb}' \qquad (4.6\text{-}1)$$

$$= \alpha_1 f_c b_w x - (h_w - 1.5x) b_w f_{yw} \rho_w + (\xi_{cu} h_{rb}) K_{v,rb}$$

$$N\left(e_0 + \frac{h_w}{2} + \frac{b_{rb}}{2}\right) \leqslant M_c - M_{sw} + 2 f_{y,sp} A_{sp} (h_w + b_{rb}) + (\xi_{cu} h_{rb}) K_{v,rb} (h_w + b_{rb}) \qquad (4.6\text{-}2)$$

$$M_c = \alpha_1 f_c b_w x \left(h_w - \frac{x}{2} + \frac{b_{rb}}{2}\right) \qquad (4.6\text{-}3)$$

$$M_{sw} = \frac{1}{2} (h_w - 1.5x) b_w f_{yw} \rho_w (h_w - 1.5x + b_{rb}) \qquad (4.6\text{-}4)$$

$$e_0 = \frac{M}{N} = \frac{PH}{N} \qquad (4.6\text{-}5)$$

式中，b_w 为剪力墙的墙厚；f_{yw} 为墙体腹板中分布钢筋的屈服强度；ρ_w 为剪力墙竖向分布钢筋配筋率；$K_{v,rb}$ 为橡胶垫的竖向受压刚度，此处不考虑软钢板的刚度，考虑到极限状态时，软钢板完全屈服，竖向刚度取为 0；$f_{y,sp}$、A_{sp} 分别为软钢板的屈服强度和单片软钢板的截面面积；P 为剪力墙所受水平推力。

4.6.3　设计实例

针对一片剪力墙试件 SW-0 进行可更换脚部构件设计，剪力墙试件尺寸为 3.2m×1.6m×0.2m，见图 4.6-5。混凝土强度等级为 C25，实际立方体抗压强度为 28.5MPa。剪力墙按照规范要求配筋，具体配筋情况如图 4.6-5 所示。剪力墙边缘构件长度为 320mm，为墙体长度的 0.2 倍。

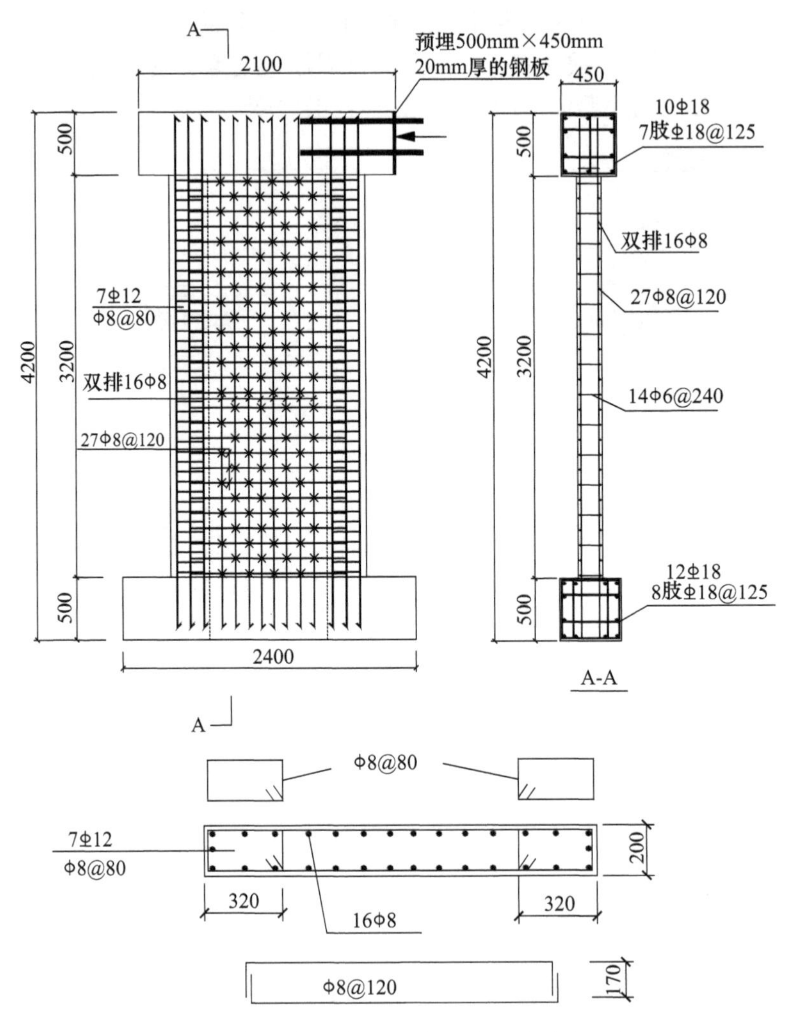

图 4.6-5　剪力墙试件 SW-0 尺寸及配筋图

对剪力墙试件 SW-0 竖向施加的轴力 P 为 1200kN，设计轴压比为 0.33。在完成低周反复加载试验之后，墙片主要破坏区域集中在两侧墙脚，破坏高度 350mm 左右，宽度 300mm 左右。墙脚出现纵筋拉断，混凝土严重剥落的破坏现象。

可更换的脚部构件是组合拉压支座，由主要承受压力的橡胶垫和主要承受拉力的 LY225 软钢钢板组成。在混凝土剪力墙脚部与基座连接处边缘构件范围内替换为拉压组合支座。

支座初步设计过程如下：

1）确定可更换部位的平面尺寸。

原剪力墙厚度为 200mm，边缘构件的长度为 320mm。取可更换部位的厚度为 200mm，长度为 1.2 倍的边缘构件长度，即 384mm。

2）确定 LY225 软钢板尺寸。

软钢板布置在橡胶垫的两侧，与剪力墙宽度相同，即 200mm。由于软钢板承受拉力，其抗拉承载力应与剪力墙边缘构件相同。即

$$A_{sp}=\frac{A_s \times f_y}{f_{y,sp}} \tag{4.6-6}$$

式中，A_{sp} 为软钢板的受拉面积；A_s 为边缘构件中纵筋的总面积；f_y 为边缘构件中纵筋受拉屈服强度；$f_{y,sp}$ 为软钢板屈服强度，此处使用日本 LY225 钢材，屈服强度为 225MPa，极限拉伸强度为 330MPa。

试件 SW-0 边缘构件中纵筋的总面积为 $A_s = 792\text{mm}^2$，用上式可得软钢板面积为

$$A_{sp}=\frac{792\times405}{225}=1425.6\text{mm}^2 \tag{4.6-7}$$

取软钢板宽为 200mm，因为橡胶垫两侧有两块钢板，所以钢板厚度 $t = 1425.6/200/2 = 3.6\text{mm}$，取 $t = 4\text{mm}$。

3）确定橡胶垫平面尺寸。

橡胶支座正常设计压应力应在 10 ～ 15MPa 之间。橡胶垫承担的竖向力可以取脚部挖去的混凝土面积所承担的轴力 N_{rb} 再乘以安全系数 1.5 ～ 2。实际设计中，此轴力可由轴压比计算得到。取设计压应力 σ_0 为 15MPa，橡胶垫面积 A_{rb} 可以通过下式得到：

$$A_{rb}=\frac{N_{rb}\times1.5\sim2}{\sigma_0} \tag{4.6-8}$$

所以，$A_{rb} = 1200000/1600\times384\times2/15 = 38400\text{mm}^2$。考虑到橡胶保护层厚度，两边钢板的位置以及连接的空间，取橡胶垫的有效平面尺寸为 $246\times180\text{mm}^2$。

4）确定橡胶垫竖向高度。橡胶垫竖向高度由以下四部分组成：

$$H=T_r+T_s+2(t_{内封板}+t_{连接板}) \tag{4.6-9}$$

式中，$T_r=n\times t_r$，$T_s=(n-1)t_s$；t_r 为单层橡胶片的厚度；t_s 为单层夹层钢板的厚度；n 为橡胶层的层数。

需通过橡胶支座的两个形状系数确定以上参数。

第一形状系数：
$$S_1=\frac{a\cdot b}{2(a+b)t_r} \tag{4.6-10}$$

第二形状系数：
$$S_2=\frac{b}{n\cdot t_r} \tag{4.6-11}$$

a 为矩形橡胶垫平面尺寸的长边；b 为矩形橡胶垫平面尺寸的短边。

对于可更换支座来说，由于替换了钢筋混凝土，所以要求竖向刚度和水平刚度都比较高。同时，在水平力作用下，以弯曲变形为主的剪力墙墙脚部位水平变形很小，所以针对支座的水平变形能力没有特别的要求。考虑到工艺上的要求，t_r 和 t_s 均宜≥ 1.5mm。另外，t_s/t_r 值越大，橡胶支座的抗压承载力越大。

综合考虑以上要求，以及支座的高度范围，取 $t_r = t_s = 2.5\text{mm}$，$n = 12$。由此得到第一形状系数 $S_1 = 20$，$S_2 = 6$。

再通过承压强度及制作要求，确定 $t_{内封板}= 15\text{mm}$，$t_{连接板}= 25\text{mm}$。最后得到支座的整体高度 $H = T_r + T_s + 2(t_{内封板}+ t_{连接板}) = 12\times2.5 + 11\times2.5 + 2(15 + 25) = 137.5\text{mm}$。由此确定的拉压组合支座尺寸见图 4.6-6。

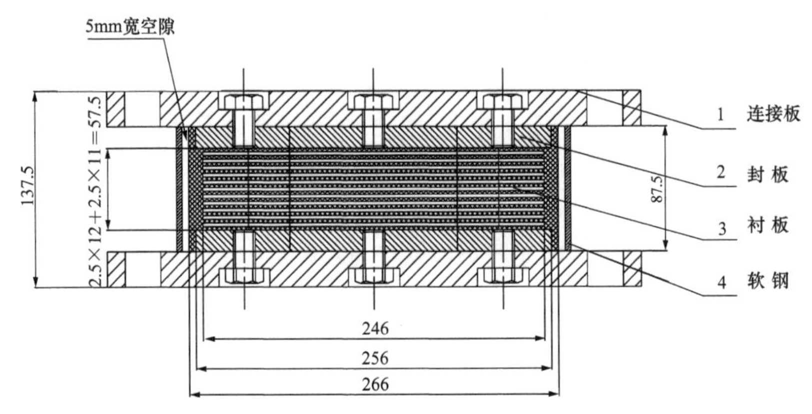

图 4.6-6 拉压组合支座截面和尺寸图

根据式（4.6-1）～式（4.6-5）建立的计算方法，可以计算设置可更换脚部支座后新型剪力墙底部截面的抗弯能力，现将各参数计算如下：

$K_{v,rb}$ [47] 的计算式为：

$$K_{v,rb}'=\frac{A_{rb}\times E_c}{n\times t_r} \tag{4.6-12}$$

A_{rb} 为橡胶垫的有效截面积；n 为内部橡胶层数；t_r 为单层橡胶的厚度；E_c 为修正压缩弹性模量，由下式确定：

$$E_c=\frac{E_{ap}E_\infty}{E_{ap}+E_\infty} \tag{4.6-13}$$

其中，E_{ap} 为橡胶表观弹性模量，由下式确定：

$$E_{ap}=E_0(1+2\kappa S_1^2) \tag{4.6-14}$$

将上述参数代入公式（4.6-1）～式（4.6-5）计算可得 P = 416.0kN。

新型剪力墙底部截面抗弯承载力相关参数见表 4.6-1。

新型剪力墙底部截面抗弯承载力相关参数 **表 4.6-1**

f_c（MPa）	b_w（mm）	h_w（mm）	f_{yw}（MPa）	ρ_w	ξ_{cu}
19.06	200	828	405	0.00485	0.0033
h_{rb}（mm）	$K_{v,rb}$（N/mm）	b_{rb}（mm）	$f_{y,sp}$（MPa）	H（mm）	A_{sp}（mm^2）
187.5	1157056	386	330	3200	800

4.7 其他可更换消能减震部件的安装方式

4.7.1 黏滞阻尼器

黏滞阻尼器通过活塞和黏滞液体的相对运动来耗散能量，可以用于结构抗风和抗震设计。考虑到阻尼器的寿命和结构在使用年限内的抗风抗震安全，在使用一定时间后更换黏滞阻尼器是很有必要的。黏滞阻尼器的基本安装方式如图 4.7-1 所示，（*a*）图中阻尼器水平安装，易于更换；（*b*）图中阻尼器作为结构构件的一部分使用，安装和更换时要考虑到这些影响。当然，在实际使用中阻尼器有多种安装方式，设计人员可根据工程的实际需要确定。

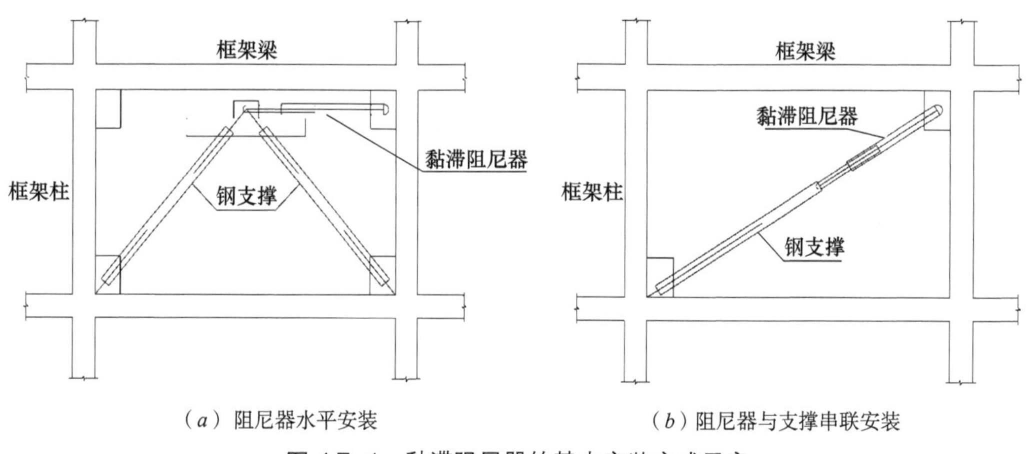

（*a*）阻尼器水平安装　　（*b*）阻尼器与支撑串联安装

图 4.7-1　黏滞阻尼器的基本安装方式示意

4.7.2　黏弹性阻尼器

黏弹性阻尼器通常由钢板与黏弹性材料组合而成，主要是通过黏弹性材料与钢板之间的相对变形来耗散能量，也可以用于结构抗风和抗震设计，在多次反复荷载作用时会产生热量，设计时应考虑这个因素。黏弹性阻尼器的基本安装方式如图 4.7-2 所示，（*a*）图中的阻尼器与上下梁连接，通过结构层间的水平变形来耗散能量，对结构有刚度贡献；（*b*）图中阻尼器斜向安装，一般布置在框架结构的对角线方向，通过结构的侧向变形引起的阻尼器轴向变形来耗散能量，对结构刚度也有贡献。

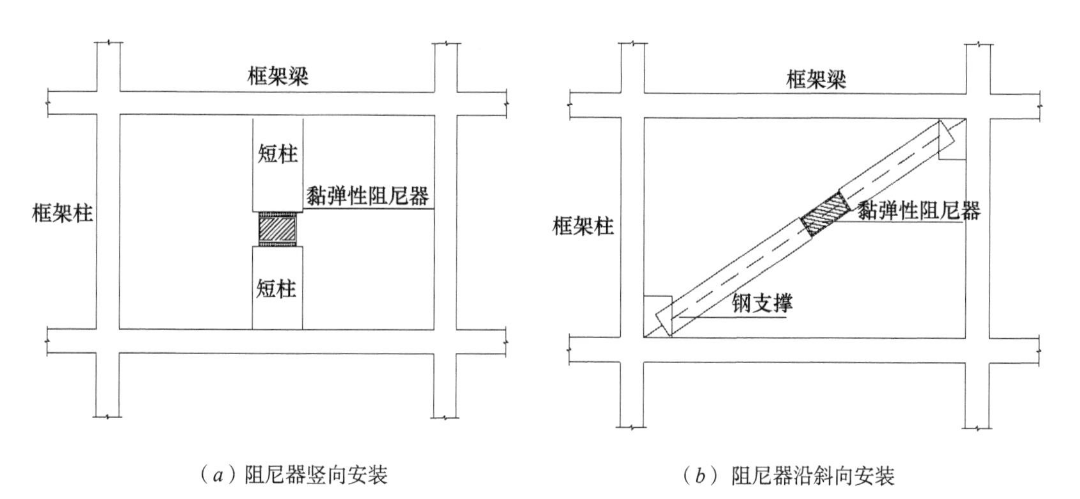

（*a*）阻尼器竖向安装　　（*b*）阻尼器沿斜向安装

图 4.7-2　黏弹性阻尼器的基本安装方式示意

4.7.3 屈曲约束支撑

屈曲约束支撑作为一种特殊的钢构件，已在结构抗风抗震设计中大量使用，能够为结构提供适当的刚度和阻尼，使用合适材料及合理设计的屈曲约束支撑也是比较理想的消能减震部件。屈曲约束支撑的安装方式如图 4.7-3 所示，在结构中基本上作为受压或受拉构件使用，图（*a*）中为人字形的安装方式，图（*b*）中为斜向布置的安装方式。为了充分发挥屈曲约束支撑的作用，它的受力一般都比较大，因此，屈曲约束支撑与结构节点的连接设计非常重要，特别是在现有工程的抗震加固时使用这一技术时要特别重视与原结构的连接，连接节点一般都要进行精细分析和设计。

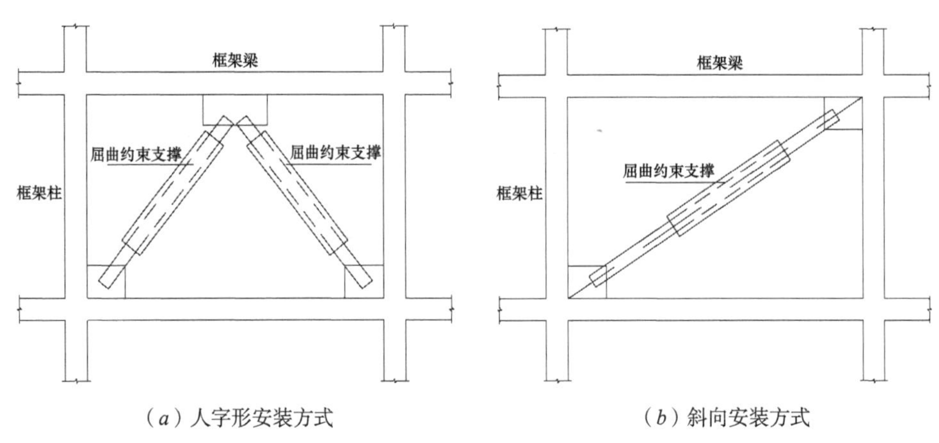

（*a*）人字形安装方式　　（*b*）斜向安装方式

图 4.7-3　屈曲约束支撑的基本安装方式示意

4.7.4 各类剪切板阻尼器

使用屈服强度低且变形能力大的金属材料可以设计和制作出多种多样的剪切板类阻尼器，它们在结构减震 / 振控制中有着广泛的应用前景。剪切板类阻尼器在结构中的安装方式也灵活多样，只要可以充分发挥剪切变形的部位就可以安装。剪切板阻尼器基本的安装方式如图 4.7-4 所示，（*a*）图中立柱式或墙式安装主要是利用结构的水平变形使剪切板变形和耗能，（*b*）图中在交叉支撑中的安装也是利用水平变形来耗能，（*c*）图中的安装方式主要是利用框架的层间水平变形来耗能，（*d*）图中的安装方式是利用构件的竖向变形来耗能，在日本和欧洲有一些框架梁中安装的实例，在国内有在剪力墙连梁中安装的工程实例。

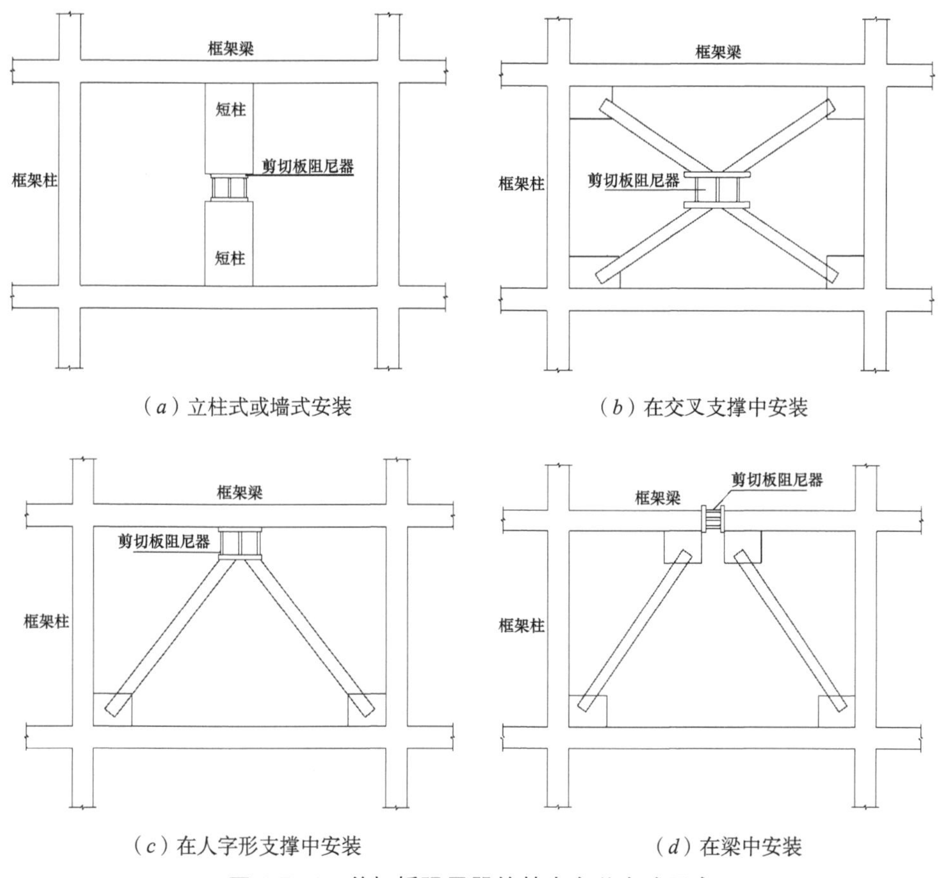

图 4.7-4　剪切板阻尼器的基本安装方式示意

本章参考文献

［1］Tang M-C，Manzanarez R. San Francisco-Oakland bay bridge design concepts and alternatives [C] // Chang P C. Structures 2001: A Structural Engineering Odyssey，ASCE，2001: 1-7.

［2］McDaniel C C，Seible F. Influence of inelastic tower links on cable-supported bridge response [J]. Journal of Bridge Engineering，2005，10（3）：272-280.

［3］Chou C C，Wu C C. Performance evaluation of steel reduced flange plate moment connections [J]. Earthquake Engineering & Structural Dynamics，2007，36（14）：2083-2097.

［4］Farrokhi H，Danesh F，Eshghi S. A modified moment resisting connection for ductile steel frames（Numerical and experimental investigation）[J]. Journal of Constructional Steel Research，2009，65（10）: 2040-2049.

［5］Oh S H，Kim Y J，Ryu H S. Seismic performance of steel structures with slit dampers[J]. Engineering Structures，2009，31（9）：1997-2008.

［6］Dimakogianni D，Dougka G，Vayas I，et al. Innovative seismic-resistant steel frames（FUSEIS 1-2）-experimental analysis [J]. Steel Construction，2012，5（4）：212-221.

［7］Castiglioni C A，Kanyilmaz A，Calado L. Experimental analysis of seismic resistant composite steel frames with dissipative devices[J]. Journal of Constructional Steel Research，2012，76: 1-12.

[8] Shen Y L, Christopoulos C, Mansour N, et al. Seismic design and performance of steel moment-resisting frames with nonlinear replaceable links[J]. Journal of Structural Engineering-Asce, 2011, 137(10): 1107-1117.

[9] Vargas R, Bruneau M. Analytical response and design of buildings with metallic structural fuses. I [J]. Journal of Structural Engineering-ASCE, 2009, 135(4): 386-393.

[10] Vargas R, Bruneau M. Experimental response of buildings designed with metallic structural fuses. II [J]. Journal of Structural Engineering-ASCE, 2009, 135(4): 394-403.

[11] Nasim, Moghaddasi, Zhang, Yunfeng, et al. Seismic analysis of diagrid structural frames with shear-link fuse devices[J]. Earthquake Engineering & Engineering Vibration, 2013, 12(03): 463-472.

[12] Mansour N, Christopoulos C, Tremblay R. Experimental validation of replaceable shear links for eccentrically braced steel frames[J]. Journal of Structural Engineering-ASCE, 2011, 137(10): 1141-1152.

[13] Mansour N. Development of the design of eccentrically braced frames with replaceable shear links [dissertation]. Toronto: University of Toronto: 2010.

[14] 周云，何志明，张超，等．可更换剪切钢板阻尼器偏心支撑框架分析［J］．地震工程与工程振动，2015(5): 68-78.

[15] Iwai R, Dusicka P. Development of linked column frame system for seismic lateral loads[C]// Structures Congress 2007: Structural Engineering Research Frontiers, ASCE, 2007: 1-13.

[16] Dusicka P, Lewis G R. Investigation of replaceable sacrificial steel links[C]// 9th US National and 10th Canadian Conference on Earthquake Engineering 2010, including Papers from the 4th International Tsunami Symposium, Earthquake Engineering Research Institute, 2010: 3556-3565.

[17] Malakoutian M, Berman J W, Dusicka P. Seismic response evaluation of the linked column frame system[J]. Earthquake Engineering & Structural Dynamics, 2013, 42(6): 795-814.

[18] Lopes A P, Dusicka P, Berman J W. Design of the linked column frame structural system[C]// Stessa 2012: Proceedings of the 7th International Conference on Behaviour of Steel Structures in Seismic Areas, Crc Press-Taylor & Francis Group, 2012: 311-317.

[19] Lin C H, Tsai K C, Qu B, et al. Sub-structural pseudo-dynamic performance of two full-scale two-story steel plate shear walls [J]. Journal of Constructional Steel Research, 2010, 66(12): 1467-1482.

[20] Cortés G, Liu J. Experimental evaluation of steel slit panel–frames for seismic resistance [J]. Journal of Constructional Steel Research, 2011, 67(2): 181-191.

[21] Ozaki F, Kawai Y, Tanaka H, et al. Innovative damage control systems using replaceable energy dissipating steel fuses for cold-formed steel structures[C]// 20th International Specialty Conference on Cold-Formed Steel Structures - Recent Research and Developments in Cold-Formed Steel Design and Construction, University of Missouri-Rolla, 2010: 443-457.

[22] Ozaki F, Kawai Y, Kanno R, et al. Damage-control systems using replaceable energy-dissipating steel fuses for cold-formed steel structures: seismic behavior by shake table tests[J]. Journal of Structural Engineering-ASCE, 2013, 139(5): 787-795.

[23] Fortney P J, Shahrooz B M, Rassati G A. The next generation of coupling beams[C]// Composite Construction in Steel and Concrete V. ASCE, 2014: 619-630.

[24] Fortney P J, Shahrooz B M, Rassati G A. Large-scale testing of a replaceable “fuse” steel coupling beam [J]. Journal of Structural Engineering, 2007, 133(12): 1801-1807.

[25] 滕军，马伯涛，李卫华，等．联肢剪力墙连梁阻尼器伪静力试验研究［J］．建筑结构学报，

2010，12: 92-100.
［26］滕军，马伯涛，李卫华，等．联肢剪力墙连梁阻尼器地震模拟试验研究［J］．建筑结构学报，2010，12: 101-107.
［27］Wang T，Guo X，He X K，et al. Experimental study on replaceable hybrid coupling beams[J]. Applied Mechanics and Materials，2012，166-169: 1779-1784.
［28］毛晨曦，张予斌，李波，等．连梁中安装 SMA 阻尼器框剪结构非线性分析［J］．哈尔滨工业大学学报，2013，12: 70-77.
［29］李贤，吕恒林，余立永，等．可拆卸式消能减震钢桁架连梁抗震性能试验研究［J］．建筑结构学报，2013，2（S1）: 389-394.
［30］纪晓东，马琦峰，王彦栋，等．钢连梁可更换消能梁段抗震性能试验研究［J］．建筑结构学报，2014，06: 1-11.
［31］纪晓东，王彦栋，马琦峰，等．可更换钢连梁抗震性能试验研究［J］．建筑结构学报，2015，10: 1-10.
［32］纪晓东，钱稼茹．震后功能可快速恢复联肢剪力墙研究［J］．工程力学，2015（10）: 1-8.
［33］吕西林，陈云，毛苑君．结构抗震设计的新概念——可恢复功能结构 [J]. 同济大学学报（自然科学版），2011，39（07）: 941-948.
［34］Japan Road Association. Design specifications of highway bridges Part 5: seismic design[S]. Tokyo: Maruzen Publishing Company，1996.
［35］Erochko J，Christopoulos C，Tremblay R，et al. Residual drift response of SMRFs and BRB frames in steel buildings designed according to ASCE 7-05[J]. Journal of Structural Engineering，2014，137（5）: 589-599.
［36］Gong B，Shahrooz B M. Steel-concrete composite coupling beams-behavior and design [J]. Engineering Structures，2001，23（11）: 1480-1490.
［37］American Institute of steel construction. Seismic provisions for structural steel buildings（AISC 341-10）[S]. Chicago，Illinois: 2010.
［38］Kurama Y C，Tong X D，El-tawil S，et al. Recommendations for seismic design of hybrid coupled wall systems[M]. USA: ASCE，2010.
［39］Park W S，Yun H D. Seismic behaviour of steel coupling beams linking reinforced concrete shear walls [J]. Engineering Structures，2005，27（7）: 1024-1039.
［40］Rai D C. Inelastic Cyclic buckling of aluminum shear panels[J]. Journal of Engineering Mechanics，2002，128（11）: 1233-1237.
［41］Richards P W，Uang C M. Effect of flange width-thickness ratio on eccentrically braced frames link cyclic rotation capacity [J]. Journal of Structural Engineering-ASCE，2005，131（10）: 1546-1552.
［42］徐建设，陈以一，韩琳，等．普通螺栓和承压型高强螺栓抗剪连接滑移过程［J］．同济大学学报（自然科学版），2003，2（05）: 510-514.
［43］Ng C M，Bertero V V. Evaluation of seismic energy in structures[J]. Earthquake Engineering and Structural Dynamics，1990，19（1）: 77-90.
［44］刘其舟，蒋欢军．新型可更换墙脚部件剪力墙设计方法及分析［J］．同济大学学报（自然科学版），2016，44（1）: 37-44.
［45］章红梅．剪力墙结构基于性态的抗震设计方法研究［D］．上海：同济大学，2007.
［46］FEMA273. NEHRP Guidlines for the seismic rehabilitation of buildings[S]. Washington，D.C.: 1997.
［47］Lindley P.B. Natural rubber structural bearings[J]. Joint Sealing and Bearing System for Concrete Structures，1981，1（2）: 353-378.

第 5 章　可恢复功能防震体系的性能评估

近几年，各国地震工程领域的研究方向已经从“基于性能的抗震设计思想”转向“基于可恢复功能的防震设计思想”，这对建筑结构提出了更高的防震性能要求。可恢复功能防震结构属于智能结构体系，其防震性能明显优于传统结构，目前已经在美国、日本、新西兰以及我国等逐步研究和应用。但是，目前国内外现行的抗震设计规范尚无涉及可恢复功能防震结构体系的内容，且缺少针对可恢复功能防震体系的性能评估方法。因此，本章首先介绍国内外关于可恢复功能防震体系评估方法的研究进展。然后从可恢复功能防震体系的设防目标、技术评估指标以及非结构构件对可恢复功能的影响等方面，探讨针对可恢复功能防震体系的性能评估思路，为其推广应用提供理论参考。最后，介绍了一种基于概率模型的震后可恢复功能评估方法，并进行了实际工程的案例分析，为将其应用于可恢复功能防震体系提供案例参考。

5.1　可恢复功能防震体系评估方法的研究进展

5.1.1　可恢复功能防震体系量化评估

近年来，单体建筑、建筑群、社区的灾害可恢复功能量化评估方法是防灾减灾工程领域专家、学者和工程师共同关注的热点问题。对于地震灾害而言，单体建筑防震可恢复功能与地震特征、建筑结构属性、破坏程度、修复条件等显性因素直接相关，与社会援助、经济资源等隐性因素间接相关。美国纽约大学地震工程多学科研究中心（Multidisciplinary Center for Earthquake Engineering Research，简称 MCEER）的 Cimellaro 等[1]提出了可恢复功能的冗余度、资源充足性、鲁棒性和快速性等四个属性，以及社会、经济、技术和组织等四个维度的定义。并在此基础上进一步提出对于某一地震事件 i，某建筑的可恢复功能指数 RES_i 表示为：

$$RES_i=\int_{T_{OE}}^{T_{OE}+T_{RE}} Q(t)\,dt \tag{5.1-1}$$

$$Q(t)=1-L(I,T_{RE})\{H(t-T_{OE})-H[t-(T_{OE}+T_{RE})]\}\times f_{REC}(t,T_{OE},T_{RE}) \tag{5.1-2}$$

其中，　T_{OE}——地震事件发生的时间；

T_{RE}——地震事件发生后的恢复时间；

$Q(t)$——功能函数，是与时间有关的无量纲物理量，如式（5.1-2）所示；

I——地震动强度；

$L(I,T_{RE})$——损失函数；

$f_{REC}(t,T_{OE},T_{RE})$——恢复函数；

$H(t)$——阶跃函数。

由式（5.1-1）和式（5.1-2）可见，功能函数 $Q(t)$ 引入了损失函数、恢复函数，描述建筑在地震灾害后的损失程度、恢复能力，通过损失函数、恢复函数综合考虑地震特征、建筑结构属性等显性因素和隐性因素的影响。

利用可恢复功能指数 RES_i 进行量化评估是目前普遍接受和使用的方法。图 5.1-1 为 Bruneau 等[1] 提出的灾害可恢复功能量化评估示意图，阴影面积代表可恢复功能指数 RES_i，在地震发生时刻 T_{OE}，功能函数 $Q(t)$ 的下降代表了地震造成的损失程度，在性能评估控制时刻 T_{LC}，功能函数 $Q(t)$ 的上升代表了建筑功能的修复程度。图 5.1-1 中，A、B、C 线分别代表三种修复程度：低于震前建筑功能（A 线）、相当于震前建筑功能（B 线）、高于震前建筑功能（C 线）。美国北加州结构工程师协会 SEAONC（Structural Engineers Association of Northern California）提出了三种恢复程度：重新使用（Re-occupancy of the building）、震前功能（Pre-earthquake functionality）、完全恢复（full recovery），与图 5.1-1 中的三种类型含义相似。

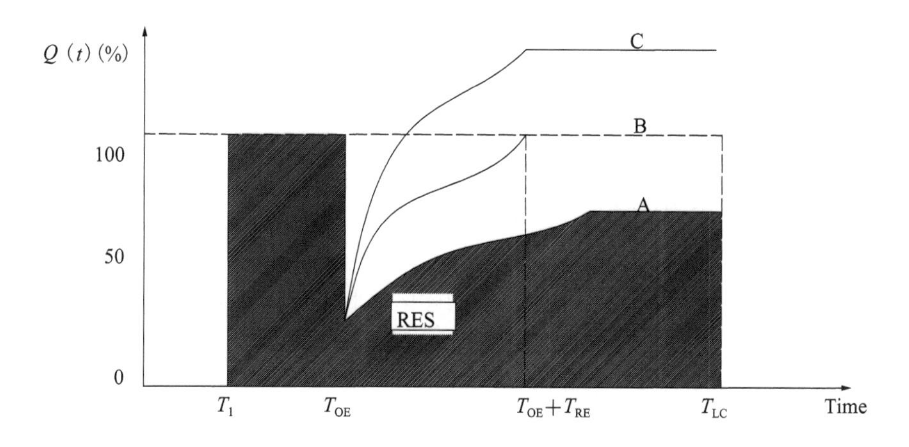

图 5.1-1　灾害可恢复功能量化评估示意图

建筑功能的恢复程度是量化评估建筑可恢复功能的一个重要参数指标。例如，1995 年的阪神大地震（Kobe Earthquake）对神户港口造成了长期的负面影响，无法修复到地震前的功能状态。1994 年地震发生前，按照港口货物吞吐量，神户港口在全球最大的集装箱港口中排名第 6 位，1997 年神户港口震后修复建设工作完成，但世界排名降至第 17 位，这不仅仅是因为短时间内地震给港口带来了业务量的流失，更重要的是，对于港口之类重要的基础设施，其安全性和稳定性是保障其社会效益和经济效益的基础，这也决定了神户港口无法恢复到震前的运营状态。可见，合理的确定建筑功能的恢复程度是可恢复功能量化评估的关键因素之一。

值得注意的是，合理的确定地震灾害造成的损失程度、震后的恢复能力是可恢复功能量化评估的难点。地震灾害造成的损失包括建筑功能损失、结构损伤、人员伤亡等，目前，常用的方法是通过易损性分析对损失进行概率评估。震后的恢复能力需要考虑三个关键因素：恢复程度、恢复时间、恢复路径。明确了三个恢复因素，可以利用恢复函数描述建筑震后的恢复能力。由式（5.1-2）可知，计算可恢复功能指数 RES_i 首先需要确定损失函数模型、恢复函数模型。

1. 损失函数模型

如式（5.1-1）、式（5.1-2）所示，损失函数 $L(I,\ T_{RE})$ 与地震动强度 I、恢复时间 T_{RE} 有关。在地震灾害中，某建筑在震后的总损失包括直接损失 L_D 和间接损失 L_I，直接损失是指地震中造成的人员伤亡、建筑内部陈设和非结构构件的损失，例如建筑装饰立面、吊顶、填充墙、电气设备等，间接损失是指间接造成的人员伤亡、房屋使用功能中断等带来的损失。按照经济损失 L_E 和人员伤亡损失 L_C，将总损失细化为四类：直接经济损失 L_{DE}、直接人员伤亡损失 L_{DC}、间接经济损失 L_{IE}、间接人员伤亡损失 L_{IC}。Bruneau 等[1]提出了用建筑修复和重建费用表示直接经济损失 L_{DE}，并假设了建筑的初始价值受年贴现率和年折旧率的影响，通过每个结构构件和非结构构件的损失得到建筑直接经济损失 $L_{DE}(I)$：

$$L_{DE}(I)=\sum_{j=1}^{n}\left[\frac{C_{S,j}}{I_S}\prod_{i=1}^{T_i}\frac{(1+\delta_i)}{(1+r_i)}\right]P_j\left\{\bigcup_{i=1}^{n}(R_i\geqslant r_{\lim i})\middle|I\right\} \tag{5.1-3}$$

其中，P_j——易损性函数，即在地震动强度 I 作用下，结构超过某一性能极限状态 j 的概率；

$C_{S,\ j}$——结构的损伤状态 j 时，结构的修复费用；

I_S——结构重建费用；

r_i——年贴现率；

T_i——建设方开始投资建设至地震灾害发生的时间；

δ_i——年折旧率。

但是，对于某些具有特殊功能建筑，例如医院、特殊工厂以及以试验和检测为主的研发中心等，专业的仪器设备、生产线等经济价值远远高于本身结构的价值，非结构构件的损失远远高于结构构件的损失，与住宅、办公楼等一般民用建筑的损失情况完全不同。因此，当评估此类特殊功能建筑时，根据实际非结构构件的种类定义权重系数，其直接经济损失表示为：

$$L_{DE}(I)=\left(\sum_{k=1}^{N}w_k\cdot L_{DE,k}(I)\right)\Big/N \tag{5.1-4}$$

其中，N——结构构件、非结构构件的总数；

$L_{DE,\ k}(I)$——构件 k 的直接经济损失；

w_k——k 构件的权重系数。

在损失评估中，间接经济损失 $L_{IE}(I,\ T_{RE})$ 的种类复杂，直接进行量化评估的难度很大。间接经济损失主要包括停业损失、安置费用、租金损失等等，也就是说，地震造成了建筑暂时的或者永久的损伤，导致建筑功能中断，水、电、煤等能源输送出现问题，这些问题带来的后果都是间接经济损失。因此，在估算间接经济损失 L_{IE} 时，既要考虑结构构件和非结构构件的直接经济损失 L_{DE}，也要考虑建筑恢复的时间 T_{RE}，这两者并不是独立变量，直接经济损失越大，恢复时间越长。

人员伤亡损失 L_C 分为直接人员伤亡损失 L_{DC} 和间接人员伤亡损失 L_{IC}。直接人员伤亡损失 L_{DC} 是指地震瞬间导致的伤亡情况，其影响因素很多，包括建筑种类（如学校、办公楼、住宅、购物广场等）、建筑中人群的年龄（如幼儿、青少年、老人、上班族等）、地震发生的时间（如工作日或周末、白天或夜晚等）等。例如，1994 年美国北岭大地震

（Northridge Earthquake）发生在凌晨 4 点 31 分，伤亡群体主要是老年人[2]。间接人员伤亡损失 L_{IC} 是指由于医疗设施不可用或其他应急措施失效导致的伤亡情况。直接人员伤亡损失 L_{DC}、间接人员伤亡损失 L_{IC} 分别表示为：

$$L_{DC}(I)=\frac{N_D}{N_{tot}} \tag{5.1-5}$$

$$L_{IC}(I)=\frac{N_I}{N_{tot}} \tag{5.1-6}$$

其中，N_D——地震（瞬间）导致的伤亡人数；

N_I——由于医疗设施不可用或其他应急措施失效导致的伤亡人数；

N_{tot}——建筑中总人数。

综上所述，地震后的总损失可以按照式（5.1-7）～式（5.1-9）进行估算，引入权重系数，并利用补偿函数考虑人员伤亡损失：

$$L(I,T_{RE})=L_D(I)+\alpha_I L_I(I,T_{RE}) \tag{5.1-7}$$

$$L_D=L_{DE}^{\alpha_{DE}}\cdot(1+\alpha_{DC}L_{DC}) \tag{5.1-8}$$

$$L_I=L_{IE}^{\alpha_{IE}}\cdot(1+\alpha_{IC}L_{IC}) \tag{5.1-9}$$

其中，α_I——间接损失的权重系数；

α_{DE}、α_{IE}——直接经济损失的权重系数、间接经济损失的权重系数；

α_{DC}、α_{IC}——直接人员伤亡损失的权重系数、间接人员伤亡损失的权重系数。

2. 恢复函数模型

建立合理的恢复函数模型是恢复能力评估的重要环节。恢复函数模型主要分为两种类型：分析模型和经验模型[3]，应根据恢复程度、恢复时间、恢复路径三个关键因素选择与实际情况符合的恢复函数模型。分析模型是利用数值模拟和数学函数建立恢复函数模型，经验模型是指利用真实灾害事件的数据或者试验数据进行分析回归得到恢复函数模型。由于真实灾害数据和实验数据具有一定的独立性、局限性，不能完全复制应用和推广，因此，在可恢复功能量化评估方法中，大多采用恢复函数分析模型，经验模型应用较少。根据灾害事件的实际情况，分析模型分为长期恢复模型和短期恢复模型，前者包含恢复重建阶段的评估，后者强调灾害发生后应急救援的评估。

最简单的长期恢复模型是单参数线性模型，利用均匀累积分布函数描述恢复阶段的特点，如图 5.1-2 所示。当地震发生后，如果获取应急准备、资源供应、社会援助等方面的信息十分有限，可以用该模型简化评估恢复工作，其功能函数可以表示为：

$$Q(t)=Q_0+F(t/t_0,t_0+T_{RE})\cdot[Q_R-(Q_0-L_0)] \tag{5.1-10}$$

$$F(t/t_0+T_{RE})=\frac{(t-t_0)}{T_{RE}}I(t/t_0+T_{RE}) \tag{5.1-11}$$

其中，Q_0——地震发生后，建筑的功能量值；

L_0——地震发生后的初始损失量；

Q_R——恢复过程结束后，建筑的功能量值；

$F(t/t_0+T_{RE})$——均匀累积分布函数；

$I(t_0, t_0+T_{RE})$——区间阶跃函数。

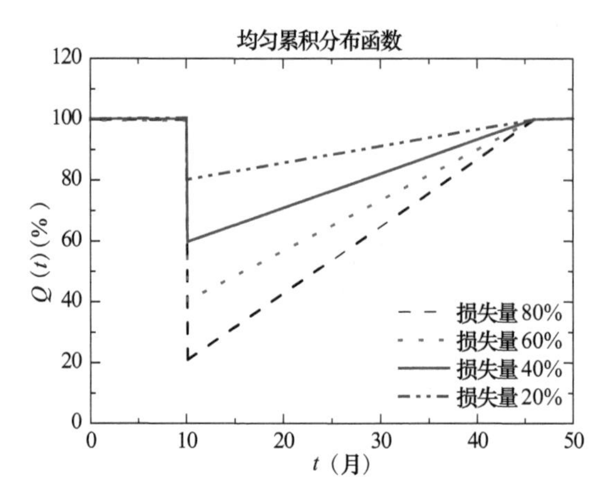

图 5.1-2 单参数线性恢复函数模型

第二种长期恢复模型是对数正态累积分布模型，如图 5.1-3 所示。该模型结合了指数函数修复模型和三角函数恢复模型。该模型包括三个参数（L_0, θ, β），其功能函数可以表示为：

$$Q(t)=Q_0+F(t/\theta,\beta)\cdot\left[Q_R-(Q_0-L_0)\right] \tag{5.1-12}$$

$$F(t/\theta,\beta)=\frac{1}{\beta\sqrt{2\pi}}\int_{-\infty}^{t}\frac{e^{-\frac{(\log(x)-\theta)^2}{2\beta^2}}}{x}dx \tag{5.1-13}$$

其中，L_0——地震发生后的初始损失量；

θ——震后资源供应、社会援助等方面的匮乏程度；

β——恢复过程的速度。

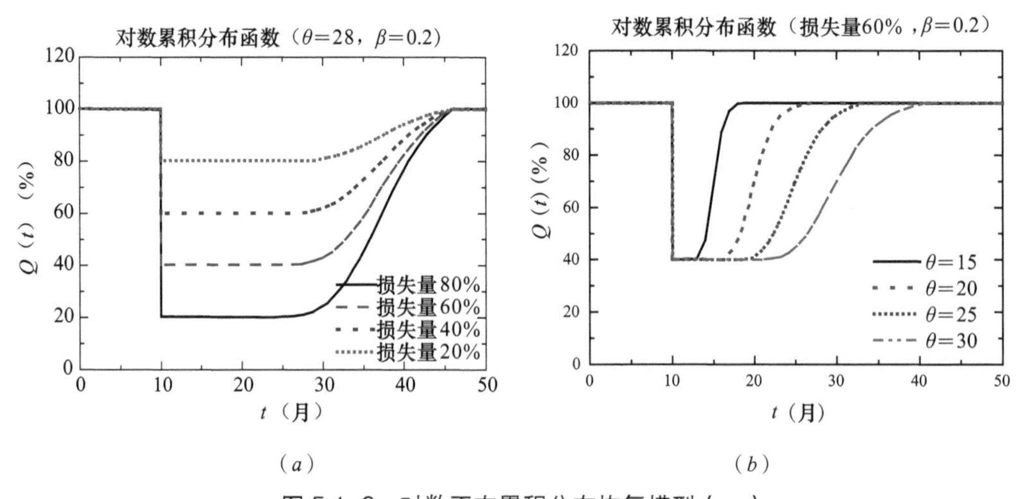

图 5.1-3 对数正态累积分布恢复模型（一）

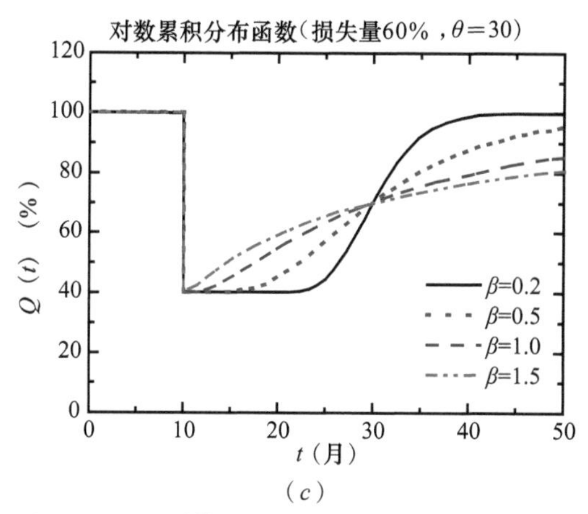

(c)

图 5.1-3　对数正态累积分布恢复模型（二）

第三种长期恢复模型是谐波过阻尼恢复模型，如图 5.1-4 所示。该模型包含三个参数（L_0, ω, ζ），其功能函数表示为：

$$Q(t)=Q_0+\left\{1-e^{-\alpha t}\left[\left(\frac{\alpha+\beta}{2\beta}\right)e^{\beta t}+\left(\frac{\beta-\alpha}{2\beta}\right)e^{-\beta t}\right]\right\}\cdot\left[Q_R-\left(Q_0-L_0\right)\right] \quad (5.1\text{-}14)$$

$$\alpha=\omega\zeta \quad (5.1\text{-}15)$$

$$\beta=\omega\sqrt{(\zeta^2-1)} \quad (5.1\text{-}16)$$

其中，α 和 β 是参数，ω 和 ζ 是与修复速度有关的参数。

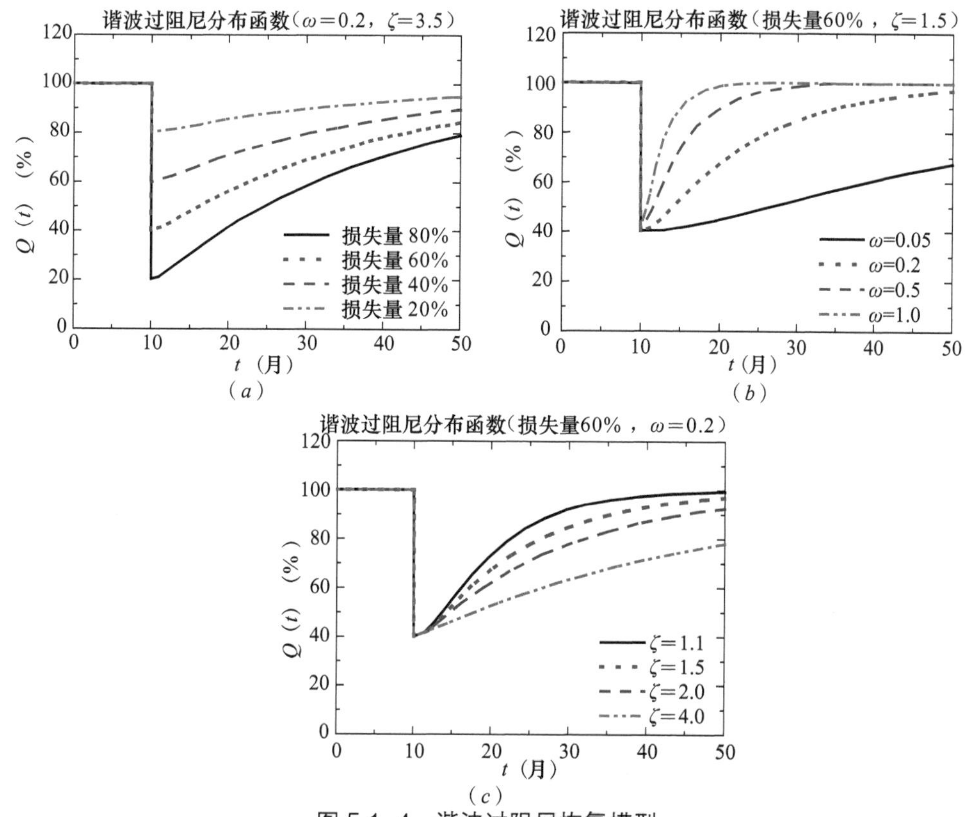

(c)

图 5.1-4　谐波过阻尼恢复模型

与长期恢复模型不同，短期模型采用了概率密度函数建立恢复函数模型。如图 5.1-5 所示，简单的一种短期恢复模型采用了瑞利概率密度函数建立双参数恢复函数，其功能函数表示为：

$$Q(t)=1-L_0\frac{f(t|b)}{\max(|f(t|b)|)} \tag{5.1-17}$$

$$f(t|b)=\frac{t}{b^2}e^{\left(\frac{-t^2}{2b^2}\right)} \tag{5.1-18}$$

其中，L_0——地震发生后的初始损失量；

b——恢复过程的进展速度。

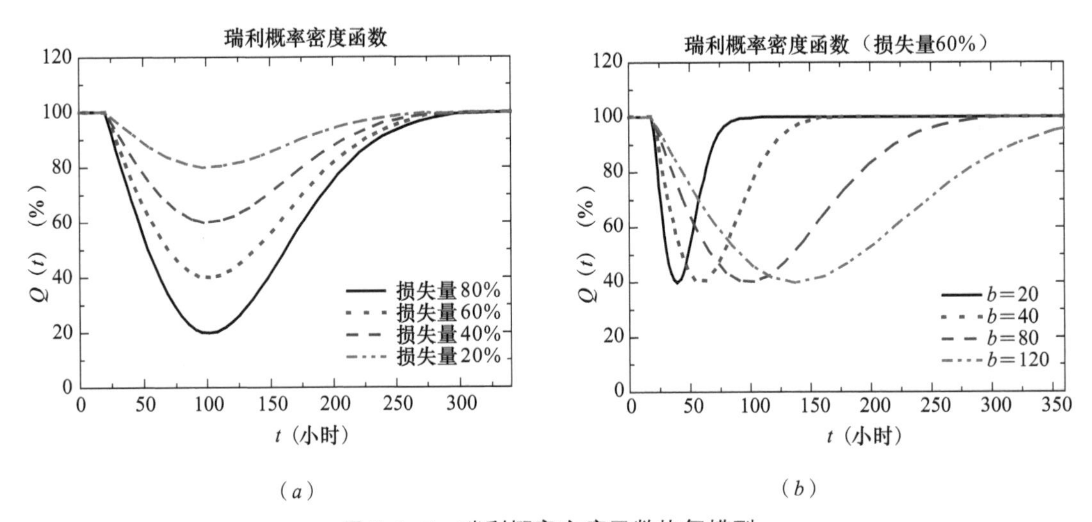

图 5.1-5　瑞利概率密度函数恢复模型

5.1.2　现行可恢复功能防震建筑的评估体系

1. 美国 FEMA P-58

2012年，美国联邦应急管理局（Federal Emergency Management Agency，简称FEMA）提出了基于全概率理论的建筑物抗震性能评估方法 FEMA P-58（2012）[4]，并开发了与之配套的性能评估计算工具软件 PACT（Performance Assessment Calculation Tool）。FEMA P-58（2012）选择了伤亡人数、恢复费用、恢复时间等非工程术语作为性能指标，采用基于概率模型的方法来评估单体建筑的抗震性能。但是，由于 PACT 中没有涉及建筑恢复过程的建模分析，导致 FEMA P-58（2012）该方法不能直接根据恢复函数评估建筑的防震可恢复功能。不过，目前该评估方法仍是国内外地震灾害领域评估单体建筑可恢复功能的常用方法。

FEMA P-58（2012）采用了新一代基于性能的地震工程的概率框架[5]，给出了基于地震强度的性能评估、基于地震场景的性能评估和基于时间的性能评估三种类型。性能评估的全过程分为既相互独立又具有逻辑联系的四个部分——地震危险性分析、结构反应分析、损伤分析及损失决策评估，并通过各阶段得到的变量，即地震动强度参数（Intensity

Measure, IM)、工程需求参数(Engineering Demand Parameters, EDP)、损伤参数(Damage Measure, DM)和决策变量(Decision Variable, DV),将整个评估过程有机地联系起来。

(1)地震危险性分析(Hazard Analysis)

地震危险性分析是指通过震级和震中距与地震动强度之间的概率模型,确定地震动强度参数年平均超越概率的分析方法。地震动强度参数 IM 可以是峰值加速度、峰值速度、弹性或非弹性拟加速度反应谱等单一的标量,也可以是包含几个参数的向量。选择 IM 的基本原则是地震动强度参数须能正确反映该场地将来可能发生的地震动对工程结构潜在的破坏效果,同时也须将因不同地震动输入而引起的工程需求参数变异控制在较小的范围内。地震动强度指标与其年均超越频率的关系曲线,称为地震危险性曲线。

(2)结构反应分析(Structural Analysis)

通过进行结构分析得到结构反应,从而确定工程需求参数 EDP。EDP 可以是楼层侧移、构件的非弹性变形、楼面加速度和速度等,也可以是累积损伤指标如滞回耗能等。选择 EDP 的基本原则是要与结构构件、非结构构件、内部设施的损伤有较好的相关性,即要与下一步损伤分析中所用的损伤参数 DM 有较好的相关性。值得注意的是,EDP 是结构反应分析计算的结果,准确与否取决于采用的分析模型和分析方法。

(3)损伤分析(Damage Analysis)

损伤分析的目的是确定损伤参数 DM。DM 须能够准确描述结构构件、非结构构件及内部人员、相关设施的破坏及其可能带来的后果,如恢复功能所必需的修复费用、损伤造成的对生命安全的威胁等。为了便于统计分析,应将建筑物内的主要构件分成若干个性能组,如对侧移敏感的结构构件、对侧移敏感的非结构构件和设施、对加速度敏感的非结构构件和设施等。对每一个性能分组,可相应地定义与人员伤亡、震后修复相关联的损伤状态。

(4)损失决策评估(Loss Analysis)

最后一步是损失决策评估,得到决策者容易理解的决策变量 DV 及其大于某一设定值的年平均频率 λ(DV)。DV 与直接或间接的经济损失、停业或恢复重建时间、人员伤亡等有关。伤亡人数、修复费用、修复时间等性能指标都需要经过多次计算,以考虑预测结果不确定性的影响,每一次计算流程如图 5.1-6 所示。其中,估算伤亡人数采用了时间－人口模型、建筑倒塌易损性。FEMA P-58(2012)给出了典型类型建筑人流量的时间－人流模型,其描述了某一类建筑在不同时间段人流数量的分布情况,结合建筑的倒塌易损性,用以判断在建筑发生局部倒塌、整体倒塌等情况下的伤亡数量。评估修复时间、修复费用时,首先利用结构的残余位移最大值判断结构是否可修,并采用了结构构件、非结构构件和内置物品的易损性、性能特征评估修复时间和费用。FEMA P-58(2012)通过典型建筑的 700 多个常见的结构和非结构构件以及内置物品的数据建立了易损性数据库,每种类型构件信息包括基本标识符、易损性单位、损伤状态与结果描述、破坏图片、易损性参数和结果函数。通过结构计算结果,根据工程需求参数的计算值,结合易损性数据库,判断每种类型构件的损伤程度,从而估算修复费用和修复时间。

值得注意的是,为了评估修复时间,FEMA P-58(2012)将每一种构件的损伤状态设立了与时间相关的函数关系,代表了某一修复行为相关的劳动时间,并使用“每平方英尺最大人工数”，考虑施工人数变化对修复时间的影响。此外，还假设了修复施工顺序类型，包括串行修复顺序、平行修复顺序，前者按照楼层顺序进行修复，后者为各楼层同时进行修复。这种修复时间评估方法虽然简单、便于应用，但是，由于没有系统地考虑不同类别构件损伤的修复顺序，且忽略了修复前用于震后检测、设计和施工准备、项目审批以及资金筹备时间等多种因素，因此，评估的修复时间与实际相差较大。

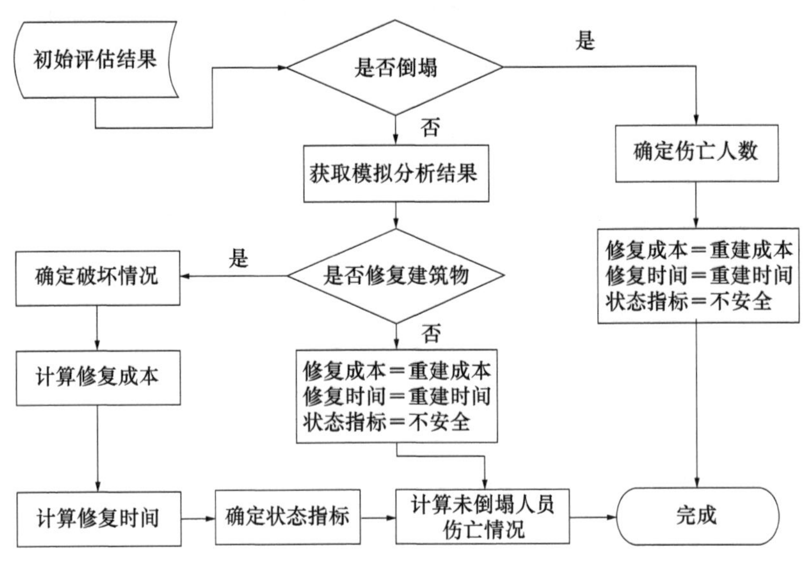

图 5.1-6　FEMA P-58 性能结果的评估流程

2. Arup 的 REDi™ 评估体系

2013 年，奥雅纳工程顾问公司联合多家科研单位发布了基于可恢复功能防震设计的评估指南[6]（Resilience-based Earthquake Design Initiative for the Next Generation of Buildings，简称 REDi™）。与 FEMA P-58（2012）不同，REDi™ 用于指导建筑结构的防震设计，尤其是对于重要性较高的建筑，在前期方案设计阶段，制定其可恢复功能防震的目标等级，并通过后期评估地震作用下建筑的经济损失和所需的修复时间，验证设计方案是否达到预期的可恢复功能防震目标。REDi™ 体系选择了三个指标评估建筑的可恢复功能：建筑功能的恢复时间、直接经济损失、生命安全，定义了建筑防震可恢复功能的三个目标等级：铂金、金、银，如表 5.1-1 所示。

REDi™ 体系建筑抗震可恢复功能设计目标　　　　**表 5.1-1**

等级	建筑功能恢复时间	直接经济损失	人员安全
铂金	小于 72 小时	小于 2.5% 房屋重建费用	无人员伤亡
金	小于 1 个月	小于 5% 房屋重建费用	无人员伤亡
银	小于 6 个月	小于 10% 房屋重建费用	结构没有倒塌危险，坠物可能造成人员受伤事件，无死亡事件发生

REDi™ 评估体系的核心理念如图 5.1-7 所示，即通过高于一般水平的抗震设计，实现

建筑可恢复功能性、组织可恢复功能性、环境可恢复功能性，并通过损失评估进行房屋防震可恢复功能的验证。其中，建筑可恢复功能性是指建筑的结构构件和非结构构件需要满足可恢复功能的设计要求；组织可恢复功能性是指通过制定应急措施，在水、电等基础设施功能中断的情况下，建筑仍然能够正常使用，不受影响；环境可恢复功能性是指降低由地震引起的次生灾害的风险，减少周边因素导致的房屋损伤，防止出入通道受阻等。

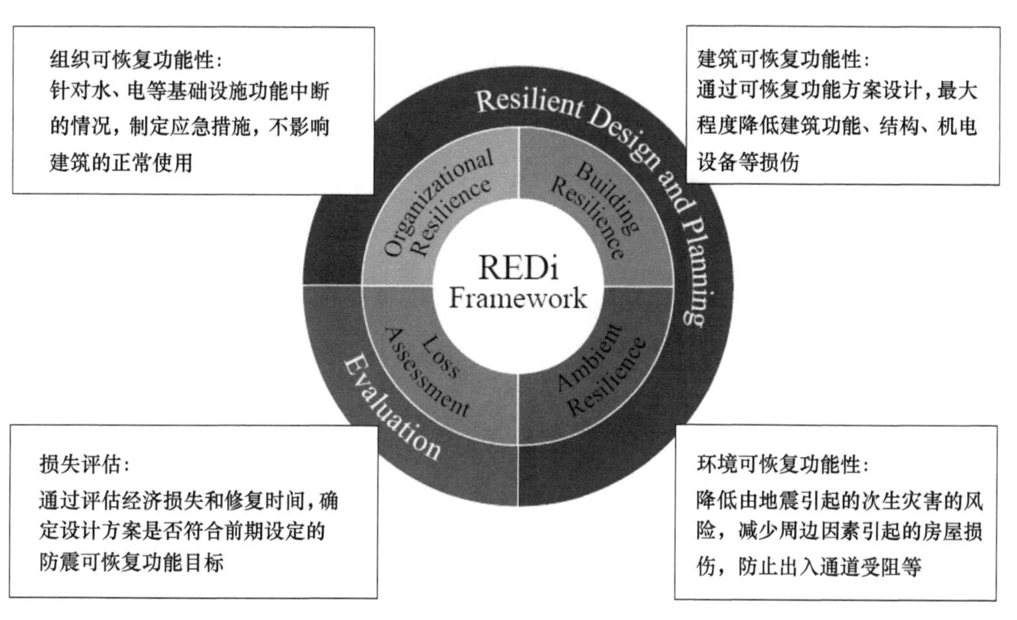

图 5.1-7 REDi™ 体系的核心理念 [6]

REDi™ 评估体系的特点在于可根据结构构件和非结构构件的损伤程度评估震后建筑修复时间、经济损失和安全性，进而评定结构震后功能可恢复的能力等级，这是评估建筑的防震可恢复功能的一个重要进步。然而与基于性能的抗震设计方法相类似，该体系提出的方法也是通过大震验算对基于规范设计的结构进行评估，只是提出了比传统性能化设计更为严格、更为细致的要求用于实现建筑功能的恢复，其本质并不是面向防震可恢复功能的直接设计方法。

需要指出的是，REDi™ 评估体系以 FEMA P-58（2012）为基础，改进了恢复时间的评估方法，考虑的因素更加全面。首先，在 REDi™ 评估体系中定义了恢复程度的类别，包括结构安全（re-occupancy）、功能恢复（functional recovery）、整体恢复（full recovery）；其次，细化了人力分配、施工顺序的评估方法；考虑了基础设施中断的影响，例如供水、供电、燃气等中断的情况；此外，REDi™ 评估体系定义了导致震后恢复工作延迟的影响因素（Impeding Factors），包括震后检测、设计和施工准备、项目审批以及项目融资等因素，并在评估修复时间时考虑了修复工作的延迟时间。

3. United States Resiliency Council（USRC）可恢复功能评估体系

United States Resiliency Council（简称 USRC）成立于 2011 年，是一个非营利机构，也是美国房屋可恢复功能评估体系的推广单位。目前，USRC 有 59 个会员单位，包括政府部门、开发商、建筑设计事务所、咨询设计单位、施工单位、其他组织机构等，如洛杉矶市政府、美国应用技术协会（Applied Technology Council，简称 ATC）、美国太平洋地震工程研究中心（Pacific Earthquake Engineering Research Center，简称 PEER）、美国北加州结构工程师协会 SEANOC、Arup 公司、Thornton Tomasetti 公司等。

2015 年 9 月，USRC 针对地震灾害提出了建筑防震性能评估体系[7]（简称 USRC 评估体系），该体系体现了美国现阶段在防震可恢复功能领域的研究成果。USRC 评估体系借鉴了 FEMA P-58（2012）中震后恢复成本、恢复时间和人员伤亡的评估方法，同时参考了 SEAONC 提出的房屋抗震性能评估体系（Earthquake Performance Rating System，简称 EPRS）。

USRC 评估体系是由 USRC 负责的第三方认证评估体系，评估单体建筑的防震可恢复功能。该评估体系包括两种评估类型，“交易评估”（Transaction Rating）、“认证评估”（Verified Rating）。“交易评估”主要用于金融和房地产交易，客户提出房屋抗震性能鉴定评估的要求，委托由 USRC 认证的专业评估技术人员进行鉴定，评估结果的有效期是五年。“交易评估”则是向委托人提供房屋的设计水平和施工质量的评估信息，评估结果通常不对外公开。“认证评估”比“交易评估”审查更严谨，通过 USRC 认证评估的房屋将被公示并颁发证书和奖牌。“认证评估”必须通过专业技术审查（Technical review）甚至高级技术审查（Elevated review），每五年必须重新注册。“交易评估”和“认证评估”的流程见图 5.1-8。

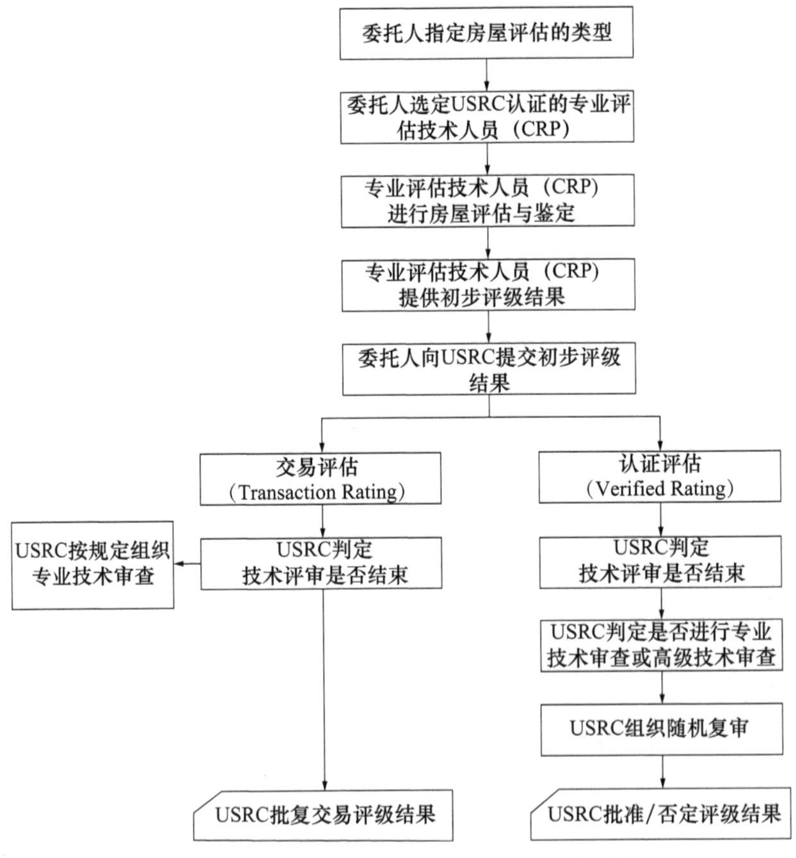

图 5.1-8　“交易评估”和“认证评估”流程

USRC 评估体系根据房屋结构安全性、损伤、修复时间三项指标综合评估房屋的防震可恢复功能。USRC 认定并委托工程领域内具有建筑结构设计和灾害评估相关资质的专业技术人员（Certified Rating Professionals，简称 CRP）对房屋进行专业技术鉴定，给出房屋三项指标的评级结果，三项指标等级划分见表 5.1-2。USRC“交易评估”三项指标最高等级为三星；“认证评估”三项指标最高等级为五星，并设置了铂金、金、银、合格四个等级的奖牌，见表 5.1-3。目前，美国大部分城市 60% 建筑在“认证评估”中不能达到“认证”等级，因此，对于新建建筑，USRC 积极推进基于可恢复功能的设计方法，逐步实现标准化应用。

USRC 房屋抗震性能评估指标　　表 5.1-2

结构安全性能等级		
5 星	无人受伤，能够保证房屋出口通道畅通	
4 星	无重伤事件	
3 星	无死亡事件	
2 星	结构局部发生倒塌，由于构件坠落等原因，可能导致此局部范围内出现伤亡事件	
1 星	房屋倒塌，出现人员伤亡的概率高	
结构损伤等级		
5 星	轻微损伤	修复费用< 5% 重建费用
4 星	轻度损伤	修复费用< 10% 重建费用
3 星	中度损伤	修复费用< 20% 重建费用
2 星	重度损伤	修复费用< 40% 重建费用
1 星	严重损伤	修复费用> 40% 重建费用
NE	不评估	不评估
修复时间等级		
5 星	房屋基本使用功能在几天之内可以恢复	
4 星	房屋基本使用功能在几天到几周之内可以恢复	
3 星	房屋基本使用功能在几周到几个月之内可以恢复	
2 星	房屋基本使用功能在几个月到一年之内可以恢复	
1 星	房屋基本使用功能无法在一年之内恢复	
NE	不评估	

USRC“认证评估”等级划分　　表 5.1-3

	结构安全性能等级	结构损伤等级	修复时间等级
铂金	★★★★★	★★★★★	★★★★★
金	★★★★	★★★★	★★★★
银	★★★	★★★	★★★
合格	★★★	★★	★★

5.2 可恢复功能防震体系的设防水准和设防目标

我国现行《建筑抗震设计规范》GB 50011—2010 [8] 的抗震设防思想可概括为“三水准设防目标，两阶段设计步骤”。“三水准”是指多遇地震、设防地震、罕遇地震，其中，第一水准烈度为50年内超越概率为63%的地震，对应重现期50年；第二水准烈度为50年内超越概率为10%的地震，对应重现期475年；第三水准烈度为50年内超越概率为2%～3%的地震，对应重现期约为1642～2475年。与三个地震烈度水准相应的抗震设防目标是：一般情况下，遭遇第一水准烈度地震时，建筑处于正常使用状态，结构视为弹性体系，采用弹性反应谱进行弹性分析；遭遇第二水准烈度地震时，结构进入非弹性工作阶段，但非弹性变形或结构体系的损伤控制在可修复的范围；遭遇第三水准烈度地震时，结构有较大的非弹性变形，但应控制在规定的范围内，以免倒塌，即，“小震不坏，中震可修，大震不倒”。需要指出的是，第二水准烈度是指1990年中国地震区划图规定的“地震基本烈度”和《中国地震动参数区划图》规定的峰值加速度所对应的烈度。

2016年6月1日，我国第五代《中国地震动参数区划图》GB 18306—2015 [9] 正式实施，新版区划图中采用地震动峰值加速度、特征周期双参数调整，将地震作用定义为四级地震烈度水准：多遇地震动、基本地震动、罕遇地震动、极罕遇地震动，详细参数见表5.2-1。相比旧版区划图，新版区划图提出了极罕遇地震动的概念，其重现期约为10000年，峰值加速度按照基本地震动峰值加速度2.7～3.2倍取值。四级地震烈度水准的提出对我国建筑结构抗震设计提出了更高的要求，也为结构工程师提出了重要的挑战。

地震烈度水准及参数　　表5.2-1

地震烈度水准	地震危险性超越概率	重现期（年）	峰值加速度（a_{max}）	加速度反应谱特征周期
多遇地震动	50年超越概率63%	50	1/3	T_g
基本地震动	50年超越概率10%	475	1	T_g
罕遇地震动	50年超越概率2%～3%	1642～2475	1.6～2.3	$\geqslant T_g+0.05$s
极罕遇地震动	年超越概率10^{-4}	10000	2.7～3.2	

注：a_{max}——基本地震动峰值加速度；
T_g——基本地震动加速度反应谱特征周期。

此外，我国现行的抗震设防水准和抗震设防目标适用于一般结构体系，并不适用于可恢复功能防震结构体系。可恢复功能防震结构是智能结构体系，防震性能明显优于传统结构。与传统结构相比，可恢复功能防震结构不仅要在地震作用下确保生命安全，而且要保证在尽量短的时间内恢复建筑的使用功能，同时，降低修复的经济成本，最大程度地弱化地震对正常生活和生产的影响。因此，在前文的理论与试验研究基础上，结合我国新版地震动参数区划图，本章针对可恢复功能防震结构提出了四级设防水准和四级设防目标，四级设防目标的说明见表5.2-2。

可恢复功能防震结构的设防目标　　表 5.2-2

地震水准	设防目标		
	整体目标	可恢复功能构件	一般构件
多遇地震	结构完好，结构整体处于弹性状态	可恢复功能防震体系不启动，可更换构件等耗能构件处于弹性状态，自复位梁柱节点、自复位柱脚节点等不打开	结构构件无损伤，非结构构件完好
基本地震	结构轻微损伤，结构整体进入弹塑性状态，不影响建筑结构的使用功能	可恢复功能防震体系启动，可更换构件变形较大但不屈服，自复位梁柱节点打开，自复位柱脚节点提升，但均不破坏	结构构件轻微损伤，非结构构件发生轻微损伤
罕遇地震	结构局部破坏，残余位移不超过限值，建筑结构可以修复，修复后可以继续使用；虽然有人员受伤，但生命安全应能得到保障	可恢复功能防震体系震后可以更换、修复，可更换构件的耗能段发生塑性破坏后可以更换，自复位梁柱节点、自复位柱脚节点震后可以修复	结构构件局部破坏，非结构构件局部破坏，可以修复
极罕遇地震	结构不发生倒塌，震后结构基本无法维修，生命安全可以得到保障	可恢复功能防震体系破坏，震后不可修复，整个建筑必须拆除	竖向抗侧力构件出现极大的强度和刚度退化，但仍具有承担竖向荷载的能力，不会导致结构整体倒塌

四级设防水准： 1. 多遇地震；2. 基本地震；3. 罕遇地震；4. 极罕遇地震。

四个设防目标： 1. 正常使用；2. 震后立即恢复使用；3. 可更换、可修复；4. 不倒塌、无死亡。

对应设防目标 1： 结构和非结构构件无损伤，建筑可以正常使用。

对应设防目标 2： 地震时结构和非结构构件可以随主体结构变形，以释放地震输入的能量。对于特定设计的可恢复功能结构，梁柱节点可以张开和闭合，张开值在限值范围内；柱脚节点可以抬升和转动，抬升和转动值在限制范围内；地震后基本无残余变形。对于可更换结构，可更换构件可以有一定的变形，但不屈服，地震后可更换部位构件基本无残余变形。对于可摇摆的结构，摇摆构件可以发生一定的晃动，以释放结构振动的能量；摇摆构件带动与其相连的消能部件有一定的变形但不屈服。地震后建筑能立即使用。

对应设防目标 3： 地震时结构整体侧向变形较大，但小于限定值（例如 1/200 ～ 1/300），地震后结构整体侧向残余变形小于限定值（例如 1/1000）；预先设定的可更换构件和消能部件发生较大的塑性变形以消耗地震能量，连接可更换构件和消能部件部位的残余变形小于限定值（例如 1/500 ～ 1/1000）；预先设定的可修复构件发生较大塑性变形以消耗地震能量，残余变形小于限定值（例如 1/200 ～ 1/500）。地震后建筑经更换构件（部件）和修复后可以使用。

对应设防目标 4： 允许结构整体发生不可修复的破坏但不倒塌，不能造成人员死亡。整个建筑必须拆除。

可恢复功能防震结构的四级设防目标明显高于一般结构的抗震设防目标。尤其是在极罕遇地震下，保证结构仍然不倒塌，确保建筑内人员的生命安全。采用可恢复功能防震结构体系，在遇到基本地震、罕遇地震时，大大降低了震后的修复时间和修复成本，这也符合未来结构工程防灾减灾的发展方向。

5.3 可恢复功能防震体系评估的技术指标

本节介绍评估结构防震可恢复功能的技术指标。针对可恢复功能防震结构体系，探讨结构残余位移、最大位移、节点局部转角、预应力控制四个指标。其中，结构残余位移、最大位移是基于整体结构层次的评估指标，节点局部转角、预应力的控制是基于构件层次的评估指标。综合来看，能够从宏观到微观上说明结构整体的损伤状态和可以修复程度，以及具有可复位、可摇摆、可更换的功能节点的抗震性能等。

5.3.1 残余位移

20 世纪 70 年代开始，国内外学者开始对结构的残余变形展开研究，通过理论和试验的方法，研究残余变形的影响因素和计算方法。1994 年，Priestley[10] 在其研究报告中指出，残余变形对震后结构修复难度的重要性可能会大于常用的最大变形。同一时期，美国一些学者开始重新思考传统的抗震设计理念的不足，认为仅通过承载力验算并不能完全保证结构的安全，还需要控制结构的位移，由此掀起了基于性能的地震工程研究的潮流。1995 年，美国加州结构工程师协会（Structural Engineers Association of California，简称 SEAOC）发表 SEAOC Vision 2000[11]，标志着基于性能的抗震设计方法的初步确立。随后，美国联邦紧急事务管理署（Federal Emergency Management Agency，简称 FEMA）以及美国应用技术协会（Applied Technology Council，简称 ATC）发布了几个关于基于性能的抗震设计文件[12, 13]。值得注意的是，在这些文件中均指出，残余位移是评估结构抗震性能的一个重要指标，不能忽视。此外，目前广泛应用的 FEMA P-58（2012）也指出，结构最大残余位移是判别建筑是否可以修复的关键工程需求参数。

5.3.1.1 残余位移定义

1. 残余位移定义

国内外有多位学者专门针对残余位移展开了研究，由于研究目的和方法的不同，提出了不同形式的残余位移定义，主要总结见表 5.3-1。

残余位移的定义 **表 5.3-1**

残余位移定义	计算公式	
残余位移 u_r / 最大可能残余位移 $u_{r,max}$[14-16]	$S_{RDR}=\left\|\frac{u_r}{u_{r,max}}\right\|$	式（5.3-1）
残余位移 δ_R / 屈服位移 δ_y[17]	$\mu_p=\frac{\delta_R}{\delta_y}$	式（5.3-2）
残余位移 d_{res} / 弹塑性最大位移 d_{max}[18-20]	$d_{rm}=\frac{d_{res}}{d_{max}}$	式（5.3-3）
残余位移 Δ_r / 弹性位移 S_d[21-24]	$C_r=\frac{\Delta_r}{S_d}$	式（5.3-4）

图 5.3-1 给出了地震动强度与层间位移角峰值的关系图，说明了残余位移角与层间位移角峰值之间的关系。在进入“a”点状态之前，结构处于弹性阶段，无残余位移，“a”点状态之后，结构进入塑性阶段，即“b”点状态；到达“c”点状态时，结构已发生倒塌破坏，残余位移角等于层间位移角峰值。

图 5.3-2 给出了不同体系在卸载时的荷载变形关系。研究表明，弹塑性结构体系（Elastic-plastic system，简称 EP）的残余位移最大，广义塑性结构（General inelastic system，简称 GI）的残余位移相对较小，对于可恢复功能防震结构体系之一的自复位体系（Self-centering system，简称 SC），残余位移很小。

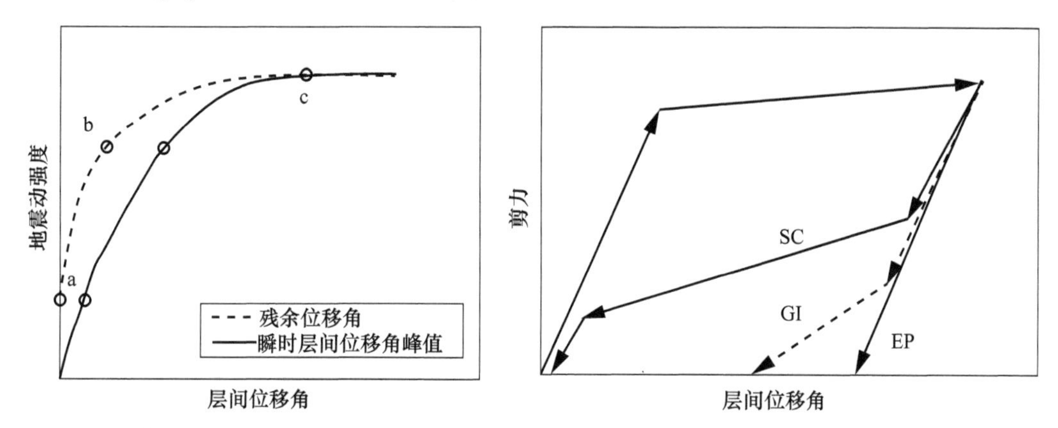

图 5.3-1　残余位移角与层间位移角峰值关系　　图 5.3-2　卸载路径对层间位移角的影响

2. 残余位移的影响因素

国内外学者对结构残余位移的影响因素展开了多年研究，探讨了屈服后刚度、滞回模型、地震动强度、场地条件、高阶模态、扭转效应等因素对残余位移的影响。

早在 1979 年，Riddell 和 Newmark [25] 开始研究不同的滞回模型在地震作用下的位移响应，在其研究报告中指出，对于理想弹塑性、双折线和刚度退化模型在初始屈服之后，恢复能力有很大的区别，在同样地震作用下残余位移相差很大。

Kawashima 等 [14-16] 最早开始系统地研究单自由度体系的残余位移，针对不同参数的双线性单自由度体系，计算了 63 条地震输入下的残余位移，分析了地震动强度、场地条件、位移延性、周期、屈服后刚度比等对残余位移率（如公式（5.3-1）所示）的影响。研究发现，残余位移的大小主要由结构屈服后刚度比控制，当屈服后刚度比大于 0 时，残余位移率较小，当屈服后刚度比接近于 0 时，残余位移迅速增大，当屈服后刚度比小于 −0.05 时，残余位移率接近 1。地震强度、震中距、场地条件、结构周期、目标位移延性对残余位移率的影响不大。

Christopoulos 等 [18-20] 研究了不同滞回模型对单自由度体系残余位移的影响，包括双折线模型、Takeda 刚度退化模型和旗帜 Flag-shaped 模型。研究发现在同样的地震输入下，采用不同的滞回模型得到的残余位移有一定的区别。对双折线模型和 Takeda 模型，残余位移值（如公式（5.3-3）所示）主要由屈服后刚度控制，屈服后刚度增大，残余位移值减小，旗帜模型则基本不会产生残余位移。此外，Christopoulos 等通过考虑 $P\text{-}\Delta$ 效应和高阶模态响应的影响，尝试将单自由度体系的残余位移理论初步推广到多自由度体系，即多自由度体系残余位移可以通过等效单自由度体系残余位移乘以高阶模态增大系数和 $P\text{-}\Delta$ 效应增大系数得到。

Ruiz-Garcia 等[21-24]对地震作用下单自由度和多自由度体系的残余位移做了一系列研究。针对不同抗侧强度的单自由度体系，计算在 240 条地震输入下的位移响应和残余位移率（如公式（5.3-4）所示），分析了自振周期、抗侧强度、场地条件、地震动强度、震中距对残余位移率的影响。经统计分析发现，与最大弹塑性位移相比，残余位移率对场地条件、地震动强度、震中距的变化更敏感，并且，不同的地震输入带来的残余位移率的离散性很大。针对多自由度体系，通过计算 12 个单跨框架二维模型在 40 条地震动输入下的位移响应，研究了地震动强度、结构层数、结构自振周期、框架机制、结构体系超强和滞回模型等因素的影响，并发现残余层间位移受框架机制、结构体系超强和滞回模型的影响很大，不同的地震动输入带来的离散性远大于最大弹塑性位移。

叶列平等[26]研究了屈服后刚度对短周期和长周期结构的地震响应的影响。研究发现，与理想弹塑性结构相比，当具有一定屈服后刚度时，可以有效减小结构的震后残余位移，而且可以降低不同地震动输入下结构的最大弹塑性位移响应的离散性。此外，屈服后刚度可以抑制结构在地震作用下产生损伤集中现象和发生局部破坏。

5.3.1.2 残余位移计算方法

结构最大残余位移的计算方法主要包括参数拟合法、数值模拟法等。例如，Ruiz-Garcia 和 Miranda[22]对单、多自由度体系在地震作用下残余位移做了系列研究后，给出了理想弹塑性模型的残余位移的拟合计算公式：

$$C_{\mathrm{r}}=\left[\frac{1}{\theta_1}+\frac{1}{41T^{\theta_2}}\right]\beta \tag{5.3-5}$$

$$\beta=\theta_3\left\{1-\exp\left[-\theta_4(R-1)^{\theta_5}\right]\right\} \tag{5.3-6}$$

其中，C_{r}——残余位移 Δ_{r} / 弹性位移 S_{d}；

T——结构周期；

R——水平强度系数；

β——由公式（5.3-6）求得的参数；

θ_1、θ_2、θ_3、θ_4、θ_5——根据场地条件拟合的参数。

目前，在结构抗震分析计算中常常采用数值模拟法直接求得结构的残余位移。数值模拟法虽然直观，但是，由于残余位移的影响因素很多，在设置模型属性、计算方法时需要考虑多种参数的合理设置，即便如此，计算结果的准确性难以验证，计算结果误差较大。

考虑到数值模拟法的缺陷，在多年研究的基础上，FEMA P-58（2012）给出了结构层间残余位移的推荐计算方法：

$$\begin{cases}\Delta_{\mathrm{r}}=0 & \text{当 } \Delta\leqslant\Delta_{\mathrm{y}}\\ \Delta_{\mathrm{r}}=0.3(\Delta-\Delta_{\mathrm{y}}) & \text{当 } \Delta_{\mathrm{y}}<\Delta<4\Delta_{\mathrm{y}}\\ \Delta_{\mathrm{r}}=\Delta-3\Delta_{\mathrm{y}} & \text{当 } \Delta\geqslant4\Delta_{\mathrm{y}}\end{cases} \tag{5.3-7}$$

式中，Δ_{y}——结构进入屈服状态的层间位移；

Δ_r——结构层间残余位移；

Δ——结构瞬时位移。

5.3.1.3　残余位移限值

国内外学者研究了残余位移的大小与建筑的使用功能、生命安全、人体舒适度、修复难易程度等的关系，并根据研究结果提出了残余位移的限值。

21 世纪初，日本建筑研究所 Iwata 等[27] 通过分析 12 栋钢结构低、中层建筑在 1995 年日本阪神地震后的损失情况，研究了判别“震后是否可以修复”、“结构是否倒塌”两种状态变化的评估指标，包括结构整体残余位移角、层间位移角、直接修复费用率和间接修复费用率，综合评估了结构修复的技术指标、经济指标后，给出了建议临界值。Iwata 等建议钢结构低、中层建筑可以修复的最大整体残余位移角、最大层间残余位移角分别为 1/110（0.009 rad）、1/70（0.014 rad），考虑修复的经济成本，如果修复的代价很高，建筑只能重建，因此，建议震后房屋可修复的最大整体残余位移角、最大层间残余位移角分别为 1/200（0.005 rad）、1/90（0.011 rad）。

钢筋混凝土框架和钢框架相比，钢筋混凝土结构重量大，在遭受同样的最大位移情况下，破坏更加严重，因此，其限值应当比钢框架较低。美国密歇根大学 McCormick[28] 根据震害调查结果总结出，住户可以感知到建筑整体震后残余位移角为 0.005 ~ 0.006 rad，当建筑残余位移角大于 0.008 rad 时，住户明显地感知到建筑的倾斜，并会产生头晕等症状，此时建筑通常会出现裂缝、物体滚动等现象；当建筑残余位移角大于 0.01 rad 时，人的舒适度很低，严重影响正常工作和生活，因此，当建筑的震后残余位移角大于 0.005 rad 时，结构需要修复。此外，当建筑的震后残余位移角大于 0.005 rad 时，建筑门窗等非结构构件破坏比较严重，门窗等可能无法正常开启，导致建筑内人员疏散受阻，无法保障人员安全。

新西兰坎特伯雷大学 Pampanin[29, 30] 等根据最大层间位移角和残余层间位移角给出了混凝土结构的极限状态及其限值，如表 5.3-2 所示，表中 RD_i 是根据残余层间位移角 θ_r 给出的损伤极限状态；MD_j 是根据最大层间位移角 θ_{max} 给出的损伤极限状态；PL（j，i）是根据最大层间位移角和残余层间位移角给出的结构性能状态。

混凝土框架最大和残余层间位移角对应的极限状态及其限值　　表 5.3-2

最大层间位移角对应的损伤极限状态（j）			残余层间位移角对应的损伤极限状态（i）			
			立即入住	可修	不可修	生命安全
			RD_1	RD_2	RD_3	RD_4
			$0 \leqslant \theta_r \leqslant 0.2\%$	$0.2\% < \theta_r \leqslant 0.4\%$	$0.4\% \leqslant \theta_r \leqslant 0.6\%$	$0.6\% \leqslant \theta_r \leqslant 1.0\%$
IO	MD_1	$0 \leqslant \theta_{max} \leqslant 0.5\%$	PL（1，1）	PL（1，2）	PL（1，3）	PL（1，4）
	MD_2	$0.5\% < \theta_{max} \leqslant 1.0\%$	PL（2，1）	PL（2，2）	PL（2，3）	PL（2，4）
LS	MD_3	$1.0\% < \theta_{max} \leqslant 2.0\%$	PL（3，1）	PL（3，2）	PL（3，3）	PL（3，4）
CP	MD_4	$2.0\% < \theta_{max} \leqslant 4.0\%$	PL（4，1）	PL（4，2）	PL（4，3）	PL（4，4）

FEMA P-58（2012）中，利用残余层间位移角定义了建筑结构的损伤状态，见表 5.3-3。建筑结构的损伤程度由低到高分为四级：DS1、DS2、DS3、DS4。值得注意的是，该规定采用了新建建筑最大倾斜度容许值 0.2% 作为判别建筑结构是否损伤的临界值，即如果残余层间位移角不大于 0.2% 时，建筑结构基本没有损伤；如果建筑结构残余层间位移角不大于 0.5% 时，建筑结构可以修复；如果残余层间位移角大于 0.5% 且小于 1% 时，建筑结构没有发生倒塌，但震后损伤比较严重，修复的技术难度和费用都比较高，不建议进行修复；对于 DS4 损伤等级，根据结构体系延性的不同，采用结构基底剪重比代替残余层间位移角，作为建筑结构倒塌的临界值，这是为了考虑在地震活动较弱的地区，由于 P-Δ 效应可能导致结构在较小的残余层间位移角情况下发生倒塌破坏。该规定适用于钢结构、混凝土结构、木结构等一般结构体系。

FEMA P-58（2012）建议的损伤等级划分　　表 5.3-3

损伤状态	损　伤　描　述	残余层间位移角限值（Δ/h）
DS1	结构不需要修复；对变形敏感的非结构构件（如电梯轨道、幕墙和门窗）需要调整和修复	0.2%
DS2	结构需要修复，保证结构的稳定性；且修复后结构变形满足非结构构件的使用要求	0.5%
DS3	结构需要修复以保证结构的稳定性，修复难度较大，且费用高	1%
DS4	结构残余位移大，结构可能倒塌	高延性体系 $4\% < 0.5V_{\mathrm{design}}/W$
		中等延性体系 $2\% < 0.5V_{\mathrm{design}}/W$
		有限延性体系 $1\% < 0.5V_{\mathrm{design}}/W$

注：Δ/h 为残余层间位移与层高的比值；V_{design}/W 为基底剪重比。

本书作者及团队通过前期振动台试验和理论分析[31-33]，研究了自复位结构、带有可更换构件的结构、摇摆结构的残余位移。如图 5.3-3 所示，3 层两跨的自复位钢筋混凝土框架结构振动台试验表明（见本书第 2 章），在多遇地震作用下，结构残余位移角在 0.1%（0.001 rad）内，自复位结构的残余变形基本可以忽略不计；在设防地震作用下，自复位结构出现少量的残余变形，且残余位移角小于 0.2%（0.002 rad）；在罕遇地震作用下，结构残余位移角应不超过 0.3%（0.003 rad）。通过 5 层钢筋混凝土框架 - 摇摆墙结构在双向地震动输入下的振动台试验（见本书第 3 章），在罕遇地震作用下，其整体最大残余位移角为 0.4%（0.004 rad）。通过 5 层带有可更换连梁的双筒体混凝土结构振动台试验表明（见本书第 4 章），设置可更换连梁后结构残余位移角减小，且罕遇地震作用下最大残余位移角为 0.14%（0.0014 rad）。

结合前文提出的"可恢复功能防震结构的四级设防目标"，对于多遇地震、设防地震、罕遇地震及极罕遇地震，结构整体最大残余位移角限值分别为 0.002 rad、0.002 rad、0.005 rad、0.010 rad，见表 5.3-4。

（a）3 层自复位框架结构

（b）5 层带可更换连梁的筒体结构

（c）5 层框架 - 摇摆墙结构

图 5.3-3　同济大学系列可恢复功能防震结构振动台试验研究

可恢复功能防震结构体系残余位移限值　　**表 5.3-4**

结构整体最大残余位移角（rad）		结构整体最大残余位移角（rad）	
多遇地震	0.002（1/500）	罕遇地震	0.005（1/200）
设防地震	0.002（1/500）	极罕遇地震	0.010（1/100）

5.3.2　最大层间位移

根据各国规范的规定、震害经验和试验研究结果及工程实例分析，通常采用层间位移角作为结构设计时抗震变形验算的主要指标，从结构变形能力判别是否满足建筑功能要求。我国现行的抗震规范规定，对于钢筋混凝土结构和钢结构，要求进行多遇地震作用下的弹性层间位移验算，罕遇地震作用下进行弹塑性层间位移验算，并且不能超过规范给出的限值。对于可恢复功能防震结构，各国规范还没有给出最大层间位移的限值。

前文中，针对可恢复功能防震体系进行了振动台试验研究，分析了自复位结构、带可更换构件的结构以及摇摆结构的残余位移限值，如表 5.3-4 所示。三项振动台试验中，罕遇地震作用下的结构最大层间位移见表 5.3-5。其中，3 层自复位框架，X 方向顶层最大位移达到 12.351mm，X 方向层间位移角最大值出现在模型结构的首层，为 0.0026 rad，工况为 El Centro 波 X 主方向输入（PGA = 1.0g）；Y 方向顶层最大位移达到 11.757mm，Y 方向层间位移角最大值出现在模型结构的首层，为 0.0018 rad，工况为 Takatori 波 X 主方向输入（PGA = 1.0g）。对于 5 层带可更换连梁的筒体结构，X 方向顶层最大位移达到 39.075mm，X 方向层间位移角最大值出现在模型结构的顶层，为 0.01361 rad，工况为 Wenchuan 波 X 主方向输入（PGA = 1.0g）；Y 方向顶层最大位移达到 26.788mm，Y 方向层间位移角最大值为 0.009rad，出现在第四层，工况 Wenchuan 波

X 主方向输入（PGA = 1.0g）。对于 5 层框架 - 摇摆墙结构，X 方向顶层位移达到最大值 143.5mm，X 方向层间位移角最大值出现在模型结构的 5 层，达到了 0.0245 rad，工况为 Takatori 波 X 主方向输入（PGA = 1.0g）；Y 方向顶层位移达到最大值 154.2mm，最大层间位移角出现在结构的 4 层，达到了 0.026 rad，工况为 El Centro 波 X 主方向输入（PGA = 1.0g）。

可恢复功能防震结构体系最大层间位移　　表 5.3-5

可恢复功能防震结构	X 方向		Y 方向	
	顶层最大位移（mm）	层间位移角最大值（rad）	顶层最大位移（mm）	层间位移角最大值（rad）
3 层自复位框架结构	12.351	0.0026（首层）	11.757	0.0018（首层）
5 层带可更换连梁的简体结构	39.075	0.01361（顶层）	26.788	0.009（第四层）
5 层框架 － 摇摆墙结构	143.5	0.0245（顶层）	154.2	0.0260（第四层）

5.3.3 节点局部转角

对于可恢复功能防震结构体系，具有自复位功能、可更换功能、摇摆功能的节点是结构的关键部位，利用这些功能节点的状态，可以判别结构的损伤程度和震后可以修复的程度。

如图 5.3-4 所示，具有可恢复功能的节点局部转角包括：

（1）对于自复位结构，可张开的梁端转角、可抬升的柱端转角；

（2）对于摇摆结构而言，可抬升的柱端转角；

（3）对于可更换构件的结构，塑性耗能段（保险丝）端部的转角等。

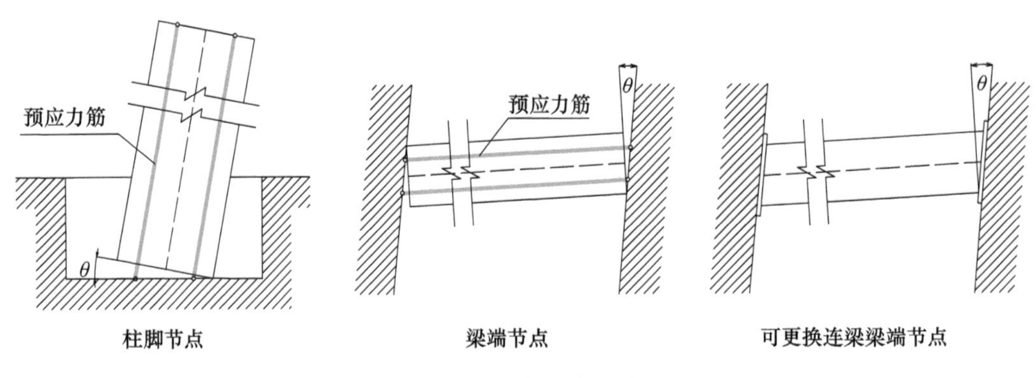

图 5.3-4　局部转角示意图

前文中，对 2 层自复位框架进行振动台试验，研究了柱端、梁端转角在地震中的变化规律，梁柱编号如图 5.3-5 所示。表 5.3-6 记录了柱 C1、C2 底部节点抬升的高度以及梁 B1、B3 端部节点打开的宽度和梁端转角等，其中，在 El Centro 波作用下，随着峰值加速度的增大，柱端最大抬升高度为 9.054 mm（C2 柱），相应局部转角为 0.045 rad，梁端最大张开宽度为 9.360 mm（B1 梁），相应局部转角为 0.047 rad。罕遇地震作用下，2 层自复位框架结构没有破坏，局部节点完好。如图 5.3-6 所示，在 El Centro 波和 Wenchuan 波作用下，局部转角随峰值加速度的增大而增大，而且，地震中柱端节点与梁端节点的端部转角变化规律相协调，框架的整体可恢复性能良好。

图 5.3-5　自复位钢筋混凝土框局部节点示意图

自复位钢筋混凝土框架结构功能节点转角　　　　**表 5.3-6**

输入地震波	PGA（g）	柱脚提升（mm）		柱脚转角（rad）		梁端打开（mm）		梁端转角（rad）	
		C1	C2	C1	C2	B1	B3	B1	B3
El Centro	0.05	0.038	0.177	0.000	0.001	0.108	0.014	0.001	0.000
	0.1	0.362	0.377	0.002	0.002	0.283	0.127	0.001	0.001
	0.15	0.472	0.211	0.002	0.001	0.411	0.166	0.002	0.001
	0.2	1.164	1.317	0.006	0.007	1.285	0.827	0.006	0.004
	0.25	1.567	1.760	0.008	0.009	1.721	1.165	0.009	0.006
	0.3	2.139	2.434	0.011	0.012	2.418	1.802	0.012	0.009
	0.35	3.198	3.582	0.016	0.018	3.191	2.783	0.016	0.014
	0.4	3.816	4.261	0.019	0.021	4.353	3.427	0.022	0.017
	0.45	4.711	5.250	0.024	0.026	5.482	4.219	0.027	0.021

续表

输入地震波	PGA（g）	柱脚提升（mm）		柱脚转角（rad）		梁端打开（mm）		梁端转角（rad）	
		C1	C2	C1	C2	B1	B3	B1	B3
El Centro	0.5	6.312	7.036	0.032	0.035	7.347	4.511	0.037	0.023
	0.6	8.123	9.054	0.041	0.045	9.360	7.699	0.047	0.038
Wenchuan	0.2	0.643	0.641	0.003	0.003	0.804	0.690	0.004	0.003
	0.3	1.146	1.094	0.006	0.005	1.400	1.345	0.007	0.007
	0.4	1.375	1.269	0.007	0.006	1.794	1.768	0.009	0.009
	0.6	2.216	2.027	0.011	0.010	2.812	2.570	0.014	0.013
	0.8	2.479	2.384	0.012	0.012	3.218	2.994	0.016	0.015

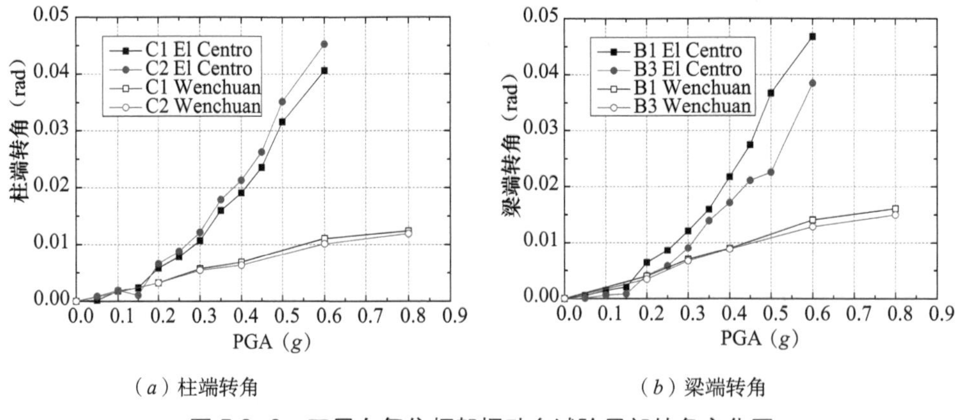

（a）柱端转角　　（b）梁端转角

图 5.3-6　双层自复位框架振动台试验局部转角变化图

5.3.4　预应力的控制

在自复位结构和摇摆结构中，通常会采用预应力钢筋控制功能节点的张开和恢复，节点的转动刚度和恢复力由预应力钢筋提供。预应力钢筋的应力应变关系能够反映功能节点，以至于整个结构的性能状态。当节点打开时，预应力钢筋进入工作状态，预应力筋的内力会不断变化。因此，在罕遇地震作用下，为保证功能节点的正常工作，预应力钢筋不应屈服。

通过前文多个振动台试验研究发现，自复位结构体系中，梁中预应力钢筋的有效应力与屈服强度的比值不应超过 0.6，柱中预应力钢筋的有效应力与屈服强度的比值不应超过 0.3。

预应力钢筋的受力和应变的影响因素很多，包括预应力钢筋的固定端的位置 X_{PT}，初始应力 F_{pti}/A_{PT}，预应力钢筋的长度 L_{PT}。当自复位构件发生刚体转动时，预应力钢筋应有充足的变形能力，保证结构达到预设摇摆的层间位移角（δ/H）。因此，预应力钢筋的最大应变不应超过限值[35]：

$$\varepsilon_{\mathrm{peak}}=\frac{F_{\mathrm{pt}i}}{A_{\mathrm{PT}}E_{\mathrm{PT}}}+\frac{X_{\mathrm{PT}}(\delta/H)_{\mathrm{target}}}{L_{\mathrm{PT}}}\leqslant\varepsilon_{\mathrm{limit}} \tag{5.3-8}$$

文献［36］中的摇摆框架试验结果表明，极限强度标准值 f_{ptk} 达到 1860MPa 的高强度钢筋束，当其应变大于 1% 之后会发生断裂。因此，对于罕遇地震和设防地震，根据公式（5.3-8）计算的预应力钢筋最大应变 $\varepsilon_{\mathrm{peak}}$ 分别不应超过 1% 和 0.8%。此外，美国 ACI ITG（2009）[37] 建议预应力筋最大应变限值为 1%。

5.4　非结构系统对建筑防震可恢复功能的影响

长期以来，非结构系统抗震研究一直远远滞后于结构抗震的研究。1964 年，美国 Alaska 地震使非结构系统的抗震安全性问题开始受到关注。随后，1971 年美国 San Fernando 大地震、1972 年尼加拉瓜地震、1976 年我国的唐山大地震等多次强烈地震，使人们逐渐认识到非结构系统破坏造成的损失已经远远超过了主体结构破坏造成的损失。即使震后建筑物的结构部分完好，也可能由于非结构系统的损坏导致建筑物无法正常使用，甚至引起严重的次生灾害。例如，在 2010 年的智利地震中，由于大量的吊顶、管道、机电设备、砌体隔墙等非结构遭到严重破坏，导致当地两大机场关闭了几个星期，同时还有大量的医疗机构、工厂等因功能丧失而关闭，带来的损失巨大[38]。

非结构系统的抗震性能直接关系到建筑震后修复的可行性和经济性，以及震后建筑功能的恢复时间和恢复费用，是影响建筑可恢复功能水平的不可忽略的因素。近几年，国内外对非结构构件抗震性能的关注度越来越高，很多地震工程领域的专家学者开始研究如何提高非结构构件的抗震性能，保证非结构构件在震后可以恢复使用，最大限度地减少非结构构件的损失。

5.4.1　非结构构件的抗震设计方法

1. 非结构构件的分类

非结构构件的种类繁多，根据不同的研究目的可以选择不同的分类方法。常见的分类方式包括按照非结构构件的功能、固定方式、动力特性、地震响应特征等方面来分类，如图 5.4-1 所示。我国《建筑抗震设计规范》GB 50011—2010（2016 年版）给出了非结构构件的定义，根据功能属性将非结构构件分为两大类：“持久性的建筑非结构构件和支承于建筑结构的附属机电设备等”，并给出了部分构件的名称，如表 5.4-1 所示。其中：“建筑非结构构件指建筑中除承重骨架体系以外的固定构件和部件，主要包括非承重墙，附着于楼面和屋面结构的构件、装饰构件和部件、固定于楼面的大型储物架等。”

“建筑附属机电设备指为现代建筑使用功能服务的附属机械、电气构件、部件和系统，主要包括电梯、照明和应急电源、通信设备，管道系统，采暖和空气调节系统，烟火监测和消防系统，公用天线等。”

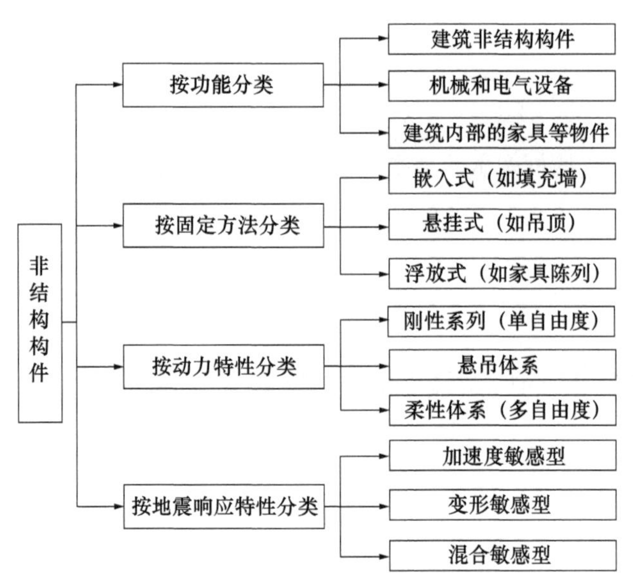

图 5.4-1　常见的非结构构件分类

我国建筑抗震设计规范列出的非结构构件类型　　表 5.4-1

建筑非结构构件（构件、部件名称）	建筑附属设备构件（构件、部件所属系统）
1. 非承重外墙：围护墙、玻璃幕墙等	1. 应急电源的主控系统、发电机、冷冻机等
	2. 电梯的支承结构、导轨、支架、轿厢导向构件等
2. 连接：墙体连接件、饰面连接件、防火顶棚连接件、非防火顶棚连接件	3. 悬挂式或摇摆式灯具
	4. 其他灯具
3. 附属构件：标志或广告牌等	5. 柜式设备支座
	6. 水箱、冷却塔支座
4. 高于 2.4m 储物柜支架：货架（柜）文件柜、文物柜	7. 铁锅、压力容器支座
	8. 公用天线支座

2. 非结构构件的抗震设计方法

随着基于性能抗震设计思想的发展，美国联邦应急管理署分别于 1997 年和 2000 年出版了既有建筑抗震加固设计指南 FEMA 273 [12] 和 FEMA 356 [39]，将基于性能的抗震设计理念体现在抗震设计准则中。该设计指南对非结构构件定义了 4 个抗震性能等级：基本完好（Operational）、立即使用（Immediate Occupancy）、生命安全（Life Safety）和减少灾害（Hazard Reduced）。采用两水平的基本设计准则，即只对立即使用和生命安全两个性能水平进行设计，对于基本完好性能水平没有提供明确的设计方法，而减少灾害性能水平则作为生命安全性能水平的下界。

该设计指南根据非结构构件的地震响应特性，将其分为加速度敏感型、变形敏感型和混合敏感型。对不同类型的非结构构件，采用不同的抗震设计方法。指南中规定的设计方法只考虑非结构构件与主体结构的连接强度。对于加速度敏感型非结构构件，两本指南均采用等效侧力法，根据以下公式确定非结构构件的水平地震作用：

$$F_{p}=\frac{0.4a_{p}S_{XS}I_{p}W_{p}\left[1+\frac{2x}{h}\right]}{R_{p}} \tag{5.4-1}$$

$$0.3S_{XS}I_{p}W_{p}\leqslant F_{p}\leqslant 1.6S_{XS}I_{p}W_{p} \tag{5.4-2}$$

其中，F_{p}——与非结构构件质量分布相关，作用于构件重心处的水平设计地震作用；

a_{p}——非结构构件放大系数，其值与构件刚度有关，取 1.0 ～ 2.5 ；

S_{XS}——在任何灾害水平下短周期的加速度反应谱；

h——建筑顶点相对地面的平均高度；

I_{p}——构件性能系数，生命安全性能水平取 1.0，立即使用性能水平取 1.5 ；

R_{p}——构件反应修正系数，与连接部位的延性有关，取 1.25 ～ 6.0 ；

W_{p}——非结构构件的运行重力；

x——非结构构件相对地面的安装高度。

FEMA 273 只对非结构构件水平地震作用做了规定，不考虑构件的竖向地震作用。FEMA 356 则进一步规定了竖向地震作用的计算方法，但没有明确指出什么情况下该考虑构件的竖向地震作用。

$$F_{pv}=\frac{0.27a_{p}S_{XS}I_{p}W_{p}}{R_{p}} \tag{5.4-3}$$

$$0.2S_{XS}I_{p}W_{p}\leqslant F_{pv}\leqslant 1.07S_{XS}I_{p}W_{p} \tag{5.4-4}$$

其中，F_{pv}——与非结构构件质量分布相关，作用于构件重心处的竖向设计地震作用。

对于变形敏感型非结构构件，指南规定非结构构件支承点处的位移角或不同支承点间的相对位移需满足一定的限值要求，计算方法如下：

$$D_{r}=(\delta_{xA}-\delta_{yA})/(X-Y) \tag{5.4-5}$$

$$D_{p}=|\delta_{xA}|+|\delta_{xB}| \tag{5.4-6}$$

其中，D_{r}——位移角；

D_{p}——构件不同支承点间的相对位移；

X——上支承点 x 相对地面的高度；

Y——下支承点 y 相对地面的高度；

δ_{xA}——A 建筑在 x 点的位移；

δ_{xB}——B 建筑在 x 点的位移。

我国现行《建筑抗震设计规范》GB 50011—2010 对非结构构件的抗震设计仍主要侧重于非结构构件与主体结构的连接及其锚固的设计。对非结构构件进行地震作用计算时既考虑构件自身重力产生的惯性力，也考虑支座间相对位移产生的附加作用，将两者组合计算。规范对非结构构件进行地震作用计算时仍主要考虑水平地震作用，没有规定竖向地震作用的计算方法。一般情况下，采用等效侧力法计算非结构构件自身重力产生的水平地震作用。对于建筑附属设备，如巨大的高位水箱、出屋面的大型塔架等则采用楼面反应谱法。我国《建筑抗震设计规范》GB 50011—2010 给出了部分非结构构件的功能系数、类别系数，用于等效侧力法、楼面反应谱法的抗震设计计算。采用等效侧力法时，水平地震作用标准值的计算公式如下：

$$F=\gamma\eta\zeta_1\zeta_2\alpha_{\max}G \tag{5.4-7}$$

其中，F——沿最不利方向施加于非结构构件重心处的水平地震作用标准值；

γ——非结构构件功能系数；

η——非结构构件类型系数；

ζ_1——状态系数，取决于非结构体系的自振周期，取 1.0 ～ 2.0 ；

ζ_2——位置系数，顶点宜取 2.0，底部宜取 1.0，沿高度线性分布；

$\alpha_{\max}$——地震影响系数最大值；

G——非结构构件运行重力。

5.4.2 非结构系统的设防目标

我国现行《建筑抗震设计规范》GB 50011—2010 明确了非结构系统抗震设防目标需与主体结构的“三水准设防目标”相协调，即“容许非结构构件的损坏程度略大于主体结构，但不得危及生命安全”，同时指出，“非结构抗震设防目标要低于结构的设防目标”，“固定于结构的各类机电设备，则需考虑使用功能保持的程度，如检修后照常使用、一般性修理后恢复使用、更换部分构件的大修后恢复使用”。此外，我国现行抗震规范给出了非结构构件抗震性能设计方法，提出了非结构的建筑构件和附属机电设备在遭遇设防烈度地震影响下的性能要求，见表 5.4-2 所示。

建筑构件和附属机电设备的参考性能水准　　表 5.4-2

性能水准	功能描述	变形指标
性能 1	外观可能损坏，不影响使用和防火能力，安全玻璃开裂；使用、应急系统可照常运行	可经受相连结构构件出现 1.4 倍的建筑构件、设备支架设计挠度
性能 2	可基本正常使用或很快恢复，耐火时间减少 1/4，强化玻璃破碎；使用系统检修后运行，应急系统可照常运行	可经受相连结构构件出现 1.0 倍的建筑构件、设备支架设计挠度
性能 3	耐火时间明显减少，玻璃掉落，出口受碎片阻碍；使用系统明显损坏，需修理才能恢复功能，应急系统受损仍可基本运行	只能经受相连结构构件出现 0.6 倍的建筑构件、设备支架设计挠度

前文中，针对可恢复功能防震结构体系，根据我国新版区划图提出了“主体结构四级设防水准和四个设防目标”（见 5.2 节）。本书作者认为，为了使一个建筑在震后尽快恢复使用功能，非结构系统的抗震要求应高于主体结构，我国现行抗震规范对于非结构系统的抗震要求明显偏低，尚且不能满足四级设防水准。因此，对于可恢复功能防震结构体系，其非结构系统的抗震设防目标应与四级设防水准相协调且应高于主体结构的设防目标，即：

四个设防目标： 1. 完全使用；2. 震后立即恢复使用；3. 可更换、可修复；4. 不倒塌、不死人。

对应设防目标 1 ： 非结构构件无损伤。

对应设防目标 2 ： 非结构构件可以随主体结构变形，建筑非结构构件可能发生轻微损坏，不影响正常使用；附属机电设备检修后可继续使用，建筑的防火能力不受影响，应急系统正常运行；建筑内的重要设施设备，如超级计算中心、医疗设备等，可能发生轻微损伤，但不影响正常使用。

对应设防目标 3：结构整体侧向变形较大，建筑非结构构件发生破坏，修复后可恢复使用；附属机电设备经一般性修理后恢复使用，建筑的防火系统、应急系统经一般性修理后恢复使用；建筑内的重要设施设备，经一般性修理后恢复使用。

对应设防目标 4：非结构系统损坏明显，不可修复，但不引发火灾等其他次生灾害。

目前，针对可恢复功能防震结构体系中非结构构件的防震性能及可恢复性研究工作十分有限，包括新型非结构构件的开发，非结构构件的变形适应能力与变形控制指标，与结构主体的连接构造，与主体结构的协同工作，震后的可恢复能力评估等，还需要进行更深入的研究。

5.4.3　医疗建筑非结构系统

地震灾害中，由于非结构系统破坏导致医疗设施无法正常使用的案例十分常见[40]。1994 年 Northridge 地震中，很多医院主体结构保持完好，但非结构破坏严重，消防管道破裂、暖通空调设备损坏、应急发电机故障、电梯损坏等，造成多所医院暂停使用，病人转移，社会经济损失巨大。这其中包括 1971 年 San Fernando 地震后重建的洛杉矶 Olive View 医院，由于隔振冷水机组的变形移位，使相连的管道遭到损坏，空调设备和供水系统失效，导致医院无法使用。1999 年台湾集集地震中，多家医院遭到了不同程度的结构或非结构破坏。例如，竹山秀传私立医院在地震后虽然结构依然完整，但因医疗能力丧失而不得不关闭，7 名患者在疏散过程中由于生命保障系统中断导致死亡。埔里基督教医院和荣民医院由于严重的非结构性损坏（设备损坏和电力、供水不足）导致收治病人能力下降至 10% ～ 50%。2013 年芦山地震中，由于砌体填充墙破坏、吊顶脱落、水电供应控制系统破坏、医疗设备翻倒毁坏等非结构破坏，导致绝大部分医院丧失使用功能，无法承担抗震救灾任务。

不同于一般的民用建筑结构，医疗建筑的重要性在于：关键医疗设施在震后必须能够继续运行，维持手术过程或给予重症病人生命支持，并抢救地震中的伤员；医院中大多是病患等弱势人群，地震时难以自救、疏散；精密复杂的医疗仪器在地震中极易遭到破坏，导致巨大经济损失。因此，在抗震设计阶段，保证医疗建筑中非结构系统的地震安全性和功能可恢复性，对抗震救灾及震后恢复都有重要意义。

1. 医疗建筑非结构系统的分类

医疗建筑的非结构系统主要包括三类：建筑非结构构件、附属机电设备、医疗设备设施等。其中，建筑非结构构件包括隔墙、吊顶、门窗、装饰构件等；附属机电设备包括照明系统、应急电源、通信设备、管道系统、暖通空调系统、消防系统、电梯等；医疗设备设施主要有大型 CT 机、X 光机、手术设备、实验室设备以及医药容器等[41]。这些非结构构件中，除部分建筑非结构构件以外，大部分通常不由结构工程师进行抗震分析，而是由建筑师、机电工程师或室内设计师进行设计，由业主或医院自行购买安装，缺少专业的抗震人员的参与，其抗震性能往往难以保证。

2. 医疗建筑非结构系统的抗震设计要点

针对医疗建筑的特殊性和重要性，其内部非结构系统中的填充墙、吊顶、电梯、管道、医疗设备的抗震设计要点如下：

（1）填充墙

填充墙是加速度和位移敏感型非结构构件，可能发生平面内或平面外破坏，导致墙体开裂甚至倒塌，填充墙的破坏也会导致与其相连的管道、电箱、储物柜等其他非结构构件的破坏。填充墙虽然在功能上属于非结构构件，但可能会产生“短柱效应”，影响结构的地震响应。因此应在设计时明确考虑填充墙对主体结构侧向刚度、耗能能力等抗震性能的影响。医院手术室要求在无菌环境下使用，不允许填充墙有任何开裂，其位移要求更为严格，传统的性能水准如层间位移限值不能保证其功能需求，应根据建筑功能需求进行合理设计。

（2）吊顶

吊顶系统的破坏主要是连接失效引起的，包括龙骨连接失效，边龙骨与墙体、吊杆与主龙骨连接失效等。失效多发生在边部或角部，局部破坏使吊顶系统的整体性遭到破坏，引发连锁反应。在手术室或实验室里，吊顶系统的破坏会导致大量灰尘和碎片掉落，污染室内环境，从而中断使用功能；病房内吊顶的坠落会给行动不便的患者带来极大危险。由于吊顶系统构造的复杂性以及吊顶与其他构件如墙体、管道等的相互作用，应通过建立合理的数值模型，研究吊顶的破坏机理及影响因素，提出定量的抗震性能指标。

（3）电梯

电梯是维持医疗建筑功能的重要构件，地震时电梯的损坏，不仅会威胁乘客生命安全，而且会影响患者的及时疏散撤离。历次震害表明，平衡重脱轨是造成电梯失效破坏的主要原因，针对这一问题，国内外学者已取得了一定的研究成果，如采用阻尼层被动控制等措施。而基于性能的抗震设计还应包括电梯系统的其他构件，如操控系统、轿厢系统等，对整个电梯系统进行综合抗震性能研究，是实现建筑功能正常运行的重要措施。

（4）管道

医疗建筑内管道设备复杂繁多，其重要性不言而喻，管道设备的损坏将极大削弱医院功能性的实现。造成管道破坏的原因通常是不合理的约束及与其他构件的相互碰撞作用，采用基底隔震和柔性管道是目前可以解决这些问题的一种方法。要实现基于性能的抗震设计，需理解管道系统的失效模式，采用数值模拟及动力试验方法，进行地震易损性分析，研究不同材料、不同连接类型对管道性能水平的影响。

（5）医疗设备

医疗设备大多是独立式浮放设备，是医院非结构系统中最不稳定的部分。由于医疗设备规模小，多是单体独自工作，因此其抗震设计没有受到应有的重视，一般是自然搁置，因此在地震中易发生滑移、摇摆、倾覆等现象，造成设备损坏和功能丧失。设计或采购医疗设备时，应适当考虑设备底部与楼板的摩擦系数，并尽量将重要设备放置在较低楼层，以减小地震损伤风险。对于带脚轮的设备，隔震结构中应将脚轮安全锁住，避免与其他构件发生碰撞；非隔震结构中应将脚轮放开，以减轻加速度引起的剧烈振动。

5.4.4 提高非结构系统防震可恢复功能的措施

为了保证非结构系统的抗震性能，提高非结构系统的防震可恢复功能，从原理上分析可采取三种方法：①降低主体结构地震反应；②降低建筑内部特定楼层或部位的地震反应；③加强非结构构件的连接锚固。目前，针对非结构构件而言，隔震减震技术是提高其抗震可恢复功能的主要方法之一。隔震技术已经比较成熟，整体结构采用隔震技术后，能够有效减轻结构的地震反应，抑制填充墙、吊顶系统、机械、电气和管道设备、消防喷淋系统等非结构构件的地震反应和破坏。对于建筑的特定楼层和特定非建筑类的仪器设备等，采用局部隔震技术能够保证仪器设备的安全和运行，降低社会影响和经济损失。

Kasalanati 等[42]研发了一种利用多向弹簧实现结构或设备局部隔震的技术。这种技术不仅可以提供阻尼，而且具有自复位能力，与传统的正交型弹簧和阻尼器隔震设备相比占用的空间更小。这种新型的多向弹簧隔震模块在美国加州大学伯克利分校做了三轴振动台试验，试验结果表明，该隔震系统能够大大降低地板的谱加速度峰值，从而减轻了放置于其上的电脑机箱设备的地震反应，保证了重要机电设备的地震安全性。

这种新型弹簧模块隔震系统已在实际建筑中应用。2014 年建成的美国盐湖城公共安全大厦是城市公安、消防、应急管理部门的办公场所。该建筑共四层，抗震设防目标为罕遇地震后仍然可运行，结构整体抗震设计方案采用钢框架抗侧力体系和黏滞阻尼器，为了保证敏感设备在地震作用下仍然可以正常工作，因此在部分楼层采用了多向弹簧隔震模块组装成长条形隔震台。

美国伯克利大学的劳伦斯伯克利国家实验室同样采用了这种弹簧模块隔震系统。该国家实验室包括国家能源研究科学计算中心（National Energy Research Scientific Computing Center，简称 NERSC），它是美国顶尖的超级计算中心之一，为美国国内和国外近 6000 位研究学者提供超级计算服务。该超级计算中心建筑面积为 1500m^2，由于整个建筑建在山坡地势上，不能对整体结构进行隔震设计，因此，采用多向弹簧隔震模块对 1500 m^2 的超级计算中心进行局部隔震。

Morales 等[43]提出了一种低成本的房间隔震系统，针对重点设防的医疗建筑结构在地震中非结构构件破坏严重、经济损失巨大的特点，提出了使用可再生橡胶材料对重要医疗场所和医疗设备进行隔离，以减轻非结构构件的地震反应，减少经济损失。这种隔震系统可以应用到医院存放药橱的药房、手术室、重症监护室、氧气管道井、电梯间等对功能延续性要求较高的房间或系统。

5.5 基于概率模型的可恢复功能防震体系评估方法及案例分析

本节结合工程案例，介绍了一种基于概率模型的防震可恢复功能评估方法。该方法以前文提到的恢复函数模型来描述建筑功能恢复过程，是一种使用概率模型进行数值模拟的分析方法。基于 FEMA P-58 的构件损伤概率模型，该方法根据在地震动作用下的结构响应及构件损伤情况，将建筑震后性能细分为倒塌、不可维修、不安全、建筑功能损失及可正常使用等五个极限状态，依据实际工程重建或维修流程，使用蒙特卡罗法模拟建立恢复函数模型。通过对不同地震动强度等级下的建筑恢复过程进行模拟，综合分析建筑可恢复功能的鲁棒性和快速性与地震动强度之间的相互关系。

5.5.1 工程案例背景介绍

分析对象为一座位于高烈度区的既有高层办公楼，抗侧力体系采用钢框架，结构平面及立面简图如图 5.5-1 所示。本工程地上 40 层（154.7m），建筑功能为办公，地下三层（9m）为停车场，分别在 20 层和屋顶设有设备层。框架梁采用工字形（Wide flange）截面，框架柱为箱形焊接（Built-up box）截面，同时框架梁柱节点使用焊接连接。结构分析模型使用 OpenSees 建模，嵌固端设在基础底部，未考虑土与结构的相互作用。主要结构构件模型简图如图 5.5-2 所示。框架柱两端设有纤维截面塑性铰单元，以考虑双向弯曲和轴向受力的共同作用；框架梁两端则使用弯曲塑性铰单元，以提高整体结构的计算效率。参考 Lignos 对试验数据统计得出的构件截面尺寸与塑性铰区非线性参数的关系[44, 45]，使用修正的 Ibarra-Krawinkler（MIK）材料退化模型设置塑性铰单元材料属性。节点区的建模方式参考 Gupta 和 Krawinkler[46] 提出的刚性杆铰接四边形模型，以非线性弯曲弹簧模拟节点区剪切变形[47]。原结构每隔三层在楼面标高上 1.2m 处，设有柱构件焊接搭接节点。根据 Stillmaker 等提出的简化断裂力学模型[48]，设置钢材的容许拉应变以考虑焊接搭接节点的脆性断裂。

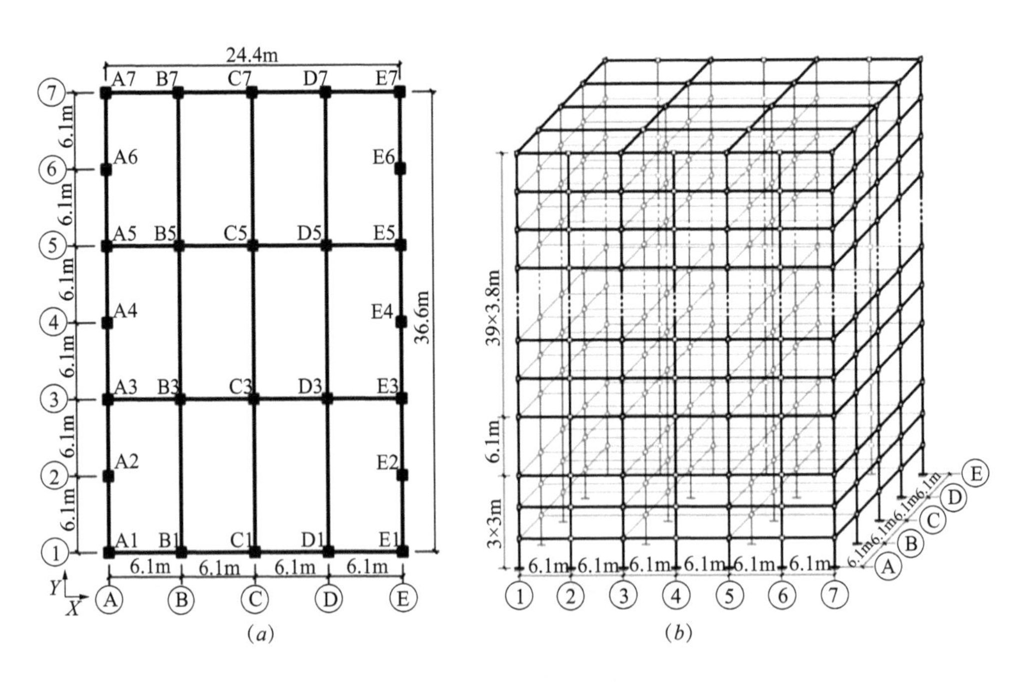

图 5.5-1 工程案例结构平面及立面简图

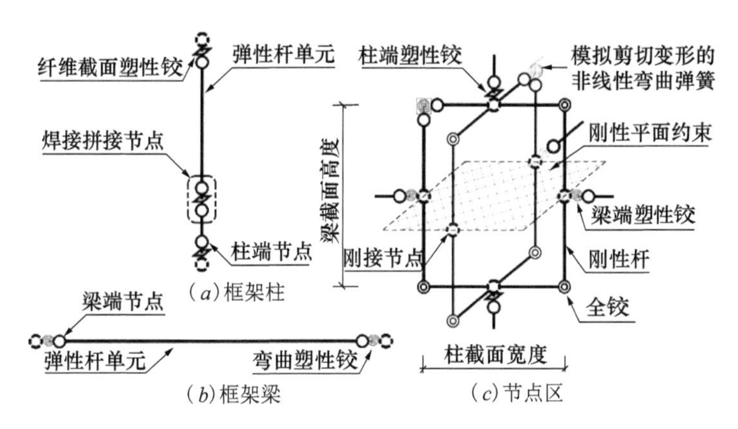

图 5.5-2　结构构件模型简图

5.5.2　建筑性能模型

建筑性能模型是指受到地震作用危害的建筑资产的有序数据集合，是 FEMA P-58 中提出的用于评估建筑震后损失的数据模型。本方法中使用它来评估建筑的震后性能状态并量化建筑功能随时间变化的修复程度。FEMA P-58 中提出的建筑性能模型包括结构构件、非结构构件和建筑使用者等三个部分。由于本案例不涉及震后伤亡人数的评估，故该分析中的建筑性能模型只包括前两者。根据构件损伤对建筑整体使用造成的影响，建筑性能模型中的非结构构件部分可以细分为重要非结构构件和其他非结构构件。重要非结构构件是指自身丧失功能后会影响整个建筑正常使用的构件，比如高层建筑中的楼梯、电梯以及其他重要机电设备。本案例沿用了 FEMA P-58 对构件类型的编号，将建筑性能模型中的构件信息列于表 5.5-1。其中，每一种构件对应一种 EDP 损伤指标，用于模拟该类构件的损伤状态等级（damage state）。本案例中，采用局部 EDP 来模拟结构构件的损伤，即构件所在位置处结构变形导出的 EDP，这里主要是指每个柱点位置的层间位移角（Peak column drift ratio，PCDR）。而对于非结构构件的损伤模拟，由于其在每一楼层的分布具有较高的不确定性，故使用全局 EDP（Global EDP），即楼层平均变形导出的 EDP，模拟其损伤。

建筑性能模型中的构件信息表　　　　**表 5.5-1**

构件类型		构件编码	EDP 损伤指标	构件数量	单位	分布楼层
结构构件	基础连接板	B1031.011c	PCDR	26	件	B3
	焊接拼接节点	B1031.021b	PCDR	112	件	21,24,27,30,33,36,39
		B1031.021c		252	件	B1,3,6,9,12,15,18,21,24,27,30,33,36,39
	梁柱节点（单侧梁）	B1035.041	PCDR	300	件	31 ～ 40
		B1035.042		474	件	B3~B1，1~30
	梁柱节点（双侧梁）	B1035.051	PCDR	800	件	31 ～ 40
		B1035.052		1608	件	B3 ～ B1，1 ～ 30

续表

构件类型		构件编码	EDP 损伤指标	构件数量	单位	分布楼层
重要非结构构件	楼梯	C2011.011b	PSDR	43	层	各楼层
	电梯	D1014.011	PFA	12	部	各楼层
	冷水机组	D3031.011c	PFA	2	台	B1
	冷却塔	D3031.021c	PFA	2	台	屋面
	空调箱	D3052.011d	PFA	13	台	20、屋面
	消防喷淋管	D4011.021a	PFA	25.32 (0.59/层)	km	各楼层
	电机控制器	D5012.013a	PFA	17	台	B1
其他非结构构件	幕墙	B2011.201a	PSDR	19310.6 (482.8/层)	m^2	1～40
	内隔墙(通高)	C1011.001a	PSDR	11.13 (0.26/层)	km	各楼层
	吊顶	C3032.001b	PFA	30467.9 (708.6/层)	m^2	各楼层
	吊灯	C3034.001	PFA	6192	件	各楼层
	电脑	E2022.023	PFA	2554	件	1～40
	冷水管	D2021.011a	PFA	1.828	km	各楼层
		D2021.011b		1.828	km	
	热水管	D2022.011a	PFA	11.278	km	各楼层
		D2022.011b		11.278	km	
	污水管	D2031.021a	PFA	7.315	km	各楼层
		D2031.021b		7.315	km	
	HVAC 风管	D3041.011a	PFA	9.449	km	各楼层
		D3041.012a		2.438	km	
	HVAC 出风口	D3041.031a	PFA	372	10 件	各楼层
	VAV 箱	D3041.041a	PFA	289	10 件	各楼层
	消防喷淋头	D4011.031a	PFA	37	100 件	各楼层
	低压开关	D5012.021a	PFA	43	件	各楼层

注：构件编码源引自 FEMA P-58，同种构件的不同构件编码表示不同尺寸的构件。

5.5.3 地震响应概率模型

本案例所在场地属于 ASCE 7-10 [49] 规定的 D 类场地（大致相当于中国规范 [8] 二类场地），选取 FEMA P-695 [50] 中推荐的 22 组远场地震动记录，每组地震记录分别直接输入和转 90° 输入，共 44 个地震波工况。根据 FEMA P-58 建议，采用基本周期下的反应谱加速度（SaT1）作为地震动强度等级指标（Intensity measure）。该结构罕遇地震（MCE level）的地震动强度（SaT1）为 0.16g，如图 5.5-3 所示，选择 2%～200% 倍罕遇地震强度的 19 个地震动强度等级，对结构进行截断式的增量动力分析。

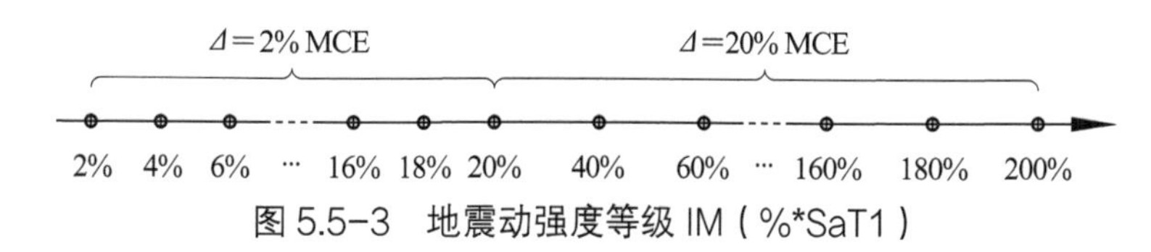

图 5.5-3　地震动强度等级 IM（%*SaT1）

根据 19 个地震动强度等级、44 组地震记录的截断式 IDA 分析的结果，拟合得到的结构倒塌易损性曲线如图 5.5-4 所示。统计 19 个地震动强度等级下的非倒塌工况的结构响应数据，假定每个楼层的 EDP 满足对数正态分布，估计其中位值和对数标准差，构建用于构件损伤模拟的全局和局部 EDP 的概率模型。

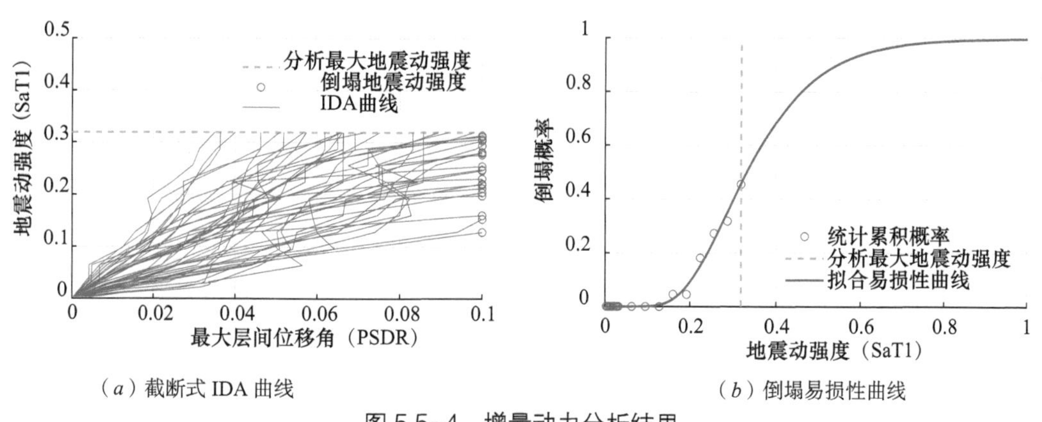

（*a*）截断式 IDA 曲线　　（*b*）倒塌易损性曲线

图 5.5-4　增量动力分析结果

5.5.4　恢复过程概率模型

依据动力增量分析得到的全局和局部 EDP 的概率模型，采用 FEMA P-58 提供的构件易损性曲线，可以采用蒙特卡罗法模拟震后建筑构件损伤等级，从而根据不同损伤等级的构件数量占比确定结构的安全，并根据用工人数（假设 1 个工人 /50m^2）及需要修复的构件数量估计修复时间，模拟建筑的恢复过程。

结构是否倒塌、是否可维修以及是否安全，会涉及不同的震后修复工作，直接影响了恢复过程的模拟。因此，根据结构的倒塌、可维修性及安全，可划分出五个不同的建筑震后性能极限状态，其定义描述如下：

◆ LS1：结构安全，建筑使用功能正常。经过震后检测后，可直接投入使用。

◆ LS2：结构安全，建筑使用功能出现故障。经过震后检测后，修复出现损伤的非结构构件，可以继续使用。

◆ LS3：结构不安全，建筑使用功能出现故障。震后检测后，需对原结构构件进行加固设计并施工，修复出现损伤的非结构构件，方可继续使用。

◆ LS4：结构出现过大的残余变形。震后检测后，确定结构属于不可维修的状态，需要拆除原结构，重建原建筑。

◆ LS5：结构倒塌。不需要震后检测，直接重建原建筑。

图 5.5-5 给出了震后性能极限状态（Performance limit state，LS）的划分流程图。首先，根据倒塌易损性曲线模拟结构倒塌，如果结构倒塌，建筑震后性能极限状态定为 LS5，即震后倒塌极限状态。然后根据结构地震作用下 EDP 的统计学分布，随机生成结构 EDP，

如果 EDP 中的残余层间位移角大于 1%[51]，建筑震后性能极限状态定为 LS4，即震后不可维修极限状态。如果结构属于可维修的状态，根据构件易损性曲线模拟构件损伤，逐层统计损伤的结构构件数量及损伤等级。根据损伤构件的数量占总构件数量的比值，判断结构安全性。如果结构不安全，建筑震后性能极限状态定为 LS3，即震后不安全可维修状态。如果全楼各层均处于安全状态，且其他非结构构件需要维修，则属于 LS2（震后安全待维修状态）。否则，建筑震后性能极限状态是 LS1，即震后功能无影响状态。

建筑的震后性能极限状态不同，所涉及的恢复进度环节也不同。一般来说，建筑震后恢复工作包括准备工作和修复（重建）工作。准备工作包括：震后检测、项目融资、工程设计、项目审批和施工准备等。修复工作包括：安全性维修和功能性维修。每一项恢复工作都需要一定的时间完成，依序将全部的时间过程联系起来，就确定了建筑的恢复时序。图 5.5-6 列出了五个震后性能极限状态对应的修复函数示意曲线以及其所涉及的准备时间（T_{Lead}）和修复时间（T_{Repair}）。其中，T_{Insp} 表示震后检测所需的时间；T_{Fin} 表示项目融资所需的时间；T_{Eng} 表示工程设计准备的时间；T_{Perm} 表示项目审批所需的时间；T_{Con} 表示施工准备所需的时间；T_{Safe} 表示建筑安全性维修所需的施工时间，根据结构构件的修复时间确定；T_{Func} 表示建筑功能性维修所需的施工时间，根据非结构构件的修复时间确定；T_{Replace} 表示建筑重建所需的施工时间。假设每个进度环节所花费的时间服从对数正态分布，其不确定性分布参数见表 5.5-2。

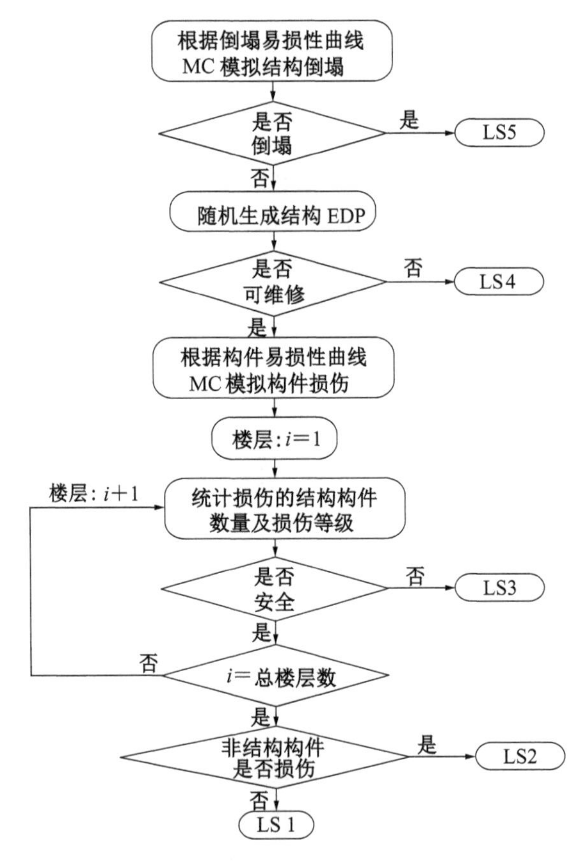

图 5.5-5　震后性能极限状态划分流程图

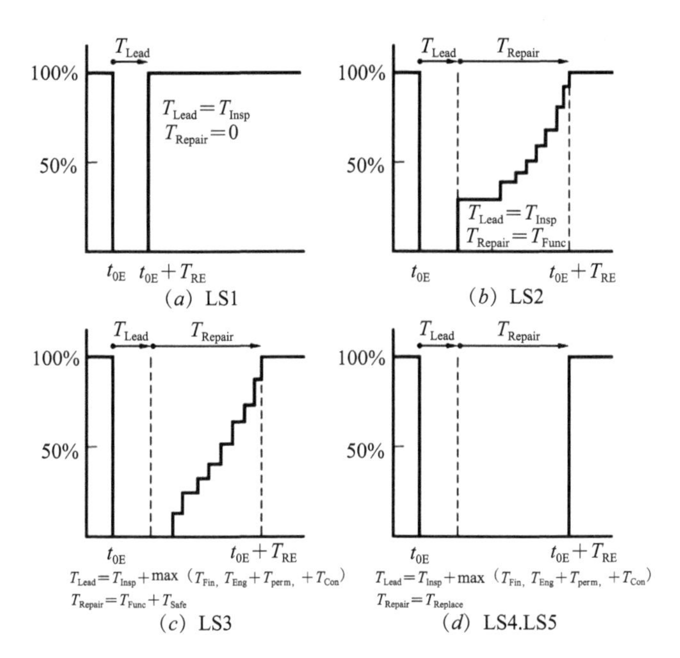

图 5.5-6　震后性能极限状态恢复函数示意曲线

恢复过程中的时间不确定性分布参数　　表 5.5-2

恢复时间	内容	中位值（d）	对数标准差
T_{Insp}	完成震后检测的时间	5	0.54
T_{Fin}	项目融资时间	7	0.5
T_{Eng}	设计准备时间	28	0.5
T_{Perm}	项目审批时间	7	0.9
T_{Con}	施工准备时间	35	0.4
$T_{Replace}$	重建时间	25/ 层	0.4

通过蒙特卡罗法，对恢复过程做大量模拟取期望的方式，可以获该地震动强度等级下的恢复函数 $Q_{rec}(t,t_{0E},T_{RE})$ 期望值曲线，如图 5.5-7 所示。根据鲁棒性和快速性的定义，可按下式计算给定的地震动强度下建筑可恢复功能的这两个属性的期望值。

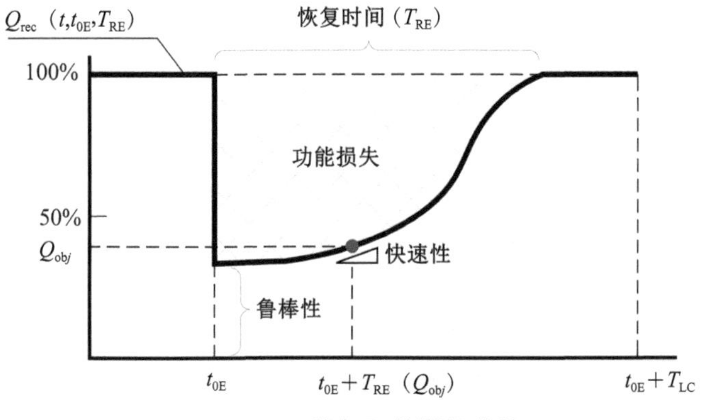

图 5.5-7　恢复函数期望曲线

$$E(R_{\text{rob}}|IM=im)=\sum_{i=1}^{N_{\text{LS}}}P(LS=i|IM=im)\cdot\int_{t_{0\text{E}}}^{t_{0\text{E}}+T_{\text{LC}}}Q_{\text{rec}}^{(i)}(t,t_{0\text{E}},T_{\text{RE}})/T_{\text{LC}}\text{d}t \tag{5.5-1}$$

其中，$E(R_{\text{rob}}|IM=im)$——给定地震动强度等级下的建筑可恢复能力鲁棒性期望值；

$P(LS=i|IM=im)$——给定地震动强度等级下的建筑震后性能极限状态LS为i的概率；

N_{LS}——震后性能极限状态总数，共 5 个；

$Q_{\text{rec}}^{(i)}(t,t_{0\text{E}},T_{\text{RE}})$——第 i 种极限状态的期望恢复函数。

$$E(R_{\text{rap}}|IM=im)=\sum_{i=1}^{N_{\text{LS}}}P(LS=i|IM=im)\times\left[\frac{Q_{\text{obj}}}{T_{\text{RE}}^{(i)}(Q_{\text{obj}})}\middle|IM=im\right] \tag{5.5-2}$$

其中，$E(R_{\text{rap}}|IM=im)$——给定地震动强度等级下的建筑可恢复能力快速性期望值；

Q_{obj}——目标功能值，一般取 100%，即震前状态；

$T_{\text{RE}}^{(i)}(Q_{\text{obj}})$——第 i 种极限状态下，达到目标功能值 Q_{obj} 所需的恢复时间。

5.5.5 防震可恢复功能评估结果

依照图 5.5-5 的流程，在每个地震动强度等级下对建筑震后恢复过程进行 1000 次蒙特卡罗模拟，可获得该高层办公楼在不同地震动强度等级下的恢复函数 $Q_{\text{rec}}(t,t_{0\text{E}},T_{\text{RE}})$ 期望值曲线，将 2% 到 100% 的罕遇地震动强度对应的恢复函数结果绘于如图 5.5-8 所示。当地震动强度低于罕遇地震 20% 时，建筑的恢复曲线基本可以在不到一年的时间里恢复建筑 80% 的使用功能，即有 30 层左右的办公楼区域可以在不到一年内重新使用。而在地震动强度超过罕遇地震 40% 之后，根据之前的分析结构大概率需要拆除，因此恢复曲线恢复到震前状态基本需要 3 年以上的时间（建筑重建时间）。设定控制时间（T_{LC}）为 10 年，目标功能值为 100%（震前状态），依据公式（5.5-1）和公式（5.5-2），分别计算不同地震动等级下的建筑可恢复功能的鲁棒性和快速性期望值。

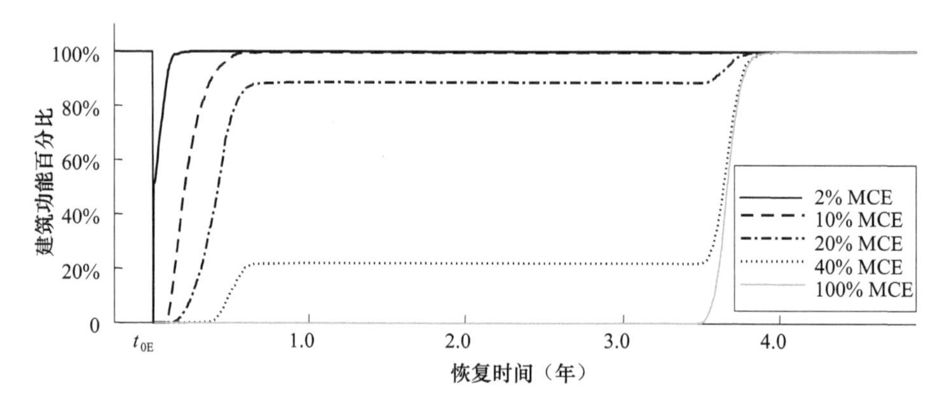

图 5.5-8 某高层办公楼恢复函数期望值曲线

如图 5.5-9 所示，建筑防震可恢复功能的鲁棒性和快速性属性都是随着地震动强度的增加而先急速下降，再趋于稳定。根据之前的分析，当地震动强度小于等于罕遇地震的 20% 时，建筑震后主要处于可维修状态（LS1 ～ LS3），建筑防震可恢复功能受到结构和非结构构件的修复时间控制，故呈现出随地震动强度增加而下降的趋势。当地震动强度超过罕遇地震等级的 40% 之后，建筑的震后性能极限状态基本处于无法修复或倒塌状态（大于或等于 LS4 的概率超过 85%），建筑防震可恢复功能的鲁棒性和快速性由重建建筑的时间决定，鲁棒性稳定在 70%，而快速性基本处在低于 0.2%/d 的水平。

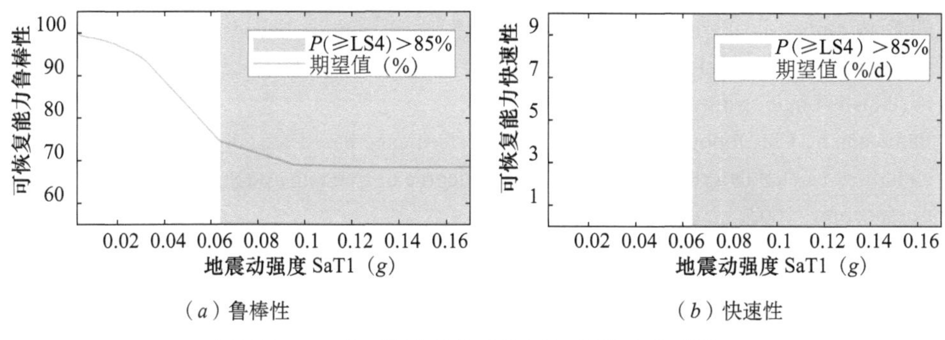

（*a*）鲁棒性　　（*b*）快速性

图 5.5-9　不同地震动等级下可恢复能力期望值

本章参考文献

[1] Gian Paolo Cimellaro, Andrei M. Reinhorn, Michel Bruneau. Framework for analytical quantification of disaster resilience [J]. Engineering Structures, 2010, 32: 3639-3649.

[2] Peek-Asa C, Kraus J F, Bourque L B, Vimalachandra D, Yu J, Abrams J. Fatal and hospitalized injuries resulting from the 1994 Northridge earthquake [J]. Int J Epidemiol, 1998；27（3）:459–65.

[3] Gian Paolo Cimellaro. Urban Resilience for Emergency Response and Recovery[M]. Switzerland, Springer, 2016.

[4] Federal Emergency Management Agency（FEMA）. FEMA P-58, Seismic Performance Assessment of Buildings[S]. Washington, D.C., 2012.

[5] 苏宁粉. 增量动力分析法评估高层及超高层结构抗震性能研究［D］. 上海：同济大学，2012.

[6] Ibrahim Almufti, Michael Willford. REDi™ Rating System, Resilience-based Earthquake Design Initiative for the Next Generation of Buildings[R]. ARUP, 2013.

[7] U.S. Resiliency Council. USRC Building Rating System for Earthquake Hazards[R]. U.S., 2015.

[8] GB 50011—2010. 建筑抗震设计规范（2016 年版）［S］. 北京：中国建筑工业出版社，2016.

[9] GB 18305—2015. 中国地震动参数区划图［S］. 北京：中国标准出版社，2015.

[10] Kowalsky M J, Priestley M N, MacRae G A. Displacement-based design: a methodology for seismic design applied to single degree of freedom reinforced concrete structures [R]. Structural Systems Research: University of California, San Diego, 1994.

[11] SEAOC Vision 2000. A framework for performance-based engineering [R]. Structural Engineering Association of California, 1995.

[12] FEMA 273. NEHRP guidelines for the seismic rehabilitation of buildings [M]. Federal Emergency Management Agency, Washington D. C., 1997.

[13] ATC 40. Seismic evaluation and retrofit of concrete buildings. Applied Technology Council. Red Wood City, California, 1996.

[14] Kawashima K, Macrae G A, Hoshikuma J 等. Residual displacement response spectrum and its application[J]. Proceedings of the Japan Society of Civil Engineers, 1994,（501 pt 1-29）: 183-192.

[15] Macrae G A, Kawashima K. Post-earthquake residual displacements of bilinear oscillators[J]. Earthquake Engineering and Structural Dynamics, 1997, 26（7）: 701-716.

[16] Kawashima K, MacRae G A, Hoshikuma J, et al. Residual displacement response spectrum[J]. Journal of structural engineering New York, NY, 1998, 124 (5): 523-530.
[17] Japan Road Association. Design specifications of highway bridges [S]. Tokyo, Japan, 1996.
[18] Christopoulos C, Pampanin S, Priestley M. Performance-based seismic response of frame structuresincluding residual deformations. Part I: Single-degree of freedom systems [J]. Journal of EarthquakeEngineering, 2003, 7 (1): 97-118.
[19] Pampanin S, Christopoulos C, Priestley M. Performance-based seismic response of frame structures including residual deformations. Part II: Multi-degree of freedom systems [J]. Journal of Earthquake Engineering, 2003, 7 (1): 119-147.
[20] Christopoulos C, Pampanin S. Towards performance-based design of MDOF structures with explicit consideration of residual deformation [J]. ISET Journal of Earthquake Technology, 2004, 41 (1): 53-73.
[21] Ruiz-Garcia J, Miranda E. Direct estimation of residual displacement from displacement spectral ordinates [C]. 8th US National Conference on Earthquake Engineering 2006, April 18, 2006-April 22, 2006, San Francisco, CA, United States. Earthquake Engineering Research Institute, 2006.
[22] Ruiz-Garcia J, Miranda E. Residual displacement ratios for assessment of existing structures [J]. Earthquake Engineering and Structural Dynamics, 2006, 35 (3): 315-336.
[23] Ruiz-Garcia J, Miranda E. Residual displacement ratios of SDOF systems subjected to near-fault ground motions [C]. 8th US National Conference on Earthquake Engineering 2006, April 18, 2006-April 22, 2006, San Francisco, CA, United States. Earthquake Engineering Research Institute, 2006.
[24] Ruiz-Garcia J. On the influence of strong-ground motion duration on residual displacement demands [J]. Earthquake and Structures, 2010, 1 (4): 327-344.
[25] Riddell R, Newmark N M. Statistical analysis of the response of nonlinear systems subjected to earthquakes [R]. Civil Engineering Studies SRS-468: Illinois University, Urbana (USA). Department of Civil Engineering, 1979.
[26] 叶列平，陆新征，马千里．屈服后刚度对建筑结构地震响应影响的研究［J］．建筑结构学报，2009, 30 (02): 17-29.
[27] Iwata, Y., Sugimioto, K., Kuwamura, H. Reparability limit of steel structural buildings: Study on performance-based design of steel structural buildings Part 2. Journal of Structural and Construction Engineering, 2005, 588, 165-172 (In Japanese).
[28] Mccormick J, Aburano H, Ikenaga M, et al. permissible residual deformation levels for building structures considering both safety and human elements [J]. WCEE, 2008.
[29] Kam W Y, Pampanin S, Carr A J, et al. Design procedure and behavior of advanced flag-shaped (afs) mdof systems [C]//2008 New Zealand Society of Earthquake Engineering (NZSEE) Conference. Wairakei, New Zealand: New Zealand Society of Earthquake Engineering, 2008: Paper Number 38.
[30] Uma S R, Pampanin S, Christopoulos C. Development of probabilistic framework for performance-based seismic assessment of structures considering residual deformations[J]. Journal of Earthquake Engineering, 2010, 14 (7): 1092-1111.
[31] 崔晔．自复位钢筋混凝土框架结构抗震性能和设计方法研究［D］．上海：同济大学，2016.
[32] 陈聪．带有可更换构件的结构体系抗震研究［D］．上海：同济大学，2016.
[33] 杨博雅．框架 - 摇摆墙结构抗震性能与设计方法研究［D］．上海：同济大学，2018.
[34] Xilin Lu, Ye Cui, Jingjing Liu, Wenjun Gao. Shaking table test and numerical simulation of a 1/2-scale self-centering reinforced concrete frame. Earthquake engineering & structural dynamics, 2015, 44: 1899-1917.

[35] Matthew R. Eatherton, Xiang Ma, Helmut Krawinkler, David Mar, Sarah Billington, Jerome F. Hajjar, Gregory G. Deierlein. Design Concepts for Controlled Rocking of Self-Centering Steel-Braced Frames. Journal of Structural Engineering, 2014, 04014082-1-11.
[36] Eatherton, M. R., and Hajjar, J. F.. Large-Scale cyclic and hybrid simulation testing and development of a controlled-rocking steel building system with replaceable fuses. Newmark Structural Engineering Laboratory Report Series, Univ. of Illinois at Urbana-Champaign, Urbana, IL., 2010, Rep. No. NSEL-025.
[37] ACI ITG. Requirements for design of special unbonded posttensioned precast shear wall satisfying ACI ITG-5.1(ACI ITG-5.2-09) and commentary. ACI ITG -5.2-09, 2009, Reported by ACI Innovation TaskGroup 5, Farmington Hills, MI.
[38] 刘小娟，蒋欢军. 非结构构件基于性能的抗震研究进展［J］. 地震工程与工程振动，2013，33（06）：53-62.
[39] FEMA 356. Prestandard and commentary for the seismic rehabilitation of buildings [M]. Federal Emergency Management Agency, Washington DC, 2000.
[40] 王秋利，宁晓晴，戴君武. 医疗建筑非结构系统基于性能的抗震设计探讨. 地震工程与工程振动，2015，35（4）：230-235.
[41] Achour N. Estimation of malfunction of a healthcare facility in case of earthquake[J]. Hospital, 2007.
[42] Kasalanati A, Ng T, Friskel K. Seismic isolation of sensitive equipment[C]. 16th World Conference on Earthquake Engineering. Santiago, 2017, Paper No. 2676.
[43] Morales E, Filiatrault A, Aref A. Sustainable and low cost room seismic isolation for essential care units of hospitals in developing countries[C]. 16th World Conference on Earthquake Engineering. Santiago, 2017, Paper No.338.
[44] Lignos D G, Krawinkler H. A steel database for component deterioration of tubular hollow square steel columns under varying axial load for collapse assessment of steel structures under earthquakes [C]. 7th International Conference on Urban Earthquake Engineering (7CUEE) & 5th International Conference on Earthquake Engineering (5ICEE). Tokyo, 2010.
[45] Lignos D G, Krawinkler H. Deterioration modeling of steel components in support of collapse prediction of steel moment frames under earthquake loading [J]. Journal of Structural Engineering, 2010, 137 (11): 1291–1302.
[46] Gupta A, Krawinkler H. Seismic demands for the performance evaluation of steel moment resisting frame structures [D]. Stanford University, 1998.
[47] Stillmaker K, Kanvinde A, Galasso C. Fracture mechanics-based design of column splices with partial joint penetration welds[J]. Journal of Structural Engineering, 2015, 142 (2): 04015115.
[48] American Society of Civil Engineering (ASCE) /Structural Engineering Institute (SEI) 7-16, Minimum Design Loads and Associated Criteria for Buildings and Other Structures[S], Reston, VA: ASCE 2016.
[49] Federal Emergency Management Agency (FEMA). FEMA P695, Quantification of Building Seismic Performance Factors[S]. Washington, D.C., 2009.
[50] Wang S, Lai J-W, Schoettler M J, et al. Seismic assessment of existing tall buildings: A case study of a 35-story steel building with pre-Northridge connection[J]. Engineering Structures, 2017, 141: 624–633.